2022

全国监理工程师（水利工程）学习丛书

水利工程金属结构及机电设备制造与安装监理实务

中国水利工程协会　组织编写

中国水利水电出版社
www.waterpub.com.cn
·北京·

内 容 提 要

  本书共分十章，分别介绍了金属结构及机电设备制造与安装监理基础知识、原材料与采购、制造通用工艺、各类设备的结构特点、制造与安装质量控制依据及要点等，并增加了案例和 PCCP 管道拓展阅读。

  本书具有较强的知识性和实用性，可作为从业人员和其他有关部门技术人员培训的教材，也可以作为大专院校相关专业师生的参考用书。

图书在版编目（CIP）数据

水利工程金属结构及机电设备制造与安装监理实务 / 中国水利工程协会组织编写. -- 北京 ：中国水利水电出版社，2023.2
  （全国监理工程师（水利工程）学习丛书）
  ISBN 978-7-5226-1226-3

Ⅰ．①水… Ⅱ．①中… Ⅲ. ①水工结构－金属结构－制造－资格考试－自学参考资料②水利工程－机电设备－制造－资格考试－自学参考资料③水工结构－金属结构－安装－资格考试－自学参考资料④水利工程－机电设备－设备安装－资格考试－自学参考资料 Ⅳ．①TV5

中国国家版本馆CIP数据核字(2023)第029803号

书　　名	全国监理工程师（水利工程）学习丛书 **水利工程金属结构及机电设备制造与安装监理实务** SHUILI GONGCHENG JINSHU JIEGOU JI JIDIAN SHEBEI ZHIZAO YU ANZHUANG JIANLI SHIWU
作　　者	中国水利工程协会　组织编写
出版发行	中国水利水电出版社 （北京市海淀区玉渊潭南路 1 号 D 座　100038） 网址：www. waterpub. com. cn E - mail：sales@mwr. gov. cn 电话：（010）68545888（营销中心）
经　　售	北京科水图书销售有限公司 电话：（010）68545874、63202643 全国各地新华书店和相关出版物销售网点
排　　版	中国水利水电出版社微机排版中心
印　　刷	天津嘉恒印务有限公司
规　　格	184mm×260mm　16 开本　29.5 印张　694 千字
版　　次	2023 年 2 月第 1 版　2023 年 2 月第 1 次印刷
定　　价	**98.00 元**

水利工程金属结构及机电设备制造与安装监理实务

编 审 委 员 会

序

当前，在以水利高质量发展为主题的新阶段，无论是完善流域防洪减灾工程体系，实施国家水网重大工程，还是复苏河湖生态环境，推进智慧水利建设，工程建设都是目标落地的重要支撑。水利工程建设监理行业需要积极适应新阶段的要求，提供高质量的监理服务。

全国监理工程师考试是监理工程师上岗执业的入口，而监理工程师学习丛书是系统掌握监理工作需要的法律法规、技术标准和专业知识的基础资料，其重要性不言而喻。中国水利工程协会作为水利工程行业自律组织，始终把水利工程监理行业自律管理、编撰专业书籍作为重要业务工作。自 2007 年编写出版"水利工程建设监理培训教材"第一版以来，已陆续修订了三次。近两年来，水利工程建设领域的一些规章、规范性文件和技术标准陆续出台或修订，因此，适时进行教材修订十分必要。

本版学习丛书主要是在第三版水利工程建设监理培训教材的基础上编写而成的，不再单列《建设工程监理法规汇编》和《建设合同管理（水利工程）》，前者相关内容主要融入《建设工程监理概论（水利工程）》分册中，后者相关内容分别融入《建设工程质量控制（水利工程）》《建设工程进度控制（水利工程）》《建设工程投资控制（水利工程）》3 本分册中，并增加《水利工程建设安全生产管理》《水土保持监理实务》《水利工程建设环境保护监理实务》《水利工程金属结构及机电设备制造与安装监理实务》。调整后，本版丛书总共 9 分册，包括：《建设工程监理概论（水利工程）》《建设工程质量控制（水利工程）》《建设工程进度控制（水利工程）》《建设工程投资控制（水利工程）》《建设工程监理案例分析（水利工程）》《水利工程建设安全生产管理》《水土保持监理实务》《水利工程建设环境保护监理实务》《水利工程金属结构及机电设备制造与安装监理实务》。

希望本版学习丛书能更好地服务于全国监理工程师（水利工程）学习、培训、职业资格考试备考，便于从业人员系统、全面和准确掌握监理业务知识，提升解决实际问题的能力。

中国水利工程协会

2022 年 12 月 10 日

前　言

　　金属结构与机电设备是水利工程的重要组成部分，其制造与安装质量直接影响工程的功用性能、安全运行与使用寿命。金属结构及机电设备制造与安装监理是水利工程建设监理中的一项重要内容，自推行以来，为提高工程建设质量，推进进度、控制投资等发挥了重要作用。

　　为顺应新形势下水利建设事业的发展，进一步提高水利工程建设监理人员，特别是机电及金属结构设备制造专业监理人员的专业水平、业务素质与工作能力，组织编写了《水利工程金属结构及机电设备制造与安装监理实务》。

　　本书是全国监理工程师（水利工程）学习丛书的组成分册，依据现行法律、法规、部门规章和行政规范性文件，结合相关专业知识，同时融入了编写人员对水利工程金属结构及机电设备制造与安装的监理实践经验编写而成。全书共十章，主要介绍了金属结构及机电设备制造与安装监理基础知识、原材料与采购、制造通用工艺、各类设备的结构特点、制造与安装质量控制依据及要点等，并增加了案例和PCCP管道拓展阅读，具有较强的知识性和实用性，可作为从业人员和其他有关部门技术人员培训的教材，也可以作为大专院校相关专业师生的参考用书。

　　本书由江苏科兴项目管理有限公司负责组织编写，张友利主编、统稿。第一章由张友利编写；第二章由王叔斌编写；第三章由李健、夏灵灵编写；第四章由徐成军编写；第五章和第六章由王叔斌、周永林、张昌睿编写；第七章由桂玉枝、王赟、张凤编写；第八章由桂玉枝、王赟、张凤、何建新编写；第九章由周伟、杨兵编写；第十章由赵明海编写。全书由宁夏回族自治区水利调度中心黄克国和水利部产品质量标准研究所张煜明主审。

　　本书编写中引用了参考文献中的部分内容，谨向这些文献的作者致以衷心的感谢！

　　限于作者水平以及本书所涉及的学科与技术领域较广，书中难免有不妥之处，恳请读者批评指正。

编　者

2022 年 12 月

目　录

第一章 监理基础知识

第一节 水利工程的概念、分类及组成

一、水利工程的概念

水利工程是防洪、排涝、灌溉、水力发电、引(供)水、滩涂治理、水土保持、水资源保护等各类工程(包括新建、扩建、改建、加固、修复、拆除等项目)及其配套和附属工程的统称。

二、水利工程的分类

水利工程涵盖面广,按工程性质一般分为两大类。

(一)枢纽工程

枢纽工程指修建在同一河段或地点,共同完成以防治水灾、开发利用水资源为目标的水工建筑物的综合体,一般由挡水建筑物、泄水建筑物、进水建筑物及必要的水电站等组成。

(二)引水工程及河道工程

引水工程及河道工程指供水工程、灌溉工程、河湖整治工程、堤防工程等。

三、水利工程的组成

水利工程按概算由工程部分、移民和环境部分构成。

(一)工程部分

工程部分指建筑工程、机电设备及安装工程、金属结构及安装工程、施工临时工程等。

1. 建筑工程

(1)枢纽工程:指水利枢纽建筑物(含引水工程中的水源工程)和其他大型独立建筑物,包括挡水工程、泄洪工程、引水工程、发电厂工程、升压变电站工程、航运工程、鱼道工程、交通工程、房屋建筑工程和其他建筑工程。

(2)引水工程及河道工程:包括供水工程、灌溉渠(管)道、河湖整治与堤防工程、建筑物工程(水源工程除外)、交通工程、房屋建筑工程、供电设施工程和其他建筑工程。

2. 机电设备及安装工程

(1)枢纽工程:指构成枢纽工程固定资产的全部机电设备及安装工程。由发电设备及安装工程、升压变电设备及安装工程和公用设备及安装工程三项组成。

1）发电设备及安装工程：包括水轮机、发电机、主阀、起重机、水力机械辅助设备、电气设备等设备及安装工程。

2）升压变电设备及安装工程：包括主变压器、高压电气设备、一次接线等及安装工程。

3）公用设备及安装工程：包括通信设备、通风采暖设备、机修设备、计算机监控系统、管理自动化系统、全厂接地及保护网，电梯，坝区馈电设备，厂坝区及生活区供水、排水、供热系统，水文、泥沙监控设备，水情自动测报系统设备，外部观测设备，消防设备，交通设备等设备及安装工程。

（2）引水工程及河道工程：指构成该工程固定资产的全部机电设备及安装工程。一般由泵站设备及安装工程、小水电设备及安装工程、供变电工程和公用设备及安装工程四项组成。

1）泵站设备及安装工程：包括水泵、电动机、主阀、起重设备、水力机械辅助设备、电气设备等设备及安装工程。

2）小水电设备及安装工程：其组成内容可参照枢纽工程的发电设备及安装工程和升压站变电设备及安装工程。

3）供变电工程：包括供电、变配电设备及安装工程。

4）公用设备及安装工程：包括通信设备、通风采暖设备、机修设备、计算机监控系统、管理自动化系统、全厂接地及保护网，坝（闸、泵站）区馈电设备，厂坝（闸、泵站）区供水、排水、供热设备，水文、泥沙监控设备，水情自动测报系统设备，外部观测设备，消防设备，交通设备等设备及安装工程。

3. 金属结构及安装工程

金属结构及安装工程指构成枢纽工程和其他水利工程固定资产的全部金属结构及安装工程，包括闸门、启闭机、拦污栅、清污机、升船机、压力钢管及安装工程。

4. 施工临时工程

施工临时工程指为辅助主体工程施工所必须修建的生产和生活用临时工程，包括导流工程、施工交通工程、施工场外供电工程、施工房屋建筑工程、其他施工临时工程等。

5. 水利工程金属结构及机电设备等级划分

（1）水轮发电机组等级划分标准，见表1-1。

（2）闸门、拦污栅、压力钢管、清污设备等级划分标准，见表1-2。

表1-1　水轮发电机组等级划分标准

等级划分	划分标准（装机容量）/万 kW
大型	≥30
中型	5~30
小型	<5

表1-2　闸门、拦污栅、压力钢管、清污设备等级划分标准

	等级划分	参数标准
闸门、拦污栅	超大型	$FH>5000$
	大型	$1000<FH≤5000$
	中小型	$FH≤1000$

续表

	等级划分	参 数 标 准	
压力钢管 （岔管、直管）	超大型	$DH>1500$	
	大型	$300<DH\leqslant1500$	
	中小型	$DH\leqslant300$	
	等级划分	参 数 标 准	
		耙（抓）斗式/m^3	回转式/m^2
清污设备	大型	$L>3$	$BS>100$
	中型	$1<L\leqslant3$	$30<BS\leqslant100$
	小型	$L\leqslant1$	$BS\leqslant30$

注 1. 闸门、拦污栅：$FH=$门叶面积（m^2）×设计水头（m），拦污栅的 H 为上游设计水位与进水孔口底坎高程之差。
　　2. 压力钢管：$DH=$内径（m）×设计水头（m）。
　　3. 回转式清污机：$BS=$齿耙宽度（m）×清污深度（m）。
　　4. 耙（抓）斗式清污机：$L=$耙（抓）斗容积（m^3）。

（3）启闭机等级划分标准，见表 1-3。

表 1-3　　　　　　　　　　**启闭机等级划分标准**

型　式	等级划分	启闭力 Q（以单吊点计）/kN
螺杆式	小型	$Q<160$
	中型	$160\leqslant Q<500$
	大型	$Q\geqslant500$
固定卷扬式	小型	$Q<500$
	中型	$500\leqslant Q<1250$
	大型	$1250\leqslant Q<3200$
	超大型	$Q\geqslant3200$
移动式	小型	$Q<500$
	中型	$500\leqslant Q<1250$
	大型	$1250\leqslant Q<2500$
	超大型	$Q\geqslant2500$
液压式	小型	$Q<800$
	中型	$800\leqslant Q<1600$
	大型	$1600\leqslant Q<3200$
	超大型	$Q\geqslant3200$

（4）起重设备等级划分标准，见表 1-4。

（5）水泵机组等级划分标准，见表 1-5。

（二）移民和环境部分

移民和环境部分指水库移民征地补偿、水土保持工程和环境保护。

表 1-4　起重设备等级划分标准

等级划分	划分标准（起重量 G）/t
大型	$G\geqslant100$
中型	$30\leqslant G<100$
小型	$G<30$

表 1 - 5   水泵机组等级划分标准

主　机　组		等　级　划　分		
		大型	中型	小型
轴流泵或导叶式混流泵机组	水泵口径/mm	≥1600	900～<1600	<900
	配套功率/kW	≥800	300～<800	<300
离心泵或蜗壳式混流泵机组	水泵进口直径/mm	≥800	500～<800	<500
	配套功率/kW	≥1000	380～<1000	<380
潜水电泵　潜水轴流泵或潜水导叶式混流泵	叶轮直径/mm	≥1600	500～<1600	<500
	配套功率/kW	≥800	300～<800	<300
潜水离心泵或潜水蜗壳式混流泵	水泵进口直径/mm	≥800	500～<800	<500
	配套功率/kW	≥1000	380～<1000	<380

当主机组按分等指标分属两个不同等级时，应以其中的高等级为准。

第二节　水利工程金属结构及机电设备制造与安装的基本概念

一、水利工程设备的概念

水利工程设备，是指安装于水利水电工程的水轮发电机组、水泵机组、闸门、压力钢管、拦污栅、清污机、起重启闭设备及其附属设施等机电及金属结构设备。

二、金属结构及机电设备制造与安装的基本概念

（一）水工金属结构

水利水电工程中的压力钢管、闸门、拦污栅、清污机、升船机和启闭机等金属结构的统称。

（二）水利工程机电设备

水利水电工程中水轮发电机组、水泵机组及其附属设备等机械设备和电气设备的统称。

（三）设备制造

设备制造是指通过特定的工艺、方法，将原材料、元器件加工成或组合成具有一定功能的零部件或整台设备的过程。

（四）设备安装

设备安装是指为实现设备的某种功能，根据设计意图，按一定要求以相对固定方式，将整台设备或独立的零部件组合在一起，进行安放连接的活动或行为。

三、金属结构及机电设备制造与安装监理的基本概念

（一）设备制造与安装监理

设备制造与安装监理是指监理单位受发包人委托，依据相关法规、标准规范和监理合

同，承担水利水电工程设备制造、运输、安装与调试、试运行、缺陷责任期等阶段的监理。

（二）见证

见证是指对信息、文件、记录、实物、活动、过程等事物进行观察、审查、记录和确认等的监督活动。见证点分文件见证点（R点）、现场见证点（W点）和停止见证点（H点）。

文件见证点（R点）：由设备监理工程师对设备工程的有关文件、记录或报告等进行见证、检验或审核而预先设定的监理控制点。

现场见证点（W点）：由设备监理工程师对设备工程的活动、过程、工序、节点或结果进行现场见证、检验或审核而预先设定的监理控制点。

停止见证点（H点）：由设备监理工程师完成见证、检验或审核并签认后，设备工程才可转入下一个活动、过程、工序或节点而预先设定的监理控制点。

（三）平行检测

监理机构利用一定的检查和检测手段，在设备制造或安装单位自检的基础上，按一定的比例独立进行检测的活动。

（四）跟踪检测

监理机构对设备制造或安装承包人在质量检测中的取样和送样进行监督。

（五）旁站监理

在重要部件、关键工序生产或安装过程中，由监理人员在现场进行连续的监督活动。

（六）巡视监理

监理人员到现场对设备制造或安装过程进行定期或不定期的监督活动。

（七）缺陷责任期

缺陷责任期是指承包单位与发包单位在合同中约定的，对工程的质量缺陷担保的责任期限。缺陷责任期自实际完工日期起计算。在全部工程完工验收前，已经发包人提前验收的单位工程，其缺陷责任期的起算日期相应提前。

第三节　金属结构及机电设备制造与安装监理的基础知识

一、金属结构及机电设备制造与安装监理的依据

金属结构及机电设备制造与安装监理是指对安装于水利工程的发电机组、水泵机组及其附属设备，以及闸门、压力钢管、拦污设备、起重启闭设备等机电设备及金属结构生产制造与安装过程中的质量、进度、投资、合同、信息、组织协调等全过程进行监督管理的活动。监理依据主要包括以下几个方面：

（1）国家和国务院水行政主管部门有关工程建设的法律、法规、规章等。

（2）相关行业技术标准、规范、规程以及工程建设标准强制性条文（水工部分）等。

（3）经批准的工程建设项目设计文件，包括监理合同、制造安装合同、设备采购合同等文件，图纸、设备安装使用说明书等。

二、监理工作方法、程序和制度

（一）监理工作方法

（1）巡视检查。

（2）旁站监理。

（3）平行检测。

（4）跟踪检测。

（5）文件见证。

（6）现场见证。

（7）停止见证。

（8）组织协调。监理机构对建设单位、设计单位、制造安装单位之间的配合关系及设备制造与安装过程中出现的问题和争议进行沟通、协商和调解。

（9）发布指令文件。监理机构采用通知、指示、批复、签认等文件形式进行设备制造与安装全过程的控制和管理。

（二）监理工作程序

（1）签订监理合同，明确监理内容和责权。

（2）依据监理合同，组建项目监理机构，选派总监理工程师、监理工程师、监理员及行政事务与辅助服务人员。

（3）监理人员熟悉项目有关法律、法规、规章以及技术标准，熟悉设备图样和设计文件、制造安装合同文件和监理合同文件。

（4）编制设备制造安装监理规划。

（5）编制设备制造安装监理实施细则。

（6）履行设备制造过程监理工作。

（7）参加设备制造出厂验收工作。

（8）履行设备安装过程监理工作。

（9）参加设备验收工作。

（10）向建设单位移交监理合同约定的技术资料。

（11）按监理合同约定处理其他监理工作。

（三）监理工作制度

（1）开工许可制度。对开工申请（开工报审表）审查，符合条件要求时准予开工制造或安装，下达开工令。监理机构审查开工报审时，包括下列内容：

1）设备制造或安装前，必须完成设备制造工艺方案、设备安装工艺方案（含安全措施）的审查。

2）完成相关特种作业人员和制造安装设备能力的核查。

3）完成质保体系的审查。

4）完成原材料外购件检验。

5）完成监理复检等。

6）完成总进度计划编制。

7）完成设计联络会、第一次现场会议或工地会议等相关会议的召开。

（2）技术文件审核、审批制度。根据设备制造合同约定由制造单位提交的制造图样以及由制造、安装单位提交的设备制造工艺方案、设备安装工艺方案（含安全措施）、焊接评定报告、整体装配方案等文件，均应通过监理机构审核审批。

（3）原材料、外购外协件的检验审查制度。原材料、外购外协件应有出厂合格证书或技术说明书，设备制造单位自检合格后，方可报监理机构检验和审查，符合规定要求时予以签字确认。

（4）设备零部件加工质量查验制度。设备制造单位质检部门应在零部件加工或某一工序完成后进行自检，合格后方可报监理机构进行查验。

（5）安装工作质量报验制度。安装过程中每个质控点的工序节点完成后应向监理机构报验，经监理检验合格后，方可进入下道安装工序。

（6）重大安全质量事故报告制度。当发生重大安全质量事故时，应立即要求设备制造或安装单位按编制的处理程序进行处理，并立即向建设单位报告。

（7）设备制造或安装完工验收制度。在设备制造单位提交验收申请后，监理机构应对其是否具备验收条件进行审核，并根据有关验收规程或合同约定，协助建设单位组织设备出厂验收；设备安装完工后，应及时进行质量评定与完工验收。

（8）设备制造、安装计量支付签证制度。所有工作量须经监理机构签证才能计量，付款申请须由监理进行审核方可支付。

（9）工作报告制度。监理机构应及时向建设单位提交监理月报或监理专题报告；在监理工作完成后，应提交监理工作总结报告。

（10）会议制度。监理机构应建立会议制度，包括第一次工地会议、工地例会、协调会和监理专题会议等。

（11）安全管理制度。安全管理制度包括安全责任制、安全检查制度、安全生产条件审查制度、安全教育培训制度、安全管理人员和特种作业人员审查制度、特种设备、关键设备及主要设备审查制度、应急管理制度等。

（12）资料管理制度。明确监理日记、监理月报、会议纪要、监理通知、巡视记录、旁站记录等填写填报要求，以及监理过程管控资料的收集、整理、归档要求。

（13）为顺利完成监理工作所必需的其他主要管理工作制度，如见证、旁站、平行检测、巡视制度等。

三、监理规划及监理实施细则

（一）监理规划

监理规划是用来指导设备制造与安装监理机构全面开展监理工作的纲领性文件。监理规划的编制应针对设备制造、安装项目的实际情况，明确项目监理机构的工作目标，确定具体的监理工作制度、程序、方法和措施，并应具有可操作性。

监理规划应该依据监理大纲和设备制造安装的相关法律法规、技术标准和设备制造安装合同进行编写，主要应包括下列内容：

（1）项目概况及目标。

（2）监理工程范围和内容。

（3）监理工作依据。

（4）监理的组织机构。

（5）监理工作的基本程序、工作制度。

（6）质量控制的内容、方法及措施。

（7）进度控制的内容、方法及措施。

（8）投资控制的内容、方法及措施。

（9）安全管理的内容、方法及措施。

（10）合同管理工作。

（11）信息管理工作。

（12）相关协调工作。

（13）监理检测工具、设备、监理设施等。

（14）监理实施细则编制计划等。

监理规划编制完成后经监理单位技术负责人审核批准。作为监理单位技术文件，要在召开第一次设备制造现场会议或安装工程项目第一次工地会议前报送建设单位。

（二）监理实施细则

监理实施细则是在监理规划的基础上，使监理工作具体化的可操作性文件。监理实施细则的编制程序与依据应符合下列要求：

（1）在设备制造、安装项目开始前编制完成，可按某一专业工程或工作分别编制。

（2）由专业监理工程师负责编制，并由总监理工程师批准。

（3）应按照下列依据进行编制：

1）已批准的监理规划。

2）与设备制造安装项目相关的标准规范、设计文件和技术资料。

3）经批准的设备制造工艺方案或设备安装工艺方案。

（4）监理实施细则应包括下列主要内容：

1）专业工程概况、特点、工艺流程及质量目标。

2）编制的依据。

3）监理工作流程。结合设备制造工艺流程、质量控制程序、安装工艺方案、进度计划等，编制设备制造或安装监理工作流程。

4）监理控制要点。依据设备制造工艺方案或设备安装工艺方案，参照典型设备制造安装质量见证项目样表、细化的监理控制要点和监理质量控制程序。

5）监理工作方法及措施。如文件审查；过程中巡视、检查、检测试验、见证、旁站；指令；通知等。

6）安装项目的质量评定用表清单。

7）归档资料目录清单。监理过程中的检查、检测、试验、见证等记录台账，外委的第三方检测报告、日志、月报、会议纪要、工作总结报告等。

在设备制造安装监理实施过程中，监理实施细则应根据实际情况进行修改、补充和完善。

思 考 题

1. 水利工程金属结构及机电设备分别包括哪些设备？

2. 在金属结构及机电设备制造安装工程中，监理工作方法有哪些？见证有几种方式？什么叫平行检测？

3. 设备制造与安装监理工作的依据有哪些？

4. 监理实施细则有哪些主要内容？

第二章 金属结构及机电设备制造与安装监理工作

第一节 金属结构及机电设备制造与安装准备阶段的监理工作

一、组建监理机构

监理单位应依据监理合同规定，建立与监理任务相适应的监理机构，派出满足设备制造与安装阶段工作要求的监理人员进驻设备制造单位或安装现场。

二、监理机构的准备工作

（1）建立监理工作规章制度，制定监理工作程序。

（2）接收、收集并熟悉有关设备制造与安装施工的资料，如设备制造与安装有关法律、法规、规章和技术标准，设备制造与安装项目设计图样及其他技术文件、合同文件及相关资料。

（3）组织编制设备制造与安装监理规划和监理实施细则，并在监理合同规定的期限内报送建设单位。

（4）配置必备的办公设施和检验测试仪器设备。

三、金属结构及机电设备制造准备阶段的主要监理工作

（1）检查设备制造前应由建设单位提供下列制造条件完成情况：

1）经监理机构核查确认的加工图样和文件的提供情况。

2）制造合同中约定应由建设单位提供的设备制造材料、标准件等的供应情况。

3）首次设备制造预付款的支付情况。

（2）加工图样的核查与签发应符合下列规定：

监理机构收到加工图样后，应在设备制造合同约定的时间内完成核查工作。对设备加工图样的核查应注意下列几点：

1）图样是否符合国家的有关技术政策、标准、规范和批准的设计文件。

2）设计参数及零部件尺寸数值必须符合设计与标准要求。

3）图样及设计计算书必须采用法定计量单位。

4）图样及设计是否完整、正确。

5）图样尺寸、公差、技术要求及加工工艺是否正确。

6）材料、外购外协件及标准件的质量检验要求。

7）设计中使用的新结构、新材料、新工艺的可行性及试验、验收资料是否齐全。

（3）设计联络会。监理机构在设备制造前参与或受项目法人委托组织设计联络会议，相关单位（包括主要外购外协件单位）应参加会议。其主要内容应包括以下几个方面：

1）设计单位进行设计交底，在会前监理工程师应熟悉设计图纸及其他技术文件、合同文件及相关资料，提出疑问、意见或建议。

2）审查讨论设备制造单位的设备制造工艺总方案，审查合同约定由制造单位提交的制造图样以及具体的设备制造工艺方案等文件。

3）审查确认外购外协件产品清单及外购外协件厂家，确定制造单位与配套协作单位相互配合等协调事项。

4）讨论确定相关元器件、零部件等外购外协件的规格、主要性能和参数，以及各种接口要求等。

5）明确设备柜体、外观颜色等要求。

6）讨论确定设备试验及检验、设备运输和交接方案、设备调试及验收等事项。

7）讨论进度计划，确定出厂验收时间。

8）如需要，确定下一次设计联络会召开的时间及内容。

9）解决其他相关问题。

（4）核查设备制造单位的质量保证体系。

1）监理工程师核查、确认设备制造单位的质量保证措施。

2）审查设备制造的关键零部件加工人员上岗前技术培训情况和特殊工种操作人员资格。

（5）对设备采购合同允许的分包项目，在其投产前，审查设备制造单位报送的分包单位资格报审表和分包单位有关资质资料，并报建设单位批准。

（6）对用于设备制造的原材料、外购外协件等进行文件见证、检查，同时确保设备制造及装配必需的库存量，并符合规定的技术品质和质量标准要求。

（7）对用于设备制造的主要加工设备的能力进行查验，确认是否符合要求。

（8）审查设备制造单位报送的设备制造项目开工报审表及相关资料，具备开工条件时，总监理工程师签发开工令，并报建设单位。

监理机构审查开工报审时，应包括下列内容：

1）设备制造项目组织机构、人员（含特种作业人员）及质量、安全管理体系。

2）项目制造工艺方案，焊接评定报告等。

3）主要原材料的检验等准备情况。

4）加工人员、加工设备的准备情况。

5）检测计划及委托的检测机构资质情况。

6）设备制造总体进度计划和分步计划。

7）外购外协件订货等分包单位资质及合同。

8）制造前的技术、安全交底及培训教育情况。

四、金属结构及机电设备安装准备阶段的主要监理工作

（1）编制设备安装监理实施细则。

（2）设备安装前，监理机构应审查安装单位编制的施工组织设计或安装与调试方案（含安全技术措施）、专项工艺方案措施（包括吊装方案、脚手架方案）等。

1）设备安装施工组织设计内容包括：组织机构、安装作业安全保证体系、质量保证体系、技术方案或作业指导书、主要部件或特殊部件安装专项措施。

2）技术方案或作业指导书审查的内容包括：遵循的标准、规范、规程，安装总布置，安装程序，进度计划，资源配置及主要安装调试质量标准等。

3）安装施工措施审查内容包括：安装现场组织机构、安装方法、起重机起吊能力复核、大件吊装方案、测量工具和仪器的名称和精度、焊接工艺、支撑和加固方式、安全措施、质量标准、工期、人员配备等。

（3）审查检查安装项目配备的人员（含特种作业人员）、安装机械设备、工器具及检测仪器等。

（4）审查设备安装分包单位的资质及安装分包合同。

（5）监理机构组织相关单位召开设备安装与调试技术交底会议。

（6）查验与设备安装有关的土建施工是否满足安装要求，确认已提供下列土建施工相关技术资料：

1）主要设备基础及建筑物的验收记录。

2）与设备安装有关的基准线和基准点等。

3）与设备安装相关的混凝土强度和位移观测资料。

（7）做好设备安装的基准线、基准点的交接与校核工作。

（8）检查安装各项安全措施有无到位。

（9）对开工申请（开工报审表）审查，符合条件要求时，准予开工。

（10）组织设备交接验收。

到货交接验收可分为到货验收和开箱验收，根据施工现场实际情况可一次完成也可分步进行。主要包括以下工作内容：

1）对到货设备的型号、规格、数量、外观、装箱单、附件、备品备件、专用工器具、产品的技术文件等出厂物品和资料核对与检查，并填写验收单。

2）开箱验收中，监理机构要求安装单位对装箱零部件进行数量清点，并检查质量证明文件。

监理机构应督促承包人落实到场设备的保护措施。

（11）在设备开始安装前，监理机构应会同安装单位检查安装现场是否达到满足安装条件的要求，确认影响安装环境、作业安全和安装质量的因素得到有效控制后方可准许开工。

（12）审查安装总进度计划。

（13）设备安装工程的项目单元划分。

（14）其他设备安装准备事项。

第二节　金属结构及机电设备制造阶段的监理工作

金属结构及机电设备制造阶段监理工作以合同管理为中心，以设备质量、设备生产工期、合同费用为控制目标，并协调与设备制造有关单位的工作关系。设备制造监理流程如图 2-1 所示。

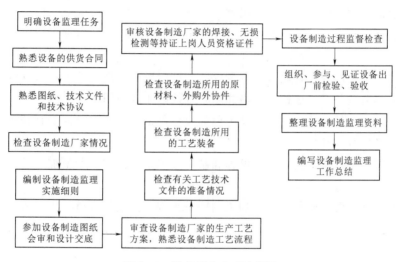

图 2-1　设备制造监理流程图

一、设备制造质量控制

（一）过程控制

（1）根据金属结构及机电设备制造的内容和特点，确定监理质量控制要点，包括以下内容：

1）原材料检验。

2）工艺方案审查。

3）焊接工艺评定。

4）结构件、设备制造精度控制。

5）装配尺寸检测。

6）焊缝检测。

7）防腐检验。

8）试验调试。

9）出厂验收。

（2）监理机构应按照有关设备制造标准和设备制造合同约定，对所有加工过程进行监督、见证，控制设备制造质量。

1）熟悉有关标准、规范以及设备采购订货合同中的各项规定。

2) 审查设备制造单位报送的工艺方案和生产计划，提出审查意见。设备制造工艺方案和生产计划经总监理工程师批准后才能实施。监理人员应重点掌握主要和关键零部件的生产工艺规程及检验要求。

3) 对制造单位的设备、人员、材料、加工流程和工艺、加工环境等可能影响设备制造质量的因素实施全面控制，并贯穿于设备制造的全过程。

（3）严把材料关，制造零部件的材料必须符合设计图纸要求，严格审查材料的出厂合格证及相关试验报告，凡没有合格证的或抽检不合格的，不得使用。

当设备制造单位采用新材料、代用材料、新工艺、新技术时，应向监理机构报送经论证符合相关法规和技术标准规定的相应工艺措施和证明材料，经监理机构审查后报项目法人批准。

（4）对加工零部件的机具设备、测量仪器、试验设备等进行检查，必须满足加工工艺的要求，相关仪器设备需经过检验合格并在有效期内才能使用。

（5）对于重要的外购外协件，监理工程师应对设备的外购外协件进行核查并确定其是否符合要求，必要时应到场进行见证。

（6）对主要零部件的质量控制点设置和制造过程监督控制，严格加强各工序的质量监督和检验。

过程监督检查主要是监督零部件加工制造是否按工艺规程进行，主要零部件的材质和工序是否符合图纸、工艺的规定。

对零部件加工的一般要求如下：

1) 加工件的质量必须符合设计图样、工艺流程和有关标准的规定。

2) 重要铸件粗加工后应进行时效处理。

3) 加工件的锐边和尖角在图样上未注明要求时，必须倒钝。

4) 热处理后不再进行加工的零部件表面应清洗干净。表面处理后的加工件光泽度应均匀一致。

5) 加工件尺寸未注明允许偏差的，加工件的盲孔深度未注明公差的，应分别符合表 2-1 和表 2-2 的规定。

表 2-1　未注公差尺寸的允许偏差		表 2-2　未注公差盲孔深度的允许偏差	
尺寸部位	允许偏差	孔深/mm	允许偏差
孔径、槽深、槽宽（H）	H14	$H \leqslant 50$	+2.0，0
轴径和凸起（h）	H14	$50 < H \leqslant 100$	+6.0，0
长度（Js）	Js14	$H > 100$	+8.0，0

6) 加工件已加工表面不许有磕、碰、划伤和锈蚀等缺陷。螺纹表面不得有压痕。

（7）监理工程师应审查设备制造的检验计划和检验要求，确认各阶段的检验时间、内容、方法、标准以及检测手段、检测设备和仪器。

检验工作包括对原材料进货、制造加工、组装、中间产品试验、除锈、强度试验、严密性试验、整机性能考核试验、防腐（或涂装）、包装直至出厂具备装运条件的检验。

另外，应对检验所配备的检测手段、设备仪器、试验方法、标准、时间、频率等进行审查。

（8）监理工程师应在设备制造过程中开展相关见证工作，对质量进行检查监督，对重要零部件加工和重要检验试验点旁站监理等。

（9）监理工程师应检查和监督设备制造单位按批准的设备装配方案进行装配，并对重要部件和整机装配进行现场见证、旁站。

在设备装配过程中，监理工程师应检查配合面的配合质量、零部件的定位质量及它们的连接质量、运动件的运动精度等装配质量是否符合设计及标准要求。

装配调试应由部件开始至组件、至单机、直至整机（或成套设备），按说明书和生产操作程序进行，并应符合下列要求：

1）各转动和移动部分，盘动应灵活，无卡滞现象。

2）安全装置、紧急停机和制动、报警信号等经试验均应正确、灵敏、可靠。

3）各种手柄操作位置、按钮、控制显示和信号等，应与实际动作及其运行方向相符；压力、温度、流量等仪表指示均应准确、灵敏、可靠。

4）应按有关规定和说明书调整往复运动部件的行程、变速和限位；在整个行程上其运动应平稳，不应有振动、爬行和停滞现象；换向不得有异响。

5）主运动和进给运动机构均应进行各级速度（低、中、高）的运转试验。其启动、运转、停止和制动，在手控、半自动化控制和自动控制下，均应正确、可靠、无异常现象。

6）起重设备按国家起重机规范要求进行试验，并应完全符合设计要求。

7）经运转性能试验，各项性能指标均应达到设计文件的要求。

（10）监理工程师应参加设备制造过程中的调试、整机性能的检测和验证工作，符合要求时予以签认。

（11）在设备运往现场前，监理工程师应检查待运设备的保护和包装措施是否符合要求，相关的随机文件、装箱单和附件是否齐全。

（12）在设备制造过程中如需对原设计进行变更，监理工程师应审核设备变更手续，并审查因设计变更引起的费用和工期的变化。

（13）按合同行使质量监督权。在下列情况下，总监理工程师有权下达停工令：①在设备制造过程中出现质量异常情况，经提出后承包单位未采取改进措施；②未经设计及监理同意，擅自变更；③使用没有合格证的材料，擅自替换、变更工程材料；④特种作业人员的资质不满足要求；⑤对已发生严重质量事故未进行处理和提出有效的改进措施仍然继续作业的。

总监理工程师下达停工令后，应提出下列处理意见：①要求设备制造单位作出原因分析；②要求设备制造单位提出整改措施；③确定复工条件。

（14）定期组织质量分析会，通报设备加工制造质量情况，对于存在的问题采取措施整改。

（15）设备制造单位应按检验计划和检验要求进行设备制造过程的检验工作，做好检验记录，并把检验结果报送监理机构。

(16) 在设备制造工作结束后，总监理工程师应组织编写设备制造监理工作总结。其内容包括设备制造情况及主要性能指标，监理工作范围与内容，设备制造过程中对质量、进度、投资三大目标的控制情况，监理工作成效，监理合同履行情况、出现的问题及处理情况和建议等。

(17) 设备制造质量缺陷与事故处理。发生质量缺陷时，监理人员应发出不符合项处理单，要求制造单位及时查明其部位和数量、分析产生的原因，提出缺陷处理措施；缺陷处理措施，经监理批准后方可执行；重大缺陷的处理应报建设单位批准。发生质量事故时，监理机构应立即向建设单位报告，督促制造单位及时提交事故报告；监理单位应对事故经过做好记录，督促制造单位做好相应记录，并根据需要对事故现场进行拍照或摄像取证，为事故调查、处理提供依据；监理机构按合同规定，参加事故的调查与处理。

(二) 出厂验收与发运

(1) 监理机构应按照国家、部门、地方的有关法规、技术标准、设备制造和监理合同文件的有关规定，做好设备出厂验收的监理工作。

1) 监理机构应审核制造单位提交的设备出厂验收申请报告、验收大纲和技术资料，签署意见后报送建设单位。

2) 总监理工程师应组织编写设备制造监理工作总结报告。

3) 参加或被授权后主持召开设备出厂验收会议。

4) 督促制造单位按照验收中提出的遗留问题的处理意见完成处理工作，对处理结果进行签认。

(2) 监理机构应在设备出厂验收前核查制造单位提交的资料。

1) 质量合格证明文件，应包括：制造方名称、出厂日期、设备名称、型号、规格、设备工作性能参数、设备执行标准、设备检验人员、检验负责人签字并按规定盖章、设备出厂编号等。

2) 设备制造有关技术资料，应包括：设备检验和报验资料（包括设备出厂试验报告）、外购外协件的质量证明文件、设备使用说明书及安装作业指导书等。

3) 设备出厂验收申请报告、验收大纲和总结报告等技术资料。

4) 竣工图（含设计变更）。

5) 涉及设备制造阶段的有关检验报告和制造缺陷处理记录。

6) 其他资料。

(3) 在设备出厂运往现场前，监理工程师应检查设备制造单位对待运设备采取的防护和包装措施，并检查是否符合运输、装卸、储存、安装的要求，及相关的随机文件、装箱单和附件是否齐全，是否符合合同要求。

(4) 设备制造监理工作总结报告应包括下列内容：

1) 监理设备项目概况（包括设备特性、合同目标完成情况等）。

2) 设备制造监理综述（包括监理机构组成、监理工作程序、方法和制度，以及监理工作成效等）。

3）设备制造质量监理过程（包括监理过程控制、质量检测、质量事故及缺陷处理等）。

4）合同工期目标控制成效。

5）合同投资控制（包括合同支付总额及投资控制成效等）。

6）合同商务管理（包括工程变更、合同索赔、合同违约处理、合同争议的调解等）。

7）监理合同履行情况、设备质量评价和建议等。

（5）验收大纲主要包括以下内容：

1）概况。

2）出厂验收设备的主要技术参数。

3）出厂验收的依据。

4）出厂验收的程序与方法。

5）试验设备及检测量具与仪器。

6）试验检测准备及相关要求。

7）出厂验收资料。

二、设备制造进度控制

（1）设备制造单位应在设备制造合同约定的时间内向监理机构提交设备制造进度计划，同时监理机构应在收到设备制造进度计划后及时进行审核。

（2）监理机构应按下列程序进行设备制造进度控制：

1）审核制造单位报送的设备制造总进度计划。

2）审核制造单位编制的年度、季度、月度设备制造进度计划。

3）对进度计划实施情况进行检查、分析与协调。

4）当实际进度滞后于计划进度时，监理工程师应书面通知制造单位采取纠偏措施并监督实施。

（3）设备制造进度的检查与协调应符合下列规定：

1）监理机构应编制和建立用于制造进度控制和制造进展记录的各种图表，以利于随时对制造进度进行分析和评价，并作为进度控制和合同工期管理的依据。

2）监理机构应对制造进度计划的实施全过程进行定期检查，对重要零部件的制造进度实施重点跟踪检查，对实际制造进度进行分析和评价。

3）监理机构应督促设备制造单位按设备制造合同规定的期限，向监理机构递交当月、当季、当年制造进度报告。

4）监理机构应根据制造进度计划，协调有关制造各方之间的关系。

5）监理工程师应密切注意制造进度，当发现实际进度滞后于计划进度时应签发监理工程师通知单，指令制造单位采取调整措施；当实际进度严重滞后于计划进度时，应及时报总监理工程师，由总监理工程师与建设单位商定采取进一步措施。

发布赶工指示是设备制造合同文件授予监理单位的重要监理权限，也是监理机构控制加工进度以实现设备制造合同工期目标或建设单位要求工期目标的重要手段。制造单位应按监理机构的赶工指示调整加工进度，合理增加加工资源的配置和投入，努力追回拖延的或要求提前的工期。

（4）监理机构应在监理月报中向建设单位报告设备制造进度和所采取的进度控制措施的执行情况。

三、设备制造投资控制

（1）设备制造投资控制的主要监理工作应包括下列内容：

1）审核设备制造进度的预付款申请。

2）审核设备制造进度款支付申请，签发付款证书。

3）根据设备制造合同规定进行价格调整。

4）根据授权，协调或处理因设计变更、工期变更等原因引起的设备制造费用变化事宜。

5）根据授权，协调或处理合同索赔中的费用问题。

6）审核完工付款申请，签发完工付款证书。

7）审核设备制造结算付款申请，签发结算付款证书。

8）收集相关费用索赔证据。涉及设备制造索赔的有关制造和监理资料包括设备制造合同、协议；设备设计变更；制造方案；制造进度计划；制造单位工、料、机动态记录；建设单位和制造单位的有关文件、会议纪要；监理机构文件和通知等。

（2）监理机构收到制造单位的设备制造预付款申请后，应审核制造单位获得预付款已具备的条件。符合合同约定时，方可签发预付款支付证书。

（3）监理机构应严格按设备制造合同文件规定，及时办理设备制造进度款支付的审查与签证。

（4）监理机构应依照设备制造合同文件规定的程序和调整方式，及时协助建设单位办理合同价格调整。

（5）监理机构应按设备制造合同约定的程序及办法处理设备设计变更事宜，并在设计变更、工期变更实施前与建设单位、设备制造单位协商确定设计变更的价款。发生设备设计变更事宜，无论是由设计单位或建设单位或制造单位提出的，均应经过建设单位、设计单位、制造单位和监理单位的代表签认，并通过总监理工程师下达变更指令后，制造单位方可进行制造。变更价款应按各方协商一致的价款支付。

（6）监理机构应及时审核制造单位提交的完工付款申请及支持性资料，并及时为经合同双方协商一致部分的价款签发付款证书，报建设单位。

（7）监理工程师应审核设备制造单位报送的设备制造结算文件，并提出审核意见，由总监理工程师审核后，报建设单位进行处理。

四、合同管理

（一）设备制造暂停及复工

（1）监理人员应按监理合同对设备制造实施监理，在发生下列情况之一时，应在取得建设单位的同意后签发暂停令：

1）在设备制造过程中出现严重质量问题，经提出后设备制造单位仍不采取改进措施。

2）未经设计及监理部门批准，擅自更改设计图样进行设备制造。

3）使用没有合格证明的材料或擅自变更工程材料进行设备制造。

4）对已发生的严重安全质量事故，没有采取有效的改进措施仍继续进行设备制造。

5）工程需要暂停制造。

（2）下达暂停令后，监理机构应督促制造单位妥善保管好已加工设备零部件，并督促有关各方及时采取有效措施，积极消除停工因素的影响，为尽早复工创造条件。

（3）由于建设单位原因或其他非制造单位原因导致设备制造暂停时，监理机构应如实记录所发生的实际情况，及时处理因设备制造暂停引起的与工期、费用有关的问题。

（4）由于制造单位原因导致设备制造暂停，在具备恢复设备制造条件时，监理机构应及时审查制造单位报送的复工申请及有关材料，同意后由总监理工程师签署设备制造复工令。

（二）合同变更的管理

（1）设备制造合同变更的申报、审查、批准、实施等过程与依据文件，均必须是有效的书面文件，并按设备制造合同文件规定的程序进行。

（2）设备制造合同变更的提出应包括下列内容：

1）建设单位应依据设备制造合同约定或设备制造需要，提出设备制造变更意见。

2）设计单位应依据设计合同约定在其职责与权限范围内提出对设备设计文件的变更建议。

3）制造单位应根据设备制造的实际情况，提出变更建议。

4）监理机构应依据有关规范或设备制造的实际情况，提出变更建议。

（3）设备制造变更指令应由建设单位发出。监理机构应按设备制造合同文件规定和建设单位授权，协助建设单位对设备制造变更建议书进行审查。

（4）监理机构应审查设备制造的合同变更申请，应包括下列主要内容：

1）变更的原因及依据。

2）变更的内容及范围。

3）变更项目的制造方案。

4）提交的设计图样与资料。

（三）合同索赔的处理

（1）当合同一方提出索赔理由的同时满足下列条件时，监理机构应予以受理：

1）索赔事件已造成了合同一方的直接经济损失。

2）索赔事件是由于合同另一方的责任而发生的。

3）合同一方已按照设备制造合同规定的期限和程序提出索赔申请表，并附有索赔凭证材料。

（2）监理机构处理索赔的依据应包括下列内容：

1）国家有关的法律、法规和设备制造项目所在地的地方性法规。

2）国家、部门和地方有关的标准、规范和定额。

3）设备制造合同文件。

4）设备制造合同履行过程中与索赔事件有关的凭证。

（3）监理机构受理设备制造单位提出的索赔报告后，应及时进行下列工作：

1）依据设备制造合同约定，对索赔的有效性、合理性进行审查、评价和认证，并提出初步意见。

2）对索赔支持性资料的真实性逐一进行分析和核实。

3）总监理工程师在对索赔费用的计算依据、计算方法、计算结果及其合理性逐项进行审查的基础上，并初步确定一个赔偿额度后，与建设单位和制造单位进行协商。

4）对由于设备制造合同双方共同责任造成的经济损失或工期延误，应通过协商一致，公平合理地确定双方分担的比例。

5）与合同双方协调后，总监理工程师应在设备制造合同规定的期限内签署费用索赔审批表，连同索赔报告文件提交建设单位按设备制造合同规定的程序办理索赔支付事宜。

（4）由于设备制造单位的原因造成建设单位的额外损失，建设单位向设备制造单位提出费用索赔时，总监理工程师在审查索赔报告后，应公正地与建设单位和设备制造单位进行协商，并及时做出答复。

（四）合同违约的处理

（1）当设备制造单位有下列事实之一时，属设备制造单位违约：

1）在接到总监理工程师签发的开工指令后，无正当理由不按期开工或拖延工期的。

2）无视监理工程师的指令，继续使用不合格的材料、不符合加工要求的人员及设备的。

3）未经批准，擅自将设备制造项目分包的。

4）发生其他不履行设备制造合同所规定的义务而使建设单位利益受到损害的。

（2）对于设备制造单位的违约，监理机构应依据设备制造合同文件规定采取下列措施：

1）在及时进行查证和认定事实的基础上，对违约事件的后果做出判断。

2）及时向制造单位发出书面警告，限其在规定的时限内予以弥补和纠正。

3）制造单位在收到书面通告的规定时限内仍不采取有效措施纠正其违约行为或继续违约，监理机构应指令制造单位暂停并限期整改。

4）当制造单位继续严重违约或无能力完成应由其完成的整改任务，监理机构应及时向建设单位报告、说明制造单位违约情况及其严重后果。

5）当建设单位向制造单位发出解除合同通知后，监理机构应确定因制造单位违约给建设单位造成的损失，办理并签发部分或全部中止合同的支付工作。

（3）当建设单位有下列事实之一时，属建设单位违约：

1）未能在设备制造合同文件规定的时限内向制造单位支付预付设备款或预付材料购置款的。

2）未能在设备制造合同文件规定的时限内向制造单位提供应由建设单位提供的设备加工图样的。

3）未能按设备制造合同文件规定，在总监理工程师签发支付证书后向制造单位支付到期应支付的款项，或干涉、拒绝批准的。

4）任何合理的支付凭证，因建设单位原因导致付款延误，影响合同顺利执行的。

5）宣告破产或由于不可预见的原因，而不可能继续履行或实质上已停止履行其合同义务的。

（4）对于建设单位的违约，监理机构应依据有关规定和设备制造合同文件规定处理。

1）由于建设单位违约，影响合同正常执行，在制造单位提出合同索赔后，监理机构应及时与建设单位和制造单位协商，并促使制造单位尽快恢复正常制造工作。

2）当制造单位提出解除设备制造合同要求后，监理机构应及时协助建设单位尽快进行调查、取证和确认工作，并在此基础上，按有关规定和设备制造合同约定处理解除设备制造合同后的有关事宜。

（五）制造分包项目

（1）设备制造分包项目投产前，监理机构应在合同文件授权范围内，对提出的分包申请进行审查并报建设单位。

（2）监理机构应从下列主要内容审查设备制造分包项目申请报告：

1）分包单位的营业执照、企业资质等级证书、特殊行业施工许可证、企业财务状况、主要技术人员资历和加工机械设备状况等。

2）分包单位的业绩、承担同类设备制造项目的经历及其证明。

3）分包项目的内容、范围和造价。

4）分包单位专职管理人员和特殊作业人员的资格证、上岗证。

5）分包项目工期及设备制造进度计划。

6）拟定的分包协议。

（3）分包项目的监理。

1）分包项目协议通过审批生效后，监理机构应按监理合同约定，对分包项目进行管理。

2）监理机构应督促制造单位加强对分包项目的管理。

（六）合同争议的调解

（1）监理机构收到合同争议的调解要求后，应进行下列工作：

1）及时调查合同争议的全部情况，包括取证和确认。

2）在调查取证的基础上，及时与合同争议双方进行协商。

3）在与合同争议双方进行协商的基础上，监理机构应研究提出处理意见，由总监理工程师进行合同争议调解。

4）当调解未能达成一致时，总监理工程师应在设备制造合同规定的期限内提出处理合同争议的调解方案，并及时送达争议的双方。

5）在争议调解过程中，除已达到了设备制造合同规定的暂停履行合同的条件之外，监理机构应要求设备制造合同的双方继续履行设备制造合同。

（2）在总监理工程师签发设备制造合同争议处理方案后，建设单位或制造单位在合同规定的期限内未对合同争议处理方案提出异议，在符合设备制造合同的前提下，此调解方案应成为最后的决定，双方必须执行。

（3）在合同争议的仲裁或诉讼过程中，监理机构接到仲裁机关或法院要求提供有关证据的通知后，应公正地向仲裁机关或法院提供与争议有关的证据。

（七）合同的解除

（1）设备制造合同的解除应符合合同约定。

（2）当建设单位违约导致设备制造合同最终解除时，监理机构应按设备制造合同的规定从下列应得的款项中确定制造单位应得到的全部款项，并与建设单位和制造单位协商一致后，书面通知建设单位和制造单位。

1）制造单位已完成的设备加工费用。

2）按合同规定已采购的工程材料、外购配件的款项。

3）设备制造单位合法的利润。

4）设备制造合同规定的建设单位应支付的违约金。

（3）当设备制造单位违约导致设备制造合同最终解除时监理机构应按下列程序清理设备制造单位的应得款项，或偿还建设单位的相关款项，并书面通知建设单位和制造单位。

1）制造合同终止时，清理制造单位已按制造合同规定实际完成工作应得的款项和已经得到支付的款项。

2）设备加工已使用的材料价值。

3）设备制造合同规定的制造单位应支付的违约金。

4）总监理工程师应按照设备制造合同的规定，在与建设单位和制造单位协商后，向合同双方提交制造单位应得款项或应偿还建设单位款项的书面证明。

五、安全管理

设备制造单位应按相关要求落实好安全生产的条件，建立安全管理制度，并进行日常的安全生产管理，做好安全教育培训，落实好安全生产责任制，保证必要的安全投入。按照《水利水电工程金属结构制作与安装安全技术规程》（SL/T 780）和《水利水电工程机电设备安装安全技术规程》（SL 400）等落实好相应的安全措施。

第三节　金属结构及机电设备安装阶段的监理工作

一、安装施工质量控制

（一）过程控制

（1）设备安装过程中，监理应通过巡视、旁站、平行检测、见证、通知、指令等方法，检查督促安装单位按照设备安装工艺方案或作业指导书进行施工，对于不按安装工艺方案或作业指导书执行的行为应进行制止或下发指令要求整改，甚至停工整改。

（2）预埋件的协调。机电设备及金属结构件的很多零部件在土建混凝土浇筑中要预先埋设，或预留孔洞或预留二期混凝土。

监理机构应协调好土建施工中预埋件的预理工作，在承建单位自检合格报请监理工程师验收后，才能进入下道工序施工。监理机构应督促承建单位保护好预埋件或预留孔。在对预埋件混凝土浇筑过程中，监理人员应进行旁站。

（3）严格执行质量报验制度。安装过程中每个质量控制点的工序节点完成后应向监理机构报验，经监理平行检测合格后，方可进入下道安装工序。

（4）重要部位和关键工序的质量控制。在重要部件、关键工序安装过程中或关键的检验试验点，由监理人员在现场进行旁站监督，是否按安装工艺方案或试验计划执行，如水轮发电机组主机安装、水泵机组主机安装、平衡试验、荷载试验、水压试验、各种电气试验等。

（5）大件吊装安装质量控制。

1）对金属结构及机电设备的大型部件、基准件、易变形部件的吊装，如发电机定子及转子的吊装、转轮的吊装、轮毂烧嵌、主变压器就位与吊芯、闸门及启闭机大件吊装，以及机组基准件，如座环、蜗壳、尾水管等部件的吊装，监理机构应要求安装承建单位报送安装专项施工方案和安装作业指导书。

2）监理机构应督促安装单位按照批准的安装专项施工方案实施，并对大件安装过程进行跟踪、旁站。

（二）检验与调试

（1）监理机构应督促安装单位按照有关安装和试验规程，进行安装过程质量的检验和设备调试。对调试过程，监理机构应安排人员进行旁站监督。

（2）监理机构审查机电设备安装承建单位或调试单位提交的主要机电设备及闸门启闭机设备的调试方案、安全隔离措施、操作规程等。

（3）监理机构应督促安装单位做好调试记录，确认设备的各项技术参数达到要求后进行签认。

（三）质量检验与评定

设备安装完工后应按《水利水电工程单元工程施工质量验收评定标准》（SL 635～639）及《水利水电工程施工质量检验与评定规程》（SL 176）逐级进行单元工程、分部工程、单位工程的质量评定，以及分部工程、单位工程的验收，完成后可进行合同完工验收。

监理机构应在设备安装验收前督促安装单位提交如下验收资料：

（1）提供设备合格证书与相关的检验资料。

（2）设计相关资料。

（3）安装缺陷处理记录。

（4）安装质量报验、评定等资料。

（5）安装施工管理工作报告。

（6）其他资料。

监理结构应编写安装完工验收监理工作总结报告。

监理机构应督促安装单位按照验收中提出的遗留问题处理意见完成处理工作，并对处理结果进行签认。

（四）缺陷的处理

（1）对于安装过程中发现的一般设备缺陷，监理机构应根据责任要求制造单位或设计单位提出消除缺陷处理意见，并会同设计、制造、安装单位协调缺陷处理的有关事项。

（2）对于安装导致的质量缺陷，督促承建单位及时修复质量缺陷，直至对严重的且无法修复的质量缺陷进行返工或对设备进行重新安装。

（3）对于重大缺陷，监理机构应及时报告业主，要求责任单位提出消除缺陷处理方案，处理方案应得到业主的同意后方可实施。

二、安全、环保管理

设备安装安全、环保监理主要工作内容如下：

（1）应审查承包人有关人员相关资质。

（2）应审查承包人安全、环保专项方案。

（3）督促承包人按照相关要求落实现场安全、环保措施。

设备安装单位应按相关要求落实好安全生产的条件，建立安全管理制度，并进行日常的安全生产管理，做好安全教育培训及安装工作前的交底工作，落实好安全生产责任制，保证必要的安全投入。可参照《水利水电工程金属结构制作与安装安全技术规程》（SL/T 780）、《水利水电工程机电设备安装安全技术规程》（SL 400）等，落实好相应的安全措施。

监理的安全管理工作可参照全国监理工程师（水利工程）学习丛书《水利工程建设安全生产管理》相关内容。

三、安装进度控制

参照《建设工程进度控制（水利工程）》〔全国监理工程师（水利工程）学习丛书〕相关内容。

四、安装投资控制

参照《建设工程投资控制（水利工程）》〔全国监理工程师（水利工程）学习丛书〕相关内容。

五、安装合同管理

参照《建设工程合同管理》（监理工程师学习丛书）相关内容。

六、金属结构及机电设备试运行阶段的监理工作

（1）设备试运行前，监理机构应组织相关单位审核、确定试运行方案及操作规程并报发包人批准，必要时可组织专家进行论证。设备试运行方案中应包含相应的应急处理方案并经审查确定。

（2）设备试运行前，与设备相关的建筑物分部工程验收及辅助设备试运行工作应已完成，设备及其附属设施安装分部工程、相关电气设备等安装分部工程应已完成且经安装单位自查合格。

（3）设备试运行前，监理机构应组织相关单位对各设备及其配套设施的安装情况、试运行外部环境条件及试运行安全措施进行检查，各项检查结果应满足设备试运行条件。

（4）监理机构应协调各相关单位共同做好设备的试运行工作；监理人员应对设备试运行过程中的检查和测试项目进行见证，并督促承包人做好试运行记录。

（5）监理机构应组织有关单位将试运行记录与试运行方案中预定要求进行对比分析，并应及时将对比分析结果向发包人和有关单位反馈。

（6）试运行结束后，监理机构应参与设备试运行状况评价，协助发包人进行设备试运行总结。

第四节　金属结构及机电设备安装验收阶段及缺陷责任期的监理工作

一、安装验收阶段监理工作

（1）监理机构应按照有关规定组织或参加工程验收，其主要工作职责包括以下内容：

1）参加或受业主委托主持分部工程验收，参加业主主持的单位工程验收、水电站（泵站）机组启动验收和合同工程完工验收。

2）参加阶段验收、竣工验收，解答验收委员会提出的问题，并作为被验收单位在验收鉴定书上签字；工程竣工验收前，应按有关规定进行专项验收。

3）按照工程验收有关规定提交验收监理工作报告，并准备相应的监理资料。

4）监督承包人按照验收鉴定书上的遗留问题处理意见完成处理工作。

（2）工程阶段验收中的监理主要工作内容如下：

1）工程进展到枢纽工程导（截）流验收、水库下闸蓄水验收、引（调）排水工程通水验收、水电站（泵站）首（末）台机组启动验收、部分工程投入使用前，监理机构应核查承包人的阶段验收准备工作，具备以上条件的，提请业主安排阶段验收工作。

2）各项阶段验收前，监理机构应协助业主单位检查阶段验收的具备条件，并提交阶段验收的监理工作报告，准备好监理资料。

3）监理机构参加阶段验收、解答验收委员会提出的问题，并作为被验收单位在验收鉴定书上签字。

4) 监督承包人按照阶段验收鉴定书上的遗留问题处理意见完成处理工作。

(3) 竣工验收中的监理主要工作内容：监理机构应协助业主单位组织竣工验收自查，核查历次验收中的遗留问题的处理情况。

1) 在竣工技术预验收和竣工验收之前，监理应提交竣工验收监理工作报告，并准备相应的监理备查资料。

2) 监理应派代表参加竣工技术预验收和竣工验收，向验收委员会报告监理工作情况，解答验收委员会提出的问题，并在验收鉴定书上签字。

二、缺陷责任期监理工作

(1) 督促承建单位完成未完成的尾留工作，对未完工作进行检查、检验，并做好尾留工作的质量、进度控制、安全管理等工作。

(2) 对工程设备运行情况进行巡查、掌握设备运行情况，对发现的质量缺陷进行检查、记录、分析，并与承建单位、业主进行责任界定。

(3) 督促承建单位及时修复质量缺陷，直至对严重的质量缺陷因无法修复而进行返工或对设备进行重新安装。

(4) 当承建单位不能按期完成其责任内的缺陷修复，监理机构可以按合同约定，建议业主雇用其他单位完成。

(5) 在承建单位进行质量缺陷修复或设备重装过程中，监理机构应跟踪并做好质量检查，并在缺陷修复完成后，对修复质量进行专项验收。

(6) 督促承建单位向业主移交备品备件、档案资料等，同时移交监理档案资料，编制缺陷责任期监理工作报告。

(7) 如缺陷责任期延长，监理机构应颁发缺陷责任期延长证书，在缺陷责任期延长期间，监理应履行监理工作职责。

(8) 缺陷责任期届满，承建单位完成责任期内的工作，经检查满足合同约定要求，监理机构应颁发缺陷责任期终止证书。

三、设备质量缺陷与事故处理

(1) 设备形成过程中，因原材料、加工制作、装配等原因导致质量缺陷时，监理工程师应要求制造单位及时查明其部位和数量，分析产生的原因，提出缺陷处理措施。缺陷处理方案经监理机构批准后方可执行，重大缺陷的处理应经建设单位批准。

(2) 设备制造安装过程中，发生设备制造质量或安装质量不符合合同文件规定的质量标准，影响设备使用寿命或正常运行的设备发生质量事故时，监理机构应立即向建设单位报告，督促制造安装单位及时提交事故报告。

(3) 监理机构应做好记录，并督促制造单位或安装单位做好相应记录，并根据需要对事故现场进行拍照或摄像取证，为事故调查、处理提供依据。

(4) 监理机构应按国家法律、法规和设备采购合同文件的规定，参加事故的调查与处理。

第五节 档案资料管理

一、信息管理内容

监理信息管理应包括下列内容：

（1）制定包括文档资料收集、分类、整编、归档、保管、查阅、传阅、复制、移交、保密等制度。

（2）制定包括文件资料签收、送阅与归档及文件起草、打印、校核、签发、传递等在内的文档资料管理程序。

（3）建立信息目录分类清单、信息编码体系，确定监理信息资料内部分类归档方案。

（4）建立信息采集、整理、分析、存储、归档、查询的计算机辅助管理信息系统。

（5）编发设备制造与安装信息文件和报表。

二、文件传递与受理规定

设备制造与安装有关文件的传递与受理应符合下列规定：

（1）监理机构与建设单位和设备制造、安装单位以及其他单位联络应以书面文件为准。特殊情况下可先口头或电话通知，但事后应按制造合同约定及时予以书面确认。

（2）除设备制造、安装合同另有规定外，应按下列程序传递：

1）设备制造、安装单位向建设单位报送的文件应先报送监理机构，并经监理机构审核后转报建设单位。

2）建设单位关于设备制造、安装中与制造、安装单位有关事宜的意见与决定，应通过监理机构向制造、安装单位下达实施。

三、档案管理规定

监理档案资料管理应符合下列规定：

（1）监理机构应在设备制造、安装项目开工前，建立监理档案资料管理制度。由总监理工程师指定专门人员随设备项目制造安装和监理工作进展，加强监理资料的收集、整理和归档工作。总监理工程师应定期对监理档案资料管理工作进行检查。同时应督促制造、安装单位按有关规定和合同约定做好设备制造、安装档案资料的收集、整理和递送工作。

（2）监理机构应按档案管理的要求，做好档案资料的分类建档和管理。

1）监理机构应依据业主授予的权限和设备制造与安装监理合同要求，建立协调制度、明确建立协调程序、方式和责任。

2）监理机构应运用协调权限，及时解决设备制造与安装过程中进度、质量与费用之间的矛盾，及时解决与设备制造安装相关各方应承担的责任与义务之间的矛盾，努力减少并及时解决制造安装过程与合同履约中的矛盾纠纷。

3）监理机构协调设备制造与安装的工作关系时，在保证设备质量、安全的情况下，加快生产或施工进度。在维护设备制造与安装各方权益的同时，正确处理各方的矛盾与纠纷。

4）监理机构应根据设备制造与安装的进展情况，定期或不定期召开监理协调会议，研究设备制造与安装过程中的质量、进度、安全等问题，做好相应记录，对必须落实的重要事项进行跟踪核对。

5）监理机构应及时做好各类监理会议的纪要，并分发各方。会议纪要不应作为实施的依据，监理机构及与会各方应根据会议决定的各项事宜另行发布监理指示或履行相应文件程序。

四、监理日志、报告与会议纪要

监理日志、报告与会议纪要应符合下列规定：

（1）监理人员应及时认真地填写监理日志，总监理工程师应定期检查与审阅监理日志。

（2）监理机构应在每月的固定时间，向建设单位、监理单位报送监理月报。

（3）监理机构应根据设备制造进展情况和安装现场情况，向建设单位报送监理专题报告。

（4）在设备制造或设备安装监理工作结束时，总监理工程师应组织编写监理工作总结，并向建设单位、监理单位提交监理工作总结报告。

（5）监理机构应对各类监理会议安排专人负责做好记录和会议纪要的编写工作。监理机构及与会各方应根据会议决定的事宜，印发给各单位。

（6）监理月报应由总监理工程师组织编制，签认后报建设单位和本监理单位。

监理月报应包括下列内容：①本月设备项目概况。②设备制造或安装进度，实际完成情况与计划进度比较。③设备制造或安装质量情况分析，本月采取的加强质量措施及其效果。④本月设备制造或安装进度款支付情况。⑤合同其他事项的处理情况：设计变更；工程延期；费用索赔。⑥本月监理工作小结：对本月进度、质量、工程款支付等方面情况的综合评价；有关设备制造或安装的意见和建议；下月监理工作的重点及注意事项。

（7）监理日志（记）需记录的主要内容如下：

1）当天日期和天气情况以及环境温度等。

2）当天施工（制造）情况：包含当天施工（制造）活动情况，现场施工机械和劳动力投入情况，主要材料的进出场情况等。

3）监理工程师当天巡视检查，旁站监理及平行检测的部位和情况过程描述以及现场计量的记录情况。

4）对于施工（制造）过程中存在的问题及处理经过，另需记录跟踪结果。

5）参与现场协调工作的情况记录：包含监理会议、专题会议、协调会议、现场协调工作的发生事因和处理情况等。

6）当天签发（接收）文件情况：各项报审、报验、监理工程师通知单、监理工作联系单、工程暂停令、工程变更文件等。

7）工程当天发生的重大事件及处理情况。

8）主管部门对工程项目现场的检查情况。

9）与工程有关的其他情况。

思　考　题

1. 设备制造质量控制有哪些主要内容？
2. 设备安装质量控制有哪些主要内容？
3. 缺陷责任期内监理有哪些工作？
4. 监理月报主要内容包括哪些？
5. 设备出现制造、安装质量缺陷时如何处理？
6. 在设备制造与安装工作中哪些需要旁站？
7. 设计联络会应解决哪些问题？

第三章 金属结构及机电设备的原材料与采购

第一节 原材料的种类、性能

金属结构及机电设备所用材料主要有金属材料、焊接材料、止水材料、润滑材料、防腐材料等。

工程材料的性能主要包括使用性能和工艺性能。使用性能是指在使用过程中所表现出的性能，如材料的物理性能和化学性能；工艺性能是指材料在加工过程中对不同加工特性所反映出来的性能，包括铸造、塑性加工、焊接、热处理、机械加工性能等。在工程设计时只有了解材料的性能，才能正确地选择和使用材料。

一、常用金属材料的分类和牌号的表示方法

1. 金属材料分类

常用金属材料分为黑色金属和有色金属两大类。

黑色金属通常指钢和铸铁；有色金属是指黑色金属以外的金属及其合金，如铝合金、铜合金、轴承合金等。

钢材的分类繁多，为了便于生产和使用，可以按照化学成分、质量和用途等对钢材进行分类。

（1）按化学成分分类：碳素钢、合金钢。

碳素钢又分为低碳钢（$C \leqslant 0.25\%$）、中碳钢（$0.25\% < C \leqslant 0.6\%$）、高碳钢（$C > 0.6\%$）。（$C$ 代表碳含量）

合金钢按合金种类分为锰钢、铬钢、硼钢、铬镍钢、硅锰钢。

合金钢按合金元素含量分为低合金钢（元素合金含量 $<5\%$）、中合金钢（元素合金含量 $=5\% \sim 10\%$）、高合金钢（元素合金含量 $>10\%$）。

（2）按质量分类：普通碳素钢（$S \leqslant 0.05\%$，$P \leqslant 0.045\%$）、优质碳素钢（$S \leqslant 0.035\%$，$P \leqslant 0.035\%$）、高级优质碳素钢（$S \leqslant 0.020\%$，$P \leqslant 0.030\%$）、特级优质碳素钢（$S \leqslant 0.015\%$，$P \leqslant 0.025\%$）。（S 代表硫含量，P 代表磷含量）。

（3）按用途分类：结构钢、工具钢、特殊性能钢。结构钢又分为建筑级工程用钢、机器用钢。工具钢又分为刃具钢、模具钢、量具钢。特殊性能钢又分为不锈钢、耐磨钢、耐热钢、磁钢。

2. 工程设备常用钢铁产品牌号的表示方法

根据《钢铁产品牌号表示方法》（GB/T 221）介绍钢铁产品牌号的表示方法。钢铁产

品牌号的表示一般采用汉语拼音字母、化学元素符号和阿拉伯数字相结合的形式。

（1）《碳素结构钢》（GB/T 700）。如 Q195、Q215AF、Q235Bb、Q255A、Q275。

1）钢号冠以"Q"，后面的数字表示屈服点值（MPa）。例如：Q235。

2）必要时钢号后面可标出表示质量等级和脱氧方法的符号。质量等级符号为：A、B、C、D。脱氧方法符号：F 表示沸腾钢；b 表示半镇静钢；Z 表示镇静钢；TZ 表示特殊镇静钢。例如：Q235Bb，表示 B 级半镇静钢。

（2）《低合金高强度结构钢》（GB/T 1591）。如 Q295、Q355A、Q390B、Q420C、Q460E。

1）钢号冠以"Q"，和碳素结构钢的现行钢号相统一，后面的数字表示屈服点值（MPa），分为五个等级强度。

2）在强度等级系列中又有 A、B、C、D、E 五个质量等级。例如：Q355A 表示 A 级低合金高强度结构钢。

3）对专业用低合金高强度钢，应在钢号最后附加表示用途的字母。如 Q355q《桥梁用结构钢》（GB/T 714）表示用于桥梁的专用钢种。

（3）《一般工程与结构用低合金钢铸件》（GB/T 14408）。主要以力学性能表示的牌号。这类牌号的主体结构为：前缀字母"ZG"＋两组力学性能值［屈服强度（MPa）和抗拉强度（MPa）］。需要时可附加后缀字母或补充前缀字母。这类牌号有一般工程用碳素铸钢、一般工程与结构用低合金铸钢、焊接结构用碳素铸钢，例如：ZG200－400、ZGD270－480、ZG200－400H。

（4）《优质碳素结构钢》（GB/T 699）。如 08Al、45、20A、40Mn、70Mn、20g。

1）钢号开头的两位数字表示钢的碳含量，以平均碳含量×100 表示，例如平均碳含量为 0.45 的钢，钢号为"45"。

2）锰含量较高的优质碳素结构钢，应标出"Mn"，例如 50Mn。用 Al 脱氧的镇静钢应标出"Al"，例如 08Al。

3）镇静钢不加"Z"，沸腾钢、半镇静钢及专门用途的优质碳素结构钢应在钢号最后标出。例如平均碳含量为 0.10％的半镇静钢，钢号为 10b。

4）高级优质碳素结构钢在钢号后加"A"，特级优质碳素结构钢在钢号后加"E"。

二、工程设备常用钢材技术条件

设备制造用钢材的质量，必须符合现行的钢材材质的相应国家标准规定。常用的工程设备制造用钢材相应国家标准如下：

（1）《优质碳素结构钢》（GB/T 699）。

（2）《碳素结构钢》（GB/T 700）。

（3）《低碳钢热轧圆盘条》（GB/T 701）。

（4）《热轧钢棒尺寸、外形、重量及允许偏差》（GB/T 702）。

（5）《热轧型钢》（GB/T 706）。

（6）《冷轧钢板和钢带的尺寸、外形、重量及允许偏差》（GB/T 708）。

（7）《热轧钢板和钢带的尺寸、外形、重量及允许偏差》（GB/T 709）。

(8)《优质碳素结构钢热轧钢板和钢带》(GB/T 711)。

(9)《锅炉和压力容器用钢板》(GB/T 713)。

(10)《铸造铝合金》(GB/T 1173)。

(11)《铸造铜及铜合金》(GB/T 1176)。

(12)《钢结构用高强度大六角头螺栓、大六角螺母、垫圈技术条件》(GB/T 1231)。

(13)《球墨铸铁件》(GB/T 1348)。

(14)《低合金高强度结构钢》(GB/T 1591)。

(15)《合金结构钢》(GB/T 3077)。

(16)《碳素结构钢和低合金结构钢热轧钢板和钢带》(GB/T 3274)。

(17)《不锈钢冷轧钢板和钢带》(GB/T 3280)。

(18)《连续铸铁管》(GB/T 3422)。

(19)《钢结构用扭剪型高强度螺栓连接副》(GB/T 3632)。

(20)《不锈钢热轧钢板和钢带》(GB/T 4237)。

(21)《工程结构用中、高强度不锈钢铸件》(GB/T 6967)。

(22)《焊接结构用铸钢件》(GB/T 7659)。

(23)《结构用无缝钢管》(GB/T 8162)。

(24)《不锈钢复合钢板和钢带》(GB/T 8165)。

(25)《灰铸铁件》(GB/T 9439)。

(26)《一般工程用铸造碳钢件》(GB/T 11352)。

(27)《优质碳素结构钢冷轧钢板和钢带》(GB/T 13237)。

(28)《铜合金铸件》(GB/T 13819)。

(29)《一般工程与结构用低合金钢铸件》(GB/T 14408)。

三、其他主要材料

(一)焊接材料

焊接材料主要有焊条、焊丝、焊剂、保护气体等,焊条型号、焊丝代号及焊剂必须符合施工图纸规定,当图纸没有规定时,应选用与母材强度相适应的焊接材料,所有材料应有出厂合格证(质量证明书),标号不清或有疑问时应予复验。焊接材料应符合下列规定:

(1)焊条的化学成分、力学性能和扩散氢含量等各项指标应符合《非合金钢及细晶粒钢焊条》(GB/T 5117)、《热强钢焊条》(GB/T 5118)或《不锈钢焊条》(GB/T 983)等规定。

焊接材料一般选用合适的填充金属。当要求强度高时,一般用 J707 或 J607 焊条;要求不高时可用 J506 或 J507 焊条。

(2)埋弧焊焊丝和焊剂应符合《埋弧焊用非合金钢及细晶粒钢实心焊丝、药芯焊丝和焊丝-焊剂组合分类要求》(GB/T 5293)、《埋弧焊用热强钢实心焊丝、药芯焊丝和焊丝-焊剂组合分类要求》(GB/T 12470)或《埋弧焊用不锈钢焊丝-焊剂组合分类要求》(GB/

T 17854)等规定。

（3）气体保护焊用焊丝应符合《熔化极气体保护电弧焊用非合金钢及细晶粒钢实心焊丝》（GB/T 8110）、《非合金钢及细晶粒钢药芯焊丝》（GB/T 10045）、《热强钢药芯焊丝》（GB/T 17493）、《不锈钢药芯焊丝》（GB/T 17853）、《焊接用不锈钢丝》（YB/T 5092）等规定。

（4）气体保护焊用气体：CO_2 应符合《工业液体二氧化碳》（GB/T 6052）的规定，CO_2 纯度不应小于 99.5%；Ar 应符合《氩》（GB/T 4842），Ar 纯度不应小于 99.9%；CO_2、Ar 混合气体应符合《焊接用混合气体　氩-二氧化碳》（HG/T 3728）的规定。

（5）首次使用的焊接材料应按规定进行论证评审，经过焊接工艺评定后方可使用。

（6）焊接材料必须分类存放在干燥通风良好的仓库内，库房内温度不应低于 5℃，相对湿度不大于 70%。

（二）止水材料

止水材料有橡胶类止水、金属类钢止水及尼龙类等，主要为橡胶类。

止水橡皮应符合《水闸橡胶密封件》（HG/T 3096）的下列内容：

（1）止水橡皮的材料应符合施工图纸与合同文件的要求。

（2）止水橡皮的型式、规格及其尺寸误差应满足施工图样要求。

（3）止水橡皮的单根供货长度应比施工图样的单根长度多 10%，以备安装损耗之用。止水橡皮制品由承包人按施工图纸要求订货，为减少周转环节，可由承包人在橡胶厂验收后直接发运工厂或工地，但应列入闸门的装箱清单，并对其质量和数量负责。

（4）止水橡皮的接头要求黏接牢靠，无论采用热胶合或冷黏接工艺，其方案均应经监理工程师同意，方能使用。橡胶水封的物理机械性能见表 3-1。

表 3-1　　　　　　　　　　　橡胶水封的物理机械性能

序号	性　能		指　标　值			
			I		II	高水头橡胶水封
			SF6674	SF6474	SF6574	
1	密度/(g/cm³)		1.2～1.5	1.2～1.5	1.2～1.5	1.2～1.5
2	含（新）胶量/%		≥60	≥60	≥60	≥60
3	拉伸强度/MPa		≥18	≥13	≥14	≥22
4	邵氏硬度/HA		60±5	60±5	60±5	70±5
5	拉断伸长率/%		≥450	≥450	≥400	≥400
6	拉伸弹性模量/MPa	100%	1.6～2.0	1.6～2.0	1.6～2.0	2.0～4.0
		200%	1.8～2.5	1.8～2.5	1.8～2.5	2.5～5.0
7	压缩弹性模量/MPa	20%	5.5～6.0	5.5～6.0	5.5～6.0	5.5～7.5
8	在 -40～40℃ 温度环境下工作		不发生冻裂或硬化			

橡胶复合水封聚四氟乙烯薄膜厚度应大于 1.0mm，聚四氟乙烯薄膜与橡胶的黏合强度，当试样宽度为 25.0mm 时，应不小于 10kN/m。

（三）润滑材料

润滑材料有：高分子工程合金材料 MGB、铜基镶嵌自润滑材料 FZ5（3）、38CrMoAlA 基镶嵌复合材料及普通的润滑油、润滑脂等。常用自润滑铜合金支承材料的铜合金应符合《铜及铜合金铸件》（GB/T 13819）的要求。

（四）防腐材料

防腐材料主要有防腐涂料、喷涂用金属材料等。

承包人按施工图纸要求采购的防腐材料，在制造厂提供的使用说明书中应说明防腐材料的特性、化学成分、配比、喷涂方法、作业规则、喷涂环境要求以及存放和养护措施等。防腐材料应符合现行国家标准。

1. 防腐涂料

涂料应选用经过工程实践证明的性能良好的产品，否则应经过试验确定其性能满足设计要求。构成涂层系统的所有涂料宜由同一涂料厂生产，不同厂家的涂料配套使用时应做配套试验。生产厂家应提供产品合格证、涂料说明书和检验报告等资料。

防腐涂层系统宜由底漆、中间漆和面漆构成。底漆应具有良好的附着力和防锈性能，中间漆应具有良好的屏蔽性能和面漆、底漆良好的结合性能，面漆应具有耐候性和耐水性。

面漆颜色色标应符合《漆膜颜色标准》（GB/T 3181）的要求。

2. 喷涂用金属材料

热喷涂用金属丝应光洁、无锈、无油、无折痕，其直径宜为 2mm 或 3mm。

金属丝的成分应满足下列要求：

（1）锌丝中锌的含量不小于 99.99%。

（2）铝丝中铝的含量不小于 99.5%。

（3）锌铝合金宜选用 Zn-Al15。

防腐材料及其辅助材料应贮于 5～35℃通风良好的库房内，按原包装密封保管。若制造厂另有规定，则应按制造厂规定执行。

（五）其他非金属材料

其他非金属材料主要有工业用橡胶板《工业用橡胶板》（GB/T 5574）、陶瓷、（工程）塑料、合成橡胶、纤维等，新型材料有纳米 WC 陶瓷等。

陶瓷防腐涂层，以优质碳素结构钢、低合金结构钢、合金结构钢作为母材，采用热喷涂工艺将耐磨、耐腐蚀陶瓷粉末在其表面形成陶瓷涂层的一种工艺，广泛用于液压启闭机活塞杆中，陶瓷涂层活塞杆产品的技术条件见《陶瓷涂层活塞杆技术条件》（NB/T 35017）。

新型高分子工程塑料合金 MGB 复合材料，具有优异的耐磨性、动静摩擦系数相近、很好的抗冲击性、自润滑性以及很好的弹性等特点。

纳米 WC 陶瓷涂层具有远高于基材的显微硬度、耐磨性能以及耐磨蚀性能，与基材之间形成高强度的结合，将其应用到机组过流部件表面可以起到显著的抗泥沙磨蚀作用。

四、金属材料的性能

（一）金属材料的物理性能和力学性能指标

金属材料的物理性能和力学性能指标主要有：物理性能指标（密度）、弹性指标、强度性能指标、硬度性能指标、塑性指标、疲劳性能指标、断裂韧性性能指标、热性能指标、电性能指标。

（二）金属材料的化学性能

任何材料都是在一定的环境条件下使用的，环境作用的结果可能引起材料的物理性能和力学性能的下降。如涡轮发动机转子部件在工作中同时承受高速旋转的离心力与燃气冲刷腐蚀的共同作用，其工作环境非常恶劣。高温腐蚀损伤是造成此类部件失效的主要原因之一。常见的材料与环境的作用有氧化和腐蚀等化学反应，将工程材料抵抗各种化学作用的能力称为化学性能，其主要包括抗氧化性与抗腐蚀性。

（三）金属材料的工艺性能

材料在加工过程中对不同加工特性所反映出来的性能称为工艺性能。它表示材料制成具有一定形状和良好性能的零部件或零部件毛坯的可能性及难易程度。材料工艺性能的好坏，会直接影响制造零部件的工艺方法、质量及其制造成本。

1. 铸造性能

铸造性能是指材料用铸造方法获得优质铸件的性能。它取决于材料的流动性和收缩性。流动性好的材料，充型能力强，可获得完整而致密的铸件。收缩率小的材料，铸造冷却后，铸件缩孔小，尺寸稳定，内应力小。

铸铁、青铜具有良好的铸造性能，所以被广泛使用。

2. 塑性加工性能

塑性加工性能是指材料通过塑性加工（如锻造、冲压、挤压、轧制等），将原材料加工成零部件或半成品的性能。它取决于材料本身的塑性高低和变形抗力的大小。

低碳钢、铜、铝具有较好的塑性和较小的变形抗力，因此容易塑性加工，而铸铁、硬质合金则不能塑性加工。

3. 热处理性能

热处理性能主要是指钢接受淬火的能力（即淬透性），它是用淬透层的深度来表示的。合金钢的淬透性比碳钢好，所以对于大型零部件往往用合金钢制造，以获得均匀的淬火组织和均匀的机械性能。

4. 焊接性能

焊接性能是指两种相同或不同的材料，通过各种焊接方法连接在一起所表现的性能。影响焊接性能的因素很多，如导热性、热膨胀性、塑性、氧化性等对焊缝的强度、变形及开裂都有影响。针对不同的材料应选择其相适应的焊接方法。

5. 机械加工性能

材料的机械加工性能决定了刀具的使用寿命和被加工零部件的表面粗糙度。它与材料种类、成分、硬度、韧性和导热性等因素有关。一般钢材的理想切削硬度为160～230HB。钢材硬度太低，切削时容易"黏刀"，表面粗糙度高；硬度太高，切削时易磨损刀具。

第二节 原材料采购

一、原材料采购

（1）掌握材料信息，经考察或招标优选供货厂家。掌握材料质量、价格、供货能力的信息，选择好供货厂家，就可获得质好价廉的材料资源，从而就可确保设备质量、降低设备成本。为此，对主要材料在订货前，必须要求承包单位申报厂家、产品规格、标准、性能要求等，经监理工程师论证同意后，方可订货。

（2）合理组织材料采购，加强材料仓库保管，健全材料发放和使用制度，避免材料用错和浪费。

（3）加强材料检查验收，严把材料质量关。

1）对用于设备零部件加工的主要材料，进厂时必须具有出厂合格证及材质试验报告单（包括化验及机械性能试验报告）。如不具备或对检验证明有怀疑时，应补充检验。

2）凡标志不清或认为质量有问题的材料、对质量保证资料有怀疑的或与合同规定不相符的一般材料，均应进行抽检。

3）对于进口的材料、设备应会同商检部门进行检验，如发现不符合质量或规格要求的应取得供方和商检人员签署的商务记录，按期提出索赔。

4）对设备关键零部件的特殊材料需专门妥善保管、防止错用。

5）材料质量抽检和检验的方法，应符合相关的关键标准，要能真实反映该批材料的质量性能。

6）电缆、绝缘材料等，要进行耐压试验。

二、原材料采购质量控制

材料采购，需按设计要求采购，符合技术条件要求，其力学性能和化学成分应满足现行的国家标准与规范。原材料的供应商及外协件厂商的相关的资质文件需报监理工程师审查批准，并按要求做相关复验，如合同要求监理还需进行独立抽检试验，检验不合格的不得使用。

原材料进厂时必须进行验收，符合施工图纸规定，并按规范要求进行复验，其力学性能和化学成分必须符合现行的国家标准和行业标准。铸铁闸门铸件应附随炉试棒，所有材料应具有出厂合格证和质保单等质量证明文件，方可进场使用。如无出厂合格证、或标号不清、或数据不全、或对数据有疑问者，应对每张板材或每件型钢、铸件毛坯进行试验，试验合格并取得监理工程师的同意才能使用。钢板如需超声波探伤，则应按《厚钢板超声检测方法》（GB/T 2970）标准执行。若承包人采用图纸规定以外材料替代，应得到监理工程师的批准；金属材料应存放在干燥通风的仓库内，注意防止锈蚀和污染；金属材料应分类堆放，挂牌注明品种、规格和批号，搁置稳妥，防止变形和损伤；金属材料的表面缺陷超过 GB/T 3274 中的有关规定时，不得使用。

（一）材料质量标准

材料质量标准是衡量材料质量的尺度，也是检验质量和验收的依据。

工程设备所用的材料都应符合国家标准规定的质量要求。对于进口产品，还应符合相应出口国的标准。如"ASTM"美国材料试验标准、"JIS"日本工业标准、"BS"英国标准、"DIN"德国工业标准等。

（二）材料质量的检验

1. 检验的目的

材料质量检验的目的，是通过一系列的检测手段，将所取得的材料试验数据与材料的质量标准相比较，借以判断材料质量能否应用于设备制造。

2. 检验方法

一般材料质量检验方法有书面检验、外观检验、理化检验和无损检验等四种。

（1）书面检验是通过对提供的材料质量保证资料、试验报告等进行审核，取得监理工程师认可后方能使用。

（2）外观检验是从品种、规格、标志、外形尺寸、锈蚀等情况对材料进行直观检查，看其有无质量问题。

（3）理化检验是借助仪器和试验设备对材料制品的化学成分、机械性能等进行分析与科学鉴定。

（4）无损检验是在不破坏材料样品的前提下，利用射线、超声波、磁粉探伤仪等进行检测。检验材料或零部件的表面及内部是否有损伤或缺陷。

3. 材料质量的检验程度

根据材料信息，使用的重要程度和质量保证的具体情况，其质量检验程度分免检、抽检和全部检验三种。

（1）免检就是免去质量检验过程。对有足够质量保证的一般材料，以及实践证明质量长期稳定且质量资料齐全的材料，可予免检。

（2）抽检就是按随机抽样的方法对材料进行抽样检验。当对材料性能不清楚，或对质量保证资料有怀疑，或对成批生产的构配件，均应按一定比例进行抽样检验。

（3）全部检验。凡对进口的材料、设备及重要零部件应用的材料，以及贵重的材料，应进行全部检验，以确保设备制造质量。

4. 检验项目

材料质量检验项目分："一般检验项目"，为通常的试验项目；"其他检验项目"，为根据需要进行的试验项目。

如对一般用途的低碳钢，"一般检验项目"有化学分析、机械强度试验项目，"其他检验项目"则有冲击、硬度、焊接件（焊缝）的机械性能试验。

5. 检验的取样

材料质量检验的取样必须有代表性，即所采取样品的质量应能代表该批材料的质量。

在采取试样时，必须按有关规定的要求，按规定的部位、数量级采选的操作要求进行。

以对不明钢号的钢材为例，以 20t 为一批，任取 3 根钢材，分别截取拉伸、冷弯、化学分析各一段，每组拉伸、冷弯、化学分析试件各送 2 段，截取时先将每根端头弃去 10cm。

6. 材料抽样检验的判断

抽样检验一般适用于对原料、半成品或成品的质量鉴定。由于产品数量大或检验费用高，不可能对产品逐个进行检验，特别是破坏性和损伤性的检验。通过抽样检验，可判断整批产品是否合格。

7. 检验标准

对不同的材料有不同的检验项目和不同的检验标准，而检验标准则是用以判断材料是否合格的依据。

例如，对 8-40 冷拉Ⅲ级钢筋，在一般检验项目中有拉力和冷弯试验。拉力试验标准，屈服点为 $500N/mm^2$，抗拉强度为 $570N/mm^2$；冷弯试验标准，当弯曲直径为 5d（d 钢筋直径），弯曲角为 90°，无断裂、起层。若试验结果不能满足上述要求时，则说明材质不合格。

（三）钢材验收

工程设备制造用钢筋、型钢、板材等的出厂质量标准、检验方法，均应符合国家质量标准和试验技术标准要求，并经检测试验合格，才能按国家标准中对钢材验收、包装、标志及质量证明书的规定要求进行验收和保管。

（1）《钢丝验收、包装、标志及质量证明书的一般规定》（GB/T 2103）。该标准适用于钢丝（包括直条）的验收、包装、标志、质量证明书及储存运输的一般规定。如产品标准另有规定时，按相应标准执行。

（2）《型钢验收、包装、标志及质量证明书的一般规定》（GB/T 2101）。该标准规定了型钢（条钢、异形钢和盘条）的验收、包装、标志、质量证明书的要求，适用于热轧、冷轧（拉）、锻制及热处理型钢。

（3）《钢管的验收、包装、标志和质量证明书》（GB/T 2102）。该标准规定了钢管（包括无缝钢管和焊接钢管）的验收、包装、标志、质量证明书。如产品标准另有规定时，按相应标准执行。

（4）《钢板和钢带包装、标志及质量证明书的一般规定》（GB/T 247）。该标准规定了钢板和钢带应成批验收，组批规则按相应标准的规定。

试验用试样数量、取样规则及试验方法按相应标准的规定。如有某一项试验结果不符合标准要求，则从同一批中再任取双倍数量的试样进行该不合格项目的复验（白点除外）。复验结果（包括该项试验所要求的任一指标）即使有一指标不合格，则整批不得交货。

（四）钢材检验

我国钢材检验机构的设置分国家级、省市级和大型企业级检测试验站、试验室。无论哪一级检测试验机构，都必须根据国家标准要求，具备相应的资质、条件，并取得各级主管部门的批准后，才能承担材质检测工作。

1. 检验管理工作

钢材检验管理工作主要包括抽样与样品管理、送检管理、试验、复验、评定管理、审核签发检验报告等管理工作。

（1）抽样与样品管理。

1）检验项目抽样工作，必须按检验方案和有关标准、规程等规定进行抽样。

2）抽样工作不得少于两人，抽样时按规定的抽样方式、取样方法和数量一次抽齐。检验样品一经抽取，无特殊情况，不得修改和更换。

3）抽样过程中如发现异常和有特殊制样时，应拒绝抽取，做出记录或拍照，并向主管部门报告，经研究确定后再进行抽取。

4）对抽样的样品应及时进行编号、登记、封存，并填写记录。具备入库条件的样品，应入样品库保存；不具备入库条件的样品，应由试验室自行保管。

（2）送检管理。抽样送检的样品或加工好的试件，应注有检验标志和送检手续，按规定数量送收样室或试验室，并应做好下列工作。

1）检查样品的数量、加工尺寸以及委托试验报告单的项目填写是否符合要求。

2）对所送试样进行编号，填写试验台账，按试验台账将试样送有关样品室和试验室。

（3）试验、复验和评定管理。

1）试验室接到样品后，根据原始台账进行核对，无误后，对试件规格进行精确的测量，然后进行试件加工或直接试验。

2）试验时，对试验室的环境温度、湿度、试件加工情况和试验过程中的特殊问题，要有记载，填写试验记录。

3）在试验过程中如发现异常和故障时，应立即做好记录，查找原因，迅速排除。

4）凡影响检验效果者，应停止试验，及时采取处理措施，并做好处理记录。

5）试验评定的结论，应以检验数据为依据，按照有关检验评定标准所规定的检验项目、质量标注及其评定方法进行评定。

6）试验工作遇有下列情况之一者，允许进行复验：①检验单位对试验项目适用的规范、标准和有关规定执行不当；②抽样方式、方法、试验方法和检验数据错误及其结论不正确；③由于人为因素造成操作错误而导致数据不准；④由于试验中途停电等客观因素造成试验中断、仪器设备出现失灵或检验环境发生变化；⑤重要检验项目的指标数值，按规定标准出现差异较大或不能得出检验结论时；⑥委托和受检单位提出异议。凡经复试的检验项目，其质量标准应以复试数据为评定依据，复试前所测定的数据无效。

2. 钢材无损检验

钢材无损检验是对钢材表面及内部质量缺陷检验的重要方法之一。钢材出厂前均应按照国家或行业规定标准进行表面及内部质量检验，达到规定的质量标准要求后才能出厂。

（1）《无损检测 磁粉检测 第1部分：总则》（GB/T 15822.1）。该标准规定了钢铁材料及其制品的磁粉探伤方法和缺陷磁痕的等级分类，适用于检验试件表面或近表面的裂纹及其他缺陷。

（2）《金属板材超声波探伤方法》（GB/T 8651）。该标准适用于金属板材的超声波探伤，但必须证实所激发的声波确为板波，并能以足够的探伤灵敏度进行探伤。

（3）《承压设备无损检测 第3部分：超声检测》（NB/T 47013.3）。该标准适用于厚度为6～200mm的石油、化学工业用压力容器钢板（奥氏体不锈钢板除外）超声波探伤；采用脉冲反射式超声波探伤仪对公称厚度大于等于50mm的压力容器用碳钢和低合金钢锻件进行的超声波探伤。

（4）《复合钢板超声检测方法》（GB/T 7734）。该标准适用范围如下：

1）锅炉、压力容器、贮罐等使用的复合钢板的超声波探伤，也可供其他用途的复合金属板超声波探伤时参考。

2）总厚度8mm以上的轧制复合钢板、爆炸压接复合钢板以及堆焊复合钢板。其他特殊规格的复合钢板的探伤由供需双方协商解决。

3）该标准所述的探伤方法主要用于检验复合钢板复合面的未接合。基板和复板的质量要求应符合制造复合钢板的技术要求。

（5）《无缝和焊接（埋弧焊除外）钢管纵向和/或横向缺欠的全圆周自动超声检测》（GB/T 5777）。该标准规定使用A型脉冲反射式超声波探伤仪，用聚焦探头横波反射法进行探伤。该标准适用于单层无缝直筒形外径6～76mm、壁厚0.5～6mm的不锈钢管超声波探伤。适用于锅炉、船舶、飞机等的制造和石油、化工等工业用高压无缝钢管的超声波探伤，也可供其他用途无缝钢管进行超声波探伤时参考。

（6）《钢锻件超声检测方法》（GB/T 6402）。该标准适用于脉冲反射式超声波检验法对厚度或直径大于100mm的碳钢及低合金钢一般锻件的超声波检验。

（7）《铸钢铸铁件 渗透检测》（GB/T 9443）。该标准适用于铸钢铸铁件表面开口缺陷的渗透检测。

（8）《铸钢铸铁件 磁粉检测》（GB/T 9444）。该标准适用于铁磁性铸钢铸铁件表面及近表面缺陷的磁粉检测。

3. 钢材化学成分、金相分析的取样和测定标准

钢材化学成分、金相分析的取样和测定的内容主要包括钢材的化学分析用试样的取样方法、成品钢材化学成分及其允许偏差和钢铁及合金中的化学元素及金相分析测定。

（1）钢的化学分析用试样应按照《钢的成品化学成分允许偏差》（GB/T 222）进行取样。

（2）钢铁和合金中化学元素分析与测定。钢铁和合金中化学（元素）分析与测定的内容主要包括钢铁及合金中的碳量、硫量、磷量、锰量、硅量等分析测定。其分析测定方法应按下列规定标准要求进行。

1）《钢铁及合金 碳含量的测定 管式炉内燃烧后气体容量法》（GB/T 223.69）。总则及一般规定按《冶金产品化学分析方法标准的总则及一般规定》（GB/T 1467）执行。

2）《钢铁及合金 硫含量的测定 重量法》（GB/T 223.72）。总则及一般规定按GB/T 1467执行。

3）《钢铁及合金 砷含量的测定 蒸馏分离-钼蓝分光光度法》（GB/T 223.31）。该标准适用于生铁、碳钢、合金钢、高温合金中磷量的测定。测定范围为0.01%～0.80%。

该标准遵守 GB/T 1467。

4）《钢铁及合金 锰含量的测定 电位滴定或可视滴定法》（GB/T 223.4）。该标准适用于生铁、碳钢、合金钢、高温合金及精密合金中锰量的测定，测定范围为 2.00％～30.00％。该标准遵守 GB/T 1467。

5）《钢铁 酸溶硅和全硅含量的测定 还原型硅钼酸盐分光光度法》（GB/T 223.5）。该标准适用于生铁、铁粉、碳钢、低合金钢中硅量的测定。测定范围为 0.03％～1.00％。该标准遵守 GB/T 1467 和《冶金产品化学分析 分光光度法通则》（GB/T 7729）。

6）钢材化学成分的快速检测方法，激光光谱法和 X 射线荧光光谱法。

a. 碳素钢和中低合金钢多元素含量的测定。《碳素钢和中低合金钢 多元素含量的测定 火花放电原子发射光谱法（常规法）》（GB/T 4336）。

b. 不锈钢多元素含量的测定。《不锈钢 多元素含量的测定 火花放电原子发射光谱法（常规法）》（GB/T 11170）。

（3）钢材晶粒度、金相分析取样和测定。钢材晶粒度和金相分析的测定是出厂钢材规定的检验测定项目，应按《金属平均晶粒度测定方法》（GB/T 6394）和《不锈钢中 α-相面积含量金相测定法》（GB/T 13305）国家标准规定执行。

1）GB/T 6394 适用于测定金属材料晶粒度。由于它纯粹以晶粒的几何图形为基础，与材料本身完全无关，因此，该方法也可以用来测定非金属材料中晶粒的大小。该标准测定晶粒度的方法有比较法、面积法和截点法。如有争议，截点法是仲裁方法。

2）GB/T 13305 适用于用显微金相法测定铁素体奥氏体型双相不锈钢中 α-相的面积百分含量。试样应在交货状态切取。取样部位、数量应按产品标准或技术条件规定。

4. 钢材力学、工艺性能试验标准

钢材力学、工艺性能试验的目的是验证工程设备用钢材加工制作及承载时的受力适应性能，其内容包括：钢材力学及工艺性能试验的试样取样；拉伸、压缩、冲击、弯曲和硬度等试验；试验取样和试验方法及合格标准。以上内容均应按相应国家标准的规定要求进行。

（1）《钢及钢产品 力学性能试验取样位置及试样制备》（GB/T 2975）。该标准适用于轧制、锻制、冷拉和挤压钢材的拉力、冲击、弯曲、硬度和顶锻等试验的取样。

（2）《金属材料 拉伸试验 第 1 部分：室温试验方法》（GB/T 228.1）。该标准规定金属常温伸拉试验方法，用以测定该标准规定的一项或几项力学性能。

（3）《金属材料 室温压缩试验方法》（GB/T 7314）。该标准适用于测定金属材料在室温下单向压缩的规定非比例压缩应力、规定总压缩应力、屈服点、弹性模量及脆性材料的抗压强度。

（4）钢材的冲击试验。根据钢材用于工程的不同环境温度和承受冲击力、振动力学等受力特点要求，可分为常温、低温和高温的 V 形、U 形缺口的冲击试验及落锤撕裂试验。《金属材料 夏比摆锤冲击试验方法》（GB/T 229）。

（5）《金属材料 弯曲试验方法》（GB/T 232）。该标准规定了金属材料弯曲试验方法的适用范围、试验原理、试样、试验设备、试验程序及试验结果评定。该标准适用于检验金属材料承受规定弯曲角度的弯曲变形性能。

（6）钢材硬度试验。钢材硬度试验，按国家标准规定的"金属布氏、洛氏硬度"试验方法进行。

1)《金属材料 布氏硬度试验 第1部分：试验方法》（GB/T 231.1）。该标准适用于金属布氏硬度（650HBW或450HBS以下）的测定。

2)《金属材料 洛氏硬度试验 第1部分：试验方法》（GB/T 230.1）。该标准适用于金属洛氏硬度（A、C和B标尺）的测定。

思 考 题

1. 试述原材料采购质量的控制程序和方法。
2. "Q235BZ"表示什么类型的钢？
3. 钢材采购质量控制的要点有哪些？
4. 常用的无损检测的方法有哪几种？
5. 材料出现哪些情况时需要复检？
6. 一般材料质量检验方法有哪些？
7. 材料质量的检验程度分为几种？

第四章 金属结构及机电设备 制造通用工艺

第一节 焊接及螺栓连接

一、焊接

(一)焊前准备

(1)坡口形式和尺寸应根据图纸和工艺条件来选用,并符合《气焊、焊条电弧焊、气体保护焊和高能束焊的推荐坡口》(GB/T 985.1)、《埋弧焊的推荐坡口》(GB/T 985.2)规定要求。

(2)采用氧-乙炔手割刀开坡口,切割边缘必须先清除毛刺、氧化铁,并打磨露出金属光泽。切割时母材边产生豁口要进行修补后打磨,恢复原始坡口形式。

(3)确保焊缝间隙控制在标准范围内。

(4)焊接材料应设专人保管,使用前应检查外观质量状况,焊条、焊剂应严格按照其说明书的要求进行烘干;烘干后的焊条应放入保温筒中,做到随用随取;低氢型焊条重新烘干不应超过两次。根据气温、产品特点、板材厚度情况需要进行焊前预热。

(5)焊件组对前,焊缝坡口及坡口两侧各 10~20mm 范围内的毛刺、铁锈、氧化皮、挂渣等应清除干净。

(6)定位焊选用小直径焊条,焊接工艺参数应与正式焊缝相同;一类、二类焊缝的定位焊应由持有效合格证书的焊工操作;定位焊缝的焊脚高度为 4mm,长度为 50mm,间距为 300mm。

(7)熔入正式焊缝的定位焊缝不得存有裂纹、气孔、夹渣等焊接缺陷,否则应清除重焊。

(8)在一类、二类焊缝两端需加设引弧板和熄弧板。

(二)焊接工艺评定

(1)焊接工艺评定应在设备制造与安装前,使用设备处于正常状态,所用钢材、焊接材料均有质量证明文件,焊接工艺评定应以可靠的钢材焊接性评价资料为基础。

(2)焊接工艺评定一般过程是:拟定焊接工艺指导书,施焊试件和制取试样,检测试件和试样,测定焊接接头是否具有所要求的使用性能,提出焊接工艺评定报告对拟定的焊接工艺指导书进行评定。

(3)焊接工艺因素分为重要因素、补加因素和次要因素。

1)重要因素是指影响焊接接头的力学性能和弯曲性能(不锈钢还包括耐蚀性能)的焊接工艺评定因素。

2）补加因素是指影响焊接接头冲击韧性的焊接工艺评定因素，当规定进行冲击试验时，需增加补加因素。

3）次要因素是指对要求测定的焊接接头力学性能和弯曲性能（不锈钢还包括耐蚀性能）无明显影响的焊接工艺评定因素。

4）钢材应按其化学成分、组织类型、力学性能和焊接性能进行分类、分组，见表4-1母材分类的规定。

表4-1　　　　　　　　　　　　　母材分类表

类别	组别	标称屈服强度/MPa	组织类型	钢　　号	相应标准号
I	I-1	≤295	—	20、Q235、Q275、Q245R	GB/T 699、GB/T 700、GB/T 713
II	II-1	>295，且≤370	—	Q355、Q355R、Q370R	GB/T 1591、GB/T 713
	II-2	>370，且≤420	—	Q390，Q420	GB/T 1591
III	III-1	—	奥氏体型不锈钢	06Cr19Ni10、12Cr18Ni9、06Cr18Ni11Ti	GB/T 4237
IV	IV-1	—	奥氏体-铁素体型双相不锈钢	022Cr22Ni5Mo3N	GB/T 4237
V	V-1	—	奥氏体-马氏体型双相不锈钢	04Cr13Ni5Mo	

符合下列情况之一者，可不再做焊接工艺评定：

（a）凡过去已评定合格的焊接工艺，经批准（评定）报告的单位验证后，可不再重做评定。

（b）按母材分类表，在同类别中，当重要因素、补加因素不变时，高组别号钢材的评定可代替低组别号钢材的评定。

（c）同组别号相同质量等级的钢材（评定）可互相替代。

（d）同组别号的钢材中，质量等级高的钢材（评定）可替代质量等级低的钢材。

5）不同类别号钢材组成的焊接接头，即使两者都已分别进行过工艺评定，仍应进行评定。但类别号为II与I组成的焊接接头，若类别号为II的钢材经评定合格后，可不再进行评定。

6）国外钢材首次使用时应对每个钢号进行焊接工艺评定。当已掌握该钢号焊接性能，其化学成分、力学性能与表4-1中某钢号相当，且某钢号已进行焊接工艺评定时，该进口钢材可免做焊接工艺评定。

7）改变焊接方法，须重做焊接工艺评定。

8）已进行过焊接工艺评定，但改变下列重要因素之一者，应重新进行评定：

（a）钢材类别改变或厚度大于表4-2~表4-5中规定的有效范围。

（b）预热温度比评定合格值降低50℃以上。

（c）改变保护气体种类，混合保护气体比例，取消保护气体以及从单一的保护气体改用混合保护气体。

表 4 - 2　　　　　　　　　　　　进行拉伸和横向弯曲试验　　　　　　　　　　单位：mm

试件母材厚度 δ 及试件焊缝金属厚度 t	适用于焊件母材厚度的有效范围		适用于焊件焊缝金属厚度的有效范围	
	最小值	最大值	最小值	最大值
$\delta(t)\leqslant10$	1.5	2δ	不限	$2t$
$10<\delta(t)<20$	5	2δ	不限	$2t$
$20\leqslant\delta(t)<38$	5	2δ	不限	$2t(t<20)$，$2\delta(t\geqslant20)$
$38\leqslant\delta(t)\leqslant150$	5	200	不限	$2t(t<20)$，$200(t\geqslant20)$
$\delta(t)>150$	5	1.33δ	不限	$2t(t<20)$，$1.33\delta(t\geqslant20)$

表 4 - 3　　　　　　　　　　　　进行拉伸和纵向弯曲试验　　　　　　　　　　单位：mm

试件母材厚度 δ 及试件焊缝金属厚度 t	适用于焊件母材厚度的有效范围		适用于焊件焊缝金属厚度的有效范围	
	最小值	最大值	最小值	最大值
$\delta(t)\leqslant10$	1.5	2δ	不限	$2t$
$\delta(t)>10$	5	2δ	不限	$2t$

表 4 - 4　　　　　焊件在所列条件时试件母材厚度与焊件母材厚度的规定　　　　单位：mm

序号	焊 件 条 件	试件母材厚度 δ	适用于焊件母材厚度的有效范围	
			最小值	最大值
1	焊条电弧焊、熔化极气体保护焊用于打底焊，当单独评定时	$\geqslant13$	按表 4 - 2 或表 4 - 3 规定执行	按继续填充焊缝的其余焊接方法的焊接工艺评定结果确定
2	部分焊透的对接焊缝焊件	$\geqslant38$		不限
3	返修焊、补焊	$\geqslant38$		不限

表 4 - 5　　　　　试件在所列焊接条件时试件厚度与焊件厚度的规定　　　　单位：mm

序号	试件的焊接条件	适用于焊件的最大厚度	
		母材	焊接金属
1	试件为单道焊或多道焊时，若其中任一焊道的厚度大于 13mm	1.1δ	按表 4 - 2 或表 4 - 3 规定执行
2	短路过渡的熔化极气体保护焊，当试件厚度小于 13mm	1.1δ	
3	短路过渡的熔化极气体保护焊，当试件焊缝金属厚度小于 13mm	按表 4 - 2 或表 4 - 3 规定执行	$1.1t$

　　（d）改变熔化极气体保护焊过渡模式从喷射弧、熔滴弧或脉冲弧为短路弧或反之。

　　（e）改变碳钢、低合金钢焊条或气体保护焊焊丝型号中前两位数字，改变不锈钢焊条或气体保护焊焊丝化学成分类型，改变埋弧焊焊丝与焊剂组合类型。

　　9）要求做冲击韧性试验的试件，如与已做合格的焊接工艺评定的重要因素相同，只是增加或改变下述任何一个或几个补加因素时，可按增加或改变的补加因素，增焊一个补充试件进行冲击韧性试验：

（a）用非低氢型药皮焊条代替低氢型药皮焊条。

（b）用具有较低冲击吸收功的药芯焊丝代替具有较高吸收功的药芯焊丝。

（c）改变电流种类或极性。

（d）从评定合格的焊接位置改为向上立焊。

（e）最高层间温度比评定记录值高 50℃ 及以上。

（f）线能量或单位长度焊道的熔敷金属体积已超出评定合格的范围的 15% 及以上。

（g）埋弧焊、熔化极气体保护焊由每面多道焊改为每面单道焊。

（h）埋弧焊或熔化极气体保护焊由单丝焊改为多丝焊或反之。

（i）改变焊后消除应力热处理温度范围和保温时间。

（j）从同组别号的钢材中质量等级低的钢材改为质量等级高的钢材。

10）如与合格的焊接工艺评定中的重要因素和补加因素都相同，仅改变下述次要因素时，只需修改焊接工艺规程或焊接作业指导书，可不重新评定：

（a）坡口形式及尺寸。

（b）取消单面焊时的钢垫板。

（c）增加或取消非金属或非熔化的金属焊接衬垫。

（d）焊条及焊丝直径。

（e）除向上立焊外的所有焊接位置。

（f）施焊结束后至焊后热处理前，改变后热温度范围和保温时间。

（g）需做清根处理的根部焊道向上立焊或向下立焊。

（h）电流值或电压值变化未超过评定合格值的 20%。

（i）保护气体流量。

（j）摆动焊或不摆动焊。

（k）焊前清理和层间清理方法。

（l）清根方法。

（m）焊丝摆动幅度、频率和两端停留时间。

（n）导电嘴至工件的距离。

（o）手工操作、半自动操作或自动操作。

（p）有无锤击焊缝。

11）试件厚度与焊件厚度及焊接金属厚度的评定规则应符合下列规定：

（a）对接焊缝试件评定合格的焊接工艺适用于焊接厚度和焊缝金属厚度的有效范围符合表 4-2 和表 4-3 的规定。

（b）用焊条电弧焊、埋弧焊、钨极气体保护焊、熔化极气体保护焊等焊接方法完成的试件，当按规定冲击试验时，焊接工艺评定相关规定仍按表 4-2 和表 4-3 的规定执行。

（c）当厚度大的焊件符合表 4-4 所列的条件时，评定合格的焊接工艺适用于焊件母材厚度的有效范围最大值按表 4-4 规定执行。

（d）当试件符合表 4-5 所列的焊接条件时，评定合格的焊接工艺适用于焊件母材的最大厚度按表 4-5 规定执行。

12）对接焊缝试件或角焊缝试件评定合格的焊接工艺用于焊件角焊缝时，焊件厚度的有效范围不限。

13）评定对接焊缝预焊接工艺规程时，采用对接焊缝试件；评定角焊缝预焊接工艺规程时，采用角焊缝试件或对接焊缝试件；评定组合焊缝预焊接工艺规程时，采用对接焊缝试件；当组合焊缝要求焊透时，应增加组合焊缝试件。

14）当同一焊缝采用两种或两种以上焊接方法或重要因素、补加因素不同的焊接工艺时，可按每种焊接方法或焊接工艺分别进行评定。

15）不锈钢复合钢板焊接工艺评定试件采用不锈钢复合钢板制备，不锈钢复合钢板焊接工艺评定应符合相关规范的规定。

16）板材对接焊缝试件力学试验性能项目及取样数量除另有规定外，应符合表 4-6 的规定。试件的制备、试样尺寸、试验方法和合格标准见相关规范。

表 4-6　　　　　　　力学性能试验与弯曲试验项目及取样数量

试件母材厚度 δ/mm	拉伸试验/个	弯曲试验/个			硬度试验	冲击试验	
	拉伸	面弯	背弯	侧弯		焊缝区	热影响区
$\delta \leqslant 12$	2	2	2	—	满足注解 6 的要求	3	3
$12 < \delta < 20$	2	2		—		3	3
$\delta \geqslant 20$	2	—		4		3	3

注　1. 当试件焊缝两侧的母材之间或焊缝金属和母材之间的弯曲性能有显著差别时，可改用纵向弯曲试验代替横向弯曲试验。纵向弯曲时，取面弯背弯试样各 2 个。

　　2. 当试件母材厚度 12mm<δ<20mm 时，可用 4 个横向侧弯试样代替 2 个面弯和 2 个背弯试样。组合评定时，应继续侧弯试验。

　　3. 当焊缝两侧母材的钢号不同时，每侧热影响区都应取 3 个冲击试样。

　　4. 当试件采用两种或两种以上的焊接方法（或焊接工艺）时，拉伸试样和弯曲试样的受拉面应包括每种焊接方法（或焊接工艺）的焊缝金属和热影响区；当规定做冲击试验时，对每种焊接方法（或焊接工艺）的焊缝区和热影响区都要经受冲击试验的检验。

　　5. 当无法制备 5mm×10mm×55mm 小尺寸冲击试样时，可免做冲击试验。

　　6. 当有热处理要求时，应做硬度试验，按《焊接接头硬度试验方法》（GB/T 2654）的规定执行。

17）板材组合焊缝及角焊缝的试件详见相关规范。

18）当实际焊接接头的某些条件（如尺寸、拘束条件等）对接头性能影响较大，采用标准试件无法有效地验证焊接工艺的正确性时，应采用预生产焊接试验进行评定，评定的方法按《基于预生产焊接试验的工艺评定》（GB/T 19868.4）的规定进行。

19）焊接工艺评定后，由焊接责任工程师填写焊接工艺评定报告给出综合结论，经监理工程师审查同意后评定合格的焊接工艺文件才能用于生产，焊接工艺评定报告格式参见相关规范。

（三）焊接及焊接检验人员资格

（1）承担设备制造与安装焊接施工的企业应具有相应焊接资格的技术人员、焊接检验人员、无损检测人员、焊工及焊机操作工。

（2）从事闸门、压力钢管等设备一类、二类焊缝焊接的焊工与焊机操作工必须按《焊工技术考核规程》（DL/T 679）或其他认可的焊工考试规则进行考核，如《锅炉压力容器管道焊工考试与管理规则》，并取得相应的资格证书。

（3）焊工与焊机操作工焊接的钢材种类、焊接方法和焊接位置等均应与其考试取得的合格项目相符。

（4）焊接检验人员应经过专门的技术培训，并取得相应的上岗资格证书。

（5）无损检测人员必须按照《无损检测　人员资格鉴定与认证》（GB/T 9445）的要求进行培训和资格鉴定，取得全国通用资格证书并通过相关行业部门的资格认可。各级无损检测人员应按照《无损检测　应用导则》（GB/T 5616）的原则和程序开展与其资格证书准许项目相同的检测工作，质量评定和检测报告中的审核应由 2 级以上的无损检测人员担任。

（四）坡口制备及组装要求

（1）焊件下料与坡口加工应符合下列要求：

1）焊件下料与坡口制备可采用机械加工、热切割和碳弧气刨进行切割、刨槽。

2）采用热切割方法制备的坡口，其切割面质量应符合《热切割　质量和几何技术规范》（JB/T 10045）中工地的 1 级要求。

3）低合金高强度钢采用热切割方法下料，应打磨去除淬硬层。

4）不锈钢复合钢板采用等离子切割坡口时，复层应朝上；采用火焰切割坡口时，复层应朝下。

（2）焊件经下料和坡口加工后应按照下列要求进行检查，合格后方可组装。

1）淬硬倾向较大的钢材，如经热切割方法下料，坡口加工后宜对表面进行表面无损检测检查。

2）坡口面及边缘 20mm 内无裂纹、重皮、破损及毛刺等缺欠。

3）坡口尺寸符合要求。

（3）焊件在组对前，应将坡口面及边缘 20mm 内的油、水、锈、污物等清理干净，直至露出金属光泽。

（4）焊接坡口尺寸应符合施工图样的规定。组装后的坡口尺寸允许偏差如无特定要求，应符合表 4-7 的规定。

表 4-7　　　　　　　　　　　　　组装后坡口尺寸允许偏差

序号	项　目	允　许　偏　差	
		背面不清根	背面清根
1	钝边高度	±2mm	不限制
2	根部间隙（无衬垫接头）	±2mm	2～−3mm
3	根部间隙（有衬垫接头）	6～−2mm	不适用
4	坡口角度	10°～−5°	10°～−5°
5	根部半径	3～0mm	不限制

（5）组装间隙偏差超过表 4-7 的规定，且不大于接头中较薄钢板厚度的 2 倍或 20mm（两者中取小值）时，允许在坡口两侧或一侧同焊缝一样的焊接工艺做堆焊处理，

使其达到规定的坡口尺寸要求，但应符合下列规定：

1）不得在间隙间填塞焊条头、钢筋、铁块等杂物。

2）堆焊时逐层进行表面质量检查，堆焊后修磨到原坡口尺寸。

3）根据堆焊长度和间隙大小，对堆焊部位的焊缝增加无损检测。

（6）焊件组装时，两个待焊件表面或背面应齐平，如有错边，其错边值应符合下列规定：

1）一类焊缝的局部错边值不应大于焊件厚度的 10%，且不大于 2mm。

2）二类焊缝的局部错边值不应大于焊件厚度的 15%，且不大于 3mm。

3）三类焊缝的局部错边值不应大于焊件厚度的 20%，且不大于 4mm。

4）不同厚度的焊件组装时，其错边值按较薄焊件计算。

（7）T 形接头及部分焊透焊缝的连接部件应顶紧装配，两部件间根部间隙不应大于 3mm；当间隙大于 3mm 时，应在板端表面堆焊并修磨平整使其间隙符合要求。

（8）T 形接头件的角焊缝连接部件的根部间隙大于 1mm，且小于 3mm 时，角焊缝的焊脚尺寸应增加相应的间隙值。

（9）搭接接头、塞焊接头、槽焊接头接触面之间及钢衬垫与母材间的间隙不应大于 1mm。

（五）焊接工艺要求

（1）按不同金属结构质量特性重要程度进行焊缝等级划分，一般有三个等级焊缝：一类焊缝、二类焊缝、三类焊缝。

（2）设备在制造、安装前，施焊单位应根据闸门等金属结构特点、质量要求和评定合格的焊接工艺评定报告编制焊接工艺规程或焊接工艺作业指导书。

（3）同种钢材焊接时，若为碳素钢、低合金高强度钢，其焊缝金属的力学性能应与母材相当，且焊缝金属的抗拉强度不宜大于母材标准规定的抗拉强度上限值加上 30MPa；若为不锈钢，其焊缝抗拉强度不应低于母材的抗拉强度，且化学成分应与母材相当。

（4）碳素钢、低合金高强度钢等类型的异种钢焊接，应按强度低的一侧钢材选择焊接材料或按设计图样规定，按强度高的一侧钢材选择焊接工艺。

（5）不锈钢复合钢板焊接材料的选用应符合以下规定：

1）基层焊缝金属应保证焊接接头的力学性能，其抗拉强度不应超过母材标准规定的抗拉强度上限值加上 30MPa。

2）复层焊缝金属应保证耐蚀性能，其主要合金元素含量不应低于母材标准规定的下限值。

3）复层焊缝与基层焊缝之间应采用过渡焊缝，应选用含 Cr、Ni 量较高的焊接材料。

4）不锈钢复合钢板焊接的其他技术要求应符合现行国家标准《不锈钢复合钢板焊接技术要求》（GB/T 13148）的有关规定。

（6）焊接材料应按下列要求保管和烘焙：

1）焊条、焊丝、焊剂应放在通风、相对湿度不大于 60%、温度保持在 5℃ 以上的专设库房内，由专人保管、烘焙、发放和回收，烘焙时间和温度应按焊接材料说明书的规定执行，并应做好烘焙实测温度和焊接材料发放及回收记录。

2）烘干后的焊接材料应保存在 120～150℃ 的恒温箱内，焊条药皮应无脱落和明显裂纹。

3）现场使用的焊条应装入通有电源的保温筒中，随用随取，并盖好筒盖；焊条在保温筒内的时间不宜超过 4h，否则应重新烘焙，重复烘焙次数不宜超过 2 次。

4）焊剂中若有杂物混入，应对焊剂进行清理或全部更换。

5）焊丝在使用前应清除铁锈和油污。

6）药芯焊丝启封后，宜及时用完。不用的焊丝应密封包装回库储存。

7）其他要求应符合《焊接材料质量管理规程》（JB/T 3223）的规定。

（7）焊接环境应符合下列要求：

1）气体保护焊作业区最大风速不宜超过 2m/s，其他焊接方法最大风速不宜超过 8m/s，否则应采取有效措施。

2）当焊接作业区处于下列情况时，应采取防护措施后才能进行焊接：

（a）焊接作业区的相对湿度大于 90％。

（b）焊接表面潮湿或暴露于雨、水、冰雪中。

（c）焊接作业条件不符合《焊接与切割安全》（GB 9448）的有关规定。

3）当焊接环境温度 $-10℃≤T≤0℃$ 时，应采取加热或防护措施。焊接接头处各方向不小于 3 倍板厚度且不小于 100mm 范围内的母材温度应不低于 25℃ 或规定的最低预热温度两者中的较高值，在焊接过程中不应低于这一温度。

（8）引弧板、引出板和钢衬垫的钢板应符合相关规范的规定，其强度应不大于被焊钢材强度，且应具有与被焊钢材相近的焊接性。同时还应符合下列规定：

1）在焊接接头端部宜设置引弧板、引出板，使焊缝在提供的延长段上引弧和终止。

2）引弧板和引出板宜采用火焰切割、碳弧气刨或机械等方法去除，去除时不得伤及母材并将割口处修磨至与焊缝端部平齐。不得用锤击方法去除引弧板和引出板。

3）衬垫材质可采用金属、焊剂、纤维、陶瓷等。

4）当使用钢衬垫时，应符合下列要求：

（a）钢衬垫应与接头母材金属贴合良好，其间隙不应大于 1mm。

（b）钢衬垫在整个焊缝长度内应保持连续。

（c）钢衬垫应有足够的厚度以防止烧穿。

（d）钢衬垫与焊缝金属熔合良好。

（9）定位焊接应符合下列规定：

1）定位焊工艺和对焊工的要求与正式焊缝相同。

2）对规定预热的焊缝，定位焊时，应在焊缝中心两侧 150mm 范围内进行预热，预热温度比规定预热温度高出 20～50℃。

3）定位焊起始位置应距焊缝端部 30mm 以上，定位焊长度应在 50mm 以上，间距不宜超过 400mm，厚度不宜超过正式焊缝厚度的 1/2，且最厚不超过 8mm。

4）定位焊缝上的裂纹、气孔、夹渣等缺陷均应清除。

（10）施焊前，应将坡口面及其两侧各 15～20mm 范围内的浮锈、水迹清除干净，并检查装配尺寸，坡口尺寸及定位焊缝质量，经查验合格后，方可施焊。

（11）预热和道间温度控制应符合下列规定：

1）预热温度和道间温度应根据钢材的化学成分，接头的拘束状态、热输入大小、熔敷金属含氢量水平及所采用的焊接方法等因素综合确定或通过焊接试验确定。推荐的最低预热温度见表4-8。

表4-8   最 低 预 热 温 度 表   单位：℃

接头最厚部件的板厚 δ/mm	钢 材 类 别 和 组 别			
	Ⅰ	Ⅱ-1	Ⅱ-2	Ⅴ
$25<\delta\leqslant30$	—	—	50～60	50
$30<\delta\leqslant38$	—	＞25	60～80	60～80
$38<\delta\leqslant65$	50～80	80～100	80～100	80～100
$\delta＞65$	80～100	100～120	120～150	120～150

注   1. 当母材施焊处温度低于0℃时，应根据焊接作业环境、钢材牌号等因素将表中预热温度适当提高，对于不需预热的接头，也应预热到25℃方能焊接。

      2. 焊接接头板厚不同时，应按接头中较厚板的厚度选择最低预热温度和道间温度。

      3. 焊接接头材质不同时，应按接头中较高温度、较高碳当量的钢材选择最低预热温度和道间温度。

      4. 本表不适合铸钢。

2）焊接预热及道间温度的维持宜采用电加热法或火焰加热法，预热的加热区宽度应为焊缝中心线两侧各3倍板厚，且不小于100mm。

3）焊接过程中，最低道间温度不应低于预热温度，且不应高于230℃。

4）预热温度和道间温度的测量方法按《焊接 预热温度、道间温度及预热维持温度的测量指南》（GB/T 18591）的规定进行。

（12）多层焊时应连续施焊，每一焊道焊完后应及时清理焊渣及表面飞溅物，对于需预热的焊件，若中断施焊，应采取保温措施，必要时应进行后热处理。再次焊接时重新预热温度应高于初始预热温度。

（13）焊缝焊接时，应在坡口内引弧、熄弧，不得在母材非焊接部位打弧，熄弧时应将弧坑填满，多层焊的层间接头应错开：焊条电弧焊、气体保护焊等应错开25mm以上；埋弧焊应错开100mm以上。

（14）塞焊和槽焊焊缝的尺寸、间距及焊缝厚度应符合下列规定：

1）塞焊和槽焊的有效面积应为贴合面上圆孔或长槽孔的标称面积。

2）塞焊焊缝的中心间隔不应小于孔径的4倍，槽焊焊缝的纵向间隔不应小于槽孔长度的2倍，垂直于槽孔长度方向的两排槽孔的间距不应小于槽孔宽度的4倍。

3）塞焊孔的最小直径或槽焊长槽孔的最小宽度不应小于开孔板厚度加上8mm；焊孔的最大直径或长槽孔的最大宽度不应大于最小直径加3mm或孔板厚度加上2.25倍，取两值中的最大值，槽孔长度不应大于开孔板厚度加上10倍，槽孔端部应为半圆形或其角部应加工成半径不小于开孔板厚度的圆形。

4）塞焊和槽焊的焊缝厚度应符合下列规定：

（a）在厚度等于或小于16mm材料上进行塞焊和槽焊时，焊缝厚度等于材料的厚度。

（b）在厚度大于16mm材料上进行塞焊和槽焊时，焊缝厚度等于材料厚度的1/2，且不小于16mm。

（c）任何情况下，塞焊和槽焊的最小填充厚度都不得大于两连接部件中较薄件的厚度。

5）塞焊焊缝和槽焊焊缝的尺寸应根据贴合面上承受的剪应力计算确定。

（15）塞焊和槽焊可采用焊条电弧焊、气体保护焊及药芯焊丝电弧焊等方法。平焊时，应分层焊接，每层熔渣冷却凝固并清除后方可重新焊接；立焊和仰焊时，每道焊缝焊完后，应待熔渣冷却并清除后再施焊后续焊道。

（16）要求焊接的焊缝双面焊接时，单面焊接后应用碳弧气刨或砂轮进行背面清除，并将清根侧的定位焊全部清除。如用碳弧气刨清根，清根后应用砂轮修整，并认真检查有无缺陷。

（17）为减少焊接变形和焊接应力，根据结构的特点和坡口形式，选择合理的焊接顺序及采用跳焊，分段退步焊和多层多道焊或采取预留反变形等措施，对封闭焊缝或刚性较大的工件，焊接中间焊层时可配合锤击消除应力。

（18）冷裂纹敏感性较大的低合金高强度结构钢厚度焊件，应按相关规范采取焊后消氢热处理。

（19）不锈钢复合钢板的焊接应按基层、过渡层、复层的顺序进行。

（20）焊接完毕后，焊工应进行自检，检查焊缝表面的熔渣等有无清理干净及外观质量。一类、二类焊缝自检合格后，应在焊缝附近用钢印打上焊工代号（高强钢用记号笔）做好记录。

（六）焊接质量检验

（1）焊接检验前应根据焊接接头所承受的荷载性质、施工样图及技术文件规定的焊缝质量等级要求编制检验和试验计划，经审批后实施。检验方案应包括抽样检验的抽样方案、检验项目、检验方法、检验时机及相应的验收标准等内容。

（2）外观检测应符合下列规定：

1）所有焊接接头应冷却到环境温度后方可进行外观检测，焊接接头外观质量和尺寸要求见表4-9。

表4-9　　　　　　　　　焊接接头外观质量和尺寸要求　　　　　　　单位：mm

序号	项目	焊缝类别		
		一类	二类	三类
		允许缺欠尺寸		
1	裂纹	不允许		
2	焊瘤或焊疤	不允许		
3	电弧擦伤	不允许		
4	接头不良	不允许		
5	飞溅及焊渣	清除干净		
6	表面夹渣	不允许	深度应不大于0.1δ，长度应不大于0.3δ，且应不大于15	

序号	项目		焊缝类别		
			一类	二类	三类
			允许缺欠尺寸		
7	咬边		深度应不大于 0.5	深度应不大于 0.1	
8	未焊满		不允许	不大于（0.2＋0.02δ），且不大于 1.0，每 100 长焊缝内缺欠总长不大于 25	
9	表面气孔		不允许	直径不大于 1.0 的气孔在每米范围内允许 3 个，间距不小于 20	直径不大于 1.5 的气孔在每米范围内允许 5 个，间距不小于 20
10	错边		不大于 0.1δ，且不大于 2.0	不大于 0.15δ，且不大于 3.0	不大于 0.2δ，且不大于 4.0
11	根部凹陷		不大于 0.05δ，且不大于 0.5	不大于 0.1δ，且不大于 1.0	不大于 0.2δ，且不大于 2.0
			累计长度小于焊缝长度的 25%		
12	对接焊缝余高	手工焊	不大于（1＋0.1b），且不大于 4.0	不大于（1＋0.15b），且不大于 5.0	
		自动焊	不大于（1＋0.1b），且不大于 3.0	不大于（1＋0.2b），且不大于 4.0	
13	相邻焊道高低差		不大于 2.0		
14	对接焊缝宽度差		在任意 50 焊缝长度内不大于 4.0，整个焊缝长度不大于 5.0		
15	焊缝边缘直线度		在任意 300 焊缝长度内：手工焊不大于 3.0，自动焊不大于 2.0		
16	角焊缝厚度不足		不大于（0.3＋0.05a），且不大于 1.0，每 100 焊缝长度内缺欠总长度不大于 25		不大于（0.3＋0.1a），且不大于 2.0，每 100 焊缝长度内缺欠总长度不大于 25
17	角焊缝凸度		不大于（1.0＋0.1b），且不大于 3.0		不大于（1.0＋0.15b），且不大于 4.0
18	角焊缝焊脚 K		$K \leqslant 12^{+2}_{-1}$　　$K > 12^{+3}_{-1}$		
19	焊脚不对称		差值不大于（1＋0.1a）		
20	钢板端部转角处		连续绕角焊接，焊脚与相邻角焊缝相等		

注 1. δ 表示板厚，K 表示焊脚，a 表示角焊缝设计厚度，b 表示焊缝宽度。

2. 在角焊缝检测时，凹形角焊缝以检测角焊缝厚度为主，凸形角焊缝以检测焊脚为主。

2）外观检查采用目测方式，裂纹的检查应辅以 5 倍放大镜并在适合的光照条件下进行。当有疑问时可采用磁粉（magnetic particle testing，MT）或渗透检测（penetrating testing，PT），外形尺寸的测量可用焊缝检验尺、卡规等测量工具。

（3）表面无损检测应符合下列规定。

1）有下列情况之一应进行表面检测：

（a）设计规定进行表面检测时。

（b）外观检测发现裂纹时，应对该焊缝进行 100% 检测。

（c）外观检测怀疑有裂纹时，应对怀疑的部位进行检测。

（d）允许补焊的铸钢件表面。

2）铁磁性材料应采用磁粉检测，不能使用磁粉检测时，应采用渗透检测。

3）磁粉检测和渗透检测应按《焊缝无损检测 磁粉检测》（GB/T 26951）和《焊缝无损检测 焊缝磁粉检测 验收等级》（GB/T 26952）、《焊缝无损检测 焊缝渗透检测 验收等级》（GB/T 26953）的规定进行，一类焊缝不低于Ⅱ级为合格，二类焊缝不低于Ⅲ级为合格。

（4）内部无损检测的基本要求应符合下列规定：

1）无损检测应在外观检测合格后进行，有延迟裂纹倾向的钢材，无损检测应在焊接完成24h后进行。

2）焊接内部质量的无损检测方法、检测长度占全长百分数级长度应不小于表4-10的规定，合同或设计文件另有规定时，按其规定执行。

表4-10　　　　　　　　　　　焊接无损检测长度占全长百分数

钢　　种	板厚/mm	脉冲反射法超声波检测		衍射时差法超声波或射线检测	
		一类	二类	一类	二类
碳素钢	<38	50%	30%	15%，且不小于300mm	10%，且不小于300mm
	≥38	100%	50%	20%，且不小于300mm	10%，且不小于300mm
低合金高强钢	<32	50%	30%	20%，且不小于300mm	10%，且不小于300mm
	≥32	100%	50%	25%，且不小于300mm	10%，且不小于300mm
不锈钢复合钢板	所有厚度	50%	30%	20%，且不小于300mm	10%，且不小于300mm

3）脉冲反射法超声波检测应按《焊缝无损检测 超声检测 技术、检测等级和评定》（GB/T 11345）进行，检测等级为B级，按《焊缝无损检测 超声检测 验收等级》（GB/T 29712）中的验收等级进行评定；衍射时差法超声波（TOFD）应按《水电水利工程金属结构及设备焊接接头衍射时差法超声检测》（DL/T 330）的有关规定执行；射线检测按《焊缝无损检测 射线检测 第1部分：X和伽玛射线的胶片技术》（GB/T 3323.1）或《焊缝无损检测 射线检测验收等级 第1部分：钢、镍、钛及其合金》（GB/T 37910.1）进行，射线透照技术等级为B级，一类焊缝不低于Ⅱ级为合格，二类焊缝不低于Ⅲ级为合格。

4）内部局部无损检测发现存在裂纹、未熔合或不允许的未焊透等危害性缺陷时，应对该焊缝进行全部检测。

5）单面焊且无垫板的对接焊缝，根据未焊透深度应不大于板厚的10%，最大不超过2mm，单长度不大于该焊缝长度的15%。

6）板材的组合焊缝，如设计无特殊焊透要求，腹板与翼缘板的未焊透深度不应大于板厚的25%，最大不超过4mm。

7）对于不要求焊透的组合焊缝，其内部质量检测按《钢熔化焊T形接头超声波检测方法和质量评定》（DL/T 542）执行。

（七）返修与处理

（1）对气孔、夹渣、焊瘤、余高过大、凸度过大等表面缺陷，应先打磨清除，可进行补焊。

（2）对根部凹陷、弧坑、焊缝尺寸不足、咬边等超标缺陷，应进行补焊。

（3）裂纹的返修，应由焊接技术人员对裂纹产生的原因进行调查和分析，制定专项返修工艺方案后按工艺进行。

（4）应采用磁粉、渗透或其他无损检测方法确定裂纹的范围及深度，裂纹彻底清除后，再重新进行焊补。

（5）返修焊接的预热温度应比相同条件下正常焊接的预热温度提高 30～50℃。

（6）返修部位应连续焊接。若中断焊接，应采取后热、保温措施，防止产生裂纹，厚板返修焊宜采用消氢处理。

（7）同一部位的焊缝返修次数不宜超过 2 次，否则应分析原因。制定可靠的返修工艺措施并经单位技术负责人批准后方可实施。

（8）返修后的焊缝应按原检测方法和质量标准进行检查验收，填写返修施工记录。该记录及返修前后的无损检测报告，应作为验收及存档资料。

（八）焊后消除应力热处理

（1）消除应力热处理的温度应按合同文件及设计图样的规定，如无规定，碳素钢及低合金钢的加热温度不宜超过 580～620℃。

（2）消除应力热处理应符合下列要求：

1）焊件入炉时，炉内温度应不低于 300℃。

2）炉温升温至 300℃，加热速度不应超过（$5500/\delta_{max}$）℃/h，且不大于 220℃/h。最小加热速度可为 50℃/h。加热期间，加热部件各部位温差，在任何一段 5m 距离内，不应大于 120℃。

3）炉温达到热处理温度后，应根据板厚进行保温，保温设计不应少于表 4-11 的规定。对有稳定结构尺寸要求的部件进行消除应力热处理时，保温时间应根据最厚部件的厚度确定。保温期间，各部温差不得超过 50℃。

4）在 300℃ 以上进行冷却时，冷却速度不应超过（$6500/\delta_{max}$）℃/h，且不大于 260℃/h。炉温降至 300℃ 以下，焊件才能出炉冷却。

（3）不锈钢复合钢板的焊接接头不宜进行焊后热处理。

（4）整体或局部热处理后应提供热处理曲线及硬度测定记录。

（5）焊件消除应力处理可采用振动时效方法，应符合《焊接构件振动时效工艺　参数选择及技术要求》（JB/T 10375）的有关规定，并提供焊缝消除应力前、后的残余应力测试报告。焊后消除应力热处理时的保温时间见表 4-11。

二、螺栓连接

（一）螺孔制备

（1）普通螺栓或高强度螺栓的孔径比螺

表 4-11　焊后消除应力热处理时的保温时间

最大板厚 δ_{max}/mm	保温时间/h
$\delta_{max} \leqslant 50$	$0.04\delta_{max}$
$\delta_{max} > 50$	$2+0.25(\delta_{max}-50)/25$

栓公称直径大 1～3mm，螺孔应配钻，或用钻模钻孔，螺栓孔应具有《产品几何技术规范（GPS）线性尺寸公差 ISO 代号体系 第 2 部分：标准公差代号和孔、轴的极限偏差表》（GB/T 1800.2）中 IT14 级精度要求。

（2）为防止构件钻孔时出现位移，应选最远孔距，先扩钻全部孔数 10％的销钉孔（且不少于 2 个），并打入销钉。销钉直径与孔径应符合《产品几何技术规范（GPS）线性尺寸公差 ISO 代号体系 第 1 部分：公差、偏差和配合的基础》（GB/T 1800.1）中 H7/K6 的配合要求。

（3）构配件钻后，螺栓与螺栓孔的允许偏差应符合表 4-12 的规定。

表 4-12　　　　　　　　　　　螺栓与螺栓孔的允许偏差　　　　　　　　　单位：mm

序号	名　称		公称直径及允许偏差										
1	螺栓	公称直径	12	16	20	22	24	27	30	36	42	48	56	64
		允许偏差	±0.43		±0.52			±0.52		±0.62			±0.74	
2	螺栓孔	公称直径	13.5	17.5	22	4	26	30	33	39	45	51	59	67
		允许偏差	+0.430 0		+0.520 0			+0.520 0		+0.620 0			+0.740 0	
3	不圆度（最大最小直径之差）		1.0		1.5			1.5			1.5			
4	中心线倾斜		应不大于板厚的 3％，且单层板不得大于 2.0，多层板叠加组合不得大于 3.0											

（二）螺栓制备

（1）普通螺栓或高强度螺栓，应根据连接件工作特性、布置条件，按不同强度等级选用，并应符合表 4-13 的规定，其螺母、垫圈按相应的强度级别组合选用。

表 4-13　　　　　　　　　　　螺　栓　的　选　用

螺　栓			螺　母			螺栓与螺母按强度级别组合	
级别	抗拉强度/MPa	推荐材料牌号	级别	抗拉强度/MPa	推荐材料牌号	螺母	螺栓
4.6	400	15、Q235	4	400	10、Q215	4	4.6、4.8
4.8		10、Q215	4				
5.6	500	25、35	5	500	10、Q215	5	5.6、5.8
5.8		15、Q235	5				
6.8	600	35、Q355	6	600	15、Q235	6	6.8
8.8S*	800	35、45、40B	8	800	35	8H	8.8S*
10.9S*	1000	20MnTiB、35VB	10	100	34、45、15MnVB	10H	10.9S*

注　1. 级别栏中数字的小数点前的数字为公称抗拉强度 R_m 的 1/100，小数点后的数字为公称屈服强度 R_{eL} 与公称抗拉强度 R_m 比值的 10 倍。

　　2. 高强度螺栓配套的垫圈 HRC35～HRC45、推荐材料 45 号或 35 号钢。＊表示高强度螺栓。

（2）普通螺栓应符合《紧固件机械性能　螺栓、螺钉和螺柱》（GB/T 3098.1）和《紧固件机械性能　螺母》（GB/T 3098.2）的规定。不锈钢螺栓、螺母应符合《紧固件机械性能　不锈钢螺栓、螺钉和螺柱》（GB/T 3098.6）及《紧固件机械性能　不锈钢螺母》（GB/T 3098.15）的规定。螺栓、螺母和垫圈都应妥善保管，不得出现锈蚀和丝扣损伤。

（3）高强度大六角螺栓应符合 GB/T 1231 的规定。高强度连接副应注明规格，分箱保管，使用前不得任意开箱。

（三）高强度螺栓连接摩擦面制作检验及连接副的检验

（1）使用高强度螺栓连接的构件表面除锈等级及处理方法应符合设计要求。构件连接处钢板表面应平整，无焊接飞溅、毛刺、油污等，经表面处理后的高强螺栓连接表面的抗滑移系数应符合设计要求。

（2）采用高强度摩擦型螺栓连接且连接面由摩擦传力要求的闸门及埋件，制作和安装单位应按规范要求进行高强度螺栓连接摩擦面的抗滑移系数试验和复验。

（3）高强度大六角头螺栓连接副在施工前按出厂批号复验扭矩系数，检验方法和结果应符合 GB/T 1231 的规定，合格后才能使用。

（四）螺栓紧固

（1）钢闸门连接用普通螺栓的最终合适紧度宜为螺栓拧断力矩的 50%～60%，并应使所有螺栓拧紧力矩保持均匀。

（2）高强度螺栓施工所用的扭矩扳手在使用时班前应校正，其扭矩相对误差应为 ±5%，合格后方准使用，且使用过程中应定期校验。校正及检验用的扭矩扳手，其扭矩相对误差应为 ±3%。

（3）高强度螺栓安装时，应符合下列要求：

1）不得使用螺纹损伤及沾染脏物的高强度螺栓连接副；不得用高强螺栓兼作临时螺栓。

2）不得强行穿入。当不能自由穿入时，该孔应用铰刀进行修整，修整后孔的最大直径不应大于 1.2 倍螺栓直径，且修孔数量不应超过该节点螺栓数量的 25%，修孔前应将四周螺栓全部拧紧，使板迭密贴后再进行铰孔，不得气割扩孔。

3）构件表面应保持干燥，不得在雨中作业。

（4）高强度大六角头螺栓连接副的拧紧应分为初拧和终拧。对于大型节点应分为初拧、复拧、终拧。初拧扭矩和复拧扭矩为规定力矩值的 50%，终拧到规定力矩。初拧、复拧、终拧后的螺栓应在螺母上分别以不同的颜色进行标记，以免错拧或漏拧。

高强度大六角头螺栓连接副的初拧、复拧、终拧应在一天内完成。

（5）高强度螺栓的拧紧应按一定的顺序进行。确定施拧顺序的原则为由螺栓群中央顺序向外对称拧紧，或从接头刚度大的部位向约束小的方向对称拧紧。

（6）高强度大六角头螺栓连接副扭矩法施工的螺栓紧固质量的检查应符合下列规定：

1）用 0.3～0.5kg 小锤敲击螺母检测普查，不得漏拧。

2）终拧扭矩应按节点数抽查 10%，且不得少于 10 个节点；对于每个被抽查节点应按螺栓数抽检 10%，且不应少于 2 个螺栓。

3）检查时先在螺杆端面和螺母上画一条线，然后将螺母拧松约 60°；再用扭矩扳手重新拧紧，使两线重合，此时测得的扭矩应在 $0.9T_{ch} \sim 1.1T_{ch}$ 范围内，T_{ch} 计算见相关规范。

（7）经检查合格的高强度螺栓连接处，应按设计要求进行涂漆防锈，并应及时用腻子封闭连接处缝隙。

（8）高强度螺栓连接的其他要求应符合《钢结构工程施工质量验收标准》（GB 50205）和《钢结构高强度螺栓连接技术规程》（JGJ 82）的有关规范。

（9）高强度螺栓抗滑移系数和紧固力矩检测参见《水利水电工程钢闸门制造安装及验收规范》（GB/T 14173）附录 B。

第二节 表 面 防 护

一、一般规定

（1）防护施工应由具有相应防护工程施工资质的承包商完成。操作人员应经过培训并持有上岗证书。

（2）设备防腐应符合设计，金属结构还需符合《水电水利工程金属结构设备防腐蚀技术规程》（DL/T 5358）、《水工金属结构防腐蚀规范》（SL 105）的规定。

二、金属结构防腐

1. 表面预处理

（1）预处理前应将表面整修完毕，并将金属表面铁锈、氧化皮、油污、焊渣、积水等附着物清除干净。

（2）表面预处理应采用喷射或抛射除锈，所用磨料表面应清洁干净，金属磨料应符合《涂覆涂料前钢材表面处理 喷射清理用金属磨料的技术要求》（GB/T 18838）的规定，金属磨料粒度范围宜为 0.5～1.5mm，潮湿环境中不得使用钢质磨料；非金属磨料应符合《涂覆涂料前钢材表面处理 喷射清理用非金属磨料的技术要求》（GB/T 17850）的规定，粒度范围宜为 0.5～3.0mm。喷射用的压缩空气应经过滤，除去油水。

当闸门等设备个别部位无法进行喷射除锈和修补局部涂层缺欠时，可采用手工或动力工具除锈，但表面清洁度应达到《涂覆涂料前钢材表面处理 表面清洁度的目视评定 第 1 部分：未涂覆过的钢材表面和全面清除原有涂层后的钢材表面的锈蚀等级和处理等级》（GB/T 8923.1）中规定 St3 级。

环境要求：空气相对湿度不低过 85%，钢材表面温度不低于大气露点 3℃以上。

（3）钢闸门表面清洁度等级应符合 GB/T 8923.1 中规定 Sa2.5 级，使用照片目视对照评定，各除锈蚀清洁度等级要求见相关规范。除锈后，表面粗糙度 Rz 数值，一般不大于涂层总厚度的 1/3，宜在 40～100μm 范围之间。不同涂层系统的表面粗糙度 Rz 数值常规防腐涂料应为 40～70μm，厚浆型重防腐涂料及金属热喷涂为 60～100μm，用表面粗糙度专用检测量具或比较样块进行检测。

压力钢管外壁经局部喷射或抛射除锈后，采用水泥浆或涂料防腐蚀时，表面清洁度：明管外壁 Sa2.5 级、表面粗糙度 Rz 数值 $40\sim70\mu m$；埋管外壁 Sa2 级。

（4）闸门埋件的表面，其埋入混凝土部分的表面清洁度应符合 GB/T 8923.1 中规定 Sa2 级，除锈后涂刷结合力强的改性水泥砂浆，安装前去除氧化层埋入混凝土，其露出混凝土的表面仍按 GB/T 8923.1 中的 Sa2.5 级除锈等级进行。

2. 表面涂装

（1）除锈后，钢材表面应尽快涂装底漆，潮湿天气应在 2h 内涂装完毕；如在晴天和较好的天气条件下，最长也不应超过 8h。

压力钢管经除锈后的钢材表面宜在 4h 内涂装，晴天和正常大气条件下，最长不应大于 12h。

（2）涂装的涂料应符合设计图纸规定，涂装层数、每层厚度、逐层涂装间隔时间、涂料配制方法和涂装注意事项，应按设计文件或涂料生产厂家的说明书规定执行。

（3）闸门和埋件拼装后如不立即焊接，应在待焊接头坡口两侧各 50mm 范围内，涂装焊接时不会对焊缝质量产生不良影响的车间底漆，以免坡口生锈，焊接后，对焊缝区进行二次除锈，用人工涂刷或小型高压喷漆机喷涂料达到规定厚度。

（4）闸门和埋件出厂前应涂底漆、中间漆及面漆。最后一道面漆应留待安装后涂装。在安装焊缝两侧 $100\sim200mm$ 范围内，应留待安装后涂装。如采用金属热喷涂复合保护系统，除金属涂层及封闭涂料由工厂完成外，其最后一道面漆宜在安装后完成。

（5）在下述施工条件下不得进行涂装：

1）空气相对湿度超过 85%。

2）施工现场环境温度低于 10℃。

3）钢材表面温度低于大气露点 3℃以上，大气露点计算表见相关规范。

3. 涂料涂层质量检查

（1）每层漆膜涂装前应先对上一层涂层外观进行检查。涂装时如有漏涂、流挂、皱皮等缺陷应进行处理，可用测厚仪测定涂层厚度。

（2）涂装后应对涂层进行外观检查，表面应均匀一致，无流挂、皱纹、鼓泡、针孔、裂纹等缺陷。

（3）涂层质量应符合下述规定：

1）漆膜厚度用测厚仪测定。在 $0.01m^2$ 的基准面上测量 3 次，每次测量的位置应相距 $25\sim75mm$，取 3 次测量值的算术平均值为该基准面的一个测点厚度测量值。

对于涂装前表面粗糙度大于 $Rz100\mu m$ 的涂层进行测量时，应取 5 次测量值的算术平均值为测点厚度值。

单节钢管内表面积大于或等于 $10m^2$ 时，每 $10m^2$ 表面不应少于 3 个测点；单节铜管内表面积小于 $10m^2$ 时，每 $2m^2$ 表面不应少于 1 个测点。在单节钢管的两端和中间的圆周上每隔 1.5m 测一点。

85% 以上测点厚度应符合设计要求。漆膜最小厚度值不低于设计厚度的 85%。

2）如使用厚浆型涂料，应用针孔检测仪，按设计规定电压值检测漆膜针孔，检测可在闸门主梁与纵隔板围成的各区域中根据闸门等结构重要程度抽查其中的 $10\% \sim 20\%$ 在一个区域中应取不少于 5 个检测点，每处测试的检查探测距离保持 300mm 左右。在检测区域中，如只有 20% 以下发现针孔，该区域全部合格。所发现的针孔，需用砂纸或砂轮机打磨补涂。

3）采用划格法进行漆膜附着力检查：

（a）当漆膜厚度大于 $250\mu m$ 时，在涂层上划两条夹角为 $60°$ 的切割线，应划透涂层至金属表面，用布胶带黏牢划口部分，然后沿垂直方向快速撕起胶带，涂层应无剥落为合格。

（b）当漆膜厚度小于 $250\mu m$ 时，可用专用割刀在涂层表面以等距离（$1 \sim 3mm$）划出相互垂直的两组平行线，构成一组方格，根据《色漆和清漆 划格试验》（GB/T 9286）规定按表 4-14 检查漆膜附着力等级，其前三级均为合格漆膜。

表 4-14 漆膜检查表（划格法）

等 级	检 查 结 果
1	切割的边缘完全是平滑的，没有一个方格脱落
2	在切割交叉处涂层有少许薄片分离，划格区受影响区明显不大于 5%
3	涂层沿切割边缘或切口处脱离明显大于 5%，影响区明显不大于 15%
4	涂层沿切割边缘，部分或全部以大碎片脱落或它在格子的不同部位上部分和全部剥落，明显大于 15%，但划格区受影响区明显不大于 35%
5	涂层沿切割边缘大碎片剥落或一些方格部分和全部脱落，明显大于 35%，但划格区受影响明显不大于 65%
6	按等级 4 的方法也识别不出其剥落程度

4）采用拉开法（亦称拉拔法）进行附着力定量检测时，附着力指标可按表 4-15 或由供需双方商定。

表 4-15 涂层拉开法附着力检测

涂 料 类 型	附着力/(N/mm^2)
环氧类、聚氨酯类、氟碳涂料	$\geqslant 5.0$
氯化橡胶类、丙烯酸树脂、乙烯树脂类、无机富铸类、环氧沥青、醇酸树脂类	$\geqslant 3.0$
酚醛树脂、油性涂料	$\geqslant 1.5$

4. 金属喷涂

（1）金属喷涂用的金属丝应符合下列要求：

1）锌丝的含锌量应大于 99.99%。

2）铝丝的含铝量应大于 99.5%。

3）锌铝合金的含铝量应为 $13\% \sim 35\%$，其余为锌。

4）铝镁合金的含镁量应为 $4.8\% \sim 5.5\%$，其余为铝。

5）金属丝应光洁、无锈、无油、无折痕，且直径为 $2.0 \sim 3.0mm$。

（2）金属涂层的厚度根据工作环境及闸门等金属结构按设计图样要求执行，也可根据不同喷涂材料按下述厚度施工：

1）喷铝层、锌铝、稀土铝混合金属宜取 $100\sim120\mu m$。

2）喷锌层宜取 $120\sim150\mu m$。

3）喷铝镁混合金属层宜取 $100\sim120\mu m$。

（3）钢材表面应尽快喷涂，一般应在 2h 内喷涂，如在晴天和较好的大气条件下最长也不应超过 8h。

（4）金属表面喷涂的施工条件必须满足下列规定：

1）空气相对湿度不超过 85%。

2）施工现场环境温度不低于 10℃。

3）钢材表面温度不低于大气露点 3℃以上。

（5）喷涂应力求均匀，喷束应互相垂直交叉覆盖。

（6）涂层经检查合格后，根据使用要求按设计图样规定的涂料进行封闭，涂装前将涂层表面灰尘清理干净，涂装宜在涂层尚有余温时进行。

5. 金属涂层质量检查

（1）涂层表面应有均匀的外观，不能有夹杂物、起皮、孔洞、凹凸不平、粗颗粒、掉块及裂纹等缺陷，遇有少量夹杂，可用小刀剔刮，如缺陷面积较大应铲除重喷。

（2）金属喷涂层的厚度测量，采用磁性测厚仪测定磁性基体上无磁性涂层厚度的方法见相关规范。

（3）金属涂层的结合性能检测采用切格试验法进行，试验结果在方格形式切样内不能出现金属与基底剥离的现象，检测方法参见相关规范。

采用拉开法进行定量测试时，结合强度应按合同或试件文件执行。检测方法参见 DL/T 5358。

6. 牺牲阳极阴极保护系统

（1）牺牲阳极阴极保护应与涂料保护联合作用。

（2）牺牲阳极阴极保护的钢管应与水中其他金属结构绝缘。

（3）牺牲阳极阴极保护系统施工前应符合下列规定：

1）测量钢管的自然电位。

2）确认现场环境条件与设计文件一致。

3）确认保护系统使用的仪器和材料与设计文件一致。

（4）牺牲阳极的布置和安装应符合下列规定：

1）牺牲阳极的工作表面不应黏有油漆和油污。

2）牺牲阳极的布置和安装方式不应影响钢管的正常运行，并应能满足钢管各处的保护电位均应符合设计的要求。

3）牺牲阳极与钢管的连接位置应除去涂层并露出金属基底，其面积宜为 $0.01m^2$ 左右。

4）牺牲阳极应通过钢芯与铜管短路连接，宜优先采用焊接方法，亦可采用电缆连接或机械连接。

5）牺牲阳极应避免安装在钢管的高应力和高疲劳荷载区域。

6）采用焊接方法安装牺牲阳极时，焊接接头应无毛刺、锐边、虚焊。

7）牺牲阳极安装后应将安装区域表面处理干净，并按技术要求重新涂装，补涂时不得污染牺牲阳极表面。

8）其他技术要求应符合现行行业标准 DL/T 5358 的有关规定。

7. 牺牲阳极阴极保护系统质量检测

（1）牺牲阳极阴极保护系统施工结束后，施工单位应提交牺牲阳极安装竣工图，应核查阳极的实际安装数量、位置分布和连接是否符合规定。

（2）保护系统安装完成交付使用前，应测量钢管的保护电位，确认钢管各处的保护电位应符合设计规定。

（3）牺牲阳极正常使用后，应定期对保护系统的设备和部件进行检测和维护，确保在使用年限内有效运行。

（4）使用单位应至少每半年测量一次并记录钢管的保护电位，当测量结果不满足要求时，应及时查明原因，采取措施。

第三节 铸 造 工 艺

一、铸造工艺的含义

铸造工艺是指应用铸造有关理论和系统知识生产铸件的技术和方法，包括铸件工艺、浇铸系统、补缩系统、出气孔、激冷系统、特种铸造工艺等内容。

二、铸造方法

铸造是将通过熔炼的金属液体浇注入铸型内，经冷却凝固获得所需形状和性能的零部件的制作过程。铸造是常用的制造方法，制造成本低，工艺灵活性大，可以获得复杂形状和大型的铸件，在机械制造中占有很大的比重。由于现今对铸造质量、铸造精度、铸造成本和铸造自动化等要求的提高，铸造技术向着精密化、大型化、高质量、自动化和清洁化的方向发展，例如我国近几年在精密铸造技术、连续铸造技术、特种铸造技术、铸造自动化和铸造成型模拟技术等方面发展迅速。

三、铸造工艺的种类

铸造主要工艺过程包括金属熔炼、模型制造、浇注凝固和脱模清理等。铸造用的主要材料是铸钢、铸铁、铸造有色合金（铜、铝、锌、铅等）等。铸造工艺可分为特种铸造工艺和砂型铸造工艺两类。

（一）特种铸造工艺

1. 压力铸造

压力铸造是指金属液在其他外力（不含重力）的作用下注入铸型的工艺。广义的压力铸造包括压铸机的压力铸造和真空铸造、低压铸造、离心铸造等；狭义的压力铸造专指压铸机的金属型压力铸造，简称压铸。这几种铸造工艺是目前有色金属铸造中最常用的、也是相对价格最低的。

2. 金属型铸造

金属型铸造是用金属（如耐热合金钢，球墨铸铁，耐热铸铁等）制作的铸造用中空铸型模具的现代工艺。

金属型既可采用重力铸造，也可采用压力铸造。金属型的铸型模能反复多次使用，每浇注一次金属液，就获得一次铸件，寿命很长，生产效率很高。金属型的铸件不但尺寸精度好，表面光洁，而且在浇注相同金属液的情况下，其铸件强度要比砂型的更高，更不容易损坏。因此，在大批量生产有色金属的中、小铸件时，只要铸件材料的熔点不过高，一般都优先选用金属型铸造。但是，金属型铸造也有一些不足之处：因为耐热合金钢和在它上面做出中空型腔的加工都比较昂贵，所以金属型的模具费用不菲，不过总体和压铸模具费用比起来则更经济。对小批量生产而言，分摊到每件产品上的模具费用明显过高，一般不易接受。又因为金属型的模具受模具材料尺寸和型腔加工设备、铸造设备能力的限制，所以对特别大的铸件也显得无能为力。因而在小批量及大件生产中，很少使用金属型铸造。此外，金属型模具虽然采用了耐热合金钢，但耐热能力仍有限，一般多用于铝合金、锌合金、镁合金的铸造，在铜合金铸造中已较少应用，而用于黑色金属铸造就更少了。

3. 压铸

压铸是在压铸机上进行的金属型压力铸造，是目前生产效率最高的铸造工艺。

压铸机分为热室压铸机和冷室压铸机两类。热室压铸机自动化程度高，材料损耗少，生产效率比冷室压铸机更高，但受机件耐热能力的制约，目前还只能用于锌合金、镁合金等低熔点材料的铸件生产。当今广泛使用的铝合金压铸件，由于熔点较高，只能在冷室压铸机上生产。压铸的主要特点是金属液在高压、高速下充填型腔，并在高压下成形、凝固，压铸件的不足之处是：因为金属液在高压、高速下充填型腔的过程中，不可避免地把型腔中的空气夹裹在铸件内部，形成皮下气孔，所以铝合金压铸件不宜热处理，锌合金压铸件不宜表面喷塑（但可喷漆）。否则，铸件内部气孔在做上述处理加热时，将遇热膨胀而致使铸件变形或鼓泡。此外，压铸件的机械切削加工余量也应取得小一些，一般在0.5mm左右，既可减轻铸件重量、减少切削加工量以降低成本，又可避免穿透表面致密层，露出皮下气孔，造成工件报废。

4. 熔模精密铸造

失蜡法铸造现称熔模精密铸造，是一种少切削或无切削的铸造工艺，是铸造行业中的一项优异的工艺技术，其应用非常广泛。它不仅适用于各种类型、各种合金的铸造，而且生产出的铸件尺寸精度、表面质量比其他铸造方法要高，甚至其他铸造方法难于熔模铸造的复杂、耐高温、不易于加工的铸件，均可采用熔模精密铸造。

现代熔模铸造方法在工业生产中得到实际应用是在20世纪40年代。当时航空喷气发动机的发展，要求制造像叶片、叶轮、喷嘴等形状复杂，尺寸精确以及表面光洁的耐热合金零部件。由于耐热合金材料难于机械加工，零部件形状复杂，以致不能或难于用其他方法制造，因此，需要寻找一种新的精密的成型工艺，于是借鉴古代流传下来的失蜡铸造，经过对材料和工艺的改进，现代熔模铸造方法在古代工艺的基础上获得重要的发展。所以，航空工业的发展推动了熔模铸造的应用，而熔模铸造的不断改进和完善，也为航空工业进一步提高性能创造了有利的条件。

我国是于20世纪五六十年代开始将熔模精密铸造应用于工业生产。其后这种先进的铸造工艺得到巨大的发展，相继在航空、汽车、机床、船舶、内燃机、汽轮机、电信仪器、武器、医疗器械以及刀具等制造工业中被广泛采用，同时也用于工艺美术品的制造。

所谓熔模铸造方法，简单说就是用易熔材料（例如蜡料或塑料）制成可熔性模型（简称熔模或模型），在其上涂覆若干层特制的耐火涂料，经过干燥和硬化形成一个整体型壳后，再用蒸汽或热水从型壳中熔掉模型，然后把型壳置于砂箱中，在其四周填充干砂造型，最后将铸型放入焙烧炉中经过高温焙烧（如采用高强度型壳时，可不必造型而将脱模后的型壳直接焙烧），铸型或型壳经焙烧后，于其中浇注熔融金属而得到铸件。

熔模铸件尺寸精度较高，一般可达CT4~6（砂型铸造为CT10~13，压铸为CT5~7），当然由于熔模铸造的工艺过程复杂，影响铸件尺寸精度的因素较多，例如模料的收缩、熔模的变形、型壳在加热和冷却过程中的线量变化、合金的收缩率以及在凝固过程中铸件的变形等，所以普通熔模铸件的尺寸精度虽然较高，但其一致性仍需提高（采用中、高温蜡料的铸件尺寸一致性要提高很多）。

压制熔模时，采用型腔表面光洁度高的压型，因此，熔模的表面光洁度也比较高。此外，型壳由耐高温的特殊黏结剂和耐火材料配制成的耐火涂料涂挂在熔模上而制成，与熔融金属直接接触的型腔内表面光洁度高。所以，熔模铸件的表面光洁度比一般铸件的高，一般可达$Ra1.6~3.2\mu m$。

熔模铸造方法最大的优点就是由于熔模铸件有着很高的尺寸精度和表面光洁度，所以可减少机械加工工作，只是在零部件上要求较高的部位留少许加工余量即可，甚至某些铸件只留打磨、抛光余量，不必机械加工即可使用。由此可见，采用熔模铸造方法可大量节省机床设备和加工工时，大幅度节约金属原材料。

熔模铸造方法的另一优点是，它可以铸造各种合金的复杂的铸件，特别可以铸造高温合金铸件。如喷气式发动机的叶片，其流线型外廓与冷却用内腔，用机械加工工艺几乎无法形成。用熔模铸造方法生产不仅可以做到批量生产，保证了铸件的一致性，而且避免了机械加工后残留刀纹的应力集中。

5. 消失模铸造

消失模铸造技术（EPC或LFC）是用泡沫塑料制作成与零部件结构和尺寸完全一样的实型模具，经浸涂耐火黏结涂料，烘干后进行干砂造型，振动紧实，然后浇入金属液使模样受热气化消失，得到与模样形状一致的金属零部件的铸造方法。消失模铸造是一种近无余量、精确成形的新技术，它不需要合箱取模，使用无黏结剂的干砂造型，减少了污染，被认为是21世纪最可能实现绿色铸造的工艺技术。

消失模铸造技术主要有以下几种：

（1）压力消失模铸造技术。压力消失模铸造技术是消失模铸造技术与压力凝固结晶技术相结合的铸造新技术，它是在带砂箱的压力罐中，浇注金属液使泡沫塑料气化消失后，迅速密封压力罐，并通入一定压力的气体，使金属液在压力下凝固结晶成型的铸造方法。这种铸造技术的特点是能够显著减少铸件中的缩孔、缩松、气孔等铸造缺陷，提高铸件致密度，改善铸件力学性能。

（2）真空低压消失模铸造技术。真空低压消失模铸造技术是将负压消失模铸造方法和低压反重力浇注方法复合而发展的一种新铸造技术。真空低压消失模铸造技术的特点是：综合了低压铸造与真空消失模铸造的技术优势，在可控的气压下完成充型过程，大大提高了合金的铸造充型能力；与压铸相比，设备投资小、铸件成本低、铸件可热处理强化；而与砂型铸造相比，铸件的精度高、表面粗糙度小、生产率高、性能好；反重力作用下，直浇口成为补缩短通道，浇注温度的损失小，液态合金在可控的压力下进行补缩凝固，合金铸件的浇注系统简单有效、成品率高、组织致密；真空低压消失模铸造的浇注温度低，适合于多种有色合金。

（3）振动消失模铸造技术。振动消失模铸造技术是在消失模铸造过程中施加一定频率和振幅的振动，使铸件在振动场的作用下凝固，由于消失模铸造凝固过程中对金属溶液施加了一定时间振动，振动力使液相与固相间产生相对运动，而使枝晶破碎，增加液相内结晶核心，使铸件最终凝固组织细化、补缩提高，力学性能改善。该技术利用消失模铸造中现成的紧实振动台，通过振动电机产生的机械振动，使金属液在动力激励下生核，达到细化组织的目的，是一种操作简便、成本低廉、无环境污染的方法。

（4）半固态消失模铸造技术。半固态消失模铸造技术是消失模铸造技术与半固态技术相结合的新铸造技术，由于该工艺的特点在于控制液固相的相对比例，也称转变控制半固态成形。该技术可以提高铸件致密度、减少偏析、提高尺寸精度和铸件性能。

（5）消失模壳型铸造技术。消失模壳型铸造技术是熔模铸造技术与消失模铸造结合起来的新型铸造方法。该方法是将用发泡模具制作的与零部件形状一样的泡沫塑料模样表面涂上数层耐火材料，待其硬化干燥后，将其中的泡沫塑料模样燃烧气化消失而制成型壳，经过焙烧，然后进行浇注，而获得较高尺寸精度铸件的一种新型精密铸造方法。它具有消失模铸造中的模样尺寸大、精密度高的特点，又有熔模精密铸造方法的结壳精度、强度等优点。与普通熔模铸造相比，其特点是泡沫塑料模料成本低廉，模样黏接组合方便，气化消失容易，克服了熔模铸造模料容易软化而引起的熔模变形的问题，可以生产较大尺寸的各种合金复杂铸件。

（6）消失模悬浮铸造技术。消失模悬浮铸造技术是消失模铸造工艺与悬浮铸造结合起来的一种新型实用铸造技术。该技术工艺过程是金属液浇入铸型后，泡沫塑料模样气化，夹杂在冒口模型的悬浮剂（或将悬浮剂放置在模样某特定位置，或将悬浮剂与 EPS 一起制成泡沫模样）与金属液发生物化反应从而提高铸件整体（或部分）组织性能。

由于消失模铸造技术成本低、精度高、设计灵活、清洁环保、适合复杂铸件等特点，符合新世纪铸造技术发展的总趋势，有着广阔的发展前景。

6. 细晶铸造

细晶铸造技术或工艺（FGCP）的原理是通过控制普通熔模铸造工艺，强化合金的形核机制，在铸造过程中使合金形成大量结晶核心，并阻止晶粒长大，从而获得平均晶粒尺寸小于 1.6mm 的均匀、细小、各向同性的等轴晶铸件，较典型的细晶铸件晶粒度为美国标准 ASTM 0～2 级。细晶铸造在使铸件晶粒细化的同时，还使高温合金中的初生碳化物和强化相 γ' 尺寸减小，形态改善。因此，细晶铸造的突出优点是大幅度地提高铸件在中低温（≤760℃）条件下的低周疲劳寿命，并显著减小铸件力学性能数据的分散度，从而提高铸造零部件的设计容限。同时该技术还在一定程度上改善铸件抗拉性能和持久性能，并使铸件具有良好的热处理性能。

细晶铸造技术还可改善高温合金铸件的机加工性能，减小螺孔和刀刃形锐利边缘等处产生加工裂纹的潜在危险。因此该技术可使熔模铸件的应用范围扩大到原先使用锻件、厚板机加工零部件和锻铸组合件等领域。

7. 短流程铸造

短流程铸造工艺，是用高炉铁液直接注入电炉中进行升温和调整成分，经变质处理后浇注铸件，省去了用生铁锭再重熔成铁液的过程，是一种节能、高效、降成本的铸造生产方法，是铸造协会重点推广的优化技术之一。

（二）砂型铸造工艺

砂型铸造是一种以砂作为主要造型材料，制作铸型的传统铸造工艺。砂型铸造主要采用重力铸造工艺：重力铸造是指金属液在地球重力作用下注入铸型的工艺，也称浇铸。广义铸造工艺的重力铸造包括砂型浇铸、金属型浇铸、熔模铸造、泥模铸造等；狭义的重力铸造专指金属型浇铸。砂型一般采用重力铸造，有特殊要求时也可采用低压铸造、离心铸造等工艺。砂型铸造的适应性很广，小件、大件，简单件、复杂件，单件、大批量都可采用。砂型铸造用的模具，以前多用木材制作，通称木模。木模缺点是易变形、易损坏；除单件生产的砂型铸件外，可以使用尺寸精度较高并且使用寿命较长的铝合金模具或树脂模具。虽然价格有所提高，但仍比金属型铸造用的模具便宜得多，在小批量及大件生产中，价格优势尤为突出。此外，砂型比金属型耐火度更高，因而如铜合金和黑色金属等熔点较高的材料也多采用这种工艺。但是，砂型铸造也有一些不足之处：因为每个砂质铸型只能浇注一次，获得铸件后铸型即损坏，必须重新造型，所以砂型铸造的生产效率较低；又因为砂的整体性质软而多孔，所以砂型铸造的铸件尺寸精度较低，表面也较粗糙。

第四节 锻 造 工 艺

一、锻造工艺的含义

锻造是一种利用人力或机械对金属坯料施加冲击力和压力，使其产生塑性变形以获得具有一定机械性能、一定形状和尺寸的加工方法。通过锻造能消除金属在冶炼过程中产生的铸态疏松等缺陷，优化微观组织结构，同时由于保存了完整的金属流线，锻件的机械性能一般优于同样材料的铸件。相关机械中负载高、工作条件严峻的重要零部件，除形状较简单的可用轧制的板材、型材或焊接件外，多采用锻件。

二、锻造分类

（一）按变形温度

按变形温度，锻造可分为热锻（锻造温度高于坯料金属的再结晶温度）、温锻（锻造温度低于金属的再结晶温度）和冷锻（常温）。钢的开始再结晶温度约为727℃，但普遍采用800℃作为划分线，高于800℃的是热锻；在300～800℃之间称为温锻或半热锻。

（二）按坯料的移动方式

根据坯料的移动方式，锻造可分为自由锻、镦粗、挤压、模锻、闭式模锻、闭式镦锻。

（1）自由锻。利用冲击力或压力使金属在上下两个砧铁（砧块）间产生变形以获得所需锻件，主要有手工锻造和机械锻造两种。

（2）模锻。模锻又分为开式模锻和闭式模锻，金属坯料在具有一定形状的锻模腔内受压变形而获得锻件，又可分为冷镦、辊锻、径向锻造和挤压等。

（3）闭式模锻和闭式镦锻。由于没有飞边，材料的利用率就高。用一道工序或几道工序就可能完成复杂锻件的精加工。由于没有飞边，锻件的受力面积就减少，所需要的荷载也减少。但是，应注意不能使坯料完全受到限制，为此要严格控制坯料的体积，控制锻模的相对位置和对锻件进行测量，努力减少锻模的磨损。

（三）按锻模的运动方式

根据锻模的运动方式，锻造可分为摆辗、摆旋锻、辊锻、楔横轧、辗环和斜轧等方式。摆辗、摆旋锻和辗环也可用精锻加工。为了提高材料的利用率，辊锻和横轧可用作细长材料的前道工序加工。与自由锻一样的旋转锻造也是局部成形的，与锻件尺寸相比它的优点是锻造力较小情况下也可实现形成。包括自由锻在内的这种锻造方式，加工时材料从模具面附近向自由表面扩展，因此，很难保证精度，所以，将锻模的运动方向和旋锻工序用计算机控制，就可用较低的锻造力获得形状复杂、精度高的产品，例如生产品种多、尺寸大的汽轮机叶片等锻件。

锻造设备的模具运动与自由度是不一致的，根据下死点变形限制特点，锻造设备可分为下述四种形式：

（1）限制锻造力形式：油压直接驱动滑块的油压机。

（2）准冲程限制方式：油压驱动曲柄连杆机构的油压机。

（3）冲程限制方式：曲柄、连杆和楔机构驱动滑块的机械式压力机。

（4）能量限制方式：利用螺旋机构的螺旋和摩擦压力机。

为了获得高的精度应注意防止下死点处过载，控制速度和模具位置。因为这些都会对锻件公差、形状精度和锻模寿命有影响。另外，为了保持精度，还应注意调整滑块导轨间隙、保证刚度，调整下死点和利用补助传动装置等措施。

（四）按滑块的运动方式

滑块垂直和水平运动（用于细长件的锻造、润滑冷却和高速生产的零部件锻造）方式之分，利用补偿装置可以增加其他方向的运动。上述方式不同，所需的锻造力、工序、材料的利用率、产量、尺寸公差和润滑冷却方式都不一样，这些因素也是影响自动化水平的因素。

三、锻件的特点

金属经过锻造加工后能改善其组织结构和力学性能。铸造组织经过锻造方法热加工变形后由于金属的变形和再结晶，使原来的粗大枝晶和柱状晶粒变为晶粒较细、大小均匀的等轴再结晶组织，使钢锭内原有的偏析、疏松、气孔、夹渣等压实和焊合，其组织变得更加紧密，提高了金属的塑性和力学性能。

铸件的力学性能低于同材质的锻件力学性能。此外，锻造加工能保证金属纤维组织的连续性，使锻件的纤维组织与锻件外形保持一致，金属流线完整，可保证零部件具有良好的力学性能与长的使用寿命采用精密模锻、冷挤压、温挤压等工艺生产的锻件，都是铸件所无法比拟的。

四、锻造用料

锻造用料主要是各种成分的碳素钢和合金钢，其次是铝、镁、铜等及其合金。材料的原始状态有棒料、铸锭、金属粉末和液态金属。金属在变形前的横断面积与变形后的横断面积之比称为锻造比。正确地选择锻造比、合理的加热温度及保温时间、合理的始锻温度和终锻温度、合理的变形量及变形速度对提高产品质量、降低成本有很大关系。一般的中小型锻件都用圆形或方形棒料作为坯料。棒料的晶粒组织和机械性能均匀、良好，形状和尺寸准确，表面质量好，便于组织批量生产。只要合理控制加热温度和变形条件，不需要大的锻造变形就能锻出性能优良的锻件。铸锭仅用于大型锻件。铸锭是铸态组织，有较大的柱状晶和疏松的中心。因此必须通过大的塑性变形，将柱状晶破碎为细晶粒，疏松压实后，才能获得优良的金属组织和机械性能。

锻造用料除了通常的材料，如各种成分的碳素钢和合金钢，其次是铝、镁、铜、钛等及其合金之外，铁基高温合金，镍基高温合金，钴基高温合金的变形合金也采用锻造或轧制方式完成，只是这些合金由于其塑性区相对较窄，所以锻造难度会相对较大，不同材料的加热温度、开锻温度与终锻温度都有严格的要求。

五、锻件成形

锻件成形技术，是指锻件（零部件、工件）成形后，仅需要少量加工或不再加工，就可以用作机械构件的成形技术。在生产实践中，人们习惯将精密锻造成形技术分为冷精锻成形、热精锻成形、温精锻成形、复合成形、闭塞锻造、等温锻造、分流锻造等。

1. 冷精锻成形

将不加热的金属材料直接进行锻造，主要包括冷挤压和冷镦挤。冷精锻成形技术比较适合多品种小批量生产，主要用来制造汽车、摩托车的各种零部件以及一些齿形零部件。

2. 热精锻成形

热精锻成形主要是指在再结晶温度之上的精密锻造成形工艺。热精锻成形工艺大多采用闭式模锻，对模具和设备精度要求较高，锻造时坯料体积必须严格控制，否则模具内部易产生较大压力，故在设计闭式模锻模具时，通常运用分流降压原理来解决此问题。目前，我国载重汽车所用的直齿锥齿轮大多采用此方法生产。

3. 温精锻成形

温精锻成形是在再结晶温度以下某个合适的温度下进行的精密锻造成形工艺。但温锻的锻造温度范围较窄、对模具材料力学和模具本身要求高，通常需要采用专门的高精度锻造设备。温精锻工艺一般比较适合大批量生产，锻造中等屈服强度材料。

4. 复合成形

复合成形主要是将冷、温、热等多种锻造工艺结合起来，取长补短，达到预期效果。复合成形是各种齿轮、管接头等高强度零部件的标准锻造方法。

5. 闭塞锻造

是在封闭凹模内通过一个或两个冲头单向或双向复动挤压金属一次成形，获得无飞边的精锻件的成形工艺。主要用于生产圆锥齿轮、轿车等速万向节、星形套、管接头、十字轴、伞齿轮等产品。

6. 等温锻造

锻件厂在坯料趋于恒定温度下模锻。用于变形温度敏感、难成形的金属材料和零部件，如钛合金、铝合金、薄的腹板、高筋。

7. 分流锻造

锻件厂将毛坯或模具的成形部分建立一个材料的分流腔或分流通道，以保证材料填充效果。分流锻造主要应用于正齿轮和螺旋齿轮的冷锻成形工艺。

第五节 热 处 理

热处理是指金属材料在固态下，采用适当的方式通过加热、保温和冷却的手段，获得所需组织结构与性能的一种金属热加工工艺。

一、工艺特点

热处理是机械制造中的重要工艺之一，与其他加工工艺相比，热处理一般不改变工件的形状和整体的化学成分，而是通过改变工件内部的显微组织，或改变工件表面的化学成分，赋予或改善工件的使用性能，其特点是改善工件的内在质量。为使金属工件具有所需要的力学性能、物理性能和化学性能，除合理选用材料和各种成形工艺外，热处理工艺往往是必不可少的。钢铁是机械工业中应用最广的材料，钢铁显微组织复杂，可以通过热处理予以控制，所以钢铁的热处理是金属热处理的主要内容。另外，铝、铜、镁、钛等及其合金也都可以通过热处理改变其力学、物理和化学性能，以获得不同的使用性能。

二、处理工艺

1. 热处理的工艺过程

热处理的工艺过程一般包括加热、保温、冷却三个过程，有时只有加热和冷却两个过程。

加热是热处理的重要工序之一。金属热处理的加热方法很多,最早是采用木炭和煤作为热源,进而应用液体和气体燃料。电的应用使加热易于控制,且无环境污染。利用这些热源可以直接加热,也可以通过熔融的盐或金属,以至浮动粒子进行间接加热。金属加热时,工件暴露在空气中,常常发生氧化、脱碳(即钢铁零部件表面碳含量降低),这对于热处理后零部件的表面性能有很不利的影响。因而金属通常应在可控气氛或保护气氛中、熔融盐中和真空中加热,也可用涂料或包装方法进行保护加热。加热温度是热处理工艺的重要工艺参数之一,选择和控制加热温度,是保证热处理质量的主要问题。加热温度随被处理的金属材料和热处理的目的不同而异,但一般都是加热到相变温度以上,以获得高温组织。另外转变需要一定的时间,因此当金属工件表面达到要求的加热温度时,还须在此温度保持一定时间,使内外温度一致,使显微组织转变完全,这段时间称为保温时间。采用高能密度加热和表面热处理时,加热速度极快,一般就没有保温时间,而化学热处理的保温时间往往较长。

冷却也是热处理工艺过程中不可缺少的步骤,冷却方法因工艺不同而不同,主要是控制冷却速度。一般退火的冷却速度最慢,正火的冷却速度较快,淬火的冷却速度更快。但还因钢种不同而有不同的要求,例如空硬钢就可以用正火一样的冷却速度进行淬硬。

2. 热处理的工艺变化

金属热处理工艺大体可分为整体热处理、表面热处理和化学热处理三大类。根据加热介质、加热温度和冷却方法的不同,每一大类又可区分为若干不同的热处理工艺。同一种金属采用不同的热处理工艺,可获得不同的组织,从而具有不同的性能。钢铁是工业上应用最广的金属,而且钢铁显微组织也最为复杂,因此钢铁热处理工艺种类繁多。

3. 热处理的工艺手段

热处理是对工件整体加热,然后以适当的速度冷却,获得需要的金相组织,以改变其整体力学性能的金属热处理工艺,大体来说,它可以保证和提高工件的各种性能,如耐磨、耐腐蚀等,还可以改善毛坯的组织和应力状态,以利于进行各种冷、热加工。退火、正火、淬火、回火是整体热处理中的"四把火",其中的淬火与回火关系密切,常常配合使用,缺一不可。"四把火"随着加热温度和冷却方式的不同,又演变出不同的热处理工艺。为了获得一定的强度和韧性,把淬火和高温回火结合起来的工艺,称为调质。某些合金淬火形成过饱和固溶体后,将其置于室温或稍高的适当温度下保持较长时间,以提高合金的硬度、强度或电性磁性等。

把压力加工形变与热处理有效而紧密地结合起来,使工件获得很好的强度、韧性配合的方法称为形变热处理;在负压气氛或真空中进行的热处理称为真空热处理,它不仅能使工件不氧化、不脱碳,保持处理后工件表面光洁,提高工件的性能,还可以通入渗剂进行化学热处理。

表面热处理是只加热工件表层,以改变其表层力学性能的金属热处理工艺。为了只加热工件表层而不使过多的热量传入工件内部,使用的热源须具有高的能量密度,即在单位面积的工件上给予较大的热能,使工件表层或局部能短时或瞬时达到高温。表面热处理的主要方法有火焰淬火和感应加热热处理,常用的热源有氧乙炔或氧丙烷等火焰、感应电流、激光和电子束等。

化学热处理是通过改变工件表层化学成分、组织和性能的金属热处理工艺。化学热处理与表面热处理不同之处是后者改变了工件表层的化学成分。化学热处理是将工件放在含碳、氮或其他合金元素的介质（气体、液体、固体）中加热，保温较长时间，从而使工件表层渗入碳、氮、硼和铬等元素。渗入元素后，有时还要进行其他热处理工艺，如淬火及回火。化学热处理的主要方法有渗碳、渗氮、渗金属。

通常情况下热处理采用的手段有以下几种方式：

（1）退火：指金属材料加热到适当的温度，保持一定的时间，然后缓慢冷却的热处理工艺。常见的退火工艺有：再结晶退火、去应力退火、球化退火、完全退火等。退火的目的：主要是降低金属材料的硬度，提高塑性，以利切削加工或压力加工，减少残余应力，提高组织和成分的均匀化，或为后道热处理做好组织准备等。

（2）正火：指将钢材或钢件加热到钢的组织转变的上临界点温度以上 30～50℃，达到奥氏体化后，保持适当时间，在静止的空气中冷却的热处理的工艺。正火的目的：主要是提高低碳钢的力学性能，改善切削加工性，细化晶粒，消除组织缺陷，为后道热处理做好组织准备等。

（3）淬火：指将钢件加热到 Ac3 或 Ac1（钢的下临界点温度）以上某一温度，保持一定的时间，然后以适当的冷却速度，获得马氏体（或贝氏体）组织的热处理工艺。常见的淬火工艺有盐浴淬火、马氏体分级淬火、贝氏体等温淬火、表面淬火和局部淬火等。淬火的目的：使钢件获得所需的马氏体组织，提高工件的硬度、强度和耐磨性，为后道热处理做好组织准备等。

（4）回火：指钢件经淬硬后，再加热到 Ac1 以下的某一温度，保温一定时间，然后冷却到室温的热处理工艺。常见的回火工艺有：低温回火、中温回火、高温回火和多次回火等。回火的目的：主要是消除钢件在淬火时所产生的应力，使钢件除具有高的硬度和耐磨性外，还具有所需要的塑性和韧性等。

（5）调质：指将钢材或钢件进行淬火及高温回火的复合热处理工艺。使用于调质处理的钢称调质钢。它一般是指中碳结构钢和中碳合金结构钢。

（6）渗碳：是指使碳原子渗入到钢表面层的过程。也是使低碳钢的工件具有高碳钢的表面层，再经过淬火和低温回火，使工件的表面层具有高硬度和耐磨性，而工件的中心部分仍然保持着低碳钢的韧性和塑性。

4. 热处理变形的预防

精密复杂模具的变形原因往往是复杂的，但是只要掌握其变形规律，分析其产生的原因，采用不同的方法预防模具的变形是能够减少的，也是能够控制的。一般来说，对精密复杂模具的热处理变形可采取以下方法预防：

（1）合理选材。对精密复杂模具应选择材质好的微变形模具钢（如空淬钢），对碳化物偏析严重的模具钢应进行合理锻造并进行调质热处理，对较大和无法锻造模具钢可进行固溶双细化热处理。

（2）模具结构设计要合理，厚薄不要太悬殊，形状要对称，对于变形较大模具要掌握变形规律，预留加工余量，对于大型、精密复杂模具可采用组合结构。

（3）精密复杂模具要预先进行热处理，消除机械加工过程中产生的残余应力。

（4）合理选择加热温度，控制加热速度，对于精密复杂模具可采取缓慢加热、预热和其他均衡加热的方法来减少模具热处理变形。

（5）在保证模具硬度的前提下，尽量采用预冷、分级冷却淬火或温淬火工艺。

（6）对精密复杂模具，在条件许可的情况下，尽量采用真空加热淬火和淬火后的深冷处理。

（7）对一些精密复杂的模具可采用预先热处理、时效热处理、调质氮化热处理来控制模具的精度。

（8）在修补模具砂眼、气孔、磨损等缺陷时，选用冷焊机等热影响小的修复设备以避免修补过程中变形的产生。

另外，正确的热处理工艺操作（如堵孔、绑孔、机械固定、适宜的加热方法、正确选择模具的冷却方向和在冷却介质中的运动方向等）和合理的回火热处理工艺也是减少精密复杂模具变形的有效措施。

5. 热处理质量检查

热处理质量检查应符合《热处理行业规范条件》（T/CHTA 003）及《水利水电工程钢闸门制造、安装及验收规范》（GB/T 14173）相关规范要求。

第六节 电 镀 工 艺

电镀就是利用电解原理在某些金属表面镀上一薄层其他金属或合金的过程，是利用电解作用使金属或其他材料制件的表面附着一层金属膜的工艺从而起到防止金属氧化（如锈蚀），提高耐磨性、导电性、反光性、抗腐蚀性（硫酸铜等）及增进美观等作用。

一、工作原理

电镀原理包含四个方面：电镀液、电镀反应、电极与反应原理、金属的电沉积过程。电镀需要一个向电镀槽供电的低压大电流电源以及由电镀液、待镀零部件（阴极）和阳极构成的电解装置。其中电镀液成分视镀层不同而不同，但均含有提供金属离子的主盐，能络合主盐中金属离子形成络合物的络合剂，用于稳定溶液酸碱度的缓冲剂、阳极活化剂和特殊添加物（如光亮剂、晶粒细化剂、整平剂、润湿剂、应力消除剂和抑雾剂等）。电镀过程是镀液中的金属离子在外电场的作用下，经电极反应还原成金属原子，并在阴极上进行金属沉积的过程。因此，这是一个包括液相传质、电化学反应和电结晶等步骤的金属电沉积过程。

电镀液有六个要素：主盐、附加盐、络合剂、缓冲剂、阳极活化剂和添加剂。

在盛有电镀液的镀槽中，经过清理和特殊预处理的待镀件作为阴极，用镀覆金属制成阳极，两极分别与直流电源的正极和负极连接。电镀液由含有镀覆金属的化合物、导电的盐类、缓冲剂、pH调节剂和添加剂等的水溶液组成。通电后，电镀液中的金属离子在电位差的作用下移动到阴极上形成镀层。阳极的金属形成金属离子进入电镀液，以保持被镀覆的金属离子的浓度。在有些情况下，如镀铬，是采用铅、铅锑合金制成的不溶性阳极，它只起传递电子、导通电流的作用。电解液中的铬离子浓度，需依靠定期地向镀液中加入铬化合物来维持。电镀时，阳极材料的质量、电镀液的成分、温度、电流密度、通电时间、搅拌强度、析出的杂质、电源波形等都会影响镀层的质量，需要适时进行控制。

二、电镀方式

电镀分为挂镀、滚镀、连续镀和刷镀等方式，主要与待镀件的尺寸和批量有关。挂镀适用于一般尺寸的制品，如汽车的保险杠，自行车的车把等。滚镀适用于小件，如紧固件、垫圈、销子等。连续镀适用于成批生产的线材和带材。刷镀适用于局部镀或修复。电镀液有酸性的、碱性的和加有络合剂的酸性及中性溶液，无论采用何种镀覆方式，与待镀制品和镀液接触的镀槽、吊挂具等应具有一定程度的通用性。

镀层分类

（1）若按镀层的成分则可分为单一金属镀层、合金镀层和复合镀层三类。

（2）若按用途分类，可分为如下几类。

1）防护性镀层：如 Zn、Ni、Cd、Sn 和 Cd - Sn 等镀层，作为耐大气及各种腐蚀环境的防腐蚀镀层。

2）防护性装饰镀层：如 Cu - Ni - Cr、Ni - Fe - Cr 复合镀层等，既有装饰性又有防护性。

3）装饰性镀层：如 Au、Ag 以及 Cu，仿金镀层、黑铬、黑镍镀层等。

4）修复性镀层：如电镀 Ni、Cr、Fe 层进行修复一些造价颇高的易磨损件或加工超差件。

5）功能性镀层：如 Ag、Au 等导电镀层；Ni - Fe、Fe - Co、Ni - Co 等导磁镀层；Cr、Pt - Ru 等高温抗氧化镀层；Ag、Cr 等反光镀层；黑铬、黑镍等防反光镀层；硬铬、Ni - SiC 等耐磨镀层；Ni - VIEE、Ni - C（石墨）减磨镀层等；Pb、Cu、Sn、Ag 等焊接性镀层；防渗碳镀 Cu 等。

三、镀层质量检查

（1）金结镀层质量检查应符合 GB/T 14173 相关规范要求。

（2）镀铬及镀铬层质量检查。

1）镀铬前表面的预处理应符合《金属零（部）件镀覆前质量控制技术要求》（GB/T 12611），镀铬工艺应符合《金属覆盖层 工程用铬电镀层》（GB/T 11379）的要求。

2）外观检查包括：主要表面上应是光亮或有光泽的；用肉眼观察应无麻点、起泡、剥落；应无铬瘤、无裂纹。

3）镀层的测量应符合《金属和其他无机覆盖层厚度测量方法评述》（GB/T 6463）的规定。

第七节 机 械 加 工

机械加工是指通过一种机械设备对工件的外形尺寸或性能进行改变的过程。

一、加工方式

按加工方式可分为车、钳、铣、刨、磨、镗等。

1. 车

车是主要用车床的车刀对旋转的工件进行车削加工的工艺。在车床上还可用钻头、扩孔钻、铰刀、丝锥、板牙和滚花工具等进行相应的加工。车床主要用于加工轴、盘、套和其他具有回转表面的工件，是机械制造和修配工厂中使用最广的一类机床。铣床和钻床等旋转加工的机械都是从车床引申出来的。

2. 钳

钳工、削加工、机械装配和修理作业中的手工作业，因常在钳工台上用虎钳夹持工件操作而得名。钳工作业主要包括錾削、锉削、锯切、划线、钻削、铰削、攻丝和套丝（螺纹加工）、刮削、研磨、矫正、弯曲和铆接等。

3. 铣

铣是主要用铣床的铣刀在工件上加工各种表面的工艺。通常铣刀旋转运动为主运动，工件（和）铣刀的移动为进给运动。它可以加工平面、沟槽，也可以加工各种曲面、齿轮等。此外，还可用于对回转体表面、内孔加工及进行切断工作等。

4. 刨

刨是用刨床的刨刀对工件的平面、沟槽或成形表面进行刨削的工艺。刨床是使刀具和工件之间产生相对的直线往复运动来达到刨削工件表面的目的。往复运动是刨床上的主运动。在刨床上可以刨削水平面、垂直面、斜面、曲面、台阶面、燕尾形工件、T 形槽、V 形槽，也可以刨削孔、齿轮和齿条等。用刨床刨削窄长表面时具有较高的效率，它适用于中小批量生产和维修车间。

5. 磨

磨是利用磨床的磨具对工件表面进行磨削加工的工艺。大多数磨床使用高速旋转的砂轮进行磨削加工，少数使用油石、砂带等其他磨具和游离磨料进行加工，如珩磨机、超精加工机床、砂带磨床、研磨机和抛光机等。磨床能加工硬度较高的材料，如淬硬钢、硬质合金等；也能加工脆性材料，如玻璃、花岗石。磨床能进行高精度和表面粗糙度很小的磨削，也能进行高效率的磨削，如强力磨削等。

6. 镗

镗是一种用刀具扩大孔或其他圆形轮廓的内径车削工艺，其应用范围一般从半粗加工到精加工，所用刀具通常为单刃镗刀（称为镗杆）。

二、加工余量

由毛坯变成成品的过程中，在某加工表面上切除的金属层的总厚度称为该表面的加工总余量。每一道工序所切除的金属层厚度称为工序间加工余量。在工件上留加工余量的目的是切除上一道工序所留下来的加工误差和表面缺陷，如铸件表面冷硬层、气孔、夹砂层，锻件表面的氧化皮、脱碳层、表面裂纹，切削加工后的内应力层和表面粗糙度等，从而提高工件的精度。加工余量的大小对加工质量和生产效率均有较大影响。加工余量过大，不仅增加了机械加工的劳动量，降低了生产率，而且增加了材料、工具和电力消耗，提高了加工成本。若加工余量过小，则既不能消除上道工序的各种缺陷和误差，又不能补偿本工序加工时的装夹误差，造成废品。其选取原则是在保证质量的前提下，使余量尽可能小。一般说来，越是精加工，工序余量越小。加工余量要符合《铸件 尺寸公差、几何公差与机械加工余量》（GB/T 6414）要求。

思 考 题

1. 焊接工艺评定一般过程是什么？
2. 金属结构防腐涂装不得进行作业的施工条件有哪些？
3. 涂层质量检测有哪些规定？
4. 对金属涂层的金属丝有哪些要求？
5. 铸造工艺有哪些种类？
6. 电镀工作原理是什么？
7. 机械加工有几种方式？
8. 金属热处理有哪几种？

第五章 金属结构制造

第一节 钢闸门制造

一、钢闸门分类与构造

(一) 钢闸门分类

闸门是设置在水工建筑物的过流孔口并可操作移动的挡水结构物,是水工建筑物的重要组成部分,与建筑物一起发挥着拦洪、蓄水、泄洪、排涝等作用。

1. **按工作性质(用途)分类**

(1) 工作闸门:调节水位、控制流量的闸门。

(2) 检修闸门:检修设备或建筑物时闭合挡水的闸门。

(3) 事故闸门:在设备或建筑物出现故障时可迅速截断水流的闸门。

2. **按门叶与挡水水位的相对关系分类**

(1) 露顶闸门:当孔口关闭时,闸门门叶顶部高出上游最高水位。

(2) 潜孔闸门:当孔口关闭时,闸门门叶顶部低于上游最低水位。

3. **按闸门门叶形状分类**

(1) 平面闸门。

(2) 弧形闸门。

(3) 人字闸门。

(4) 三角闸门。

(5) 拱形闸门。

4. **按运行轨迹分类**

(1) 横拉闸门。

(2) 下卧闸门。

(3) 上翻闸门。

(4) 回转闸门。

(5) 垂直升降闸门。

(二) 钢闸门构成

钢闸门一般由门体、埋件两大部分组成。门体一般由挡水面板、构架、行走支撑部分、门叶与操作机械相连接的构件、止水部分组成。

埋件主要包括底槛、主轨、副轨、反轨、止水座板、门楣、侧轮导板、侧轨、铰座钢梁和有止水要求的胸墙及钢衬护等。

二、门体和埋件制造

（一）基本规定

（1）具备设计图样和设计文件，设计图样包括总图、装配图、零部件图（如有修改应有设计修改通知书）。

（2）门体和埋件使用的钢材、防腐材料应符合设计图样的要求，其性能应符合相关国家标准和设计文件的要求，具有出厂质量证明书。

（3）钢材进场应进行验收，标号不清或对材质有疑问时应予复检，复检符合有关标准后方可使用。

（4）钢板如进行超声波检测，应按 GB/T 2970 的要求执行。

（5）钢板性能试验取样位置及试样制备应符合 GB/T 2975 的规定，试验方法应符合 GB/T 228.1、GB/T 229、GB/T 232 的规定。

（6）标准件和非标准协作件具有质量证明书。

（7）焊接材料（焊条、焊丝、焊剂、保护气体等）应具有出厂质量证明书，其化学成分、力学性能、扩散氢含量等技术参数满足设计要求。标号不清或对材质有疑问时应进行复验。

（8）炭弧气刨用炭棒应符合《炭弧气刨炭棒》（JB/T 8154）的有关规定。

（9）切割气体应符合相关质量要求。

（10）闸门制造所用的设备与设施，在使用前应确认与其承担的工作相适应，需定期检查。

（11）门体、埋件制造所需的量具和仪器应送计量鉴定机构检定合格（或率定合格）并在有效期内。

（12）钢闸门制造前，应该根据结构特点、质量要求和焊接工艺评定报告并参照《水工金属结构焊接通用技术条件》（SL 36）的规定，编制焊缝工艺规程；钢闸门（含拦污栅）的焊缝分类参见 GB/T 14173。

（13）从事钢闸门焊缝质量检测的无损检测人员，应按 GB/T 9445 的要求进行培训和资格鉴定，取得通用资格证书；焊缝内部质量检测采用超声波检测和射线检测，焊缝表面质量检测可采用磁粉检测或渗透检测；焊缝还需按规范要求进行外观检查。

（二）开工及技术准备

1. 第一次设计联络会

施工图样到达承包人后，监理工程师应参加由业主主持召开的第一次设计联络会，由设计单位进行技术交底。监理工程师应做好下列工作：

（1）督促承包人在认真审阅，核实施工图样、文件的基础上针对图纸中的问题，提出问题清单。

（2）督促、检查承包人对召开设计联络会的准备工作情况，就绪后报告业主。

2. 第二次设计联络会

承包人递交制造工艺方案、承包人自己完成的图样等文件交驻厂监理工程师审核同意后，提出召开第二次设计联络会时间，报业主和监理机构确认。由总监理工程师在制造现场主持召开第二次设计联络会。监理工程师应做好下列工作：

(1) 审查承包人编制的制造工艺方案，制造工艺流程、焊接工艺评定、机加工工艺等工艺文件。

(2) 审查承包人自己完成的图样。

(3) 审查承包人的质保体系，外购、外协分包商资质情况。

(4) 审查承包人编制的生产进度网络计划。

3. 监理规划与监理实施细则

(1) 在签订委托监理合同及收到设计文件后，由总监理工程师组织编写监理规划，经单位技术负责人批准，报送建设单位。

(2) 依据监理规划和设备制造技术要求，编制监理实施细则，其内容应包括专业特点和监理工作的流程、控制要点及目标值、方法、措施，应具体细致，具有可操作性。

4. 制造开工准备

(1) 制造工艺方案审查。分项设备制造开工前，监理工程师应督促承包人根据合同技术条款、设计图样及合同规定应执行的技术标准，完成工艺方案文件编制并报监理工程师批准。方案应包含以下内容：

1) 工程概况。

2) 工艺路线：包括工艺路线中质量控制点和质量控制停止点的设置情况。

3) 工艺过程卡：包括下料、坡口加工、拼装、焊接、校正及机加工等工序、工步质量控制要求，检测方法及记录表格。

4) 检验和试验：包括检验和试验程序、检验项目、合格标记及记录表格。

5) 人员安排和计划（可用专项报告报送）。

6) 材料采购及管理（可用专项报告报送）。

7) 机械设备配置与大型工艺装备。

8) 安全措施。

(2) 人员资格审查。驻厂监理工程师按规定对承包人从事焊接的焊工、从事无损检测的检验人员的资格进行审查和确认，对检查中发现不具备该项工作资质要求的人员，驻厂监理工程师应指令制造厂立即撤换并向总监理工程师报告。

(3) 材料审查。监理工程师应要求承包人尽快落实原材料的供应商及外协件协作单位，相关资质文件报监理机构审查，应符合招标文件的规定。完成原材料的复检试验工作，并报监理工程师审查。

(4) 机械设备及器具审查。承包商应按照投标文件的承诺，配备制造或施工所用的各种设备及器具，并报监理工程师审查。

以上各项文件经审查完成之后，上报开工申请表，总监理工程师签署开工意见。

(三) 钢闸门制造基本流程

钢闸门制造基本流程如图 5-1 所示。

(四) 零部件和单个构件制造技术要求

(1) 制定零部件和单个构件的制造工艺时，应充分考虑焊接收缩量、机械加工部位的切削余量等因素。

（2）用钢板或型钢下料而成的零部件，其未注尺寸公差的允许偏差应符合表 5-1 的规定。

（3）切割钢板或型钢，其切断面形位公差及表面粗糙度要求：

1）钢板或型钢且断面为待焊边缘时，切断面应无对焊接接头质量有不利影响的缺欠；断面粗糙度 $Ra \leqslant 50\mu m$；长度方向的直线度公差应不大于边棱长度的 0.5/1000，且不大于 1.5mm；厚度方向的垂直度：当板厚 $\delta \leqslant 24mm$ 时，不大于 0.5mm；$\delta > 24mm$ 时，不大于 1.0mm。若局部存在少量较深的割痕，允许采用焊

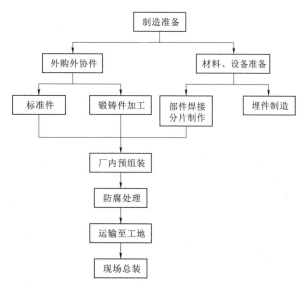

图 5-1　钢闸门制造基本流程图

接方法机械补焊，但焊补应符合有关焊接的规定，焊补后应磨平。

表 5-1　　　　　　　　　零 部 件 的 允 许 偏 差　　　　　　　　单位：mm

基 本 尺 寸	允 许 偏 差	
	切割	刨（铣）边缘
≤1000	±2.0	±0.5
1000～2000	±2.5	±1.0
2000～3150	±2.5	±1.5
>3150	±3.0	±2.0

2）钢板或型钢切断面为非焊接边缘时，切断面应光滑、整齐、无毛刺；长度方向的直线度应不大于表 5-1 中尺寸公差的 1/2 的规定；厚度方向的垂直度应不大于厚度的 1/10，且不大于 2.0mm。

（4）焊接接头坡口的基本形状和尺寸应符合 GB/T 985.1 和 GB/T 985.2 的规定。

（5）钢板零部件的边棱之间平行度和垂直度为相应尺寸公差的 1/2。

（6）零部件经矫正后，钢板的平面度、型钢的直线度、角钢肢的垂直度、工字钢和槽钢翼缘的垂直度及其扭曲应符合表 5-2 的规定。

（7）单个构件拼装的尺寸允许偏差和形位公差应符合表 5-3 的有关规定。构件在焊接后发生变形，应进行矫正，矫正后也应符合表 5-3 的规定。

（8）零部件和单个构件变形，宜采用机械方法或局部火焰加热方法矫正。

（五）铸钢件和锻件技术要求

（1）铸钢件和锻件应根据零部件的受力情况、重要性程度及工作条件进行分类：

表 5-2 零部件形位公差 单位：mm

序号	名称	简图	公差
1	钢板、扁钢平面度 t		在 1m 的范围内： $\delta\leqslant 4$：$t\leqslant 2.0$ $4<\delta<12$：$t\leqslant 1.5$ $\delta\geqslant 12$：$t\leqslant 1.0$
2	角钢、工字钢、槽钢的直线度 f		长度的 1/1000，但不大于 5.0
3	角钢肢的垂直度 Δ		$\Delta\leqslant b/100$
4	工字钢、槽钢翼缘的垂直度 Δ		$\Delta\leqslant b/30$，且 $\Delta\leqslant 2.0$

表 5-2 第 5 项：角钢、工字钢、槽钢的扭曲度 e

型钢长度 L	型钢高度 H	
	$\leqslant 100$	>100
$\leqslant 2000$	$\leqslant 1.0$	$\leqslant 1.5$
	$e=L\times 0.5/1000$	$e=L\times 0.75/1000$
>2000	$e\leqslant 2.0$	

表 5-3 构件拼装公差 单位：mm

序号	名称	简图	公差或允许偏差
1	构件宽度 b		±2.0
2	构件高度 h		
3	腹板间距 c		
4	腹板对翼缘板中心位置的偏移 e		不大于 2.0

序号	名　　称	简　　图	公差或允许偏差
5	扭曲		长度不大于 3m 的构件，应不大于 1.0；每增 1m，递增 0.5，且最大不大于 2.0
6	翼缘板对腹板的垂直度 a		$a \leqslant b_1/150$，且不大于 2.0
			$a \leqslant 0.003b$，且不大于 2.0
7	腹板的局部平面度 Δ		每米范围不大于 2.0
8	正面（受力面）弯曲度		构件长度的 1/1500，且不大于 4.0
9	侧面弯曲度		构件长度的 1/1000，且不大于 6.0

1）一类铸钢件和锻件：门叶面积×水头＞1000m³ 的平面闸门的主轮、主轮轴、吊耳轴、节间连接轴、铸锻件主轨；门叶面积×水头＞1000m³ 的弧形闸门的支铰、支铰轴；人字闸门的顶、底枢零部件及支枕垫块。

2）二类铸钢件和锻件：门叶面积×水头≤1000m³ 的平面闸门的主轮、主轮轴、吊耳轴、节间连接轴、铸锻件主轨；门叶面积×水头≤1000m³ 的弧形闸门的支铰、支铰轴；人字闸门的顶、底枢零部件及支枕垫块。

3）三类铸钢件和锻件：平面滑动闸门的主滑块及滑块座。

4）四类铸钢件和锻件：除以上 3 类之外的铸钢件和锻件。

（2）各类铸钢件的检验项目应按表 5-4 的规定执行。

（3）一般工程与结构用铸造碳钢及低合金铸钢的牌号及铸件的技术条件应分别符合 GB/T 14408 和 GB/T 11352 的规定；铸焊结构用铸钢的牌号及其铸件的技术条件应符合 GB/T 7659 的规定；承受压力铸钢的牌号及其铸件的技术条件应符合《承压钢铸件》（GB/T 16253）的规定；承受冲击荷载下耐磨损高锰钢的牌号及其铸件的技术条件应符合《奥氏体锰钢铸件》（GB/T 5680）的规定。

（4）铸造一、二类铸钢件时，其冶炼方法和铸造工艺应符合以下规定：

1）铸钢宜采用电弧炉或感应电炉冶炼，必要时应进行炉外精炼，去除液态金属中的气体和夹杂物，以净化金属，改善铸钢质量。

表 5-4   铸 钢 件 的 检 验 项 目

铸件级别	单铸试件			铸 钢 件					
	化学成分	力学性能 R_m、R_{eL}($R_{p0.2}$)、A、Z	硬度	尺寸公差	质量公差	粗糙度	表面质量	无损检测	气密性
一	√	√	√	√	√	√	√	√	O
二	√	√	√	√	√	√	√	√	O
三	√	O	√	O	O	—	√	O	—
四	√	—	—	—	—	—	—	—	—

注　1."√"表示必须检验的项目;"O"表示仅按设计要求检验的项目;"—"表示不检验的项目。

　　2.单铸试块应符合 GB/T 11352 的要求,批量按炉次划分。

2)铸钢用材料的选择、型砂及涂料的配置,应满足铸件长尺寸、大面积及高结构的特征要求。

3)制定浇注工艺时,宜进行计算机模拟铸态显示试验,以验证铸造工艺。

4)浇冒口宜避开铸钢件工作面和主要受力部位。

(5)除合同文件及设计图样另有规定者外,铸钢件可以用焊接方法进行修补。修补应符合下列规定:

1)焊补前,应将缺陷全部清除干净,露出致密金属表面,坡口面应修整圆滑,不得有尖角存在;对于裂纹类欠缺,为防止裂纹扩展,应开止裂孔,并用磁粉探伤或渗透探伤方法对补焊区进行检验,缺陷应被全部清除;对于焊接性能较差或裂纹倾向较大的铸钢件,焊补前应进行预热,焊补过程中预热区的温度应不低于选用预热温度的下限。焊补后,应进行消除应力热处理,必要时在焊补过程中应进行中间热处理。

2)焊补应符合本规范有关焊接的规定。

3)当焊补坡口深度超过壁厚的 20% 或 25mm 或坡口面积大于 65cm^2 时,被认为是重大焊补。重大焊补应征得设计单位同意并报监理批准;重大焊补应有焊补技术记录,记录焊补过程的实际情况。

4)铸钢件在最终性能热处理之后不得再进行焊补。

(6)碳钢和合金钢铸件可采用退火、正火或淬火+回火处理,高锰钢铸件应进行水韧处理。

(7)铸钢件表面粗糙度应采用《表面粗糙度比较样块　第 1 部分:铸造表面》(GB/T 6060.1)规定的样块进行比较检查,按《铸钢表面粗糙度　评定方法》(GB/T 15056)规定的方法进行评定,并符合设计图样的规定。

(8)铸钢件的尺寸和机械加工余量的数组、确定方法及检验评定规则应符合 GB/T 6414 的规定。铸钢件重量公差的数值、确定方法及检验规定应符合 GB/T 11351 的规定。

(9)铸钢件的表面质量。

1)铸钢件表面应清理干净,修整飞边与毛刺,去除补贴、黏砂、氧化铁皮及内腔残余物。

2)浇冒口的残根应清除干净、平整。

3）铸钢件表面不应有裂纹、冷隔和缩松等缺陷，加工面上允许存在机械加工余量范围内的表面缺欠。

（10）一类、二类铸钢件应按铸钢件超声探伤及质量评级标准 GB/T 7233.1 和 GB/T 7233.2 进行内部超声波检测。一类铸钢件的关键部位质量等级应符合 2 级标准；二类铸钢件的关键部位应符合 3 级标准。一类、二类铸钢件应做 100％ 外观目视检查，其主要受力部位的加工面应按 GB/T 9444 进行表面无损检测，一类铸钢件检查比例不低于 50％，二类铸钢件检查比例不低于 20％，不得有裂纹。同一批主轨可对该批 30％ 的主轨进行检查，其他部位对有疑问处进行检查。当检查发现有裂纹缺陷时，应进行 100％ 检查。

（11）每个铸钢件应在合适的非加工面铸造或打印标志，标志的内容包括制造厂名或代号、熔炼炉号或检验批号。

（12）铸钢件应按批提供质量证明书，内容包括：订货合同号，铸件名称及设计图号，铸钢牌号，熔炼炉号、批号，热处理类型，各项检验结果及标准编号。

（13）锻件用的钢棒、钢锭或钢坯应是镇静钢，其牌号、技术要求、试验方法及检验规则应符合 GB/T 699 或 GB/T 3077 的要求，要求保证淬透性的锻件的牌号、技术要求、试验方法及检验规则应符合《保证淬透性结构钢》（GB/T 5216）的要求。锻件用钢应具有出厂合格证，必要时可提出探伤、低温韧性、晶粒度、夹杂物及金相组织等补充试验要求。

（14）各类锻件的检验项目及数量应符合表 5-5 的规定。

表 5-5　　　　　　　　　　锻 件 的 检 验 项 目

锻件级别	试验项目及检验数量				组批条件
	化学成分	硬度	拉伸 R_m、R_{eL}、$(R_{p0.2})$、A、Z	冲击（A_{kv}）	
一	每一炉号	100％	100％	100％	逐件检验
二	每一炉号	100％	每批抽 2％，但不少于 2 件	每批抽 2％，但不少于 2 件	同钢号、同热处理炉次
三	每一炉号	100％	—	—	同钢号、同热处理炉次
四	每一炉号	每批抽 2％，但不少于 2 件	—	—	同钢号、同热处理炉次

注　1. 按百分比计算检验数量后，不足 1 件的余数应算为 1 件。
　　2. 一类、二类锻件的硬度值不作为验收的依据。

（15）锻造试验的水压机、锻锤等设备应具有足够的能量，以保证锻透；锻造采用钢锭或钢坯，其主截面部分的锻造比不得小于 3（电渣重熔钢不得小于 2），采用钢棒材，锻造比不得小于 1.6；毛坯的加热、始锻和终锻温度及锻件的冷却应按有关工艺执行，并做好技术记录。

（16）锻件的机械加工余量与公差应符合《钢质模锻件　公差及机械加工余量》（GB/T 12362）、《液压机上钢质自由锻件机械加工余量与公差　第 1 部分：一般要求》（JB/T 9179.1）、《液压机上钢质自由锻件机械加工余量与公差　第 8 部分：圆环、筒节和法兰类》（JB/T 9179.8）的规定。

（17）锻件表面不应有裂纹、缩孔、折叠、夹层及锻伤等缺陷。需机械加工的表面若有缺欠，其深度不应大于单边机械加工余量的 50%。

（18）发现有白点的缺陷应予报废，且与该锻件同一熔炉号、同热处理的锻件均应逐个进行检查。

（19）一类、二类锻件应按照 GB/T 6402 进行超声波检测，一类锻件的质量等级应符合 2 级标准，二类锻件的质量等级应符合 3 级标准。一类锻件应按《无损检测　术语　超声检测》（GB/T 12604.1）进行表面无损检测检查。主要受力部位检查比例不低于 50%，其他部位对有疑问处进行检查。不允许有任何裂纹和白点。紧固件和轴承零部件不允许有任何横向缺陷显示，其他部件和材料符合三级标准。当检查发现有超标缺陷时，应进行 100% 检查。

（20）大型异型铸钢件和锻件，应设置拱吊装使用的工艺孔。

（六）埋件制造技术要求

（1）除另有规定外，预埋件包括底槛、侧槛、主轨、副轨、反轨、止水座板、门楣、侧导向支承构件侧轨、铰座钢梁和具有止水要求的埋件公差应符合表 5-6 的规定。

表 5-6　　　　　　　　　　　具有止水要求的埋件公差

序号	项目	公差	
		构件表面未经加工	构件表面经过加工
1	工作面直线度	构件长度的 1/1500，且不大于 3.0mm	构件长度的 1/2000，且不大于 1.0mm
2	侧面直线度	构件长度的 1/1000，且不大于 4.0mm	构件长度的 1/2000，且不大于 2.0mm
3	工作面局部平面度	每米范围不大于 1.0，且不超过 2 处	每米范围不大于 0.5mm，且不超过 2 处
4	扭曲	长度小于 3.0m 的构件，应不大于 1.0mm；每增加 1.0m，递增 0.5mm，且最大不大于 2.0mm	

注　1. 工作面直线度，沿工作面正向对应支承梁腹板中心测量。
　　2. 侧面直线度，沿工作面侧向对应有隔板或筋板处测量。
　　3. 扭曲是指构件两对角线中间交叉点处不吻合值。

（2）无止水要求的埋件公差应符合表 5-7 的规定。

表 5-7　　　　　　　　　　　无止水要求的埋件公差

序号	项目	公差
1	工作面直线度	构件长度的 1/1500 且不大于 3.0mm
2	侧面直线度	构件长度的 1/1500 且不大于 4.0mm
3	工作面局部平面度	每米范围内不大于 3.0mm
4	扭曲	长度小于 3.0m 的构件，应不大于 2.0mm；每增加 1.0m，递增 0.5mm，且不大于 3.0mm

注　1. 工作面直线度，沿工作面正向对应支承梁腹板中心测量。
　　2. 侧面直线度，沿工作面侧向对应有隔板或筋板处测量。
　　3. 扭曲是指构件两对角线中间交叉点处不吻合值。

（3）平面链轮闸门主轨承压凹槽级承压板加工应不低于 GB/T 1800.2 标准级精度要求，凹槽底面的直线度应符合表 5-8 的规定。承压板装配在主轨上后，接头的错位应不大于 0.1mm，主轨承压面的直线度应符合表 5-8 的规定。

表 5 - 8 主轨凹槽底面和承压面直线度公差 单位：mm

序 号	主 轨 长 度	公 差	
		主轨凹槽底面	主轨承压面
1	≤1000	0.15	0.20
2	1000～2500	0.20	0.30
3	2500～4000	0.25	0.40
4	4000～6300	0.30	0.50
5	6300～10000	0.40	0.60

（4）当设计要求对平面链轮闸门的主轨承压板或其他埋件表面进行表面热处理时，热处理工艺不但应满足表面硬度要求，同时应满足硬度分布要求。

（5）充压式止水和偏心铰压紧式止水弧形闸门埋件的主止水座基面的曲率半径允许偏差为±2.0mm，其偏差方向应与门叶面板外弧的曲率半径方向一致；其辅助止水和其他形式弧形闸门的门槽侧止水板和侧轮导板的中心曲率半径允许偏差为±3.0mm。

（6）底槛和门楣的长度允许偏差为－4～0mm，如底槛不是嵌于其他构件之间，则允许偏差为±4.0mm；胸墙的宽度允许偏差为－4～0mm，对角线相对差应不大于4.0mm。同时，底止水为钢止水反向弧形闸门的底槛的止水工作面平面度应不大于0.1mm，门楣左右侧面高程差应不大于0.5mm。

（7）焊接轨道的不锈方钢、止水座板于轨道面板组装时应压合，局部间隙应不大于0.5mm，且每段长度不大于100mm，累计长度不大于全长的15%。铸钢主轨支承面（踏面）宽度尺寸允许偏差为±3.0mm。

（8）当止水板布置在主轨上时，任一横截面的止水板工作面与主轨轨面距离 c 的允许偏差为±0.5mm，止水板中心至轨面中心距离 a 的允许偏差为±2.0mm，止水板与主轨轨面的相互关系如图 5-2 所示。

（9）当止水板布置在反轨上时，任一横截面的止水板工作面与反轨工作面距离 c 的允许偏差为±2.0mm，止水板中心至反轨工作面中心距离 a 的允许偏差为±3.0mm，止水板与反轨工作面的相互关系如图 5-3 所示。

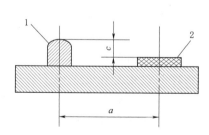

图 5-2 止水板与主轨轨面的相互关系
1—主轨轨面（承压加工面）；2—止水板（加工面）

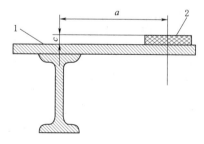

图 5-3 止水板与反轨工作面的相互关系
1—反轨工作面（指与反轨接触部位，系非加工面）；
2—止水板（加工面）

（10）护角如兼作侧轨，其与主轨轨面（或反轨工作面）中心距离 a 的允许偏差为±3.0mm，其与主轨轨面（或反轨工作面）的垂直度应不大于1.0mm，如图 5-4 所示。

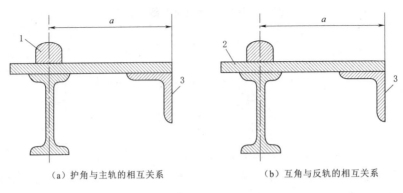

（a）护角与主轨的相互关系　　　　　（b）互角与反轨的相互关系

图 5-4　护角与主轨（反轨）的相互关系
1—主轨；2—反轨；3—护角

（11）支铰的铰链和铰座平面的平面度、铰链轴孔和铰座轴孔的同轴度应符合《形状和位置公差　未注公差值》（GB/T 1184）中的 B 级精度要求，其表面粗糙度 $Ra \leqslant 25\mu m$；铰链与支臂的连接螺孔宜采用模板套钻。

（12）分节制造的埋件，应在制造厂进行预组装，预组装可以立拼，也可以卧拼，但不应以外力强制组装，应符合下列规定：

1）各构件间的装配关系、几何形状应符合设计图样。

2）整体几何尺寸级公差应符合相关安装规范要求。

3）转铰式止水装置应转动灵活，无卡阻现象。

4）相邻构件组合间的错位应符合下列规定：

（a）链轮门主轨承压面应不大于 0.1mm。

（b）其他经过加工的应不大于 0.5mm。

（c）未经加工的应不大于 2.0mm。

5）预组装检验合格后，应在埋件的工作面和止水面显著标记中心线，应在节间组合面两侧 150mm 处标定检查线，必要时应设置定位装置，并按规范进行编号和包装。

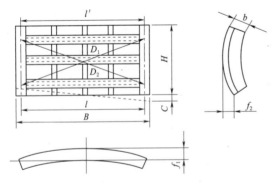

图 5-5　平面闸门门叶简图
D_1、D_2—对角线长度；H—门叶外形高度；B—门叶外形宽度；
C—门叶底缘倾斜值；l、l'—主梁平行度；b—门叶厚度；
f_1—门叶横向直线度；f_2—门叶竖向直线度

（13）采用充压式、偏心铰压紧式水封的弧形闸门主止水埋件制造完成后出厂前应进行预组装，预组装应符合设计要求。采用充压式止水的弧形闸门主止水埋件和水封在此基础上应进行水封腔的密封性试验和水封充压模拟状态试验，试验压力机试验结果应满足设计要求。

（七）平面闸门制造的技术要求

（1）平面闸门门叶简图（图 5-5），组装的公差或允许偏差应符合表 5-9 的规定。

表 5 - 9　　　　**平面闸门门叶制造、组装的公差或允许偏差表**　　　　单位：mm

序号	项　　目	门叶尺寸	公差或允许偏差	备　注
1	门叶厚度 b	≤1000	±3.0	
		1000～3000	±4.0	
		>3000	±5.0	
2	门叶外形高度 H 和宽度 B	≤5000	±5	
		5000～10000	±8	
		10000～15000	±10	
		15000～20000	±12	
		>20000	±15	
3	门叶宽度 B 和高度 H 的对应边之差	≤5000	5	
		5000～10000	8	
		10000～15000	10	
		15000～20000	12	
		>20000	15	
4	对角线相对差 $\lvert D_1 - D_2 \rvert$	取门高或门宽尺寸较大者≤5000	3.0	叶尺寸取门高或门宽中尺寸较大者
		5000～10000	4.0	
		10000～15000	5.0	
		15000～20000	6.0	
		>20000	7.0	
5	扭曲	≤10000	3.0	
		>10000	4.0	
6	门叶横向直线度 f_1		$B/1500$，且不大于 6.0	①
7	门叶竖向直线度 f_2		$H/1500$，且不大于 4.0	通过两边梁中心线测量
8	两边梁中心距	≤10000	±3.0	
		10000～15000	±4.0	
		15000～20000	±5.0	
		>20000	±6.0	
9	两边梁平行度 $\lvert l' - l \rvert$	≤10000	3.0	
		10000～15000	4.0	
		15000～20000	5.0	
		>20000	6.0	
10	纵向隔板错位		3.0	
11	面板与梁组合面的间隙		1.0	
12	门叶地缘直线度		2.0	

续表

序号	项 目	门叶尺寸	公差或允许偏差	备 注
13	门叶地缘倾斜度 2C		3.0	
14	面板局部平面度	面板厚度	每米范围不大于	
		≤10	5.0	
		10～16	4.0	
		>16	3.0	
15	两边梁底缘平面（或承压板）平面度		2.0	
16	节间止水板平面度		2.0	
17	止水座面平整度		2.0	
18	止水座板工作面至支承座面的距离		±1.0	
19	侧止水螺孔中心至门叶中心距离		±1.5	
20	顶止水螺孔中心至门叶底缘距离		±3.0	
21	底水封座板高度		±2.0	
22	自动挂钩定位孔（销）中心距		±2.0	

① 门叶横向直线度通过横梁中心线测量，门叶横向直线度通过左右两侧纵向隔板中心线测量。门叶整体弯曲应凸向迎水面，如出现凸向背水面，其直线度公差应不大于3.0mm。

（2）滚轮和轴套应按图样要求的配合公差加工：轴套内孔公差带应不低于 GB/T 1800.1 规定的 H8 级精度要求，其圆柱度为尺寸公差的 1/2；滚轮组装好后，应转动灵活，无卡滞现象，滚轮踏面圆跳动宜不低于 GB/T 1801 规定的 9 级精度要求。

（3）滑道支承常用材料——填充四氟乙烯板材、钢基铜塑复合材料、自润滑铜合金、工程塑料合金支承材料的物理力学性能及技术要求参见 GB/T 14173。

（4）滑道支承夹槽底面与门叶表面的间隙应符合表 5-10 的规定。

表 5-10　　　　　　　　　　夹槽底面与门叶表面的间隙　　　　　　　　　　单位：mm

序号	间隙性质	允 许 偏 差	
		接触表面	接触表面经过加工
1	贯穿间隙	Δ 应不大于 1.0，每段长度不超过 200，累计长度不大于滑道全长的 20%	Δ 应不大于 0.3，每段长度不超过 100，累计长度不大于滑道全长的 15%
2	局部间隙	Δ≤0.5，$b≤l/10$（累计长度不大于滑道全长的 50%）	Δ≤0.3，$b≤l/10$（累计长度不大于滑道全长的 25%）

(5) 平面闸门的滚轮或滑道支承组装应符合 GB/T 14173 相关要求。

(6) 闸门的主支承行走装置或反向支承装置组装时，应以止水座面为基准间隙调整。所有滚轮和支承滑道应在同一平面内，其平面度允许公差为：当滚轮和滑道的跨度小于或等于 10m 时，应不大于 2.0mm；跨度大于 10m 时，应不大于 3.0mm，每段滑道至少在两端各测一点。同时滚轮对任何平面的倾斜应不超过轮径的 2/1000。

(7) 滑道支承与止水座基准面的平行度允许公差：当滑道的长度小于或等于 500m 时，应不大于 0.5mm，长度大于 500m 时，应不大于 1.0mm，相邻滑道衔接端的高低差应不大于 1.0mm。

(8) 滚轮或滑道的支承跨度的允许偏差应符合表 5-11 的规定，同侧滚轮或滑道的中心线与闸门中心线的允许偏差为 ±2.0mm。

表 5-11　　　　　　　　　　支承跨度的允许偏差　　　　　　　　单位：mm

序号	跨　　度	允　许　偏　差	
		滚轮	滑道支承
1	≤5000	±2.0	±2.0
2	5000～10000	±3.0	±2.0
3	>10000	±4.0	±2.0

(9) 在同一横截面上，滚轮或主支承滑道的工作面与止水座面的距离允许偏差为 ±1.5mm；反向支承滑块或滚轮的工作面与止水座面的距离允许偏差为 ±2.0mm。

(10) 闸门吊耳距门叶中心线允许偏差为 ±1.5mm，吊耳孔在闸门高度、厚度方向中心线与图样给定基准面的允许偏差为 ±2mm，且相对差不应大于 2mm；吊耳、吊杆的轴孔应各自保持同心，其倾斜度应不大于 1/1000。

(11) 平面链轮闸门门叶焊接完毕后，为了保证门叶整体形状和几何尺寸的稳定，宜进行消除应力处理。当设计图样要求对门叶进行机械加工时，应符合下列要求：相应平面之间距离的允许偏差为 ±0.5mm；门叶两侧与承载走道相接触的表面平面度应不大于 0.3mm；平行平面的平行度公差应不大于 0.3mm；各机械加工面的表面粗糙度 $Ra \leqslant 25\mu m$，经加工后的梁系翼缘板板厚应符合设计图样尺寸，局部允许偏差为 -2.0mm。

(12) 平面链轮闸门的滚轮、承载走道、非承载走道等主要零部件的制造应符合 GB/T 14173 规范的相关要求。

(13) 平面闸门的整体预组装。

1) 一般平面闸门不论整体或分节制造，出厂前应进行包括主支承装置、反支承装置、侧支承装置及充水装置等整体预组装，组装应在自由状态下进行，检查结果应符合 GB/T 14173 相关要求，且其组合处的错位应不大于 2.0mm，组装时安装位置的间隙应不大于 4.0mm。充水阀应进行厂内预组装，应对充水阀的行程和密封性进行检查，行程应满足设计要求，不得透光和漏水。

2) 平面链轮闸门的组装应符合下列规定：

(a) 承载走道跨度允许偏差应符合表 5-12 的规定。

(b) 链条组装好后，应活动灵活，无卡滞现象。门叶水平放置时，每个链轮与承载走

表5-12 承载走道跨度允许偏差 单位：mm

序号	跨距	允许偏差
1	≤5000	±1.0
2	5000~10000	±2.0
3	≥10000	±3.0

道面应接触良好，接触长度应不小于链轮长度的80%，局部间隙应小于0.1mm。

（c）反轮、侧轮、橡胶水封的组装应以承载走道上的链轮所确定的平面和中心为基准间隙调整和检查，检查结果应符合相关要求，且组合处的错位应不大于1.0mm。

3）检查合格后，应明显标记门叶中心线、边柱中心线及对角线测控点，在组合处两侧150mm做供安装控制的检查线，设置可靠的定位装置并进行编号和标志。

（八）弧形闸门制造的技术要求

（1）弧形闸门支铰的铰链和铰座的加工及装配应符合下列要求：

1）支铰的铰链和铰座平面的平面度、铰链轴孔和铰座轴孔的同轴度应符合GB/T 1184中的B级精度要求，其表面粗糙度$Ra\leqslant25\mu m$；铰链与支臂的连接螺孔宜采用数控加工和模板套钻。

2）斜支臂的铰链平面应与支臂夹角角平分线垂直，支臂夹角角平分线的倾斜角应符合设计图样的要求。

3）采用自润滑关节轴承时，支铰轴孔和铰链孔的尺寸精度应满足轴承配合的要求。球形支铰如图5-6所示。

（2）弧形闸门门叶简图如图5-7所示，组装的公差或允许偏差应符合表5-13的规定。

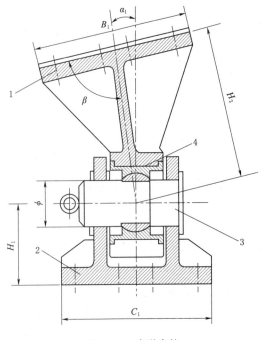

图5-6 球形支铰

1—铰链；2—铰座；3—轴；4—关节轴承

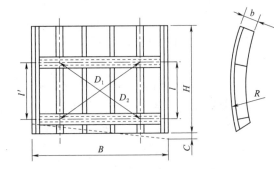

图5-7 弧形闸门门叶简图

D_1、D_2—对角线长度；H—门叶外形高度；B—外形宽度；

C—门叶底缘倾斜值；l、l'—主梁平行度；

b—门叶厚度；R—半径

表5-13　　　　　　　　弧形闸门门叶制造、组装的公差或允许偏差表　　　　　　单位：mm

序号	项目	门叶尺寸	公差或允许偏差		备注
			潜孔式	露顶式	
1	门叶厚度 b	≤1000	±3.0	±3.0	
		>1000~3000	±4.0	±4.0	
		>3000	±5.0	±5.0	
2	门叶外形高度 H 和宽度 B	≤5000	±5.0	±5.0	
		>5000~10000	±8.0	±8.0	
		>10000~15000	±10.0	±10.0	
		>15000	±12.0	±12.0	
3	对角线相差 $|D_1-D_2|$	≤5000	3.0	3.0	在主梁与支臂组合处测量
		>5000~10000	4.0	4.0	
		>10000	5.0	5.0	
4	扭曲	≤5000	2.0	2.0	在主梁与支臂组合处测量
		>5000~10000	3.0	3.0	
		>10000	4.0	4.0	
		≤5000	3.0	3.0	在门叶四角测量
		>5000~10000	4.0	4.0	
		>10000	5.0	5.0	
5	门叶横向直线度	≤5000	3.0	6.0	通过各主、次横梁或横向隔板的中心线测量
		>5000~10000	4.0	7.0	
		>10000	5.0	8.0	
6	门叶纵向弧度与样尺的间隙		3.0	6.0	通过各主、次纵梁或纵向隔板的中心线，用弦长3m的样尺测量
7	两主梁中心距		±3.0	±3.0	
8	两主梁平行度 $|l'-l|$		3.0	3.0	
9	纵向隔板错位		2.0	2.0	
10	面板和梁组合面的局部间隙		1.0	1.0	
11	面板局部与样尺的间隙	面板厚度	每米范围不大于		横向用1m平尺，竖向用弦长1m的样尺测量
		>6~10	5.0	6.0	
		>10~16	4.0	5.0	
		>16	3.0	4.0	
12	门叶底缘直线度		2.0	2.0	
13	门叶底缘倾斜值 2C		3.0	3.0	
14	侧止水座面平面度		2.0	2.0	
15	顶止水座面平面度		2.0	—	

续表

序号	项 目	门叶尺寸	公差或允许偏差		备 注
			潜孔式	露顶式	
16	侧止水座面至门叶中心距离		±1.5	±1.5	
17	侧止水螺孔中心至门叶中心距离		±1.5	±1.5	
18	顶止水螺孔中心至门叶底缘距离		±3.0		

（3）门叶采用纵向分缝的弧形闸门，每片门叶和支臂组装焊接完成后、面板组装前宜分别按规范要求进行消除应力处理，借鉴连接面的加工、钻孔及表面处理应符合 GB/T 14173 中规定和设计要求。

（4）充压式、偏心铰压紧式止水或有局部开启要求的弧形闸门，当弧形闸门面板、门叶与支臂组合面、支臂与铰链组合面需进行机械加工时，门叶除按潜孔式弧形闸门各项要求进行制造和检查外，加工后的门叶面板外弧的曲率半径允许偏差为 ±2.0mm，其偏差方向应与侧轨和主止水座基面的曲率半径偏差方向一致；门叶面板加工后的板厚应不小于图样尺寸，其表面粗糙度 $Ra \leqslant 25\mu m$，经机械加工后弧形闸门的形状公差应符合表 5-14 的规定。

表 5-14　　　　　　　　　　　弧形闸门的形状公差　　　　　　　　　　单位：mm

序 号	项 目	尺 寸	公 差
1	门叶横向直线度	≤1000	0.5
		1000～1600	0.8
		1600～2500	1.0
		2500～4000	1.2
		4000～6300	1.5
		6300～10000	2.0
2	各组合面的平面度	≤630	0.25
		630～1000	0.3
		1000～1600	0.4
		1600～2500	0.5

（5）反向弧形闸门及支臂宜整体制造，在机械加工前宜按规范进行消除应力热处理，底止水采用钢止水的反向弧形闸门的门叶底缘直线度应不大于 0.15mm，底止水板工作面局部平面度应不大于 0.3mm，侧止水座面至门叶中心距离的允许偏差应在 −1～0.5mm，顶止水座面至门叶底缘距离的允许偏差应在 ±1.0mm。

（6）弧形闸门吊耳的位置及吊耳孔中心线的允许偏差应符合平面闸门的相应要求。

（7）支臂结构（图 5-8）组装的允许偏差应符合下列要求：

1）臂柱下料时，应留有焊接收缩量和调整余量，在弧形闸门整体组装时再修正，保证其长度最后能满足铰链轴孔中心至面板外缘半径的要求。

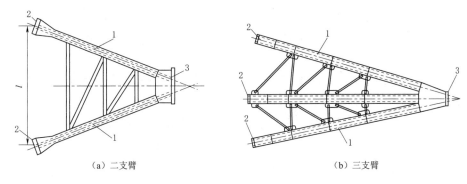

（a）二支臂　　　　　　　　　　　　　　（b）三支臂

图 5-8　支臂结构图

1—臂柱；2—支臂前端板；3—支臂后端板

2）臂柱作为单个构件制造，其允许偏差应符合表 5-3 的规定。

3）支臂开口处弦长 l 的允许偏差应符合表 5-15 的规定。

表 5-15　　　　　　　　　　　支臂开口处弦长 l 的允许偏差　　　　　　　　　　单位：mm

序　号	支臂开口处弦长 l	允许偏差
1	≤4000	±2.0
2	>4000～6000	±3.0
3	≥6000	±4.0

4）直支臂的侧面扭曲应不大于 2.0mm。反向弧面闸门支臂两侧对水平面的垂直度应不大于支腿开口处弦长的 1/1000。

5）斜支臂组装应以臂柱中心线夹角平分线为基准线，臂柱腹板应与门叶主梁腹板形成水平连接，支臂连接板应与基准线垂直，上、下臂柱腹板在垂直于基线的剖面的扭角应用样板检查，样板间隙应不大于 2.0mm，臂柱补强板应根据计算扭角大小预折成形，不得强制装配。

（8）弧形闸门出厂前，应进行整体组装和检查，参照 GB/T 14173 要求，检查的部位如图 5-9 所示，H 为门叶外形高度，B 为门叶外形宽度，相关允许偏差应符合下列要求：

1）两个铰链轴孔的同轴度 a 应不大于 1.0mm，每个铰链轴孔的倾斜度应不大于 1/1000。

2）铰链中心与门叶中心距离 l_1 的允许偏差为 ±1.0mm。

3）臂柱中心与铰链中心的不吻合值 Δ_1 应不大于 2.0mm；臂柱腹板中心与主梁腹板中心的不吻合值 Δ_2 应不大于 4.0mm。

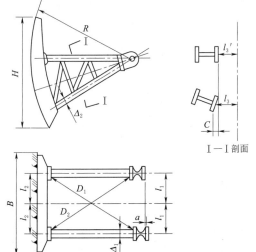

图 5-9　弧形闸门构造图

4）支臂中心与门叶中心距离 l_2（在支臂开口处）的允许偏差为 $\pm1.5\text{mm}$。

5）支臂与主梁结合处的中心至支臂与铰链结合处的中心对角线相对差 $|D_1-D_2|$ 应不大于 3.0mm。

6）上、下臂柱夹角平分线的垂直剖面上，上、下臂柱侧面的位置度 $C=|l_3-l_3'|$ 应不大于 5.0mm。

7）铰链轴孔中心至面板外缘半径 R 的偏差：露顶式弧形闸门允许偏差为 $\pm7.0\text{mm}$，两侧相对差应不大于 5.0mm；潜孔式弧形闸门允许偏差为 $\pm3.0\text{mm}$，两侧相对差应不大于 2.0mm；充压式、偏心铰压紧式弧形闸门允许偏差为 $\pm2.0\text{mm}$，其偏差方向应与埋件的止水座基面内弧曲率半径偏差方向一致，两侧相对差应不大于 1.0mm。

8）支臂两端连接板与门叶、铰链组合面之接触面、臂柱间两连接板的接触面，应有 75% 以上的面积紧贴，且边缘最大间隙不应大于 0.8mm，连接螺栓紧固后，用 0.3mm 塞尺检查其塞入面积应小于 25%。

9）底止水为钢止水的反向弧形闸门的底止水工作面与底槛埋件工作面重合度应不大于 0.1mm，连续长度不大于 20mm，累计长度应不大于全长的 10%。

10）组合处错位应不大于 2.0mm。

11）组装检查合格后，应明显标记门叶中心线，对角线测控点，在组合处两侧 150mm 做供安装控制的检查线，设置可靠的定位装置，并进行编号和标志。

（9）采用充压式水封的弧形闸门，与其配套的压力罐应按照《压力容器　第4部分：制造、检验和验收》（GB/T 150.4）的要求进行制造和安装。

（九）人字闸门制造的技术要求

（1）人字闸门门叶（图5-10）制造、组装的公差或允许偏差应符合表5-16的规定。

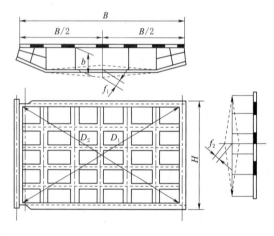

图 5-10　人字闸门门叶简图

D_1、D_2—对角线长度；H—门叶外形高度；B—外形宽度；f_1—门叶横向直线度；f_2—门叶竖向直线度；b—门叶厚度

表 5-16　　　　　　　　　　　　　人字闸门的允许偏差　　　　　　　　　　　　单位：mm

序号	项　目	门叶尺寸	允许偏差	备　注
1	门叶厚度 b	$\leqslant1000$	±3.0	
		$>1000\sim3000$	±4.0	
		>3000	±5.0	
2	门叶外形高度 H	$\leqslant5000$	±5	
		$>5000\sim10000$	±8	
		$>10000\sim15000$	±12	
		$>15000\sim20000$	±16	
		>20000	±20	

续表

序号	项　目	门叶尺寸	允许偏差	备　注
3	门叶外形半宽度 $B/2$	≤5000	±2.5	
		>5000～10000	±4.0	
		>10000	±5.0	
4	对角线相对差 $\|D_1-D_2\|$	≤5000	3.0	取门高或门宽尺寸较大者
		>5000～10000	4.0	
		>10000～15000	5.0	
		>15000～20000	6.0	
		>20000	7.0	
5	门轴柱、斜接柱正面直线度	≤5000	2.5	
		>5000～10000	4.0	
		>10000	5.0	
6	门轴柱、斜接柱侧面直线度		5.0	
7	门叶横向直线度 f_1		$H/1500$，且不大于4.0	通过横梁中心线测量
8	门叶纵向直线度 f_2		$H/1500$，且不大于6.0	通过左右两侧纵向隔板中心线测量
9	顶、底主梁的长度相对差	≤5000	2.5	
		>5000～10000	4.0	
		>10000	5.0	
10	面板与梁组合面的局部间隙		1.0	
11	面板局部不平度	面板厚度	每米范围内	
		≤10	6.0	
		>10～16	5.0	
		>16	4.0	
12	门叶底面的平面度		2.0	
13	止水座面平面度		2.0	
14	门叶地缘倾斜度 $2C$		3.0	
15	纵向隔板错位		3.0	

（2）支、枕垫块出厂前应进行逐对配装研磨，使其紧密接触，局部间隙应不大于 0.05mm，其累计长度应不超过支、枕垫块长度的 10%。

（3）除设计另有规定，底枢蘑菇头和底枢顶盖球瓦应在厂内组装研刮，并符合下列要求：

1）在加工时，定出蘑菇头的中心位置并予以标记。

2）应转动灵活，无卡阻现象。

3）蘑菇头与轴套接触面应集中在顶部 20°～120°范围内，接触面上的接触点数，在每 25mm×25mm 面积内应不少于 1～2 点。

（4）人字闸门在出厂前应进行整体组装检查，其允许偏差应符合表 5-16 的规定，并符合下列规定：

1）人字闸门组装时应以门叶中心线（垂直线）和底横梁中心线（水平线）为基准线。

2）底枢顶盖中心位置偏差应不大于 2.0mm，底枢顶盖与底横梁中心线的平行度应不大于 1mm。

3）分节制造的人字闸门顶枢轴孔应在工地完成门叶拼装、焊接后再进行镗孔或扩孔。整体组装时应做出顶、底枢轴线和顶枢轴孔控制线，并用仪器校验，顶、底枢中心同轴度应不大于 0.5mm，顶、底枢中心线与门叶中心线的平行度应不大于 0.5mm。

4）整体制造的人字闸门可在厂内对顶枢进行镗孔，顶、底枢中心同轴度应不大于 0.5mm，顶、底枢中心线与门叶中心线的平行度应不大于 0.5mm。

5）检查合格后，应明显标记门叶和端板中心线及底横梁中心线，在距离节间组合处 150mm 做供安装控制的检查线，设置可靠的定位装置，并进行编号和标志。

（5）顶枢装置宜在制造现场进行预组装，并对楔块与拉杆、拉架轴孔配合面进行检查，局部间隙不应大于 0.08mm，其有效接触面不应少于 75%。

三、闸门制造监理质量控制要点

（一）平面闸门制造监理质量控制要点

1. 材料检验

验证钢材、防腐材料等材料的材质证明，应符合图样规定，具有出厂质量证书，必要时要求制造单位对材料的化学成分及机械性能进行复验。

2. 平板

检查平板后的钢板局部平整度是否达到规范要求。

3. 下料

检查切断面粗糙度及尺寸。

4. 零部件制作

检查零部件材质、尺寸、加工精度。

5. 铸锻件

毛坯的加工余量及表面、内部质量检查；成品零件按图纸要求检查。

6. 单节门叶尺寸控制

检查组焊后尺寸。

7. 门体整体组装后尺寸控制

检查组装公差与允许偏差，应符合规范有关规定。

8. 焊缝质量的检验

所有焊缝的外观质量及一类、二类焊缝的内部质量检验（NDT）等。

9. 防腐表面预处理

表面粗糙度、清洁度的检测。

10. 涂装

涂装环境控制；涂装后的干膜厚度及附着力检测。

11. 附件质量及装配尺寸控制

检查附件的质量证明文件；检查预组装装配尺寸是否符合设计要求。

（二）弧形闸门制造监理质量控制要点

1. 材料检验

验证钢材、防腐材料等材料的材质证明，应符合图样规定，具有出厂质量证书，必要时要求制造单位对材料的化学成分及机械性能进行复验。

2. 平板

检查平板后的钢板局部平整度是否达到规范要求。

3. 下料

检查切断面粗糙度及尺寸。

4. 零部件制作

检查零部件材质、尺寸、加工精度。

5. 铸锻件

毛坯的加工余量及表面、内部质量检查；成品零部件按图纸要求检查。

6. 门叶制造胎具

组焊前对胎具检查。

7. 门叶尺寸控制

检测门叶组焊后尺寸公差与允许偏差，应符合规范有关规定，尚应控制支铰轴孔同轴度及倾斜度公差。

8. 焊缝质量的检验

所有焊缝的外观质量及一类、二类焊缝的内部质量检验（NDT）等。

9. 弧门整体预组装尺寸控制

检测支铰中心至门叶中心距、支铰中心至门叶中心及与面板外缘半径偏差；检测支臂中心位置偏差。

10. 防腐表面预处理

表面粗糙度、清洁度的检测。

11. 涂装

涂装环境控制；涂装后的干膜厚度及附着力检测。

12. 附件质量及装配尺寸控制

检查附件的质量证明文件；检查预组装装配尺寸是否符合设计要求。

（三）人字闸门制造监理质量控制要点

1. 材料检验

验证钢材、防腐材料等材料的材质证明，应符合图样规定，具有出厂质量证书，必要时要求制造单位对材料的化学成分及机械性能进行复验。

2. 平板

检查平板后的钢板局部平整度是否达到规范要求。

3. 下料

检查切断面粗糙度及尺寸。

4. 零部件制作

检查零部件材质、尺寸、加工精度。

5. 铸锻件

毛坯的加工余量及表面、内部质量检查；成品零部件按图纸要求检查。

6. 门叶制造胎具

组焊前对胎具检查。

7. 门叶尺寸控制

检测门叶组焊后尺寸公差与允许偏差，应符合规范有关规定。

8. 焊缝质量的检验

所有焊缝的外观质量及一类、二类焊缝的内部质量检验（NDT）等。

9. 底枢蘑菇头和底枢顶盖球瓦接触面

检测接触范围与面积。

10. 整体预组装尺寸控制

检测底枢顶盖与底横梁中心线的平行度；检测底枢顶盖中心位置；检测顶、底枢中心同轴度。

11. 防腐表面预处理

表面粗糙度、清洁度的检测。

12. 涂装

涂装环境控制；涂装后的干膜厚度及附着力检测。

13. 附件质量及装配尺寸控制

检查附件的质量证明文件；检查装配后尺寸是否符合设计要求。

四、出厂验收

（1）项目满足下列条件，承包人应向监理工程师提出申请要求验收。

1）该项目制造、组装完毕，并处于组装状态。

2）资料已提交监理工程师。

3）在接到承包人要求验收的申请后，监理机构参加建设单位主持的设备出厂验收会或受建设单位委托主持设备出厂验收会。

（2）出厂验收小组按照有关规范对闸门及埋件的制造进行验收，验收通过后并经监理工程师同意后方可出厂。

（3）按制造厂家编制的经监理批准的验收大纲，组织验收。验收大纲主要包括以下内容：

1）概况。

2）出厂验收设备的主要技术参数。

3）出厂验收目的和依据。

4）出厂验收的程序与方法。

5）制造过程简述。

6）试验设备及检测量具与仪器。

7）试验检测准备及相关要求。

8）出厂验收资料。

（4）制作过程中的检测记录，应作为存档资料。

（5）出厂验收资料应包括以下内容：

1）闸门设计图样、施工图样、设计文件及有关会议纪要。

2）焊接工艺评定及制造工艺文件。

3）主要原材料、标准件、外购件及外协件的质量证明文件。

4）焊缝质量检验报告。

5）对重大缺陷的处理记录和报告。

6）闸门及埋件的质量检查记录。

五、标志、包装及运输

（1）闸门验收后应有标志，标志内容包括：

1）制造厂名称。

2）产品名称。

3）企业产品生产许可证标志及编号。

4）产品规格或专业技术参数。

5）制造日期。

6）闸门运输单元重心位置及总重量。

（2）门叶结构应分叶编号，门体及埋件加工面应有可靠保护；埋件应分节编号，可成捆包装并用钢架拴紧；附件应成套装箱。

（3）大型闸门和金属结构件允许支撑加固后裸装运输；小型结构件按最大运输吊装单元，合并包装发运；大型零部件应包装整体供货；橡皮止水装箱发运，不得卷曲；零部件及紧固件分类装箱发运。

（4）必须编制发货清单及装箱清单。

（5）闸门起吊时应防止构件损坏或变形；装车时应摆放平稳，位置适中、加工可靠；超长、超宽、超高件运输应悬挂危险警示牌，注意保护道路、桥梁、通信及电力等设施安全。如水路方便也可选择水路运输的方式。

第二节　启闭机制造

一、概念、分类、选型与构造

（一）概念

1. 启闭机

实现闸门的开启和关闭、拦污栅的起吊与安放等专用的机械设备，包括螺杆式启闭机、固定卷扬式启闭机、移动式启闭机、液压式启闭机等。

2. 螺杆式启闭机

通过机械传动升降螺杆启闭闸门的机械设备。

3. 固定卷扬式启闭机

机架固定在水工建筑物上，用钢丝绳作牵引件，经卷筒、滑轮组的转动来启闭闸门或拦污栅等的机械设备。

4. 移动式启闭机

沿轨道水平向行走的启闭机，包括门式启闭机、桥式启闭机和台车式启闭机等。

5. 液压式启闭机

通过对液压能的调节、控制、传递和转换达到开启和关闭闸门的机械设备。

6. 启闭机规格

启闭机的规格按设计额定荷载和扬程（行程）表示。

7. 启闭机扬程（行程）

启闭机起吊闸门时所能达到的最大高度或距离。

注：对钢丝绳卷扬的启闭机行程，习惯上称为"扬程"。启闭机扬程大于 30m 的为高扬程。

8. 抗滑移系数

连接件上所有高强螺栓终拧后的预拉力与摩擦面产生滑移时所承受外力的比值。

注：抗滑移系数通过试验得到，并与连接面的表面处理有关。

9. 空运转试验

启闭机出厂前，在未安装钢丝绳和吊具的组装状态下所进行的试验。

10. 空载试验

启闭机在无荷载的状态下进行的运行试验和模拟操作。

11. 静载试验

启闭机在 1.25 倍额定荷载状态下进行的静态试验和操作，主要目的是检验启闭机各部件和金属结构的承载能力。

12. 动载试验

启闭机在 1.1 倍额定荷载状态下进行的运行试验和操作，主要目的是检查起升机构、运行机构和制动器的工作性能。

13. 额定荷载

为满足闸门或拦污栅正常启闭的要求，由设计确定的启闭机启闭容量。

注：移动式启闭机不同工作位置启升闸门时的额定荷载是不同的。例如带有悬臂端的门式启闭机在悬臂端额定荷载是 Q_1，在跨中额定荷载是 Q_2，因此对带有悬臂端的门式启闭机荷载试验应分别进行。作为起重机使用的启闭机，其额定荷载应按设计复核的起重荷载确定。

14. 运行荷载

移动式启闭机在大车、小车移位运行时，吊具上悬挂的垂直荷载。

（二）启闭机的分类

（1）按操作动力可分为人力、电力、液力。

（2）按动力传送方式可分为机械传动和液压传动。机械传动又分为皮带传动、链条传动、齿轮传动和组合传动；液压传动可分为油压传动和水力传动。

（3）按启闭机安装状况可分为固定式和移动式。

（4）按闸门与启闭机连接方式可分为柔性、刚性和半刚性连接。

（5）按闸门特征类别分为平面闸门启闭机、弧形闸门启闭机和人字闸门操作机械等。

（6）通常也习惯以其综合特征命名闸门的操作设备，如螺杆式启闭机、链式启闭机、固定卷扬式启闭机、液压式启闭机、台车式启闭机、门式启闭机（起重机）等。

启闭机型号的表示方法示例如图 5-11～图 5-13 所示。

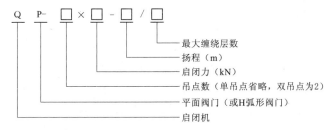

图 5-11 卷扬式启闭机型号的表示方法

示例 1：QP-1000-45，表示单吊点固定卷扬式启闭机，启闭力为 1000kN，扬程为 45m。

示例 2：QP-2×1000-45，表示双吊点固定卷扬式启闭机，启闭力为 2×1000kN，扬程为 45m。

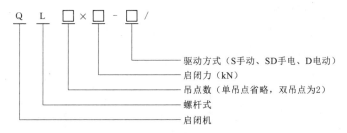

图 5-12 螺杆式启闭机型号的表示方法

示例 1：QL-400-SD，表示单吊点螺杆式启闭机，启闭力为 400kN，手电两用驱动方式。

示例 2：QL-2×400-D，表示双吊点螺杆式启闭机，启闭力为 2×400kN，电动驱动方式。

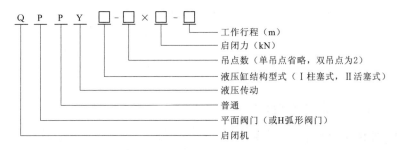

图 5-13 液压式启闭机型号的表示方法

示例 1：QPPY Ⅰ - 2×1000 - 12，表示双吊点柱塞式液压启闭机，启闭力为 2×1000kN，工作行程为 12m。

示例 2：QPPY Ⅱ - 800 - 12，表示单吊点活塞式液压启闭机，启闭力为 800kN，工作行程为 12m。

（三）启闭机的选型规定

启闭机选型应根据水利水电工程布置、门型、孔数、操作运行和时间要求等，经全面的技术经济论证后确定，启闭机选型应遵循下列规定：

（1）泄水系统、挡潮闸和水闸工作闸门的启闭机宜选用固定式启闭机。当闸门操作运行方式和启闭时间允许时，经论证可选用移动式启闭机。

（2）具有防洪、排涝功能的工作闸门，应选用固定式启闭机，一门一机布置。

（3）多孔泄水系统的事故、检修闸门的启闭机，宜选用移动式启闭机。

（4）电站机组进水口和泵站出水口快速闸门启闭机的选型，应根据工程布置、闸门的启闭荷载、扬程等进行技术经济比较，选用液压式或固定卷扬式快速闸门启闭机。

（5）当多机组电站进水口设有检修闸门时，宜选用移动式启闭机。在工程总体布置条件允许的情况下，可与泄水系统检修闸门的启闭机共用。

（6）机组进水口多孔拦污栅的操作，可在进水口门式启闭机的上游侧增设副起升机构或回转吊，也可采用跨内主钩起吊。当水工建筑物布置分散，无法利用已有启闭机时，可单独设置移动式启闭机。

（7）电站机组多孔尾水管检修闸门的启闭机宜采用移动式启闭机，抽水蓄能机组尾水事故闸门应采用固定式启闭机。

（8）施工导流封堵闸门的启闭机宜选用固定卷扬式启闭机，启闭力应满足在一定水头下动水启门的要求，并应配备扬程指示装置。

（9）需要分节装拆的闸门或分节启闭的叠梁闸门，宜选用移动式启闭机。

（10）设计水头不高的小型闸门，可选用螺杆启闭机。

（11）启闭多扇闸门、拦污栅或叠梁闸门的移动式启闭机，宜配置自动挂脱梁。

（四）启闭机的构造

（1）固定卷扬式启闭机由机架、钢丝绳、滑轮、卷筒、联轴器、鼓式制动器与制动轮（盘式制动器与制动盘）、开式齿轮副与减速器、离心式调速器、滑动轴承（滚动轴承）、轴等构成。

（2）螺杆式启闭机由螺杆、螺母、蜗杆、蜗轮、机箱和机座等构成。

（3）液压式启闭机由缸体、缸盖、活塞、活塞杆、导向套、吊头、密封件、紧固件、机架、电气设备、液压元件、油管、油箱、液压油等构成。

（4）移动式启闭机由门架和桥架、钢丝绳、滑轮、卷筒、联轴器、制动轮、制动器、制动盘、齿轮、轴、减速器、轴承、车轮、自动抓梁等构成。

二、启闭机制造监理质量控制

（一）固定卷扬式启闭机

固定卷扬式启闭机使用较多，平面闸门和弧形闸门均适用。这种启闭机是靠闸门自重量和水柱压力关闭闸门的。当用于水电站机组进口事故闸门时，要求启闭机能快速地关闭闸门，以保护机组设备。固定卷扬式启闭机由电动机、减速箱、传动轴和绳鼓组成。固定卷扬式启闭机是由电力或人力驱动减速齿轮，从而驱动缠绕钢丝绳的绳鼓，借助绳鼓的转动，收放钢丝绳使闸门升降。固定卷扬式启闭机的布置一般为一门一机。

（1）质量控制点设置。固定卷扬式启闭机质量控制点见表 5-17。

表 5-17　　　　　　　　　　　固定卷扬式启闭机质量控制点

序号	零部件名称	停 检 点
1	机架	（1）原材料；（2）焊缝检查；（3）成品检验
2	钢丝绳	（1）质量保证书；（2）外观检查
3	滑轮	（1）原材料；（2）成品检验
4	卷筒	（1）原材料；（2）时效处理；（3）成品检验
5	联轴器	（1）原材料；（2）成品检验
6	鼓式制动器与制动轮	（1）原材料；（2）硬度检查；（3）成品检验
7	盘式制动器与制动盘	（1）原材料；（2）粗糙度检查；（3）硬度检查；（4）成品检验
8	轴承	（1）合格证；（2）外观检查

（2）检查内容与标准。

1）机架。

（a）机架翼板和腹板焊接后的允许偏差应符合规定。

（b）各轴承座、电动机座、减速器座、制动器座等应进行整体机械加工，加工后的平面度不应大于 0.5mm，各加工面之间相对高度差不应大于 0.5mm。

（c）焊后消除残余应力处理可采用退火、振动时效等方法，并符合设计要求。

2）钢丝绳。

（a）钢丝绳的型号和性能均应符合《水利水电工程启闭机设计规范》（SL 41）和设计图样的规定。

（b）钢丝绳绕在绳盘上出厂、运输、存放，表面应涂油，两端应扎紧并带有注明订货号及规格的标签。

（c）钢丝绳多余部分不应用火焰切割，不应接长。

（d）钢丝绳端部的固定和连接要求如下：

a）用绳夹连接时，应满足表 5-18 的要求，同时保证连接强度不应小于钢丝绳最小破断拉力的 85%；钢丝绳夹的夹座应在受力绳头一边，每两个钢丝绳夹的间距不应小于钢丝绳直径的 6 倍。

表 5-18　　　　　　　　　　　钢丝绳夹连接时的安全要求

钢丝绳公称直径/mm	≤19	>19～32	>32～38	>38～44	>44～60	>60
钢丝绳夹最少数量/组	3	4	5	6	7	8

b）用编结连接时，编结长度不应小于钢丝绳直径的 15 倍，并且不小于 300mm，连接强度不应小于钢丝绳最小破断拉力的 75%。

c) 用楔块、楔套连接时，楔套应用钢材制造，连接强度不应小于钢丝绳最小破断拉力的 75%。

d) 用锥形套浇铸法连接时，连接强度应达到钢丝绳最小破断拉力。

e) 用铝合金套压缩法连接时，连接强度应达到钢丝绳最小破断拉力的 90%。

f) 对单吊点多层缠绕或双吊点启闭机的钢丝绳，应按设计要求做预拉伸工艺处理。

（e）钢丝绳的保养、维护、检验和报废应符合《起重机 钢丝绳保养、维护、检验和报废》（GB/T 5972）的规定。

3）滑轮。

（a）滑轮的材质和力学性能均应符合 SL 41 和设计图样的规定。当滑轮直径大于 600mm 时，宜采用轧制滑轮。

（b）绳槽两侧加工后的轮缘壁厚不应小于设计名义尺寸。

（c）用样板检查绳槽时，绳槽与样板间隙不应大于 0.5mm；绳槽表面粗糙度不应低于 $Ra12.5mm$。

（d）铸造滑轮加工后的缺陷处理要求如下：

a) 轴孔内不应焊补，但允许有面积不超过 $25mm^2$、深度不超过 1.0mm 的缺陷，数量不应多于 3 个，且任何相邻两缺陷的间距不应小于 50mm，缺陷边缘应磨钝。

b) 绳槽表面或端面的单个缺陷，在清除到露出良好金属后，面积不应大于 $100mm^2$，深度不应大于该处名义上壁厚的 10%，且同一个加工面上不多于 2 处时可焊补处理，焊补后可不进行热处理，但应磨光。

c) 缺陷超过本条的 a)、b) 规定时，应报废。

d) 滑轮上有裂纹时，应报废。

（e）装配好的滑轮绳槽底径圆跳动不应大于轮径的 2.5/1000，绳槽侧向允许跳动不应大于表 5-19 的规定。

表 5-19 绳 槽 侧 向 允 许 跳 动

滑轮直径/mm	≤250	>250～500	>500～1000	>1000～1200	>1200～1500	>1500～1800
允许跳动量/mm	2.0	2.5	3.0	4.0	5.0	6.0

（f）装配好的滑轮应转动灵活。

4）卷筒。

（a）卷筒的材质和力学性能均应符合 SL 41 和设计图样的规定。

（b）卷筒加工后的各处壁厚不应小于设计名义壁厚。

（c）铸铁卷筒应进行时效处理，铸钢卷筒应进行退火处理，焊接卷筒应进行时效或退火处理。

（d）卷筒绳槽底径尺寸偏差不应大于 GB/T 1800.1 中 h10 的规定。双吊点中高扬程启闭机卷筒绳槽底径尺寸偏差不应大于 GB/T 1800.1 中 h9 的规定，左右卷筒绳槽底径相对差不应大于 GB/T 1800.2 中 h9 规定值的 1/2。

（e）卷筒上钢丝绳跨越绳槽凸峰应车平或铲平并磨光。

（f）铸造卷筒加工后的缺陷处理要求如下：

a）加工面上的局部砂眼、气孔，直径不应大于 8.0mm，深度不应大于 4.0mm，且在每 200mm 长度内不应多于 1 处，总数不应多于 5 处，可不补焊。

b）铸造卷筒缺陷在清除到露出良好金属后，单个缺陷面积小于 300mm²，深度不超过该处名义壁厚的 20%，同一断面和长度 200mm 的范围内不多于 2 处，总数量不多于 5 处，可焊补并磨光。

c）缺陷超过本条的 a）、b）规定时，应报废。

d）卷筒上有裂纹时，应报废。

5）联轴器。

（a）联轴器的选用应符合 SL 41 和设计图样的规定。联轴器毛坯宜采用锻钢件并进行调质处理。

（b）齿式联轴器加工后的缺陷处理要求如下：

a）齿面及齿槽不应焊补；单齿加工面上的砂眼、气孔数量不应多于 1 个，其长、宽、深都不应超过模数的 20%，且不应大于 2mm，距离齿轮端面应大于齿宽的 10%；整个联轴器上有上述缺陷的齿不多于 3 个，可定为合格，但应将缺陷边缘磨钝。

b）轴孔表面不应焊补；轴孔内单个缺陷的面积不大于 25mm²，深度不大于该处名义壁厚的 20%，缺陷数量不多于 2 个，且相邻两缺陷的间距不小于 50mm 时，可定为合格，但应将缺陷的边缘磨钝。

c）其他部位的缺陷在清除到露出良好金属后，单个面积不大于 200mm²，深度不超过该处名义壁厚的 20%，且同一加工面上不多于 2 个时，可焊补。

d）缺陷超过本条的 a）、b）、c）规定时，应报废。

e）有裂纹时，应报废。

（c）弹性联轴器组装时，锥销与孔应进行渗透检测，其接触面积不应小于配合面积的 60%，并均匀分布，其锥销大端应沉入孔内。

（d）联轴器的装配应按产品安装使用说明书的规定执行。

6）鼓式制动器与制动轮。

（a）鼓式制动器的选用应符合 SL 41 和设计图样的规定，制动轮应符合《工业制动器制动轮和制动盘》（JB/T 7019）的规定。

（b）制动轮工作面的热处理硬度应为 35~45HRC，深 2mm 处硬度不应低于 28HRC，磁粉探伤质量不应低于《承压设备无损检测 第 4 部分：磁粉检测》（NB/T 47013.4）中 Ⅱ级的规定。

（c）制动轮外圆与轴孔的同轴度公差不应大于 GB/T 1184 中 8 级的规定；制动轮工作面的表面粗糙度不应大于 $Ra3.2\mu m$。

（d）制动轮外圆径向跳动不应低于 GB/T 1184 中的 8 级规定；组装后制动轮工作面的允许径向跳动应符合表 5-20 的规定。

（e）制动轮加工后的缺陷处理要求如下：

a）制动轮工作面上不应有砂眼、气孔和裂纹等缺陷，也不应焊补。

表 5 - 20　　　　　　　　　　　组装后制动轮工作面的允许径向跳动

制动轮直径/mm	>120~260	>260~500	>500~800	>800~1250	>1250~2000
径向跳动/mm	0.15	0.19	0.23	0.3	0.4

b）轴孔内不应焊补。轴孔内的单个缺陷面积不大于 $25mm^2$，深度不大于该处名义壁厚的 20%，数量不超过 2 个，且相邻两缺陷的间距不小于 50mm 时，可定为合格，但应将缺陷的边缘磨钝。

c）其他部位的缺陷在清除到露出良好金属后，单个面积不大于 $200mm^2$，深度不大于该处名义壁厚的 20%，且同一加工面上不多于 3 个时，可焊补。

d）缺陷超过本条的 a)、b)、c) 规定时，应报废。

e）有裂纹时，应报废。

（f）制动器与制动轮的安装中，制动器闸瓦中心对制动轮中心线的偏差应符合表 5 - 21 的规定。

表 5 - 21　　　　　　　　　制动器闸瓦中心对制动轮中心线的偏差

检 测 项 目	质 量 要 求
制动闸瓦中心对制动轮中心的高度位移/mm	≤2.5
制动闸瓦中心对制动轮中心的水平位移/mm	≤2.5

（g）制动衬垫与制动轮的实际接触面积不应小于总面积的 75%。

（h）制动闸瓦内弧面与制动衬垫组装后应紧密地贴合，局部间隙不应大于 0.5mm；制动衬垫的边缘应按制动瓦修齐，并使固定用的铆钉头埋入制动带厚度的 1/3 以上。

（i）制动器的调整应使其开闭灵活、制动平稳，不应打滑，松闸间隙应符合表 5 - 22~表 5 - 25 的规定。

表 5 - 22　　　　　　　　　　电力液压鼓式制动器松闸间隙

制动轮直径/mm	160	200	250	315	400	500	630	710	800
每侧松闸间隙/mm	1.00±0.10			1.25±0.15			1.60±0.20		

表 5 - 23　　　　　　　　　　交流型电磁鼓式制动器松闸间隙

制动轮直径/mm	160	200	250	315	400	500	630	710	800
每侧松闸间隙/mm	1.00±0.10			1.25±0.30			1.60±0.40		

表 5 - 24　　　　　　　　　　直流型电磁鼓式制动器松闸间隙

制动轮直径/mm	200	250	315	400	500	630	710	800
每侧松闸间隙/mm	0.80±0.10	1.00±0.20		1.25±0.30		1.60±0.40		

表 5 - 25　　　　　　　　　　　　盘式制动器松闸间隙

制动器中心高/mm	160	190	230	280	370
制动轮直径/mm	250~500	315~630	400~710	500~800	630~1250
每侧松闸间隙/mm	0.80±0.10	0.80±0.10	0.90±0.20	0.90±0.20	1.00±0.30

7）盘式制动器与制动盘。

（a）盘式制动器的选用符合 SL 41 和设计图样的规定，制动盘应符合 JB/T 7019 的规定。

（b）制动盘工作面的热处理硬度应为 35～45HRC，深 2mm 处硬度不应低于 28HRC，表面粗糙度不应大于 $Ra3.2\mu m$，磁粉探伤质量不应低于 NB/T 47013.4 中Ⅱ级的规定。

（c）工作制动器制动盘端面跳动不应低于 GB/T 1184 中 8 级的规定，组装后工作面的端面跳动不应低于 GB/T 1184 中 9 级的规定；安全制动器制动盘端面跳动不应低于 GB/T 1184 中 9 级的规定，组装后工作面的端面跳动不应低于 GB/T 1184 中 10 级的规定。

（d）制动衬垫与制动盘的接触面积不应小于总面积的 75％。

（e）制动衬垫与制动块之间的局部间隙不应大于 0.15mm。

（f）制动器调整应使其开闭灵活、制动平稳，松闸间隙应符合表 5-22～表 5-25 的规定。

8）开式齿轮副与减速器。

（a）开式齿轮副的精度不应低于《圆柱齿轮　精度制　第 1 部分：轮齿同侧齿面偏差的定义和允许值》（GB/T 10095.1）和《圆柱齿轮　精度制　第 2 部分：径向综合偏差与径向跳动的定义和允许值》（GB/T 10095.2）中 9-8-8 级的规定；齿面表面粗糙度不应大于 $Ra6.3\mu m$。

（b）开式齿轮加工后的缺陷处理要求如下：

a）齿面及齿槽部位不应焊补；单齿加工面上砂眼、气孔的深度不大于模数的 20％，且不大于 2mm，距离齿轮端面不大于齿宽的 10％，整个齿轮上有上述缺陷的齿不多于 3 个时，可定为合格，但应将缺陷的边缘磨钝。

b）轴孔表面不应焊补；轴孔内单个缺陷的面积不大于 $25mm^2$，深度不大于该处名义壁厚的 20％，数量不多于 3 个，且相邻两缺陷的间距不小于 50mm 时，可定为合格，但应将缺陷的边缘磨钝。

c）齿轮端面单个缺陷的面积不大于 $200mm^2$，深度不大于该处名义壁厚的 15％，同一加工面上的缺陷数量不多于 2 个，且相邻两缺陷的间距不小于 50mm 时，允许焊补。

d）缺陷超过本条的 a）、b）、c）规定时，应报废。

e）有裂纹时，应报废。

（c）软齿齿轮的小齿轮齿面热处理硬度不应低于 210HB，大齿轮齿面硬度不应低于 170HB，两者硬度差不应小于 30HB；中硬齿面和硬齿面齿轮的齿面热处理硬度应符合设计要求。

（d）齿轮不应采用锉齿或打磨方法达到规定的接触面积；开式齿轮副齿面的接触斑点在齿高方向累计不应小于 40％，齿长方向累计不应小于 50％。

（e）开式齿轮副的侧隙，可按齿轮副的法向侧隙测量，中心距小于 500mm 时，应为 0.3～0.6mm；中心距为 500～1000mm 时，应为 0.4～0.8mm；中心距为 1000～2000mm 时，应为 0.6～1.0mm。

（f）开式齿轮的中心距公差不应大于 GB/T 1800.1 中 IT9 级的规定，顶间隙应符合表 5-26 的规定。

表 5-26　　　　开式齿轮副的顶间隙

齿轮压力角	标准间隙 C	最大间隙
20°标准齿	$0.25Mn$	$1.1C$

注　Mn 为齿轮的法向模数。

（g）减速器的选用应符合 SL 41 和设计图样的规定。

（h）启闭机出厂验收时在额定转速下进行正、反转各 10min 的空运转试验，减速器要求如下：

a）各连接件、紧固件不应松动。

b）各处均不应渗油。

c）采用喷油强制润滑时，各润滑点压力表或视窗应显示正常。

d）轴承和油温的温升不应大于 25K。

e）运转应平稳、无异常。

f）无其他外因干扰时，在箱体剖分面等高线上，距减速器 1m 处测量的噪声宜不大于 85dB(A)。

（i）采用油池飞溅润滑的减速器，油温高于 0℃方可启动减速器；采用喷油强制润滑的减速器，油温高于 5℃方可启动减速器。

（j）减速器检验合格后，出厂前应排空润滑油。

9）离心式调速器。

（a）活动锥套和固定圆锥面与轴孔的同轴度不应大于 GB/T 1184 中 8 级的规定，工作面的表面粗糙度值不应大于 $Ra1.6\mu m$。

（b）活动锥套材料用铸件时，垂直于轴线的断面壁厚差不应大于 2.0mm；采用焊接件时，焊缝内部质量检测应按 GB/T 11345 的规定进行，检验等级为 B 级，验收等级不应低于 GB/T 29712 中的 2 级。

（c）角形杠杆和轴销的螺纹部分应无裂痕、断扣等缺陷。

（d）摩擦衬垫与活动锥面应紧密贴合，固定螺钉头埋入深度应符合设计要求，锥面加工后，其锥度允许误差为±0.25°。

（e）制动带与固定支座锥面装配后的接触面积不应小于 75%。

（f）装配后，左右锥套的轴向移动应相等，摆动飞球角形杠杆的动作应灵活。

10）滑动轴承。

（a）滑动轴承不应有碰伤、气孔、砂眼、裂缝等缺陷。

（b）滑动轴承的油沟和油孔应光滑，无锐边毛刺。

（c）滑动轴承的装配应按产品安装使用说明书的规定执行。

11）滚动轴承。

（a）滚动轴承装配前应完整、洁净、无损伤，装配后应注满润滑油脂。

（b）已开封的轴承不能随即装配时，应用干净的油纸遮盖好。

（c）轴及轴承的配合面，应先涂一层清洁的润滑油脂再装配。

（d）滚动轴承的装配应按产品安装使用说明书的规定执行，装配好的轴承应转动灵活。

12）轴。

（a）最终处理或镀铬后的吊轴、轮轴、齿轮轴、同步轴、卷筒轴等均不应焊补。

（b）轴的内部质量探伤应符合图样要求；当图样无要求时，质量不应低于 GB/T 6402 中 3 级的规定。

（二）螺杆式启闭机

螺杆式启闭机适用于行程短的中小型平板闸门或弧形闸门。特别在关门阻力大于闸门自重时，可利用螺杆加压使之关闭。螺杆式启闭机的驱动方式有手动、电动和手电两用三种。手动螺杆式启闭机宜采用蜗轮-蜗杆传动或伞齿轮传动，容量 50kN 以下的可采用手柄（轮）直接驱动；电动和手动两用螺杆启闭机，宜采用蜗轮-蜗杆传动；电动螺杆启闭机若采用减速器，宜采用中硬齿面；手动操作时，手柄施加力不宜超过 150N/人。受螺杆刚度的限制，螺杆式启闭机的行程一般为 3～6m，最长不超过 8m。在布置上，均采用一门一机，即一扇闸门采用一台启闭机。它由摇柄、主机和螺栓组成。螺杆的下端与闸门的吊头连接，上端利用螺杆与承重螺母相扣合。当承重螺母通过与其连接的齿轮被外力（电动机或手摇）驱动而旋转时，它驱动螺杆作垂直升降运动，从而启闭闸门。小型螺杆启闭机多处安装在露天，启闭机较大的安装在室内。

（1）质量控制点设置。螺杆式启闭机质量控制点见表 5-27。

表 5-27　　　　　　　　　　　螺杆式启闭机质量控制点

序号	零部件名称	停检点
1	螺杆	（1）原材料；（2）成品检验
2	螺母	（1）原材料；（2）成品检验
3	蜗杆	（1）原材料；（2）硬度；（3）成品检验
4	蜗轮	（1）原材料；（2）成品检验
5	机箱和机座	（1）原材料；（2）成品检验

（2）检查内容与标准。

1）螺杆。

（a）螺杆应采用梯形螺纹，有关牙型、直径与螺距、基本尺寸应符合《梯形螺纹　第 1 部分：牙型》（GB/T 5796.1）、《梯形螺纹　第 2 部分：直径与螺距系列》（GB/T 5796.2）、《梯形螺纹　第 3 部分：基本尺寸》（GB/T 5796.3）的规定，外螺纹精度不应低于《梯形螺纹　第 4 部分：公差》（GB/T 5796.4）中 9c 级的规定。

（b）螺纹工作表面应光洁、无毛刺，其表面粗糙度不应大于 $Ra6.3\mu m$。

（c）螺杆直线度在每 1000mm 内不应大于 0.6mm；长度不大于 5m 时，全长直线度不应大于 1.5mm；长度不大于 8m 时，全长直线度不应大于 2.0mm。

（d）螺距偏差不应大于 0.025mm，螺距累计误差在螺纹全长不应大于 0.15mm。

2）螺母。

（a）螺母应采用梯形螺纹，有关牙型、直径与螺距、基本尺寸应符合 GB/T 5796.1、GB/T 5796.2、GB/T 5796.3 的规定，内螺纹精度不应低于 GB/T 5796.4 中 9H 级的规定。

（b）螺纹工作表面应光洁、无毛刺，其表面粗糙度不应大于 $Ra6.3\mu m$。

(c) 螺纹轴线与支承外圆的同轴度及与推力轴承接合平面的垂直度均不应低于 GB/T 1184 中 8 级的规定。

(d) 铸造螺母不应有裂纹，螺纹工作面上不应有气孔、砂眼等缺陷。

3）蜗杆。

(a) 蜗杆齿面硬度应为 35～45HRC。

(b) 蜗杆精度不应低于《圆柱蜗杆、蜗轮精度》（GB/T 10089）中 9b 级的规定。

(c) 蜗杆齿面表面粗糙度不应大于 $Ra6.3\mu m$；不应有裂纹，齿面不应有缺陷，也不应焊补。

4）蜗轮。

(a) 蜗轮精度不应低于 GB/T 10089 中 9b 级的规定。

(b) 蜗轮齿面表面粗糙度不应大于 $Ra6.3\mu m$；涡轮不应有裂纹，齿面不应有缺陷，也不应焊补。

5）机箱和机座。

(a) 机箱和机座的尺寸偏差应符合 GB/T 6414 的规定。

(b) 机箱接合面间的局部间隙不应大于 0.02mm。

(c) 机箱和机座不应有裂纹，也不应焊补；不应有降低强度和影响外观的缺陷。

（三）液压式启闭机

液压式启闭机有单向作用和双向作用两种。单向作用的多用于水电站机组进口的快速事故门，利用闸门自重和水柱压力使闸门关闭。双向作用除用于开启闸门外，还可以对闸门施加下压力使闸门受压关闭，多用于平面闸门。深孔弧形闸门及船闸人字闸门操作油源除由泵站供应外，一般一个泵站可控制一个或多个液压启闭机。液压启闭机对闸门有精确开启要求的工况比较适宜，具有完善的位置检测和启门力保护功能，并可利用可编程序控制器（programmable logic controller，PLC）设定闸门开启程序和控制实测参数。

（1）质量控制点设置。液压式启闭机质量控制点见表 5-28。

表 5-28　　　　　　　　　　　液压式启闭机质量控制点

序号	零部件名称	停　检　点
1	缸体	(1) 毛坯及原材料；(2) 焊接检验及探伤；(3) 深孔精镗检测；(4) 珩磨检验；(5) 成品检验
2	缸盖	(1) 毛坯及原材料；(2) 机械性能检测、探伤检测；(3) 成品检验
3	活塞	(1) 毛坯及原材料；(2) 机械性能检测、探伤检测；(3) 成品检验
4	活塞杆	(1) 毛坯及原材料；(2) 热处理；(3) 镀铬前检测；(4) 镀铬检验；(5) 镀铬后检测；(6) 成品检验
5	导向套（杆套和导套）	(1) 毛坯及原材料；(2) 成品检验
6	吊头（上、下）	(1) 毛坯及原材料；(2) 机械性能检测、探伤检测；(3) 成品检验

（2）检查内容与标准。

1）缸体。

(a) 缸体无钢管毛坯应进行 100% 超声波检测，质量不应低于 NB/T 47013.3 中 Ⅱ 级的规定；锻钢毛坯应进行100％超声波检测，质量不应低于GB/T 6402中2级的规定。

（b）缸体、法兰需要环向对接焊接时，焊缝应按GB/T 11345进行100％超声波检测，质量不应低于GB/T 29712中2级的规定。

（c）缸体、法兰锻钢件应进行100％超声波检测，质量不应低于GB/T 6402中2级的规定。

（d）缸体内径尺寸偏差应符合活塞密封件和导向件的要求，无明确要求时内径尺寸公差不应低于GB/T 1800.1中H8的规定。

（e）缸体内孔圆度公差不应低于GB/T 1184中9级的规定，内孔表面母线直线度公差不应低于GB/T 1184中8级的规定。

（f）缸体端面圆跳动公差不应低于GB/T 1184中9级的规定，缸体端面对缸体轴线的垂直度公差不应低于GB/T 1184中8级的规定。

（g）缸体内孔表面粗糙度应符合活塞密封件和导向件的要求，无明确要求时不应大于$Ra0.4\mu m$。

2）缸盖。

（a）缸盖锻钢毛坯应进行100％超声波检测，质量不应低于GB/T 6402中2级的规定；铸钢毛坯应进行100％超声波检测，质量不应低于GB/T 7233.2中2级的规定。

（b）缸盖配合面的圆柱度不应低于GB/T 1184中8级的规定，同轴度不应低于GB/T 1184中7级的规定。

（c）缸盖与缸体配合端面对缸盖轴线的垂直度不应低于GB/T 1184中8级的规定。

3）活塞。

（a）活塞毛坯宜采用锻钢件。

（b）导向段采用导向件时，装配导向件的部位尺寸偏差应符合导向件的要求，无明确要求时外径公差不应低于GB/T 1800.1中f8的规定。

（c）活塞导向段外圆对内孔的同轴度不应低于GB/T 1184中8级的规定。

（d）活塞导向段外圆圆柱度不应低于GB/T 1184中8级的规定。

（e）活塞端面对内孔轴线的垂直度不应低于GB/T 1184中8级的规定。活塞导向段外圆柱面粗糙度不应大于$Ra1.6\mu m$。

4）活塞杆。

（a）活塞杆宜采用整体钢锻件制造或钢轧制件制造，锻钢毛坯应进行100％超声波检测，质量不应低于GB/T 6402中3级的规定；焊接接长制造的活塞杆，焊缝应进行100％超声波检测，质量不应低于NB/T 47013.3中Ⅱ级的规定。

（b）活塞杆导向段外径尺寸偏差应符合活塞杆密封件和导向件的要求，无明确要求时外径公差不应低于GB/T 1800.1中f8的规定。

（c）活塞杆导向段外圆圆度不应低于GB/T 1184中8级的规定。

（d）活塞杆导向段外圆母线直线度不应低于GB/T 1184中8级的规定。

（e）活塞杆与活塞接触的端面对轴心线垂直度不应低于GB/T 1184中8级的规定。

（f）活塞杆螺纹精度不应低于《普通螺纹 公差》（GB/T 197）中6级的规定。

（g）活塞杆导向段外圆表面粗糙度应符合密封件和导向件的要求，无明确要求时宜选

择 $Ra0.2\sim0.4\mu m$。

(h) 活塞杆表面采用堆焊不锈钢，加工后的不锈钢层厚度不应小于 1.0mm。

(i) 活塞杆表面采用镀铬防腐，乳白铬单边厚度应为 $40\sim60\mu m$，硬铬单边厚度应为 $40\sim60\mu m$，成品单边总厚度应为 $80\sim120\mu m$。

(j) 活塞杆应按 GB/T 11379 的规定进行镀前消应热处理和镀后消氢处理。

(k) 活塞杆表面采用陶瓷热喷涂防腐，要求如下：

a) 热喷涂涂层材料应符合设计要求，设计无明确要求时可选用 NiCr 合金、$Al_2O_3+TiO_2$，或 $Cr_2O_3+TiO_2$ 等。

b) 热喷涂工艺应符合设计要求，设计无明确要求时可采用超音速火焰喷涂或等离子喷涂等。

c) 热喷涂涂层总厚度不应小于 $300\mu m$。

d) 热喷涂涂层表面粗糙度宜选择 $Ra0.2\sim0.4\mu m$。

e) 热喷涂涂层与母材的结合强度不应小于 $30N/mm^2$。

f) 热喷涂涂层表面硬度不应小于 750HV。

g) 热喷涂涂层孔隙率不应大于 3%。

h) 热喷涂涂层试件通过不小于 3000h 的盐雾试验，涂层应无气泡、锈蚀等现象。

i) 热喷涂涂层极限弯曲强度不应小于 $300N/mm^2$；试件经 2000 次弯曲试验，涂层不应产生裂纹和剥落等现象。

(l) 活塞杆表面采用其他防腐蚀方法，应符合设计要求和相关标准的规定。

5) 导向套（杆套和导套）。

(a) 导向面和配合面的尺寸偏差不应低于 GB/T 1800.1 中 H9 和 e8 的规定。

(b) 导向面的圆度、圆柱度不应低于 GB/T 1184 中 8 级的规定。

(c) 导向套与配合面的同轴度不应低于 GB/T 1184 中 8 级的规定。

(d) 导向面的表面粗糙度应为 $Ra0.2\sim0.4\mu m$。

6) 吊头（上、下）。

(a) 吊头毛坯宜采用锻钢件。

(b) 锻钢毛坯应进行 100% 超声波检测，质量不应低于 GB/T 6402 中 3 级的规定；铸钢毛坯应进行 100% 超声波检测，质量不应低于 GB/T 7233.1 中 2 级的规定。

7) 密封材料。

(a) ○形密封圈的橡胶材料性能、几何尺寸和安装沟槽尺寸应符合 SL 41 和设计图样的规定。

(b) 组合密封垫圈的橡胶材料性能和几何尺寸应符合 SL 41 和设计图样的规定，应保持完整的峰口，表面应平整、无锈蚀和其他缺陷，件间黏接强度应大于橡胶的扯断强度。

(c) 陶瓷活塞杆应采用与陶瓷活塞杆相匹配的陶瓷活塞杆专用密封圈和导向带。

(d) 密封件材料应与液压油相容。

8) 紧固件。

紧固件宜采用不锈钢材料。采用普通材料时，表面应做防腐蚀处理；紧固件螺纹不应有凹陷和断扣，局部螺纹表面损伤不应多于 2 处。

9）机架。

机架制作应符合规定，对铸钢支座应进行 100％超声波检测，质量不应低于 GB/T 7233.1 中 2 级的规定。

10）电气设备。

（a）电气元件应均有产品合格证或质量证明文件，外形应整洁美观，无损坏现象。

（b）电气盘、柜的厂内组装应符合电气设备厂内组装的规定。

（c）油泵电动机功率大于或等于 30kW 时，宜采用降压启动。

（d）液压泵站油箱旁应设端子箱，油箱、阀组上所有电气设备的接线均应采用多股软铜芯电缆穿管敷设至端子箱，电缆布管布线应符合电气设备厂内组装的规定。

（e）开度检测装置符合设计要求。

11）液压元件。

液压元件应有产品合格证或质量证明文件、厂内试压记录，外形应整洁美观，无损坏。

12）油管。

（a）油管材料应采用符合 SL 41 和设计图样规定的不锈钢无缝管。

（b）油管应经清洗后出厂。工地配管后应对管路进行循环冲洗，冲洗时的滤油精度应高于系统设计要求；冲洗液应于系统工作油液和接触到的液压装置的材质相适应；冲洗液的黏度宜低，流动呈紊流状态；高水基冲洗液的温度不应超过 50℃，液压油冲洗的温度不应超过 60℃；冲洗时伺服阀和比例阀应拆掉，换上冲洗板。

（c）弯件弯制应符合《重型机械通用技术条件 第 11 部分：配管》 （GB/T 37400.11）的规定。

（d）液压管道应短捷、少转弯、布置整齐，弯曲角度不应小于 90°，高低压管道应有明显的色彩区别，管道间的布置间距应满足管路、阀门、法兰等的安装、操作和维护要求，相邻管路外轮廓间的距离不应小于 10.0mm。

（e）不锈钢管路安装时应使用不锈钢垫片或不含氯离子的塑料、橡胶垫片，不应与碳钢管夹直接接触。

（f）管路弯曲处两直边应用管夹固定，管子在其端部及其长度方向上应采用管夹加以牢固支撑。

（g）管道整体循环冲洗应使用专用液压泵站，应切断液压式启闭机液压系统和液压缸回路；冲洗时，管内流速应达到紊流状态，滤网过滤精度不应低于 10μm，冲洗时间应以冲洗液固体颗粒污染度等级达到设计要求为准。

（h）高压软管应符合 SL 41 和设计图样的规定。使用软管时，不应使管子拉紧、扭转，软管在活动时不应与其他物件摩擦，软管接头至起弯处的直线长度不应小于软管外径的 6 倍，弯曲半径不应小于软管外径的 10 倍。

13）油箱。

（a）油箱应采用不锈钢材料，油箱内和爆缝应光滑，有加强板的不应形成清洗死角。

（b）油箱应设置温度计、液位显示和发信装置；油箱上的空气滤清器应具有除水和干燥功能。

（c）油箱应进行渗漏试验，注油前油箱内不应有任何污物，不应使用棉纱、纸张等纤维易落物擦拭内腔和装配面。

（d）油箱的回油口应远离泵的进油口，可用挡流板或采取其他措施进行隔离，且不应妨碍油箱的清洗。

（e）渗漏试验时，在焊缝处涂石灰液，石灰液干后在箱内加满清水静置8h以上，焊缝处不应有水印；或在箱内加压缩空气，箱外焊缝处涂肥皂水检验，应无肥皂气泡产生；或采用煤油渗透检测方法等。渗漏试验后，油箱应进行冲洗，滤网过滤精度不应低于 $10\mu m$，冲洗时间应以冲洗液固体颗粒污染度等级达到设计要求为准。

14）液压油。

（a）液压油应具有环保、抗磨、防锈、与系统中所有元件和密封件材料相容、抗氧化的性能。不同类型的液压油不应相互调和，不同厂家生产的相同牌号的液压油不宜混合使用。

（b）液压油中不应有杂质和水分；液压油固体颗粒污染度等级应符合设计规定，设计未作规定时，应满足液压系统正常使用的要求；且每毫升油液中颗粒尺寸大于等于 $6\mu m$（c）的颗粒数不应大于2500个，每毫升油液中颗粒尺寸大于等于 $14\mu m$（c）的颗粒数不应大于320个。

（c）液压油应经专用过滤装置注入油箱。

（四）移动式启闭机

移动式启闭机多用于多孔的工作闸门和检修闸门，并备有自动挂脱梁，可以自动挂脱闸门。

（1）质量控制点设置。移动式启闭机质量控制点见表5-29。

表 5-29 移动式启闭机质量控制点

序号	零部件名称	停 检 点
1	门架和桥架	（1）原材料；（2）焊缝检查；（3）成品检验
2	钢丝绳	（1）质量保证书；（2）外观检查
3	滑轮	（1）原材料；（2）成品检验
4	卷筒	（1）原材料；（2）时效处理；（3）成品检验
5	联轴器	（1）原材料；（2）成品检验
6	制动轮与制动器	（1）原材料；（2）硬度检查；（3）成品检验
7	齿轮和减速器	（1）原材料；（2）粗糙度检查；（3）硬度检查；（4）成品检验
8	轴承	（1）合格证；（2）外观检查
9	车轮	（1）原材料；（2）硬度检查；（3）成品检验
10	自动挂脱梁	（1）原材料；（2）平衡试验
11	电气设备	（1）防护措施检查；（2）通道宽度检查；（3）支架固定检查；（4）穿线管检查；（5）耐压试验；（6）接地及标志检查

（2）检查内容与标准。

1）门架和桥架各构件焊接后的质量要求与固定卷扬式启闭机的规定相同。

2）钢丝绳、滑轮、卷筒、联轴器、制动器、制动轮、制动盘、齿轮、轴和减速器等的制造和装配与固定卷扬式启闭机的有关规定相同。

3）滑动轴承和滚动轴承的组装要求与固定卷扬式启闭机的规定相同。

4）荷载限制器、高度指示装置、行程或扬程限制器的技术要求与固定卷扬式启闭机的有关规定相同。

5）车轮制造要求如下：

（a）车轮踏面直径的尺寸偏差不应低于 GB/T 1800.1 中 h9 的规定，轴孔直径的尺寸偏差不应低于 GB/T 1800.1 中 H7 的规定。

（b）车轮踏面和轮缘内侧面的表面粗糙度不应大于 $Ra6.3\mu m$，轴孔表面粗糙度不应大于 $Ra3.2\mu m$。

（c）车轮踏面与轮缘内侧热处理硬度应符合表 5-30 的规定。

表 5-30　　　　　　　　　　　　　车轮踏面与轮缘内侧热处理硬度

车轮踏面直径/mm	踏面和轮缘内侧面硬度/HB	淬硬层 269HB 深度/mm
≤400	300~480	≥15
>400		≥20

（d）铸钢车轮应进行超声波检测，质量应符合 GB/T 7233.1 中 2 级的规定；锻造车轮应进行超声波检测，质量应符合 GB/T 6402 中 3 级的规定。

（e）铸造车轮加工面上有砂眼、气孔等缺陷处理要求如下：

a）轴孔内允许有不大于轴孔总面积 10% 的轻度缩松及深度小于 2.0mm、间距不小于 50mm、数量不大于 3 个的缺陷，且应将缺陷边缘磨钝。

b）除踏面和轮缘内侧面部外，缺陷清除后，面积不大于 30mm²，深度不大于壁厚的 20%，且在同一加工面上不多于 3 处时，可焊补处理，焊补后可不进行热处理，但应将焊补处磨光，并进行磁粉探伤，质量符合 NB/T 47013.4 中 II 级的规定。

c）车轮踏面和轮缘内侧面上不应焊补，有直径小于 2.0mm、深度不大于 3.0mm、数量不多于 5 处的麻点时，可定为合格。

d）车轮不应有裂纹、龟裂和起皮。

（f）装配后的车轮应灵活转动，其径向跳动和端面跳动不应低于 GB/T 1184 中 9 级的规定。

6）回转吊要求如下：

（a）起升机构各零部件的制造和装配与固定卷扬式启闭机的规定相同。

（b）回转机构要求如下：

a）回转支承及上、下支承面安装前应清洗安装面，清洗液不应进入滚道内部。

b）回转支承装置下支承平面的倾斜度不应大于 1/1500，表面平面度不应大于 GB/T 1184 中 9 级的规定。

c）回转支承滚道淬火软带应置于非负荷区或非经常负荷区。

d）螺栓未紧固前，回转支承与上、下支承安装面的局部间隙不应大于0.2mm，可浇筑环氧树脂垫平。

e）连接回转支承与上、下支承面的紧固螺栓应在对称方向上依次拧紧。

f）回转机构齿轮副的齿轮精度不应低于GB/T 10095.1和GB/T 10095.2中9－8－8级的规定。

（c）臂架、拉杆、转台要求如下：

a）臂架整体结构轴线在垂直面与水平面的直线度不应大于被测长度的1/1500，且不大于20mm。

b）铰点几何轴线对其结构纵向对称平面的垂直度不应大于被测件长度的1/1500。

c）铰点几何轴线相互间的平行度不应大于被测铰点间距的1/1500。

d）同一铰点两轴孔的同轴度不应低于GB/T 1184中9级的规定。

7）自挂脱梁要求如下：

（a）自动挂脱梁上、下吊耳孔应在梁体焊接后进行机械加工。

（b）构件焊接后的允许尺寸偏差，应符合表5－31（δ为主梁腹板厚度）规定。

表5－31　　　　　　　　　　　　构件焊接后的允许尺寸偏差

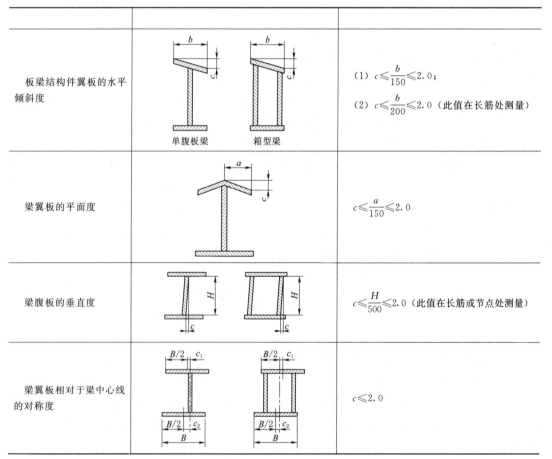

板梁结构件翼板的水平倾斜度	单腹板梁　　箱型梁	(1) $c \leqslant \dfrac{b}{150} \leqslant 2.0$; (2) $c \leqslant \dfrac{b}{200} \leqslant 2.0$（此值在长筋处测量）
梁翼板的平面度		$c \leqslant \dfrac{a}{150} \leqslant 2.0$
梁腹板的垂直度		$c \leqslant \dfrac{H}{500} \leqslant 2.0$（此值在长筋或节点处测量）
梁翼板相对于梁中心线的对称度		$c \leqslant 2.0$

梁腹板的平面度	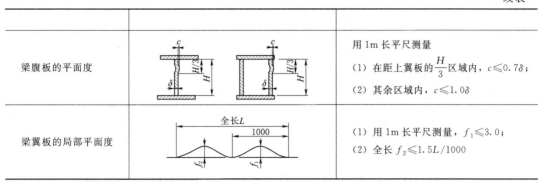	用 1m 长平尺测量 (1) 在距上翼板的 $\frac{H}{3}$ 区域内，$c \leqslant 0.7\delta$； (2) 其余区域内，$c \leqslant 1.0\delta$
梁翼板的局部平面度		(1) 用 1m 长平尺测量，$f_1 \leqslant 3.0$； (2) 全长 $f_2 \leqslant 1.5L/1000$

（c）自动挂脱梁组装质量与检验应符合表 5-32 的规定。

表 5-32   **自动挂脱梁组装质量与检验**

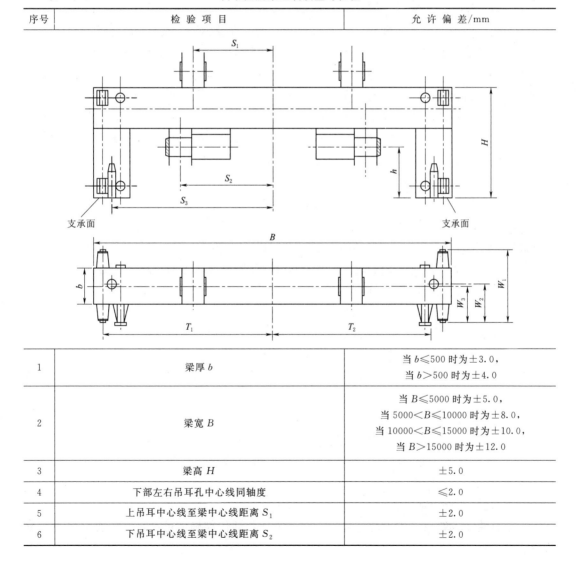

序号	检 验 项 目	允 许 偏 差/mm
1	梁厚 b	当 $b \leqslant 500$ 时为 ± 3.0， 当 $b > 500$ 时为 ± 4.0
2	梁宽 B	当 $B \leqslant 5000$ 时为 ± 5.0， 当 $5000 < B \leqslant 10000$ 时为 ± 8.0， 当 $10000 < B \leqslant 15000$ 时为 ± 10.0， 当 $B > 15000$ 时为 ± 12.0
3	梁高 H	± 5.0
4	下部左右吊耳孔中心线同轴度	$\leqslant 2.0$
5	上吊耳中心线至梁中心线距离 S_1	± 2.0
6	下吊耳中心线至梁中心线距离 S_2	± 2.0

续表

序号	检 验 项 目	允许偏差/mm
7	定位销或孔至梁中心线距离 S_3	±2.0
8	梁支承面至下部相邻吊耳孔中心线距离 h	±3.0
9	主滑块或滚轮中心至梁中心线距离 T_1	±3.0
10	侧滑块或滚轮工作面至梁中心线距离 T_2	±2.0
11	主滑块或滚轮工作面至反向滑块工作面距离 W_1	±3.0
12	主滑块或滚轮工作面至相邻定位销或孔中心线距离 W_2	±1.5
13	主滑块或滚轮工作面至梁厚度中心线距离 W_3	±2.0
14	主滑块或滚轮工作面的平面度	≤3.0
15	相邻滑块衔接端高低差	≤1.0
16	滑块、滚轮、反钩裂纹与缩松	不允许

（d）出厂前应做静平衡试验。试验时自动挂脱梁吊离地面 100mm，通过导向支承装置滚轮或滑道的中心外边缘进行测量，竖直方向倾斜不应大于自动挂脱梁高度的 1/1000，且不大于 3.0mm；水平方向倾斜不应大于自动挂脱梁宽度的 1/1500，且不大于 5.0mm，当采用配重进行调整时，应将配重在梁体上固定牢靠。

（e）液压自动挂脱梁还应要求如下：

a）销轴的外圆、端面和套筒内圆应镀铬防腐，销轴外圆、套筒内孔等有配合要求的镀铬表面粗糙度宜不大于 $Ra0.8\mu m$，其余镀铬表面粗糙度宜不大于 $Ra3.2\mu m$，外露连接紧固件应镀锌防腐。镀铬应符合要求如下：

Ⅰ. 电镀铬前的零（部）件应无机械变形和机械损伤，主要表面上应无氧化皮、斑点、凹坑、凸瘤、毛刺、划伤等缺陷，经磨削加工的或经探伤检查的表面应无剩磁、磁粉及荧光粉，经热处理后的工件表面不应有未除尽的氧化皮和残留物。电镀铬应按 GB/T 11379 执行。

Ⅱ. 电镀层厚度应符合设计要求，设计规定的镀层厚度应为最小局部厚度。

Ⅲ. 硬铬硬度不应低于 750HV。

Ⅳ. 铬电镀层表面质量要求如下：

ⅰ. 铬电镀层表面应光亮或有光泽，不应有麻点、起泡、脱落等缺陷。

ⅱ. 除铬电镀层的最外边缘处，其他部位不应有铬瘤。

ⅲ. 电镀后的工件应无肉眼可见的裂纹，厚度大于 $50\mu m$ 的铬电镀层不允许有通达基体的裂纹。

ⅳ. 铬电镀层的孔隙率不应多于 2 点/100mm^2。

b）液压装置、各传感器和接线装置之间均应密封防水，电缆插座不应渗漏。

c）液压泵站液压油的牌号、黏度及固体颗粒污染度等级应符合使用环境和所选用液压元件的要求。

8）清污抓斗要求如下：

（a）总装后各铰点、支承轮等部位应转动灵活，动作准确、可靠，不应有卡阻和碰擦现象。

(b) 耙齿间距的允许偏差为±1.0mm，齿尖直线度不应大于3.0mm。

(c) 框架对角线相对差不应大于4.0mm，其扭曲不应大于2.0mm。

(d) 满载时，主梁的跨中最大垂直挠度不应大于上主梁跨度的1/2000。

(e) 同侧导向轮的同位度不应大于2.0mm，导向轮跨度的允许偏差为±2.0mm。

(f) 吊点中心距的允许偏差为±2.0mm。

(g) 液压装置、各传感器、接线装置之间应密封防水，电缆插座不应渗漏。

(h) 液压泵站液压油的牌号、黏度及固体颗粒污染度等级应符合使用环境和所选用液压元件的要求。

9) 司机室的制造应符合《起重机 司机室和控制站 第1部分：总则》（GB/T 20303.1）和《起重机 司机室和控制站 第5部分：桥式和门式起重机》（GB/T 20303.5）的规定。

三、厂内组装及试验与出厂验收

（一）固定卷扬式启闭机

1. 厂内组装

(1) 固定卷扬式启闭机应在各零部件自检合格的基础上在厂内进行整体组装。

(2) 电动机输出轴与减速器输入轴的同轴度不应低于GB/T 1184中9级的规定。

(3) 各润滑点和减速器应按要求注润滑脂或油。

(4) 盘动各运动机构的制动轮或制动盘，使传动系统各转动轴至少旋转一周，应无卡阻。

(5) 电气设备、安全联锁装置、制动器等应按要求安装，动作灵敏、准确。

(6) 组装调试完成后应加装定位销、块，做定位标志。

2. 厂内试验与出厂验收

(1) 出厂试验时，固定卷扬式启闭机应正、反向各运转10min，按表5-33中检测项目进行出厂验收检测，并符合质量标准。

表 5-33　　　　　　　　出厂验收检测项目及质量标准

序号	检 测 项 目		质 量 标 准
1	各机械部件运行性		平稳、无异常
2	启闭机噪声		距减速器1m处测量不大于85dB（A）
3	减速器		无渗油
4	各润滑点油路		畅通
5	滚动轴承温度	温度	≤85℃
		温升	≤35K
6	滑动轴承温度	温度	≤70℃
		温升	≤20K
7	开式齿轮副接触斑点	齿高方向	≥40%
		齿长方向	≥50%

序号	检 测 项 目			质 量 标 准
8	鼓式制动器	制动瓦中心线与制动轮中心线偏差		≤3.0mm
9		制动轮与制动衬垫接触面积		≥75%
10		制动器的松闸间隙		符合《水利水电工程启闭机制造安装及验收规范》(SL/T 381)规范的要求
		制动轮径向跳动		符合表5-21的要求
		工作面硬度		35～45HRC
11	盘式制动器	制动盘与制动衬垫接触面积		≥75%
12		制动器松闸间隙		符合SL/T 381规范要求
13		制动盘端面跳动		组装后工作面的端面跳动不应低于GB/T 1184中10级的规定
		工作面硬度		35～45HRC
14	卷筒绳槽底径偏差及相对差	单吊点偏差		≤h10
		双吊点	偏差	≤h9
			相对差	不大于h9的1/2
15	线路绝缘电阻			≥1MΩ
16	电动机三相电流不平衡度			≤10%
17	电气元件			无异常发热
18	控制器触头			无烧灼
19	其他出厂试验项目			符合出厂验收大纲的要求

（2）固定卷扬式启闭机配置的高度指示装置、荷载限制器、行程或扬程限制器、电气保护、实时在线监测系统、无电应急操作装置等，应提供产品安装、操作、校验及调试说明书。

（二）螺杆式启闭机

1. 厂内组装

（1）螺杆式启闭机宜在厂内整体组装，零部件组装应符合图样技术标准的规定。

（2）螺杆过长需在现场组装时，出厂前应将螺母绕螺杆旋转全行程，接触良好，无卡阻。

2. 厂内试验与出厂验收

（1）出厂验收时，螺杆式启闭机应正、反向运转5min，且符合下列要求：

1）手摇部分应转动灵活、平稳、无卡阻。

2）手动、电动两用机构的电气联锁装置应可靠。

3）油封和机箱接触面不得漏油。

4）电机驱动的启闭机，各零部件应运转平稳、无异常。

5）双电机驱动的螺杆式启闭机，电动机分别通电检验，旋转方向应与螺杆升降方向一致。

6) 高度指示装置、行程限制器和荷载控制装置动作应准确可靠。

（2）螺杆式启闭机配置的高度指示装置，荷载限制器、行程或扬程限制器、电器保护、实时在线监测系统、无电应急操作装置等，应提供产品安装、操作、校验及调试说明书。

（三）液压式启闭机

1. 厂内组装

（1）液压系统组装应符合《液压传动 系统及其元件的通用规则和安全要求》（GB/T 3766）的规定。

（2）装配的零部件和外购件均应有质量检测合格的报告或记录，变形、损伤、锈蚀的零部件和外购件不得用于装配。

（3）零部件在装配前应清洗干净，不得带有铁屑、毛刺、纤维状杂质等污染物。液压元件应根据情况进行分解清洗；阀芯动作应无卡阻。

（4）元件装配时，不得使用棉纱、纸张等纤维易落物擦拭壳体内腔、零部件配合面以及进、出流道。

（5）元件应在清洗后尽快组装，暂时不组装的元件应采取充分的保护措施；组装场所的环境应符合元件清洁度的要求；组装过程中，使用的黏结剂或聚四氟乙烯生料带等应避免进入组装元件的内部，油脂应干净且应少量使用；组装后，所有连接表面和油口应覆盖住，盖板或挡板应和元件一样清洁；组装后的元件若需要进一步清洗，应于试验前在配有适当过滤器的专用冲洗装置上进行冲洗。

（6）装配时不应碰伤、擦毛零部件表面，不得用铁棍直接敲击零部件；各紧固件应按顺序拧紧。

（7）密封件装配时不应被扭转、切角，V形油封相邻两圈的接头应错开90°以上。

（8）装配后的液压缸应运动自如，所有外连接螺纹、油口边缘等应无损伤。

2. 厂内试验与出厂验收

（1）制造厂应制定出厂试验大纲；试验设备性能应完善，容量、精度应符合试验要求。

（2）试验用液压油宜与设计规定的液压式启闭机工作用液压油一致，与被试液压缸内的密封件材料相容，且具有抗磨、防锈性能；试验前，宜对试验用液压油进行过滤，过滤仪器的过滤精度应满足液压系统正常使用对液压油固态颗粒污染度等级的要求，过滤精度不低于 $20\mu m$；试验中，试验用液压油的油温应控制在 $15\sim45℃$。

（3）试验压力表精度应为 $\pm1.0\%$，容量宜为试验最大压力值的 1.5 倍。

（4）液压缸出厂试验要求如下：

1）空载试验：调整试验系统压力，使被试液压缸排气后，液压缸在无荷载情况下往复运动 2 次，不得出现外部渗油及爬行等异常现象。

2）最低启动压力试验：活塞停留在无杆腔端盖端，调整溢流阀，使无杆腔压力逐渐升高至活塞杆移动，其最低启动压力应不大于 0.5MPa；试验时不得有外渗漏现象。

3）耐压试验：当液压缸的额定压力小于或等于 16MPa 时，试验压力应为额定压力的

1.5倍；当液压缸额定压力大于16MPa且小于或等于19.2MPa时，试验压力应为24MPa；当液压缸额定压力大于19.2MPa时，试验压力应为额定压力的1.25倍；将活塞分别停在行程两端，在试验压力下保压2min，不得有外泄漏或破坏现象。

4）外泄漏试验：在额定压力下，将活塞停于活塞缸两端，各保压2min，不得有泄漏现象；在空载试验和最低启动压力试验时活塞杆允许有少量油膜存在，且不应形成油环或油滴，其他各处不得有外泄漏现象。

5）内泄漏试验：在额定压力下，将活塞停于液压缸一段，保压10min，每分钟内泄漏不应超过$(D^2-d^2)/200$mL，其中D为油径（cm），d为活塞杆直径（cm）。

6）行程测量：液压缸行程应符合设计要求。

7）液压油固体颗粒污染度检测：液压油固体颗粒污染物等级应符合设计要求。

8）试验合格的液压缸、油箱及管路的所有外露油口，应用耐油塞子封口。

（5）液压泵站试验应符合下列要求：

1）空载试验：运行应平稳无异常。

2）保压试验：在额定压力下保压10min，不得有泄漏或异常现象。

3）耐压试验：当液压缸的额定压力小于或等于16MPa时，试验压力为额定压力的1.5倍；当液压缸的额定压力大于16MPa且小于或等于19.2MPa时，试验压力为24MPa；当液压缸的额定压力大于19.2MPa时，试验压力为额定压力的1.25倍。在试验压力下保压2min，不应有外泄漏或破坏现象。

4）保护功能试验：液压泵站中的滤清器堵塞报警、液位传感器、温度传感器的功能应符合设计要求。

5）噪声检测：采用声级计近场测量法测量液压泵站运行噪声，噪声值应不大于85dB(A)。

6）液压阀的位置反馈功能应满足设计要求。

7）液压油固体颗粒污染度检测：液压油固体颗粒污染物等级应符合设计要求。

8）试验合格的液压泵站及管路的所有外露油口，应用耐油塞子封口。

（6）机、电、液联调试验应符合下列要求：

1）液压缸、液压控制系统和电气设备应在自检合格的基础上，按试验大纲要求联机，根据试验大纲要求或液压启闭机工作程序操作电气设备，测试液压回路、电气回路和各电气元器件应符合下列要求：

（a）液压回路、电气回路应符合设计要求。

（b）元器件各开关触点应符合设计要求。

（c）操作机构及附件应操作方便、安全可靠。

（d）启门、闭门动作应符合设计要求。

2）根据设计要求调整油泵、压力控制阀、流量控制阀、行程检测装置和电气控制设备，试验结果应符合下列要求：

（a）系统超压、失压、温度异常、滤清器堵塞等保护功能应灵敏可靠，发信、报警、停机正确。

(b) 启门、闭门速度应符合设计要求。

(c) 行程检测应符合设计要求。

(d) 双吊点液压启闭机两缸运行同步误差应符合设计要求。

(e) 自动纠偏功能应符合设计要求。

(f) 液压油固体颗粒污染物等级应符合设计要求。

3）试验合格的液压缸、液压泵站及管路的所有外露油口，应用耐油塞子封口。

(7) 液压启闭机配置的高度指示装置，荷载限制器、行程或扬程限制器、电器保护、实时在线监测系统、无电应急操作装置等，应提供产品安装、操作、校验及调试说明书。

（四）移动式启闭机

1. 厂内组装

(1) 桥架和门架。

1）桥架和门架的组装完成后，应按图 5-14 进行检测。

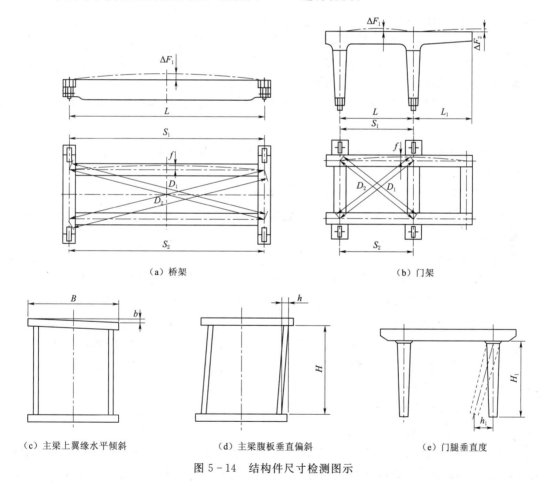

（a）桥架 （b）门架

（c）主梁上翼缘水平倾斜 （d）主梁腹板垂直偏斜 （e）门腿垂直度

图 5-14 结构件尺寸检测图示

2）主梁的上拱度 ΔF_1 应符合设计要求，且最大上拱度应控制在跨度中部的 $L/10$ 范围内 [图 5-14（a）和图 5-14（b）]，有效悬臂端上翘度 ΔF_2 应符合设计要求 [图 5-14（b）]；上拱度与上翘度应在无日照温度影响下测量，检测条件应符合如下要求：

（a）主梁跨中上拱度和悬臂上翘度，应采用桥架和门架安装后的测量值。

（b）用水准仪测量，测量时应距镜头 2m 以上。

（c）测量时应在日照无影响条件下进行。

3）主梁的水平弯曲 f 应不大于 $L/2000$，且应不大于 20.0mm ［L 为主梁长度，测量位置于离上翼缘板约 100mm 处，图 5-14（a）和图 5-14（b）］。

4）桥架和门架上部结构对角线差（$|D_1-D_2|$）应不大于 5.0mm ［图 5-14（a）和图 5-14（b）］。

5）主梁上翼缘的水平偏斜 b 应小于 $B/200$ ［B 为主梁上翼缘宽度，测量位置于长筋板处，图 5-14（c）］。

6）主梁腹板的垂直偏斜 h 应小于 $H/500$ ［H 为主梁腹板高度，测量位置于长筋板处，图 5-14（d）］。

7）门腿在跨度方向的垂直度 h_1 应不大于 $H_1/1000$ ［H_1 为门腿高度，图 5-14（e）］，其倾斜方向应互相对称。

8）门腿从车轮工作面算起到支腿上法兰平面的高度相对差应不大于 8.0mm。

9）门腿下端平面和侧立面对角线相对差，当支腿高 $H_1 \leqslant 10m$ 时，应不大于 10.0mm；当支腿高 $H_1 > 10m$ 时，应不大于 15.0mm。

10）腹板平面度以 1m 平尺检查，在离上翼缘板 $1/3H$ 以内的区域应小于 0.7δ，其余区域应小于 1.0δ（δ 为主梁腹板厚度）。

11）门架上部结构与门腿处采用单片法兰连接时，连接处腹板、翼板对口错位宜不大于板厚的 $1/2$。

12）拧紧门腿下法兰与行走梁的连接螺栓后，法兰连接面的局部间隙宜不大于 0.2mm，局部间隙面积宜不大于 30%，且螺栓连接处应无间隙，法兰边缘间隙宜不大于 0.8mm。

（2）小车轨道。

1）钢轨铺设前，端面不应有分层、裂纹，其边缘上的毛刺应予清除，轨端 1m 范围内的垂直方向和水平方向端面斜度均不应大于 1.0mm；断面不对称的允许偏差为 $\pm 1.0mm$；用塞尺测量端部轨底面与平台的间隙不应大于 1.5mm，轨端扭转每米范围内不应大于 0.5mm；尺寸和外形允许偏差不合格时，除凸出部位外，不应采用修磨方式处理。

2）小车轨距偏差，当轨距 $T \leqslant 2.5m$ 时，允许偏差为 $\pm 2.0mm$；当轨距 $T > 2.5m$ 时，允许偏差为 $\pm 3.0mm$。

3）同一横截面上两侧小车轨道的高度相对差 C（图 5-15），当轨距 $T \leqslant 2.5m$ 时，高度差 C 应不大于 2.0mm；当轨距 $T > 2.5m$ 时，高度差 C 应不大于 5.0mm。

4）小车轨道与轨道梁腹板中心线的位置偏差 d（图 5-16），偏轨箱型梁，当轨道梁腹板厚度 $\delta < 12m$ 时，偏差 d 应不大于 6.0mm；当 $\delta > 12m$ 时，偏差 d 应不大于 0.5δ；单腹板梁及桁架梁，偏差 d 应不大于 0.5δ。

5）小车轨道应与主梁上翼缘板紧密贴合，当局部间大于 0.5mm，长度超过 200mm 时，应加垫板垫实，垫板不应多于 2 层，垫板与垫板、垫板与主梁之间应焊接。

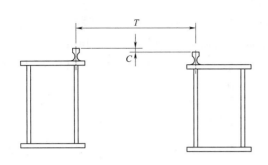
图 5-15　小车轨道高度差检测图示

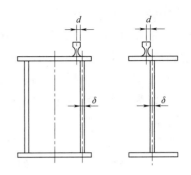
图 5-16　小车轨道与轨道梁腹板中心线的
位置偏差检测图示
d—小车轨道与轨道梁腹板中心线的位置偏差；
δ—轨道梁腹板厚度

6）轨道居中的箱形梁，小车轨道中心直线度应不大于 3.0mm，带走台时，应向走台侧弯曲。

7）轨道接头处的高低差和侧向错位均应不大于 1.0mm，接头间隙应不大于 2.0mm。

8）小车轨道在侧向的局部弯曲 f_0（图 5-17），在任意 2m 范围内应不大于 1.0mm。轨道在铺设平面内全长范围内的弯曲（图 5-18），轨道设在箱形梁中部时，小车轨道中心与轨道理论中心之间的横向偏差应不大于 2.5mm；轨道设在箱形梁内侧时，与轨道理论中心线的横向偏差向外 f_1 应不大于 4.0mm，向内 f_2 应不大于 1.0mm。

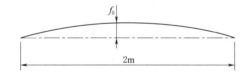
图 5-17　轨道在铺设平面内局部弯曲检测图示
f_0—小车轨道侧向的局部弯曲

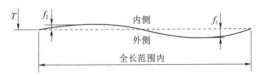
图 5-18　轨道在铺设平面内全长范围内局部
弯曲检测图示

（3）运行机构。

1）小车跨度允许偏差为 ±3.0mm；小车跨度的相对差，当轨距不大于 2.5m 时，应不大于 2.0mm，当轨距大于 2.5m 时，应不大于 3.0mm。

2）当桥机大车跨度不大于 10m 时，其跨度允许偏差为 ±3.0mm，相对差应不大于 3.0mm；当跨度在 10~26m 时，其跨度允许偏差为 ±5.0mm，相对差应不大于 5.0mm；当跨度大于 26m 时，其跨度允许偏差为 ±8.0mm，相对差应不大于 8.0mm。

3）当门机大车跨度不大于 10m 时，其跨度允许偏差为 ±5.0mm，相对差应不大于 5.0mm；当跨度在 10~26m 时，其跨度允许偏差为 ±8.0mm，相对差应不大于 8.0mm；当跨度大于 26m 时，其跨度允许偏差为 ±10.0mm，相对差应不大于 10.0mm。

4）车轮的垂直偏斜量应在车轮架空下测量，垂直偏斜量应小于 $L/400$mm（L 为测量长度），且车轮下轮缘应向内倾，在车轮架空的情况下测量。

5）车轮的水平偏斜应不大于 $L/1000$，且同一轴线上车轮的偏斜方向应相反。

6）同一端梁同一平衡梁下两车轮的同位差应不大于 1.0mm，同一端梁相邻平衡梁的相邻车轮同位差应不大于 2.0mm，同一端梁其他车轮间同位差应不大于 3.0mm。

7）小车主动轮与预组装轨道接触时，从动轮与轨道顶面的最大间隙应不大于 0.00167T（T 为小车主动轮跨度），且不大于 4.0mm。

2. 厂内试验与出厂验收

（1）移动式启闭机小车总成、回转吊、门架应在厂内分别预组装后进行厂内验收，主要检查零部件的完整性和几何尺寸的正确性，并应做好定位标记。支腿与主梁不进行预装时，则应采取可靠的工艺方法，保证其几何尺寸的正确性。

（2）启闭机应在厂内进行空运转试验，起升小车应安放在预组装轨道上，大车行走机构与门架拼装后应安放在预组装轨道上；所有组装应做好必要的加固处理。

（3）分别开动各机构，做正、反向运转，试验累计时间各 30min，各机构应运转正常。应按表 5-34 规定的项目进行移动式启闭机出厂验收检测，并符合质量标准。

表 5-34　　　　　　　　移动式启闭机出厂验收检测项目与质量标准

序号	检 测 项 目		质 量 标 准
1	构件制作偏差		符合表 5-11~表 5-15 的规定
2	机架各部件垫板（或支座）	单个平面度	不大于 0.5mm
3		相互高度差	不大于 0.5mm
4	门架或桥架组装后的各项精度		符合门架和桥架厂内组装规定
5	螺栓连接的端板或法兰连接面局部间隙	未装螺栓前	不大于 0.2mm，局部间隙面积不大于总面积的 30%，周边角变形不大于 0.8mm
6		螺栓拧紧后	螺栓根部无间隙
7	表面	裂纹、折叠、结疤、夹杂	不允许
8		压痕、麻点、划伤深度	不大于钢轨尺寸的允许偏差
9	端面	裂纹、分层、缩松残余	不允许
10	钢轨表面缺陷焊补、填补		不允许
11	小车轨道组装的各项精度		符合小车轨道厂内组装规定
12	车轮硬度		符合表 5-30 车轮热处理硬度规定
13	运行机构组装的各项精度		符合运行机构厂内组装规定

（4）分别穿脱销 3 次，检查液压自动挂脱梁系统模拟工作情况，就位、穿销、脱销动作应可靠，信号显示应正确，工作压力应符合设计要求，液压系统应无外漏。

（5）移动式启闭机配置的高度指示装置、荷载限制器、力矩限制器行程或扬程限制器、缓冲器避雷针、风速仪、防风夹轨器、锚定、液压保护、电气保护、安全监控管理系统、实时在线监测系统、无电应急操作装置等，应提供产品安装、操作、校验及调试说明书。

(五) 电气设备厂内组装

(1) 电气设备组装应符合《电气装置安装工程 盘、柜及二次回路接线施工及验收规范》(GB 50171) 和《电气装置安装工程 低压电器施工及验收规范》(GB 50254) 的规定。

(2) 电气元件的型号、规格应符合设计要求并具有合格证明书，电气元器件在电气盘、柜内布置应整齐、美观、固定牢固、密封良好、便于拆卸。

(3) 电气盘柜内组装变频器、可编程控制器、操作面板时，应采取防尘、散热、防潮措施；电气接线应符合设计要求，模拟量接线应采用屏蔽处理；变频器、可编程控制器、操作面板的接地应符合产品标准及产品要求。

(4) 电气盘、柜内进线总断路器输入端宜采用铜母线排连接。

(5) 电气盘、柜底部应装有接地母线装置，该铜母线截面面积不应小于 5mm×40mm；安装后应有防小动物措施，安装在户外应有防雨措施，安装在振动场所应有防振措施。

(6) 电气组装完毕后应对保护元件进行鉴定，保护动作应准确、可靠；变频器的参数设定应符合设计要求，且应采用自动检测电动机的电气参数模式设置。

(7) 启闭机电气设备的绝缘电阻不应小于 $1M\Omega$。

(8) 电气设备组装完毕后，电气盘、柜要求如下：

1) 电气盘、柜的结构尺寸，表面质量，元器件的安装、布置应符合设计要求。

2) 电气盘、柜进行厂内试验时，控制程序、变频器、人机界面等功能以及试验数据和试验结果应符合设计要求。

(六) 产品验收规则

(1) 出厂验收前应编制出厂验收大纲。对验收设备进行检查，填写检验记录，检查合格后应按出厂验收大纲进行验收。

(2) 用户对产品有特殊要求时，应在订货合同中规定，并按规定进行验收。

(3) 验收时，制造厂应提供下列技术资料：

1) 制造总图、部件装配图及产品维护使用说明书。

2) 预组装检测记录和出厂试验报告。

3) 主要材料的材质证明文件和复验记录。

4) 大型及关键铸、锻件的探伤检验报告和热处理报告。

5) 焊缝的检验报告及检查记录。

6) 防腐涂装检验报告和检查记录。

7) 设计修改通知单和零部件材料代用通知单。

8) 重大缺陷处理记录与返修后的检验报告。

9) 主要外购件合格证或质量证明文件，主要外协件的质量检测记录。

10) 进口件产品使用维护说明书，包括英文原件及中文译本。

11) 中型及以上规格的启闭机，应经具有国家级计量认证和金属结构甲级资质的检验检测单位质量检测合格，质量检测报告应包括主要材料力学性能试验、主要零部件制造质量、厂内组装、厂内试验等内容。

12) 安全保护装置型式试验报告。

四、标志、包装、运输、保管与存放

（一）标志

（1）启闭机应在明显处设置标牌，标牌应符合《标牌》（GB/T 13306）的规定，主要内容应包括以下内容：

1）产品名称、规格及型号。

2）出厂编号。

3）主要技术参数。

4）制造日期和制造商名称。

（2）启闭机的危险部位和工作区域应设置安全警示标识。

（二）包装

（1）裸装出厂的设备应采取安全防护措施和防潮措施。螺杆式启闭机应采取防止螺杆变形的措施；液压式启闭机应采取防止缸体、活塞杆及密封件变形的措施。

（2）精密零部件、电气柜及仪表等的包装，应符合《机电产品包装通用技术条件》（GB/T 13384）的规定。

（3）随机文件应齐全，宜采用塑料袋封装，随机文件袋应放置在主机箱中。

（三）运输

（1）启闭机的包装储运标识应符合《包装储运图示标志》（GB/T 191）的规定；启闭机敞装或箱装运输时，应安放牢固，应采取防止变形、滑移、滚动和掉落等措施，且应符合陆运、海运及空运的有关规定。

（2）精密零部件、电气柜及仪表等的运输应采取防潮和防震措施。

（3）有特殊运输要求的，应按相关规定执行。

（四）设备保管的程序和存放要求

1. 设备保管的程序

制造现场检验→运输→仓库→开箱检查、外观检查清点验收→分类入库→定期检查维护。

2. 存放要求

（1）液压泵站、电气盘柜等液压和电气设备应室内存放；电动机、制动器等其他设备露天裸放时，应采取防雨、防锈、防风沙等保护措施。

（2）启闭机长期存放时，应每年进行维护保养，油缸应定期翻滚。

第三节 压力钢管制造

一、概述

压力钢管是将水从水源（水库、压力前池或调压室等）引入水轮机或其他用水部位的钢管道，一般包括直管、弯管、岔管、伸缩节等，主要结构有管壁、支承环、加劲环、止

推环和阻水环以及岔管加强构件等。

压力钢管常见的布置形式有两种：明管（暴露在空气中的压力钢管）和埋管。按构造与制作方法可分为无缝钢管、铆接钢管、焊接钢管、箍管。无缝钢管适用于高水压小流量的情况；铆接钢管由于焊接工艺的发展现已较少使用；焊接钢管目前最为常用；由于工艺和经济方面的原因，通常当水头与直径之积大于 $2000m^2$ 或管壁大于 4cm 时，可考虑采取箍管，箍管是套有无缝钢管的焊接钢管（或无缝钢管）。

压力钢管一般在工厂加工，钢板采购至工厂后，经矫平、划线、切割、卷板、修弧、对圆、焊接等工艺，即成待装管节，如起重运输条件允许，可将几个管节组焊成一个较长的管段，经检验合格后安装。

若钢管直径过大，运输困难，也可在工地加工，但必须有相应的工艺措施，保证钢管制造质量。

二、基本规定

（1）压力钢管使用的钢板应符合设计文件规定。钢板的性能和表面质量应符合现行有关规范标准和设计文件中的有关规定，并应具有出厂质量证明书。当需复验时，钢板性能试验取样位置及试样制备应符合现行国家标准 GB/T 2975 和 GB 713 的规定或《承压设备用不锈钢钢板及钢带》（GB/T 24511）的规定。

（2）压力钢管用钢板，当需用脉冲反射法超声检测（UT）时，应符合现行行业标准 GB/T 12604.1 的有关规定。低碳钢和低合金钢应符合Ⅲ级。高强钢应符合Ⅱ级。厚度方向受力的月牙肋或梁等所用的低碳钢、低合金钢和高强钢钢板均应符合Ⅰ级。高强钢和板厚大于 60mm 的低碳钢和低合金钢应逐张进行超声波检测。

（3）岔管的月牙肋或梁的钢板应按现行国家标准《厚度方向性能钢板》（GB/T 5313）的有关规定进行厚度方向拉力试验。

（4）焊接材料应具有出厂质量证明书，其化学成分、力学性能、扩散氢含量等技术参数应满足国家和行业相关标准要求。

（5）炭弧气刨用炭棒应符合现行行业标准 JB/T 8154 的有关规定。

（6）焊接、切割用气体应满足下列要求：

1）氩气应符合现行国家标准 GB/T 4842 中的质量要求，Ar 纯度不应小于 99.9%。

2）二氧化碳气体应符合现行国家标准 GB/T 6052 中的质量要求，CO_2 纯度不应小于 99.5%。

3）氧气应符合现行国家标准《工业氧》（GB/T 3863）中的质量要求，O_2 纯度不应小于 99.5%。

4）氩-二氧化碳混合气体（MAG）焊接，应符合现行行业标准《焊接用混合气体氩-二氧化碳》（HG/T 3728）中的质量要求。

5）乙炔气体应符合现行国家标准《溶解乙炔》（GB 6819）中的质量要求，C_2H_2 纯度不应小于 98.0%。

6）燃气丙烯应符合现行行业标准《焊接切割用燃气　丙烯》（HG/T 3661.1）中的质

量要求，C_3H_6 纯度不应小于 95.0%。

7）燃气丙烷应符合现行行业标准《焊接切割用燃气 丙烷》（HG/T 3661.2）中的质量要求，C_3H_8 纯度不应小于 95.0%。

（7）压力钢管制作及验收所用的测量器具、测量精度应满足相关规范要求。

（8）压力钢管制造前，应根据结构特点、质量要求和焊接工艺评定报告并参照 SL 36 的规定，编制焊接工艺规程；压力钢管的焊缝分类参见《水利工程压力钢管制造安装及验收规范》（SL 432）。

（9）从事压力钢管质量检测的无损检测人员，应按 GB/T 9445 的要求进行培训和资格鉴定，取得通用资格证书；焊缝内部质量检测采用超声波检测和射线检测，焊缝表面质量检测可采用磁粉检测或渗透检测；焊缝还需按规范要求进行外观检查。

三、技术准备

（1）首先应认真熟悉、审查施工图纸，了解设计意图，认真阅读合同条款以及其他有关技术规定。

（2）审查设计图纸是否完整，内容是否齐全，尺寸、说明等方面是否一致。

（3）审查设计图纸中结构复杂、施工难度大和技术要求高的部分或新结构、新材料和新工艺，制造单位应检查现有的施工技术水平和管理水平，并采取可行的技术措施加以保证。

（4）参加图纸会审，并做好图纸会审记录，与设计单位做好接洽，同时做好技术交底工作。

（5）制造单位应按照施工图纸和技术规范要求，编制制作工艺、工序流程，绘制工艺图，报请监理工程师认可。

（6）在签订委托监理合同及收到设计文件后，由总监理工程师组织编写监理规划，经审查批准，并在第一次工地会议前报送建设单位。

（7）依据监理规划和设备制造技术要求编制监理实施细则，其内容应包括专业特点和监理工作的流程、控制要点及目标值、方法、措施，应具体细致，具有可操作性。

四、压力钢管制作技术要求

（一）直管、弯管和渐变管的制作技术要求

（1）钢板画线和下料应满足下列要求：

1）钢板画线和下料应符合表 5-35 和表 5-36 的要求。

表 5-35　钢板画线的允许偏差　单位：mm

序号	项　目	允许偏差
1	宽度和长度	±1
2	对角线相对差	2
3	对应边相对差	1
4	矢高（曲线部分）	±0.5

表 5-36　钢板下料的允许偏差　单位：mm

序号	项　目	允许偏差
1	宽度和长度	±3
2	对角线相对差	5
3	对应边相对差	3
4	矢高（曲线部分）	±2

2）管节纵缝不应设置在管节横断面的水平轴线和铅垂轴线上，与上述轴线圆心夹角应大于10°，且相应弧线距离应大于300mm及10倍管壁厚度。

3）相邻管节的纵缝距离应大于板厚的5倍且不应小于300mm。

4）在同一管节上，相邻纵缝间距不应小于500mm。

5）环缝间距，直管不宜小于500mm，弯管、渐变管等不宜小于下列各项之最大值：

（a）10倍管壁厚度。

（b）300mm。

（c）$3.5\sqrt{rq}$，r为钢管内半径，q为钢管壁厚。

（2）对于碳素钢或低合金钢板，画线后应用钢印、油漆和冲眼标识，分别标识出炉批号，钢管分段、分节、分块的编号，水流方向，水平和垂直中心线，灌浆孔位置，坡口角度以及切割线等符号。所有标识和信息应具有可追溯性。

（3）高强钢钢板，不得用锯或凿子、钢印作标识。

（4）钢板的下料和焊接坡口的加工，应用机械加工或热切割方法。淬硬倾向大的高强钢焊接坡口宜采用刨边机、铣边机加工。

（5）切割质量和尺寸偏差应符合现行业标准《热切割　质量和几何技术规范》（JB/T 10045）、《火焰切割面质量技术要求》（JB 3092）的有关规定。

（6）切割面的氧化层、熔渣、毛刺应用砂轮磨去。切割时造成的坡口沟槽深度不应大于0.5mm；当坡口沟槽深度在0.5～2mm时，应进行修磨；当坡口沟槽深度大于2mm时应按要求进行焊补后修磨至规定要求。

（7）焊接坡口尺寸允许偏差应符合现行国家标准《气焊、焊条电弧焊、气体保护焊和高能束焊的推荐坡口》（GB/T 985.1）、《埋弧焊的推荐坡口》（GB/T 985.2）或设计图样的规定。不对称X形坡口的大坡口和V形坡口均宜开设在平焊（即向上）位置侧。除铅锤竖井段外，环缝采用与X水平轴为界（宜有100mm左右的变角过渡段）的翻转焊接坡口，始终使大坡口侧向上。铅锤竖井段环缝宜开设K形坡口。

（8）钢板卷板应满足行业压力钢管制作安装规范的要求。

（9）钢管对圆应在平台上进行，其管口平面度要求应符合表5-37的规定。

表5-37　钢管管口平面度

序号	钢管内径 D/m	允许偏差/mm
1	$D\leqslant5$	2
2	$D>5$	3

（10）钢管对圆后，其周长差应符合表5-38的规定，纵缝处的管口轴向错边量不大于2mm。

表5-38　　　　　钢　管　周　长　差　　　　　单位：mm

序号	项目	板厚δ	允　许　偏　差
1	实测周长与设计周长差	任意板厚	$\pm3D/1000$，且绝对值不应大于24
2	相邻管节周长差	$\delta<10$	6
3		$\delta\geqslant10$	10

（11）钢管纵缝、环缝对口径向错边量的允许偏差应符合表5-39的规定。

表 5-39   钢管纵缝、环缝对口径向错边量的允许偏差   单位：mm

序号	焊缝类别	板厚 δ	允许偏差
1	纵缝	任意板厚	10%δ，且不应大于 2
2	环缝	$\delta \leqslant 30$	15%δ，且不应大于 3
		$30 < \delta \leqslant 60$	10%δ
		$\delta > 60$	$\leqslant 6$
3	不锈钢复合钢板焊缝	任意板厚	10%δ，且不应大于 1.5

（12）纵缝焊接后，用样板检测纵缝处弧度，其间隙应符合表 5-40 的规定。

表 5-40   钢管纵缝处样板与弧度的允许间隙

序号	钢管内径 D/m	样板弦长/mm	样板与纵缝的允许间隙/mm
1	$D \leqslant 5$	500	4
2	$5 < D \leqslant 8$	$D/10$	5
3	$D > 8$	1200	6

（13）纵缝焊接完后，宜将两端管口周长的实测数据记在相应管口边缘。

（14）管横截面的形状允许偏差应符合下列规定：

1）圆形截面的钢管，圆度不应大于 $3D/1000$，且最大值不应大于 30mm，每端管口至少测两对直径，两次测量应错开 45°。

2）椭圆形截面的钢管，长轴 a 和短轴 b 的长度允许偏差为 $\pm 3a$（或 $3b$）/1000，且绝对值不应大于 6mm。

3）矩形截面的钢管，长边 A 和短边 B 的长度允许偏差为 $\pm 3A$（或 $3B$）/1000，且绝对值不应大于 6mm，每对边至少测 3 处，对角线差不应大于 6mm。

4）正多边形截面的钢管，外接圆直径 D 允许偏差为 ± 6mm，最大直径和最小直径之差不应大于 $3D/1000$，且不应大于 8mm。

5）非圆形截面的钢管局部平面度每米范围内不应大于 4mm。

（15）单节钢管长度与设计长度之差不超过 5mm。

（16）钢管安装的环缝，当采用带垫板的 V 形坡口时，垫板处的钢管周长、圆度和纵缝焊后弧度等的允许偏差应符合以下规定：

1）钢管对圆后，其周长差应符合表 5-41 的规定。

表 5-41   垫 板 处 钢 管 周 长 差   单位：mm

序号	项 目	板厚 δ	允许偏差
1	实测周长与设计周长差	任意板厚	$\pm 3D/1000$，且绝对值不应大于 12
2	相邻管节周长差	$\delta < 10$	6
3		$\delta \geqslant 10$	8

2）钢管安装加劲环时，同端管口最大和最小直径之差，不应大于 4mm，每端管口至少应测 4 对直径。

3）纵缝焊后，用样板检测纵缝弧度，其间隙不应大于 2mm。

（17）弯管、渐变管及 $800N/mm^2$ 的高强钢钢管不宜采用带垫板接头。

（18）有加劲环的钢管，安装加劲环时，其同端管口实测的最大直径和最小直径之差不大于 4mm，每端口应测两对直径。

（19）加劲环、支承环、止推环和阻水环与钢管外部的局部间隙，不大于 3mm。

（20）加劲环、支承环、止推环和阻水环的内圈弧度用样板检查，其间隙应符合规范要求。

（21）钢管的加劲环、止推环和支承环组装的垂直度允许偏差应符合规范要求。

（22）加劲环、支承环、止推环和阻水环的对接焊缝与钢管纵缝应错开 200mm 以上。

（23）加劲环、支承环、止推环与钢管的链接焊缝在钢管纵缝交叉处，应在加劲环、支承环、止推环内弧侧开半径不小于 30mm 的避缝孔。

（24）加劲环、支承环及止推环上的避缝孔、串通孔与管壁连接处的焊缝端头应封闭焊接。

（25）灌浆孔宜在卷板后开孔。当高强钢钢管设有灌浆孔时，宜采用钻孔的方式开孔。

（26）灌浆孔螺纹应设置空心螺纹护套，不得使螺纹锈蚀、腻死、滑丝等损伤；空心螺纹护套的空心内径应使后续工序的固结灌浆钻的钻头能通过，无卡阻现象发生。灌浆作业结束后在戴灌浆孔堵头时才能拆出空心螺纹护套。

（27）多边形、方变圆等异形钢管，宜在制作场内进行整体或相邻管节预装配。

（二）岔管的制作技术要求

（1）岔管的画线、切割、卷板的要求应符合相关压力钢管制作安装规范的有关规定。

（2）球形岔管的球壳板尺寸应符合相关压力钢管制作安装规范的规定。

（3）岔管不宜采用带垫板的焊接接头。

（4）肋梁系岔管和无梁岔管宜在制作场内进行整体预组装或组焊，预组装或组焊后岔管的各项尺寸应符合相关压力钢管制作安装规范的规定。

（5）肋梁系岔管的肋梁板应选用保证厚度方向性能的钢板。肋梁系岔管焊接时，肋梁与两侧管壳连接的焊缝宜作为始焊缝先进行焊接，禁止作为岔管最后焊接的焊缝。

（6）球形岔管应在厂内预组装或组焊，球形岔管各项尺寸的允许偏差应符合相关压力钢管制作安装规范的有关规定。

（7）岔管预组装后，应做好标识，应具有可追溯性。

（三）伸缩节的制作技术要求

（1）伸缩节的画线、切割、卷板的要求应符合相关压力钢管制作安装规范的有关规定。

（2）伸缩节的内、外套管和止水压环焊接后的弧度，应用相关压力钢管制作安装规范的样板检测，其间隙在纵缝处不应大于 2mm，其他部位不应大于 1mm。在套管的全长范围内，检查上、中、下三个断面。

（3）伸缩节内、外套管和止水压环的直径允许偏差为 $\pm D/1000$，且绝对值不应大于 2.5mm。伸缩节内、外套管的周长允许偏差为 $\pm 3D/1000$，且绝对值不应大于 8mm。

（4）伸缩节的内、外套管间的最大和最小间隙与平均间隙之差不应大于平均间隙的 10%。

（5）波纹管伸缩节的制作应符合设计图样或现行国家标准《不锈钢波形膨胀节》（GB/T 12522）、《金属波纹管膨胀节通用技术条件》（GB/T 12777）和《压力容器波形膨胀节》（GB/T 16749）的有关规定。

（6）波纹管伸缩节应进行 1.5 倍工作压力的水压试验或 1.1 倍工作压力的气密性试验。水头不大于 25m 时，可只做焊接接头煤油渗透试验。

（7）伸缩节的伸缩行程与设计行程的允许偏差为＋8.0mm、－4.0mm。

（8）伸缩节在装配、包装、运输等过程中，应妥善保护，防止损坏，且不得有焊渣等异物进入伸缩节的滑动副或波纹管处。

五、压力钢管制造监理质量控制要点

1. 材料检验

见证钢材、防腐材料等材料的材质证明，有疑问时，可要求设备制造承包人进行复检。

2. 平板

检查平板后的钢板局部平整度是否达到规范要求。

3. 下料

检查钢管瓦片的坡口线、方位线、检查线、水流方向，并设置标志；下料后检查瓦片的长、宽、对角线等。

4. 卷板

根据规范要求，采用一定长度的样板检查瓦片的弧度和扭曲度。

5. 焊接工艺

焊接工艺评定；焊接设备及焊接材料的使用与管理；焊缝清理预热、层间温度控制及焊后保温或消氢等；焊接是否规范及参数选择等。

6. 组圆及单元对接

检测实际周长与设计周长差、相邻管节周长差、钢管管口平整度、支承环及加劲环与管架的垂直度等；对伸缩节检验内、外套管间的最大、最小间隙和平均间隙的差与平均间隙的比例等；检验与主、支管相邻的岔管管口圆度及管口中心等。

7. 焊缝质量检验

所有焊缝的外观质量及一类、二类焊缝的内部质量检验（NDT）等。

8. 防腐表面预处理

表面粗糙度、清洁度的检测。

9. 涂装

涂装层厚度及表面质量检测；油漆涂层表面附着力测试；面漆针孔测试等。

六、制作完工验收

（1）制作完工验收应依据设计图纸、技术文件、材料质量证明书、焊接工艺评定、检测记录等。

(2) 过程中应按规范相关规定进行过程验收。

(3) 制作完工验收时，应提供下列资料：

1) 压力钢管制作图样。

2) 主要材料出厂质量证明书。

3) 设计修改通知单。

4) 制作时最终检测和试验的检测记录。

5) 焊接接头无损检测报告。

6) 防腐检测资料。

7) 重大缺欠处理记录和有关会议纪要。

8) 其他相关的技术文件。

七、包装、运输

(1) 钢管瓦片应成节配套运输，并绑扎牢固，应防止倾倒和变形。支承环、加劲环、阻水环、止推环和连接板等附件应配套绑扎成捆运输，并用油漆标明名称、配套编号。

(2) 瓦片在运输过程中宜加临时支撑或框架，叠放瓦片时宜在瓦片间填塞软垫。支撑不得直接焊于瓦片上，应通过工卡具和螺栓等连接件加以固定。

(3) 运输成型的管节时，视其刚度情况，可在管节内加设临时支撑，宜管外加设鞍形支架座或加垫木条。

(4) 钢索捆扎吊运管节或瓦片时，应在钢索与管节或瓦片相接触部位加设软垫。在吊装、运输中应避免损坏涂层。

第四节 拦污栅和清污机制造

一、拦污栅制造

拦污栅指设在水工建筑物进水口前，用于拦阻水流挟带的水草、漂木等杂物（一般称污物）的框栅式结构，包括栅叶与栅槽埋件两部分。

1. 埋件制作

(1) 按施工图纸编制材料表制作；所采用的原材料须检验合格。

(2) 零部件放样、划线，下料件矫正。

(3) 依据埋件施工图纸搭设拼装胎架。

(4) 检验胎架，拼装轨道。

(5) 埋件焊接严格按焊接工艺进行施焊。注意焊接顺序和采用合理的焊接工艺参数，减小焊接变形。

(6) 埋件焊后矫正采用火焰矫正和机械矫正两种方法。火焰矫正注意控制火焰温度；机械矫正注意保护母材，防止损伤母材。

（7）转金加工，刨平面。

（8）拼装、焊接。

（9）矫正，拦污栅埋件制造公差见表 5-42。

（10）埋件铣端面。

（11）放埋件大样，搭设靠山，埋件试组拼。

（12）编号，解体。

（13）防腐，防腐严格按防腐工艺进行。

（14）埋件分类打包，等待发运。

表 5-42　　　　　　　　　　　　　拦污栅埋件制造公差

序号	项　目	公　差
1	工作面直线度	构件长度的 1/1000，且不大于 6.0mm
2	侧面直线度	构件长度的 1/750，且不大于 8.0mm
3	工作面局部平面度	每米范围不大于 2.0mm
4	扭曲	3.0mm

2. 拦污栅栅体制造

（1）按图纸和材料表划线、下料、矫正。

（2）焊接严格按焊接工艺进行。

（3）部件拼装、焊接。

（4）部件矫正，采用机械、火焰矫正的方法。注意火焰矫正的温度控制及机械矫正时对工作面的保护。

（5）栅体拼装、焊接。

（6）栅体矫正，栅体扭曲控制在 4.0mm 以内，采用火焰矫正，注意控制温度。

（7）栅体及部件防腐，防腐严格按防腐工艺进行。

（8）标识、堆放整齐，等待发运。

3. 拦污栅栅体制造允许偏差

拦污栅栅体制造允许偏差应符合下列规定：

（1）栅体宽度和高度的允许偏差为 ±8.0mm。

（2）栅体厚度的允许偏差为 ±4.0mm。

（3）栅体对角线相对差应不大于 6.0mm；扭曲应不大于 4.0mm。

（4）各栅条应互相平行，其间距允许偏差为设计间距的 ±5%。

（5）栅体的吊耳中心对栅体中心距允许偏差为 ±2.0mm。

（6）栅体的滑道支承或滚轮工作面所组成平面的平面度应不大于 4.0mm。

（7）滑块和滚轮跨度允许偏差为 ±6.0mm，同侧滚轮或滑道支承对栅体中心线的允许偏差为 ±3.0mm。

（8）两端梁下端面所组成平面的平面度应不大于 3.0mm。

（9）单节栅体高度对应边相对差不大于 4.0mm。

4. 焊缝质量检验

按施工图纸规定的焊缝质量等级，并按 GB 50205 规定，由持国家有关专业部门签发的无损检测资格证书的专业无损检测人员进行无损探伤检验。

5. 中间检查

(1) 按图纸尺寸在厂内进行检查，验收合格后打标记。

(2) 将制作好的构件在符合有关验收规范的前提下，报请业主、监理单位来厂进行出厂验收，并提供相关验收资料。

6. 防腐

严格按照防腐工艺要求进行，每道工序质检人员均严格按规范检查，分三阶段，表面预处理、金属喷涂层，封闭漆涂后，并做好检测资料，报请监理工程师验收认可（依据防腐施工工艺）。

7. 包装、堆放及运输

堆放时构件要用木方垫平、垫实，吊装、运输过程中保证吊放平稳，各成品配套包装、运输，并用油漆明显标出设备和构件的名称、编号，分节运输至工地现场吊装。

二、清污机制造

(一) 清污机分类与构成

1. 清污机分类

清污机分为回转式清污机、耙斗式清污机和抓斗式清污机。

(1) 回转式清污机与拦污栅做成整体，动力装置为液压马达驱动或电动机驱动，回转式清污机的清污齿耙传动装置宜采用回转式牵引链。

回转式清污机型号应以图 5-19 方式表示。

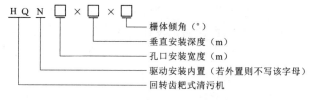

图 5-19 回转式清污机型号图示

(2) 耙（抓）斗式清污机按照安装方式分为固定式和移动式。

1) 固定耙（抓）斗式清污机通过起升机构带动耙（抓）斗沿拦污栅往复清污，一孔拦污栅安装一台清污机。

2) 移动耙斗式清污机由门机、台车或电动葫芦带动清污机沿轨道往返行走，通过起升机构带动耙斗进行清污，一台清污机可清理多孔拦污栅污物。耙斗的开闭方式可为绳索式或液压驱动式。

3) 移动抓斗式清污机由移动小车带动抓斗沿架轨往返行走，或由门机（或台车）带动抓斗往返行走，通过起升机构带动抓斗进行清污，一台清污机可清理多孔拦污栅污物。抓斗的开闭方式可为绳索式或液压驱动式。

耙（抓）斗式清污机型号应以图 5-20 方式表示。

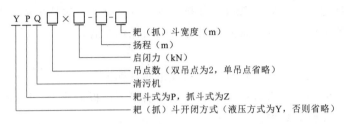

图 5-20 耙（抓）斗式清污机型号图示

2. 清污机构成

清污机系统由回转齿耙（耙斗、抓斗）、运行及动力装置等构成。

（二）清污机制造

1. 基本规定

（1）具备设计图样和设计文件，设计图样包括总图、装配图、零部件图（如有修改应有设计修改通知书）。

（2）清污机使用的钢材、防腐材料应符合设计图样的要求，其性能应符合相关国家标准和设计文件的要求，具有出厂质量证明书。

（3）钢材进场应进行验收，标号不清或对材质有疑问时应予复检，复检符合有关标准后方可使用。

（4）钢板如进行超声波检测，应按 GB/T 2970 或 NB/T 47013.1 的要求执行。

（5）钢板性能试验取样位置及试样制备应符合 GB/T 2975 的规定，试验方法应符合 GB/T 228.1、GB/T 229、GB/T 232 的规定。

（6）标准件和非标准协作件具有质量证明文件。

（7）焊接材料（焊条、焊丝、焊剂、保护气体等）应具有出厂质量证明书，其化学成分、力学性能、扩散氢含量等技术参数满足设计要求。标号不清或对材质有疑问时应进行复验。

（8）碳弧气刨用碳棒应符合 JB/T 8154 的有关规定。

（9）切割气体应符合相关质量要求。

（10）清污机制造所用的设备与设施，在使用前应确认与其承担的工作相适应，需定期检查。

（11）清污机制造所需的量具和仪器应送计量鉴定机构检定合格（或率定合格）并在有效期内。

（12）各种类型的清污机应装设相应的安全保护装置。

（13）重要的清污机宜设置实时在线监测系统。

（14）饮用水源地和供水工程中的清污机应使用食品级润滑油、润滑脂和环保型液压油。

（15）焊接工艺规程和焊接工艺评定应符合 SL 36 的规定，从事水利水电工程清污机一类、二类焊缝焊接的焊工应持有相关行业部门认可的焊工考试合格证明文件。清污机焊缝按其重要性分为三类（参见《水利水电工程清污机制造安装及验收规范》T/CWEC 29），设计文件另有规定的应按设计文件规定。

（16）从事焊缝质量检测的无损检测人员，应按 GB/T 9445 的要求进行培训和资格鉴定，取得通用资格证书；焊缝内部质量检测采用超声波检测和射线检测，焊缝表面质量检测可采用磁粉检测或渗透检测；焊缝还需按规范要求进行外观检查。

2. 清污机制造基本流程

清污机制造基本流程如图 5-21 所示。

3. 回转式清污机制造的技术要求

（1）机架。

1）机架各构件尺寸允许偏差和形位公差应符合表 5-43 的规定。

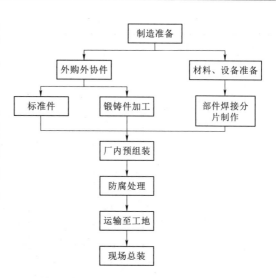

图 5-21　清污机制造基本流程图

表 5-43 构件尺寸允许偏差和形位公差

序号	名称及符号	简　图	允许偏差或公差/mm
1	构件宽度 b		
2	构件高度 h		± 2.0
3	腹板间距 c		
4	翼板水平倾斜度		工字梁：$c \leqslant \dfrac{b}{150} \leqslant 2.0$；箱型梁：$c \leqslant \dfrac{b}{200} \leqslant 2.0$；（此值在长筋处测量）
5	翼板平面度		$c \leqslant \dfrac{a}{150} \leqslant 2.0$
6	腹板垂直度		$c \leqslant \dfrac{H}{500} \leqslant 2.0$（此值在长筋或节点处测量）

序号	名称及符号	简 图	允许偏差或公差/mm
7	翼板相对于梁中心线的对称度		$c \leqslant 2.0$
8	腹板局部平面度		用1m长平尺测量: (1) 在距上翼板的 $H/3$ 区域内,$c \leqslant 0.7\delta$; (2) 其余区域内,$c \leqslant 1.0\delta$
9	翼板局部平面度		(1) 用1m长平尺测量,$f_1 \leqslant 3.0$; (2) 全长 $f_2 \leqslant 1.5L/1000$
10	扭曲	—	长度不大于 3m 的构件,应不大于 1.0,每增加 1m,递增 0.5,且最大不大于 2.0
11	正面(受力面)弯曲度	—	构件长度的 1/1500,且不大于 4.0
12	侧面弯曲度	—	构件长度的 1/1000,且不大于 6.0

2)机架上各部件垫板应进行机械加工,加工后的平面度应不大于0.5mm,各加工面之间相对高度差应不大于1.0mm。

(2)栅体。

1)栅体可整体制作或分节制作。栅体分节制作时,栅条和牵引链条轨道的铺设应在各单节栅体连接成整体后进行,各栅节连接应定位可靠。

2)各栅节之间相应的栅条接头错位允许偏差为±2mm。

3)栅体宽度允许偏差应为±2.0mm,高度允许偏差应为±2.0mm,厚度允许偏差应为±2.0mm,宽度和高度对应边之差应不大于4.0mm。

4)栅体对角线相对差应不大于4.0mm,栅体扭曲应不大于3.0mm。

5)栅体两边梁下端面所组平面的平面度应不大于2.0mm。

6)栅条连接前应校直,迎水面应倒角加工。

7)栅条间距误差应不大于设计间距的±3%,在1m长度范围内,栅条平行度应不大于2.0mm,总长度范围内应不大于5.0mm,栅条迎水面平面度应不大于3.0mm。

8)栅体两侧牵引链条轨道宜采用耐磨材料,轨道直线度应不大于2.0mm,轨道接头错位允许偏差应为±1.0mm。轨道中心至栅体中心的距离允许偏差应为±2.0mm,轨道中心距允许偏差应为±2.0mm,两轨道平行度应不大于2.0mm,两轨道工作面所组平面的平面度应不大于4.0mm。

9）栅体两侧牵引链条轨道槽高度的允许偏差应为＋2.0～0mm。

（3）齿耙。

1）齿耙轴材质的力学性能和质量等级不应低于 GB/T 8162 中 35 号钢或 Q345B 的规定。耙齿材质的力学性能和质量等级不应低于 GB/T 1591 中 Q345B 的规定。

2）齿耙轴使用前应进行强度和刚度试验，按设计额定荷载 125％加载，停留时间 30min。卸载后，齿耙轴应无变形、裂纹和损伤。

3）齿耙长度允许偏差为±1.5mm，耙齿间距误差应不大于设计间距的±3％。

（4）链轮轴、链轮、链条。

1）由端轴和厚壁无缝钢管焊接而成的链轮轴，其无缝钢管材质的力学性能和质量等级不应低于 GB/T 8162 中 35 号钢或 Q345B 的规定。焊后应机械加工，轴颈、轴头同轴度应符合 GB/T 1184 中 IT10 级的规定。

2）链轮轴长度允许偏差应为±1.0mm。

3）链轮轴上两牵引链轮中心距允许偏差应为±2.0mm。

4）左右轴承支架至栅体中心的距离允许偏差应为±2.0mm。

5）上、下链轮轴的平行度应不大于 $B/500$（B 为同轴链轮的中心距），同侧链轮的同面误差应不大于 $F/2000$（F 为上下链轮轴的中心距），同轴链轮中心距允许偏差应为±2.0mm，同轴两链轮对应齿周向错位应不大于 2.0mm。

6）主动链轮、从动链轮、牵引链轮的轮齿形状和精度要求应符合 GB/T 1243 和 GB/T 8350 的规定。同一规格的链轮中键槽大小、位置应统一。各链轮轮齿应高频淬火处理，其硬度和淬硬层深度应符合设计要求。

7）采用短节距精密滚子链的传动链条，应符合《传动用短节距精密滚子链、套筒链、附件和链轮》（GB/T 1243）的规定。

8）采用大节距套筒滚子链的牵引链条，应符合《输送链、附件和链轮》（GB/T 8350）的规定。

9）牵引链条组装前应按 GB/T 8350 的规定进行拉力试验。

10）牵引链条内链板应与套筒牢固连接，外链板宜与销轴铆接，滚子与套筒应转动灵活，连接成条的链条不应扭曲。

11）传动链条安全防护罩应固定可靠、抗震防松，且应方便更换安全销。

（5）预组装。

1）各零部件制造完成后，应进行总预装，检查零部件的完整性，保证相关几何尺寸的正确性。

2）零部件的组装应符合设计图样的规定，且应符合下列要求：

（a）链轮轴轴向位置允许偏差应为±3.0mm。

（b）齿耙两端牵引链条中心距允许偏差应为±2.0mm。

（c）齿耙端面与轨道槽口的单边距离应不小于 2.0mm；齿耙轴与栅面间距允许偏差应为±5.0mm。

（d）耙齿相对于栅条中心的对称度应不大于 4.0mm；耙齿与拦污栅横向支撑的最小

间距应不小于 10.0mm；耙齿插入拦污栅栅条内应不小于 15.0mm。

（e）牵引链条在全行程内应运行平顺，无卡阻、干涉及爬链现象。

（f）链轮轴两端轴承张紧后，两侧牵引链条松紧程度应符合设计要求。

（g）各润滑点应按要求注润滑脂或润滑油。

（h）各机构试运转应不干涉、无卡阻。

（i）电气设备及过载保护装置等应准确可靠。

3）组装调试完成后应加装定位销、块做定位标志。

（6）出厂试验与检验。

1）回转式清污机应在厂内进行空运转试验，试验累计时间应不小于 30min，各机构应运转正常。

出厂检验检测项目及质量标准应符合（5）预组装第 2）条及表 5-44 的规定。

表 5-44　　　　　　　　　回转式清污机出厂检验检测项目及质量标准

序号	检 测 项 目		质 量 标 准
1	机架构件制作偏差		符合表 5-43 的规定
2	门架各部件垫板	单个平面度	≤0.5mm
3		相互高度差	≤1.0mm
4	栅体制作偏差		符合规范要求
5	齿耙长度允许偏差		±1.5mm
6	链轮轴长度允许偏差		±1.0mm
7	栅体、齿耙、链轮轴、链轮、链条组装后的各项精度		符合规范要求
8	各机械部件运行情况		平稳、无异常
9	清污机噪声		距设备 5m 半径范围内测得的噪声不大于 85dB(A)
10	各润滑点润滑情况		润滑良好
11	滚动轴承温度	温度	≤85℃
12		温升	≤35K
13	滑动轴承温度	温度	≤70℃
14		温升	≤20K
15	线路绝缘电阻		≥1MΩ
16	电动机三相电流不平衡度		≤10%
17	电气元件		无异常发热
18	控制器的触头		无灼烧
19	其他出厂试验项目		符合出厂收大纲的要求

2）配置荷载限制器、电气保护、实时在线监测系统等的回转式清污机，应提供产品安装、操作、校验及调试说明书。

4．耙（抓）斗式清污机制造的技术要求

（1）机架。

1）机架主要受力构件材质的力学性能和质量等级不应低于 GB/T 700 中 Q235B 的规定。

2）机架各构件尺寸允许偏差和形位公差应符合表 5-43 的规定。

（2）钢丝绳。

1）钢丝绳应符合《重要用途钢丝绳》（GB/T 8918）的规定，压实股钢丝绳应符合《压实股钢丝绳》（YB/T 5359）的规定，不锈钢丝绳应符合《不锈钢丝绳》（GB/T 9944）的规定。

2）钢丝绳多余部分不应用火焰切割，不应接长。

3）钢丝绳端部的固定连接应符合《起重机械安全规程 第1部分：总则》（GB 6067.1）的规定。

4）对单吊点多层缠绕或双吊点清污机的钢丝绳，应按设计要求作预拉伸工艺处理。

5）钢丝绳的保养、维护、检验和报废应符合 GB/T 5972 的规定。

（3）滑轮。

1）铸造滑轮应符合《起重机械 滑轮》（GB/T 27546）的规定，铸铁滑轮材质的力学性能不应低于 GB/T 9439 中 HT200 的规定，铸钢滑轮材质的力学性能不应低于 GB/T 11352 中 ZG 270-500 的规定；采用焊接滑轮时，其材料的力学性能和质量等级不应低于 GB/T 700 中 Q235B 的规定。

2）当滑轮直径大于 600mm 时，宜采用轧制滑轮；轧制滑轮应符合 GB/T 27546 的规定，滑轮材质的力学性能和质量等级不应低于 GB/T 700 中 Q235B 的规定。

3）轮缘厚度与名义厚度的允许偏差应为±0.5mm。

4）用样板检查绳槽时，绳槽与样板间隙应不大于 0.5mm；绳槽表面粗糙度不应低于 $Ra12.5\mu m$。

5）装配好的滑轮绳槽底径圆跳动和绳槽侧向跳动应符合 GB/T 27546 的规定。

（4）卷筒。

1）铸造卷筒材质应符合《起重机 卷筒》（JB/T 9006）的规定，铸铁卷筒材质的力学性能不应低于 GB/T 9439 中 HT200 的规定，铸钢卷筒材质的力学性能不应低于 GB/T 11352 中 ZG 270-500 的规定，钢板卷制焊接卷筒材质的力学性能和质量等级不应低于 GB/T 700 中 Q235B 的规定。

2）卷筒加工后的各处壁厚应不小于名义壁厚。

3）铸铁卷筒应符合 GB/T 37400.4 的有关规定并进行时效处理，铸钢卷筒应符合 GB/T 37400.6 的有关规定并进行退火处理，焊接卷筒应符合 GB/T 37400.3 的有关规定并进行时效或退火处理。

4）卷筒绳槽底径尺寸偏差应不大于 GB/T 1800.1 中 h10 的规定。双吊点中高扬程的耙（抓）斗式清污机，卷筒绳槽底径尺寸偏差应不大于 GB/T 1800.1 中 h9 的规定，左右卷筒绳槽底径相对差应不大于 GB/T 1800.1 中 h9 规定值的 1/2。

5）卷筒上钢丝绳跨越绳槽凸峰应车平或铲平并磨光。

6）铸造卷筒加工后的缺陷处理应符合 SL/T 381 的有关规定。

（5）联轴器。

1）齿式联轴器应符合《GⅡCL 型鼓形齿式联轴器》（GB/T 26103.1）、《GCLD 型鼓形齿式联轴器》（GB/T 26103.3）、《NGCL 型带制动轮鼓形齿式联轴器》（GB/T 26103.4）、《NGCLZ 型带制动轮鼓形齿式联轴器》（GB/T 26103.5）或《GⅡCL 型、GⅡCLZ 型鼓形齿式联轴器》（JB/T 8854.2）的规定，弹性联轴器应符合《弹性套柱销联轴器》（GB/T 4323）、《弹性柱销联轴器》（GB/T 5014）或《弹性柱销齿式联轴器》（GB/T 5015）的规定。

2）WJ 型卷筒联轴器组应符合《卷筒用球面滚子联轴器》（JB/T 7009）的规定，其他型式卷筒联轴器的装配应按产品安装使用说明书的规定执行。

（6）鼓式制动器与制动轮。

1）鼓式制动器应符合《电力液压鼓式制动器》（JB/T 6406）或《电磁鼓式制动器》（JB/T 7685）的规定，制动轮应符合 JB/T 7019 的规定。

2）制动轮材质的力学性能不应低于 GB/T 699 中 45 号钢的规定或 GB/T 11352 中 ZG 310-570 的规定；制动轮工作面应进行淬火处理，淬火深度应不小于 2mm，制动轮工作面的热处理硬度应为 35~45HRC，淬火深度应不小于 2mm。

3）制动轮工作面应进行磁粉探伤检验，质量不应低于 NB/T 47013.4 中Ⅲ级的规定。

4）制动轮外圆与轴孔的同轴度公差应不大于 GB/T 1184 中 8 级的规定；制动轮工作面的表面粗糙度应不大于 $Ra3.2\mu m$。

5）制动轮外圆径向跳动不应低于 GB/T 1184 中 8 级的规定。

6）制动轮加工后的缺陷处理应符合下列要求：

（a）制动轮工作面上不应有砂眼、气孔和裂纹等缺陷，也不应焊补。

（b）轴孔内不应焊补；轴孔内的单个缺陷面积不大于 25mm²，深度不大于该处名义壁厚的 20%，数量不超过 2 个，且相邻两缺陷的间距不小于 50mm 时，可定为合格，但应将缺陷的边缘磨钝。

（c）其他部位的缺陷在清除到露出良好金属后，单个面积不大于 200mm²，深度不大于该处名义壁厚的 20%，且同一加工面上不多于 3 个时，可焊补。

7）不符合第 6）条规定的或有裂纹的制动轮应报废。

8）制动器与制动轮的安装中，制动器闸瓦中心对制动轮中心线的允许偏差应符合表 5-45 的规定。

表 5-45　　　　　　　制动器闸瓦中心对制动轮中心线的允许偏差

序号	检 测 项 目	质量要求/mm
1	制动闸瓦中心对制动轮中心的高度位移	≤2.5
2	制动闸瓦中心对制动轮中心的水平位移	≤2.5

9）制动衬垫与制动轮的实际接触面积不应小于总面积的 75%。

10）制动闸瓦内弧面与制动衬垫组装后应紧密地贴合，局部间隙应不大于 0.5mm；制动衬垫的边缘应按制动瓦修齐，并使固定用的铆钉头埋入制动带厚度的 1/3 以上。

11) 制动器的调整应使其开闭灵活、制动平稳，不应打滑，松闸间隙应符合 T/CWEC 29 的规定。

（7）盘式制动器与制动盘。

1) 盘式制动器应符合《电力液压盘式制动器》（JB/T 7020）的规定，制动盘应符合 JB/T 7019 的规定。

2) 制动盘工作面的热处理硬度应为 35～45HRC，深 2mm 处硬度不应低于 28HRC，表面粗糙度应不大于 $Ra3.2\mu m$。

3) 制动盘工作面应进行磁粉探伤检验，磁粉探伤质量不应低于 NB/T 47013.4 中Ⅲ级的规定。

4) 工作制动器制动盘端面跳动不应低于 GB/T 1184 中 8 级的规定，组装后工作面的端面跳动不应低于 GB/T 1184 中 9 级的规定；安全制动器制动盘端面跳动不应低于 GB/T 1184 中 9 级的规定，组装后工作面的端面跳动不应低于 GB/T 1184 中 10 级的规定。

5) 制动衬垫与制动盘的接触面积不应小于总面积的 75%。

6) 制动衬垫与制动块之间的局部间隙应不大于 0.15mm。

7) 制动器的调整应使其开闭灵活、制动平稳，松闸间隙应符合 T/CWEC 29 的规定。

（8）开式齿轮副与减速器。

1) 开式齿轮副的精度不应低于 GB/T 10095.1 和 GB/T 10095.2 中 9－8－8 级的规定；齿面表面粗糙度应不大于 $Ra6.3\mu m$。

2) 开式齿轮加工后的缺陷处理应符合下列要求：

（a）齿面及齿槽部位不应焊补；单齿加工面上砂眼、气孔的深度不大于模数的 20%，且不大于 2mm，距离齿轮端面不大于齿宽的 10%，整个齿轮上有上述缺陷的齿不多于 3 个时，可定为合格，但应将缺陷的边缘磨钝。

（b）轴孔表面不应焊补；轴孔内单个缺陷的面积不大于 $25mm^2$，深度不大于该处名义壁厚的 20%，数量不多于 3 个，且相邻两缺陷的间距不小于 50mm 时，可定为合格，但应将缺陷的边缘磨钝。

（c）齿轮端面单个缺陷的面积不大于 $200mm^2$，深度不大于该处名义壁厚的 15%，同一加工面上的缺陷数量不多于 2 个，且相邻两缺陷间距不小于 50mm 时，可焊补。

3) 不符合 2）规定的或有裂纹的开式齿轮应报废。

4) 软齿面齿轮的小齿轮齿面热处理硬度不应低于 210HB，大齿轮齿面硬度不应低于 170HB，两者硬度差应不小于 30HB；中硬齿面和硬齿面齿轮的齿面热处理硬度应符合设计要求。

5) 齿轮不应采用锉齿或打磨方法达到规定的接触面积；开式齿轮副齿面的接触斑点在齿高方向累计应不小于 40%，齿长方向累计应不小于 50%。

6) 开式齿轮副的侧隙，可按齿轮副的法向侧隙测量，中心距小于 500mm 时，应为 0.3～0.6mm；中心距为 500～1000mm 时，应为 0.4～0.8mm；中心距为 1000～2000mm 时，应为 0.6～1.0mm。

7) 开式齿轮副的中心距公差应不大于 GB/T 1800.1 中 IT9 级的规定。

8）中硬齿面减速器应符合《起重机用底座式减速器》（JB/T 12477）的规定，硬齿面减速器应符合《起重机用底座式硬齿面减速器》（JB/T 10816）、《起重机用三支点硬齿面减速器》（JB/T 10817）的规定。

9）采用油池飞溅润滑的减速器，油温高于0℃可启动减速器；采用喷油强制润滑的减速器，油温高于5℃可启动减速器。

10）减速器检验合格后，出厂前应排空润滑油。

（9）滑动轴承。

1）铸铁轴承座材质的力学性能不应低于GB/T 9439中HT200的规定，铸钢轴承座材质的力学性能不应低于GB/T 11352中ZG 200 – 400的规定。

2）滑动轴承的装配应符合《机械设备安装工程施工及验收通用规范》（GB 50231）的规定。

3）滑动轴承宜采用防腐蚀、无污染的自润滑轴承。

（10）滚动轴承。

1）铸铁轴承座材质的力学性能不应低于GB/T 9439中HT200的规定，铸钢轴承座材质的力学性能不应低于GB/T 11352中ZG 200 – 400的规定。

2）滚动轴承的装配应符合GB 50231的规定，装配好的轴承应转动灵活。

3）滚动轴承应采取可靠的密封措施。

（11）车轮。车轮应符合《起重机车轮》（JB/T 6392）和SL/T 381的规定。

（12）自动挂脱梁。自动挂脱梁应挂脱方便，动作准确可靠，其制造、安装、验收及试验要求应符合SL 381的要求。

（13）耙（抓）斗。

1）耙齿侧面距拦污栅栅条侧面最小间隙不小于5.0mm。

2）耙齿齿尖距拦污栅横向支撑应不小于10.0mm。

3）耙齿齿尖插入拦污栅栅面应不小于15.0mm。

4）相邻耙齿间距允许偏差为±2.0mm，耙齿齿尖直线度允许偏差为3.0mm。

5）耙（抓）斗框架对角线相对差应不大于4.0mm，扭曲应不大于2.0mm。

6）耙（抓）斗同侧导向轮的同位差应不大于2.0mm，导向轮跨度允许偏差应为±2.0mm。

7）耙（抓）斗导向槽直线度应不大于5.0mm。

8）吊点至耙（抓）斗中心线的允许偏差应为±2.0mm。

9）耙（抓）斗双吊点同步差应符合设计要求。

10）高度指示装置、行程限制器和荷载限制器应准确可靠。

11）耙（抓）斗的液压系统应符合GB/T 3766的规定。

12）耙（抓）斗的电缆宜采用内置钢丝或其他材质的抗拉、耐腐蚀绝缘电缆。电缆连接部位应设置防止电缆接头直接承受拉力而损坏的保护装置。

13）液压泵站密封箱体应做密封性试验，其试验压力应为实际工作时最大压力的1.2倍，保压15min，压力应无明显下降。

14）液压泵站液压油的牌号、黏度及固体颗粒污染度等级应符合使用环境和所选用液压元件的要求。

（14）预组装。

1）门架。

（a）门架组装完成后，应按规范要求进行检测。

（b）主梁的上拱度 ΔF_1 应符合设计要求，且最大上拱度应控制在跨度中部的 $L/10$ 范围内，如图 5-22 所示；有效悬臂端上翘度 ΔF_2 应符合设计要求；上拱度与上翘度应采用门架安装后的测量值，且应在无日照影响下测量，测量值应根据钢卷尺的拉力、温度及测量状态进行修正。

（c）主梁的水平弯曲 f 应不大于 $L/2000$，且应不大于 20.0mm。其中，L 为主梁长度，测量置于离上翼缘板约 100mm 处。

（d）门架上部结构对角线差（$|D_1-D_2|$）应不大于 5.0mm。

（e）主梁上翼缘的水平偏斜 b 应小于 $B/200$，其中 B 为主梁上翼缘宽度，测量位置于长筋板处。

（f）主梁腹板的垂直偏斜 h 应小于 $H/500$，其中 H 为主梁腹板高度，测量位置于长筋板处。

（g）门腿在跨度方向的垂直度 h_1 应不大于 $H_1/1000$，其中 H_1 为门腿高度，其倾斜方向应互相对称。

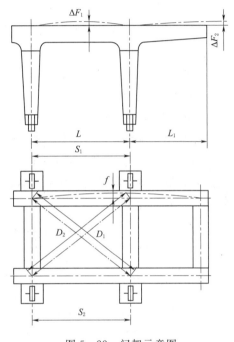

图 5-22 门架示意图

（h）门腿从车轮工作面算起到支腿上法兰平面的高度相对差应不大于 8.0mm。

（i）门腿下端平面和侧立面对角线相对差应满足下列要求：

a）当支腿高 $H_1 \leqslant 10$m 时，应不大于 10.0mm。

b）当支腿高 $H_1 > 10$m 时，应不大于 15.0mm。

（j）腹板平面度以 1m 平尺检查，在离上翼缘板 $1/3H$ 以内的区域应小于 0.7，其余区域应小于 1.0，其中 δ 为主梁腹板厚度，应满足表 5-43 的要求。

（k）门架上部结构与门腿处采用单片法兰连接时，连接处腹板、翼板对口错位宜不大于板厚的 1/2。

（l）拧紧门腿下法兰与行走梁的连接螺栓后，法兰连接面的局部间隙宜不大于 0.2mm，局部间隙面积宜不大于 30%，且螺栓连接处应无间隙，法兰边缘间隙宜不大于 0.8mm。

2）小车轨道。

（a）铺设前，钢轨端面、直线度和扭曲应符合 GB 2585 和 YB/T 5055 的规定。

（b）小车轨距偏差应满足下列要求：

a）当轨距 $T \leqslant 2.5\text{m}$ 时，允许偏差应为 $\pm 2.0\text{mm}$。

b）当轨距 $T > 2.5\text{m}$ 时，允许偏差应为 $\pm 3.0\text{mm}$。

（c）同一横截面上两侧小车轨道的高度相对差 C，应满足下列要求：

a）当轨距 $T \leqslant 2.5\text{m}$ 时，高度差 C 应不大于 2.0mm。

b）当轨距 $T > 2.5\text{m}$ 时，高度差 C 应不大于 5.0mm。

（d）小车轨道与轨道梁腹板中心线的位置偏差 d，应满足下列要求：

a）偏轨箱型梁：①当轨道梁腹板厚度小于等于 12m 时，偏差 d 应不大于 6.0mm；②当轨道梁腹板厚度大于 12m 时，偏差 d 应不大于 0.5δ。

b）单腹板梁及桁架梁，偏差 d 应不大于 0.5δ。

（15）出厂试验与检验。

1）小车总成、门架应在厂内分别预组装后进行厂内检验，主要检查零部件的完整性和几何尺寸的正确性，并应做好定位标记。

2）耙（抓）斗清污机应在厂内进行空运转试验。试验时应分别开动各机构，作正、反向运转，试验累计时间各 30min，各机构应运转正常。出厂检验检查项目与质量标准应符合表 5-46 的规定。

表 5-46　　　　　耙（抓）斗清污机出厂检验检查项目与质量标准

序号	检 查 项 目		质 量 标 准
1	门架构件制作偏差		符合表 5-43 的规定
2	门架各部件垫板	单个平面度	$\leqslant 0.5\text{mm}$
3		相互高度差	$\leqslant 1.0\text{mm}$
4	门架组装后的各项精度		符合规范的规定
5	门架螺栓连接的端板或法兰连接面的局部间隙	未装螺栓前	$\leqslant 0.2\text{mm}$，局部间隙面积应不大于总面积的 30%，周边角变形不大于 0.8mm
6		螺栓拧紧后	螺栓根部无间隙
7	耙（抓）斗	耙齿齿尖直线度	$\leqslant 3.0\text{mm}$
8		相邻耙齿间距偏差	$\pm 2.0\text{mm}$
9		框架对角线相对差	$\leqslant 4.0\text{mm}$
10		框架扭曲	$\leqslant 2.0\text{mm}$
11		同侧导向轮的同位差	$\leqslant 2.0\text{mm}$
12		导向轮跨度偏差	$\pm 2.0\text{mm}$
13		双吊点同步差	符合设计要求
14		抓斗开、闭试验	开闭灵活，无卡阻和其他异常现象
15	钢轨表面	裂纹、折叠、结疤、夹杂	不允许
16		压痕、麻点、划伤深度	不大于钢轨尺寸的负允许偏差
17	钢轨端面	裂纹、分层、缩松残余	不允许
18	钢轨表面无缺陷焊补、填补		不允许

序号	检 查 项 目		质 量 标 准
19	小车轨道组装的各项精度		符合规范要求
20	车轮硬度		符合 SL/T 381 的规定
21	运行机构组装的各项精度		符合规范要求
22	各机械部件运行情况		平稳、无异常
23	清污机噪声		距减速器1m处测量不大于85dB(A)
24	减速器		无渗油
25	各润滑点油路		畅通
26	滚动轴承温度	温度	≤85℃
27		温升	≤35K
28	滑动轴承温度	温度	≤70℃
29		温升	≤20K
30	开式齿轮副接触斑点	齿高方向	≥40%
31		齿长方向	≥50%
32	鼓式制动机	制动瓦中心线与制动轮中心线偏差	≤3.0mm
33		制动轮与制动衬垫接触面积	≥75%
34		制动器松闸间隙	符合规范要求
35		制动轮径向跳动	符合规范要求
36		工作面硬度	35~45HRC
37	盘式制动器	制动盘与制动衬垫接触面积	≥75%
38		制动器松闸间隙	符合规范要求
39		制动盘端面跳动	符合规范要求
40		工作面硬度	35~45HRC
41	卷筒绳槽底径偏差及相对差	单吊点偏差	≤h10
		双吊点 偏差	≤h9
		双吊点 相对差	不大于h9值的1/2
42	高度指示装置、行程限制器和荷载限制器		准确可靠
43	线路绝缘电阻		≥1MΩ
44	电动机三相电流不平衡度		≤10%
45	电气元件		无异常发热
46	控制器的触头		无灼烧
47	其他出厂试验项目		符合出厂验收大纲的要求

3）配置高度指示装置、荷载限制器、行程限制器、缓冲器、避雷针、风速仪、防风夹轨器、锚定、液压保护、电气保护、实时在线监测系统等的耙（抓）斗式清污机，应提供产品安装、校验及调试说明书。

(三) 清污机制造监理质量控制要点

1. 回转齿耙式清污机制造质量控制要点

(1) 材料检验。验证钢材、涂料等材料的材质证明，应符合图样规定，具有出厂质量证书，必要时要求制造单位对材料的化学成分及机械性能进行复验。

(2) 下料。检查切断面粗糙度及尺寸。

(3) 零部件制作。检查构件材质、尺寸，如齿耙、主轴、链条等；成品零部件按图纸要求检查。

(4) 铸锻件。毛坯的加工余量及表面、内部质量检查。

(5) 机架构件制作尺寸控制。

(6) 栅体尺寸控制。检测栅体组焊后尺寸公差与允许偏差，检测栅体对角线、栅体扭曲等，应符合规范有关规定。

(7) 焊缝质量检查以及焊接工艺评定。

(8) 整体预组装尺寸控制。

(9) 防腐表面预处理。表面粗糙度、清洁度的检测。

(10) 涂装。涂装环境控制；涂装后的干膜厚度及附着力检测。

(11) 附件质量及装配尺寸控制。检查附件的质量证明文件；检查装配后尺寸是否符合设计要求。

(12) 出厂试验，是否满足要求。

2. 耙 (抓) 斗式清污机质量控制要点

(1) 材料检验。验证钢材、涂料等材料的材质证明，应符合图样规定，具有出厂质量证书，必要时要求制造单位对材料的化学成分及机械性能进行复验。

(2) 下料。检查切断面粗糙度及尺寸。

(3) 零部件制作。检查构件材质、尺寸，如大小车轨道、车轮、制动轮制动器、卷筒、开式齿轮与减速器、耙 (抓) 斗等；成品零部件按图纸要求检查。

(4) 铸锻件。毛坯的加工余量及表面、内部质量检查．

(5) 门架尺寸控制。检测门架组焊后尺寸公差与允许偏、平整度、垂直度差，检测上部结构对角线、腿下端平面和侧立面对角线等，应符合规范要求。

(6) 焊缝质量检查以及焊接工艺评定。

(7) 整体预组装尺寸控制。

(8) 防腐表面预处理。表面粗糙度、清洁度的检测。

(9) 涂装。涂装环境控制；涂装后的干膜厚度及附着力检测。

(10) 附件质量及装配尺寸控制；检查附件的质量证明文件；检查装配后尺寸是否符合设计要求。

(11) 出厂试验，是否满足要求。

(四) 出厂验收

(1) 项目满足下列条件，承包人应向监理工程师提出申请，要求验收。

1) 该项目制造、组装完毕，并处于组装状态。

2）资料已提交监理工程师。

3）在接到承包人要求验收的申请后，监理机构参加建设单位主持的设备出厂验收会或受建设单位委托主持设备出厂验收会。

4）出厂验收前应编制验收大纲。对验收设备进行检查，填写检验记录，检查合格后按出厂验收大纲进行验收。

（2）验收时，制造厂应提供下列技术资料：

1）制造总图、部件装配图及产品维护使用说明书。

2）预组装检测记录和出厂试验报告。

3）主要材料的材质证明文件和取样复验记录。

4）主要铸、锻件的探伤检验报告和热处理报告。

5）主要焊缝的检验报告及检查记录。

6）防腐涂装检验报告和检查记录。

7）设计修改通知单和零部件材料代用通知单。

8）重大缺陷处理记录与返修后的检验报告。

9）主要外购件合格证或质量证明文件。

10）主要外协件的质量检测记录。

11）进口件产品使用维护说明书，包括英文原件及中文译本。

12）大型清污机或重点工程使用的清污机应经具有水利部金属结构甲级资质的检验检测单位质量检测合格，并出具质量检测报告。

13）安全保护装置型式试验报告。

（五）标志、包装、运输与存放

1．标志

（1）在清污机明显部位设置标牌，标牌应符合 GB/T 13306 的规定。产品标牌应包括以下内容：

1）产品名称及规格型号。

2）出厂编号。

3）主要指标参数。

4）制造日期和制造厂名称。

（2）清污机的危险部位和工作区域应设置安全警示标识。

2．包装

（1）对于固定在机架上的零部件，以及回转清污机栅体、主轴、齿耙等部件，当尺寸和重量不超限时，宜裸装出厂。裸露运输时应采取安全防护措施和防潮措施。

（2）精密零部件、电气柜及仪表等的包装应符合 GB/T 13384 中的规定。

（3）随机文件应齐全，并用塑料袋封装，放置随机文件袋的包装箱应标记箱号。

3．运输

（1）清污机部件敞装或箱装运输时，应符合 GB/T 191 中的规定，安放牢固，采取措施防止变形，并符合陆运、海运及空运的有关规定。

（2）精密零部件、电气柜及仪表等的运输应注意防潮和避振。

4. *存放*

（1）清污机主机、液压站、液压件等设备应有防雨、防锈、防风沙等措施。

（2）产品长期存放时，应按产品说明书进行保养。

思 考 题

1. 闸门按工作性质分为哪些类型？

2. 钢闸门一般构成有哪些？

3. 钢闸门制造的一般流程？

4. 平面闸门制造质量控制要点有哪些？

5. 弧形闸门制造质量控制要点有哪些？

6. 人字闸门制造质量控制要点有哪些？

7. 压力钢管制造质量控制要点有哪些？

8. 固定式启闭机有哪几种类型？

9. 液压式启闭机由哪些部件构成？

10. 液压式启闭机出厂验收时，耐压试验的具体要求是什么？

11. 清污机有几种形式？

12. 回转齿耙式清污机有哪些主要结构件？

13. 耙（抓）斗式清污机有哪些主要结构件？

14. 金属结构出厂验收一般应具备哪些资料？

第六章 金属结构安装

第一节 钢闸门安装

一、一般规定

钢闸门安装具备以下条件时，方可申请开工：

（1）安装工程所涉及的图纸已到位，并已进行图纸会审、技术交底。

（2）安装施工组织设计（或施工方案），大件吊装、脚手架等专项施工方案，施工进度计划等已审核批准。

（3）施工人员、设备满足施工需要并已到位。

（4）检测用设备、仪器种类、数量、精度满足施工需要，并已经相关部门律定合格。

（5）施工安全和质量保证措施已落实。

（6）安装用测量控制点、控制基准线已经过复核。

二、埋件安装

（一）埋件安装基本流程

埋件安装基本流程如图 6-1 所示。

（二）埋件安装技术要求

（1）预埋在一期混凝土中的锚栓或锚板应按设计图样制造、预埋，在混凝土浇筑前应对预埋的锚板（栓）位置进行检查、核对。

（2）埋件安装前，门槽中的模板等杂物及有油污的地方应清除干净。一期、二期混凝土的结合面应全部凿毛，并冲洗干净。

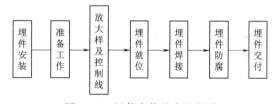

图 6-1　埋件安装基本流程图

（3）平面闸门埋件安装的公差或允许偏差应符合设计图纸及规范 GB/T 14173 的要求。

（4）平面链轮闸门埋件安装除满足相应规范的要求外，主轨承压面接头处的错位应不大于 0.2mm，并做缓坡处理；孔口两侧主轨承压面应在同一平面内，其平面度应符合相应规范的要求。

（5）弧形闸门铰座的基础螺栓和弧形闸门铰座钢梁的安装应在闸墩锚杆或锚索预应力张拉和混凝土浇筑完成后进行；弧形闸门铰座的基础螺栓中心和设计中心的位置偏差应不大于 1.0mm。

（6）弧形闸门埋件安装的允许偏差应符合规范 GB/T 14173 的要求。

（7）充压式、偏心铰压紧式水封的弧形闸门，埋件的主止水座基面中心线至孔口中心线的距离允许偏差为±2.0mm；埋件的主止水座基面的曲率半径允许偏差为±3.0mm，其偏差方向应与门叶板外弧面的曲率半径偏差方向一致；埋件的主止水座基面至弧形闸门外弧面间隙尺寸允许偏差应不大于1.5mm；潜孔式侧止水座如为不锈钢，其组合错位为0.5mm。

（8）弧形闸门铰座钢梁单独安装时，钢梁中心的里程、高程和对孔口中心线距离的允许偏差为±1.5mm。铰座钢梁的倾斜，按其水平投影尺寸 L 的偏差值来控制，允许偏差应不大于 $L/1000$，如图 6-2 所示。

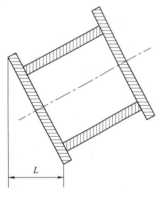

图 6-2 铰座钢梁的倾斜

（9）钢衬安装时，水平钢衬高程极限偏差为±3.0mm，侧向钢衬至孔口中心线距离偏差为+6.0～-2.0mm，表面平面度公差为4.0mm，垂直度公差为高度的1/1000且不大于4.0mm，组合面错位应不大于2.0mm。

（10）埋件安装调整后，应按设计图样将调整螺栓与锚板（栓）焊牢。埋件在浇筑二期混凝土中不得发生变形或移位。

（11）当采用一期方式埋设埋件时，安装中应采取可靠方式进行加固，并应在混凝土浇筑中制定可靠的监测方案对重点部位进行监测。混凝土浇筑中埋件不得发生变形或移位。

（12）埋件工作面对接接头的错位均应进行缓坡处理，过流面及工作面的焊疤和焊缝余高应铲平磨光，凹坑应补焊并应打磨至与母材齐平。

（13）埋件分阶段安装时应符合下列要求：

1）后期安装的基准点应以最初安装埋件的基准点为准，工程建设过程中应做好基准点的保护和转点。

2）做好埋件安装焊接与土建作业的协调，应符合规范中埋件焊接的有关规定；做好埋件表面，特别是埋件工作面的保护。

3）应及时做好分阶段验收工作。

（14）埋件安装完，经检验合格，应在5d内浇筑混凝土。如过期或有碰撞，应予复测，复测合格，方可浇筑混凝土。混凝土一次浇筑高度不宜超过5.0m，浇筑时，不得撞击埋件和模板，并采取保护措施，捣实混凝土，不得出现离析、跑模和漏浆。

（15）埋件的一期、二期混凝土达到设计强度的70%后方可拆模。拆模后，应对埋件进行复测，做好记录，并检查清除埋件表面的混凝土及杂物，对工作面进行可靠保护。调试前应检查门槽，清除遗留的钢筋和杂物，不得影响闸门启闭。

（16）工程挡水前，应对全部检修门槽和共用门槽进行试槽。

三、门体安装

（一）平面闸门门体安装技术要求

（1）整体闸门在安装前，应按设计图样对尺寸进行复核，并符合相应规范的要求。

（2）分节闸门在组装成整体后，除进行尺寸复核外，还应符合下列要求：

1）节间如采用螺栓连接，则应按螺栓连接有关规定紧固螺栓，节间橡皮的压缩量应符合设计要求。

2）节间如采用焊接，则应按已经评定合格的焊接工艺，符合行业规范有关焊接的规定进行焊接和检验，焊接时应采取措施控制变形。

（3）充水阀的尺寸应符合设计图样，其导向机构应灵活可靠，密封件与座阀应接触均匀，并满足止水要求。

（4）橡胶水封的螺孔位置应与门叶及水封压板上的螺孔位置一致；孔径应比螺栓直径小 1.0mm，应采用专用空心钻头掏孔并不得烫孔，均匀拧紧螺栓后，其端部至少应低于橡胶水封自由表面 8.0mm。

（5）橡胶水封表面应光滑平直，橡胶复合水封保持平直运输，不得盘折存放。其厚度允许偏差为 ±1.0mm，截面其他尺寸的允许偏差为设计尺寸的 ±2%。

橡胶水封接头宜采用生胶热压硫化胶合方法，胶合接头处不得有错位、凹凸不平和疏松现象。如采用常温黏接剂胶合，抗拉强度应不低于橡胶水封抗拉强度的 85%。

（6）橡胶水封安装后，两侧止水中心距离和顶止水至底止水底缘距离的允许偏差为 ±3.0mm，止水表面的平面度为 2.0mm。闸门处于工作状态时，橡胶水封的压缩量应符合设计图样要求，并进行透光检查或冲水试验。

（7）上部结构浇筑混凝土时应对已安装的闸门及埋件采取可靠的保护措施，不得损伤闸门、闸门附件及影响后续施工。

（8）平面闸门应做静平衡试验，试验方法为：将闸门调离地面 100mm，通过滚轮或滑道的中心测量上、下与左、右方向的倾斜：平面闸门的倾斜应不大于门高的 1/1000，且应不大于 8.0mm；平面链轮闸门的倾斜应不大于门高的 1/1500，且应不大于 3.0mm；当超过上述规定时，应予配重。

（二）弧形闸门门体安装技术要求

（1）弧形闸门铰座安装前，应对先期安装的基础螺栓或铰座钢梁的位置和尺寸进行复核；弧形闸门铰座安装的公差或允许偏差应符合表 6－1 的规定。

表 6－1　　　　　　　　　　弧形闸门铰座安装的公差或允许偏差

序号	项　　目	公差或允许偏差/mm
1	铰座中心对孔口中心线的距离	±1.5
2	里程	±2.0
3	高程	±2.0
4	铰座轴孔倾斜	$l/1000$
5	两铰座轴孔的同轴度	1

注　铰座轴孔倾斜系指任何方向的倾斜，l 为轴孔宽度。

（2）分节制造的弧形闸门门叶组装成整体后，应按设计图样对各项尺寸进行复测。当门叶节间采用焊接连接时，应按已经评定的焊接工艺、有关焊接规定进行焊接和检验；当门叶节间采取螺栓连接时，应按照螺栓连接的有关规定进行紧固和检验。

（3）弧形闸门安装应符合以下规定：

1）支臂两端的连接板，若需要在安装时焊接，应采取有效措施减少变形，确保焊后连接板与主梁或铰链的组合面接触良好。

2）连接螺栓应按照螺栓连接的有关规定进行紧固和检验，并规范对连接面间隙进行检测，抗剪板应与连接板侧面顶紧，并按设计要求施焊。

3）铰轴中心至弧形闸门面板外缘半径 R 的允许偏差：露顶式弧形闸门为 ± 8.0mm，两侧相对差应不大于 5.0mm；潜孔式弧形闸门为 ± 4.0mm，两侧相对差应不大于 3.0mm；充压式止水、偏心铰压紧式止水的弧形闸门为 ± 3.0mm，其偏差方向应与止水座基面的曲率半径偏差方向一致，止水座基面至弧形闸门外弧面的间隙偏差应不大于 3.0mm，同时两侧半径的相对差应不大于 1.5mm。

（4）充压式止水、偏心铰压紧式止水的弧形闸门，安装时宜采用先安装闸门、启闭机，然后提升闸门，根据闸门的实际位置调整门槽与闸门间隙，符合设计要求后完成闸门门槽的调整、加固焊接并浇筑二期混凝土。

（5）弧形闸门的水封安装应符合下列要求：

1）除反向弧形闸门外，一般弧形闸门、充压式止水、偏心铰压紧式止水的弧形闸门的辅助止水的顶、侧橡胶止水的安装应符合规范要求。

2）充压式主止水水封安装前，在主止水门槽框上拧紧水封压板，检查水封压板接头的接缝宽度、错位，应使其小于 0.5mm，压板与门框水封座的接合面应完全贴合；水封安装后，压板底面与门槽水封座底面应完全接触，压板之间的水封头部外伸部分的开口宽度不能小于设计值，压板顶面与门槽外表面距离、水封头部压板顶面距离应符合设计要求，水封头部不能高于水封压板。

3）偏心铰压紧式水封弧形闸门主止水的安装应符合设计图样的要求。

4）底止水为钢止水的反向弧形闸门门体底止水与底槛局部间隙应不大于 0.1mm，连续长度应不大于 20mm，累计长度应不大于全长的 10%；侧止水橡皮压缩量允许偏差为 $-2.0 \sim 0$mm；顶止水橡皮压缩量允许偏差为 $-1.0 \sim 2.0$mm。

（6）采用充压式水封的弧形闸门，埋件、闸门和设备安装完成后投入运行前，水封充压、卸压系统设备、管路及水封应进行水压严密性试验和水封充压试验，试验条件、要求及结果应满足设计及规范要求。

（7）上部混凝土结构浇筑时应对先期安装的闸门及埋件，采取可靠的保护措施，不得损伤闸门、闸门附件及允许后续施工。

（三）人字闸门门体安装技术要求

（1）底枢装置如图 6-3 所示，其安装应符合下列规定：

1）底枢轴孔或蘑菇头中心的位置度公差应不大于 2.0mm，左、右两蘑菇头高程允许偏差为 ± 3.0mm，左、右两蘑菇头高程相对差应不大于 2.0mm。

2）底枢轴座的水平倾斜度应不大于 1/1000。

（2）人字闸门门叶的安装。

1）以底横梁中心线为水平基准线，以门叶中心线为垂直基准线，并在门轴柱和斜接柱端板及其他必要部位悬挂铅垂线进行控制与检查。

2）门叶安装应按照吊装对位、焊接并检验合格后再吊装下一节的程序进行。焊接应采用已经评定合格的焊接工艺，并采取有效的防止和监视焊接变形的措施，按照规范GB/T 14173 有关焊接规定进行焊接和检验。

（3）人字闸门的顶枢装置如图 6-4 所示，其安装应符合下列规定：

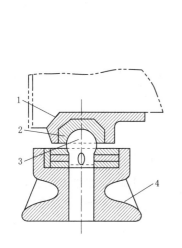

图 6-3 底枢装置图

1—底枢顶盖；2—轴套；3—蘑菇头；4—底枢轴座

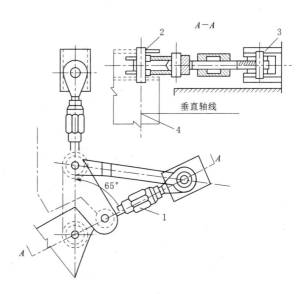

图 6-4 顶枢装置图

1—拉杆；2—轴；3—座板；4—门叶

1）顶枢埋件应根据门叶上顶枢轴座板的实际高程进行安装，拉杆两端的高差应不大于 1.0mm。

2）两拉杆中心线的交点与顶枢中心应重回，其偏差应不大于 2.0mm。

3）顶枢轴线与底枢轴线应在同一轴线上，其同轴度公差为 2.0mm。

4）顶枢轴孔的同轴度和垂直度应符合 GB/T 1184 中的 9 级的规定，表面粗糙度 $Ra \leqslant 25\mu m$。

（4）支座、枕座安装时，以顶部和底部支座或枕座中心的连线检查中间支座、枕座中心，其对称度应不大于 2.0mm，且与顶枢、底枢轴线的平行度应不大于 3.0mm。

（5）支座、枕座垫块如图 6-5，其安装和调整应符合下列规定：

1）支座、枕座垫块安装应以枕垫块安装为基准，枕垫块的对称度为 1.0mm，垂直度为 1.0mm。

2）不做止水的支垫、枕垫块间不应有大于 0.2mm 的连续间隙，局部间隙不大于 0.4mm；兼作止水的支垫、枕垫块间不应有大于 0.15mm 的连续间隙，局部间隙不大于 0.3mm；间隙累计长度应不大于支垫、枕垫块长度的 10%。

3）每对互相接触的支垫、枕垫块中心线的对称度：不做止水的应不大于 5.0mm，兼作止水的不应大于 3.0mm。

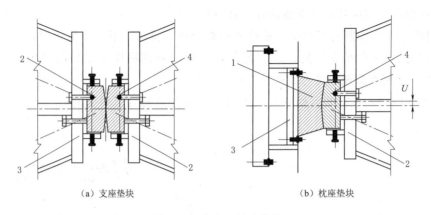

（a）支座垫块　　　　　　　　　　（b）枕座垫块

图 6-5　支座、枕座垫块
1—枕垫；2—支垫；3—支座、枕座；4—填层

（6）支垫、枕垫块与支座、枕座间浇注填料应符合下列规定：

1）如浇注环氧填料，环氧垫层的厚度应不小于 20.0mm。

2）如浇注巴氏合金，则当支垫、枕垫块与支座、枕座间的间隙小于 7.0mm 时，应将垫块与支座、枕座均匀加热到 200℃后方可浇注，加热时严禁用氧气-乙炔火焰加热。

（7）旋转门叶从全开到全关过程中，斜接柱上任意一点的最大跳动量：当门宽小于或等于 12m 时，应不大于 1.0mm；当门宽大于 12m，小于或等于 24m 时，应不大于 1.5mm；当门宽大于 24m 时，应不大于 2.0mm。

（8）人字闸门背拉杆调整应在自由悬挂状态下进行，调整背拉杆应符合下列规定：

1）背拉杆宜分步参照设计预应力值进行调整。

2）门轴柱和斜接柱的正面直线度、门叶横向直线度不得超过表 5-16 的要求。

3）门叶底横梁在斜接柱下端点的位移：顺水流方向为±2.0mm，垂直水流方向为±2.0mm。

（9）关闭单扇门叶，检查门轴柱支垫、枕垫块间或侧水封与侧止水板间、底水封与底止水板间是否均匀接触；关闭两扇门叶，检查斜接柱支垫块间或中间水封与止水板件是否均匀接触。

（10）在无水状态下调试人字闸门时，应充分考虑环境温差的影响。当有影响时，应及时正确处理门体有关几何尺寸及相互位置的变化。

四、闸门安装监理质量控制要点

（一）平面闸门安装监理质量控制要点

1. 埋件安装

（1）底槛。相对门槽及孔口中心线、安装高程测量复核、工作表面一端对另一端的高差、工作表面组合处的错位、表面扭曲度等。

（2）门楣。相对门槽中心线、门楣中心对底槛面的距离、工作表面平面度、工作表面组合处的错位、表面扭曲值等。

（3）主轨。相对门槽中心线、对孔口中心线、工作表面平面度、工作表面组合处的错位、表面扭曲值等。

（4）侧轨、反轨。相对门槽中心线、对孔口中心线、工作表面组合处的错位、表面扭曲值等。

2. 门体安装

（1）门体拼装。水封及其他部件安装尺寸检查。

（2）门体入槽试验。沿水流及垂直水流方向门体倾斜度检测；门叶与门槽的卡阻情况检查；门体止水严密性检查。

（二）弧形闸门安装监理质量控制要点

1. 埋件安装

（1）底槛。对孔口中心线、工作表面一端对另一端的高差、工作表面组合处的错位、表面扭曲值等。

（2）门楣。门楣中心对底槛面的距离、工作表面平面度、工作表面组合处的错位、表面扭曲值等。

（3）侧止水板（或侧轮导板）。对孔口中心线、侧止水板和侧轮导板中心线的曲率半径、工作表面组合处的错位、表面扭曲值等。

（4）铰座钢梁。铰座钢梁的里程、高程；铰座钢梁的倾斜度；铰座钢梁中心对孔口中心距离。

2. 门体安装

（1）铰座。铰座轴孔倾斜度、两铰座同轴度公差复核。

（2）门体铰轴与支臂。铰轴中心至面板外缘曲率半径；两侧曲率半径相对差；支臂中心线与铰链中心线吻合值。

（3）门体拼装。支腿两端连接板与主梁及支铰的接触面积检测；弧形面面板曲率半径检测等。

（4）门体检测。门体左右偏移值检测；顶、侧止水密封情况检查。

（三）人字闸门安装监理质量控制要点

1. 埋件安装

（1）底枢。底枢轴孔及蘑菇头中心；底枢两蘑菇头高程相对差；底枢轴座水平倾斜度。

（2）顶枢。顶枢两拉杆中心线交点与顶枢中心重合度；拉杆两端高差；顶枢轴线与底枢轴线的同轴度；顶枢轴孔的同轴度与垂直度。

（3）枕座。枕座中心线对顶枢、底枢轴线的平行度；中间支座、枕座对顶部、底部枕座中心线的对称度。

2. 门体安装

（1）底节定位。平面位置公差复核。

（2）门体立拼与焊接。角度、底梁水平、门体变形与收缩量的检测。

（3）背拉杆装焊。焊缝质量与装焊尺寸的检查检测。

（4）顶枢镗孔（现场）。中心、垂直度的检测。

（5）顶枢、底枢润滑装置。检查油压是否正常、进出油是否通畅。

3．门体调整

（1）门体竖向、横向垂直度；背拉杆（应力）检查检测。

（2）顶枢、底枢同轴度；径向跳动量、承压条接触间隙检测。

（3）支垫、枕垫块装配；门叶定位角检测。

（4）环氧填料；强度、流动性、湿度检查检测。

五、闸门试验

（1）闸门安装合格后，应在无水情况下做全行程启闭试验，试验前应检查自动挂脱梁挂钩脱钩是否灵活可靠；充水阀在行程范围内的升降是否自如，在最低位置时止水是否严密；同时还须清除门叶上和门槽内所有杂物并检查吊杆的连接情况，启闭时，应在止水橡皮处浇水润滑，有条件时，工作闸门应做动水启闭试验，事故闸门应做动水关闭试验。

（2）闸门启闭过程中应检查滚轮、支铰及顶枢、底枢等转动部位运行情况，闸门升降或旋转过程有无卡阻，启闭设备左右两侧是否同步，止水橡皮有无损伤。

（3）闸门全部处于工作部位后，应用灯光或其他方法检查止水橡皮的压缩程度，不应有透亮或有间隙。如闸门为上游止水，则应在支承装置和轨道接触后检查。

（4）闸门在承受设计水头的压力时，通过任意 1m 长度的水封范围内漏水量不应超过 0.1L/s。

六、安装完工验收

1．门体和埋件安装验收

按项目单元划分及 SL 635 要求的项目进行评定和验收。

门体和埋件安装还应根据工程建设需要，参与并满足工程截流前验收、工程蓄、引水验收、机组启动验收和工程竣工验收等工程阶段验收的要求。

2．验收资料

（1）验收申请报告和验收大纲。

（2）设计图样、设计文件及有关会议纪要。

（3）监理文件、指令和通知单。

（4）焊接工艺评定报告及安装工艺文件。

（5）焊缝质量检验报告。

（6）表面防腐蚀质量检验报告。

（7）重大缺陷的处理记录和报告。

（8）门体和埋件安装检测记录。

（9）闸门平衡试验、充水试验及静水、动水启闭试验报告。

（10）试运行记录和资料。

第二节 启 闭 机 安 装

一、安装条件

(一) 安装技术方面应具备的条件

启闭机安装准备流程如图 6-6 所示,主要包括以下几个方面:

(1) 审图工作已完成。

(2) 施工方案(措施)已编制并得到批准。

(3) 安装所需的施工设备已经到位。

(4) 物资材料和工器具已经备全。

(5) 必要的工装设计制造已完成。

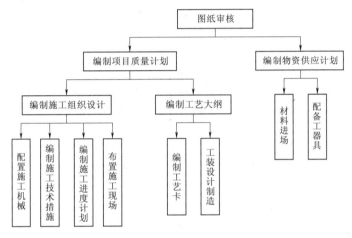

图 6-6 启闭机安装准备流程图

(二) 启闭机安装现场应具备的条件

(1) 启闭机设备已经出厂验收并合格;启闭机安装位置的土建工作应全部结束:螺杆式启闭机和固定启闭机排架混凝土达到允许承受荷载的强度;启闭机室的土建工作基本结束。

(2) 通往启闭机安装地点的运输道路畅通。

(3) 根据施工特点、启闭机可按闸门实际吊耳中心位置进行安装定位。

(4) 用于测量高程和安装轴线的基准点及安装用的控制点,均应明显、正确、牢固。

(三) 启闭机安装前应具备的资料

(1) 出厂验收资料。

(2) 产品合格证。

(3) 制造竣工图样、安装图样。

(4) 安装使用维护说明书。

(5) 发货清单。

（6）现场到货交接文件。

（7）安装技术文件。

（8）安装用控制点位置图。

二、启闭机安装监理质量控制要点

（一）固定卷扬式启闭机

（1）固定卷扬式启闭机安装流程如图 6-7 所示。

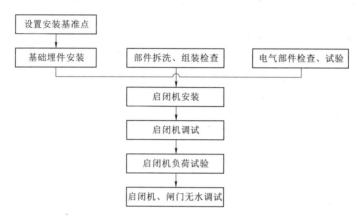

图 6-7 固定卷扬式启闭机安装流程图

1）安装前的检查。

（a）设备安装前应编制安装技术措施，并对到货设备按有关要求进行全面检查，合格后方可进行安装。

（b）减速器清洗后应注入新的润滑油，油位不得低于高速级大齿轮最低处的齿高，但不应高于其两倍齿高，其油封和结合面处不得漏油。

（c）检查基础螺栓埋设位置及螺栓伸出部分的长度是否符合安装要求。

（d）检查启闭机平台，其高程偏差不应超过±5.0mm，水平偏差不应大于 0.5/1000。

2）安装的步骤。

（a）在水工建筑物混凝土浇筑时埋入机架基础螺栓和支承垫板，在支承垫板上放置调整用的楔形板。

（b）安装支架。按闸门实际起吊中心线找正机架的中心、水平度、高程，拧紧基础螺母，浇筑基础二期混凝土，固定机架。

（c）在机架上安装、调整传动装置，包括电动机、弹性联轴器、制动器、减速器、传动轴、齿轮联轴器、开式齿轮、轴承、卷筒等。

3）安装调整。

（a）按闸门实际起吊中心线找正卷筒的中心线和水平线，并将卷筒轴的轴承座螺杆拧紧。

（b）以与卷筒相连的开式大齿轮为基础，使减速器输出端开式小齿轮与大齿轮啮合正确。

（c）以减速器输入轴为基础，安装带制动轮的弹性联轴器，调整电动机位置使联轴器的两片同心度和垂直度符合技术要求。

（d）根据制动轮的位置，安装与调整制动器；若为双吊点启闭机，要保证传动轴与两端齿轮联轴节的同轴度。

（e）传动装置全部安装完毕后，检查传动系统动作的准确性、灵活性，并检查各部分的可靠性。

（f）安装排绳装置、滑轮组、钢丝绳、吊环、扬程指示器、行程开关、过载限制器、过速限制器及电气操作系统等。

（2）检查内容与标准。

1）减速器应检查后注入新的润滑油，油位应与油标尺的刻度相符。减速器应转动灵活，油封和接合面处不应渗油。

2）地脚螺栓位置和露出部分长度应符合设计要求。

3）启闭机安装高程允许偏差为±5.0mm，水平度不应大于0.5mm/1000mm。

4）启闭机的安装应根据起吊中心线找正，其纵、横向中心线允许偏差为±3.0mm。

5）当吊点在下极限时，钢丝绳留在卷筒上的缠绕圈数不应小于4圈，其中2圈作为固定用，另外2圈为安全圈；当吊点处于上极限位置时，钢丝绳不应缠绕到卷筒绳槽以外。

6）双吊点启闭机吊点距误差不应大于3.0mm。钢丝绳拉紧后，两吊轴中心线高差在孔口部分内不应大于5.0mm；中、高扬程启闭机两吊轴中心线高差在全行程内不应大于30.0mm；电气同步的启闭机，双吊点水平相对差超过设计规定值时，应报警提示，并自动纠偏。

7）钢丝绳应有序逐层缠绕在卷筒上，不应挤叠或乱槽。

8）钢丝绳在安装前应消除缠绕应力，再进行装配。

9）开式齿轮副、轴承、液压制动器、减速器等零部件的润滑脂或油应满足设计要求。

（3）试验与检测。

1）启闭机空载运行前，应检查电气控制设备、电缆接线等，满足设计要求；试验时应在全行程往返3次，质量标准应符合表5-30的要求和下列要求：

（a）钢丝绳和动滑轮组任何部位均不应与其他部件或建筑物干涉。

（b）起升高度、起升速度应符合设计要求。

（c）钢丝绳应有序逐层缠绕在卷筒上，不应挤叠或乱槽。

（d）多卷筒多层缠绕的启闭机，钢丝绳换层应同步。

（e）实时在线监测系统、无电应急操作装置安装应牢固。

（f）电气保护功能启闭机的短路保护、过流保护、失压保护、零位保护、相序保护、限位保护、过载保护、超速保护、联锁保护、紧急开关等应符合设计要求，急停保护应可靠。

2）启闭机的荷载试验应先将闸门在门槽内进行无水和静水条件下的试验，全行程升降各2次；试验经检查合格后，宜根据被启闭闸门的运行条件，按设计要求进行工作闸门启闭机的动水启闭试验、事故闸门启闭机的动水闭门和静水启门试验,全行程升降各 2次;快速闸门启闭机应进行动水闭门试验。

(a) 固定卷扬式启闭机荷载试验时,机架与机械部分要求如下:

a) 各零部件应运行平稳、无异常。

b) 全行程启闭应通畅、无卡阻。

c) 机架与机构各部分不应有裂纹、永久变形、连接松动或损坏现象。

d) 开式齿轮副接触斑点和侧隙应符合规定。

e) 制动器应无打滑和冒烟现象,应无焦味。

f) 快速闸门启闭机的快速闭门时间不应大于设计允许值,快速关闭接近底槛时的最大速度不应大于5m/min,离心式调速器的动作应正常,采用直流松闸时电磁线圈的最高温度不应大于100℃;每次快速闸门启闭机快速动水闭门后,应及时更换离心式调速器摩擦衬垫。

g) 轴承温度及温升应符合规定。

(b) 固定卷扬式启闭机荷载试验时,电气部分要求如下:

a) 电动机运行应平稳,电动机三相电流不平衡度不应大于10%。

b) 电气设备应无异常发热,控制器的触头应无烧灼。

c) 电气保护功能应符合规定,急停保护应可靠。

(c) 荷载限制器的综合误差不应大于5%。起升90%额定荷载时的保护应准确可靠,灯光报警信号应正常;起升110%额定荷载时的保护应准确可靠,声光报警信号应正常,电动机主电源断电,设备停机。快速闸门或事故闸门在事故闭门过程中,超载不受限制。

(d) 高度指示装置、行程或扬程限制器应准确可靠,高度指示装置的读数应能反映闸门的开度值,实时在线监测系统和无电应急操作装置功能应符合设计要求。当运行到预置充水开度时,使充水阀打开,启闭机停机进行充水;当运行到上、下极限位置时,高度指示装置、行程或扬程限制器均应切断控制回路,设备停机。

(二) 螺杆式启闭机

(1) 安装流程与图6-7固定卷扬式启闭机相同。

(2) 安装顺序。

1) 产品到达现场应经检查、开箱验收后,方可进行安装。

2) 机箱清洗后应注入新的润滑油,满足油位要求,其油封和结合面处不得漏油。

3) 检查基础螺栓埋设位置,螺栓伸出部分的长度应符合安装要求。

4) 安装前,首先检查启闭机各传动轴、轴承及齿轮的转动灵活性和啮合情况,着重检查螺母螺纹的完整性,必要时应进行妥善处理。

(3) 安装调整。检查螺杆的平直度,每米长弯曲超过0.2mm或明显弯曲处可用压力机进行机械校直。螺杆螺纹容易碰伤,要逐圈进行检查修正。无异状时,在螺纹外表涂以润滑油脂,并将其拧入螺母,进行全行程的配合检查,不合适处应修正螺纹。然后整体竖立,将它吊入机架或工作桥上就位,以闸门吊耳找正螺杆下端连接孔,并进行连接。

（4）检查内容与标准。

1）减速器应在清洗检查后注入新油，油位应与油标尺刻度相符；应转动灵活，油封和接合面处不应渗油。

2）地脚螺栓的位置和露出部分的长度应符合设计要求。

3）螺杆式启闭机机座纵、横向中心线与闸门实际起吊中心的允许偏差为±1.0mm；基础板上平面的水平度不应大于0.5mm/1000mm，高程允许偏差为±5.0mm；双吊点高程相对差不应大于5.0mm。

4）机座应与基础板紧密接触，其局部间隙不应大于0.2mm，机座与基础板接触面积不应小于总面积的80%。

5）螺杆与闸门连接前的垂直度不应大于0.2mm/1000mm。

（5）试验与检测。

1）螺杆式启闭机应在安装现场进行试运行，试运行前应符合出厂时检验要求及下列要求：

（a）电气盘、柜内元器件应完好，接线应牢固，电气盘、柜至电气设备的电缆线应符合设计要求。

（b）电路的绝缘电阻常温下不应小于1MΩ；电气盘、柜、联动台等成套电气设备绝缘电阻，一次回路、二次回路均不应小于1MΩ。

（c）限位开关、触点的接通和断开应完好。

（d）实时在线监测系统和无电应急操作装置安装应牢固。

（e）急停及其他保护功能应可靠。

2）螺杆式启闭机的空载试验，应在全行程内往返3次，试验结果要求如下：

（a）各零部件应运行平稳、无异常。

（b）电动机应运行平稳，三相电流不平衡度不应大于10%。

（c）电气设备应无异常发热，控制器的触头应无烧灼。

（d）高度指示装置和行程限制器应准确可靠。

3）螺杆式启闭机的荷载试验，应将闸门在门槽内无水或静水中全行程启闭2次；动水启闭的工作闸门应进行动水启闭试验。试验结果要求如下：

（a）各零部件应运行平稳、无异常。

（b）全行程应无卡阻、无异常，电动机温度及电流不应大于规定值。

（c）电机驱动运行应平稳，传动皮带应无打滑现象。

（d）电气设备应无异常发热，接触器触头应无烧灼。

（e）高度指示装置、行程限制器和荷载限制器应准确可靠，实时在线监测系统和无电应急操作装置功能应符合设计要求。

（f）地脚螺栓紧固应无松动。

（三）液压式启闭机

（1）液压式启闭机安装流程如图6-8所示。

（2）液压式启闭机安装质量控制点，见表6-2。

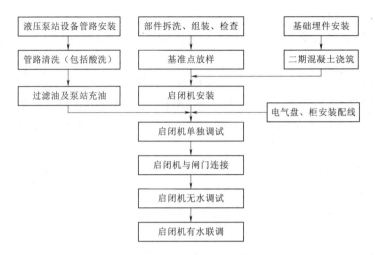

图 6-8 液压式启闭机安装流程

表 6-2 液压式启闭机安装质量控制点

序号	项 目	主 要 控 制 点	控 制 内 容
1	泵站设备安装	油液清洁度，油泵空载运转	油泵、各液压控制元件安装符合质量要求
2	管道配置	管道安装尺寸、管道焊接	焊缝不得有气孔、夹渣、裂纹或未焊透
3	油管耐压试验	试验用油、试验压力	管道焊缝和接口无泄漏，且无永久变形
4	管道循环冲洗	冲洗后系统清洁度	管道出口处油液清洁度符合要求
5	液压油	过滤合格	达到设计清洁度
6	调试及试运行	油泵空载运转、油泵负载运转、各种控制阀调定、传感器及压力调定、漏油检测试验等	系统各部分无异常现象，且无泄漏；整定值符合要求；油缸启动、停位准确，系统无泄漏；各检测元件信号灵敏、准确

（3）安装顺序。液压式启闭机安装的主要任务是液压式启闭机缸体定位，使与被启闭的闸门中心一致，然后是配管、液压油系统冲洗、对液压系统打压及启闭机联门调试与自动监控。

1）安装前的准备工作。安装前应熟悉液压式启闭机有关图纸、资料、各项技术要求和安装方案等，制造单位与安装单位按照出厂提供的设备及零部件发货清单办理交接清点手续，并在监理单位的见证下进行开箱检查。启闭机安装的部件较多，检查支架、液压泵总成、液压缸总成等，不得出现变形、擦伤、摔伤、划痕、锈蚀等现象。清理安装部位，复核预埋件预埋的位置，待安装各部件搬运或调运至指定安装地点。

2）液压泵站安装。液压泵站应在机房封顶前进行吊装，设备就位后，按设计图纸进行调节、定位，再按要求连接站内管路。

在安装泵站机座时要注意其高程与水平度。

3）液压缸安装。为防止吊装过程中液压缸活塞杆外伸，液压缸吊装前应锁定活塞杆；捆扎时液压缸外要加防护垫层。设备就位后，按设计图纸进行调节、定位，再按要求连接站内管路、电路。

4）液压管路安装。

（a）液压管路安装应符合下列要求：

a）液压管道应短捷、少转弯、布置整齐，弯曲角度不应小于90°，最小曲率半径宜大于3倍管子外径。压力管道宜采用法兰连接，高低压管道应有明显的色彩区别。

b）用软管时，不应使管子拉紧、扭转，应保持软管在活动时不与其他物体摩擦。软管从接头至起弯处的直线段长度不应小于软管外径的6倍，弯曲半径不应小于软管外径的10倍。

c）油管钢管应采用不锈钢材料，并在退火状态下使用。

d）管路与液压泵站的接口及液压缸的接口处，应设置手动截止阀。

e）油管应采用管夹可靠固定，管道的布置间距应满足管路、阀门、法兰等的安装、操作和维修要求。

（b）液压管路的安装包括：

a）下料。根据系统设计及管路走向，确定最初尺寸后下料。

b）弯管。利用弯管机，对油管进行弯制。通过更换模具，实现不同的弯曲半径。

c）定尺寸。对已弯制好的管坯，利用水平仪在现场配出正确位置，确定最终尺寸，以保证管子焊接后的布管质量。

d）开坡口。根据不同材料，不同管径，按有关标准选择合适的坡口形状和尺寸，进行焊接坡口加工。

e）去毛刺。以防止高压油液冲击下毛刺脱落，污染油液清洁度。

f）焊接。按照初始配管位置点焊定位固定，然后将预组装的管路拆下，利用氩弧焊机进行转动平焊，以保证接头整体质量。对不锈钢管路焊接，防止内部氧化，应采取相应措施。

5）液压管路清洗。现场安装管路进行整体循环油冲洗，冲洗速度宜达到紊流状态，滤网过滤精度应不低于10μm，冲洗时间不少于30min。

6）系统连接。泵站总成、液压缸总成及管路的安装、清洗及试验完成后，按施工设计图要求将其连接成系统。

7）液压启闭机单机调试。启闭机安装完成后，需做系统耐压、系统调试、启闭机空载全行程运行等试验。

（4）检查内容与标准。

1）液压式启闭机安装前的检查结果要求如下：

（a）液压缸各部位应无碰伤和损坏，活塞杆应无变形。

（b）活塞杆缩进后应与液压缸可靠固定。

（c）液压泵站应完好，元器件和管路应无损坏、无渗油。

（d）电气设备应完好，元器件应无损坏。

2）液压管路现场焊接应采用氩弧焊，焊接时应将焊接热影响区内密封件拆除，并符合 GB/T 37400.11 的规定；焊接后应进行酸洗钝化处理，酸洗后的表面不应有颜色不均匀的疤痕。

3）现场安装时，应在液压缸的运动范围内采取保护活塞杆表面、缸旁阀组和电气设备的措施。

4）吊装液压缸时，应根据液压缸直径、长度和重量决定支点或吊点数量。

5）机架实际测得的横向中心线与起吊中心线的偏差不应大于 2.0mm，高程允许偏差为±5.0mm；双吊点液压式启闭机埋入式支铰座的高程、里程允许偏差为±0.5mm。

6）推力支座的组合面应无大于 0.05mm 的通隙，局部间隙不应大于 0.1mm，宽度不应超过组合面宽度的 1/3，累计长度不应大于周长的 20%，推力支座顶面水平度不应大于 0.2/1000。

7）连接闸门前检查活塞杆应无变形，活塞杆竖直状态下，其垂直度不应大于 0.5mm/1000mm，且全长不大于杆长的 1/4000。

8）管路设置应减少阻力，管路布局应清晰合理。管路安装完毕后，管道整体循环冲洗应使用专用液压泵站，应切断液压式启闭机液压系统和液压缸回路；冲洗时，管内流速应达到紊流状态，滤网过滤精度不应低于 $10\mu m$，冲洗时间应以冲洗液固体颗粒污染度等级达到设计要求的规定。

9）调整限位及充水触点，开度显示应与闸门实际位置相符。

10）现场注入的液压油牌号、油量、油位及固体颗粒污染度等级应符合设计要求。

（5）试验与检测。

1）试验前检查结果要求如下：

（a）液压缸、液压泵站、电气设备、管路等安装应牢固。

（b）安装场地应清除干净，门槽内应无杂物。

（c）电气设备的安装与接线应正确。

（d）液压泵站、元器件及管路应无损坏和渗漏。

（e）实时在线监测系统和无电应急操作装置安装应牢固。

2）应经过滤器加入油箱，油液性能及固体颗粒污染度等级应符合设计要求。

3）液压泵第一次启动时，应将液压泵站上的溢流阀全部打开，连续空转 30～40min，液压泵不应有异常现象。

4）液压泵空转正常后，在监视压力表的同时，将溢流阀逐渐旋紧使管路系统充油，充油时应排除空气，管路充满油后，调整液压泵溢流阀，使液压泵在其工作压力的 25%、50%、75% 和 100% 的情况下分别连续运转 15min，应无异常，温升不应大于 25K。

5）试验完成后，调整液压泵站上的溢流阀，使其压力达到工作压力的 1.1 倍时动作排油。排油时应平稳、无异常。

6）现地操作低速向液压缸充油，反复动作几次，应排净系统和液压缸内的空气。

7）无水联调试验要求如下：

（a）无水时，应现地操作升降闸门 2 次，检验缓冲装置减速和闸门卡阻情况，闸门应运行平稳、无异常。

（b）行程检测和开度显示应符合设计要求。

（c）闸门全开过程的系统压力值、闸门全开时间及闸门行程应符合设计要求。

（d）各项保护功能应符合设计要求。

（e）闸门下滑应符合设计要求，当无设计要求时，提升闸门后，在48h内，闸门下滑量不应大于200mm。

（f）双吊点液压式启闭机同步误差和纠偏功能应符合设计要求。

（g）试验过程中液压泵站和电气设备各项显示、报警应正确无误，符合设计要求。

8）有水试验应在无水联调试验合格后进行，根据液压式启闭机使用条件做静水和动水试验，液压式启闭机压力、启闭速度、行程等各项参数均应符合设计要求，所有信号及显示应准确，保护装置应安全可靠，实时在线监测系统、无电应急操作装置功能应符合设计要求。

（四）移动式启闭机

（1）移动式启闭机安装流程如图6-9所示。

（2）移动式启闭机安装质量控制要点见表6-3。

（3）安装主要技术要求。

1）移动式启闭机安装前要求如下：

（a）随机技术文件应齐全。

（b）设备及附件应符合设计要求。

（c）轨道基础面、安装预埋件应符合设计要求。

2）大车轨道安装要求如下：

（a）钢轨铺设前，端面不应有分层、裂纹，其边缘上的毛刺应予清除，轨端1m范围内的垂直方向和水平方向端面斜度均不应大于1.0mm；断面不对称的允许偏差为±1.0mm；用塞尺测量端部轨底面与平台的间隙不应大于1.5mm，轨端扭转每米范围内不应大于0.5mm；尺寸和外形允许偏差不合格时，除凸出部位外，不应采用修磨方式处理。

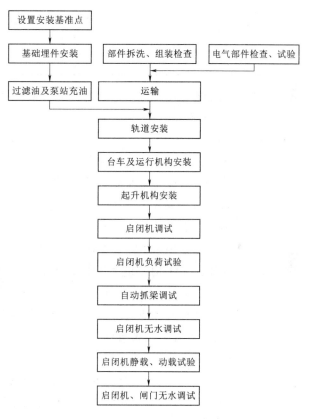

图6-9 移动式启闭机安装流程

（b）大车车轮应与轨道面接触，不应有悬空现象。

（c）在任意2m范围内轨道侧向的局部弯曲不应大于1.0mm。

（d）钢轨实际中心线与安装基准线偏差，当轨距不大于10m时，不应大于2.0mm；当轨距大于10m时，不应大于3.0mm。

表 6-3 移动式启闭机安装质量控制要点

序号	项目	主要控制点	控制内容
1	行走机构台车组合安装	跨度	台车的对角线尺寸；台车高程偏差、车轮的水平及垂直；控制同一平衡梁及端梁下的车轮位置的公差
		车轮安装	
		车轮位置	
		台车组位置及高程	
2	门（桥）架组合安装	跨度及支腿垂直度	控制直线度及平面度；主梁上拱度检测，几何尺寸；各部件连接时，螺栓及焊接质量符合规范要求；控制支腿在跨度方向的垂直度
		主梁及端梁组合尺寸	
		主梁跨中上拱度	
		主梁水平弯曲及上翼板偏斜	
3	试运行	空载试验	各机构运行正常
		静载试验	各部件和金属结构的承载力，检测主梁的上拱度及受载后的下挠度值
		动载试验	各运行机构及其制动器工作正常，各限位开关、安全保护联锁装置及夹轨器动作可靠

(e) 当大车跨度不大于 10m 时，轨距允许偏差为 ±3.0mm；当大车跨度大于 10m 时，轨距允许偏差为 ±5.0mm。

(f) 每条轨道在全行程上最高点与最低点之差应小于 2.0mm。

(g) 同跨两平行轨道的高度相对差，当大车跨度不大于 10m 时，其柱子处不应大于 5.0mm；当大车跨度大于 10m 时，其柱子处不应大于 8.0mm。

(h) 两平行轨道的接头位置应错开，错开距离不应等于前后车轮的轮距，接头左、右、上三面的偏移均不应大于 1.0mm。

(i) 高地区轨道接头间隙在 10℃ 时不应大于 1.5mm；对其他地区使用的移动式启闭机，轨道接头间隙在 20℃ 时不应大于 2.0mm。

(j) 轨道的纵向直线度不应大于 1mm/1500mm。

(k) 在轨道上连接的接地线应进行接地电阻的测试，接地电阻应小于 4Ω。

3) 减速器应检查后注入润滑油，油位应与油标尺的刻度相符；减速器应转动灵活，油封和接合面处不应渗油。

4) 现场安装应按设备出厂时的定位标记进行安装。

5) 起升机构的安装与固定卷扬式启闭机的规定相同。

6) 大车车轮的水平倾斜应不大于 $L/1000$，且同一轴线上车轮的偏斜方向应相反。

7) 同一跨端两条轨道上的车挡与缓冲器应同时接触。

8) 门架、桥架安装后，各项精度应符合厂内组装的相关规定。

9) 螺栓连接端板或法兰连接面螺栓拧紧后螺栓根部应无间隙。

10) 润滑装置安装要求如下：

(a) 各单点润滑轴承在装配时应注入适量清洁润滑油、脂。

(b) 凡通过孔、道注入润滑油、脂的输油油路，应无切屑、无污物，油路畅通。

（c）试验前应对润滑油路各部位逐个检查，确保畅通。

11）电阻箱的安装要求如下：

（a）电阻元件间的连线应采用裸导体，接触应牢固可靠；引出线夹板或螺栓处应有与设备接线图相应的标识；进出电阻箱或电阻柜内的电缆，在和电阻器接线柱连接时应套黄蜡绝缘管。

（b）电阻器垂直叠装不应超过 4 箱，否则应采用支架固定，并采取相应的散热措施；安装于室外的电阻箱应有防雨措施。

12）悬挂电缆小车装置的安装要求如下：

（a）悬挂电缆小车装置的安装应符合《电气装置安装工程　起重机电气装置施工及验收规范》（GB 50256）的相关规定。

（b）采用型钢或 C 形滑槽的电缆滑道，型钢或 C 形滑槽应安装平直，滑道应平正光滑；悬挂电缆小车装置应能沿滑道灵活、无跳动运行，不应有卡阻现象。

（c）牵引杆的安装位置，应使得当所有悬挂电缆小车退回到起始位置时，不影响小车机构运行到端部的极限位置。

（d）悬挂装置的电缆夹，应与电缆可靠固定，电缆夹间距不宜大于 5m，电缆移动段的长度应比起重机移动的距离长 15%～20%，悬挂电缆小车之间宜设置牵引钢丝绳及缓冲件。

13）安装安全滑触线装置的悬吊、供电器、集电器、滑触线时，悬吊间距应均匀，在 1.5m 左右各滑线之间水平偏差或垂直偏差不应大于 10.0mm，供电器的接线应牢固，集电器上下活动应自如。滑触线中心线与启闭机运行轨道中心线的平行度不应大于 10.0mm。滑触线应采取补偿措施，采用分散补偿时即每根导线之间应留有 10～20mm 的间隙；当温差较大或者总长度超过 200m 时，应采用热膨胀段补偿方式。

14）移动式启闭机大车电缆卷筒收放电缆的速度应与移动式启闭机大车运行机构速度一致，运行到终端时，卷筒上应留有两圈以上的电缆。抓梁电缆卷筒收放电缆的速度应与起升机构升降抓梁的速度一致。

15）司机室内的电气设备应无裸露的带电部分。小车和走台上的电气设备，室内用启闭机应有护罩或围栏，室外用启闭机应有防雨罩。电气设备应安装牢固，设备前应留有 500mm 以上宽度的通道。

（4）试验与检测。

1）试验前的检查要求如下：

（a）检查所有运转机构、液压系统、减速器及各润滑点等的注油情况，所加润滑油的性能、规格和数量应符合随机技术文件的要求。

（b）制动器、荷载限制器、液压安全溢流装置、超速限速保护、超电压及欠电压保护、过电流保护装置、安全监控管理系统、实时在线监测系统、无电应急操作装置等应按随机技术文件的要求进行调整和整定。

（c）电气系统、行程或扬程限制器、联锁装置和紧急断电装置，应灵敏、正确、可靠。

（d）检查各电动机的接线情况，其运转方向、手轮、手柄、按钮和控制器的操作指示方向，应与机构的运动及动作的实际方向要求相一致。对于多电动机驱动的起升机构或行走机构，还需检查各电动机的转向及转速应一致和同步，各电动机的负载电流应均衡。

（e）电缆卷筒、中心导电装置、滑线、电气柜、联动台、变压器及各电动机的接线应正确，不应有松动现象，接地应良好。

（f）钢丝绳绳端的固定及其在卷筒、滑轮组中缠绕应正确、可靠。对于双吊点的起升机构，两吊点的钢丝绳应调至等长。

（g）用手转动各机构的制动轮或盘，使各传动轴至少旋转一周，不应有卡阻现象。

（h）缓冲器、车挡、夹轨器、锚定装置、接地装置等应安装正确、动作灵敏、安全可靠。

（i）试验前，应清除轨道两侧妨碍运行的物品。

2）空载试验时，起升机构和行走机构应分别在行程内往返 3 次，要求如下：

（a）各机械部件应运行平稳、无异常。

（b）运转过程中，制动衬垫与制动轮或制动盘间应有间隙。

（c）所有轴承和齿轮应有良好的润滑，轴承温度及温升应符合规定。

（d）在无其他噪声干扰时，各机构产生的噪声，在司机室内测量应不大于 85dB(A)。

（e）大、小车运行时，车轮应无啃轨现象。

（f）电动机运行应平稳，电动机三相电流不平衡度应不大于 10%。

（g）电气设备应无异常发热，控制器的触头应无烧灼。

（h）制动器、液压安全溢流装置、行程或扬程限制器、安全保护装置、联锁装置等动作应灵敏、可靠，高度指示装置、急停及其他保护功能应准确可靠，安全监控管理系统、实时在线监测系统、无电应急操作装置安装应牢固。

（i）自动挂脱梁就位及穿销传感器信号应精确、可靠。

（j）大、小车运行时，电缆卷筒或滑线的导电装置应平稳、无卡阻。

3）静载试验要求如下：

（a）静载试验时，应短接荷载控制装置的报警及保护回路，做完动载试验后恢复到设定状态，恢复后荷载限制器装置应准确可靠。

（b）静载试验应按启闭机额定荷载的 75%、100%、125% 逐级递增进行，低一级试验合格后进行高一级试验。

（c）使启闭机吊点处于起吊额定荷载位置，定出测量基准点，试验荷载由 75% 逐步升至 125% 的额定荷载，离地面 100~200mm，停留不小于 10min 后，应无失稳现象。卸去荷载后，门架或桥架应无永久变形。

（d）空载小车开至门机门腿处或桥架跨端，检测主梁的实际上拱度和悬臂梁的实际上翘度应符合设计要求。

（e）确定主梁和机架承载最危险断面，布置应力测试点。

（f）启闭机吊点处于起吊额定荷载位置时，起升额定荷载，荷载静止后检查主梁跨中处挠度值，应不大于跨度 L 的 1/700；主梁悬臂端挠度值应不大于悬臂伸出长度 L_2 的 1/350。

（g）静载试验过程中，各机构应动作灵敏，工作平稳可靠，行程或扬程限制器、安全保护联锁装置应动作正确可靠，安全监控管理系统、实时在线监测系统、无电应急操作装置功能应符合设计要求。

（h）静载试验结束后，启闭机的金属结构应无裂纹、永久变形、焊缝开裂、涂层起皱、连接松动和影响启闭机性能与安全的损伤。

4）动载试验要求如下：

（a）各机构的动载试验应分别进行，且符合试验大纲的规定。

（b）在额定荷载起升点，起升110％的额定荷载，做重复的起升、下降、停车等动作，累计启动及运行时间，不应小于1h。

（c）起升110％的额定运行荷载，大、小车在全行程内分别往返运行。

（d）动载试验过程中，各机构应动作灵敏，工作平稳可靠，行程或扬程限制器、安全保护联锁装置应动作正确可靠，安全监控管理系统、实时在线监测系统功能应符合设计要求。

（e）卸载后，启闭机各机构应无损坏，各连接处不应松动，液压系统和密封处应无渗漏。

5）型式试验应符合《起重机械型式试验规则》（TSG Q7002）的要求，应由国家有关部门审定的有资质的型式试验机构承担检测工作。

三、安装验收

（1）安装验收前应编制安装验收大纲。安装完成后应按照单元工程进行检查评定和分部工程及验收大纲验收等程序进行。

（2）安装单位除移交制造厂提供的全部资料外，还应提供下列资料：

1）安装竣工图。

2）设计修改通知书。

3）安装尺寸的最后测定记录和调试记录。

4）安装焊缝的检验报告及检查记录。

5）重大缺陷的处理记录。

6）试验报告。

7）有关的型式试验报告、安装质量监督检验证明书等。

四、质量保证期

制造厂所供应的产品在用户妥善保管和合理安装及使用的条件下，自设备安装验收合格后起12个月内为产品质量保证期或合同约定的质量保证期。产品在质量保证期内能正常工作，否则，制造厂应无偿给予修理或更换。

第三节　压力钢管安装

一、一般规定

（1）钢管安装前，安装方案、吊装方案经过监理工程师的审批，人、机、料各项准备工作准备完毕。

（2）凑合节现场安装时的余量宜采用半自动切割机切割，切割质量应符合规范要求。

（3）钢管支墩应具有足够的强度和稳定性，在安装过程中不应发生位移和变形。

（4）钢管制作安装用高空操作平台应符合下列规定：

1）操作平台、钢丝绳及锁定装置等必须经设计计算确定。

2）必须有安全保护装置。

3）钢丝绳严禁经过尖锐部位。

4）电焊机等电气装置必须电气绝缘和可靠接地，严禁用操作平台作为接地电路。

5）必须采取可靠的防火和防坠落措施。

（5）钢管管壁上不得随意焊接支撑或踏脚板等其他临时构件。

（6）安装所需量具和仪器精度要满足要求并经过率定。

（7）用于测量高程、里程和安装轴线的基准点及安装用的控制点，均应明显、牢固和便于使用。

二、埋管安装技术要求

（1）埋管安装中心的允许偏差应符合表 6-4 的规定。

表 6-4 埋管安装中心的允许偏差

序号	钢管内径 D/m	始装节管口中心的允许偏差/mm	与蜗壳、伸缩节、蝴蝶阀、球阀、岔管连接的管节及弯管起点的管口中心允许偏差/mm	其他部位管节的管口中心允许偏差/mm
1	$D \leqslant 2$	±5.0	±6.0	±15.0
2	$2 < D \leqslant 5$		±10.0	±20.0
3	$5 < D \leqslant 8$		±12.0	±25.0
4	$D > 8$		±12.0	±30.0

（2）始装节的里程允许偏差为 ±5.0mm，弯管起点的里程允许偏差为 ±10.0mm。始装节两端管口垂直度为 3.0mm。

（3）钢管横截面的形状允许偏差应符合下列规定：

1）圆形截面的钢管，圆度的偏差不应大于 5D/1000，且不应大于 40.0mm，每端管口至少测两对直径。

2）非圆形截面的钢管，局部平面度每米范围内不应大于 6.0mm，且允许偏差应为 ±8.0mm。

（4）钢管管口平面度不应大于 6.0mm。

（5）拆除焊接在钢管上的工卡具、吊耳、内支撑和其他临时构件时，不得使用锤击法，应用碳弧气刨或热切割在离管壁 3.0mm 以上切除，切除后钢管上残留的痕迹和焊疤应磨平，并检测确认无裂纹。

（6）钢管内、外壁的局部凹坑深度不应大于板厚的 10%，且不应大于 2.0mm 时，可用砂轮打磨，平滑过渡；当局部凹坑深度大于 2.0mm 时，应按规定进行焊补。

（7）灌浆孔堵头采用熔化焊封堵时，灌浆孔堵头的坡口深度宜为 7.0~8.0mm。对于有裂纹倾向的母材和潮湿环境，焊接时应进行预热和后热。灌浆孔堵头采用黏结或其他方法封堵时，应进行充分论证和试验。

（8）钢管安装后，应与支墩和锚栓等焊接牢固。弹性垫层管安装后，应将外支撑去除并打磨光滑。

（9）钢管宜采用活动内支撑。当采用固定支撑时，内、外支撑应通过与钢管材质相同或相容的连接板或杆件过渡焊接。

三、明管安装技术要求

（1）鞍式支座的顶面弧度，用规定的样板检测，其间隙不应大于2.0mm。

（2）滚轮式、摇摆式和滑动式支座支墩垫板的纵向倾斜度和横向倾斜度均不应大于2mm，其高程、纵向中心和横向中心的允许偏差均为±5.0mm，与钢管设计轴线的平行度不应大于2/1000。

（3）滚轮式、摇摆式和滑动式支座安装后，应灵活动作，无任何卡阻现象，各接触面应接触良好，局部间隙不应大于0.5mm。

（4）明管安装中心允许偏差应符合表6-4的规定，明管安装后，管口圆度或形状允许偏差应符合相关规定。

（5）钢管的内支撑、工卡具、吊耳等的清除检测以及钢管内、外壁表面凹坑的处理、焊补应符合规范的有关规定。

（6）波纹管伸缩节安装时，应按产品技术要求进行，其伸缩量的调整应考虑环境温度的影响。受环境温度影响钢管伸缩量的计算应符合规范的规定。

（7）波纹管伸缩节焊接时，不得将焊接地线接于波纹管的管节上。

（8）在焊接镇墩之间的最后一道合龙焊缝时，应解除伸缩节的约束。

四、压力钢管安装监理质量控制要点

（1）测量放样。钢管安装用控制点（坐标、高程）及放线的复核。

（2）埋件安装。埋件位置检查复核；支撑轨道跨度、顶面高程和里程等检查复核。

（3）管节安装调整及加固。上、下游管口中心高程及里程；上、下游管口垂直度及圆度；管节加固及焊接。

（4）焊缝组装。焊缝组装间隙、错边量。

（5）焊接工艺。焊接工艺评定；焊工合格证；焊接设备及焊接材料的使用与管理；焊缝清理预热、层间温度控制及焊后保温或消氢等；焊接是否规范及参数选择等。

（6）焊缝质量检验。焊缝外部质量检验；焊缝内部质量检验（NDT）。

（7）消除应力处理。焊缝消除残余应力效果检测。

（8）防腐表面预处理。表面粗糙度、清洁度的检测。

（9）涂装。涂装层厚度及表面质量检测；油漆涂层表面附着力测试；面漆针孔测试。

（10）水压试验。试验是否达到设计要求。

五、水压试验

（1）钢管、岔管水压试验和试验压力值应按图样或设计技术文件规定执行。

（2）钢管、岔管水压试验前，应制订安全措施和安全预案。

（3）试验用闷头的强度和刚度，应通过设计计算确定。

（4）试压时水温应在 5℃ 以上。

（5）水压试验用压力表等级不应低于 1 级，有应力测试要求时应采用 0.5 级压力表。压力表量程不应超过试验压力的 1.5 倍，压力表使用前应进行检定，且不得安装在水泵和进水管上。

（6）充水前，应对钢管或岔管上的临时支撑件、支托、工卡具、起重设备等进行解除拘束处理；并对管壁上的焊疤、划痕等进行打磨修补。

（7）充水时，在其最高处应设置排气管阀，加压前必须排气。

（8）加压时应分级加载，加压速度不宜大于 0.05MPa/min、先缓缓升至工作压力并保持 30min 以上，此时压力表指针应保持稳定，没有颤动现象，对钢管进行检查，情况正常可继续加压；升至最大试验压力保持 30min 以上，此时压力表指示的压力应无变动；然后下降至工作压力保持 30min 以上。

（9）水压试验过程中，钢管应无渗水、混凝土应无裂缝、镇墩应无异常变位和其他异常情况，宜采用声发射检测方法按 GB/T 18182 规定对重点部位进行安全检测和评定。

（10）水压试验过程中，出现问题需要处理时，应先将管内压力卸至零压力，再将钢管内水排空后，方可进行焊接、热切割、碳弧气刨或热矫型等作业。

（11）水压试验完成后，应立即将管内压力卸至钢管内水自重压力，在确认管段上端的排（补）气管阀门打开后，方可进行钢管内水排放作业。

六、完工验收

（1）钢管安装结束后，应进行完工验收。

（2）完工验收应由建设、监理、施工和设计等参建单位组成的现场验收小组进行。

（3）完工验收应依据设计图样、技术文件、材料质量证明书、焊接工艺评定试验或试验证明、焊接和探伤人员的资格证明、制作安装符合本规范的检测记录等进行。

（4）安装完工验收时，应提供下列资料：

1）压力钢管安装工程竣工图样。

2）主要材料出厂质量证明书。

3）设计修改通知单。

4）安装最终检测和试验的检测记录。

5）焊接接头无损检测报告。

6）防腐检测资料。

7）重大缺欠处理记录和有关会议纪要。

8）其他相关的技术文件。

第四节　拦污栅和清污机安装

一、拦污栅安装

1. 埋件安装

（1）焊机等进场设备报验。

（2）根据安装的基准线和基准点，利用经纬仪和水准仪放安装所需的大样线和安装控制线，并报监理工程师检验认可。

（3）根据检验合格的大样线和控制线，搭焊靠山和搭设脚手架。

（4）埋件按图纸和制作编号标识进行吊装就位，吊装确保安全；同时防止因吊装不当而使埋件产生变形。

（5）对吊装就位的埋件进行调整、固定。自检合格后，进行焊接加固；焊接加固严格按焊接工艺进行。

（6）埋件对接缝按相关规范和图纸的技术要求进行焊接及磨平，检验合格后进行补防腐，防腐严格按防腐工艺进行。

（7）活动式拦污栅埋件安装允许偏差应符合表6-5的规定。

表6-5　　　　　　　　活动式拦污栅埋件安装允许偏差

项　　目	允　许　偏　差/mm		
	底槛	主轨	反轨
里程	±5.0		
高程	±5.0		
工作表面一端对另一端的高差	3.0		
对栅槽中心线		+3.0，-2.0	+5.0，-2.0
对孔口中心线	±5.0	±5.0	±5.0

（8）倾斜设置的升降式拦污栅埋件，其倾斜角的角度允许偏差为±10′。

（9）固定式拦污栅埋件安装时，各横梁工作表面应在同一平面内，其工作表面最高点和最低点的差值应不大于3.0mm。

2. 栅体安装

栅体安装应采用可靠的吊装设备（诸如电动葫芦、吊车等），吊装入位。栅体吊入栅槽后应做升降试验，检查栅槽有无卡滞情况，检查栅体动作和各节的连接是否可靠。使用清污机清污的拦污栅，其栅体结构与栅槽埋件应满足清污机的运行要求。

二、清污机的安装

（一）一般规定

（1）清污机安装具备以下条件时，方可申请安装：

1）安装工程所涉及的图纸已到位，并已进行图纸会审、技术交底。

2）安装"施工组织设计（或安装方案）""施工进度计划"等已审核批准。

3）施工人员、设备满足施工需要并已到位。

4）检测用设备、仪器种类、数量、精度满足施工需要，并已经相关部门率定合格。

5）施工安全和质量保证措施已落实。

6）安装用测量控制点已经过复核。

（2）清污机安装前，应具备下列资料：

1）出厂验收资料。

2）产品合格证。

3）制造竣工图样、安装图样。

4）安装使用维护说明书。

5）发货清单。

6）现场到货交接文件。

7）安装技术文件。

8）安装用控制点位置图。

（二）回转式清污机安装技术要求

（1）栅体安装应符合下列要求：

1）栅体安装角度的允许偏差应为 $\pm 10.0'$，栅体顶梁两端高差应不大于 2.0mm。

2）栅体两侧距主轨距离应不大于 10.0mm。

3）两支铰座轴孔同轴度应不大于 2.0mm，支铰与铰座、支铰与栅体、铰座与埋件连接应牢固可靠。

4）焊接位置应做防腐涂装处理。

5）栅体安装后，应做升降试验，检查栅槽有无卡滞情况，检查栅体动作和各节的连接是否牢固可靠。

（2）其余部件安装应符合下列要求：

1）减速器油位应与油标刻度相符。

2）链轮轴轴承应润滑良好、转动灵活。

3）链轮轴张紧后，清污机应点动试运转一周，检查各机构是否存在干涉、卡阻现象。

（3）现场试验。

1）回转式清污机应进行现场试验。试验前，应编制试验大纲，试验后，应编制试验报告。

2）回转式清污机空载运行前，应检查电气控制设备、电缆接线等，满足设计要求；试验应全行程运行，运行时间应不小于 30min，除按表 5-41 规定的项目检查外，还应符合下列要求：

（a）电动机和减速器运行应平稳。

（b）齿耙应运行平稳，耙齿与栅条和托污板不应有摩擦碰撞现象。

（c）链条与链轮啮合情况良好，链条应无卡阻及咬链现象，无异常声音。

(d) 所有轴承和链条应有良好的润滑。

(e) 污物清除机构应与耙齿配合良好，位置可调。

(f) 调整荷载限制器限制荷载应与设计一致。

(g) 在无其他噪声干扰情况下，离设备 5m 半径范围内测得的噪声不应大于 85dB(A)。

(h) 电气保护功能应符合规范的规定，急停保护应可靠。

3）静载试验时，回转式清污机的安装倾角应与实际使用状态一致。根据试验大纲规定的加载方式，按回转式清污机的额定荷载的 75%、100%、125% 逐级递增加载，停留时间应不小于 30min。卸载后，齿耙应无永久变形，齿耙与链条连接螺栓应无变形、裂纹和损伤。

4）动载试验时，回转式清污机的安装倾角应与实际使用状态一致。根据试验大纲规定的加载方式，应加载 110% 的额定荷载；试验时间应符合试验大纲的要求。

5）回转式清污机荷载试验时，应符合本节第（3）条"现场试验"质量标准和下列要求：

(a) 清污机应运行平稳、无异常。

(b) 额定荷载时，齿耙轴的最大变形量应不大于 $L/500$（L 为齿耙跨度）。

(c) 卸载后，机架与机构各部分不应有裂纹、永久变形、连接松动或损坏现象。

(d) 地脚螺栓紧固应无松动。

(e) 电动机运行应平稳，电动机温度及电流应不大于规定值，电动机三相电流不平衡度应不大于 10%。

(f) 电气设备应无异常发热，控制器的触头应无烧灼。

(g) 电气保护功能应符合规范的规定，急停保护应可靠。

(h) 荷载限制器应准确可靠。

(i) 实时在线监测系统功能应符合设计要求。

6）回转式清污机实际运行环境存在影响结构安全的偏载工况时，应按设计要求进行偏载试验。

（三）耙（抓）斗式清污机安装技术要求

（1）轨道基础面、安装预埋件应符合设计要求。

（2）大车轨道安装应符合 SL/T 381 的相关要求。

（3）减速器应检查后注入润滑油，油位应与油标尺的刻度相符；减速器应转动灵活，油封和接合面处不应渗油。

（4）现场安装应按设备出厂时的定位标记进行安装。

（5）起升机构的安装应符合下列要求：

1）当吊点在下极限时，钢丝绳留在卷筒上的缠绕圈数应不小于 4 圈，其中 2 圈作为固定用，另外 2 圈为安全圈；当吊点处于上极限位置时，钢丝绳不应缠绕到卷筒绳槽以外。

2）耙（抓）斗吊点横向中心线的允许偏差应为 ±2.0mm。双吊点清污机钢丝绳拉紧后，两吊轴中心线高差应符合设计要求；电气同步的清污机，双吊点水平相对差超过设计规定值时，应报警提示，并自动纠偏。

3）钢丝绳应有序逐层缠绕在卷筒上，不应挤叠、跳槽。

4）钢丝绳在安装前应消除缠绕应力，再进行装配。

（6）耙（抓）斗导向槽直线度应不大于5.0mm。

（7）耙（抓）斗轨道沿水流方向的错位应不大于2.0mm，垂直于水流方向的错位应不大于2.0mm。

（8）门架安装后，各项精度应符合规范的规定。

（9）电阻箱、悬挂电缆小车装置、安全滑触线装置的安装应符合SL/T 381的相关要求。

（10）司机室内的电气设备应无裸露的带电部分。小车和走台上的电气设备，室内用清污机应有护罩或围栏，室外用清污机应有防雨罩。电气设备应安装牢固，设备前应留有500mm以上宽度的通道。

（11）现场试验。

1）试验前的检查应符合下列要求：

（a）检查所有运转机构、液压系统、减速器及各润滑点等的注油情况，所加润滑油的性能、规格和数量应符合随机技术文件的要求。

（b）制动器、荷载限制器、液压安全溢流装置、超电压及欠电压保护、过电流保护装置、实时在线监测系统等应按随机技术文件的要求进行调整和整定。

（c）电气系统、行程限制器、联锁装置和紧急断电装置，应安装正确、动作灵敏、安全可靠。

（d）电动机的操作指示方向应与机构的运动及动作的实际方向要求相一致，对于多电动机驱动的起升机构或行走机构，还应检查各电动机的转向及转速应一致和同步，各电动机的负载电流应均衡。

（e）电缆卷筒、中心导电装置、滑线、电气柜、联动台、变压器及各电动机的接线应正确，不应有松动现象，接地应良好。

（f）钢丝绳绳端的固定及其在卷筒、滑轮组中缠绕应正确、可靠，对于双吊点的起升机构，两吊点的钢丝绳应调至等长。

（g）用手转动各机构的制动轮或盘，使各传动轴至少旋转一周，不应有卡阻现象。

（h）缓冲器、车挡、夹轨器、锚定装置、接地装置等应安装正确、动作灵敏、安全可靠。

（i）试验前，应清除轨道两侧妨碍运行的物品，并检查耙（抓）斗导槽是否符合要求。

2）空载试验时，起升机构、行走机构、耙（抓）斗开闭机构应分别在行程内往返动作3次，应符合下列要求：

（a）各机械部件应运行平稳、无异常。

（b）运转过程中，制动衬垫与制动轮或制动盘间应有间隙。

（c）所有轴承和齿轮应有良好的润滑，轴承温度及温升应符合表5-46的规定。

（d）在无其他噪声干扰时，各机构产生的噪声，在司机室内测量应不大于 85dB（A）。

（e）大、小车运行时，车轮应无啃轨现象。

（f）电动机运行应平稳，电动机三相电流不平衡度应不大于 10％。

（g）电气设备应无异常发热，控制器的触头应无烧灼。

（h）制动器、液压安全溢流装置、行程限制器、安全保护装置、联锁装置等动作应灵敏、可靠，高度指示装置、急停及其他保护功能应准确可靠，实时在线监测系统功能应符合设计要求。

（i）大、小车运行时，电缆卷筒或滑线的导电装置应平稳、无卡阻。

（j）液压系统应无漏油现象，液压泵站密封箱应密封良好。

（k）耙（抓）斗导轨应对位准确。

（l）耙（抓）斗应在全行程内往返运行顺畅，无卡阻。

（m）同一组耙齿上的油缸动作应同步，其误差在全行程范围内不超过 3.0mm。

（n）耙（抓）斗打开和关闭时，活动耙齿应动作到位。

（o）耙（抓）斗的耙齿与拦污栅栅条及横向支承的间隙应符合规范的规定。

（p）耙齿齿尖插入拦污栅栅面的深度应符合规范的规定。

3）静载试验应符合下列要求：

（a）静载试验应在空载试验合格后进行，清污机状态应与实际使用状态一致。

（b）静载试验时，应短接荷载控制装置的报警及保护回路，做完静载试验后恢复到设定状态，恢复后荷载限制器装置应准确可靠。

（c）静载试验应按清污机额定荷载的 75％、100％、125％逐级递增进行，低一级试验合格后进行高一级试验。

（d）静载试验时，配重块在耙（抓）斗内应均匀分布，耙（抓）斗应呈闭合状态。

（e）使耙（抓）斗处于抓取额定荷载位置，定出测量基准点，耙（抓）斗内的试验荷载由 75％逐步升至 125％的额定荷载，离地面 100～200mm，停留不小于 10min 后，应无失稳现象。卸去荷载后，门架和耙（抓）斗应无永久变形。

（f）空载小车开至门架门腿处，检测主梁的实际上拱度和悬臂梁的实际上翘度应符合设计要求。

（g）耙（抓）斗处于起吊额定荷载位置时，起升额定荷载，荷载静止后检查门架主梁跨中处挠度值，应不大于跨度的 1/700；门架主梁悬臂端挠度值应不大于悬臂伸出长度的 1/350；耙（抓）斗主梁跨中处挠度值应不大于主梁跨度的 1/2000。

（h）静载试验结束后，清污机的门架、耙（抓）斗等结构应无裂纹、永久变形、焊缝开裂、涂层起皱、连接松动和影响清污机性能与安全的损伤。

4）动载试验应符合下列要求：

（a）动载试验应在空载试验合格后进行，清污机状态应与实际使用状态一致。

（b）各机构的动载试验应分别进行，且符合试验大纲的规定。

（c）动载试验时，配重块在耙（抓）斗内应均匀分布，耙（抓）斗应呈闭合状态。

（d）在额定荷载起升点，起升 110％的额定荷载，做重复的起升、下降、停车等动作，累计启动及运行时间应不小于 1h。

（e）起升 110％的额定运行荷载，大、小车在工作全行程内应分别往返运行。

（f）按实际污物的种类和比重，取 4 倍耙（抓）斗容积的污物，放置在抓取位置，完成抓取污物和卸污动作三次，清污性能应能满足设计要求。

（g）动载试验过程中，各机构应动作灵敏，工作平稳可靠，行程限制器、安全保护联锁装置应动作正确可靠，实时在线监测系统等功能应符合设计要求；电动机运行应平稳，电动机三相电流不平衡度应不大于 10％；电气设备应无异常发热，控制器的触头应无烧灼。

（h）卸载后，清污机各机构应无损坏、各连接处不应松动、液压系统和密封处应无渗漏。

5）耙（抓）斗式清污机实际运行环境存在影响机构安全的偏载工况时，应按设计要求进行偏载试验。

（四）清污机安装监理质量控制要点

1. 回转式清污机安装监理质量控制要点

（1）门架现场组装检查，检查几何尺寸的正确性。

（2）主要焊缝质量与螺栓连接质量检查。

（3）主轴系统及链条的安装质量检查。

（4）齿耙与拦污栅的适配情况。

（5）电气控制系统检查，应安全可靠。

（6）现场试验必须满足设计要求，有空载试验、静载试验、动载试验等。

2. 耙（抓）斗式清污机安装监理质量控制要点

（1）门架现场组装检查，检查几何尺寸的正确性，如门架的拼装是否稳固，尺寸是否符合要求。

（2）主要焊缝质量与螺栓连接质量检查。

（3）大、小车轨道的安装，检查轨距、直线度、接头间隙、高度相对差等是否符合要求。

（4）小车、起升机构、行走机构的安装，行走时车轮不应有啃轨现象。

（5）制动轮和制动器的安装。制动轮组装后，应检查制动带与制动轮的接触面积是否符合要求，制动器是否开闭灵活、制动平稳。

（6）开式齿轮与减速器的安装，连接件、紧固件不得松动，运转应平稳、无异常。

（7）液压耙（抓）斗的液压系统，液压系统应无漏油现象，液压泵站密封箱应密封良好。

（8）电气控制系统检查，应安全可靠。

（9）现场试验必须满足设计要求，有空载试验、静载试验、动载试验等。

（五）安装验收

（1）安装验收前应根据产品图样和本标准编制验收大纲，对验收设备进行检查，检查合格后按安装验收大纲进行验收。

（2）安装单位除移交制造厂提供的全部资料外，还应提供下列资料：

1）安装竣工图。

2）设计修改通知书。

3）安装尺寸的最后测定记录和调试记录。

4）安装焊缝的检验报告及检查记录。

5）重大缺陷的处理记录。

6）现场试验记录和试验报告。

思 考 题

1. 金属结构安装的准备工作有哪些？

2. 人字闸门安装的质量控制要点有哪些？

3. 弧形闸门安装的质量控制要点有哪些？

4. 平面闸门安装的质量控制要点有哪些？

5. 压力钢管水压试验的步骤有哪些？

6. 启闭机安装应具备哪些条件？

7. 液压启闭机安装后、试验前检查有哪些要求？

8. 耙（斗）式清污机安装监理质量控制要点有哪些？

第七章 机电设备制造

第一节 水轮发电机组制造

水轮机是一种将水能转换成机械能的原动机。它驱动发电机，将旋转的机械能转变为电能。水能与机械能的能量转换是借助转轮叶片与水流相互作用来实现的。水流流经水轮机时，水流的势能和动能转换为水轮机的机械能的过程，就是水轮机的工作过程。水轮机和发电机的联合体又称水轮发电机组（简称机组）。反映水轮机工作过程特性值的一些参数称为水轮机的基本工作参数，其中主要有：水轮机工作水头、流量、出力、效率。

一、水轮发电机组的分类

（一）水轮机的分类

1. 按水流能量转换特征分类

水轮机按水流能量转换的特征可分为两大类：反击式水轮机和冲击式水轮机。

反击式水轮机的特点是：转轮位于水流流经的整个通道中，在同一时间内，所有转轮叶片的通道都有水流通过。水流流经叶片通道后，流速大小和方向都发生了变化，这种变化反映了水流动量的变化。这个动量的变化是转轮作用于水流产生的，因而水流对转轮有个反作用力，这个反作用力推动转轮旋转。这种利用水流的反作用力推动转轮旋转的水轮机，称为反击式水轮机。

冲击式水轮机的特点是：当水流流经转轮时，只有部分转轮叶片充满了水，其余部分则处在大气之中。水流以射流形式冲击转轮。冲击式水轮机实际上是利用水流的动能推动转轮旋转，而且在同一时间内水流只冲击着部分水斗。这种利用水流冲击的动能推动转轮旋转的水轮机，称为冲击式水轮机。

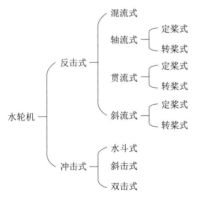

图 7-1 水轮机分类

2. 按水轮机结构型式分类

按转轮结构型式的不同以及叶片是否固定、活动，水轮机又可分为如图 7-1 所示的几种类型。

反击式水轮机分为混流式水轮机、轴流式水轮机、贯流式水轮机和斜流式水轮机，如图 7-2～图 7-5 所示。冲击式水轮机分为水斗式、斜击式和双击式三种，水斗式水轮机如图 7-6 所示。下面为常见水轮机类型结构。

3. 按水轮机主轴布置形式分类

水轮机按主轴的布置形式又可分为卧式和立式两种（也称横轴和立轴）。

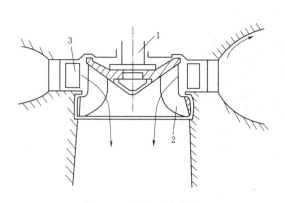

图 7-2　混流式水轮机
1—主轴；2—叶片；3—导叶

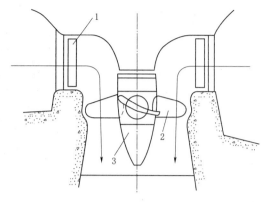

图 7-3　轴流式水轮机
1—导叶；2—叶片；3—轮毂

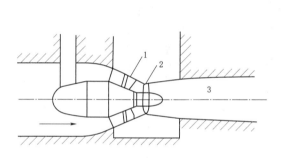

图 7-4　贯流式水轮机
1—导叶；2—转轮叶片；3—尾水管

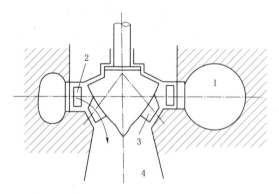

图 7-5　斜流式水轮机
1—蜗壳；2—导叶；3—转轮叶片；4—尾水管

除此以外，还有可逆式水轮机，它是一种抽水发电两用的水轮机，也称水泵水轮机。这种水轮机，发电时作水轮机使用，抽水时作水泵使用。可逆式水轮机只适用于抽水蓄能电站。可逆式水泵水轮机随应用水头的不同，可选用混流式、斜流式和轴流式。

（二）水轮机牌号

我国规定水轮机的牌号由三部分组成，每部分之间用"-"号分开。第一部分用两个汉语拼音字母和阿拉伯数字组成，前者表示水轮机型式，后者表示转轮型号（即转轮的比转速）。第二部分由两个汉语拼音字母组成，前者表示水轮机主轴布置形式，后者表示引水室特征。第三部分是阿拉伯数字，为转轮的标称直径，单位为 cm。对于水斗式和斜击式水轮机，该部分表示为：水轮机转轮标称直径（cm）/作用在每个转轮上的喷嘴数目×设计射流直径（cm）；对于双击式水轮机，该部分表示为：转轮标称直径/转轮宽度（cm）。常用的各种水轮机牌号的代号和意义见表 7-1。

在水轮机型式代号之后加"N"表示可逆式水轮机。

冲击式水轮机牌号的第三部分用以下数据表示：

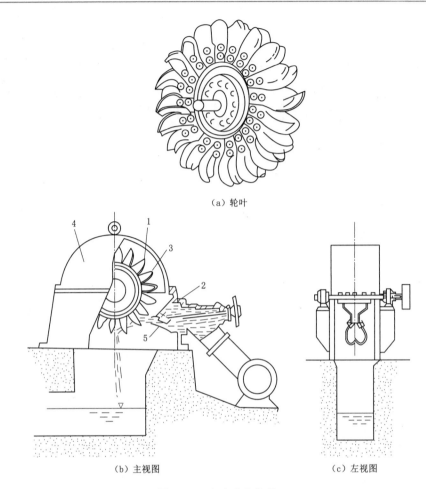

（a）轮叶

（b）主视图　　　　　　　　　　　（c）左视图

图 7-6　水斗式水轮机

1—轮叶；2—喷嘴；3—转轮室；4—机壳；5—针阀

$$\frac{水轮机转轮标称直径（cm）}{作用在每个转轮上的喷嘴数目 \times 设计射流直径（cm）}$$

表 7-1　　　　　　　　　　常用的各种水轮机牌号的代号和意义

第 一 部 分 符 号		第 二 部 分 符 号			
水轮机型式		主轴布置形式		引水室型式	
代号	意义	代号	意义	代号	意义
HL	混流式	L	立轴	J	金属蜗壳
ZZ	轴流转桨式	W	卧轴	H	混凝土蜗壳
ZD	轴流定桨式			M	明槽式引水
XL	斜流式			P	灯泡式
GZ	贯流转桨式			G	罐式
GD	贯流定桨式			Z	轴伸式
CJ	冲击（水斗）式				

水轮机牌号示例：

（1）HL220 - LJ - 550：表示转轮型号为 220 的混流式水轮机、立轴、金属蜗壳、转轮标称直径为 550cm。

（2）ZZ560 - LH - 800：表示转轮型号为 560 的轴流转桨式水轮机、立轴、混凝土蜗壳、转轮标称直径为 800cm。

（3）XLN200 - LJ - 300：表示转轮型号为 200 的斜流可逆式水轮机、立轴、金属蜗壳、转轮标称直径为 300cm。

（4）GD600 - WP - 250：表示转轮型号为 600 的贯流定桨式水轮机、卧轴、灯泡式引水、转轮标称直径为 250cm。

（5）2CJ30 - W - 120/2×10：表示转轮型号为 30 的水斗式水轮机，一根轴上有 2 个转轮，卧轴、转轮节圆直径为 120cm，每个转轮有 2 个喷嘴，射流直径为 10cm。

（三）水泵水轮机的分类

抽水蓄能电站利用可以兼具水泵和水轮机两种工作方式的蓄能机组，在电力负荷出现低谷时（夜间）做水泵运行，用基荷火电机组发出的多余电能将下水库的水抽到上水库储存起来，在电力负荷出现高峰时（下午及晚间）作为水轮机运行，将水放下来发电。

水泵水轮机是抽水蓄能电站的动力设备。叶片式水力机械具有可逆性，既可做水泵运行亦可作水轮机运行。在水泵工况下，叶轮将机械能转换为水能，水泵出口的水流能量高于进口的能量，消耗电动机功率。相反，在水轮机工况下，转轮将水能转换成机械能，水轮机进口处水流能量高于出口能量，转轮带动发电机做功。

水泵水轮机与反击式水轮机分类相仿，主要有混流式、斜流式、轴流式、贯流式四种类型。

（四）水轮发电机的分类

水轮发电机是将水轮机产生的旋转机械能转变为电能的设备，是旋转电机中的三相同步发电机。

1. 水轮发电机的类型

（1）水轮发电机按主轴的布置形式，可分为立式与卧式发电机两种。

（2）立式水轮发电机按推力轴承的位置不同，分为悬吊式与伞式两种。伞式发电机又分为全伞式和半伞式两种。

（3）按水轮发电机冷却方式的不同可分为三种。

1）空气冷却发电机：又分为密闭式自循环空气冷却、管道式空气冷却，空调冷却。

2）水冷却发电机：使用纯水通入发电机定子及转子线圈进行冷却，称为双水内冷发电机；只对定子线圈水冷的称为半水内冷发电机。

3）蒸发冷却发电机：在定子线圈的空心导体中通入冷却介质对定子线圈进行自循环蒸发冷却。

（4）按电机的运行工况可分为发电机和发电/电动机。发电/电动机用于抽水蓄能电站。

2．水轮发电机型号

水轮发电机型号由型式、容量、磁极个数和定子铁芯外径四部分组成。

3．水轮发电机的构造

水轮发电机是由定子和转子两部分组成，定子和转子之间有气隙。定子上有 A、B、C 三相绕组，它们在空间上彼此相差 120°电角度。转子磁极装有励磁绕组由直流励磁，使磁极产生恒定的极性，磁通从转子的 N 极出来，经过气隙、定子铁芯、气隙进入转子 S 极而构成回路。如果用原动机拖动发电机旋转，则磁极的磁力线将切割定子绕组的导体，感应出交变电势，带上用电负荷后便输出了电流。

水轮发电机的结构，总体布置形式为卧式和立式两种。通常小容量水轮发电机多采用卧式，大容量水轮发电机则采用立式。

立式水轮发电机通用的结构型式有以下几种：

（1）三导悬式结构。机组具有推力轴承、发电机上导轴承、发电机下导轴承和水轮机导轴承（共 3 个导轴承）的悬式结构。

（2）二导悬式结构。机组具有推力轴承、发电机上导轴承和水轮机导轴承（共 2 个导轴承）的悬式结构。

（3）三导半伞式结构。机组具有发电机上导轴承、发电机下导轴承、推力轴承（或和下导轴承组合在油槽中的推导轴承）和水轮机导轴承（共 3 个导轴承）。

（4）二导半伞式结构。机组具有上导轴承、推力轴承和水轮机导轴承（共 2 个导轴承）。

（5）二导全伞式结构。机组具有推力轴承、发电机下导轴承和水轮机导轴承（共 2 个导轴承）。

卧式水轮发电机的特征是容量小、转速高、外形尺寸小、结构紧凑，部件多从制造厂整体到货。因此机组在安装时组装工作较少，仅对大件进行必要的清扫、检查和测量后即可总装。

卧式水轮发电机一般有两部导轴承，水轮机有一部导轴承，另有双向受力的推力轴承；但也有发电机和水轮机各一部导轴承加推力轴承的二导结构卧式机组。

（五）电动发电机的分类

电动发电机的结构方式和常规水轮发电机相近。早期使用的卧式组合式蓄能机组配有横轴的电动发电机，但近年抽水蓄能机组更多使用立式结构。

立式电机按推力轴承的位置可分为悬式和伞式两大类。推力轴承装在转子上方的称为悬式；装在转子下方的称为伞式；如转子上方还有一个导轴承的称为半伞式，如无此轴承的称为全伞式。抽水蓄能机组对于额定转速高于 400～500r/min 的多用悬式结构，而低于此转速的多数用半伞式或全伞式结构。

（六）水轮机的组成与结构

（1）立式混流式水轮机主要由底环、蜗壳、座环、导叶、转轮、顶盖、主轴密封、水导轴承、控制环、接力器、主轴、下机架、上导轴承、补气阀、机坑里衬等组成。混流式水轮机结构如图 7-7 所示。

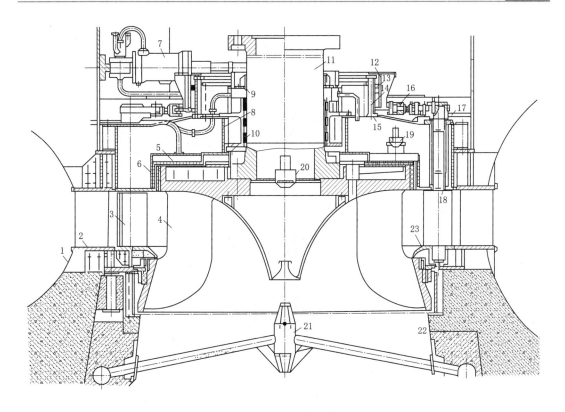

图 7-7 混流式水轮机结构图

1—蜗壳；2—座环；3—导叶；4—转轮；5—减压装置；6—止漏环；7—接力器；8—导轴承；

9—平板密封；10—停机密封；11—主轴；12—控制环；13—抗磨板；14—支持环；

15—顶盖；16—导叶传动机构；17—轴套；18—导叶密封；19—紧急真空破坏阀；

20—空气阀；21—补气架；22—尾水管里衬；23—底环

（2）贯流式水轮机主要由底环、座环、导叶、转轮、顶盖、主轴密封、水导轴承、控制环、端盖、主轴、叶片操作机构、泄水锥、尾水管等组成。贯流式水轮机结构如图7-8所示。

（3）混流式水泵水轮机主要由蜗壳、导水机构、顶盖、导轴承、主轴密封、主轴、转轮、尾水管、底环、导叶等组成。混流式水泵水轮机结构如图7-9所示。

二、水轮发电机组制造技术要求

（一）一般要求

（1）当采用足以影响性能参数及技术经济指标的新结构、新技术、新材料时，应经过工厂试验或型式试验，并经用户验收合格后才能正式使用。

（2）各部件尺寸均应采用国家法定计量单位，所有配合部件的加工公差应符合国家相应标准，各部件的加工应符合设计图纸的要求。对标准零部件的加工应保证其通用性，对相同工件的加工应保证其互换性。

（3）制造厂应使用符合国家标准或国际通用标准的材料。

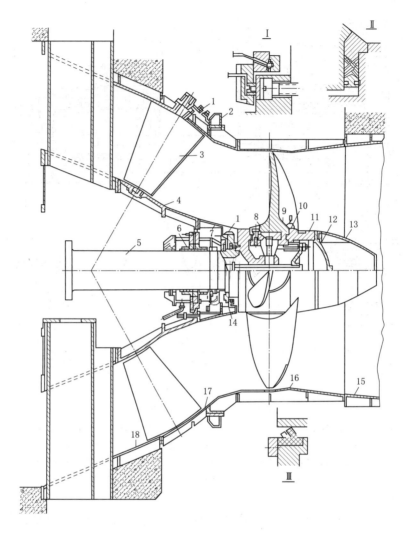

图 7 - 8　贯流式水轮机结构图

1—导叶传动机；2—控制环；3—导叶；4—底环；5—主轴；6—水导轴承；7—密封座；
8—转轮；9—叶片操作机构；10—叶片密封；11—转轮接力器活塞；12—端盖；13—泄水锥；
14—主轴密封；15—尾水管；16—转轮室；17—顶盖；18—座环

（4）所有部件应具有足够的刚度和强度，在正常、短路、飞逸等各种工况下，必须保证其结构不产生永久变形，振动值在规定的安全范围内。

（5）水轮发电机旋转方向，从非传动端看规定为顺时针方向，相序排列应为面对水轮发电机出线端，从左至右排列的顺序为 U、V、W。旋转方向如有特殊要求，应在专用技术协议或合同中规定。

（二）原材料检验

（1）水轮机主要结构部件的铸锻件应符合合同规定的相应标准。重要铸锻件应有需方代表参加验收。上述标准中认为是重大缺陷的缺陷处理应征得需方同意。

（2）经过考试合格并持有证书的焊接人员才能担任主要部件的焊接工作。主要部件的

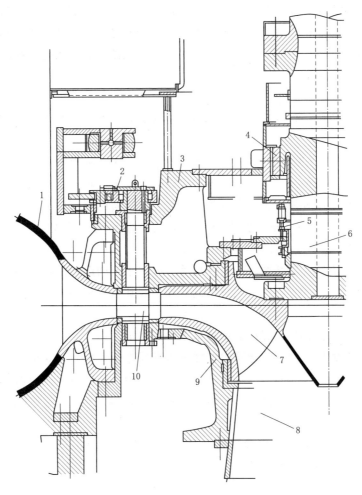

图 7-9 混流式水泵水轮机结构图

1—蜗壳；2—导水机构；3—顶盖；4—导轴承；5—主轴密封；6—主轴；7—转轮；

8—尾水管；9—底环；10—导叶

主要受力焊缝应进行 100% 的无损探伤。焊缝检查应符合 GB/T 3323.1、GB/T 11345、NB/T 47013.2、NB/T 47013.3、NB/T 47013.4、NB/T 47013.5、NB/T 47013.10 或合同规定的相应标准。

（3）水轮机设备表面应有防锈涂层。并应规定：

1）表面处理的要求。

2）对漆及其他防护保护方法和其使用说明。

3）发运前和在工地时的使用要求。

4）涂层数。

5）每层膜厚和总厚。

6）质量检查和质量控制规定。

对装饰性电镀层应符合 GB/T 9797 的规定。

（4）凡是与水接触的紧固件均应采用防锈或耐腐蚀的材料制造或采取相应措施。

（5）采用巴氏合金的轴瓦，其与瓦基的结合情况应进行100％超声波检查，接触面应不小于95％，且单个脱壳面积不大于1％；表面用渗透法探伤应无超标缺陷。

（三）制造工艺和质量

1. 铸锻件

（1）水轮发电机的铸锻件应符合专用技术协议或合同及行业标准的规定。重要铸锻件如主轴、推力头、镜板、转子中心体等应由制造厂进行单件验收。

（2）铸钢件金相组织应均匀致密，不允许有裂纹，表面光滑干净。

（3）铸钢件主要受力区和高应力区不应有缺陷，其他区可有次要缺陷，但必须彻底铲除并补焊。铸钢件中次要缺陷系指需补焊的深度不超过实际厚度的20％的缺陷，且在任何情况下都不应大于25mm，补焊面积应考虑单机容量和尺寸的大小，但宜控制在50～150cm^{2}范围内。

（4）铸件尺寸应符合图纸要求。铸件尺寸不应减小到削弱铸件强度的10％或引起应力超过规定的允许值，尺寸也不应大到影响制造加工或其他零部件的合理配合。

2. 焊接

（1）焊接工艺应符合相关焊接通用技术条件的规定。

（2）焊接接头的设计和填充金属的选择应考虑焊透性，填充金属应与母材具有良好的熔合性。焊接坡口表面应无明显的缺陷，如夹层、锈蚀、油污或其他杂物。

（3）焊缝应均匀一致、光滑，与母体金属融合良好，无空穴、裂纹和夹渣。焊缝应进行无损探伤检查。

（4）如用户要求对某部位焊缝机械性能进行检查时，由用户与制造厂协商按GB/T 2650～GB/T 2654等规范进行检查。

3. 涂层

（1）保护涂层应符合行业标准的规定，含有铅或其他重金属或被认为是危险的化学物质不应用于保护涂层。

（2）除埋设件及锌金属和有色金属外，其他设备应清理干净后涂以保护层或采取防护措施。

（3）水轮发电机所有未加工的表面，除埋设件外，均应涂防护漆。所有油槽内部应涂耐油漆。涂漆应遵守有关工艺标准，涂层的有效期不应低于5年。

（4）所有机械加工面应涂防锈涂料，其防锈期应大于5年。对重要的接合面、精密加工面涂封前应进行清洗，在涂封防锈涂料后应采取保护措施。

（5）对耐磨性、耐蚀性、导电性或装饰性的镀层，应按行业标准的规定镀制、试验及检查验收。

（四）工厂检验与试验

（1）所有试验项目能在制造厂内进行的，均应在制造厂内完成。对于定子铁芯、转子磁轭在现场叠装或不能在制造厂内进行总装配的水轮发电机，应以国家标准和有关行业标准及制造厂的技术文件为依据，在工地安装完毕后，且在制造厂技术人员指导、检查和监督下进行交接试验和启动试运行试验。

（2）厂内主要检查试验项目应包括：

1）硅钢片的磁化特性及损耗试验。

2）关键部位（转轴、转子支架、冲片、推力头、镜板、推力轴承弹性支承件、直接水冷水轮发电机空心导线等）材料的化学成分和（或）机械性能试验。

3）转子单个线圈电阻和绝缘电阻测定及定子、转子单个线圈耐电压试验。

4）定子多匝叠绕线圈匝间耐电压试验。

5）定子单个线圈冷热状态的介质损耗试验，介质损失角正切增量测定，起晕电压的测定。

6）定子线棒绝缘的工频击穿电压试验（按随机抽样做试验，试验电压应以 1kV/s 的速度逐步升高，直至定子线棒绝缘击穿为止。如通过则认为全部合格，如有击穿再随即抽样）。

7）转子绕组匝间绝缘耐电压试验。

8）水轮发电机轴和水轮机轴的预组装并检查轴线偏差；水轮发电机轴或推力头与转子中心体的预组装并检查轴线偏差。

9）对工件尺寸、装配尺寸进行校验，对部件（定子分瓣机座、圆盘式转子支架、导轴承和推力轴承装配及盖板、挡风板装配等）进行预组装。

10）所有承受水压、油压、气压的部件和管路及其连接件应进行压力试验。

11）水直接冷却的定子线棒和转子线圈的水压、流量试验。

12）如有必要时，新型或大型水轮发电机推力轴承的负荷试验及通风系统运行状态的模型试验。

三、出厂验收

（1）水轮发电机组及其附属设备出厂检验系依据相关技术标准，对被检设备进行材质检验、外观检查、无损检测、装配检查、试验验证等。检验方式包括文件资料审查、目视检查、性能测试、抽样复核等。

（2）水轮发电机组及其附属设备的所有单元设备和零部件均应通过出厂检验，形成明确的检验结论，合格后方能出厂。

（3）水轮发电机组及其附属设备出厂检验的依据应包括但不限于以下内容：

1）供货合同及其所附的产品技术规范、性能保证值。

2）有关水轮发电机组及其附属设备的国家和行业标准；起重设备、压力容器等特种设备还应符合国家相关规定。

3）制造商的设计文件、制造图纸。

4）其他双方认可的书面文件。

（4）水轮发电机组及其附属设备在总装试验前应完成单元设备和零部件的试验或检验，不便于进行整体出厂试验检查的设备可通过审查文件资料的方式验收。用户可对制造商提供的试验和检验结果抽样复核，必要时可采用监造的方式进行设备制造过程中的质量检验。

（5）制造商提供的外购件一般通过审查文件资料的方式验收，必要时可在相关厂家进行出厂检验。

（6）用于水轮发电机组及其附属设备检测或试验的计量器具、试验设备、仪器、仪表等应按相关标准由有检定资质的机构进行检定或校准，并在有效期内；从事产品制造和试验的人员应按照相关规定取得资格证书。

（7）制造商应为水轮发电机组设备（部件）出厂时的布置、连接、组装装配试验和性能检测等提供相适应的场地及其他便利条件。

四、包装、运输及保管

（1）合同供货范围内规定的设备、零部件以及备品备件、专用工具等在出厂检验合格后，必须经用户代表和（或）监理工程师签证认可，才能按 GB/T 13384 等规定进行包装、发运。

（2）设备的包装应根据不同设备、不同地区的要求，采取防潮、防雨、防锈、防震、防腐、防霉变、防冻裂、防盐雾、防碰撞的坚固包装。

（3）对精密加工的零部件、精密仪器、仪表、自动化元件、控制盘、互感器、绝缘部件、绝缘材料等应采用密封式包装。

（4）包装后的尺寸、重量应符合运输限界要求，符合交通部门及合同的规定。超限设备的运输经用户同意，可由制造厂和有关方面达成协议。

（5）在包装箱中，应有产品出厂合格证、装箱技术文件、随机安装图纸、试验合格证以及货物装箱清单、技术资料清单及箱中物体存放位置明细表。

（6）在包装箱中，对附属设备散件应挂上标记，标明其合同号、主设备编号、附属设备名称、所属机组号及其在配备图中的位置号和附属设备编号。

（7）包装标志包括运输标志、指示性标志和警告性标志，应符合 GB/T 191 的规定。标志颜色应不褪色、耐晒、耐磨，文字、图案清楚简练。货物发运前，指示性标志应包括：

1）合同号。

2）运输标记（唛头）。

3）目的地。

4）收货单位及收货人。

5）货物名称、机组编号和包装箱号。

6）毛重/净重（kg）。

7）体积［长（m）×宽（m）×高（m）］。

8）发货地及发货厂家地址。

9）发货人。

（8）重量在 2t 及以上的包装箱应标明重量、重心和吊点位置，以便装卸和搬运。

（9）包装质量的保证期从发运之日起不应少于 1 年。

（10）每批货物发运的同时，应将货物的名称、数量、箱数、编号、发运时间、地点、车次通知收货人。

（11）设备运到工地后，应有制造厂代表、用户代表及监理人员共同开箱检查，如发现所到设备损坏、错发、缺件等问题，应由制造厂方代表通知制造厂查找原因并尽快采取补救措施。

（12）水轮发电机、励磁装置及所有附件运到工地后，均应储存在有遮蔽的库房内，并将以下零部件储存在温度不低于5℃的干燥保温库房内：

1）定子线圈和下线后的定子。

2）转子线圈和磁极装配。

3）定子和转子冲片。

4）推力轴承和导轴承。

5）转轴。

6）集电环。

7）空气冷却器、油冷却器及热交换器。

8）水直接冷却水轮发电机的水处理设备。

9）高压油顶起装置。

10）励磁装置和测速装置。

11）精密仪表、各种盘柜、互感器、电气绝缘部件等。

12）特殊材料（润滑油、绝缘漆等）应按制造厂保管说明存放。

第二节　水泵机组制造

一、水泵的类型与构造

泵是一种输送液体或使液体增压的机械。它将原动机的机械能或其他外部能量传送给液体，使液体能量增加，主要用来输送液体包括水、油、酸碱液、乳化液、悬乳液和液态金属等，也可输送液体、气体混合物以及含悬浮固体物的液体。

水泵站是将水由低处抽提至高处的机电设备和建筑设施的综合体。机电设备主要为水泵和动力机组（通常为电动机或柴油机），辅助设备包括充水、供水、排水、通风、压缩空气、供油、起重、照明和防火等设备。建筑设施包括进水建筑物、泵房、出水建筑物、变电站和管理用房等。

（一）水泵的类型

1. 水泵的分类

泵用途广泛，品种系列繁多，对它的分类方法各不相同。按其工作原理泵一般可分为以下三大类。

（1）叶片泵。通过工作叶轮的高速旋转运动，将能量传递给流经其内部的液体，使液体能量增加的泵。例如：离心泵、轴流泵和混流泵都属于叶片泵。

（2）容积泵。通过泵体工作室容积的周期性变化，将能量传递给流经其内部的液体，使液体能量增加的泵。改变泵体工作室容积有往复式运动和旋转式运动两种方式。属于往复式运动方式的有活塞泵；属于旋转运动方式的有齿轮泵和螺杆泵。

（3）除叶片泵和容积泵以外的其他特殊类型泵，统称为其他类型泵。例如：射流泵、气升泵、水锤泵等。它们基本上都是利用液流或气流的运动将本身的能量传递给被输送液体的泵类。

叶片泵是应用最广泛的泵类。与其他泵类相比，叶片泵具有启动迅速、驱动方便、出水量均匀、工作性能可靠、运行状况调节容易和工作效率高等很多优点，特别是叶片泵可划分成各种系列，以满足不同流量和压力的需要。在水利工程中所采用的绝大多数是叶片泵，因此，本书仅对叶片泵及其装置进行介绍。

2. 叶片泵的分类

叶片泵是一种使用面广、量大的流体机械设备。由于应用场合、性能参数、输运介质和使用要求的不同，其品种及规格繁多，结构也呈各种各样的型式。

叶片泵按工作原理可分为离心泵、混流泵和轴流泵；按泵轴的布置方式可分为卧式泵、立式泵和斜式泵。离心泵按叶轮进水方式和叶轮级数可分为单级单吸式、单级双吸式和多级单吸式；混流泵按压水室结构型式可分为蜗壳式和导叶式；轴流泵和导叶式混流泵按叶片调节方式又可分为固定式、半调节式和全调节式。

叶片泵的结构型式名称一般是由几个描述该泵结构类型的术语来命名的。常用的叶片泵都可在上述的分类中找到自己所隶属的结构类型，如卧式单级双吸离心泵、立式多级单吸离心泵、立式全调节式轴流泵、卧式蜗壳式混流泵等结构型式。

3. 叶片泵的型号

叶片泵的型号表明了泵的结构型式、规格和性能，其编制方法目前正在逐步统一。在泵样本及使用说明书中，均有对该泵型号的组成及含义的说明。目前我国大多数泵的结构型式及特征，在泵型号中均是用汉语拼音字母表示的，表7-2给出了部分泵型号中某些字母通常所代表的含义。

表7-2 常用泵型号中汉语拼音字母及其意义

字母	表示的结构型式	字母	表示的结构型式
B	单级单吸悬臂式离心泵	S	单级双吸卧式离心泵
D	节段式多级离心泵	DL	立式多级节段式离心泵
R	热水泵	WG	高扬程卧式污水泵
F	耐腐蚀泵	ZB	自吸式离心泵
Y	油泵	YG	管道式油泵
ZLB	立式半调节式轴流泵	ZWB	卧式半调节式轴流泵
ZLQ	立式全调节式轴流泵	ZWQ	卧式全调节式轴流泵
HD	导叶式混流泵	HQ	蜗壳式混流泵
HL	立式混流泵	QJ	井用潜水泵

该表中的字母皆为描述泵结构或结构特征的汉字拼音字母的第一个注音字母。但有些按国际标准设计或从国外引进的泵，其型号除少数为汉语拼音字母外，一般为该泵某些特征的外文缩略语。如 IS 表示符合有关国际标准（ISO）规定的单级单吸悬臂式清水离心泵；IH 表示符合有关国际标准的单级单吸式化工泵等。

泵的型号除有上述字母外，还用一些数字和附加的字母来表示该泵的规格及性能。例如，水泵型号 IS200 - 150 - 400 的型号意义如下：

IS——符合 ISO 国际标准的单级单吸悬臂式清水离心泵。

200——水泵进口直径，mm。

150——水泵出口直径，mm。

400——叶轮名义直径，mm。

又如，水泵型号 S150 - 78A 的型号意义如下：

S——单级双吸卧式离心泵。

150——水泵进口直径，mm。

78——水泵扬程，m。

A——叶轮外径被车削的规格标志（若为 B、C，则表示叶轮外径被车削得更小）。

4. 叶片泵的工作原理

（1）离心泵的工作原理。如图 7 - 10 所示，叶轮中心点处的流体由于受到旋转叶轮离心力的作用被甩向叶轮的外缘，于是叶轮中心处就形成了真空。这样，水源水在大气压力的作用下通过进水管被送到叶轮中心。叶轮连续不停地高速旋转，叶轮中心的水就会连续不断地被甩出，又源源不断地被补充，被叶轮甩出的水则流入泵壳内，在将一部分动能转

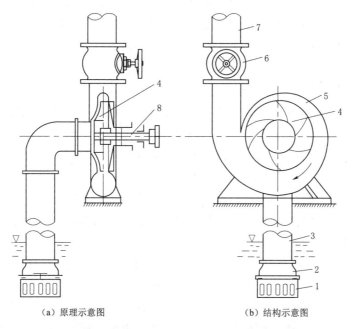

（a）原理示意图　　　　　　　　　（b）结构示意图

图 7 - 10　离心泵工作原理示意图

1—过滤器；2—底阀；3—吸水管；4—叶轮；5—泵壳；6—调节阀；7—排水管；8—泵轴

换成压能后，从泵出口排入出水管道，从而将水源的水连续不断地送往高处或远处。由上述可知，离心泵是利用叶轮的高速旋转，使液体产生离心力来进行工作的，所以把这种泵称为离心泵。

值得指出的是，离心泵在启动前必须使泵壳内充满水，否则叶轮在空气中转动，叶轮进口处不可能形成所需要的真空值，进水池中的水也就不能流入泵的进口。

（2）轴流泵的工作原理。轴流泵的工作原理与离心泵不同，它主要是利用旋转叶轮上的叶片对液体产生的升力使通过叶轮的液体获得能量的。由于轴流叶轮叶片背面（下表面）的曲率半径比工作表面（上表面）的大，当叶轮旋转液体绕过叶片时，叶片上表面上的水流速度小于叶片下方水流的速度，由水力学可知，叶片下表面的压力就比上表面的压力小。因此，水流对叶片作用一个向下的力 P_{down}，由作用和反作用力的原理，叶片对水流就产生一个向上的推力 P_{up}，水在此推力的作用下增加了能量，就被提升到一定的高度，如图 7-11 所示。与离心泵不同的是，轴流泵内的水流主要沿轴向流进和流出叶轮，故而称这种泵为轴流泵。

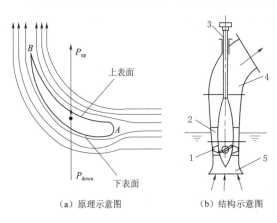

图 7-11 轴流泵工作原理示意图

1—叶轮；2—导叶；3—泵轴；
4—出水弯管；5—吸水喇叭管

（3）混流泵的工作原理。因为混流泵是介于离心泵与轴流泵之间的一种叶片泵，它的工作原理同样介于离心泵和轴流泵两者之间，且其结构型式、叶轮出流方向及泵的性能等也均有与此相应的特点，兼有离心泵和轴流泵的许多优点。因此，以下的分析讨论均以离心泵和轴流泵为主。

5. 叶片泵的主要部件

由于混流泵除了叶轮结构型式与离心泵和轴流泵叶轮有所不同外，其他主要部件的结构型式与用途基本相同，故下面仅介绍离心泵和轴流泵的主要部件。

（1）离心泵的主要部件。离心泵的主要部件包括叶轮、泵轴、泵壳、减漏环、轴承和填料函等。现将它们的构造和作用分述如下：

1）叶轮。叶轮又称工作轮或转轮，它的作用是将原动机的机械能通过叶轮的高速旋转运动传递给液体，使被抽液体获得能量。因此叶轮是离心泵最重要的部件。叶轮通常由盖板、叶片和轮毂等组成。

按其结构型式，叶轮通常可分为：封闭式、半开式和开式三种型式，如图 7-12 所示。

封闭式叶轮由前、后盖板（轮盘）、叶片（一般为 6～12 片）及轮毂组成。按照叶轮进水方式的不同，闭式叶轮又可分为单吸式和双吸式两种。闭式叶轮一般用于输送清水的离心泵，具有泄漏少、效率高等优点。

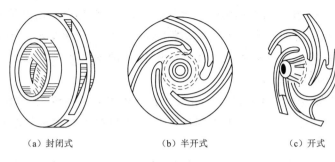

(a) 封闭式　　　　　　　(b) 半开式　　　　　　　(c) 开式

图 7-12　离心泵的叶轮形式

半开式为叶轮只有后盖板的叶轮。通常适宜输送介于上述两种液体介质的流体。

开式叶轮为前后两侧都没有盖板的叶轮。通常用于抽送浆粒状液体或污水，可避免叶轮在工作时的淤积和堵塞。

叶轮作为泵传递能量的主要部件，它的形状、大小及制造工艺等都直接关系到泵的工作性能。

2）泵轴。泵轴的作用是支撑和连接叶轮成为泵的转动部分，并带动叶轮旋转。因此泵轴必须具有足够的抗扭和抗弯强度，通常用优质碳素钢制成。一般泵轴上装有轴套，以避免泵轴的磨损与腐蚀，因为轴套磨损与腐蚀后更换的代价比更换泵轴要小得多。泵轴、叶轮和其他转动部件（合称转子）必须经过静、动平衡试验，以免运转时机组振动过大。

泵轴和叶轮是用键来连接的，因此泵轴和叶轮上都设有键槽，键在叶轮转动中仅起传递扭矩的作用。而叶轮的轴向位置是依靠反向螺母或轴套及其并紧螺母来固定的。

3）泵壳。泵壳是泵工作时固定不动的部件，可分为泵体和泵座。泵体的作用是把泵的各个部件联结成一个整体；泵座的作用则是将泵体与底座或基础固定。泵壳的内腔可分为吸入室和压水室。

泵壳一般用铸铁制成。它的结构型式可分为端盖式、中开式和节段式三种。

通常，泵壳的进口和出口法兰盘上设置有用于监测泵工作时进口、出口压力的压力表计螺孔接口。为便于泵启动前充水（或抽真空），泵壳顶部设有充水（或排气）螺孔接口。泵壳底部设置的放水螺孔接口可放空泵内的积水，以防止水泵在较长时间不使用时的锈蚀与寒冬季节的冻裂。

4）叶轮口环。在叶轮进口外缘和泵壳相应处的内壁，留有转动部件与固定部件间的间隙，这个间隙偏大，就会导致高压水经此间隙泄漏回叶轮进口，使泵效率降低；这个间隙偏小，又会使泵工作时叶轮与泵壳间的摩擦，导致机械磨损加剧。因此，在该间隙处镶嵌一个金属环。该环既要起到减少高压水泄漏的作用，又要起到可承受磨损的作用，故又称为减漏环，或称承磨环。口环与叶轮进口外缘的间隙一般为 0.1～0.5mm。通常口环的接缝面多做成折线形，目的是延长渗径，增大泄漏阻力，减少泄漏量。

5）轴承。轴承是泵的固定部分和转动部分的连接部件。它的作用有支撑转动部件的重量，承受一定的轴向力和减小转动部件工作时的转动摩擦阻力，以提高传递能量的效率。

常用的轴承有滑动轴承和滚动轴承两种结构。滑动轴承具有转动摩擦力较大，但能承受较大径向力的特点；滚动轴承具有转动摩擦力较小，但不能承受较大径向力的特点。通常，我国制造的单级离心泵泵轴的直径在 60mm 以下的均采用滚动轴承；泵轴的直径在 75mm 以上的均采用滑动轴承。

6) 填料函。填料函通常由水封环、填料、底衬环和压盖等组成。填料函的作用是用来密封泵轴穿过泵壳处的间隙，以阻止高压液流在该间隙处的大量泄漏或防止空气进入泵内。

（2）轴流泵的主要部件。轴流泵是一种低扬程、大流量的泵型。尽管它与离心泵的工作原理不同，但主要部件却大同小异。图 7－13 为立式轴流泵结构简图，其主要零部件有：喇叭口、叶轮、导叶体、泵轴、轴承、填料函和泵传动部分等。现将它们的构造和作用简述如下。

1) 喇叭口。喇叭口是中小型立式轴流泵的吸水室。它的作用是使水流以最小的水力阻力损失且均匀平顺地流入叶轮。大型轴流泵一般不用喇叭口，而采用肘形或钟形进水流道。

2) 叶轮。轴流泵的叶轮均为开敞式叶轮，通常由叶片、轮毂及导水锥等部分组成，如图 7－14 所示，叶片设置在轮毂上，在轮毂的前端有导水锥。

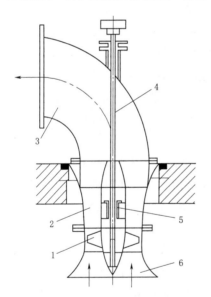

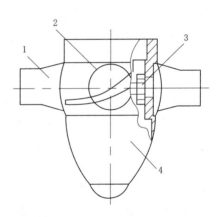

图 7－13　立式轴流泵结构简图
1—叶轮；2—导叶；3—出水弯管；4—泵轴；
5—轴承；6—吸入管

图 7－14　轴流泵叶轮图
1—叶片；2—轮毂；3—螺母；4—导水锥

轴流泵一般有 2～6 片呈空间扭曲状的叶片。根据叶片在轮毂上的固定方式，有固定式、半调节式和全调节式之分。固定式叶片和呈圆锥形的轮毂铸成一个整体，或用连接件固定在轮毂上，叶片的安放角不能改变。全调节式的叶片可在球形轮毂上转动，因此，在运行过程中，可根据需要借助叶片调节机构调整所需要的叶片安放角。叶片安放角是指叶片骨线上进水和出水两端点连成的弦与圆周速度反方向的夹角,通常设计工况下的叶片安放角为 0°,在此叶片角下,水泵一般具有最高的效率;当叶片安放角大于设计安放角时,用正角度值表示;反之,安放角用负角度值表示。半调节式的叶片,在其根部设有几个供调整叶片角度的定位孔,轮毂上设置有装配孔,借螺母和定位销将叶片固定在轮毂上,在停机或安装检修时,可以根据需要改变调整叶片的角度。

3) 导叶体。导叶体由导叶、导叶毂和外壳组成。导叶体安装在紧接叶轮出口的后方,呈圆锥形,其扩散角一般不大于 8°~9°,内有 5~12 片导叶。导叶的进口方向与液体流出叶轮的方向一致,以减少液流的冲击损失。导叶的主要作用是:迫使叶轮中流出的水流由呈旋转的螺旋运动改变为轴向的直线运动,并促使水流在圆锥形导叶体内随着断面的不断扩大而逐渐降低流速,将部分动能转换成为压能,以减少水力损失。

4) 泵轴。泵轴是用来传递扭矩的,由优质碳素钢制成。中、小型轴流泵的泵轴一般是实心的,而大型全调节式轴流泵的泵轴是空心的,以便于在空心轴内设置调角的压力油管或机械操作杆等调角机构的设施。

5) 轴承。轴流泵的轴承有导轴承和推力轴承两种类型。

导轴承仅承受径向力,主要是起径向的定位作用。中、小型立式轴流泵通常采用橡胶导轴承,有上、下导轴承之分。上导轴承设在泵轴穿过泵壳(出水弯管)处,下导轴承设在导叶毂内。橡胶导轴承均以水作为润滑剂。值得注意的是:立式轴流泵的上导轴承一般位于进水池水面以上,因此上导轴承必须在泵启动前至泵进入正常运行的这个时段内专门供水润滑,否则极易因干摩擦而烧毁。大型立式轴流泵通常只设下导轴承,而上导轴承设在电动机座内,且以油作为润滑剂。

推力轴承是立式结构的水泵和电动机用来承受液流作用在叶轮上的轴向压力以及水泵和电动机转动部件的重量,并维持转动部件的轴向位置,且将全部轴向力通过电动机座传到电动机梁上去。中、小型立式轴流泵多采用推力滚动轴承。大型立式轴流泵的推力轴承装在与大型泵配套的电动机上机架上,由推力头、绝缘垫、推力瓦块、镜板和抗震螺栓组成。轴向力通过电动机主轴由推力头和推力瓦块等传递到电动机的上机架,再由上机架通过机座传递到电动机梁上。

6) 填料函。轴流泵的填料函安装在泵的出水弯管的轴孔处,其构造与离心泵的填料函相类似,但不设水封环和水封管。泵启动时与上导轴承一样,必须有专门的供水以润滑填料,否则极易因干摩擦而产生增大启动力矩和增加启动功率及烧毁填料等现象。待泵启动结束且进入正常运行后,方可由泵内的压力水代替,以起到润滑冷却填料的作用。

7) 泵传动部分。立式水泵机组与原动机分为弹性连接与刚性连接。中、小型立式水泵机组,一般采用弹性连接,电机安装在机架上,机架中安装有径向轴承和轴向推力轴承,全部轴向力(即叶轮上的全部水压力和全部水泵转子重量之和)都经推力盘传至推力滚珠轴承上,由推力轴承承担,电动机不承受轴向力,水泵转子的轴向位移,可借助轴承体上的圆螺母来调节。大型立式水泵机组一般采用刚性连接,轴向力通过电动机主轴由推力头和推力瓦块等传递到电动机的上机架,再由机座传递到混凝土梁上。

(二)水泵机组的典型结构

我国幅员辽阔,机电排灌工程的特点是排灌流量大、涉及范围广、用泵类型多、发展速度快。随着国民经济综合实力的不断增长，大量的机电排灌工程已经建成和正在建设，或运筹规划中。从工程规模而言多属于中、小型，但也不乏如"南水北调"等超大型跨流域的调水工程。这些工程的核心设备就是水泵，而且几乎都是叶片泵。因此，我们仍以叶片泵的三大泵类——离心泵、轴流泵及混流泵为核心，介绍机电排灌工程中常用叶片泵的典型结构。

（1）离心泵机组的典型结构型式。离心泵从结构特点上，可按液体进入叶轮的方式分为单吸式和双吸式离心泵，按叶轮的个数可分为单级和多级离心泵。

因此，离心泵的典型结构型式有单级单吸悬臂式、单级双吸式和多级式三种。

1）单级单吸悬臂式离心泵。单级单吸悬臂式离心泵的悬臂结构有悬架式和托架式两种类别。图7-15所示的是我国按国际标准（ISO）设计生产的IS型悬架式的单级单吸卧式离心泵。它的叶轮由叶轮螺母、止动垫圈和键固定在泵轴的左端。泵轴的另一端用以装联轴器，以便于被动力机带动。为防止泵内液体沿泵轴穿出泵壳处的间隙泄漏，泵在该间隙皆设有轴封。IS型泵采用的是填料式轴封，它是由轴套、填料、水封环和填料压盖等组成。泵工作时用两个单列向心滚动轴承支承着转动部分，从而带动叶轮在由泵体和泵盖组成的泵腔内旋转。因为该泵轴的两个支承轴承都位于泵轴的右半段，装有叶轮的泵轴左半段处于自由悬臂状态，故把这种具有悬臂式结构的泵称为悬臂式泵。

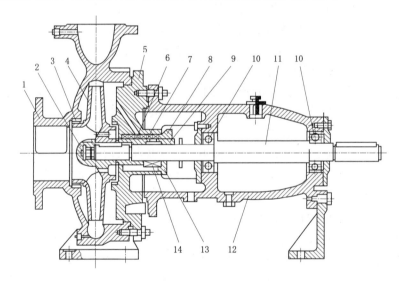

图7-15　单级单吸卧式离心泵结构图

1—泵体；2—叶轮螺母；3—密封环；4—叶轮；5—泵盖；6—填料环；7—填料；8—填料压盖；9—轴套；
10—轴承；11—泵轴；12—悬架部件；13—机械密封压盖；14—机械密封

IS型泵的泵脚与泵体铸为一体，轴承置于悬臂安装在泵体上的悬架内。因此，整台泵的重量主要由泵体承受（支架仅起辅助支承作用）。这种带悬架的悬臂式泵称为悬架式悬臂泵。

悬架式悬臂泵具有结构紧凑、检修方便等优点。

单级单吸泵的特点是流量较小，通常小于$400\mathrm{m}^3/\mathrm{h}$；扬程较高，为$20\sim125\mathrm{m}$。

2) 单级双吸式离心泵。多数单级双吸式离心泵均采用双支承结构，即支承转子的轴承位于叶轮两侧，且一般都靠近轴的两端，常见的座式滑动轴承双吸离心泵结构如图 7 - 16 所示。它的转子为一单独装配部件。双吸式叶轮靠键、轴套和轴套螺母固定在轴上，轴套螺母可调整叶轮在泵轴上的轴向位置。泵体转动部分用位于泵体两端的轴承体内的两个呈双支承型式的支承。

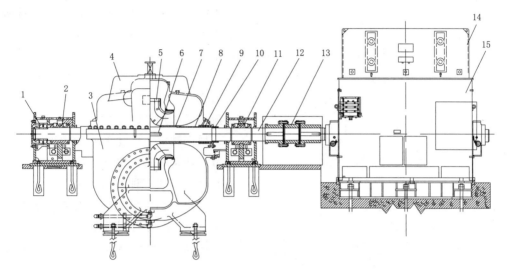

图 7 - 16　座式滑动轴承双吸离心泵结构图
1—角接触球轴承；2—滑动导轴；3—泵体；4—泵盖；5—叶轮；6—键；7—叶轮轴套；
8—填料轴套；9—密封填料；10—锁紧螺母；11—滑动导轴承；12—泵轴；
13—弹性双膜片联轴器；14—空水冷却器；15—电动机

S 型泵是侧向吸入和压出的，并采用水平中开式的泵壳，即泵壳沿通过轴心线的水平面（中开面）剖分开。它的两个半螺旋吸水室及螺旋形压水室都是由泵体和泵盖在中开面处对合而成的。泵的进口和出口均与泵体铸为一体。用这种结构的优点是在检修水泵时无须拆卸进水管和出水管，也不必移动电机，只要揭开泵盖即可检修零部件；再者由于工作叶轮两侧吸入形状对称，且同时双向进水，有利于运行时轴向力的平衡。

双吸泵的特点是流量较大，通常为 $160\sim1800\text{m}^3/\text{h}$；扬程较高，为 $12\sim125\text{m}$。

3) 多级离心泵。多级泵是指泵轴上串装两个以上叶轮的泵。叶轮个数即为泵的级数。它的结构比单级泵复杂。泵体分为吸入段、中段（叶轮部分）和压出段的多级泵称为分段式多级泵，如提取深层地下水的深井多级泵（亦称长轴深井泵），如图 7 - 17 所示。

多级泵的特点是流量较小，一般为 $6\sim450\text{m}^3/\text{h}$；扬程特别高，一般都在数十米至数百米范围内，高压多级泵甚至高达数千米。

（2）轴流泵机组的典型结构型式。轴流泵是一种低扬程、大流量的泵型，按其泵轴的工作位置可分为卧式、斜式和立式三种结构型式。

卧式轴流泵对泵房高度的要求较立式机组低，安装方便，检修容易，适用于水源水位变幅不大的场合。

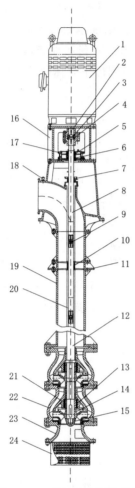

图 7-17 长轴深井泵结构图

1—电动机；2—电动机轴；3—调整螺母；4—联轴器；
5—导向轴承；6—推力轴承；7—填料函；8—传动轴；
9—联轴节；10—导轴承；11—导轴承架；12—泵轴；
13—水泵轴承；14—叶轮；15—叶轮螺母；16—电动机座；
17—轴承座；18—排气阀；19—外管；20—内管；
21—导叶体；22—泵壳；23—进水喇叭管；24—滤水器

斜式轴流泵的特点是适宜于安置在斜坡上。根据这一特点，对于水源水位变化大的场合，可将整个水泵机组安置于沿斜坡铺设的滑道上。

立式轴流泵的特点有：占地面积小；轴承磨损均匀；叶轮淹没在水下，启动前不需要充水；能按水位变化的情况可适当调整传动轴的长度，从而可将电机安置在较高的位置上，既有利于通风散热，又可免遭洪水淹浸等。因此我国生产的大多数轴流泵都采用立式结构。

根据轴流泵叶轮的叶片角度是否可以调节，通常将轴流泵分为固定式、半调节式和全调节式三种结构型式。

固定式轴流泵的叶片安装角是不能调节的。通常对于泵的出口直径小于300mm的小型轴流泵都采用这种结构型式。

半调节式轴流泵的叶片，必须在停机状态下，拆开泵的部分部件后才能调节叶片角度，中小型轴流泵通常都采用这种结构型式。通常轴流泵启动时，必须先由引水管引入清水，以供上导轴承的润滑用水，待泵启动过程结束，并且进入正常运行后方可停止引水管的供水，改由泵内压力水代替。

全调节式轴流泵一般均属大中型的轴流泵，且多为立式结构。全调节式的轴流泵设有专门的叶片调节机构，不用停机就可调节叶片角度的称为动调节机构，而需要停机但不必拆卸泵部件的称为静调节机构。

立式（井筒式）轴流泵机组结构如图 7-18 所示。

卧式轴流泵机组结构如图 7-19 所示。

斜式机组的结构型式与卧式机组的结构型式基本相似，主要由卧式轴流泵、减速箱、电动机等组成。目前我国的斜式机组主要有斜15°、斜30°和斜45°等三种形式，其中斜30°机组结构型式如图 7-20 所示。

（3）混流泵机组的典型结构型式。混流泵的结构型式可分为蜗壳型和导叶型两种。低比转数的混流泵多为蜗壳型，且其结构与蜗壳型离心泵相似；高比转数的混流泵多为导叶型，而且其结构与轴流泵相似。混流泵也有卧式与立式之分，按其叶片可否调节的状况，又分为固定式、半调节式和全调节式等型式。蜗壳型混流泵一般都采用单级单吸的悬架式悬臂结构，而不用托架式的悬臂结构。这是因为蜗壳型混流泵的压出室过水断面面积大，其泵体也较大的缘故。若采用托架式的悬臂结构，则为了支撑整台泵，其托架尺寸也需相应加大，这样将会增大泵的外形尺寸和重量。而悬架式悬臂结构的混流泵的泵壳既可采用泵盖在泵体前面的前开门端盖式泵壳，也可用泵盖在泵体后面的后开门或泵体前后都设泵盖的双开门端盖式泵壳。其叶轮既有封闭式的，也有半开式的。

图 7-21 所示的是立式全调节蜗壳型混流泵结构图。该立式泵的全部轴向力由装在上部机架上的电动机内的推力轴承承受。转子的径向支承则由泵内的导轴承和电机内的径向轴承承受。它的钟型进水流道和双蜗壳型出水流道均由混凝土浇筑而成。导流锥引导液流平顺地进入叶轮。在蜗壳进口前还设有固定导叶，它的主要作用是引流导向作用，同时也有承受支承盖、上盖、中盖、下盖，以及护盖、人孔盖板和转轮室等零部件重量的作用。为便于这种大型泵的装卸运输，

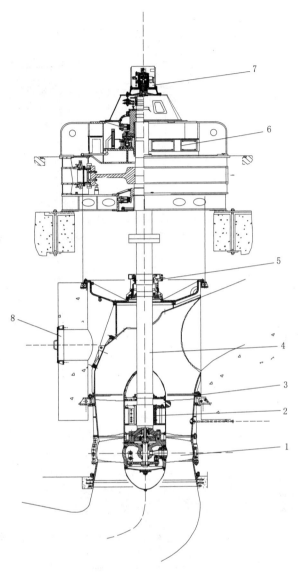

图 7-18 立式（井筒式）轴流泵机组结构图

1—叶轮；2—导轴承；3—导叶体；4—泵轴；5—填料密封；
6—电动机；7—液压叶片调节器；8—进人孔

它的固定导叶、转轮室、支承盖和上盖等部件均做成分瓣式结构。该泵装在全调节混流式叶轮上的叶片，靠由位于叶轮内的刮板式接力器、泵轴内的操作油管和受油器等组成的液压式调节机构调节其叶片安装角。

因为混流泵是介于离心泵与轴流泵之间的一种叶片泵，其叶轮出流方向及泵的性能等也均有与此相应的特点，其结构型式同样介于离心泵和轴流泵两者之间，低比转数混流泵的主要部件及结构型式与离心泵类似；高比转数混流泵的主要部件及结构型式则与轴流泵类似。所以它兼有离心泵和轴流泵的优点，是一种适用性广，且大有发展前景的泵型。

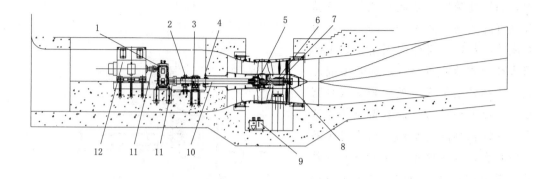

图 7-19 卧式轴流泵机组结构图

1—减速箱；2—受油器；3—组合轴承；4—填料密封；5—叶轮；6—油箱；7—导轴承；
8—叶片反馈部件；9—回油箱；10—泵轴部件；11—联轴器；12—电动机

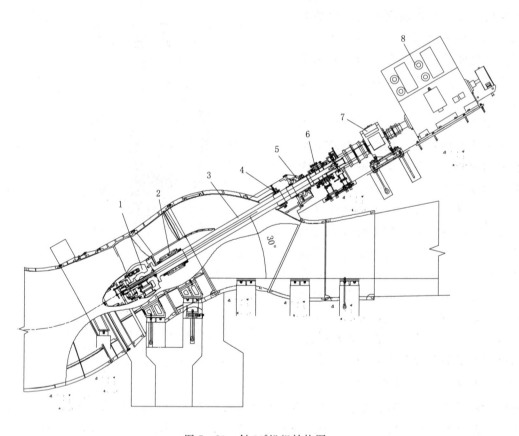

图 7-20 斜 30°机组结构图

1—叶轮；2—水导轴承；3—泵轴；4—填料密封；5—推力轴承；6—受油器；7—减速箱；8—电动机

（4）潜水泵典型结构型式。潜水泵是水泵和电动机同轴联成一体并潜入水下工作的抽水装置。根据叶轮型式的不同潜水泵有潜水离心泵、潜水轴流泵和潜水混流泵之分，其中潜水轴流泵结构如图 7-22 所示。

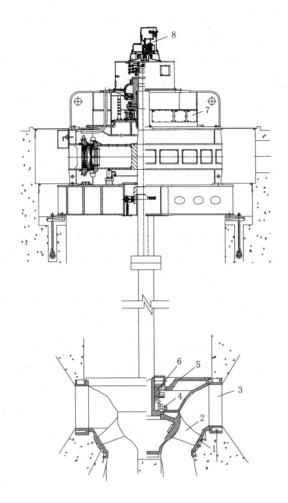

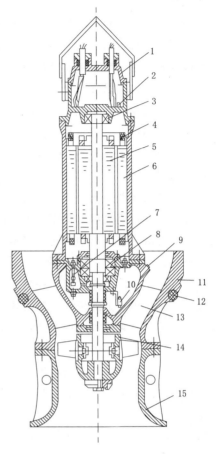

图 7-21 立式全调节蜗壳型混流泵结构图

1—叶轮外壳；2—叶轮；3—导叶体；4—密封；

5—泵盖；6—导轴承；7—电动机；8—叶片调节器

图 7-22 潜水轴流泵结构图

1—接线盒；2—漏水检测探头；3—上轴承；

4—热保护器；5—转子；6—定子；7—渗漏

报警器；8—油水检测探头；9—下轴承；

10—注油孔；11—导叶体；12—密封圈；

13—导叶体；14—叶轮部件；

15—进水喇叭口

由于机电一体潜水工作，潜水泵具有以下主要特点：

1）水泵叶轮和电动机转子安装在同一轴上，结构紧凑，重量轻。

2）对水源水位变化的适应性强，尤其适合水位涨落大的取水场合。

3）安装简单方便，省去了传统水泵安装过程中耗工、耗时、复杂的对中、找正的安装工序。

4）新型潜水泵内装有齐全的保护、监控装置，对泵实施实时监控保护，可大幅提高运行可靠性。

5）使用潜水安装，无须庞大的地面建筑，泵站结构简单，可大大减少工程土建投资。

潜水泵常用的安装型式有井筒式、导轨式和自动耦合式等几种。

井筒式安装有悬吊式、弯管式和封闭进水流道式等三种安装形式。一般中、小口径潜水泵常采用悬吊式或弯管式安装，大口径潜水泵采用封闭进水流道的安装方式。井筒可采用钢制或混凝土制井筒，钢制井筒式安装由潜水泵生产厂家提供整套井筒，混凝土制井筒式安装生产厂家仅提供安装底座（含防转装置）和井盖装置。

导轨式安装常与自动耦合装置联合使用，其特点是泵体可在导轨中上下移动，当泵放下时，泵出口的耦合装置自动与耦合底座耦合，提升时泵与耦合底座自动脱开。因此，在出水管固定的情况下，不需要螺栓便可快速安装和拆卸水泵机组，从而大大加快机组的安装和检修速度。

（5）贯流泵典型结构型式。贯流泵是指水流沿泵轴通过泵内流道，没有明显转弯的轴流泵和混流泵。贯流泵没有蜗壳，流道由圆锥形管组成。通常采用卧轴式布置，从流道进口到尾水管出口，水流沿轴向几乎呈直线流动，避免了水流拐弯形成的流速分布不均导致的水流损失和流态变化，水流平顺，水力损失小，水力效率高。贯流泵主要有三种型式，即灯泡贯流式、轴伸贯流式和竖井贯流式。其流道水力损失灯泡贯流式最小，其次为轴伸贯流式。目前使用最多的是灯泡贯流式，其水泵叶轮可以是叶片固定式，也可以是叶片可调式。灯泡贯流泵有两种结构型式：一种是机电一体结构，图 7-23 所示的是电动机装于叶轮后方的灯泡形泵体内，电动机与水泵采用直联方式；另一种是机电分体结构，这种结构电动机安装在泵体外，采用锥齿轮正交传动机构与叶轮相连。因此，电动机可采用普通立式电机，泵内结构紧凑，密封和防渗漏问题易于解决，检修方便，运行可靠，但实际应用较少。

贯流式水泵具有以下明显特点：

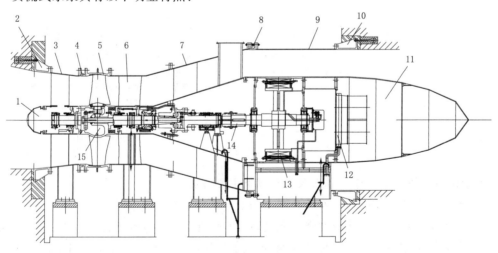

图 7-23 联轴器直联灯泡贯流式机组结构图

1—进水导水帽；2—进口底座；3—进水管；4—进水伸缩节；5—叶轮外壳；6—导叶体；
7—中间接管；8—出水伸缩节；9—电动机外壳体；10—出口底座；11—出水导水帽；
12—空-水冷却器；13—电动机；14—鼓齿式联轴器；15—水泵转子体

1）贯流式结构流道平直、水力损失小，因此水泵装置效率较高（一般高 2%～3%），工程年运行费少，特别是在低扬程情况下，其装置效率明显高于立式轴流泵。

2）贯流式水泵的空化性能和运行稳定性也优于轴流式水泵，其空化系数相对较小，机组可靠性高，运行故障率低，可用率高，检修时间缩短，检修周期延长。

3）贯流机组设备运输和安装重量较轻，施工和设备安装方便，可缩短建设工期，便于管理维护。

4）贯流式水泵组结构紧凑，布置简洁，泵站结构简单，土建工程量较小，可节省土建投资。

（三）泵的性能参数

叶片泵性能是由其性能参数表示的。表征水泵性能的主要参数有 6 个：流量、扬程、功率、效率、转速和允许吸上真空高度（或必需气蚀余量）。这些参数之间互为关联，当其中某一参数发生变化时，其他工作参数也会发生相应的变化，但变化的规律取决于水泵叶轮的结构型式和特性。为了深入研究叶片泵的性能，必须首先掌握叶片泵性能参数的物理意义。

1. 流量

水泵的流量是指单位时间内流出泵出口断面的液体体积或质量，分别称为体积流量和质量流量。体积流量用符号 Q 表示，质量流量用 Q_m 表示。体积流量常用的单位为：L/s、m^3/s 或 m^3/h；质量流量常用的单位为：kg/s 或 t/h。根据定义，体积流量与质量流量有如下的关系：$Q_m = \rho Q$，ρ 为被输送液体的密度（单位：kg/m^3）。

由于各种应用场合对流量的需求不同，叶片泵设计流量的范围很宽，小的不足 1L/s，而大的则达几十立方米每秒甚至上百立方米每秒。除了上述的水泵流量以外，在叶轮理论的研究中还会遇到水泵理论流量 Q_T 和泄漏流量 q 的概念。

所谓理论流量是指通过水泵叶轮的流量。泄漏流量是指流出叶轮的理论流量中，有一部分经水泵转动部件与静止部件之间存在的间隙，如叶轮进口口环与泵壳之间的间隙、填料函中泵轴与填料之间的间隙以及轴向力平衡装置中的平衡孔或平衡盘与外壳之间的间隙等，流回叶轮进口和流出泵外的流量。由此可知，水泵流量、理论流量和泄漏流量之间有如下的关系：$Q_T = Q + q$。

2. 扬程

扬程用符号 H 表示，是指被输送的单位重量液体流经水泵后所获得的能量增值，即水泵实际传给单位重量液体的总能量，其单位为 m（N·m/N＝m）。因此，由水泵扬程的定义，扬程也可表示为水泵进、出口断面的单位能量差。

3. 功率

功率是指水泵在单位时间内对液流所做功的大小，单位是 W 或 kW。水泵的功率包含轴功率、有效功率、动力机配套功率、水功率和泵内损失功率等五种。

（1）轴功率 P。轴功率是指动力机经过传动设备后传递给水泵主轴上的功率，亦即水泵的输入功率。通常水泵铭牌上所列的功率均指的是水泵轴功率。

（2）有效功率 P_e。有效功率是指单位时间内流出水泵的液流所获得的能量，即水泵对被输送液流所做的实际有效功,即:$P_e = \rho g Q H$。

(3)动力机配套功率 P_g。动力机配套功率为与水泵配套的原动机的输出功率,考虑到水泵运行时可能出现超负荷情况,所以以动力机的配套功率通常选择得比水泵轴功率大。动力机的配套功率一般可按下式进行计算:$P_e = KP$。

式中 K 为动力机功率备用系数,可参考表 7-3 中的值,并考虑水泵陈旧时的功率增加或意外的附加功率损失等因素选择确定。

表 7-3 动力机功率备用系数 K

水泵轴功率/kW	<5	5~10	10~50	50~100	>100
电动机	2.0~1.3	1.3~1.15	1.15~1.10	1.10~1.05	1.05
内燃机		1.5~1.3	1.3~1.2	1.2~1.15	1.15

(4)水功率 P_w。水功率是指水泵的轴功率在克服机械阻力后剩余的功率,也就是叶轮传递给通过其内的液体的功率。即

$$P_w = P - \Delta P_m = \rho g Q_T H_T$$

式中:ΔP_m 为水泵的机械损失功率;Q_T 为理论流量,$Q_T = Q + q$;H_T 为理论扬程,水泵输送理想流体时的理想扬程,即不考虑泵内任何流动损失的扬程。

(5)泵内损失功率 ΔP。水泵的输入功率(即轴功率),只有一部分传给了被输送的液体,这部分功率即是有效功率;另一部分被用来克服水泵运行中泵内存在的各种损失,也就是损失功率。泵内的功率损失可以分为三类,即机械损失、容积损失和水力损失。

4. 效率 η

水泵传递能量的有效程度称为效率。由于机械损失、水力损失和容积损失,水泵的输入功率(即轴功率 P)不可能全部传递给液体,液体经过水泵只能获得有效功率 P_e。效率是用来反映泵内损失功率的大小及衡量轴功率 P 的有效利用程度的参数,即有效功率 P_e 与轴功 P 之比的百分数:$\eta = \dfrac{P_e}{P} \times 100\%$。

5. 转速 n

转速是指水泵轴或叶轮每分钟旋转的次数。通常用符号 n 表示,单位为转每分(r/min)。水泵的转速与其他的性能参数有着密切的关系,一定的转速产生一定的流量、扬程,并对应一定的轴功率,当转速改变时,将引起其他性能参数发生相应的变化。

水泵是按一定转速设计的,因此配套的动力机除功率应满足水泵运行的工况要求外,在转速上也应与水泵转速相一致。

目前,我国常用的水泵转速为:中、小型离心泵一般在 730~2950r/min 的范围;中、小型轴流泵一般在 250~1450r/min 的范围,大型轴流泵的转速则更低,在 100~250r/min 的范围。

6. 允许吸上真空高度 $[H_s]$(或必需气蚀余量 Δh_r)

允许吸上真空高度和必需气蚀余量是表征水泵在标准状态下的气蚀性能(吸入性能)

的参数。水泵工作时，常因装置设计或运行不当，会出现水泵进口处压力过低，导致气蚀发生，造成水泵性能下降甚至流动间断、振动加剧的现象。泵内出现气蚀现象后，水泵便不能正常工作，严重时造成水泵的损坏。为了避免水泵气蚀的发生，就必须通过泵的气蚀性能参数来正确确定泵的几何安装高度和设计水泵装置系统。

水泵的各个性能参数表征了水泵的性能，是了解运行特性的重要指标，它们通常可从水泵产品样本上获得。此外，每台水泵的铭牌上，简明地标示有水泵性能参数及其他一些数据。但需要指出的是，铭牌上标出的参数是指该水泵在额定转速（设计转速）下运行时的流量、扬程、轴功率、效率及允许吸上真空高度或必需气蚀余量等值。

（四）电动机分类与构造

电动机是把电能转换成机械能的一种设备。它主要包括一个产生磁场的定子绕组和一个旋转转子。利用通电线圈产生旋转磁场并作用于转子形成磁电动力旋转扭矩。

泵站常用电动机分类如下：

（1）按工作电源分为直流电动机和交流电动机。其中交流电动机还分为单相电动机和三相电动机。

（2）按结构及工作原理分为直流电动机、异步电动机和同步电动机。一般大型机组多选用同步电动机。

（3）按用途分为驱动用电动机和控制用电动机。

（4）按结构型式分为立式、卧式。卧式电动机主要用于卧式（斜式）机组和贯流式机组。

（5）按组装方式分为现场组装和工厂成套。卧式电动机一般为整体出厂整体安装。大型立式电动机一般为分体出厂，运至泵站后再进行现场安装。

（6）按启动和运行方式分为直接启动和运行、变频启动和运行。由于变频启动和运行对电动机在温升、绝缘强度、冷却条件、轴电流等方面带来一定的影响，变频用电动机为特别设计专用电动机。

泵站工程主设备一般采用三相交流电动机。小型泵站一般电动机容量在 400kW 以下，通常采用 0.4kV 低压电动机，配有软启动装置或变频器。大中型泵站一般电动机容量在 400kW 及以上，通常采用 10kV 中压电动机，同步电动机与异步电动机均有应用。

电动机主要部件类型如下：

（1）按励磁方式可分为自励式、他励式和永磁式。

（2）按其轴承材料可分为合成类和金属类。

（3）按其轴承润滑油种类可分为稀油润滑、油脂润滑。

（4）按冷却方式可分为风冷、水冷。风冷也分为固定叶片自风冷和强迫风冷两种方式，容量较小电动机一般采用自风冷，大容量电动机均采用水冷和强迫风冷。

（5）按其轴承结构分为滑动轴承电动机和滚动轴承电动机，滚动轴承电动机一般为成套产品。

电动机性能的主要技术参数有额定功率、额定电压、额定电流、功率因数、频率、转速、接法和绝缘等级等。

1. 泵站电动机的选用

泵站水泵通常采用三相交流电动机来驱动。电动机的选择，应根据电源容量大小和电压等级，水泵的轴功率和转速，以及传动方式等因素来确定电动机的类型、容量、电压和转速等工作参数。具体选择应符合下列要求：

（1）主电动机的容量应按水泵运行可能出现的最大轴功率选配，并留有一定的储备，储备系数宜为 1.10～1.05。

（2）对大型泵站，因需要提高功率因数，常采用三相交流同步电动机。在选择异步电动机中，要优先选用鼠笼式电动机，只有在电网容量不能满足鼠笼式电动机启动要求时，才考虑选用绕线式电动机。

（3）当技术经济条件相近时，电动机额定电压宜优先选用 10kV。

2. 电动机基本结构型式

中、小型泵站一般采用异步电动机，因为三相异步电动机具有结构简单、坚固耐用、运行可靠、维护方便等优点。大、中型泵站一般采用同步电动机，可提高泵站用电负荷的功率因数，但同步电动机结构较为复杂，转子配有用于启动的鼠笼绕组和用于运行的励磁绕组，并另需配备用于电动机转子励磁的专用励磁装置。

大、中型泵站依不同水泵机组形式，主要采用立式或卧式同步电动机。

（1）立式同步电动机。大型立式电动机为分散式结构，需在泵站现场进行拆卸和安装。根据推力轴承位置不同，立式电动机分为悬吊型和伞型两种。悬吊型电动机的结构特点是推力轴承位于上机架内，把整个转动部分悬挂起来。大型悬吊型电动机装有上、下导轴承，上导轴承位于上机架中，下导轴承位于下机架中。伞型电动机的结构特点是推力轴承位于下机架中。泵站立式机组一般均采用悬吊型电动机。

立式同步电动机一般由定子、转子、上机架、下机架、推力轴承、上下导轴承、碳刷、集电环及顶盖等部件组成，同步电动机的定子和转子是产生电磁作用的主要部件，其他是支持或辅助部件。立式同步电动机结构如图 7-24 所示。

定子结构如图 7-25 所示。定子机座采用钢板焊接成一个坚固的不分瓣整体；机组的 6 个出线在机体外用压板连接，出口盒必须牢固，并便于检查；机组内部二次线要外接的配线应集中引至端子箱；电动机采用上、下两端进风，中间经风道强迫出风。

转子局部结构如图 7-26 所示。转子采用凸极式，磁极冲片两端加压板由螺杆拉紧形成磁极铁芯，转子冲片采用 1.5mm 厚的 Q235 钢板或高于该材料性能的钢板。磁极铁芯烫包绝缘后套入磁极绕组（也称励磁绕组）形成磁极。用磁极螺杆将磁极固定在磁轭上，磁轭为 45 号铸钢件或高于该材料性能的铸钢件，经加工后再热套在轴上，转子磁极上配备阻尼绕组（也称启动绕组），所用铜材的规格和材质必须满足起动性能的要求。

上、下机架如图 7-27 和图 7-28 所示。部件均为焊接结构，无论制造商是否采用标准或非标准的下机架，应保证整个电动机的高度满足电动机层高程及出风风道高度的要求。上、下导轴瓦架要有足够的刚度。

（2）卧式同步电动机。卧式同步电动机一般由定子、转子、电动机轴、轴承、端盖、集电环、刷架、基础底板以及空-水冷却器等组成。

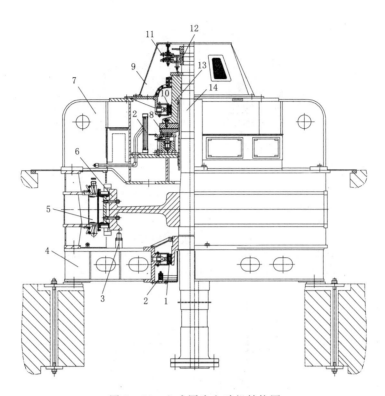

图 7 - 24　立式同步电动机结构图

1—下导轴瓦；2—冷却器；3—顶车装置；4—下机架；5—定子；6—转子；7—上机架；

8—推力瓦；9—防护罩；10—上导轴瓦；11—刷架；12—集电环；13—推力头；14—电动机轴

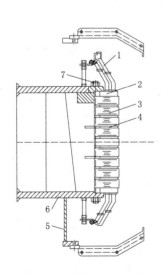

图 7 - 25　定子结构图

1—线圈；2—齿压板；3—铁芯；

4—工字钢垫条；5—机座；

6—托板；7—拉紧螺杆

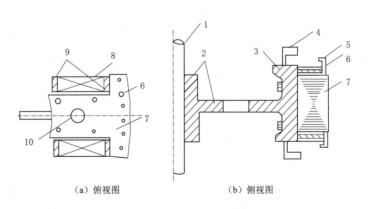

（a）俯视图　　　　　（b）侧视图

图 7 - 26　转子局部结构图

1—主轴；2—转子支架；3—磁轭；4—风叶；5—阻尼环；

6—阻尼条；7—铁芯；8—磁极绕组；

9—磁极衬垫；10—双头螺栓

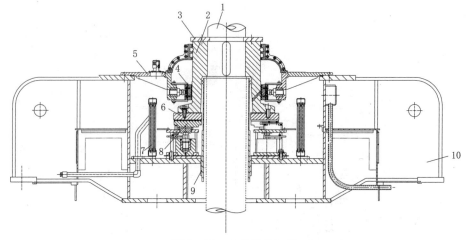

图 7-27 上机架结构图

1—电动机轴；2—推力头；3—卡环；4—上导轴瓦；5—油槽；
6—镜板；7—冷却器；8—推力轴瓦；9—挡油筒；10—上机架

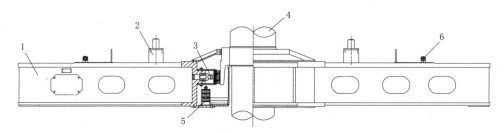

图 7-28 下机架结构图

1—下机架；2—顶车装置；3—下导瓦；4—电动机轴；5—冷却器；6—加热器

卧式同步电动机定子与立式同步电动机的结构相同，由机座、定子铁芯、定子线圈及支撑定子线圈端部的端箍和支撑件等构成。

容量较大的卧式同步电动机轴承的结构型式，采用座式滑动轴承，将座式滑动轴承设置成电动机的一个独立部件，布置在电动机的基础板上，座式滑动轴承的同步电动机的结构如图 7-29 所示。

同步电动机的转子可分为隐极式和凸极式两种结构型式，泵站卧式机组同步电动机的转子一般选用凸极式转子结构型式，与立式同步电动机的结构相同，主要由磁极、磁轭、电动机轴和集电环等组成。

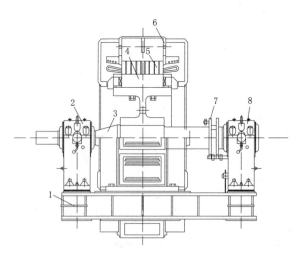

图 7-29 座式滑动轴承的同步电动机结构图

1—基础架；2—座式滑动轴承；3—电动机轴；4—转子；
5—定子；6—电动机机架；7—滑环；8—座式滑动轴承

（五）机组连接方式

当水泵和动力机的额定转速相等，转向相同，且都为立式或卧式结构时，转速配合问题容易解决。但是，如果转速不等或转向不同，且一台为立式，另一台为卧式时，就要用传动装置将两者联系起来，以达到转速配套和传递功率的目的。

动力机与水泵之间的传动方式基本上可分为直接传动与间接传动两种。

目前水泵机组最常用的传动方式有联轴器传动、齿轮传动和皮带传动等。随着机电排灌和机械工业的发展，水泵机组液力传动和电磁传动也有应用。

1. 联轴器传动

用联轴器把水泵和动力机的轴连起来，借以传递能量，称为直接传动。联轴器分为刚性、弹性两种。目前我国大型立式水泵机组多采用刚性连接的直接传动方式。卧式（斜式）、贯流式水泵机组一般采用弹性联轴器连接方式。卧式机组水泵与减速箱联轴器、减速箱与电动机联轴器的连接方式一般采用柱销弹性连接，弹性柱销联轴器结构如图 7-30 所示。

2. 齿轮传动

齿轮传动具有效率高、结构紧凑、可靠耐久、传递的功率大等特点。齿轮传动还常常与水泵和动力机的转速不一致或两者轴线不一致的场合。

减速箱占地面积小，操作安全，传动效率高，因此在大、中型机组中采用较为普遍。大型水泵机组中多采用普通齿轮结构减速箱。减速箱工作较为平稳，可减小机械噪声对环境的污染。为了减小齿轮间的摩擦损失，通常应将润滑油注入减速箱内，以提高齿轮传动的机械效率。普通齿轮减速箱外形结构如图 7-31 所示。

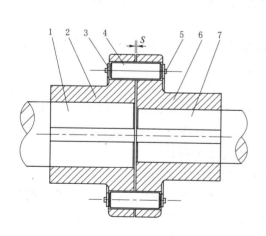

图 7-30 弹性柱销联轴器结构图

1—水泵轴；2、6—轴套；3—挡板；4—尼龙柱销；
5—螺栓；7—电动机轴；S—端面间隙

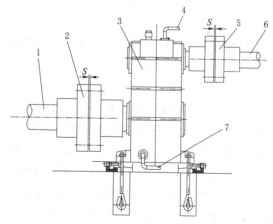

图 7-31 普通齿轮减速箱外形结构图

1—水泵轴；2、5—联轴器；3—减速箱；4—润滑油
入口；6—电机轴；7—润滑油出口；S—端面间隙

3. 皮带传动

皮带传动和齿轮传动一样，当水泵和动力机两者的转速不同，或彼此轴线间有一段距

离或不在同一平面上时，都可以采用。皮带传动分平皮带传动和三角皮带传动两种，但多用于小型机组。

二、水泵制造基本流程

水泵的设计、制造应根据泵站的特点和基本参数优选水泵的形式和主要参数，保证水泵在设计范围内安全、可靠、稳定运行。

（一）设计

水泵的设计应综合考虑制造能力、运输条件、厂房布置及泵站所在地海拔高程、运行、检修、维护等要求。水泵的设计应按《水利水电工程水泵基本技术条件》（SL/T 806）规定考虑泵站参数，给出其型式、布置方式、型号、基本参数和技术文件。大、中型水泵根据泵站需求一般由工厂专门设计。

水泵由模型到原型的效率修正应按照 SL/T 806 的公式进行。

水泵的性能参数应满足合同规定和相应标准。模型泵水力性能验收试验应符合《水泵模型及装置模型验收试验规程（附条文说明）》（SL 140）或《水泵水轮机模型验收规程》（IEC 60193）的规定，应由供需双方在合同中协商确定。

制造商/供货商应确定水泵的允许工作范围，并绘出扬程、效率、轴功率、空化余量与流量关系等性能曲线。

对叶片可调的水泵应给出 5～7 个安放角的扬程、效率、轴功率与流量关系等性能曲线。

水泵在允许工作范围内运转时，振动应符合《水力发电厂和蓄能泵站机组机械振动的评定》（GB/T 32584）的规定，噪声应符合《泵的噪声测量与评价方法》（GB/T 29529）的规定。

在电网正常频率范围内，水泵驼峰区的最低扬程与泵站最高扬程的裕度不小于 2%，且其值不应小于 0.5m。

（二）工厂制造

水泵主要结构部件的铸锻件应符合《水力机械钢铸件检验标准》（CCH 70-4）及《水轮机、水轮发电机大轴锻件 技术条件》（JB/T 1270）或合同规定的相应标准。重要铸锻件验收应有需方代表参加。重大缺陷的处理应征得需方同意。

主要部件的主要受力焊缝应按照合同规定的相应标准进行无损探伤。

水泵主要结构部件的防锈和涂装应符合《泵产品涂漆 技术条件》（JB/T 4297）或合同规定的相应标准。水泵设备涂装应提出下列要求：

（1）表面处理的要求。

（2）对漆及其他防护保护方法和其使用说明。

（3）发运前和在现场时的使用要求。

（4）涂层数。

（5）每层膜厚和总厚。

（6）检查和控制质量规定。

与水接触的紧固件均应采用防锈或耐腐蚀材料制造等措施。

采用巴氏合金的轴瓦，其与瓦基的结合情况应进行 100% 超声波检查，接触面不应小于 95%，且单个脱光面积不应大于 1%；表面用渗透法探伤应无超标缺陷。

水泵主要零部件材料应根据使用条件和使用要求，在合同中规定。

在含沙水或具有腐蚀性水流中，离心泵叶轮、混流泵、轴流泵和贯流泵叶轮叶片宜采用耐磨蚀不锈钢或防腐蚀材料制造。其他易磨蚀过流部件宜采用抗磨蚀材料制造或采取必要的防护措施。

材料的化学成分、机械性能、热处理和焊接工艺过程应符合合同规定。

（三）供货范围

SL/T 806 规定水泵供货范围应从与电动机轴连接的法兰面开始，连接螺栓和保护罩供货方在合同中规定。包括叶轮、主轴、中间轴、轴承、机座、座环或管形座、金属蜗壳、机坑里衬、进水管金属里衬、排水装置及其他配套设备等。

水泵进水、出水系统与泵站进水和出水系统接口位置及设备供货范围，由供需双方商定。

水力监测仪表和自动化元件供货范围包括水泵及其辅助设备在运行中需要监测的压力、压力脉动、温度、真空、流量、转速、振动、摆度监测仪表和有关盘柜；管路上为满足自动控制的油、气、水信号仪表、控制及保护元件，各仪表及设备连接电缆供至端子箱。

管路及其配件供货范围包括：成套设备中各单项设备之间所需的油管、气管、水管、主轴密封滤水器、连接件和支架等。立式水泵的非成套设备供货至设备配套管路与外部管路连接的第一对法兰处，并提供成对法兰和紧固件。贯流泵的非成套设备配套管路供货至距水泵进人孔外 1m 处，并提供成对法兰和紧固件。

如果需要，立式水泵的进水管内应成套提供进人孔及易于装拆的有足够承载能力的轻便检修平台。

安装和检修所需的专用工具、特殊工具和试验设备。

原型水泵验收试验所需的仪表和设备可由供需双方商定。

叶片调节装置及其油压装置、进出水阀及配套设备等的供货范围另定。

水泵备品备件的项目和数量参照 SL/T 806 选择，并应在供需双方签订的合同中规定。

（四）工厂检验和试验

制造商/供货商应按照 SL/T 806、《混流泵、轴流泵 技术条件》（GB/T 13008）、《离心泵技术条件（Ⅰ类）》（GB/T 16907）规定以及合同要求开展工厂检验和试验。采购商可要求进行检验和试验项目中的任一项或全部，但应在订货单或数据表中规定所要求的检验和试验项目，并规定这些项目是目睹见证或文件报告见证。工厂检验和试验一般包括：材料试验和泵的试验和检查，泵的试验和检查一般有静压强度试验、平衡试验、性能试验、检查、最终检查。

（五）性能试验

GB/T 13008 规定泵的试验分为型式试验和合同试验。型式试验适用于验证泵的性能与设计要求的符合性；而合同试验旨在验证泵的性能是否满足制造商/供货商的保证值。

1. 型式试验

有下列情况之一需做型式试验：

（1）新产品或老产品转厂生产的试制定型鉴定。

（2）正式生产后，如结构、材料、工艺有较大的改变，可能影响产品性能时。

（3）批量生产的产品，周期性检验时。

（4）产品长期停产后，恢复生产时。

（5）出厂检验结果与上次型式试验有较大差异时。

型式试验项目的内容包括：运转试验、性能试验、汽蚀试验以及必要时进行的噪声和振动试验。

2. 合同试验

采购商与制造商/供货商应按 GB/T 3216 的规定对合同试验的项目（如保证的范围、需要试验的泵的数量以及附加检查等）进行商定，并在合同中明确。合同试验按采购商与制造商/供货商商定的合同条款和/或 GB/T 3216 的规定实施。

3. 模型或现场试验

制造商由于设备条件限制不能进行型式试验和出厂试验时，可采用模型或现场试验。若采用模型试验时，模型泵的叶轮直径不小于 300mm。

进水流道尺寸的试验可根据采购商和制造商/供货商的协议进行。

（六）铭牌、包装、运输、保管及质量保证期

1. 铭牌

铭牌应采用适于环境条件的耐腐蚀材料制成并应牢固地固定在水泵的明显位置上，应包括下列内容：

（1）水泵名称。

（2）制造厂所在国家名称。

（3）制造厂名称。

（4）采用标准编号或技术条件编号。

（5）水泵型号。

（6）水泵主要技术参数，包括：

1）最高扬程。

2）设计扬程。

3）最低扬程。

4）设计流量。

5）额定转速。

6）最大轴功率。

7）配套电动机功率。

8）必需空化余量或最小淹没深度要求。

9）反向飞逸转速。

10）水泵质量。

（7）水泵出厂编号。

（8）出厂日期。

水泵的旋转方向应在明显位置以红色箭头标示。

2. 包装及运输

（1）水泵及其供货范围内的零部件、备品备件，应检验合格后方可装箱运输。

（2）水泵部件的包装尺寸和重量，应满足从工厂到泵站的运输条件。

（3）水泵及其辅助设备的包装运输应符合 GB/T 191 和 GB/T 13384 的规定。

（4）应按照设备的不同要求和运输方式采取防雨、防潮、防振、防霉、防冻、防盐雾等措施。应采取措施以防在运输过程中由于振动和碰撞造成设备或部件的损坏。

（5）包装箱中应有下列文件，并封存在箱内的防腐、防水盒（袋）内。装箱单开列的名称、数量应与箱内实物和图纸编号一致。

1）产品出厂合格证。

2）装箱单。

3）相关技术文件及图纸。

4）安装使用手册。

供方每次发运的件数、箱数、编号、发运时间、车次等，应在发运的同时通知收货单位。设备运到现场后，开箱检查时，需方和供方的代表应共同参加，如发现有损坏、错发、缺件等问题，由需方代表通知供方查找原因并采取补救措施。

3. 保管

水泵的各加工件应妥善保管，不应随意叠放。

水泵的各加工件运抵现场拆箱后，应采取苫盖等保护措施，不应日晒雨淋。

橡胶、塑料、尼龙制品应防止直接受日光照射，并不应置于炉子或其他取暖设备附近1.5m 范围内，同时还应防止油类对橡胶的污损。橡胶制品、填料等应存放在干燥通风的仓库内。

电子电器产品、自动化元件（装置）或仪表应存放在温度为 5～40℃，相对湿度不大于 90%，无酸、碱、盐及腐蚀性、爆炸性气体和强电磁场作用、不受灰尘和雨雪侵蚀的库房内。

供方从发货之日起至现场验收止，在正常的储运和吊装条件下应保证不致因包装不善而引起产品的锈蚀、长霉、损坏和精度降低等。

4. 质量保证期

产品的质量保证期一般为自投入运行之日起 1 年，或从最后一批货物交货之日起 2年，以先到期为准。如有特别要求，可在供需双方签订的合同中规定。

质量保证期内如因制造质量引起的设备损坏或不能正常工作，供方应无偿修理或更换。

三、水泵机组制造技术要求

（一）原材料检验

设备、部件制造中所用的材料应该是新的、优质的、无缺陷的和无损伤的。其种类、成分、物理性能应符合设计要求。

材料应符合合同所列的类型、技术条款和等级或与之等效。未列入的材料，其合格情况、适用情况及制造商/供货商所确定的设计指标，应由建设单位审查后才可使用。允许使用的代用材料，制造商/供货商应给出代用材料的详细说明、所符合的标准和规范，并报建设单位认可。

1. 原材料标准与试验

用于主要设备和部件的材料都应经过试验，试验应按国家有关规定进行，设备原材料所用的标准应是最新版本。材料试验后要提供试验报告供建设单位确认。当有要求时，试验应有监理、建设单位代表在场。

2. 一般性化验与试验

制造商/供货商应提供水泵、电动机设备主要部件材料的化学成分试验报告。报告应包括化学成分、力学性能、抗拉强度、屈服强度、弯曲及延伸率、耐压试验等。监理机构应对设备的主要原材料、零部件和外购外协件等进行文件见证，应审查质量证明文件及检验报告，如有疑问，可要求设备制造商进行复检。

3. 试验报告

材料试验完成后，制造商/供货商应尽快将核准过的材料试验报告提交给监理机构。

4. 工作应力

设备所有部件均应有足够的安全系数，对承受交变应力、振动或冲击应力的部件更应特别重视，设备设计时，应考虑在所有预期的运行工况下都具有足够的刚度、强度和疲劳极限。

（二）制造工艺和质量

制造商/供货商应制定可靠的制造工艺和质量保证措施。工厂图纸上制造加工标准度量制采用国家法定单位及国际单位。螺栓、螺母等紧固件必须符合国家标准的规定。对于所有配合的机械公差要适应各部件的工作要求。所有相同零部件应能互换和便于维修。要消除内应力的零部件应在消除应力以后进行机械加工。

1. 焊接

（1）焊接工作应尽量采用自动焊或半自动电弧焊。对于需要消除内应力的机械加工件，应在消除内应力后再进行精加工。在制造厂焊接的主要零部件，不允许采用局部消除内应力的方法。

（2）焊接压力容器部件的焊接方法、工艺及焊接工应符合国家标准中的有关规定，焊工必须取得相应的特殊工种资质证书。

（3）焊接件接缝坡口应设计合理，坡口表面应平整，无缺陷、油污及其他杂物。所有焊接质量必须符合国家焊接标准和有关规程的要求。

2. 铸件

所有铸钢和铸铁件应无夹渣和裂纹等缺陷，表面要清理干净，气孔和砂眼的数量不得超过有关标准的要求。

铸件尺寸应符合图纸要求，加工部位应留有足够的加工裕度。

3. 无损探伤

无损探伤应按照合同规定的相应标准进行。无损探伤检查用于主要部件。如水泵接力器、叶轮及叶片、水泵轴及法兰、压力油罐、电动机轴及法兰，以及其他铸件和锻件等。主要部件在经过表面加工和精加工后，还应做全部表面检查。

（1）主要部件焊缝应全部做无损探伤检查并提供检查报告。监理机构、建设单位可对主要部件焊缝进行随机抽样检查。

（2）水泵转轮等铸件需进行无损探伤检验。

（3）水泵轴等锻件均应按国家标准有关规定适用的无损探伤方法进行检查，以确定它们的完好程度。

（4）锻件结构应是均质的，不允许存在白点、裂纹、缩孔和不能清除的非金属杂质。

4. 密封件

所有设备及部件的密封件材料应选用优质产品，其使用寿命应满足规范或设计文件要求，易于更换和检修。当设备制造承包人采用新材料、新工艺、新技术、新设备、新产品时，监理机构应要求设备制造单位报送相应的制造工艺措施和证明材料，组织专题论证，经审定后予以签认。

5. 附属管路

水泵设备的附属管道布置、阀门位置和接头设计应便于运行维护、设备检修或移动部件检修，管路系统要拆卸的地方应设置法兰接头或活接头。

（1）水管一般应选用无缝不锈钢管，管路必须按最大内部压力设计，必须采取有效的防腐措施。阀门一般采用不锈钢材质。当设备制造承包人采用新材料、新工艺、新技术、新设备、新产品时，应向监理机构报送经论证符合相关法规和技术标准规定的相应工艺措施和证明材料，监理机构审查后报建设单位批准。

（2）油管应采用无缝钢管或铜管，管路必须按最大内部压力设计，阀门一般采用不锈钢制造。制造商/供货商推荐采用其他材料的应经监理、建设单位同意。

（3）连接各种仪表的管路应为不锈钢管或铜管，为使仪表指示值稳定，其连接管应为蛇形管。压力表和设备连接处应设置截止阀，并提供合适的泄放阀和排泄管接头。供温度表用的柔性管应是铠装的。

（4）所有设备的内部和外部管路用螺纹或法兰连接。所有外部连接用法兰都应带有连接螺栓、螺母和密封垫片，以便连接到其他配套设备供应的管路上。

6. 基础件

所有的永久性基础件，包括埋于混凝土的锚定螺栓，或在混凝土浇筑过程用于固定或支撑部件的锚定螺栓以及拉杆、楔形板和拉条等，均应随设备一起供应。埋设部件的设计，应当使部件埋入时能牢固地将部件定位。

对水下部分的连接螺栓、螺母等应采用不锈钢材料制作。

7. 涂漆和保护镀层

水泵全部设备表面应清理干净，并应涂以保护层或采取经监理、建设单位确认的防护措施。表面颜色在相关设计联络会议上确定。

（1）除另有规定，镀锌金属、不锈钢和有色金属部件不需要涂层。

（2）在进行清理和上涂料期间，对不需要涂保护层的相邻表面应保护不受污染和损坏。

（3）涂保护层应在合适的气候条件和充分干燥的表面上进行。当环境温度在7℃以下或当金属表面的温度小于空气露点以上3℃时，不允许进行。

8. 防锈和涂漆

涂层、涂层的最小厚度、涂层数目及各项表面准备应按下列工艺过程或经监理机构批准工艺过程进行。

泵在装配前和装配过程中应做如下防锈处理：

（1）流道和铸件的非加工表面去除铁锈和油污后涂防锈漆。

（2）加工的过水面涂以防锈油脂。

（3）轴承体储油室内表面应清理干净后涂耐油磁漆。

（4）轴、联轴器、轴套等外露加工表面应涂油脂或其他涂料进行防锈。

涂漆表面处理与涂漆技术要求按 JB/T 4297 的规定。

泵经性能试验合格后，应除净泵内积水，并重新做防锈处理。

应提供足够数量的备用涂料，供现场修整、修复设备部件表面之用以及在设备安装调试完毕后进行的最终喷涂。

9. 油品质量标准

制造商/供货商提供的设备的用油应符合国家标准 GB 11120 和 GB 5903。

10. 铭牌和标志

每台主要设备与辅助设备均应用永久的铭牌。铭牌应字迹清晰，经久耐用。铭牌上应标有制造厂名称、设备出厂日期、编号、型号、额定参数、重量及其他重要数据。铭牌和标志所用的文字为中文或中英文对照，应简明扼要。制造商/供货商应将铭牌和标志一览表交监理、建设单位确认。

（三）水泵质量控制标准

1. 一般规定

采用新模型的主水泵，在制造前，应按 SL 140 的规定进行模型试验和验收。

主水泵制造合同签订后应按《泵站设备安装及验收规范》（SL 317）定期和不定期召开设计联络会。大型水泵和非定型中型水泵宜进行驻厂监理和出厂验收。

对于采用新模型的主水泵和无同类工程规模案例的主水泵应按 SL 317 规定在出厂前宜进行不少于1台的真机测试。若出厂前无法做真机测试的，在工程现场应进行不少于1台的真机测试。真机测试应按 SL 548 的规定执行，测试项目应包括水泵装配及调节情况和流量、扬程、转速、轴功率、效率、汽蚀余量、振动、噪声、温升等参数的现场测试，测试结果应符合设计或合同的要求。

主水泵加工完毕后，应按设计图和 SL 317 的要求检测合格，主水泵外观质量应符合设计要求，叶轮外径误差应符合设计图样及技术要求的规定值。

液压调节叶片的主水泵，其叶轮应进行强度耐压试验，并符合 SL 317 的规定；机械调节叶片的主水泵，如叶轮轮毂内部用油脂防锈或用自润滑轴承的，应进行严密性耐压试验。

2. 离心泵制造控制标准

离心泵主要过流部件的固有频率应与各种水力激振频率错频。

叶轮、固定导叶、多级泵级间导叶可采用铸焊结构。叶轮叶片、导叶可模压成型，铸造单叶片宜采用数控加工。

现场安装的底座以及泵的支座，应设计成能够承受水泵短管上的外力，而不会发生超过规定的轴不对中性，并能将其他机械力引起的不对中性减至最小。

离心泵主要实际尺寸与设计尺寸的允许偏差应符合表 7-4 的要求，表中离心泵测量项目示意图如图 7-32 所示。

表 7-4　　　　　　　　**离心泵主要实际尺寸与设计尺寸的允许偏差**

测量项目		允许偏差	测量要求	说明
叶轮	进口直径 D_1 （$D_1 \geq 1000$mm）	±0.1%	在两个相互垂直的截面上测量	—
	进口直径 D_1 （$D_1 < 1000$mm）	±1.0mm		
	出口直径 D_2 （$D_2 \geq 1000$mm）	±0.1%	在两个相互垂直的截面上测量	—
	出口直径 D_2 （$D_2 < 1000$mm）	±1.0mm		
	出口宽度 B_2	±1%	测量相互垂直两个截面的4个部位	—
	前盖板轴向长度 H （$H \geq 400$mm）	±1%	测量相互垂直两个截面的4个部位	—
	前盖板轴向长度 H （$H < 400$mm）	±4.0mm		
	叶片截面形状 （$D_2 \geq 1000$mm）	0.25%	对所有叶片进行测量，每片叶片测量 2～4 个截面。原型测量范围：进口侧 $10\% D_2$，出口侧 $15\% D_2$	与 D_2 之比
	叶片截面形状 （$D_2 < 1000$mm）	2.5mm		
	叶片厚度 T	±10% ±3.0mm		—
	进口栅距 P_1	±1.5% ±4.0mm	对所有进口栅距进行测量	与所有进口栅距平均值之比
	出口栅距 P_2	±1.5% ±7.0mm	对所有出口栅距进行测量	与所有出口栅距平均值之比
	密封环间隙 S	±20%	在两个相互垂直的截面上测量	与测量间隙值的平均值之比
蜗壳	水泵进口直径 a_1 水泵出口直径 a_2 （$a_1 \geq 2000$mm）	±0.4%	测量垂直和水平方向两个直径	
	水泵进口直径 a_1 水泵出口直径 a_2 （$a_1 < 2000$mm）	±8.0mm		
	蜗壳室的内径 $a_3 \sim a_6$ （($a_3 \sim a_6$)≥ 2000mm）	±0.8%	测量垂直和水平截面从蜗壳中心至边壁的半径	
	蜗壳室的内径 $a_3 \sim a_6$ （($a_3 \sim a_6$)< 2000mm）	±16.0mm		
	水泵出口中心线至蜗壳中心距离 a_7 （$a_7 \geq 2000$mm）	±0.8%		
	水泵出口中心线至蜗壳中心距离 a_7 （$a_7 < 2000$mm）	±16.0mm		
	水泵出口法兰面至蜗壳中心距离 a_8 （$a_8 \geq 2000$mm）	±0.8%		
	水泵出口法兰面至蜗壳中心距离 a_8 （$a_8 < 2000$mm）	±16.0mm		

续表

测 量 项 目		允许偏差	测量要求	说 明
导叶体	内径 d_1 ($d_1 \geqslant 1000\text{mm}$)	±1%	在两个相互垂直的截面上测量	
	内径 d_1 ($d_1 < 1000\text{mm}$)	±10.0mm		
	进口宽度 b_3	±2%且±8.0mm	在两个相互垂直截面上的4个部位测量	b_3 图中未表示
	叶片截面形状	±3%且±3.0mm	对所有叶片进行测量,每片叶片测量中心一个截面	与内径 d_1 之比
	进口栅距 P_d	±2%且±4.0mm	对所有叶片进行测量,每片叶片测量中心一个截面	与所有进口栅距平均值之比

3. 混流泵、轴流泵制造控制标准

混流泵和轴流泵叶轮室应具有足够的刚度。叶轮室的易空蚀部位宜采用不锈钢里衬或整体不锈钢制作。

叶轮叶片、导叶可模压成型,当铸造成型时叶片宜采用数控加工。叶轮叶片上不宜开吊孔。叶轮叶片的外缘可设置裙边。叶轮叶片外缘与叶轮室之间的单边间隙应小于0.1%叶轮直径。

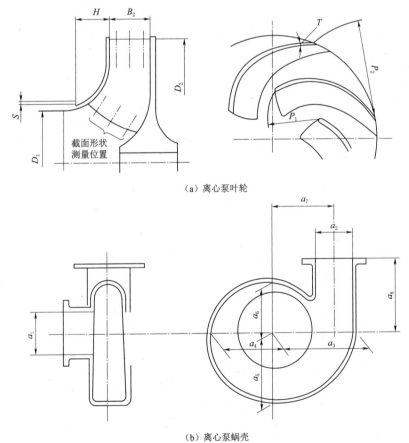

(a) 离心泵叶轮

(b) 离心泵蜗壳

图 7-32(一) 离心泵测量项目示意图

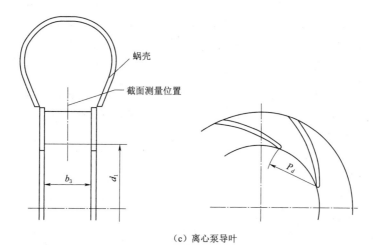

（c）离心泵导叶

图 7-32（二）　离心泵测量项目示意图

　　液压全调节水泵的受油器及其装配部件，应有绝缘材料与电动机所有连接处隔开以防止产生轴电流。

　　混流泵和轴流泵的主要实际尺寸与设计尺寸的允许偏差应符合表 7-5 要求（表中测量项目示意图如图 7-33 和图 7-34 所示）。导叶式混流泵和轴流泵叶轮过流表面（单向泵为叶片正面，如双向泵则为正反两面）粗糙度 Ra 应在 $3.2\mu m$ 之内，其他部位不应大于 $6.3\mu m$。

表 7-5　　　　　混流泵和轴流泵的主要实际尺寸与设计尺寸的允许偏差

测　量　项　目			允许偏差	测量要求	说　明
蜗壳式混流泵叶轮	进口直径 D_1	$D_1 \geqslant 1000mm$	$\pm 0.1\%$	在两个相互垂直的截面上测量	
		$D_1 < 1000mm$	$\pm 1.0mm$		
	出口直径 D_2、D_3	$D_1 \geqslant 1000mm$	$\pm 0.1\%$	在两个相互垂直的截面上测量	
		$D_1 < 1000mm$	$\pm 1.0mm$		
	出口宽度 B_2		$\pm 1\%$	在两个相互垂直截面的 4 个部位测量	
	叶片外侧轴向长度 H		$\pm 1\%$	在两个相互垂直截面的 4 个部位测量	
	叶片截面形状	$D_2 \geqslant 1000mm$	$\pm 0.25\%$	对所有叶片进行测量，每片叶片测量 2～4 个截面。原型测量范围：进口侧 10% D_2，出口侧 15% D_2	与叶轮出口直径 D_2 之比
		$D_2 < 1000mm$	$\pm 2.5mm$		
	叶片厚度 T		$\pm 10\%$ 且 $\pm 3.0mm$		
	进口栅距 P_1		$\pm 1.5\%$ 且 $\pm 4.0mm$	对所有进口栅距进行测量	与所有进口栅距平均值之比
	出口栅距 P_2		$\pm 1.5\%$ 且 $\pm 7.0mm$	对所有出口栅距进行测量	与所有出口栅距平均值之比

测　量　项　目		允许偏差	测量要求	说　明
蜗壳型混流泵叶轮	密封环间隙 S_1	±20%	原型叶轮每近似转动90°，测量每片叶片进口、中部、出口三个位置。模型叶轮在两个相互垂直的截面上测量	与设计值之比及所有测量值的平均值之比
	叶片侧边间隙 S_2（开式叶轮）	±25%	原型叶轮每近似转动90°，测量每片叶片进口、中部、出口三个位置。模型叶轮在两个相互垂直的截面上测量	与设计值之比及所有测量值的平均值之比
导叶式混流泵与轴流泵叶轮	外径 D_2 轴　$D_2 \geqslant 1000\text{mm}$	±0.1%	对所有叶片进行测量	
	外径 D_2 轴　$D_2 < 1000\text{mm}$	±1.0mm		
	轮毂直径 D_0　$D_2 \geqslant 1000\text{mm}$	±0.1%	相互垂直的两个直径	
	轮毂直径 D_0　$D_2 < 1000\text{mm}$	±1.0mm		
	叶轮高度（混流泵）H　$D_2 \geqslant 1000\text{mm}$	±0.1%	对所有叶片进行测量	
	叶轮高度（混流泵）H　$D_2 < 1000\text{mm}$	±1.0mm		
	叶片安装角 θ	±0.25°	对所有叶片进行测量	叶片外缘翼型安装角
	叶片截面形状　$D_2 \geqslant 1000\text{mm}$	±0.2%	对所有叶片进行测量，每只叶片测量2~4个截面	与外径 D_2 之比
	叶片截面形状　$D_2 < 1000\text{mm}$	±2.0mm		
	叶片厚度 T	±5%且±3.0mm	对所有叶片进行测量	
	叶片长翼形长度（轴流泵）L_1　$D_2 \geqslant 1000\text{mm}$	±1%	对所有叶片进行测量，测量叶片平面截面的形状，测量2~4个截面	与设计长度之比
	叶片长翼形长度（轴流泵）L_1　$D_2 < 1000\text{mm}$	±10.0mm		
	叶栅栅距 P_1　$D_2 \geqslant 1000\text{mm}$	±1.5%	对所有栅距进行测量，在叶轮外径 D_2 处测量相邻叶片外缘转动轴之间的距离（弦长）	与所有栅距平均值之比
	叶栅栅距 P_1　$D_2 < 1000\text{mm}$	±7.0mm		
导叶体	进口直径 b_1、b_2　$(b_1 \sim b_2) \geqslant 1000\text{mm}$	±1%	在两个相互垂直的截面上测量	
	进口直径 b_1、b_2　$(b_1 \sim b_2) < 1000\text{mm}$	±10.0mm		
	出口直径 b_3、b_4　$(b_3 \sim b_4) \geqslant 1000\text{mm}$	±1%	在两个相互垂直的截面上测量	
	出口直径 b_3、b_4　$(b_3 \sim b_4) < 1000\text{mm}$	±10.0mm		
	叶片进口截面形状　$b_1 \geqslant 1000\text{mm}$	±0.4%	对所有叶片进行测量，每片叶片测量两个截面。叶片进口处的测量长度为进口直径 b_1 的10%	与导叶片进口直径 b_1 之比
	叶片进口截面形状　$b_1 < 1000\text{mm}$	±4.0mm		
	进口栅距 P_d	+1.5%且±6.0mm	对所有叶片进行测量	与所有叶片相同截面栅距测量值的平均值之比

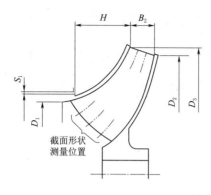
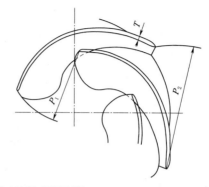

（a）蜗壳式（闭式）混流泵叶轮

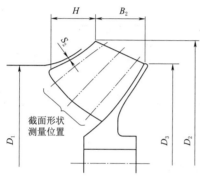
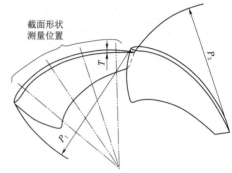

（b）蜗壳式（开式）混流泵叶轮

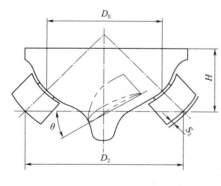
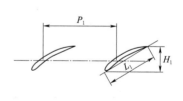

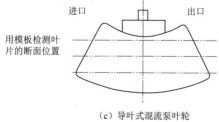

（c）导叶式混流泵叶轮

图 7 - 33 轴（混）流泵测量项目示意图（一）

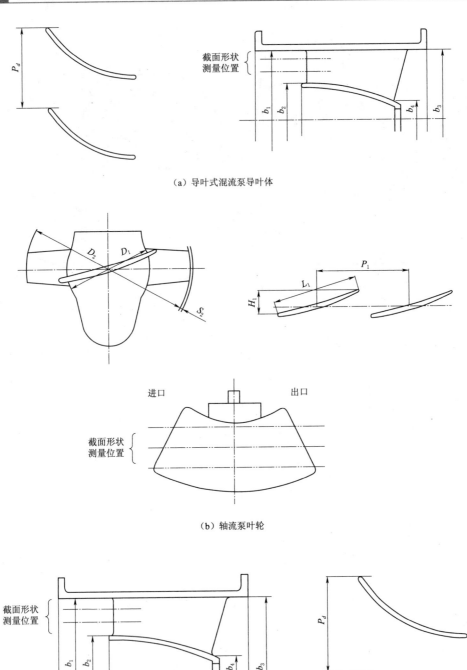

（a）导叶式混流泵导叶体

（b）轴流泵叶轮

（c）轴流泵导叶体

图 7-34 轴（混）流泵测量项目示意图（二）

4. 贯流泵制造控制标准

贯流泵叶轮叶片外缘与叶轮室之间的单边间隙不宜大于 0.1% 的叶轮直径。叶轮与叶轮室之间的间隙设计应充分考虑主轴挠度的影响。

叶轮室应具有足够的刚度，设计时应考虑叶轮的轴向位移。叶轮室的易空蚀部位宜采用不锈钢里衬或整体不锈钢制作。

稀油润滑径向导轴承宜设有高位油箱润滑或稀油润滑循环装置。

泵体与座环之间宜设有伸缩节。

贯流泵实际上是卧轴的轴流式或混流式水泵，其主要实际尺寸与设计尺寸的允许偏差可参照表 7-5 的要求（表中测量项目如图 7-33 和图 7-34 所示）。

（四）水泵制造质量控制

制造商/供货商应根据相关规程规范和合同要求，对泵站工作范围下的水泵及泵装置的性能指标保证值，如设计扬程、最大（小）扬程、平均扬程下的流量、轴功率、效率、汽蚀余量值、泵的最大轴功率和泵的最高飞逸转速，各种工况下水泵效率、泵装置效率和机组装置效率等，进行设计并制定质量保证措施。监理机构依据 SL 288 等规范和合同要求，做好质量控制工作。

1. 叶轮

叶轮是水泵设备的核心部件，主要包括叶片、轮毂体。可调节水泵叶轮还有叶片操作机构。其中叶片又是叶轮的关键部件。叶片材质、加工精度和装配工艺对水泵的性能及稳定运行起到决定性作用。液压全调节轴流泵叶轮结构如图 7-35 所示。

叶轮一般要求如下：

叶轮加工完成后，应在厂内进行检查；整体装配后进行机构性能试验和渗漏试验等。制造商/供货商应向建设单位提交检查报告。

叶轮加工完成后，应在制造现场按 ISO 1940 标准进行静平衡试验，精度不低于 G6.3 级。制造商/供货商应保证残留不平衡重量 Δ（kgf）产生的离心力不大于叶轮重量的 0.2%，并满足以下公式的计算值。制造商/供货商应向建设单位提交静平衡试验报告。试验必须由设备制造监理工程师或建设单位代见证。

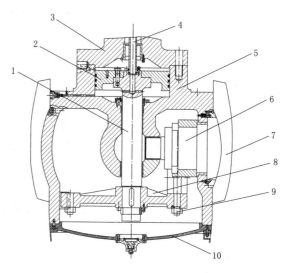

图 7-35　液压全调节轴流泵叶轮结构图
1—活塞杆；2—活塞；3—泵轴；4—操作油管；5—轮毂；
6—转臂；7—叶片；8—操作架；9—耳柄；10—下盖

$$\Delta \leqslant 3.578 D_1 \frac{G}{N_P^2}$$

式中：G 为静平衡试验重量，kgf；N_P 为飞逸转速，r/min；D_1 为叶轮直径，mm。

叶轮质量控制要点如下：

原型转轮过流部分必须几何相似于模型转轮，加工后偏差应参照《水轮机、蓄能泵和水泵水轮机通流部件技术条件》（GB/T 10969）和《混流泵、轴流泵开式叶片验收技术条件》（JB/T 5413）的要求执行。

转动各部件应具有足够强度以承受最大转速、应力，并具有足够的刚度和抗疲劳强度，确保转轮在周期性变动荷载下不出现任何裂纹断裂或有害变形。

叶轮装配后应测量断面进出水边高度差并有清晰的叶片角度的刻度线。同一个轮毂上所有叶片的安放角应一致。各叶片外缘型线的倾角，最大偏差应小于 $0.25°$。

叶轮间隙。即叶轮与转轮室之间的单边间隙。将叶片角度调至 $0°$，用塞尺测量每只叶片进口、中部、出口与转轮室的间隙并求平均值。叶轮间隙调整合格后应记录转轮室垫块的高度，作为安装高程计算的基本数据。

叶片根部间隙。即叶片角度调至最大角与轮毂外表面的间隙。叶片根部间隙符合设计要求。

2. 叶片

叶片应严格按模型叶片比例放大，大型叶片宜采用五轴联动数控机床加工。

叶片必须采用抗气蚀性能及抗磨性能良好，并保证在常温下具有良好可焊性的不锈钢材料（ZG0Cr13Ni4Mo 或 ZG1Cr18Ni9）。

叶片采用单片铸造，外观检查光洁、无裂纹、夹砂、气孔、缩孔、黏砂等铸造缺陷，过流表面应光滑、无裂纹，表面粗糙度应在 $Ra1.6\mu m$ 之内，超声波探伤检查无缺陷波。

叶片与转轮室的间隙均匀、合适，保证叶片转动灵活，尽量减少容积损失。

叶片加工方式为数控机床加工，叶片的加工质量必须符合 JB/T 5413 中的叶片质量允许偏差 A 级要求。

叶片型线的检测应采用准确可靠的方式，参见 SL 317 规定，头部型线用样板检查。制造商/供货商可提出更准确地叶片型线的检测方式及设备，如三维极坐标测量设备等。

3. 轮毂体

轮毂体为整体铸造，材料不低于 ZG 310-570，可调节叶轮应保证轮毂体内有足够的空间安放叶片调节机构；轮毂表面为球形，保证叶片转动灵活，且叶片内缘与轮毂球形间隙均匀、合适，尽量减少容积损失。

4. 叶片调节机构

叶片调节机构采用锻钢材料，制造商/供货商在设计上必须采用可靠的技术措施，确保叶片转动部分的密封性能良好，水泵长期运行转轮也不得有任何渗漏，并对叶片转动轴密封进行试验。机械全调节轴流泵调节结构如图 7-36 所示。

制造商/供货商应根据制造和运行经验推荐叶片转动轴轴承及其润滑方式，同时要求方便更换轮叶的密封零部件，叶片要求能灵活转动，不允许有卡阻现象。

叶片的操作机构要保证在任何工况下能灵活、安全、可靠地调节叶片各种角度并能保持稳定运行，在最大、最小角度应有限位。操作机构中所有相对运动的部件均应合理设计，使其尽可能减少摩擦损失和死行程。

操作机构与调节轴连接,应有防止松脱的措施。

5. 全调节叶轮

液压全调节轴流泵的叶轮部件由轮毂、叶片、活塞和转动叶片的操作机构、短轴、反馈轴等组成,叶轮部件结构如图 7-37 所示。

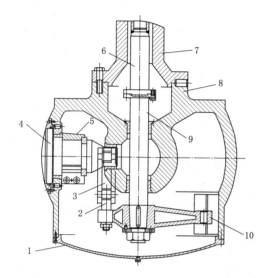

图 7-36 机械全调节轴流泵调节结构图
1—下盖;2—耳柄;3—连杆;4—叶片;5—转臂;
6—中操作杆;7—泵轴;8—叶轮;
9—下操作杆;10—操作架

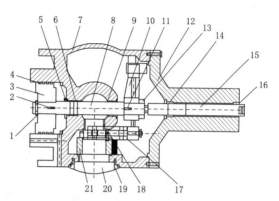

图 7-37 液压全调节轴流泵叶轮部件结构图
1—活塞杆卡环;2、11—键;3—活塞;4—活塞环;
5、9—活塞杆铜套;6—密封环;7—轮毂;8—活塞杆;
10—操作架;12—短轴;13—螺母;14、16—反馈
杆铜套;15—反馈杆;17—耳柄;18—连杆;
19—叶片密封;20—叶片;21—拐臂

转动叶片的操作机构布置在叶轮腔内,由拐臂(也称转臂)、连杆、操作架、活塞杆等零部件组成。

叶片根部与叶轮的密封采用"V"形密封技术,"V"形开口向外,以防水进入叶轮腔内,"V"形密封采用进口聚醚聚氨酯材料。叶轮压环上刻有明显的0°标记线,以便安装、检修时调节用。

液压调节叶片的主水泵,叶轮轮毂严密性耐压和接力器的动作试验,应符合下列要求:

(1)叶轮轮毂密封试验压力应按制造厂规定执行。如制造厂无规定时,可采用 0.5MPa,并应保持 16h,油温不应低于+5℃。试验过程中,应操作叶片全行程动作 2~3 次,各组合缝不应渗漏,每只叶片密封装置不应有渗漏现象。

(2)叶片调节接力器应动作平稳。调节叶片角度时,接力器动作的最低油压不宜超过额定工作压力的 15%。

(3)机械调节叶片的主水泵,如叶轮轮毂内部用油脂防锈或用自润滑轴承的,应进行严密性耐压试验。

6. 泵轴

(1) 离心泵轴。GB/T 16907 规定离心泵轴应有足够的尺寸和刚性以便传递原动机额定功率；保证填料或密封有良好的性能；使磨损和卡死的风险降到最低；充分考虑启动方法和有关的惯性负荷；充分考虑静态和动态径向力。除非采购商另有批准（由于轴的总长或运输限制），否则立式泵的泵轴应为整体结构。

1) 表面粗糙度。除非对密封另有要求，否则填料函、机械密封和油封（如设有）处的轴和轴套表面的粗糙度应不大于 0.8μm。粗糙度的测量应按《产品几何技术规范（GPS） 表面结构 轮廓法 接触（触针）式仪器的标称特性》（GB/T 6062）执行。

2) 轴的挠度。为使填料或密封有良好的性能，避免轴损坏和防止内部磨损或卡死，对应于最大叶轮直径、规定的转速和流体，在整个扬程-流量曲线范围内最恶劣的动力条件下，单级和两级卧式泵及立式管道泵轴在填料函端面处（或内装式密封泵的机械密封端面处）的最大总挠度应限制在 50μm 以下并且小于所有密封环和衬套处的最小直径间隙的一半。对管道泵，计算中应包括整个轴系（包括联轴器和电机）的刚度。

可以通过对轴的直径、轴的跨距或悬臂大小以及泵壳设计（包括采用双蜗壳或导叶）综合考虑获得需要的轴刚度。确定轴的挠度时不应考虑普通填料的支承作用。

3) 直径。轴端尺寸应参照《圆柱形轴伸》（GB/T 1569）、《圆锥形轴伸》（GB/T 1570）确定，轴端键的尺寸应参照《平键 键槽的剖面尺寸》（GB/T 1095）和《普通型平键》（GB/T 1096）确定。

4) 轴的径向跳动。轴的全部长度应进行机械加工和适当的精加工。轴和轴套（如安装）的制造和装配，宜保证通过填料函外端面的径向平面处的径向跳动：在公称直径小于50mm 时不大于 50μm；在公称直径为 50～100mm 时不大于 80μm；在公称直径大于100mm 时不大于 100μm。

5) 轴向位移。轴承允许的转子轴向位移不应对机械密封的性能产生有害的影响。

(2) 混流泵、轴流泵泵轴。

1) 轴应进行强度计算，保证有足够的强度和刚性；在计算确定轴的挠度时，不应考虑软填料的支承作用。

2) 轴上的螺纹旋向在轴旋转时，应使螺母处于拧紧状态。实心轴应保留中心孔。

3) 导轴承配合处的轴颈应有耐磨层或轴套。

4) 轴与轴封件之间应设置轴套。

5) 轴套应耐磨，并可靠地固定在轴上；对轴封处的轴套，应防止其与轴之间的液体渗漏。

6) 填料密封处的轴套端部应伸到填料压盖之外。

液压全调节水泵泵轴部件结构如图 7-38 所示。

泵轴质量控制要点如下：

1) 水泵主轴用优质钢锻造而成，材质不低于设计标准，主轴应具有足够的强度和刚度，承受在任何工况下作用在主轴上的扭矩、轴向力和水平力。

2) 主轴两端与电动机轴、叶轮的连接，必须方便机组的拆卸和导轴承的布置，同时确保轴的同心度和弯曲度。

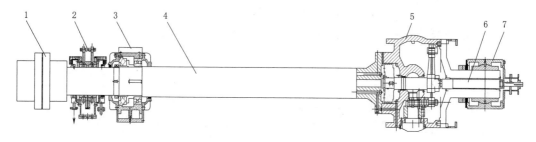

图 7 - 38　液压全调节水泵泵轴部件结构图

1—联轴器；2—受油器；3—组合轴承；4—泵轴；5—叶轮；6—短轴；7—导轴承

3）制造商/供货商应提供调节泵轴的办法，以使在水泵整体安装后能方便和可靠地调节轴的垂直位置，保证转轮叶片与转轮室间的间隙符合规范要求。

4）主轴应在最大转速范围内运转而不发生有害的变形。

5）主轴应在方便于摆度测量的位置进行表面抛光。

6）主轴加工之前应进行正火，且锻件需做无损探伤检查，符合标准要求。对轴承挡堆焊不锈钢前、后的直径进行检测，确保堆焊不锈钢硬度、厚度符合设计要求。

7. 导轴承

水泵导轴承材质较多，选用的结构型式也较多。大、中型立式水泵机组一般采用巴氏合金稀油润滑轴承和分别由苯酚、橡胶、陶瓷、石墨、PTFE 等高分子材料加工而成的水润滑轴承。大、中型卧式（斜式）及贯流式水泵机组一般采用巴氏合金稀油润滑滑动轴承或成套滚动油脂润滑轴承。立式水泵稀油润滑滑动轴承结构如图 7 - 39 所示。

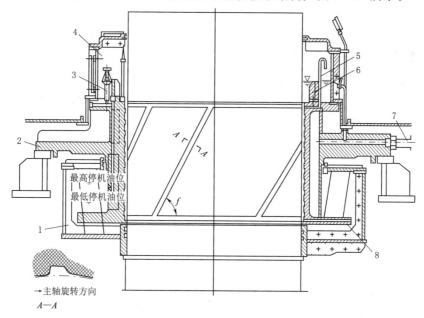

图 7 - 39　立式水泵稀油润滑滑动轴承结构图

1—转动油盆；2—轴承体；3—回油管；4—固定油盆；5—油管；6—溢油管；7—冷却水管；8—法兰

卧式水泵稀油润滑滑动轴承结构如图 7-40 所示。

卧式水泵油脂润滑滚动轴承结构如图 7-41 所示。

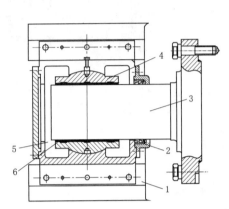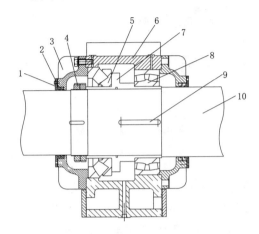

图 7-40 卧式水泵稀油润滑滑动轴承结构图
1—轴承座；2—骨架密封；3—泵轴（短轴）；
4—球面轴承；5—油箱；6—锡基合金

图 7-41 卧式水泵油脂润滑滚动轴承结构图
1—油封；2—压盖；3—轴承盖；4—螺母；
5—球面滚子推力轴承；6—轴承体；7—轴承
衬套；8—球面滚子径向轴承；9—键；10—泵轴

水导轴承质量控制要点如下：

（1）制造商或供货商应提供使用寿命长、性能稳定和耐磨性能好并符合招投标书要求的轴承，所采用的轴承结构型式应易于更换轴瓦。水导轴承正常使用寿命应满足设计要求。

（2）水导轴承润滑方式一般为稀油润滑或水润滑轴承，采用稀油润滑方式导轴承可在不解体的情况下，更换或添加润滑油。

（3）导轴承应具有互换性。

（4）导轴承应允许主轴轴向移动，导轴承及其支座必须有足够强度和刚度来承受最大径向荷载以避免有害的振动。

（5）导轴承支座采用不锈钢或铸钢材质。

（6）水导轴承轴瓦材质的化学成分和机械性能应符合规范要求；水导轴承的加工及装配质量应符合设计要求。

（7）水导轴承的加工及装配质量控制，主要是轴承外观及加工尺寸，轴承间隙应控制在设计范围内，不宜过大。

8. 转轮室

转轮室也称叶轮室，是水泵过流通道的一部分，与导叶体和进口锥管联结平面相连接。

转轮室一般要求如下：

（1）转轮室材料一般采用铸钢，为了提高其抗汽蚀破坏能力，减轻间隙气蚀对其的影响，在转轮室与叶片配合的球体部位内衬不锈钢板或采用堆焊不锈钢工艺，为了消除运行中气蚀带来的不确定因素，目前转轮室有不少采用不锈钢材料整体铸造，虽然增加了一部分造价，但相应减少了转轮室的故障概率。

（2）为了安装与检修的需要，转轮室加工成水平中开式，在水平中开面安置橡胶石棉垫板，以防止漏水，分半的转轮室用连接螺栓连接成一个圆筒。

（3）为了避免转轮室的变形而出现叶片碰撞叶轮外壳的现象，要求转轮室具有足够的刚度，保证叶轮转动时有均匀的间隙，为此，转轮室的外壁设有若干环筋和竖筋。

转轮室质量控制要点如下：

（1）转轮室采用铸造方式，其材质有碳钢或不低于 ZG1Cr18Ni9 奥氏体不锈钢。

（2）铸件不允许有影响机械性能的裂纹、气孔、缩孔、疏松、渣眼等缺陷，并应保证两次退火处理，消除铸造应力及焊接应力。

（3）碳钢铸造的内转轮室表面需有防止间隙空蚀的措施，即应内衬镶焊不锈钢板（0Cr13Ni4Mo 或 1Cr18Ni9）或堆焊不锈钢抗空蚀层，抗空蚀层高度不小于 20cm，加工后的最小厚度不小于 0.6cm。

（4）转轮室内表面与叶片外圆的间隙应均匀，直径方向的最大间隙为叶轮直径 D 的 1/1000，转轮室球面直径公差范围为 0～1.0mm，球面直径精度为 H10，过流表面粗糙度应在 $Ra3.2\mu m$ 之内，以止口外圆为基准，径向圆跳动不低于 GB/T 1184 标准规定的 8 级。现场测量各转轮室直径误差在设计范围内。

（5）检验转轮室镶焊不锈钢板的密实性，确保转轮室镶焊不锈钢质量。转轮室加工完毕后进行 0.2MPa、15min 的水压试验，不得有渗漏、冒汗现象。

9. 导叶体

导叶体是水泵过流通道的一部分，与套管和叶轮外壳相连接。它的作用主要是形成和改变叶轮出水水流的环量，保证水泵具有良好的水力特性。导叶体主要由内、外环形筒体和连接平面、导叶片、轴承支架等组成。导叶体一般采用结构焊接件。

导叶体中间设置水泵导轴承，设置水泵导轴承的目的，是为了承受水泵转动部分的重量及作用在泵轴上的径向荷载。导叶体的出水侧设有导叶帽，导叶帽的作用是出水导流。立式轴流泵导叶体结构如图 7-42 所示。

导叶体质量控制要点如下：

（1）导叶体宜采用铸焊结构，导叶片材质不低于 ZG1Cr18Ni9。所采用的导叶体必须经过运行或试验证明其水力性能优良。

（2）采用铸焊结构的导叶体为水泵重要过流部件和受力部件，应检验材质化学成分或力学性能检验报告，确保导叶体有足够的钢度和强度，能抑制水泵运行中的振动。

（3）导叶体毂内装导轴承，采用油润滑导轴承主水泵，为防止机械密封失效引起机组故障，确保油润滑导轴承在无水环境下工作，导叶体加工后对内腔进行水压试验，压力为 0.2MPa，时间为 2h。

（4）导叶片内焊有多根排水及信号管时，监造中注意检查管口两端焊接质量，管口两端及管道应无渗漏，如发现有细小渗漏应及时补焊。

（5）导叶体过流表面的粗糙度应在 $Ra6.3\mu m$ 之内，导叶体法兰止口与轴承内孔轴线

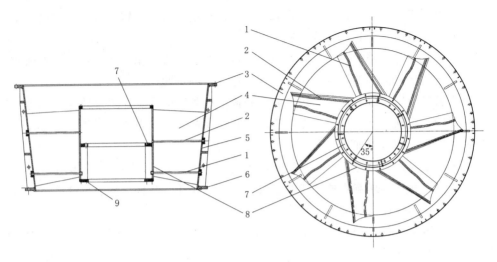

图 7-42 立式轴流泵导叶体结构图

1—管道 A；2—管道 B；3—出口法兰；4—导叶片；5—导叶体外壳；

6—进口法兰；7—导轴承上承插口；8—轮毂；9—导轴承下承插口

的同轴度不得低于 GB/T 1184 中的 8 级，导叶体入口节距偏差不大于±3％（与名义尺寸之比），导叶体入口内外圆直径偏差不大于±2％（与名义尺寸之比）。

10. 减速箱

泵站减速箱一般选用平行轴上下普通齿轮结构减速箱，也有使用行星齿轮结构减速箱。普通齿轮减速箱外形如图 7-31 所示，行星齿轮结构减速箱外形如图 7-43 所示。通常轴承采用滚动轴承，稀油润滑，冷却水冷却。

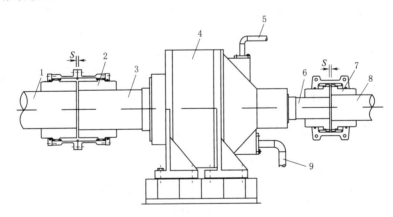

图 7-43 行星齿轮结构减速箱外形图

1—泵轴；2—鼓齿式联轴器；3—输出端；4—行星齿轮减速箱；5—润滑油入口；6—输入端；

7—蛇形弹簧联轴器；8—电动机轴；9—润滑油出口；S—端面间隙

减速箱质量控制要点如下：

（1）各组合面精度和主要零部件配合尺寸等应符合设计要求。设计未做要求时，应符合国家现行相关标准的要求。

（2）零部件加工面、配合面应无裂纹、划伤等缺陷。

（3）零部件配合标记应齐全、醒目。

（4）减速箱体应按 SL 317 相关规定的要求做煤油渗漏试验。

（5）减速箱内应洁净、无杂物。成套设备应无渗漏油。

（6）减速箱润滑油按设计的技术要求进行检测，油品、油质、油量应符合规定。

11．基础部件

基础部件包括水泵底座、底板、调整垫铁、地脚螺栓和连接螺栓等连接件，螺栓及螺帽一般应为不锈钢材质。

基础部件应有足够的强度和刚度承受机组所有的重量及轴向水推力等。制造商/供货商应提供其受力情况及受力分布图。

所有部件的接触面，包括底板与底座的接触面必须是加工面，制造商/供货商应提供有关其加工精度的标准。

制造商/供货商应提供泵底座、底板安装时水平调整的方法和设施。

立式机组水泵基础主要部件一般采用铸铁件，材质不低于 HT150。卧式（斜式）、贯流式机组基础主要部件一般采用普通碳素结构钢加工焊接而成，材质不低于 Q235 - B 或 Q235 - B - Z。

（五）工厂检验及试验

水泵工厂检验及试验应按 SL/T 806 规定执行，混流泵、轴流泵还应执行 GB/T 13008 相关规定，离心泵还应执行 GB/T 16907 相关规定。水泵主要部件应提供出厂合格证明文件、材料化学成分、机械性能报告。应根据合同规定的检验项目进行检验，并向需方提供有关文件。

水泵预装按照合同规定执行。在供方工厂内没有条件进行预装的水泵部件，经供方和需方协商一致后，可移到现场按照 SL 317 并参照《水轮发电机组安装技术规范》（GB/T 8564）有关规定进行，并由供方负责技术指导。

水泵、电动机不在同厂制造时，轴线检查应在合同中规定。

1．工厂检验和试验范围

（1）应进行机械性能、化学成分检验。样本与零部件材料应为同炉或同体材料，经过相同的热处理工艺。

（2）应进行硬度、探伤检查。在零部件粗加工后进行检测，符合要求后再进行后续加工，精加工后再抽样检测。

（3）应进行水泵零部件的几何尺寸、型线、形状与位置公差、表面粗糙度、波浪度等检查。

（4）对叶轮的主要尺寸、叶片型线、安放角度、头部型线、过流表面粗糙度和波浪度等进行检查，应进行叶片型面检测，叶片型面制造应与设计完全一致。

（5）应进行叶轮组装和静、动平衡试验。采用专用静、动平衡工装进行校平衡，应保证配重后叶轮外形几何尺寸不发生变化。

（6）应对主轴轴颈处的加工和不锈钢堆焊质量进行检测。

（7）对各承压部件应进行耐压试验、密封试验。

（8）应对重要焊缝进行质量检查。

（9）应参照 GB/T 10969 对通流部件进行检查。

（10）所有在工厂内不进行真机试验的水泵，能在工厂进行组装的部件均应在工厂进行预组装，检验各部件的配合情况，做好规定标记，现场安装不需再修正。不能预组装的大件应套装。工厂内应对主要零部件进行套装、组装：

1）叶轮轮毂、叶片等叶轮部件应在厂内进行组装，检验配合情况。

2）叶轮部件与叶轮室在厂内进行套装，检验叶片与叶轮室之间的间隙。

3）叶轮室与导叶体在厂内进行套装，检验配合情况。

4）导轴承部件与导叶体在厂内进行套装，检验配合情况。

（11）叶片调节试验应满足下列要求：

1）液压调节系统耐压试验：试验压力为设计压力值的 1.5 倍，保持 30min，然后将压力降到设计压力，保持 30min，不应出现任何渗漏损坏和有害变形。

2）叶片动作操作试验：各部件应动作灵活，顺序正确。

2. 检验和试验项目

水泵主要部件在制造过程中检验和试验项目应按 SL/T 806 执行。

需方参加检查试验的项目按照合同规定执行。

3. 工厂验收试验

工厂验收试验应分为原型泵型式试验和模型泵模型试验，按照合同规定执行。

原型泵型式试验内容应包括运转试验、能量试验和空化性能试验，试验按照《回转动力泵 水力性能验收试验 1级、2级和3级》（GB/T 3216）规定的 1 级进行。噪声和振动测试按照合同规定执行。

模型泵模型试验应包括能量试验、空化性能试验、零流量特性试验、飞逸特性试验、水压脉动试验、轴向水推力及导轴承径向力试验等，模型试验按照相应规范执行。

低扬程混流泵、轴流泵和贯流泵模型试验，应进行装置模型试验。

（六）资料清单

水泵设备制造单位需提供的文件清单见表 7-6。

表 7-6 水泵设备制造单位需提供的文件清单

序号	提供资料名称
1	制造单位的水泵制造资质、营业执照
2	建设单位和制造单位签订的制造合同
3	制造单位通过 ISO 9001 质量认证文件
4	制造单位建立的质量保证体系、制造单位的质量保证计划
5	附属设备制造单位资质、营业执照、合同协议、有关需建设单位批准的手续
6	制造单位对本合同内容向制造加工车间进行的设计、制造技术交底文件
7	水泵模型试验、装置试验成果文件（包括试验大纲、试验报告等）

序号	提 供 资 料 名 称
8	质量保证计划
9	制造设备、试验设备报验单
10	检验人员、特殊作业人员、技术指导人员资格证书
11	检查计量器具检定证书
12	试验室资质、水利行政主管部门颁发的资格证书、计量认证证书
13	水泵设计资料
14	各工序三检制签证、各零部件自检记录
15	制造方案、关键工序制定的质量保证和检测措施
16	需要进行试验的工艺是否按照设计要求进行了专题试验
17	设计修正或变更、代用材料、代用品报批手续
18	材料、附属设备的质量证明文件、抽检报告、无损探伤报告
19	工厂装配检查记录
20	验收发现的质量问题的处理记录
21	焊接件焊缝检查记录
22	计量支付文件
23	生产过程照片（三套）
24	进度计划、进度报告（每月一份）、进度计划调整文件
25	水泵调节系统试验大纲和计划
26	构件需防腐处理的防腐记录
27	水泵的出厂运输方案报批
28	运输保险
29	装运通知
30	有关设备技术文件、质量合格证书、需组装的设备和部件的装配图、装箱清单
31	水泵相关图纸，出厂合格证
32	水泵及其附属设备指导安装文件
33	水泵及其附属设备运行、维护、说明书
34	对水泵及其附属设备运行与维修人员培训教材

第三节　电站桥式起重机制造

电站桥式起重机，一般指水电站设备安装、维修用的单小车、双小车桥式起重机，其吊具为吊钩、吊叉、平衡吊梁或其中两者同时使用。水电站主厂房内的桥式起重机（以下简称起重机）承担着电站建设阶段的水轮发电机组的转子、定子、转轮等关键设备的吊装任务以及发电运行设备检修的吊装任务。

一、起重机的特点与类型

(一) 主要特点

(1) 起重量大。水电站水轮发电机组转子等设备都是在安装工位整体组装好后整体吊运至机位安装，转子的体积和质量都很大，这就决定了起重机的额定起重量很大。

(2) 调速比高。当起吊水轮发电机组定子和转子等重载物件时，需要准确对位，因而要求各机构能够在低速状态下稳定运行。当起重机轻载起吊时，各机构能够高速运行，提高工效。

(3) 工作级别低。在电站建设阶段起重机起吊发电机组定子与转子的次数不多，起吊次数等于发电机的数量，起吊的其他部件都远小于额定起重量；在水电站投入发电运行后起重机只是承担检修的吊装任务，几乎处于闲置状态。

(二) 型式分类

(1) 起重机按操控方式分为如下几类。

1) 司机室操控起重机。

2) 地面有线操控起重机。

3) 无线遥控操控起重机。

4) 多点操控起重机。

(2) 起重机按小车数量分为如下两类。

1) 单小车桥式起重机，如图 7-44 所示。

2) 双小车桥式起重机，如图 7-45 所示。

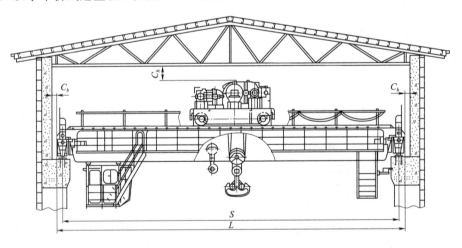

图 7-44 单小车桥式起重机

S—起重机标准跨幅；L—建筑物跨度定位轴线间距；C_h—起重机与厂房间的上方间隙；C_b—起重机与厂房间的侧方间隙

(三) 基本参数

(1) 起重机应优先选用表 7-7 规定的基本参数。

(2) 起重机与厂房间的间隙尺寸（见图 7-44 和图 7-45）宜符合以下要求；上方间隙 $C_h \geqslant 200\text{mm}$，侧方间隙 $C_b \geqslant 100\text{mm}$。

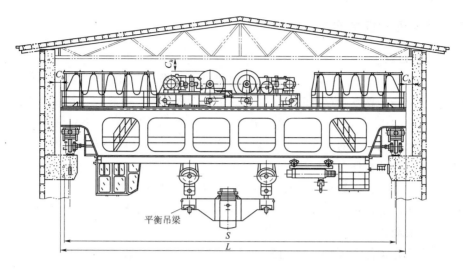

图 7-45 双小车桥式起重机

S—起重机标准跨幅；L—建筑物跨度定位轴线间距；C_h—起重机与厂房间的上方间隙；

C_b—起重机与厂房间的侧向间隙

表 7-7 桥式起重机常见规格及其技术参数

额定起重量 /t	主起升机构	20	25	32	40	50	63	80	100	125	140	160	200	250	280	320	400	450	500
	副起升机构	推荐取值主起升机构的 1/8～1/3																	
起升速度 /(m/min)	主起升机构	2.0, 2.5, 3.2, 4.0, 5.0						1.6, 2.0, 2.5						1.0, 1.6, 2.0				
	副起升机构	5, 6.3, 8, 10, 12.5						5.0, 6.3, 8.0						4.0, 5.0, 6.3				
最大起升高度 /m	主起升机构	20, 22, 24, 26, 28, 30, 32, 34, 36, 38, 40, 42, 44, 46, 48, 50																	
	副起升机构	22, 24, 26, 28, 30, 32, 34, 36, 38, 40, 42, 44, 46, 48, 50, 52																	
跨度 S/m		10～28（每间隔 0.5m 分挡）						16～40（每间隔 1m 分挡）											
运行速度 /(m/min)	大车运行机构	12, 16, 20, 25																	
	小车运行机构	4, 6, 3, 8, 10																	
机构工作级别	主起升机构	M2, M3, M4																	
	副起升机构	M3, M4, M5																	
	大车运行机构	M3, M4																	
	小车运行机构	M4, M5																	
起重机工作级别		A2, A3, A4																	

注 1. 表中额定起重量为单小车系列，双小车时，小车的起重量应符合单小车起重机起重量系列，如 125t＋125t，总起重量不应超过 250t。

2. 当设有主、副钩时额定起重量匹配关系为 3：1～8：1，并与主起升的额定起重量成反比，用分子分母形式表示，如 80/20、50/10 等。

3. 表中所列最大起升高度为一般限定值，可根据电站设计实际超出此限，从此限制每增加 2m 为一挡，取偶数，高扬程起重机宜采用轻载高速的方式提高效率。

4. 在同一范围内的各种速度，具体值的大小应与起重量成反比，与工作级别和工作行程成正比，安装起重机宜采用变频方式调速。

二、起重机的技术要求

(一) 基本要求

起重机的设计、制造、检验应符合《起重机设计规范》(GB/T 3811)、《起重机械安全规程 第 1 部分：总则》(GB/T 6067.1) 和《起重机械安全规程 第 5 部分：桥式和门式起重机》(GB/T 6067.5) 的有关规定。

所有起重设备钢结构的设计既要考虑其经济性、合理性，又要考虑其安全可靠性和耐用性。因此要求钢结构具有足够的强度、刚度及稳定性，尤其设备金属结构是在交变应力的作用下工作，因此金属结构在接头和截面突变等应力集中较高的部位有可能出现疲劳损坏，对于桥架除应有足够的强度外，还应有足够的刚度、稳定性，此外钢结构的设计还要适应使用地区的温差变化。

为了尽量防止构件因应力集中的影响发生破坏，主要承载结构的构造设计应力求简单、合理、受力明确，能直接连续地传递应力，避免构件的截面剧烈变化，避免产生较高的应力集中。

主要钢结构部分的钢板和型材都必须有良好的焊接性，焊接前必须进行预处理。构件应设计成使所有各部分都便于加工、检查、运输、组装和维护、易于除锈和涂漆。连接部件与构件应便于施工。主要钢结构的现场大块拼装可采用高强度螺栓连接，并设有安装维修用的吊环。

主要材料在开工前交监理机构认可才可开工，采用经招标方认可的制造工艺，并符合招标方认可的标准。产品交货时提供检验证书，证明主要结构所用钢材、外购件、铸锻件等原材料符合标准。

(二) 主要承载结构件材料

起重机的主要承载结构件是指桥架主梁、端梁、小车架的承载梁、起重机平衡吊梁、运行机构的平衡梁、车轮和台车架等，承载结构件的材料应符合 GB/T 3811 的相应规定，力学性能不低于 GB/T 700 中的 Q235 钢和 GB/T 699 中的 20 钢材；当结构需要采用高强度钢材时，可采用力学性能不低于 GB/T 1591 中的 Q355、Q390、和 Q420 钢材。

所选的结构件钢材应具有足够的抗脆性破坏的安全性。考虑影响脆性破坏因素评价的钢材质量组别选择方法见 GB/T 3811。

(三) 主要构件连接

1. 焊接

焊接坡口的形式和尺寸应符合 GB/T 985.1 和 GB/T 985.2 规定，如有特殊要求应在图样上注明。

焊缝的分类、焊接工艺评定、外观质量检查和内部缺陷探伤应符合 SL 36 的规定。

焊接构件用焊接材料应与被焊接件的材料相适应，并符合 SL 36 的规定。

2. 螺栓连接

普通螺栓、螺钉和螺柱的性能等级和材料应符合 GB/T 3098.1、GB/T 3098.3 的规定，螺母的性能等级和材料应符合 GB/T 3098.2、GB/T 3098.4 的规定。

高强度螺栓连接副的选用和检验应符合 JGJ 82 的规定。

大头角头高强度螺栓接头所用螺栓、螺母、垫圈及其技术要求应分别符合 GB/T 1228、GB/T 1229、GB/T 1230、GB/T 1231 的规定。钢结构用扭剪型高强度螺栓接头所用的连接副应符合 GB/T 3632 的规定。

采用高强度螺栓连接的构件接触面应符合 JGJ 82 的规定。

钢结构采用高强度螺栓完成构件间的连接时，应使用经检验合格的力矩扳手拧紧。高强度螺栓连接的拧紧，分为初拧和终拧。初拧力矩为规定的 30%，终拧达到规定力矩。拧紧螺栓应从结构中部开始，对称向两端进行。

（四）金属结构

起重机的桥架是一种移动的金属结构，它承受载重小车的重量，并通过车轮支承在轨道上，因而是桥式起重机的主要承载构件。它由主梁、端梁、轨道等部分组成。

1. 主梁

主梁应有上拱度，并应能承受 1.25 倍额定起重量的试验荷载，其主梁不应产生永久变形。静载试验后的主梁，当空载小车在极限位置时，上拱最高点应在跨度中部 $S/10$ 范围内，其值不应小于 $(0.7/1000)S$。试验后进行目测检查，各受力金属结构件应无裂纹、永久变形，无油漆剥落或对起重机的性能与安全有影响的损坏，各连接处也应无松动或损坏。

起重量不小于 100t 的起重机采用偏轨梁时，宜采用 T 形钢组合主梁。

主梁在水平方向产生的弯曲：不应大于 $S_1/2000$，S_1 为两端始于第一块大肋板间（或节间）的实测长度，在离上翼缘板约 100mm 的大肋板（或竖杆）处测量。对轨道居中的正轨箱形梁及半偏轨箱形梁，当额定起重量不大于 50t 时只能向走台侧凸曲；对偏轨箱型梁、单腹板成桁架梁，还应同时符合《水电站桥式起重机》（SL 673）的规定。

主梁腹板的局部翘曲：以 1m 平尺检测，离上翼缘板 $H/3$ 以内不应大于 0.7 倍板厚，其余区域不应大于 1.2 倍板厚，如图 7-46 所示。

2. 端梁

箱形主梁上翼缘板的水平偏斜值 $C \leqslant B/200$（见图 7-47），此值应在大肋板或节点处测量。

箱形梁腹板的垂直偏斜值 $h \leqslant H/300$ 且 $h \leqslant 5$（见图 7-48），此值应在大肋板或节点处测量。

3. 轨道

小车轨道宜用整根钢轨（将接头焊为一体），钢轨的接头应符合下列要求：

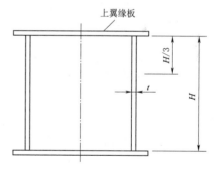

图 7-46 主梁腹板局部翘曲示意图

（1）接头处轨头顶部的垂直错位值 $H_F \leqslant 1mm$、水平错位值 $H_S \leqslant 1mm$（见图 7-49），应将错位处按 1:50 的斜度磨削，其钢轨接头构造公差应符合《起重机车轮及大车和水车轨道公差 第 1 部分：总则》（GB/T 10183.1）中的规定。

（2）连接后的钢轨顶部在水平面内的直线度 b（见图 7-50），在任意 2000mm 测量范围内不应大于 1mm，即 GB/T 10183.1 中 2 级公差的规定。

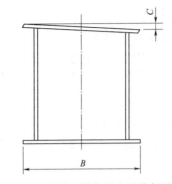

图 7-47 主梁上翼缘板水平偏斜示意图

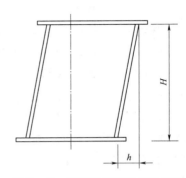

图 7-48 箱形梁垂直偏斜示意图

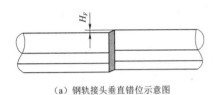

（a）钢轨接头垂直错位示意图

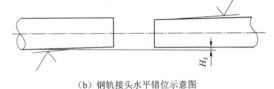

（b）钢轨接头水平错位示意图

图 7-49 钢轨接头垂直错位示意图

（3）小车钢轨上任一点处，轨道中心相对于梁腹板中心位置的偏移量 K（见图 7-51）应符合 GB/T 10183.1 中 2 级公差的规定，其 $K \leqslant 0.5 t_{min}$（含焊接型 T 形钢）。

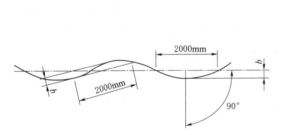

图 7-50 钢轨顶部直线度示意图

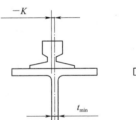

图 7-51 轨道中心相对于梁腹板中心位置

偏移示意图

t_{min}—腹板的最小厚度

（4）不采用焊接接头的钢轨也应符合上述（1）、（2）、（3）的要求，但头部间隙不应大于 2mm。

（5）对正轨箱形梁及半偏轨箱形梁的小车轨道，当不采用焊接方法时，接缝应布置在筋板上，允许偏差不大于 10mm。

（6）对正轨箱形梁及半偏轨箱形梁的小车轨道，两端最短一段轨道长度不应小于 1.5m，并在两端加施焊挡铁。

（7）轨道底面与承轨梁翼缘横隔板处应接触良好。

（8）小车轨距 $S \leqslant 16m$ 时，轨距 S 的公差 A（见图 7-52）不应超过下列数值：

1）额定起重量不大于 50t 的对称正轨箱形梁及半偏轨箱形梁，在轨道端部 A 为 $\pm 2mm$；在轨道中部，轨道长度不大于 19.5m 时，A 为 $^{+5}_{+1}mm$，轨道长度大于 19.5m 时，A 为 $^{+7}_{+1}mm$。

2）对于其他梁，应符合 GB/T 10183.1 中 2 级公差的规定，其值 A 为 ±5m。

小车轨道任一点处，在与之垂直方向上，相对应两轨道测点之间的高度差 E 应符合 GB/T 10183.1 中的 2 级公差规定。即：$S \leqslant 2m$ 时，$E = 4.2mm$；$S > 2m$ 时，$E = 2.0S\,mm$，且 $E \leqslant 8mm$。S 的单位为 m。

小车轨道上任一点处，车轮接触点高度差 Δh_r，即四轮接触点所对应的标准平面的高度公差（见图 7-53）应符合 GB/T 10183.1 中 2 级公差的规定。即：轨距 $S \leqslant 2m$ 时，$\Delta h_r = 2mm$；轨距 $S > 2m$ 时，$\Delta h_r = 1.0S\,mm$，且 $\Delta h_r \leqslant 4mm$。S 的单位为 m。

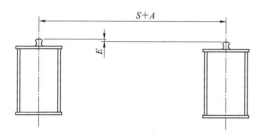

图 7-52　小车轨距公差图

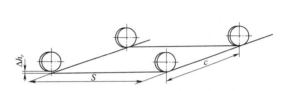

图 7-53　四轮接触点高度公差图

桥架对角线差：以起重机运行机构车轮组装基准点或车轮中心作为测量基准点，测得的桥架对角线差 $|S_1 - S_2|$ 不应大于 5mm（见图 7-54），此值可在运行机构组装前测量控制。

（五）机构

1. 运行机构

起重机带轮缘车轮中心之间的跨度 S 的公差 A（见图 7-55）应符合 GB/T 10183.1 中的 2 级公差规定，即：$S \leqslant 10m$ 时，$A = ±2.5mm$；$S > 10m$ 时，$A = ±[2.5 + 0.1(S - 10)]mm$。$S$ 的单位为 m。式中经圆整和简化的公差值，可按表 7-8 选取。

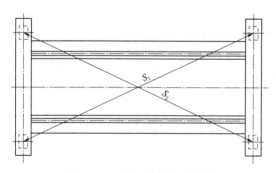

图 7-54　桥架对角线示意图

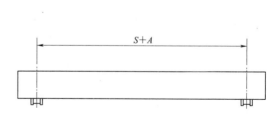

图 7-55　跨度公差示意图

表 7-8　　　　　　　带轮缘车轮中心之间的跨度公差值表

S/m	$\leqslant 10$	$> 10 \sim 15$	$> 15 \sim 20$	$> 20 \sim 25$	$> 25 \sim 30$	$> 30 \sim 35$	$> 35 \sim 40$
A/mm	±2.5	±3	±3.5	±4	±4.5	±5	±5.5

起重机一侧车轮带导向轮时，无轮缘车轮中心之间的跨度公差 A（见图 7-56）应符合 GB/T 10183.1 中 2 级公差的规定。即：$S \leqslant 10m$ 时，$A = ±4mm$；$S > 10m$ 时，$A = ±[4 + 0.1(S - 10)]mm$。S 的单位为 m。式中经圆整和简化的公差值，可按表 7-9 选取。

表 7 - 9　　　　　　　　　　　无轮缘车轮中心之间的跨度公差值表

S/m	≤10	>10～15	>15～20	>20～25	>25～30	>30～35	>35～40
A/mm	±4	±4.5	±5	±5.5	±6	±6.5	±7

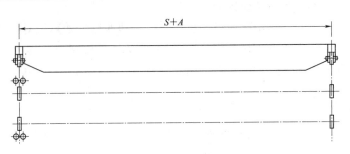

图 7 - 56　无轮缘车轮中心跨度示意图

S—轨距；A—起重机带轮缘车轮中心之间的跨度公差

起重机运行机构的车轮基距为 e（或 8 轮和 8 轮以上的最上层运行平衡架轴间水平距离为 e）时的公差 Δe（见图 7 - 57）应符合 GB/T 10183.1 中 2 级公差的规定，即：$e≤3$m 时，$\Delta e=±4$mm；$e>3$m 时，$\Delta e=±1.25e$mm。e 的单位为 m。

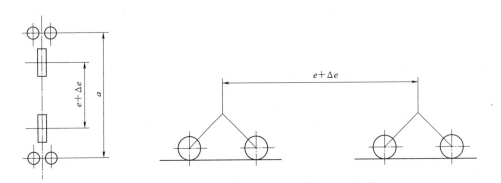

图 7 - 57　最上层运行平衡架轴间水平距离公差示意图

e—起重机运行机构的车轮基距；Δe—最上层运行平衡架轴间水平距离为 e 时的公差

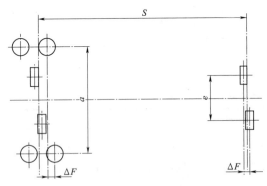

图 7 - 58　带轮缘车轮水平偏斜示意图

ΔF—导向轮或带轮缘车轮水平偏斜

导向轮或带轮缘车轮水平偏斜 ΔF（见图 7 - 58）应符合 GB/T 10183.1 中 2 级公差的规定，即：对导向轮 $\Delta F≤0.4a$mm，a 的单位为 m；对带轮缘车轮，$\Delta F≤0.5e$mm。e 的单位为 m。

车轮接触点高度公差 Δh_r（见图 7 - 59），应符合 GB/T 10183.1 中 2 级公差的规定，即：$S≤10$m 时，$\Delta h_r≤2.5$mm；$S>10$m 时，$\Delta h_r≤2.5+0.1(S-10)$mm。S 的单位为 m。式中经圆整和简化

的偏差值 Δh_r 可按表 7 - 10 选取。

表 7 - 10　　　　　　　　　　　　**车轮接触点高度公差表**

S/m	≤10	>10～15	>15～20	>20～25	>25～30	>30～35	>35～40
$\Delta h_r/\text{mm}$	2.5	3	3.5	4	4.5	5	5.5

起重量不小于 100t 的起重机，运行机构宜采用镗孔型轴承箱。镗孔型轴承箱车轮在水平投影面内车轮轴中心线倾斜度 r（见图 7 - 60）应符合 GB/T 10183.1 中 2 级公差的规定，即：$\varphi_r = \pm 0.5\%$。

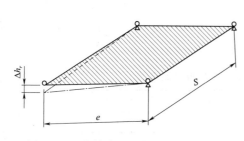

图 7 - 59　车轮接触点高度公差示意图　　图 7 - 60　车轮轴中心线倾斜度示意图

角型轴承箱车轮在水平投影面内车轮轴中心线倾斜度 r 如图 7 - 60 所示。

当采用焊接连接的端梁及角型轴承箱结构，并用测量车轮端面来控制车轮偏斜时，测量值为 $|P_1 - P_2|$，如图 7 - 61 所示。对于四个车轮的起重机运行机构不应大于 $E_1/1000$，但同一轴线上的两个小车车轮的偏斜方向应相反；对于多于四轮的小车，单个平衡梁（平衡台车）下的两个车轮之间不应大于 $E_1/1000$，同一轨道上的所有车轮间不应大于 $E_1/800$（E_1 为测量长度），且不控制车轮偏斜方向。

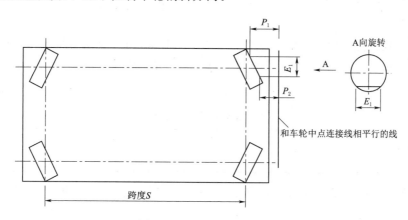

图 7 - 61　车轮偏斜示意图

垂直平面内车轮轴中心线倾斜度 τ_r（车轮垂直倾斜度，见图 7 - 62）应符合 GB/T 10183.1 中 2 级公差的规定，即：$-0.5\text{‰} \leqslant \tau_r \leqslant +2\text{‰}$。

2. 小车运行机构

小车带轮缘车轮中心之间的跨度公差 A 应符合 GB/T 10183.1 中 2 级公差的规定，

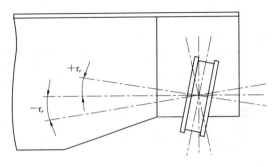

图 7-62 车轮轴中心线倾斜度示意图

即：$S \leqslant 2m$ 时，$A = \pm 2mm$；$S > 2m$ 时，$A = \pm [2 + 0.1(S-2)]mm$。S 的单位为 m。式中经圆整和简化的公差值可按表 7-11 选取。

小车一侧车轮带导向轮时，无轮缘车轮中心之间的跨度公差 A 应符合 GB/T 10183.1 中 2 级公差的规定，即：$S \leqslant 2m$ 时，$A = \pm 3.2mm$；$S > 2m$ 时，$A = \pm [3.2 + 0.1(S-2)]mm$。$S$ 的单位为 m。式中经圆整和简化的公差值可按表 7-12 选取。

表 7-11 带轮缘车轮中心之间的跨度公差表

S/m	$\leqslant 2$	$> 2 \sim 4$	$> 4 \sim 6$	$> 6 \sim 8$	$> 8 \sim 10$	$> 10 \sim 12$	$> 12 \sim 14$	$> 14 \sim 16$
A/mm	± 2	± 2.2	± 2.4	± 2.6	± 2.8	± 3	± 3.2	± 3.5

表 7-12 无轮缘车轮中心之间的跨度公差表

S/m	$\leqslant 2$	$> 2 \sim 4$	$> 4 \sim 6$	$> 6 \sim 8$	$> 8 \sim 10$	$> 10 \sim 12$	$> 12 \sim 14$	$> 14 \sim 16$
A/mm	± 3.2	± 3.4	± 3.6	± 3.8	± 4	± 4.2	± 4.4	± 4.6

小车运行机构的车轮基距 e 的公差 Δe 应符合 GB/T 10183.1 中 2 级公差的规定，即：$e \leqslant 3m$ 时，$\Delta e = \pm 4mm$；$e > 3m$ 时，$\Delta e = \pm 1.25e \, mm$，$e$ 的单位为 m。

小车运行机构导向轮或带轮缘车轮水平偏斜 ΔF 应符合 GB/T 10183.1 中 2 级公差的规定，即：对导向轮，$\Delta F \leqslant 0.4a \, mm$，$a$ 的单位为 m；对带轮缘车轮，$\Delta F \leqslant 0.5e \, mm$，$e$ 的单位为 m。

小车车轮接触点高度公差 Δh_r 应符合 GB/T 10183.1 中 2 级公差的规定，即：$S \leqslant 2m$ 时，$\Delta h_r = 2mm$；$S > 2m$ 时，$\Delta h_r = 2 + 0.1(S-2)mm$。$S$ 的单位为 m。式中经圆整和简化的偏差值 Δh_r 可按表 7-13 选取。

表 7-13 车轮接触点高度公差表

S/m	$\leqslant 2$	$> 2 \sim 4$	$> 4 \sim 6$	$> 6 \sim 8$	$> 8 \sim 10$	$> 10 \sim 12$	$> 12 \sim 14$	$> 14 \sim 16$
$\Delta h_r/mm$	2	2.2	2.4	2.6	2.8	3	3.2	3.5

镗孔型轴承箱车轮在水平投影面内车轮轴中心线倾斜度 φ_r 应符合 GB/T 10183.1 中 2 级公差的规定，即 $\varphi_r = \pm 0.5‰$。

角型轴承箱车轮在水平投影面内车轮轴中心线倾斜度 φ_r 应符合 SL 673 的规定。

垂直平面内车轮轴中心线倾斜度 τ_r 应符合 GB/T 10183.1 中 2 级公差的规定，即：$-0.5‰ \leqslant \tau_r \leqslant +2‰$。

3. 起升机构

（1）在额定荷载下按规定操作时，应保证启动、制动平稳。

（2）额定荷载在空中停止后，起升机构再启动时，荷载不应出现瞬间下滑现象。

（3）钢丝绳在卷筒上应排列整齐，不应挤叠或乱槽。

（4）当总起升高度大于 40m 时，宜采用抗旋转钢丝绳或其他措施，避免钢丝绳扭转。

（5）对机械换挡有级变速的起升机构，对换挡应有明确的规定，并有相应的安全措施。

（6）起升机构的制动器应是常闭式的，其安全系数的选择应符合 GB/T 3811 的规定。

（7）起重量不小于 100t 的起升机构每一驱动装置至少设两套制动器。

（六）电气设备

1. 供电

起重机应由专用馈电线供电，供电电源的容量应满足整机工作的要求。

在正常工作条件下，供电系统在起重机馈电线接入处的电压波动、总电压降与内部压降应符合工作环境条件第一条的规定。在电源周期的任意时间，电源中断或零电压持续时间不超过 3ms，相继中断间隔时间应大于 1s。

起重机内电气系统应设置单独的隔离开关，并和外部供电线路连接有明显的断开点。照明控制电源应与动力电源分路供电，并各有单独的电源开关。

应在司机方便操作的地方设置急停开关断开起重机总电源（照明信号除外）。紧急停止开关应为红色，并且不能自动复位。

2. 馈电装置

（1）起重机电源馈电装置宜优先采用符合《滑接输电装置　第 1 部分：绝缘防护型滑接输电装置》（JB/T 6391.1）、《滑接输电装置　第 2 部分：刚体滑接输电导轨装置》（JB/T 6391.2）要求的滑接输电装置，也可采用电缆、铜线或其他新型馈电装置。

（2）电源馈电装置应布置合理，与周围设备应有足够的安全距离，或采取安全防护措施。馈电装置中裸露带电部分与金属构件之间的最小距离不应小于 30mm，起重机运行时可能产生相对晃动时，其间距应大于最大晃动量加 30mm。

（3）小车馈电装置应采用悬挂电缆小车导电或符合 JB/T 6391.1、JB/T 6391.2 要求的滑接输电装置。用户有特殊要求时，也可采用铜线、型钢或其他新型馈电装置。

（4）小车采用悬挂电缆导电时，应符合下列要求：

1）在桥架或小车架的适当部位设置固定的接线盒（箱）。

2）应附加电缆牵引绳索。

3）宜采用扁电缆。

4）采用圆电缆时，电缆截面在 2.5mm² 及以下的可选用多芯电缆，4mm² 及以上的可选用三芯或四芯电缆，其中 16mm² 及以上的圆电缆宜选用单芯电缆。

3. 控制柜

控制柜的结构应牢固，应能承受运输和正常使用条件下可能遇到的机械、电气、热应力以及潮湿等影响。

柜体表面应平整无凹凸现象，漆层应美观、颜色均匀，不应有气泡、裂纹和流痕等现象。

控制柜宜采用整体防护式结构，面板带门，并配有门锁。可开启的控制柜门应以软导线与接地金属构件可靠地连接。

控制柜内有高发热量元器件时，应在柜内采取有效的散热措施。

在潮湿场所使用应在柜内加装除湿加热器。

控制柜内应有接地标志螺栓，接地螺栓应使用镀锌件或铜质件。

控制柜的安装应符合 GB 50171 的规定。

4. 电阻器

启动用电阻器各级电阻选用值与计算值允许偏差不宜超过 ±5%；个别级别的电阻器选用值允许偏差可为 ±10%，但各相总电阻选用允许偏差不应超过 ±8%。

启动用电阻器应按重复短时工作制选择，电阻器各级电阻的接电持续率可按不同接入情况选用不同值。常串级电阻按长期工作制选择。

变频调速系统采用制动单元时，起升机构电阻器的接电持续率应按 100% 选用，电阻器的功率值不应小于下降时的额定回馈功率；运行机构电阻器的接电持续率和功率值应满足机构制动频度与制动转矩的需要。

电阻器应装于通风散热处，宜采用散开自然冷却型，并应有防护外罩。

电阻器应安装牢固，四箱及四箱以下的电阻器可直接叠装；超过四箱时在保证散热及温升稳定的情况下可增加叠装箱数。

5. 电动机

除辅助机构外，起重机应选用适合于起重、冶金用的电动机，并应符合 GB/T 3811、GB/T 755 的规定，变频电动机还应符合 GB/T 21972.1 的相关技术要求。

电动机的容量校验应符合 GB/T 3811 的规定，并保证在额定负载时能安全、可靠地实现启动、加速和运转。

在设计额定工况下，电动机各部件的温升不应超过规定温升，电动机的安全性能应符合 GB 20237 的规定。

6. 遥控装置

起重机的无线遥控装置除应符合 JB/T 8437 的规定外，并且应具有抗同频干扰信号的能力，受到同频干扰时不应出现误动作。地面有线控制装置还应符合供电的技术要求。

7. 电线电缆

起重机电线电缆应选用铜芯、多股、有护套的绝缘导线，并根据电压等级、环境温度、敷设方式来选定。

控制盘（柜）外部连接用导线应采用截面不小于 1.5mm² 的多股单芯电或截面不小于 1.0mm² 的多股多芯电缆，电子装置、检测与传感元件等连接线的截面可不作规定。

固定敷设的电缆，弯曲半径不应小于 5 倍的电缆外径，悬挂电缆小车的敷设应符合 GB/T 3811 的规定。

有机械磨损的地方，导线应敷设于线槽、金属管或软管中，线槽、导线管出口处应有防护措施防止磨损电缆。

8. 传动系统

起重机宜采用交流传动控制系统，在有特殊要求或仅有直流电源情况下，可采用直流传动控制系统。

起重机交流传动控制系统宜采用变频、定子调压、能耗制动、多速电动机等控制方案。

变频调速可实现额定频率以下的恒转矩调速和额定频率以上的恒功率调速，恒功率调速的弱磁升速最高频率不宜大于 2 倍额定频率。

起升机构采用变频调速时，宜采用闭环控制方式。当调速范围大于 1：10 时，应采用闭环控制。

9. 控制系统

控制系统的设计应符合 GB/T 3811 的规定。

手柄的操纵方向宜与相应的机构运动方向一致，操作应无卡滞。

起重机要求多点操纵时，各操作点之间应相互联锁，保证任一时刻只有一个操作点处于工作状态下，每个操作点均应设置紧急断电装置。可编程电子设备不应用于紧急停车或紧急断开功能。

对于双小车或多小车的起重机应根据各种特定的使用工况，在电气设计上对各机构设置联锁控制功能。

两台起重机或同一台起重机的双小车进行抬吊时，两起升机构和行走机构之间宜分别进行位置纠偏。两台起重机并车抬吊时，只允许一个地方来操纵。

两台起重机并车通信系统应可靠，数据传输的实时性和稳定性应满足并车抬吊的工况要求，单机故障时，并车运行应立即停止。

选用可编程序控制器时，用于安全保护的联锁信号，如极限限位、超速等，应具有直接的继电保护联锁线路。

控制系统的图形符号应符合《电气简图用图形符号》（GB/T 4728.1～13）的有关规定。

10. 照明与信号

起重机应有良好照明，配备可携式照明。起重机的司机室和电气室内照明照度不应低于 30lx。照明灯具的安装应能方便地检修和更换灯泡或灯管。

照明的供电应不受停机影响。照明电源应单设电源开关，不受起重机内部供电动力部分总开关的影响。各种照明均应设短路保护。

固定式照明装置的电源电压，不应超过 220V，不应用金属结构作为照明线路的回路。可携式照明装置的电源电压不应超过 50V，交流供电时不应使用自耦变压器。

安全装置的指示信号或声响报警信号应设置在司机和有关人员视力、听力可及的地方。

操作系统应设有能对起重作业的作业人员起报警作用的声响信号装置，发出的信号应清晰可靠。

（七）主要零部件

1. 钢丝绳

钢丝绳安全系数的选择应符合 GB/T 3811 的规定。

应优先采用线接触钢丝绳且不应接长使用。用于多层卷绕时，应采用符合 GB/T 8918

中钢芯钢丝绳规定；对于钢丝绳韧性要求较高的起重机应优先采用符合 GB/T 8918 中纤维芯钢丝绳规定。

钢丝绳端部的固定和连接应符合 GB/T 6067.1 的规定。

钢丝绳的保养、维护、安装、检验、报废均应符合 GB/T 5972 的规定。

2. 吊具

根据起吊物品的需要，起重机的吊具主要有吊钩、吊叉和平衡吊梁。

（1）吊钩和吊叉应符合下列要求：

应选用性能不低于《起重吊钩》（GB/T 10051.1～15）规定的吊钩。

吊钩材料应符合下列要求：锻件应符合 GB/T 714 和《大型合金结构钢锻件技术条件》（JB/T 6396）规定的 Q355qD、Q420qD、35CrMo、34Cr2Ni2Mo；板件不应低于 GB/T 1591 中的 Q355B。

吊钩螺母材料应与吊钩和吊叉的材料相匹配。吊钩横梁力学性能的强度等级应比与其相匹配的吊钩强度等级高一级。

吊钩表面应光洁，不应有飞边、毛刺、尖角、重皮、锐角、剥裂等缺陷。吊钩存在裂纹、凹陷、孔穴等缺陷时不得使用，且不可焊补后使用。

吊钩的报废和更换应符合 GB/T 6067.1 的规定。

（2）平衡吊梁应符合下列要求：

平衡吊梁结构本身的强度和刚度应满足起吊额定起重量的要求，并按照《起重机试验规范和程序》（GB/T 5905）的要求按所吊物品质量的 1.25 倍进行载荷静载试验。

起吊水电站水轮发电机部件的平衡吊梁，其中部宜设置推力调心轴承或活动铰，保证起吊物品的安装面与重力方向垂直且能自由回转。

大型平衡吊梁宜设有自动纠偏装置，当平衡吊梁发生水平偏斜时，应能自动纠偏。

平衡吊梁与所起吊的重物以及参与抬吊的吊钩或动滑轮组之间应可靠连接，并保证起吊力线与重力方向一致。

3. 制动器

制动器的选择和报废应符合 GB/T 6067.1 的相关规定。

电力液压鼓式制动器应符合 JB/T 6406 的规定，并满足：制动时，软质制动衬垫与制动轮接触面积不应小于制动衬垫总面积的 70%；硬质与半硬质制动衬垫与制动轮接触面积不应小于制动衬垫总面积的 50%。

盘式制动器应符合 JB/T 7019 与 JB/T 7020 的规定，并应满足下列要求：

制动时，制动衬垫与制动盘接触面积不应小于制动衬垫总面积的 75%。

在松闸状态下，制动衬垫与制动盘的间隙不应小于 0.5mm，液压推动器的工作行程不应大于推动器总行程的 2/3。

4. 制动轮、制动盘

钢质制动轮的材料不应低于 GB/T 699 中的 45 号钢或 GB/T 11352 中的 ZG 310－570 钢，表面热处理硬度为 45～55HRC，深 2mm 处的硬度不低于 40HRC。

制动轮安装后，应保证其径向圆跳动不应超过表 7-14 的规定值。

表 7 - 14　　　　　　　　　　　　制动轮径向圆跳动规定值

制动轮直径/mm	≤250	>250～500	>500～800
径向圆跳动/μm	100	120	150

高速轴上制动盘宜采用符合 JB/T 7019 中的制动盘的规定。

制动盘安装后，应保证其盘端面跳动不应超过表 7 - 15 的规定值。

表 7 - 15　　　　　　　　　　　　制动盘端面跳动规定值

制动盘直径/mm	≤355	>355～500	>500～710	>710～1250	>1250～2000	>2000～3150	>3150～5000	>5000
端面跳动/μm	100	120	150	200	250	300	400	500

5. 联轴器

联轴器的材料不应低于 GB/T 699 中的 45 号钢或 GB/T 11352 中的 ZG 310 - 570 的规定。铸钢件在加工前应作退火处理。

联轴器有裂纹时不应焊补，报废和更换应符合 GB/T 6067.1 的规定。

不宜采用有可能使制动轮或制动盘产生浮动的联轴器。

6. 减速器和齿轮传动

宜优先采用闭式传动。

起升机构宜优先选用符合 JB/T 10816 和 JB/T 10817 的硬齿面减速器，运行机构宜优先选用符合 JB/T 9003 中的三合一减速器。

选用其他减速器时，硬齿面齿轮副的精度不应低于 GB/T 10095.1 和 GB/T 10095.2 中的 6 级，中硬齿面则不应低于 8 - 8 - 7 级的规定。

减速器及齿轮的运行情况检查及报废应符合相关规定。

7. 滑轮和卷筒

铸造滑轮的结构型式宜符合规范规定，铸钢滑轮材料不应低于 GB/T 11352 中的 ZG 270 - 500。

钢丝绳绕进或绕出滑轮槽时的最大偏斜角（即钢丝绳中心线和与滑轮轴垂直的平面之间的夹角）不应大于 5°。

滑轮应有防止钢丝绳脱出绳槽的装置或结构，在滑轮罩的侧板和圆弧顶板等处与滑轮本体的间隙不宜超过钢丝绳直径的 20%。

滑轮槽应光洁平滑，装配后不应有可损坏钢丝绳的缺陷。

采用筒体内无贯通的支承轴（即"短轴式"）的结构时，卷筒体应优先采用钢材焊接制造，材料不应低于 GB/T 700 中的 Q235B 或 GB/T 1591 中的 Q355B。

钢丝绳在卷筒上应排列整齐。钢丝绳绕进或绕出卷筒时，单层缠绕钢丝绳中心线偏离螺旋槽中心线两侧的角度不应大于 3.5°；光面卷筒单层或多层缠绕钢丝绳偏离卷筒轴线垂直平面的角度不应大于 1.7°。

多层缠绕的钢丝绳卷筒，应有防止钢丝绳从卷筒端部滑落的凸缘。凸缘应超出最外面一层钢丝绳，超出的高度不应小于钢丝绳直径的 1.5 倍。

同一卷筒上左右旋绳槽的底径尺寸公差带不应低于 GB/T 1801 中规定的 h12，绳槽底径的径向圆跳动不应大于绳槽底径的 1/1000。

8. 车轮

应优先选用符合 JB/T 6392 中规定的车轮。

车轮踏面直径的尺寸公差不应低于 GB/T 1800.1 中 h9 的规定。

车轮热处理后，其踏面和轮缘内侧面硬度应为 300～380HB；淬硬层深 20mm 处，硬度不应小于 260HB，并应均匀过渡至淬硬层。

车轮上不应有裂纹，其踏面和轮缘内侧面不应有影响使用性能的缺陷，且不应焊补。车轮的报废条件应符合相关规定。

装配后车轮应转动灵活，车轮安装后，踏面径向跳动不应超过 GB/T 1184 规定的 9 级值，并应保证基准端面上的跳动不应超过表 7 - 16 的规定值。

表 7 - 16 车轮断面圆跳动规定值

车轮直径/mm	≤250	>250～500	>500～800	>800～900	>800～1000
端面圆跳动/μm	100	120	150	200	250

9. 缓冲器

应优先选用符合《起重机用液压缓冲器》（JB/T 7017）、《起重机 弹簧缓冲器》（JB/T 12987）、《起重机 橡胶缓冲器》（JB/T 12988）和《起重机用聚氨酯缓冲器》（JB/T 10833）规定的缓冲器。

安装后，小车和起重机的缓冲器垂直于纵向轴线的平行度公差 F_{max} 应符合 GB/T 10183.1 中 2 级公差的规定，即：$F_{max}=1.0S$，且 $F_{max}≤10mm$。S 的单位为 m。

（八）涂装和除锈

1. 涂装前的钢材表面处理

在涂装前构件表面应进行除铁锈、焊渣、毛刺、灰尘、油脂、盐、泥污、氧化皮等预处理，以保证表面光滑平整。

主梁、断粮、平衡吊梁等重要结构件应进行喷（抛）丸的除锈处理，达到 GB/T 8923.1 中 Sa2 $\frac{1}{2}$ 级的要求，其余构件应达到 Sa2 级或 St2 级（手工除锈）的要求。

2. 涂漆质量

起重机面漆应均匀、细致、光亮、完整和色泽一致，不应有粗糙不平、漏漆、错漆、皱纹、针孔及严重流挂等缺陷。

漆膜总厚度宜为 75～105μm，根据起重机工作环境需要，也可供、需双方另行约定。

漆膜附着力应符合 GB/T 9286 中规定的一级质量要求。

三、起重机的检验规则

（一）检验分类

起重机的检验分出厂检验和型式检验。

（二）出厂检验

每台起重机都应进行出厂检验，检验合格后（包括用户的特殊要求检验项目）方能出厂。制造商应向用户提供起重机《产品合格证明书》和检测报告。

起重机宜在制造厂进行整体预装。否则，应采取有效措施保证各部分在使用现场进行整体总装的正确性。

组装后各部件应分别进行空运试验，正、反方向运转，各试验累计时间不应少于5min。

制造商的质量检验部门应按产品图样及相关标准进行逐项检验，只有检验合格后才能予以验收，并向用户签发《产品合格证明书》。

出厂检验及型式试验项目见表7-17。

表7-17 起重机出厂检验及型式试验项目

序号	项 目 名 称	出厂检验	型式试验
1	目测检验	√	√
2	空载试验	—	√
3	小车车轮跨度	√	√
4	小车轨距	√	√
5	小车轨道直线度	√	√
6	小车轨道中心相对腹板中心的偏差	√	√
7	相对应两轨道测点之间的高度差	√	√
8	小车轨道任一点处车轮接触点高度差	√	√
9	主梁水平方向弯曲度	√	√
10	主梁腹板局部翘曲	√	√
11	小车车轮接触点高度差	√	√
12	起重机跨度	√	√
13	桥架对角线差	√	√
14	车轮在水平投影面内车轮轴中心线倾斜度	√	√
15	车轮在垂直平面内车轮轴中心线倾斜度（空载小车位于跨端）	√	√
16	静载试验	—	√
17	主梁上拱度	—	√
18	额定荷载试验	—	√
19	主梁静态刚性	—	√
20	吊具起升高度	—	√
21	吊具极限位置	—	√
22	起升机构下降制动距离	—	√
23	起重机噪声	—	√
24	动载试验	—	√
25	漆膜总厚度	√	√

续表

序号	项 目 名 称	出厂检验	型式试验
26	漆膜附着力	√	√
27	电控设备中各电路的绝缘电阻	√	√

（三）型式检验

下列情况之一时，应进行型式检验：

（1）新产品或老产品转厂生产的试制定型鉴定。

（2）正式生产后，如结构、材料、工艺有较大改变，可能影响产品性能时。

（3）产品停产达一年以上后恢复生产时。

（4）出厂检验结果与上次型式试验有较大差异时。

（5）国家质量监督机构提出进行型式试验要求时。

如制造商没有条件进行型式试验时，则应到用户使用现场做型式试验。

第四节　电气设备制造质量控制

一、基本概念

为确保水利工程安全高效运行，在水力发电厂（水电站）、泵站、水（船）闸或其他水利工程中安装有各种电气设备。在电力系统中通常把直接参与电能的生产、运输和分配的设备称为一次设备。水利工程常见的电气一次设备有水力发电机、变压器、电动机、断路器、熔断器、负荷开关、隔离开关、载流导体（母线、电力电缆、架空线路）、互感器、避雷器等。将电气一次设备按照一定规律连接构成的电气回路称为电气一次回路，也称电气一次接线或电气主系统。由多种电气一次设备通过连接线，按其功能要求组成的接受和分配电能的电路，用规定的文字符号和图形符号将各电气设备按连接顺序排列，详细表示电气设备的组成和连接关系的接线图，称为电气主接线图。电气主接线图一般画成单线图（即用单相接线表示三相系统）。还有一类电气设备虽然不直接参与电能的生产、运输、分配和使用，但对一次设备的工作进行监测、控制、调节、保护的电气设备及操作电源系统称为二次设备。常用的二次设备包括各种电力测量仪表、按钮及转换开关等控制设备、灯光音响等信号器具、继电保护设备、用于自动调节装置的设备、交直流操作电源等，由二次设备及其相互连接的回路称为二次回路。二次回路主要包括控制回路、信号回路、测量回路、调节回路、继电保护回路、自动装置回路、操作电源系统等。

二、电气一次设备

电气一次设备根据其在生产中的作用可以分为：

（1）生产和转换电能的设备。如发电机将机械能转换为电能、电动机将电能转换成机械能、变压器将交流电压升高或降低等，以满足电能的生产、使用或输配电需要。

（2）接通或断开电路的开关电器。如断路器、负荷开关、隔离开关、接触器、熔断器等。它们用于电力系统正常或事故状态时，将电路闭合或断开。

（3）限制故障电流和防御过电压的电器。如限制短路电流的电抗器和防御过电压的避雷器等。

（4）接地装置。它是埋入地中直接与大地接触的金属导体及与电气设备相连的金属线。无论是电力系统中性点的工作接地或保护人身安全的保护接地，均同埋入地中的接地装置相连。

（5）载流导体。如裸导体、电缆等。按设计要求将有关一次电气设备连接起来。

（6）交流电气一次、二次之间的转换设备。如电压和电流互感器，通过它们将一次侧的高电压、大电流转变给二次系统，方便二次侧进行测量、保护等。

（一）变压器

变压器是一种静止的电气设备，它利用电磁感应原理，将某一交流电压和电流等级转变成同频率的另一电压和电流等级。

1. 变压器的作用

在水利工程电力系统中，为了减少线路损耗，对于远距离输电采用高压，如 110kV、220kV、330kV 和 500kV 等。而水力发电机输出的电压由于受到绝缘水平的限制，通常以 6.3kV、10.5kV 居多。因此发电机发出的电压一般需经变压器升压后经高压输电线路输送到远地。到了用电地区，因电压太高不能直接使用，还必须经变压器降压以满足各类负荷的需要。可见，在供配电系统中，变压器是重要的电气设备，它对电能的经济传输、灵活分配和安全使用具有重要的意义。

2. 变压器的分类

变压器的分类方法很多，比如按相数可分为单相变压器和三相变压器；按绕组数及耦合方式可分为双绕组变压器、三绕组变压器和自耦变压器。以变压器内部绝缘介质做如下分类。

（1）油浸式变压器。油浸式变压器目前在供配电系统中被大量使用。这种变压器的器身浸于油箱内的变压器油中，变压器油起散热和绝缘作用。一般油浸式变压器由铁芯、绕组、油箱、绝缘套管及附件等部分组成。图 7-63 所示为普通三相油浸式电力变压器。

近年来，全密封油浸式变压器在供配电系统中的应用越来越广泛，油体积变化由波纹油箱壁或膨胀式散热器的弹性作补偿，变压器油和周围空气不接触，使油不能吸收外界氧气和潮气，从而延缓了变压器油和绝缘材

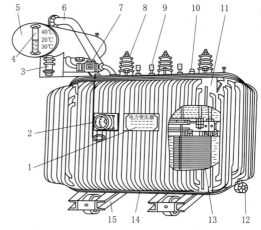

图 7-63 普通三相油浸式电力变压器
1—铭牌；2—信号式温度计；3—吸湿器；4—油表；5—储油柜；
6—安全气道；7—气体继电器；8—高压套管；9—低压套管；
10—分接开关；11—油箱；12—放油阀门；
13—器身；14—接地板；15—小车

图 7 - 64　全密封三相油浸式电力变压器

料的老化，提高了变压器的使用寿命和可靠性。图 7 - 64 为全密封三相油浸式电力变压器。

（2）干式变压器。干式变压器指铁芯和线圈不浸在绝缘液体中的变压器。这里主要介绍两种干式变压器。

1）环氧树脂干式变压器。这种变压器主要以环氧树脂作为绝缘介质，具有结构简单、维护方便、防火、阻燃、防尘、低噪声、维护简单、安全可靠等特点。目前环氧树脂干式变压器在 35kV 及以下供配电系统中采用比较普遍，110kV 级已有单相变压器组产品在运行。

2）SF$_6$ 气体绝缘变压器。这种变压器采用全密封结构，箱内充有压力为 0.12～0.45MPa 的 SF$_6$ 气体，器身置于箱中，与外界环境隔离，并加有噪声防护墙。SF$_6$ 气体绝缘变压器具有不燃、不爆、不受潮、噪声低、日常维护工作量少等优点，而且特别适用于向高电压、大容量发展。若与全封闭组合电器配套使用，更能充分发挥其优越性，因此在 110kV 及以上电压等级的城网高压变电所中具有广阔的应用前景。

3. 变压器的型号

国产变压器的型号主要由基本代号及结构性能特点、额定容量（kVA）/额定电压（kV）两大部分组成。其中，基本代号及结构性能特点部分的常用字母顺序及含义如下：

（1）按绕组耦合方式分为独立（不标）、自耦（O）。

（2）按相数分为单相（D）、三相（S）。

（3）按绕组外绝缘介质分为变压器油（不标）、空气（G）、气体（Q）、成型固体浇注式（C）、包绕式（CR）、难燃液体（R）。

（4）按冷却装置种类分为自然循环冷却装置（不标）、风冷却器（F）、水冷却器（S）。

（5）按油循环方式分为自然循环（不标）、强迫油循环（P）。

（6）按绕组数分为双绕组（不标）、三绕组（S）、双分裂绕组（F）。

（7）按调压方式分为无励磁调压（不标）、有载调压（Z）。

（8）按线圈导线材质分为铜（不标）、铜箔（B）、铝（L）、铝箔（LB）。

（9）按铁芯材质分为电工钢片（不标）、非晶合金（H）。

（10）按特殊用途或特殊结构分为密封式（M）、串联用（C）、启动用（Q）、防雷保护用（B）、调容用（T）、高阻抗（K）、地面站牵引用（QY）、低噪声用（Z）、电缆引出（L）、隔离用（G）、电容补偿用（RB）、油田动力照明用（Y）、厂用变压器（CY）、全绝缘（J）、同步电机励磁用（LC）。

例如，型号为 SM13 - 630/10，其中"S"代表三相；"M"代表密封式；"13"代表设计序号，为节能型产品；"630"代表额定容量为 630kVA；"10"代表高压绕组额定电压为 10kV。

4. 变压器的技术参数

（1）额定容量。额定容量 S_N 是变压器在额定工作条件下输出能力的保证值，是额定视在功率，单位为 VA 或 kVA 或 MVA。一般容量在 630kVA 以下为小型电力变压器；容量为 800～6300kVA 的为中型电力变压器；容量为 8000～63000kVA 的为大型电力变压器；容量为 90000kVA 及以上的为特大型电力变压器。

（2）额定电压。额定电压 U_{1N}/U_{2N} 均指线电压。一次额定电压 U_{1N} 是指电源加在一次绕组上的额定电压；二次额定电压 U_{2N} 是指一次侧加额定电压时二次侧空载时二次绕组的端电压，单位为 V 或 kV。

（3）额定电流。额定电流 I_{1N}/I_{2N} 均指线电流。一次、二次额定电流 I_{1N}/I_{2N} 是指在额定容量和额定电压时所长期允许通过的电流，单位为 A。

（4）变压器损耗。

1）空载损耗。变压器在空载运行时的有功损耗称空载损耗。变压器在空载运行时的空载电流由磁化电流（无功分量）和损耗电流（有功分量）两个分量组成。当忽略空载运行状态下一次绕组的电阻损耗时，空载损耗又称铁损，主要取决于铁芯材料的单位损耗。

2）负载损耗。变压器二次绕组短路时，一次绕组流过额定电流时所汲取的有功功率称负载损耗。负载损耗等于最大一对绕组的电阻损耗与附加损耗之和；附加损耗包括绕组的涡流损耗、并绕导线的环流损耗、结构损耗和引线损耗。其中电阻损耗也称铜损。

（5）变压器分接头。变压器的高压绕组一般设有分接头（又称抽头），通过改变变压器分接头开关位置来改变高压绕组的匝数，从而改变变压器的变比。我国新产品系列变压器的分接头范围一般为：

容量在 6300kVA 及以下的变压器，高压绕组有 3 个分接头，即 +5%，0，−5%或 0，−5%，−10%。

容量在 8000kVA 及以上的变压器，高压绕组有 3 个或 5 个分接头，即 +5%，0，−5%或 +5%，+2.5%，0，−2.5%，−5%。

对升压变压器来说，当一次侧（低压边）运行电压为额定值时，如果将升压变压器的高压绕组分接头位置放在 +5% 的位置，其高压绕组匝数比额定电压时的匝数就增加了 5%，其高压侧输出电压就提高了 5%；对降压变压器来说，当一次侧（高压边）运行电压一定时，如果将降压变压器的高压绕组分接头位置放在 +5% 的位置，也就是将降压变压器的低压边输出电压降低了 5%。

有载调压变压器具有分接头切换装置，利用切换装置可以在带负荷情况下改变分接头位置。

（6）变压器短路阻抗。双绕组变压器一侧绕组短接，另一侧绕组流过额定电流时所施加的电压称阻抗电压 U_K。多绕组的变压器则有任意一对绕组组合的 U_K。一对绕组容量不等时，在其他绕组开路的情况下，应通以最小容量的额定电流。阻抗电压常以额定电压的百分数表示，亦称短路电压百分数。

（二）电力线路

1. 架空线路

架空线路主要由导线、杆塔、绝缘子和线路金具等基本元件组成，用杆塔将导线悬挂在空中，导线利用绝缘子支持在杆塔的横担上。

优点：敷设容易、成本低、投资少、维护检修方便、易于发现和排除故障。

缺点：侵占地面位置、有碍交通、易受环境影响、安全可靠性较差。

（1）导线。架空线路采用的导线有铜绞线 TJ、铝绞线 LJ 和钢芯铝绞线 LGJ 等。

铜的导电性能好，机械强度高，但是成本高；铝的导电性能仅次于铜，但机械强度低；钢的机械强度高，但导电性能差。所以一般采用由钢导线和铝导线绞制而成的钢芯铝绞线，其中间部分为钢绞线，用以增强导线的机械强度；其外围是铝绞线，作为主要的导电部分。

（2）杆塔。杆塔是用来支持导线的，俗称电杆。杆塔应具有足够的机械强度，经久耐用，便于搬运和架设。杆塔的材料有木杆、水泥杆和铁塔。35kV 以下线路一般采用水泥杆；110kV 以上以及跨江地段线路常采用铁塔。横担用来安装绝缘子并固定导线，其材料有木横担、铁横担和瓷横担。

（3）绝缘子和金具。绝缘子用来将导线固定在杆塔上，并使带电导线之间，导线与横担之间，导线与杆塔之间保持绝缘。绝缘子既要有绝缘强度和机械强度，还要能承受温度的骤变。常用的高压线路绝缘子如图 7 - 65 所示。

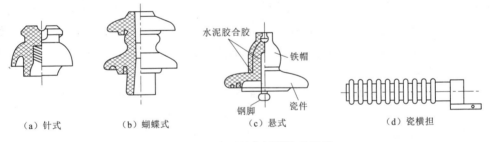

（a）针式　　　　（b）蝴蝶式　　　　（c）悬式　　　　（d）瓷横担

图 7 - 65　常用的高压线路绝缘子

金具是用来连接导线、安装横担和绝缘子的一些金属部件，如图 7 - 66 所示。

（4）架空线的敷设。

1）正确选定线路路径。选择线路路径的主要要求是：应使线路最短，转角和跨越江河、道路、建筑物最少，施工维护方便，运行可靠，地质条件好，同时还应考虑线路经过地段经济发展的统一规划等因素。

2）确定档距、弧垂和杆高。档距是指两相邻杆塔之间的水平距离。导线在杆塔上的悬挂点与导线下垂最低点之间的垂直距离称为弧垂。弧垂的大小与档距长度、导线自重、架设松紧和气候条件等有关。弧垂不能太大，也不能过小。弧垂太小，导线拉力过大，可能会断线；若弧垂太大，导线对地或对其他物体安全距离不够，刮风时能使弧垂过大的杆塔受力过大，引起拉断或倒杆。

短路、线路的档距、弧垂与杆高互相影响。档距越大，杆塔数量越少，则弧垂增大，杆高增加；相反，档距减小，杆塔数量增多，则弧垂减小，杆高减小。

一般低压架空线路的档距为 40～60m；6～10kV 架空线路的档距为 60～100m；35kV 架空线路的档距在 150m 以上。

3）确定导线在杆塔上的布置方式。导线在杆塔上的布置方式有水平排列、三角排列和垂直排列三种方式。水平排列适用于三相四线制低压线路，同时又适用于三相三线制线路。而三角形排列则只适用于三相三线制线路。当双回路线路同杆架设时，可用三角、水平混合排列，也可采用垂直排列。

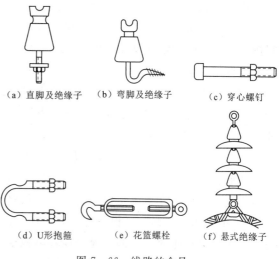

(a) 直脚及绝缘子　　(b) 弯脚及绝缘子　　(c) 穿心螺钉

(d) U形抱箍　　(e) 花篮螺栓　　(f) 悬式绝缘子

图 7-66　线路的金具

4）杆塔与各种管道和水沟边的距离不小于1m，与储水池、灭火栓的距离大于2m。

2.电缆线路

电缆线路与架空线路相比，具有运行可靠、不易受外界影响、不占地面的优点，但同时也具有投资大、敷设维修困难、难以发现和排除故障的缺点。

（1）电缆的结构和型号。电缆主要由导体、绝缘层、护套层和铠装层组成，如图 7-67 所示。电缆的结构型号很多，从导电芯来看，有铜芯电缆和铝芯电缆。按芯数可分为单芯、双芯、三芯及四芯等；按绝缘层和保护层的不同，又可分为油浸纸绝缘铅包（或铝包）电缆、橡胶绝缘电缆、聚氯乙烯绝缘及护套电缆、交联氯乙烯、绝缘聚氯乙烯护套电缆。

电缆型号含义如图 7-68 所示。

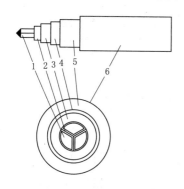

图 7-67　电缆线路的构造

1—导线（体）；2—绝缘层；3—带绝缘层；
4—护套层；5—铠装层；6—外护套层

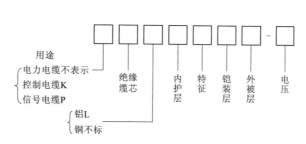

图 7-68　电缆型号含义图

目前，油浸纸绝缘铅包（或铝包）电缆已经很少使用，大多采用塑料电缆。其中，绝缘层：Z—纸绝缘，V—聚氯乙烯，Y—氯乙烯，YJ—交联氯乙烯，X—橡胶。内护层：

Q—铝，V—聚氯乙烯，Y—氯乙烯。特征：D—不滴流，P—屏蔽。

（2）电缆头。若将两段电缆连接起来，使之成为一条完整的线路，就需要利用电缆中间接头。电缆的始端和终端，要与导线或电气设备等连接，就需要利用电缆终端头。中间接头和终端头统称电缆头。

（3）电缆敷设。电缆的敷设路径要求尽量最短，转弯最少，尽量避免与各种地下管道交叉，散热要好。常用的电缆敷设方式有直接埋地敷设、电缆沟和电缆桥架三种方式，另外还有电缆隧道、电缆排管等方式，但较少使用。

1）直接埋地敷设。直接埋地敷设首先挖一深 $0.7\sim1m$ 的壕沟，于沟底填上 100mm 的细砂或软土，再铺设电缆，然后填以沙土，加上保护板，最后回填沙土。采用这种方式电缆易受机械损伤，土壤受化学腐蚀，可靠性差，检修不便，多用于根数不多的线路。

2）电缆沟。电缆沟敷设占地少，走向灵活，能容纳较多电缆，但检修维护也不方便，适用于多条电缆走向相同的情况，在容易积水的场所不宜使用。

3）电缆桥架。电缆敷设在电缆桥架内，电缆桥架装置由支架、盖板、支臂和线槽等组成。图 7-69 所示为电缆桥架示意图。电缆桥架敷设克服了电缆沟敷设电缆时存在的积水、积灰、易损坏电缆等多种弊病，改善了运行条件，具有占用空间少、投资省、建设周期短、便于采用全塑电缆和工厂系列化生产等优点。

（三）高压断路器

高压断路器（QF）是带有强力灭弧装置的高压开关设备，是供配电系统中重要的开关设备，它能够开断和闭合正常线路与故障线路，主要用于供配电系统发生故障时，与保护装置配合，自动切断系统的短路电流。

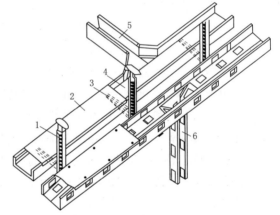

图 7-69　电缆桥架示意图
1—支架；2—盖板；3—支臂；4—线槽；5—水平分线槽；
6—垂直分支线槽

高压断路器通常按照灭弧介质分类，主要有少油断路器、真空断路器和六氟化硫（SF_6）断路器。高压断路器型号的表示和含义如图 7-70 所示。

1. 油断路器

油断路器按其油量多少和油的功能，分为多油断路器和少油断路器。多油断路器的油量多，其油一方面作为灭弧介质，另一方面又作为相对地（外壳）或相与相之间的绝缘介质。少油断路器的油量很少，其油只作为灭弧介质，其外壳通常是带电的。油断路器曾在供配电系统中广泛应用，后来随着开关无油化进程的展开，现已基本淘汰，被真空断路器和 SF_6 断路器所取代。

2. 真空断路器

真空断路器（见图 7-71）是以真空作为灭弧介质的断路器。这里所指的真空，是气

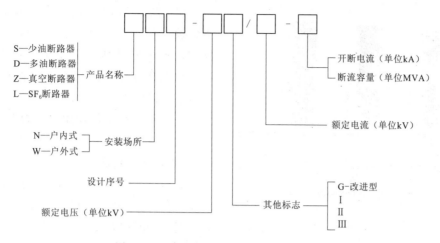

图 7-70 高压断路器型号的表示和含义图

体压力在 $10^{-10} \sim 10^{-4}$ Pa 范围内的空间。真空断路器的触头装在真空灭弧室内,当触头切断电路时,触头间将产生电弧。该电弧是触头电极发出来的金属蒸气形成的,其弧柱内外的压力差和质点密度差均很大。因此,弧柱内的金属蒸气和带电粒子得以迅速向外扩散,在电流过零瞬间,电弧立即熄灭。

真空断路器的特点如下:

(1)熄弧能力强,燃弧及全分断时间均短。

图 7-71 真空断路器

(2)触头电侵蚀小,电寿命长,触头不受外界有害气体的侵蚀。

(3)触头开距小,操作功小,机械寿命长。

(4)适宜于频繁操作和快速切断,特别是切断电容性负载电路。

(5)体积和质量均小,结构简单,维修工作量小,而且真空灭弧室和触头无须检修。

(6)环境污染小,开断是在密闭容器内进行,电弧生成物不致污染环境,无易燃易爆介质,无爆炸及火灾危险,也无严重噪声。

真空断路器在供配电中压系统中得到了广泛应用。

3. SF_6 断路器

SF_6 断路器见图 7-72,是利用 SF_6 气体作为灭弧介质的一种断路器。SF_6 是一种化学性能非常稳定的气体,并具有优良的电绝缘性能和灭弧性能。

SF_6 气体是一种负电性气体,即其分子具有很强的吸附自由电子的能力,可以大量吸附弧隙中参与导电的自由电子,生成负离子,由于负离子的运动要比自由电子慢得多,因此很容易和正离子复合成中性的分子或原子,大大加快了电流过零时弧隙介质强度的恢复,从而使电弧难以复燃而很快熄灭。

图 7-72 SF₆ 断路器

SF₆ 断路器的特点是：断流能力强，灭弧速度快，不易燃，电寿命长，可频繁操作，机械可靠性高以及免维护周期长。但其加工精度要求高，密封性能要求非常严格，价格较高。

SF₆ 断路器在供配电中、高压系统尤其是高压系统中，得到了广泛应用。

（四）高压隔离开关

高压隔离开关（文字符号 QS）的主要功能是隔离电源，当它处于断开状态时，有着明显的断口，使处于其后的高压母线、断路器等电力设备与电源或带电高压母线隔离，以保障检修工作的安全。由于不设灭弧装置，隔离开关一般不允许带负荷操作，即不允许接通和分断负荷电流。但可用来分合一定的小电流，如励磁电流不超过 2A 的空载变压器、电容电流不超过 5A 的空载线路以及电压互感器和避雷器等。

隔离开关的分类如下：

（1）按使用地点分为户内式、户外式（绝缘要求较高，机械强度较高，有破冰作用）。

（2）按使用方式分为一般用、快分用和变压器中性点接地用。

（3）按结构型式分为水平旋转式、垂直旋转式、摆动式和插入式。

图 7-73 为户内一般配电用中压隔离开关的结构图。

（五）高压负荷开关

高压负荷开关（文字符号 QL）是一种介于隔离开关与断路器之间的结构简单的高压电器，具有简单的灭弧装置，常用来分合负荷电流和较小的过负荷电流，但不能分断短路电流。此外，负荷开关还大多数具有明显的断口，具有隔离开关的作用。负荷开关常与熔断器联合使用，由负荷开关分断负荷电流，利用熔断器切断故障电流。因此在容量不是很大、同时对保护性能的要求也不是很高时，负荷开关与熔断器组合起来便可取代断路器，从而降低设备投资和运行费用。

目前高压负荷开关主要有固体产气式、压气式、真空式和 SF₆ 等类型，主要用于中压电网。

图 7-74 为户内压气式负荷开关（带熔断器）结构图。上端的绝缘子是一个简

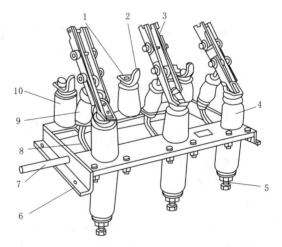

图 7-73 中压隔离开关结构图

1—上接线端子；2—静触头；3—闸刀；4—套管绝缘子；
5—下接线端子；6—框架；7—转轴；8—拐臂；
9—升降绝缘子；10—支柱绝缘子

单的灭弧室，它不仅起到支柱绝缘子的作用，而且其内部是一个气面，装有操作机构主轴传动的活塞，绝缘子上部装有绝缘喷嘴和弧静触头。当负荷开关分闸时，闸刀一端的弧动触头与弧静触头之间产生电弧，同时在分闸时主轴转动而带动活塞，压缩缸内的空气从喷嘴往外吹弧，使电弧迅速熄灭。当回路过负荷时，热脱扣器自动使负荷开关分断。当发生短路故障后，任一相熔断器熔断后，与之相连的撞击器动作，触动联动装置，使负荷开关跳闸。

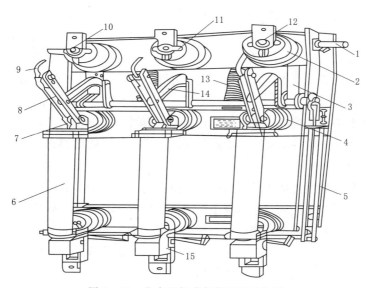

图 7 - 74　户内压气式负荷开关结构图

1—主轴；2—上绝缘子兼气缸；3—连杆；4—下绝缘子；5—框架；6—RN1 型熔断器；7—下触座；
8—闸刀；9—弧动触头；10—绝缘喷嘴（内有弧静触头）；11—主静触头；12—上触座；
13—断路弹簧；14—绝缘拉杆；15—热脱扣器

（六）高压熔断器

高压熔断器（文字符号 FU）是供配电网络中人为设置的最薄弱的元件。当其所在电路发生短路或长期过载时，它便因过热而熔断，并通过灭弧介质将熔断时产生的电弧熄灭，最终开断电路，以保护电力电路及其他的电气设备。

高压熔断器一般分为跌落式和限流式两类，前者用于户外场所，后者用于户内配电装置。由于高压熔断器具有结构简单、使用方便、分断能力大、价格较低廉等优点，故广泛用于 35kV 以下的小容量电网中，当系统出现过载或短路时，熔体熔断，切断电路。

1. 跌落式熔断器

以 RW3 型跌落式熔断器为例（见图 7 - 75），介绍这类产品的原理结构。

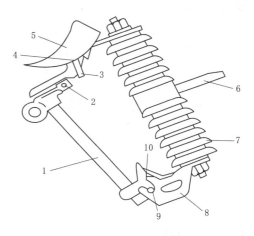

图 7 - 75　跌落式熔断器

1—熔断部件；2—转轴；3—压板；4—弹簧钢片；
5—鸭嘴罩；6—安装固定板；7—支柱绝缘子；
8—金属支座；9—转轴；10—下触头

它主要由支柱绝缘子和熔管组成，支柱上固定着上触头座和上引线，上触头座含鸭嘴罩、弹簧钢片和压板等零部件，中部设安装固定板。下端固定着下触头座和下引线。下触头座含金属支座和下触头等零部件。熔管由产气管（内层）和保护套管（外层）构成。产气管常由钢纸管或桑皮纸管等固体产气材料制造；保护套管则是酚醛纸管或环氧玻璃布管。熔管内装铜、银或银铜合金质熔丝，其上端拉紧在可绕转轴转动的压板上。其下端固定在下触头上。熔管固定在鸭嘴罩与金属支座之间，其轴线与铅垂线成30°倾角。熔丝熔断后，压板将在弹簧作用下朝顺时针方向转动，使上触头自鸭嘴钢片罩中抵舌处滑脱，而熔管便在自身重力作用下绕转轴跌落。熔丝熔断后产生的电弧灼热产气管，使之产生大量气体。后者快速外喷，对电弧施以纵吹，使之冷却，并在电弧自然过零时熄灭。因此，跌落式熔断器灭弧时无截流现象，过电压不高，并在跌落后形成一个明显可见的断口。

2. 限流式熔断器

限流式熔断器的限流特性很重要，额定开断电流时，第一个大半波电流在未到达峰值前就被熄灭，使被保护设备受到很小的焦耳热。由于限流式熔断器具有速断功能，故能有效地保护变压器。

限流式熔断器依靠填充在熔丝周围的石英砂对电弧的冷却和去游离作用进行熄弧，熔丝通常用纯铜或纯银制作。额定电流较小时用线状熔丝，较大时用带状熔丝，在整个带状熔丝长度中有规律地制成狭颈。狭颈处点焊低熔点合金形成冶金效应点。电弧在各狭颈处首先产生。线状熔丝也可以用冶金效应。熔丝上会同时多处起弧，形成串联电弧，熄弧后的多断口，足以承受瞬态恢复电压和工频恢复电压。

限流式熔断器由底座、底座触头、熔断件三部分组成。熔断件由瓷管或者耐热的玻璃纤维管、导电端帽、芯柱、熔丝和石英砂构成。通常一端装有撞击器或指示器。在熔断器＋负荷开关结构中，熔断器的撞击器对负荷开关直接进行分闸脱扣。触发撞击器可以用炸药、弹簧或鼓膜。图7-76为高压大容量限流式熔断器的结构原理图。

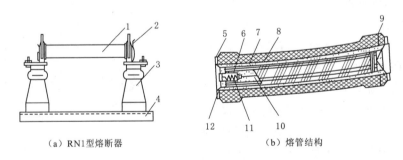

（a）RN1型熔断器　　　　　　（b）熔管结构

图7-76　高压大容量限流式熔断器的结构原理图
1—熔管；2—触头座；3—绝缘子；4—底板；5—密封圈；6—六角磁套；7—磁管；8—熔丝；
9—导电片；10—石英砂；11—指示器；12—盖板

（七）互感器

电压互感器（文字符号PT）和电流互感器（文字符号CT）常统称为互感器，从基本结构和原理来说，互感器是一种特殊的变压器。电力系统中的电压及电流，数值相差范围极大。为了减少测量仪表的规格，简化其生产过程，保证测量人员的安全操作，对于高电压、大电流均采用互感器降压、变流后再进行测量。同时互感器也可以作为继电保护和信号装置的电源，以使控制和保护装置与高压回路隔开。

1. 电流互感器

（1）电流互感器的使用注意事项。

1）电流互感器（见图 7－77），二次侧不允许开路，电流互感器正常工作时，二次负荷很小，接近于短路状态。一次电动势 $I_1 N_1$ 被二次的磁动势抵消，励磁电流很小。当二次侧开路以后，$I_2 = 0$，$I_0 = I_1$，励磁电流增大了几十倍。互感器铁芯过热，会烧坏绝缘，或者由于剩磁降低准确度，二次侧感应出高电压，危及人身安全。

图 7－77　电流互感器

2）电流互感器二次侧必须一端接地。

3）注意电流互感器二次绕组的极性。

（2）准确级。电流互感器的准确级表征的是二次侧测量误差，例如，0.2 级表示二次侧测量误差不超过 0.2％，0.5 级表示二次侧测量误差不超过 0.5％。

一般情况下，电流互感器二次绕组保护和测量不能混用。测量用的电流互感器准确度高，但是易饱和，从而保护二次仪表，而保护用的电流互感器不易饱和，保证保护装置的可靠动作。

精确测量用 0.1 级和 0.2 级；一般计量用 0.5 级；监视或估算电量用 1 级、3 级；保护用 1 级以上，如 5 级、P 级、3P 级、5P 级。

（3）电流互感器的接线方式。

1）单相式接线。只能测量一相电流，用于测量负荷平衡系统中的三相电流，如图 7－78（a）所示。

2）两相式接线。如图 7－78（b）所示，两只电流互感器组成不完全星形接线，用于测量负荷平衡系统中的三相电流。

3）三相式接线。如图 7－78（c）所示，三只电流互感器组成星形接线，用于测量负荷平衡或者不平衡系统中的三相电流。

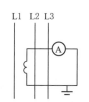

（a）电流互感器的单相接线

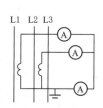

（b）电流互感器的两相
不完全星形接线

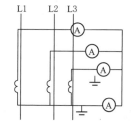

（c）电流互感器的三相星形接线

图 7－78　电流互感器接线

（4）连接导线截面。为了保证安装质量和电流互感器的测量准确度，电流互感器与仪表或继电器之间所用的连接导线，不得使用铝导线，铜芯导线截面积不得小于2.5mm²。

2. 电压互感器

电压互感器如图7-79所示，可以扩大测量范围，是一种降压变压器。它是由两个或者三个互相绝缘的绕组绕在同一个铁芯上构成的，一次绕组并联在高压电路中，二次绕组做成标准的100V。

图7-79 电压互感器

（1）电压互感器的使用注意事项。

1）电压互感器在使用时，二次侧不能短路，电压互感器二次侧短路以后短路电流很大，会烧坏电压互感器的绕组，同时会使电压互感器二次侧熔丝熔断，引起保护误动。

2）为了安全起见，电压互感器二次侧必须有一端接地。为了防止互感器一次绕组与二次绕组的绝缘被击穿，使一次侧的高电压窜入二次侧，电压互感器二次侧必须接地，保护设备与人身安全。

（2）电压互感器的接线方式。

1）一只单相电压互感器接线。如图7-80（a）所示，用于测量线电压，适用于三相电压对称电路。

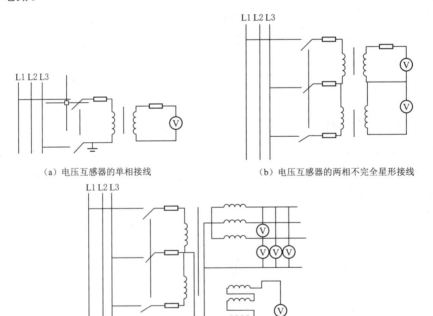

（a）电压互感器的单相接线

（b）电压互感器的两相不完全星形接线

（c）三个单相电压互感器或一台三相五柱式电压互感器接成Y0Y0L接线

图7-80 电压互感器接线

2）两只单相电压互感器 V/V 接线。如图 7-80（b）所示，适用于各个线电压、电能测量。

3）三个单相 PT 组成三相五柱式 PT 接成 Y0Y0L 接线。如图 7-80（c）所示，Y0 星形接线的二次绕组用于测量线电压、相电压；开口三角形 L 接线的二次绕组作为零序电流过滤器，接绝缘监察用的电压继电器。正常情况下，三相电压对称，加在开口三角上的电压为 0，当一次电路发生单相接地短路以后，在开口三角上感应出 100V 的零序电压，电压继电器动作，发出相应的预告信号，提醒运行人员绝缘损坏。

需要注意的是，10kV 中性点不接地系统中用于监视绝缘状态的电压互感器，不能用三相三柱式。否则，当一相绝缘损坏发生单相接地故障时，造成三相三柱式电压互感器励磁电流过大，时间一长，电压互感器就会因过热而被烧坏。

（八）低压开关设备

1. 低压断路器

低压断路器又称低压自动空气开关，是低压系统中既能分合负荷电流又能分断短路电流的开关电器。

（1）低压断路器原理与分类。低压断路器的工作原理示意图如图 7-81 所示，图 7-81 所示是一台三极断路器，主触头处于闭合状态，传动杆由锁扣锁住。此时，分断弹簧受到拉伸并且储能。当主线路电流超过一定数值时过电流脱扣器的衔铁吸合，其顶赶向上运动将锁扣顶开，已储能的分断弹簧使触头分断。如果主电路出现欠电压情况，失压脱扣器的衔铁将释放，其顶杆顶开锁扣，令主触头断开。分励脱扣器由控制电源供电，可以根据操作人员命令或其他保护信号使线圈通电，令铁芯向上运动使断路器分断。脱扣器有电磁式的，也有电子式的。

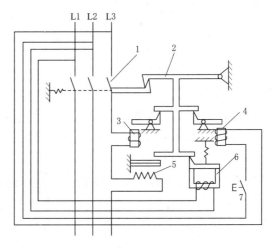

图 7-81　低压断路器的工作原理示意图

1—主触头；2—自由脱扣机构；3—过电流脱扣机构；
4—分励脱扣器；5—热脱扣器；6—欠电压；7—启动按钮

低压断路器的分类如下：

1）按用途分为配电线路保护用、电动机保护用、照明线路用和漏电保护用。

2）按结构分为万能式、塑壳式和小型模块式。

3）按极数分为单极、二极、三极和四极断路器。

4）按限流分为限流式断路器和普通式断路器。

（2）典型低压断路器。

1）万能式断路器（也称框架式断路器）。万能式断路器一般有一个带绝缘衬垫的钢质框架，所有部件均安装在这个框架底座内，如图 7-82 所示。

万能式断路器容量较大，可装设较多的脱扣器，不同的脱扣器组合可产生不同的保护特性，辅助触头的数量也较多。万能式断路器有一般式、多功能式、高性能式和智能式等几种结构型式；有固定式和抽屉式两种安装方式；有手动和电动两种操作方式；具有多段保护特性；主要用于配电网络的总开关和保护。

2）塑料外壳式断路器。塑料外壳式断路器的主要结构特点是把断路器的触头系统、灭弧室、传动机构和脱扣器等零部件都装在一个塑料壳体内，如图 7-83 所示。

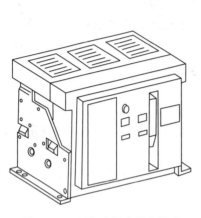

图 7-82　万能式断路器的外形

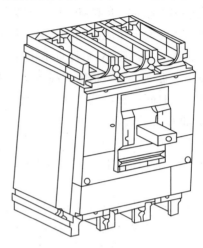

图 7-83　塑料外壳式断路器的外形

塑料外壳式断路器结构简单、紧凑、体积小，使用较安全，价格低。但是，其通断能力较低，保护方案和操作方式较少。塑料外壳式断路器多为非选择型，根据断路器在电路中的不同用途，分为配电用断路器、电动机保护用断路器和其他负载（如照明）用断路器。常用于低压配电开关柜（箱）中，作配电线路、电动机、照明电路及电热器等设备的电源控制开关及保护。

3）模数化小型断路器。模数化小型断路器是终端电器中的一大类，是组成终端组合电器的主要部件之一。终端电器是指装于线路末端的电器，该处的电器对有关电路和用电设备进行配电、控制和保护等。模数化小型断路器在结构上具有外形尺寸模数化和安装导轨化的特点。断路器由操作机构、热脱扣器、电磁脱扣器、触头系统和灭弧室等部件组成，所有部件都置于一绝缘外壳中，如图 7-84 所示。模数化小型断路器可作为线路和交流电动机等的电源控制开关及过载、短路等保护之用，广泛应用于低压动力配电等场所。

2. 低压熔断器

（1）低压熔断器的结构和工作原理。低压熔断器有以下主要部件：装有熔体的熔断体；装载熔断体的可动部件——载熔体；含触头、接线端子和盖子的熔断器底座。熔断体的典型结构如图 7-85 所示，包括熔体（金属丝或片）、填料（也有无填料的）、绝缘管及导电触头。

低压熔断器串接于被保护的线路中，当线路发生过载或短路时，线路电流增大，熔体发热。一旦熔体的温度升到其熔点，立即熔断并分断，以达到保护线路的目的。

（2）低压熔断器的分类与产品。低压熔断器种类很多。按结构型式分为 RC 子系列封闭插入式、RL 子系列有填料封闭螺旋式、RT1O 子系列有填料螺旋式和按 RTO 子系列有填料管式，按用途区分为 RS 快速熔断器和 RM 系列无填料封闭管式。

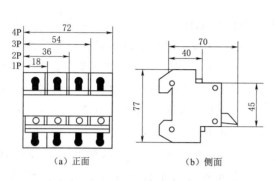

（a）正面　　　　　　（b）侧面

图 7 - 84　模数化小型断路器的外形结构
（单位：mm）

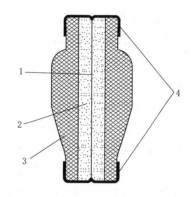

图 7 - 85　熔断体的典型结构
1—熔体；2—填料；3—绝缘管；4—导电触头

3. 低压负荷开关

低压负荷开关有开启式和封闭式两类。

开启式负荷开关（俗称闸刀开关）结构最为简单，它由瓷底座、熔丝、胶盖、触刀和触头等组成。其额定电流至 63A 的产品可带负荷操作（但用于操作电动机时，容量一般降低一半使用），额定电流为 100A 及 220A 的产品仅用作隔离器。

封闭式负荷开关（俗称铁壳开关）由触刀、熔断器、操作机构和钢板制成的外壳组成，如图 7 - 86 所示。

操动机构与外壳之间装有机械连锁，使盖子打开时开关不能合闸，而手柄位于闭合位置时盖子不能打开，以保证操作安全。操作机构为弹簧储能式，它能使触刀快速通断，且分合速度与手柄操作速度无关，开关装有灭弧室。作为短路保护元件的熔断器有瓷插式的，有高分断能力的，也有填料封闭管式的。

负荷开关应综合考虑对开关和熔断器的要求来选择。如果装在电源端作为配电保护电器应带高分断能力熔断器的产品；如果用在负载端，因短路电流较小，可选用带分断能力较低的熔断器或熔丝的产品。

开启式负荷开关中的熔丝一般由用户选配。用于变压器、电热器和照明电路时，熔丝的额定电流等于或稍大于负荷电流；

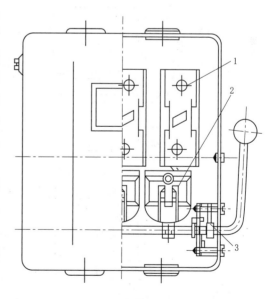

图 7 - 86　封闭式负荷开关
1—熔断器；2—触刀；3—操动机构

用于配电线路时，则等于或略小于负荷电流；用于小容量电路时，宜为电动机额定电流的1.5～2.5倍，以免启动时误动作。

（九）成套配电装置（开关柜）

1. 高低压开关柜

开关柜是金属封闭式开关设备的俗称，按照国家标准《3.6kV～40.5kV交流金属封闭开关设备和控制设备》（GB/T 3906）的定义，金属封闭开关设备是指除进出线外，完全被金属外壳包住的开关设备，同一回路的开关电器、测量仪表、继电保护装置、控制设备以及信号装置都装配在一个或两个封闭或半封闭的金属柜内。制造厂生产各种不同电路的开关柜和标准元件；设计时可根据主接线选择相应电路的开关柜或元件，组成需要的配电装置。开关柜按照电压等级可以分为高压开关柜和低压开关柜。

（1）高压开关柜。高压开关柜主要用在3～35kV系统中，结构紧凑，占地面积小，安装工作量小，使用和维修方便，且有多种接线方案以供选择，故用户使用极为便利。

1）空气绝缘金属封闭开关设备（开关柜）。

（a）开关柜分为以下三种。

a）铠装式。各室间用金属板隔离且接地，如KYN1-10型，其结构如图7-87所示。

b）间隔式。各室间用一个或多个非金属板隔离，如JYN2-10型，其结构如图7-88所示。

c）箱式。具有金属外壳，但间隔数目少于铠装式或隔离式，如XGN2-10型，其结构如图7-89所示。

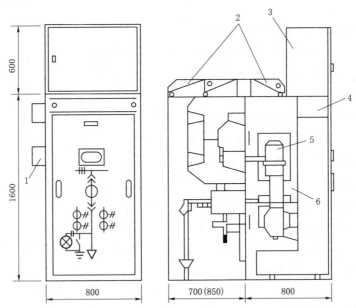

图7-87 KYN1-10型移开式铠装柜（单位：mm）

1—穿墙套管；2—泄压活门；3—继电器仪表箱；4—端子室；5—手车；6—手车室

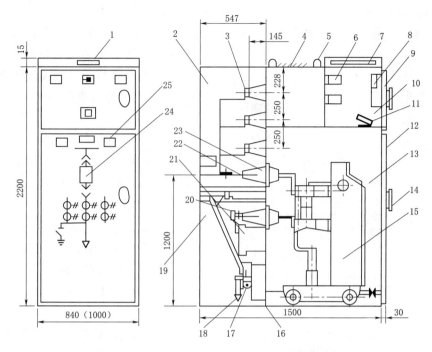

图 7-88　JYN2-10 型移开式间隔柜（单位：mm）

1—回路铭牌；2—主母线室；3—主母线；4—盖板；5—吊环；6—继电器；7—小母线室；

8—电能表；9—二次仪表门；10—二次仪表室；11—接线端子；12—手车门；13—手车室；

14—门锁；15—手车（图内为真空断路器手车）；16—接地主母线；17—接地开关；

18—电缆夹；19—电缆室；20—下静触头；21—电流互感器；22—上静触头；

23—触头盒；24—模拟母线；25—观察窗

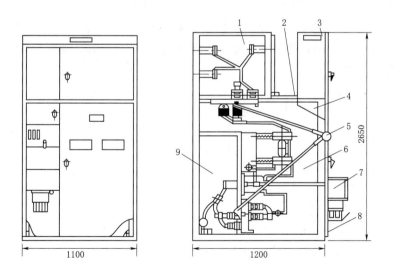

图 7-89　XGN2-10 型固定式箱式柜（单位：mm）

1—母线室；2—压力释放通道；3—仪表室；4—组合开关室；5—手力操作及联锁机构；

6—主开关室；7—电磁或弹簧机构；8—接地母线；9—电缆室

（b）高压开关柜的置放有以下两种形式：

a）落地式。断路器手车本身落地，推入柜内，如 KYN1-10 型和 JYN2-10 型。

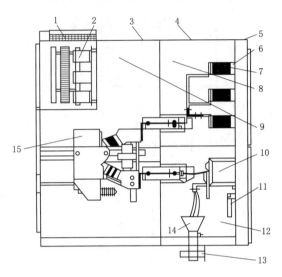

图 7-90 KYN18 型中置式开关柜内部结构

1—小母线室；2—继电器室；3—手车室排气口；4—母线室排气口；5—电缆室排气口；6—电缆室出气道；7—主母线；8—主母线室；9—手车室；10—电流互感器；11—接地开关；12—电缆室；13—零序互感器；14—电缆；15—断路器小车

b）中置式。手车装于柜子中部，如 KYN18 型中置柜，其结构如图 7-90 所示。手车的装卸需要装卸车，目前中置式开关柜越来越多。

（c）高压开关柜的型号含义。高压开关柜型号的表示和含义如图 7-91 所示。

（d）高压开关柜必须装设防止电气误操作的装置，具体"五防"功能为：

a）防止误分、误合断路器。

b）防止带负荷推拉小车。

c）防止误入带电间隔。

d）防止带电挂（合）接地线（接地开关）。

e）防止接地开关在接地位置时送电。

2）SF$_6$ 绝缘金属封闭开关设备（充气柜）。以 SF$_6$ 气体绝缘的开关柜简称充气柜，主要用在 35kV 系统中，此产品的高压元件诸如母线、断路器、隔离开关、互感器等封闭在充有较低压力（一般为 0.02～0.05MPa）SF$_6$ 气体的壳体内。SF$_6$ 充气柜最大特点是不受外界环境条件的影响，可用在环境恶劣的场所。还有一个重要特点是，由于使用性能优异的 SF$_6$ 绝缘，大大缩小了柜体的外形尺寸。与空气绝缘相比，SF$_6$ 充气柜的安装面积为其 26%，体积为其 27%。同时，由于充气柜配有性能良好的无油开关，大大减少了维修和检修工作量。

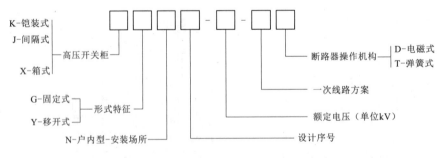

图 7-91 高压开关柜型号的表示和含义图

（2）低压开关柜。低压开关柜又称低压配电屏，主要应用于 380V 系统。其结构主要有固定式、抽屉式两大类。固定式开关柜常见的型号有 GGD 等，抽出式开关柜常见的型号有 GCS、GCK、GCL、DOMINO、MNS、SIVACON 等。

2. 环网供电单元

环网供电单元由间隔组成，一般至少由三个间隔组成，即两个环缆进出间隔和一个变压器回路间隔。图 7-92 为环网供电单元的基本布置。图 7-92 中，负荷开关 QLA 和 QLB 在隔离故障线段时能及时恢复回路的连续供电。同负荷开关 QLC 相连的熔断器 FU 在中、低压变压器发生内部故障时起保护作用。开关 QLC 对熔断器和变压器还起隔离和接地作用。

在用架空线的地方可将架空线引至环网供电单元旁，再由电缆引进和引出，如图 7-93 所示，一般来说，母线和开关封闭在充 SF_6 的壳体内，充气压力一般为 0.02～0.05MPa。由于壳体封闭，故不受外界环境的影响，提高了设备的可靠性。由于用 SF_6 绝缘，故可做到体积小；由于充气压力低，密封等问题都容易解决。

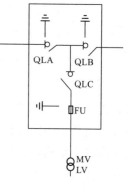

图 7-92 环网供电单元的基本布置

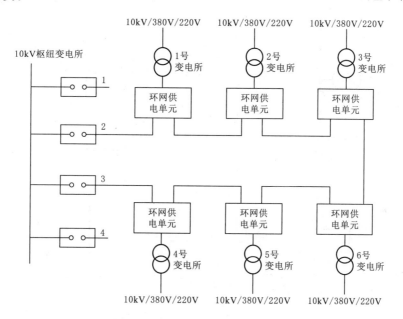

图 7-93 环网供电单元组成环网

3. 预装式变电所

预装式变电所俗称箱式变电所，就是把高压开关设备、配电变压器和低压配电装置按一定线路方案排布成一体的预制型户内、户外紧凑式配电设备。具有一系列优点，如成套性强、体积小、占地少、能深入负荷中心，提高供电质量，减少损耗，送电周期短，选址灵活，对环境适应性强，安装方便，运行安全可靠及投资少，见效快等。

预装式变电所三个主要部分（高压配电装置、变压器及低压配电装置）的布置方式一般有两种，即目字形和品字形，分别如图 7-94（a）和图 7-94（b）所示。目字形布置接线方便，而品字形布置接线紧凑。

（a）目字形布置

（b）品字形布置

图 7-94 预装式变电所总体布置

4. SF₆ 全封闭式组合电器（GIS）

SF₆ 全封闭式组合电器在国际上称为气体绝缘变电所。它将一座变电所中除变压器以外的一次设备，包括断路器、避雷器、隔离开关、接地开关、电压互感器、电流互感器、母线、电缆终端、进出线套管等，经优化设计有机地组合成一个整体，组装在一个封闭的接地金属壳内，各元件的带电部分在壳内互相连通；在金属壳内充有高介电性能的绝缘和灭弧介质 SF₆ 气体。这些组成电器的各个元件可制成不同连接形式的标准独立结构，如果再辅以一些过渡元件，便可制造出适合各种形式主接线的成套配电装置，图 7-95 为 110kV 单母线接线 SF₆ 全封闭式组合电器配电装置断面图。

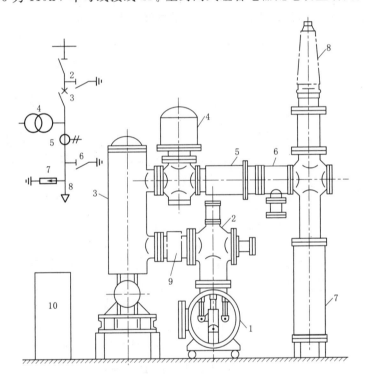

图 7-95 110kV 单母线接线 SF₆ 全封闭式组合电器配电装置断面图
1—母线；2—带接地刀闸的隔离开关；3—断路器；4—电压互感器；5—电流互感器；
6—快速接地开关；7—避雷器；8—引线套管；9—波纹管；10—SF₆ 断路器操动机构

SF₆ 全封闭组合电器适合于 110kV 及以上的系统，具有占地面积和空间小、设备运行安全可靠、无无线电干扰、无噪声、维护工作量小、检修周期长等优点。

三、电气二次设备

二次设备是指对一次设备的工作进行监测、控制、调节、保护的电气设备。由二次设备及其相互连接的回路称为二次回路。根据功能电气二次回路可分为六类。

（1）控制（操作）回路：由控制开关与控制对象（如断路器、隔离开关）的传递机构、执行（或操作）机构组成。其作用是对一次设备进行"合""分"操作。

（2）调节回路：是指调节型自动装置。如由 VQC 系统对主变压器进行有载调压的装置，发电机的励磁调节装置。它是由测量机构、传送机构、调节器和执行机构组成。其作用是根据一次设备运行参数的变化，实时在线调节一次设备的工作状态，以满足运行要求。

（3）继电保护和自动装置回路：是由测量回路、比较部分、逻辑部分和执行部分等组成。其作用是根据一次设备和系统的运行状态，判断其发生故障或异常时自动发出跳闸命令有选择性地切除故障，并发出相应的信号，当故障或异常消失后，快速投入有关断路器（重合闸及备用电源自动投入装置），恢复系统的正常运行。

（4）测量回路：由各种测量仪表及其相关回路组成。其作用是指示或记录一次设备和系统的运行参数，以便运行人员掌握此系统的运行情况，同时也是分析电能质量、计算经济指标、了解系统潮流和主设备运行工况的主要依据。

（5）信号回路：由信号发送机构和信号继电器等构成。其作用是反映一次、二次设备的工作状态。

（6）操作电源系统：由电源设备和供电网络组成，它常包括直流电源系统和交流电源系统。其作用主要是给控制、保护、信号等设备提供工作电源与操作电源，供给主变冷却、给水与给煤等动力设备，确保发电厂与变电所所有设备正常工作。

常用的电气二次设备包括各种电力测量仪表、按钮及转换开关等控制设备、灯光音响等信号器具、继电保护设备、用于自动调节装置的设备、交直流操作电源等，它们按照所设计二次回路（如控制回路、信号回路、测量回路、调节回路、继电保护回路、自动装置回路、操作电源系统等）的功能将相关的二次设备连接起来，构成控制屏、保护屏、信号屏、直流屏、现地控制单元柜等二次屏装置完成相应的工作任务，也有把部分二次设备直接安装在高压成套配电装置上以减少二次屏及控制电缆数量。

四、计算机监控系统

计算机监控系统是指具有数据采集、监视和控制功能的系统，是以监测、控制为主体，加上检测装置（传感器）、机构与被监测控制的对象（生产过程）共同构成的整体。在这个系统中，计算机直接参与被临近对象的检测、监督和控制。计算机监控系统主要由硬件（计算机、通信网络、控制单元、测量装置和执行装置）和软件两大部分组成。具有实时性、可靠性、可维护性、数据自动采集处理、人机交互、通信功能、信息处理和控制算法、管理功能、自动运行、自动报警、自动校正、自动调度决策等优点，在水电站、水泵站、船闸等水利工程中广泛运用。

（一）计算机监控系统的主要任务

计算机监控系统的主要任务是自动控制调节、安全监视告警、故障诊断处理和高效经济运行等，具体任务如下：

1. 自动控制调节

水电站、水泵站或其他水利工程设备的开停、发电、调相状态的转换，机组有功功率及无功功率的调节、闸门启闭以及开度的调节、发电机的并列运行等，都可以通过计算机发出相关命令而自动执行。

2. 安全监视告警

利用计算机对水利工程设备运行中的发电机、水轮机、水泵、闸门及一些辅助设备的各项参数进行巡回检测，当发现这些设备的有关参数超过规定的上、下限值时，计算机便发出越限告警。对某些重要设备的关键参数，可以设置趋势记录，一旦发现有异常趋势，计算机便发出相应的告警，运行人员可以及时采取措施，防患于未然。

3. 故障诊断处理

水电站、水泵站或其他水利工程设备出现的事故是突然的，时间很短促，运行人员很难对事故的性质做出准确的分析判断。在没有计算机监控时，对事故的判断和处理在很大程度上取决于值班人员的经验。在对水利工程设备设置了计算机监控系统后，计算机便对设备进行在线监视，对运行设备的各种参数进行记录和存储，一旦发生事故，计算机便对事故进行分析，然后执行有关的事故处理程序，使事故得到及时的处理，同时记录了事故发生的性质、时间和地点。

4. 高效经济运行

应用计算机技术对水利工程设备进行管理，可最大限度地实现工程运行的最优控制，达到经济运行。最优的控制是指计算机根据上级调度下达的或运行人员给定的参数要求，结合工程实际情况确定最佳、最经济的组合和分配。

（二）计算机监控系统的功能

计算机监控系统的主要功能包括数据采集、数据处理、控制与调节、数据通信、时间同步、运行管理与指导功能、系统自诊断与自恢复、人机联系、培训仿真、系统维护及软件开发等。总的来说，计算机监控系统的功能是安全监视、正常与紧急控制、经济运行，以及实现设计和使用要求。不同的设备将会有具体的功能要求。

1. 数据采集

（1）计算机监控系统具有通过硬布线和数据通信方式采集模拟量、开关量和脉冲量的功能。

（2）模拟量包括电气量和非电气量，计算机监控系统可采集的模拟量包括：

1）需经常监视的量。

2）需调节的量。

3）需记录、制表上报或存档备查的量。

4）完成计算机监控系统功能所需要的其他量。

（3）计算机监控系统可采集下列电气量：

1）机组、变压器、母线、线路、电抗器、电容器、变频启动装置等设备的主要运行数据。

2）电源及母线的主要运行数据。

3）直流电源系统的主要运行数据。

（4）计算机监控系统可采集下列非电气量：

1) 机组的主要运行数据，包括导叶开度、转速、温度、压力、流量等。

2) 变压器、电抗器、电容器、变频启动装置等的主要运行数据。

3) 机组附属设备及公用系统设备的主要运行数据。

4) 上游、下游水位。

5) 闸门开度等。

（5）计算机监控系统可采集下列开关量：

1) 机组的运行工况信号。

2) 机组进出水口闸、阀的位置信号和闸、阀及启闭机的故障、事故信号。

3) 断路器、隔离开关、接地开关的位置信号。

4) 进线和联络空气断路器或负荷开关的位置信号。

5) 主变压器有载调压开关分接头位置信号。

6) 交直流电源系统的运行工况信号。

7) 机组附属设备及公用系统设备的运行状态信号。

8) 主辅机电设备的事故、故障信号。

9) 主要保护及自动装置的动作信号。

10) 火灾报警、通风空调、工业电视等系统的报警信号。

11) 计算机监控系统的故障信号。

（6）计算机监控系统还能通过数据通信或脉冲方式采集电能量。

2. 数据处理

（1）计算机监控系统能对采集到的数据进行处理并生成实时数据库，实现对设备的工况和参数的巡回检测、记录、计算、越限报警、复限提示和显示、打印等功能。计算机监控系统可建立历史数据库，并能将必要的运行参数和状态存入历史数据库。

（2）计算机监控系统的模拟量处理功能包括断线检测、信号抗干扰、数字滤波、数据合理性检查、工程单位变换、越限复限等检查，并根据要求产生报警信号，记录变量在各时段按不同时间分辨率的变化曲线。计算机监控系统还能对重要的模拟量实现变化梯度的计算、记录和报警。

（3）开关量的数据处理功能包括光电隔离、防抖动处理、硬件及软件滤波、数据合理性检查等，并根据要求产生报警和报告。对不列入事件顺序记录的开关量进行事件日志记录，包括事件的名称、发生时间、性质。发生时间按年、月、日、时、分、秒、毫秒顺序记录。

（4）计算机监控系统具有事件顺序记录功能，包括记录各个重要事件的名称、动作顺序、发生时间、性质，并根据要求产生报警和报告。发生时间应按年、月、日、时、分、秒、毫秒顺序记录。计算机监控系统可对下列量进行顺序记录：

1) 断路器的位置信号。

2) 主要电气设备事故需要的继电保护及安全自动装置的动作信号。

3) 设备保护动作信号等。

（5）脉冲量电能量的数据处理功能可以实现分时段和分方向累加，并根据要求形成报表。

（6）计算机监控系统具有事故追忆的功能。启动事故追忆的事件应主要为各类电气事故、机械事故，事故追忆范围至少为事故前1min至事故后2min的各模拟量。启动事故追忆的事件、事故追忆的模拟量、事故前后追忆的时间长度和记录间隔均可由用户设定和修改。

（7）计算机监控系统还可以进行相关数据计算。

3. 控制与调节

（1）计算机监控系统能实现上级调度中心控制调节、主控（厂站控制）级控制调节和现地控制级控制调节三种方式，并能在相关控制调节方式之间进行无扰动切换。计算机监控系统控制调节优先权应自现地控制级至主控（厂站控制）级再至上级调度中心，事故停机不应受此约束。

（2）计算机监控系统应能根据预定的决策原则及运行人员输入的指令或上级调度中心输入的指令实现机组工况的自动转换，断路器和隔离开关分、合，变压器有载调节开关操作和电气接线自动顺序倒闸等。计算机监控系统内应有符合"五防"要求的逻辑闭锁条件。

在机组工况转换自动操作过程中，计算机监控系统应显示各主要阶段依次推进的过程。过程受阻时应显示原因，并将机组转换到安全工况。

（3）计算机监控系统应具有实现机组同步的功能，以及实现高压开关站断路器的捕捉同步的功能。

（4）计算机监控系统应能实现机组的事故停机和紧急关闭进出水口闸、阀的功能。

（5）计算机监控系统应能实现机组有功功率和无功功率的调节，并应能在屏幕上显示调节过程。

（6）计算机监控系统应能根据上级调度中心下达的有功功率给定值或给定的负荷曲线，考虑调频和备用容量的需要，在躲过振动、空化区等各项限制条件下，以节能和效益为目标，确定最优机组台数、组合及负荷分配。计算机监控系统采用开环运行的，应通过屏幕显示器将结果通知运行人员；计算机监控系统采用闭环运行的，则应通过机组LCU将控制调节信号自动作用于调速器。计算机监控系统应能将任一机组投入或退出联合调节。

（7）计算机监控系统应能根据上级调度中心下达的高压母线的电压曲线或无功功率的给定值，按自动电压控制或机组无功功率联合调节的准则给出每台机组的无功功率调节信号。

（8）计算机监控系统可根据防洪、航运、工农业和生活用水等要求，实现水闸等成组控制。

（9）控制信号宜采用脉冲方式，由各被控子系统进行自保持。

（10）计算机监控系统应具备故障安全功能。

4. 数据通信

（1）计算机监控系统应能与上级调度中心自动化系统进行数据通信，实现调度自动化系统要求的"四遥"功能。

（2）计算机监控系统宜能以现场总线或其他数字通信方式，实现与微机调速器、微机励磁调节器、微机继电保护装置、微机机组附属设备控制装置、微机公用设备控制装置及其他智能电子装置的数据通信。

（3）在采取硬件、软件安全措施的前提下，计算机监控系统宜能实现与主控（厂站）管理信息系统、水情自动测报系统等的数据通信。

5. 时间同步

（1）计算机监控系统内应采用统一时钟，宜选用时间同步系统的信号对主控（厂站）级各工作站及各 LCU 等有关设备进行时钟校正。

（2）时间同步系统宜采用一种多个授时口的方式，确保计算机监控系统和智能电子设备的寻时要求。

（3）授时方式应灵活方便，采用硬对时、软对时或软硬对时组合方式。在卫星时钟故障的情况下，应由主计算机的时钟维持系统正常运行。

（4）计算机监控系统宜与主控（厂站）的继电保护、调速系统、励磁系统等接收统一时间同步系统提供的时钟信号。

6. 运行管理与指导功能

（1）计算机监控系统宜能实现自动统计主设备的运行时间及事故、故障次数，机组的工况转换次数，机组附属设备及公用系统设备的运行时间和动作次数，继电保护装置或自动装置的动作次数等。

（2）计算机监控系统宜具有正常操作指导、事故处理指导和其他必要的运行管理指导功能。

7. 系统自诊断与自恢复

（1）计算机监控系统应具备硬件、软件在线自诊断能力，发现异常时应自动定位并报警。

（2）计算机监控系统应具备自恢复功能，当计算机监控系统出现程序死锁或失控时，能自动恢复到原来正常运行状态。对冗余配置的设备，计算机监控系统应能自动切换到备用设备运行。

8. 人机联系

（1）计算机监控系统应配置方便实用的人机接口设备，其中屏幕显示器和打印机应支持汉字功能，汉字应符合《信息交换用汉字编码字符集 基本集》（GB/T 2312）、《信息技术 中文编码字符集》（GB 18030）的有关规定。

（2）运行和维护人员通过人机接口设备应能实现下列操作：

1）发出工况转换、有功和无功负荷增减及断路器和隔离开关分、合等操作命令。

2）设置和修改各项给定值和限值。

3）报警点的退出与恢复。

4）计算机监控系统的维护。

（3）计算机监控系统应根据系统管理员、维护人员、运行人员的责任分别给予不同的操作权限。

（4）计算机监控系统应自动或根据运行人员的命令，通过屏幕显示器实时显示设备主要系统的运行状态、主要设备的操作流程、事故报警信号、故障报警信号及有关参数和画面。事故报警信号画面应有最高优先权，可覆盖正在显示的其他画面。显示画面宜包括下列主要画面：

1）主接线图。

2）机组附属设备运行状态图。

3）公用设备运行状态图。

4）机组工况转换动态流程图。

5）计算机监控系统设备运行状态图。

6）各类曲线。

7）各类棒图。

8）运行、操作记录统计表。

9）事故、故障统计表。

10）用于自动控制的非电量整定值表。

11）各类运行报表。

12）操作票及操作处理指导。

13）事故处理指导。

（5）计算机监控系统应在设备发生事故、故障时，用准确、清晰的语音向有关人员发出报警，也可采用警铃或蜂鸣器进行事故、故障报警。

（6）计算机监控系统应在设备发生事故、故障时，按一定的等级设置向固定电话、移动电话自动发出语音或文字报警信息，并应符合国家有关电力监控安全防护的规定。

（7）计算机监控系统应自动或按运行人员的要求，打印各主要设备的各类操作、事故和故障记录及有关参数、曲线、棒图、报表、文档。

9．培训仿真

（1）计算机监控系统宜具有运行人员操作培训功能，并由培训工作站实现。

（2）计算机监控系统可具有仿真培训功能，并由培训工作站实现。培训工作站应设置与操作员工作站相同的人机界面，还宜设置能对设备监控对象仿真的硬件和软件，其输入或输出控制逻辑和响应时间应与实际生产过程相同。

10．系统维护及软件开发

（1）计算机监控系统应具有系统维护功能，主要有用户管理、系统清理、备份处理、系统升级等功能。

（2）计算机监控系统应能允许得到授权的人员实现应用软件，显示画面和数据库等的编辑、调试、装入、卸载和修改等软件开发功能。

（三）计算机监控系统的结构

计算机监控技术随着集成电路技术、微型计算机技术、通信技术和网络技术的发展，其结构在不断变化，性能、功能以及可靠性等不断提高。其结构模式根据目前在水利工程中的具体应用，主要有集中式、分散式和分层分布式；从安装的物理位置来划分，有集中组屏、分散组屏和全部分散在一次设备间隔层上安装方式。不同规模、不同对象的水利工程，其监控设备结构及具体的功能有所不同。

1. 集中式系统结构

集中式系统结构（见图 7-96）出现在计算机监控系统问世初期，设一台监控主机及数据采集系统，计算机对设备进行集中监控，它们安装在中央控制室内，称作集中式监控系统。中控室的主机通过上位机组态软件系统处理，经由电缆引入中控室主机接口的现场各个模拟量信号和开关量信号，然后将处理完的结果以控制命令的形式发出，实现对后台相关数据处理和对现场的设备进行实时控制。

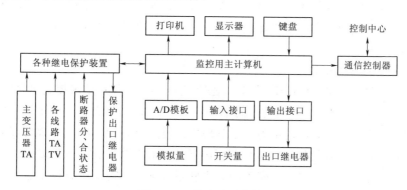

图 7-96　集中式系统结构

集中式系统结构主要缺点：计算机故障，整个控制系统就瘫痪，只能改为手动控制运行，性能大大降低；所有信号由一个 CPU 进行处理，实时性难以得到保证；由于所有信息都要送到这台计算机，现场需要敷设很多电缆，机组台数越多，电缆也越多，这不但增加了投资，而且降低了系统的可靠性；电缆及其接头容易发生故障，通信也是薄弱环节；电磁干扰的存在严重影响了系统的可靠性和测量精度。

提高集中式系统结构的可靠性可采用双机备用方式。常用的备用方式有冷备用、温备用和热备用。

（1）冷备用方式是备用机平时处于空闲状态，主机故障时人工投入。

（2）温备用方式是正常运行时，备用机也处于运转状态，存储器被主控机实时刷新；主机故障时人工投入。

（3）热备用方式是主机和备用机并列运行，备用机不输出控制，主机故障时自动投入备用机。

2. 分散式系统结构

分散式系统结构（见图 7-97）是指计算机实现的各项功能不再由一台计算机来完成，而由多台计算机分别完成。各台计算机只负责完成某一项或一项以上的任务，结果出现了一系列完成专项功能的计算机，如数据采集用计算机、调整控制用计算机、事件记录用计算机、通信用计算机等。这是一种横向的分散、功能的分散。如果某一台计算机出故障，只影响某一功能，而其他功能仍然可以实施，可靠性在某种程度上有所提高。

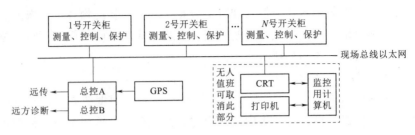

图 7-97 分散式系统结构

但这种监控系统仍没有解决集中式计算机监控系统的所有问题。如某个功能装置计算机发生故障,则工程的这部分功能均将丧失,影响较大;而且仍然没有解决要将所有信息集中到一处(用电缆)所带来的问题,系统可靠性仍然不高。因此,分散式计算机监控系统目前已经很少采用。

3. 分层分布式系统结构

分层分布式系统结构(见图 7-98)一般分为两部分:即现地级控制单元层(现地级)和主控级控制层(厂站级)。现地级控制单元层直接联系生产设备,负责采集与处理现场数据、执行控制调节命令等,通常为便于对现场信号及时处理,将具有微处理器的现地控制单元(LCU)安装于有信号源的生产现场附近,具有较强的独立工作能力。分层分布式计算机监控系统有多台主机,配备完善的人机联系设备,实现对所有设备运行状况的监视和发布控制调节命令以实现统一管理,完成对数据或信号进行采集或控制指令的输出。此时,如果某个设备控制单元发生故障,只影响这一台设备,而不影响整个设备的运行。由于进行了分布处理,即各台设备的信息由各台设备控制单元进行处理,就不必敷设许多电缆将信息送到一处集中处理,节省了相应的投资。采用这种类型的监控系统结构具有十分灵活、方便、可靠且精度高等特点。具体表现在以下几个方面:

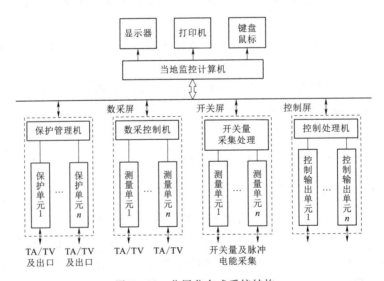

图 7-98 分层分布式系统结构

（1）可靠性高，系统有多个 CPU 并行处理任务，可实现多主机管理，缩小了故障影响的范围。

（2）测量精度高，系统采集的信号于现地处理，减弱了干扰侵入，测量值基本可反映现场的真实值。

（3）运行维护方便，由于采用的是总线式的拓扑结构，只需非常简单的网络连线。

（4）系统的监控网络亦可以和其他网络方便地实行协调控制，以构成综合生产管理系统。

（四）计算机监控系统的优点

（1）提高水利工程运行管理水平。监控系统实现监视、测量、记录、抄表等工作都由计算机自动进行，既提高了测量精度，又避免了人为的主观干预。

（2）提高设备工作可靠性。监控系统中各个子系统大多由微机组成，具有故障自诊断能力，能及时发现工作异常、及时发出告警信号。

（3）提高水利工程总体安全可靠运行水平。实现计算机监控系统后，由于数据共享，计算机可对收集的数据和信号进行全面的分析和处理，利用其高速计算和正确判断的能力，将综合结果反映给值班人员，可以尽早尽快发现问题和处理事故。

（4）为水利工程运行设备实现在线检测和状态检修创造条件。计算机监控系统具有强大的通信功能，可以将运行设备的视频监视、设备的在线监测数据传送到集控中心，作为实现状态检修的依据，为状态检修创造条件。

五、电气设备制造的质量控制

（一）电气设备制造监理依据的标准

（1）合同双方在合同和附件中所确定的质量检验标准。

（2）有关国家、行业和企业标准。

（二）技术准备

（1）技术资料检查。

1）电气设备有关计算书。

2）电气设备设计说明书。

3）有关电气设备的资料和图纸。

（2）监理机构参加业主主持或受业主委托主持召开第一次设计联络会，由设计单位进行技术交底。在会前监理工程师应熟悉设计图纸及其他技术文件、合同文件及相关资料，提出疑问、意见或建议。

（3）参加或召开第二次设计联络会，审查制造单位提交的如下文件：

1）制造工艺流程、制造工艺、焊接工艺评定等工艺方案文件。

2）深化设计文件，包括重要的原材料、零部件、元器件的性能参数。

3）制造单位的质保体系，人员、设备情况。

4）外购、外协分包商资质、业绩情况。

5）检测试验方案。

6）生产进度计划等。

（4）编制监理实施细则。依据监理规划和设备制造技术要求，编制制造监理实施细则，其内容应包括专业特点和监理工作的流程、控制要点及目标值、方法、措施，应具体细致，具有可操作性。

（三）原材料、外购外协件的质量控制

电气元器件必须符合设计图纸要求，严格审查材料的出厂合格证及相关试验报告，凡没有合格证的或抽检不合格的，不得使用。

（四）制造过程监理

监理机构应按照有关设备制造标准和设备制造合同约定，对所有加工过程进行监督、见证，控制设备制造质量。制造过程中质量控制按见证项目进行见证、检查、测试、试验等。

过程监督检查主要是监督零部件加工制造是否按工艺规程进行，主要零部件的材质和工序是否符合图纸、工艺的规定。

必要时由监理工程师进行平行检测或委托第三方进行检测。

（五）出厂验收

（1）项目满足下列条件，承包人应向监理工程师提出申请要求验收。

1）该项目制造、组装完毕，并处于组装状态。

2）资料已提交监理工程师。

3）在接到承包人要求验收的申请后，监理机构参加建设单位主持的设备出厂验收会或受建设单位委托主持设备出厂验收会。

（2）按制造厂家编制的经监理批准的验收大纲，组织验收。验收大纲主要包括以下内容：

1）概况。

2）出厂验收设备的主要技术参数。

3）出厂验收依据。

4）出厂验收的程序与方法。

5）试验设备及检测量具与仪器。

6）试验检测准备及相关要求。

7）出厂验收资料。

（3）出厂验收小组按照有关标准、规范对拟出厂的设备进行验收，验收通过后并经监理工程师同意后方可出厂。

（4）制作过程中的检测记录，应作为存档资料。

（六）质量见证项目

（1）大型变压器制造质量见证项目（见表7-18）。

（2）电流互感器制造质量见证项目（见表7-19）。

（3）断路器制造质量见证项目（见表7-20）。

（4）隔离开关、接地开关制造质量见证项目（见表7-21）。

表 7 - 18　　　　　　　　　　　大型变压器制造质量见证项目表

序号	部套	见　证　项　目	见证方式			备注
			H	W	R	
1	主要配件套	1　套管				
		1.1　出厂试验报告			√	
		1.2　性能试验报告			√	
		2　无励磁分接开关/有载分接开关出厂试验报告			√	
		3　套管式电流互感器出厂试验报告			√	
		4　冷却器/散热器出厂试验报告			√	
		5　潜油泵/风机出厂试验报告			√	
		6　压力释放器出厂试验报告			√	
		7　温控器出厂试验报告			√	
		8　气体继电器出厂试验报告			√	
		9　油流继电器出厂试验报告			√	
		10　阀门性能试验报告			√	
		11　储油柜性能试验报告			√	
2	部套制造	1　油箱				
		1.1　油箱机械强度试验		√	√	
		1.2　油箱试漏检验			√	
		2　铁芯				
		2.1　铁芯外观，尺寸检查			√	
3	主要原材料	1　电磁线原材料质量保证书			√	
		2　硅钢片			√	
		2.1　原材料质量保证书			√	
		2.2　磁感应强度试验			√	
		2.3　铁损试验			√	
		3　变压器油原材料质量保证书			√	
		4　绝缘纸板				
		4.1　原材料质量保证书			√	
		4.2　理化检验报告			√	
		5　钢板原材料质量保证书			√	
		6　铁芯油道绝缘试验		√		
		7　绕组				
		7.1　绕制质量、尺寸检查			√	
		7.2　绕组压装与处理		√		
4	器身装配	1　器身绝缘装配				
		1.1　各绕组套装牢固性检查		√		

续表

序号	部套	见 证 项 目	见证方式			
			H	W	R	备注
4	器身装配	1.2 器身绝缘的主要尺寸检查		√		
		2 引线及分接开关装配				
		2.1 引线装焊		√		
		2.2 开关、引线支架牢固性检查		√		
		2.3 引线的绝缘距离检查		√		
		3 器身干燥真空度、温度及时间记录		√		
5	总装配	1 出炉装配				
		1.1 箱内清洁度检查		√		
		1.2 带电部分距油箱绝缘距离检查		√		
		2 注油真空度、油温、时间及静放时间记录		√		
6	整机试验	1 密封渗漏试验		√		
		2 例行试验				
		2.1 绕组电阻测量		√		
		2.2 电压比和联结组标号检定		√		
		2.3 绕组连同套管介损及电容测量		√		
		2.4 绕组对地绝缘电阻、吸收比或极化指数测量		√		
		2.5 铁芯和夹件绝缘电阻测量		√		
		2.6 短路阻抗和负载损耗测量		√		
		2.7 空载电流和空载损耗测量		√		
		2.8 外施工频耐压试验		√		
		2.9 长时感应耐压试验（$U>170kV$）	√			
		2.10 操作冲击试验	√			
		2.11 雷电全波冲击试验	√			
		2.12 有载分接开关试验		√		
		2.13 绝缘油化验及色谱分析		√		
		3 型式试验				
		3.1 绝缘型式试验		√	√	
		3.2 温升试验		√	√	
		3.3 油箱机械强度试验		√	√	
		4 特殊试验				
		4.1 绕组对地和绕组间的电容测定		√		
		4.2 三相变压器零序阻抗测量		√		
		4.3 空载电流谐波测量		√		
		4.4 短时感应耐压试验（$U>170kV$）				

续表

序号	部套	见证项目	H	W	R	备注
6	整机试验	4.5 声级测量		√		
		4.6 长时间空载试验		√		
		4.7 油流静电测量		√		
		4.8 风扇和油泵电机所吸收功率测量			√	
		4.9 无线电干扰水平测量			√	
		4.10 短路承受能力计算书			√	
		4.11 其他			√	
7	抗震能力	变压器抗震能力论证报告			√	
8	吊心检查	现场检查	√			
9	出厂包装	现场检查	√			

表 7-19　　电流互感器制造质量见证项目表

序号	部套	见证项目	H	W	R	备注
1	电流互感器	(1) 一般结构检查			√	
		(2) 绝缘电阻检查			√	
		(3) 绕组电阻检查			√	
		(4) 极性试验			√	
		(5) 工频耐压试验			√	
		(6) 误差试验			√	
		(7) 励磁特性试验			√	

表 7-20　　断路器制造质量见证项目表

序号	部套	见证项目	H	W	R	备注
1	断路器	(1) 一般结构检查			√	
		(2) 机械操作试验			√	
		(3) 闭锁装置动作试验			√	
		(4) 二次线路确认			√	
		(5) 安全阀试验			√	
		(6) 液压泵充油试验			√	
		(7) 机械特性试验			√	

（5）电动机制造质量见证项目（见表 7-22）。

（6）电缆制造质量见证项目（见表 7-23）。

项目采购单位与制造单位签订设备订货合同时，应参照质量见证项目表确定该设备的见证项目及见证方式（H 点、W 点、R 点）。

表 7-21 隔离开关、接地开关制造质量见证项目表

序号	部套	见 证 项 目	见证方式			备注
			H	W	R	
1	隔离开关、接地开关	(1) 一般结构检查			√	
		(2) 分合试验			√	
		(3) 电气连锁试验			√	

表 7-22 电动机制造质量见证项目表

序号	部套	见 证 项 目	见证方式			备注
			H	W	R	
1	绕组	(1) 原材料理化试验			√	
		(2) 绕组绕制工艺检查		√		
		(3) 绕制尺寸检查		√		
2	铁芯	(1) 硅钢片材质理化试验报告			√	
		(2) 冲片的毛刺和漆膜检查		√		
		(3) 冲片的尺寸检查		√		
3	机座	(1) 冷焊件合格证			√	
		(2) 精加工检查		√		
4	转轴	(1) 原材料材质，机械性能及无损探伤			√	
		(2) 精加工检查，包括前后轴承挡、轴伸挡外径及键槽			√	
5	转子	(1) 转子铁芯叠压检查		√		
		(2) 导条焊接		√		
		(3) 导条端环的材质、外观、导电率及尺寸检查		√		
		(4) 导条在槽内紧固检查		√		
		(5) 尺寸检查，包括铁芯外径挡		√		
		(6) 动平衡校正		√		
6	定子	(1) 铁芯压紧度检查		√		
		(2) 铁芯长度、段长的检查			√	
		(3) 嵌线检查		√		
		(4) 铁耗测损			√	
7	总装配	(1) 轴瓦的尺寸及表面质量检查		√		
		(2) 检查气隙大小，定子、转子、铁芯轴向中心线重合度，风扇风挡间隙，油挡与轴的间隙		√		
		(3) 电机内清洁检查		√		
		(4) 中心高及安装尺寸检查		√		
8	试验	(1) 新产品的型式试验			√	
		(2) 定型产品出厂试验（超速试验）		√		
		(3) 空气冷却器水压试验（如果有）		√		

表 7 - 23 电缆制造质量见证项目表

序号	部套	见 证 项 目	见证方式			备注
			H	W	R	
1	生产设备与条件	铜（铝）合金杆连铸连轧机组、拉线机、绞线机、冷压焊机等主要生产设备的状态和生产时主要工艺控制参数		√		
2	检测设备与条件	化学分析仪、拉力试验机、引伸仪、扭转机、卷绕机、电阻测试仪、天平等主要检测设备和仪器的状态和对样品的测试		√		
3	质量保证文件	（1）质量管理文件：包括质量计划、生产工艺文件、工序质量登记等			√	
		（2）原材料入厂检验记录：铜（铝）锭、加强芯等			√	
		（3）关键生产工序质量控制：炉前铜（铝）化学成分分析、电工铜（铝）合金杆检测、铜（铝）合金线检测、加强芯检测、绞制参数、铜（铝）合金线接头、绞线检测记录			√	
		（4）包装及交货记录：包装记录、质保质量清单、发货清单			√	
		（5）型式试验报告			√	
4	关键工序质量监督	（1）原材料抽查：铜（铝）锭化学成分、加强芯机械、物理性能	√		√	
		（2）电工铜（铝）合金杆的表面质量、尺寸和机电性能	√		√	
		（3）铜（铝）合金线的表面质量、尺寸和机电性能	√		√	
		（4）电缆的表面质量和绞制参数	√			
		（5）成品包装	√		√	
5	现场抽样	电缆的机构、外观、各绞制参数、电缆经拆股后铜（铝）合金线的表面质量、尺寸、机电性能，拆股后加强芯的表面质量、机电性能和镀层质量等		√		

思 考 题

1. 试述水轮发电机由哪几大部件组成？

2. 反击型水轮机分哪几种？

3. 水轮发电机组制造质量控制要注意哪些方面？

4. 试述水泵 S150 - 78A 型号的意义。

5. 表征水泵性能的主要参数有哪些？

6. 泵站电动机选用的基本要求是什么？

7. 水泵叶轮质量控制要点有哪些？

8. 水泵的性能试验一般有哪些？简述相关要求。

9. 电站桥式起重机的主要承载结构件有哪些？

10. 电站桥式起重机的出厂检验项目有哪些？

11. 什么是电气一次设备？什么是电气二次设备？

12. 高压断路器的作用是什么？其常见类型有哪些？

13. 隔离开关的作用是什么？为什么不能带负荷操作？

14. 计算机监控系统的功能有哪些？

15. 计算机监控系统有哪些结构型式？

第八章 机电设备安装

第一节 水轮发电机组安装

一、基本规定

(一) 安装的一般规定

(1) 机组的一般性测量应符合下列要求：

1) 所有测量工具应定期在有资质的计量检验部门检验、校正合格。

2) 机组安装用的 X、Y 基准线标点及高程点，相对于厂房基准点的误差不应超过 ±1mm。

3) 各部位高程差的测量误差不应超过 ±0.5mm。

4) 水平测量误差不应超过 0.02mm/m。

5) 中心测量所使用的钢丝线直径一般为 0.3～0.4mm，其拉应力应不小于 1200MPa。

6) 无论用何种方法测量机组中心或圆度，其测量误差一般应不大于 0.05mm。

7) 应注意温度变化对测量精度的影响，测量时应根据温度的变化对测量数值进行修正。

(2) 现场制造的承压设备及连接件进行强度耐水压试验时，试验压力为 1.5 倍额定工作压力，但最低压力不得小于 0.4MPa，保持 10min，无渗漏及裂纹等异常现象。

设备及其连接件进行严密性耐压试验时，试验压力为 1.25 倍实际工作压力，保持 30min，无渗漏现象；进行严密性试验时，试验压力为实际工作压力，保持 8h，无渗漏现象。

单个冷却器应按设计要求的试验压力进行耐水压试验，设计无规定时，试验压力一般为工作压力的 2 倍，但不低于 0.4MPa，保持 30min，无渗漏现象。

(3) 设备容器进行煤油渗漏试验时，至少保持 4h，应无渗漏现象，容器做完渗漏试验后一般不宜再拆卸。

(4) 单根键应与键槽配合检查，其公差应符合设计要求。成对键应配对检查，平行度应符合设计要求。

(5) 机组及其附属设备的焊接应符合下列要求：

1) 参加机组及其附属设备各部件焊接的焊工应按制造厂规定的要求进行定期专项培训和考核，考试合格后持证上岗。

2) 所有焊接焊缝的长度和高度应符合图纸要求，焊接质量应按设计图纸要求进行检验。

3）对于重要部件的焊接，应按焊接工艺评定后制定的焊接工艺程序或制造厂规定的焊接工艺规程进行。

（6）机组和调速系统所用透平油的牌号应符合设计规定，各项指标符合 GB 11120 的规定。

（7）机组所有的监测装置和自动化元件应按出厂技术条件检查、试验并应合格。

（8）水轮发电机组的部件组装和总装配时以及安装后都必须保持清洁，机组安装后必须对机组内部、外部仔细清扫和检查，不允许有任何杂物和不清洁之处。

（9）水轮发电机组各部件的防腐涂漆应满足下列要求：

1）机组各部件，均应按设计图纸要求在制造厂内进行表面预处理和涂漆防护。

2）需要在工地喷涂表层面漆的部件（包括工地焊缝）应按设计要求进行，若喷涂的颜色与厂房装饰不协调时，除管道颜色外，可作适当变动。

3）在安装过程中部件表面涂层局部损伤时，应按部件原涂层的要求进行修补。

4）现场施工的涂层应均匀、无起泡、无皱纹，颜色应一致。

5）合同规定或有特殊要求需在工地涂漆的部件，应符合规定。

（二）安装前的准备工作

（1）水轮发电机组的安装应根据设计单位和制造厂已审定的机组安装图、有关技术文件及相关规范要求进行。制造厂有特殊要求的，应按制造厂有关技术文件的要求进行。凡规范和制造厂技术文件均未涉及者，应拟定补充规定。当制造厂的技术要求与规范有矛盾时，一般按制造厂要求进行或与制造厂协商解决。

（2）发电机组及其附属设备的安装工程，除应执行规范规定外，还应遵守国家及有关部门颁发的现行安全防护，环境保护、消防等规程的有关要求。

（3）水轮发电机组设备，应符合国家现行的技术标准和订货合同规定。设备到达接收地点后，安装单位可应业主要求，参与设备开箱、清点，检查设备供货清单及随机装箱单。

以下文件，应同时作为机组及其附属设备安装及质量验收的重要依据：

1）设备的安装、运行及维护说明书和技术文件。

2）全部随机图纸资料（包括设备装配图和零部件结构图）。

3）设备出厂合格证，检查、试验记录。

4）主要零部件材料的材质性能证明。

（4）机组安装前应认真阅读并熟悉制造厂的设计图纸、出厂检验记录和有关技术文件，并做出符合施工实际及合理的施工组织设计。

（5）机组安装前，应阅读与安装有关的土建设计图纸，并参与对交付安装的土建部位验收。对有缺陷的部位应处理后才能安装。

（6）设备在安装前应进行全面清扫、检查，对重要部件的主要尺寸及配合公差应根据图纸要求并对照出厂记录进行校核。设备检查和缺陷处理应有记录和签证。

（7）制造厂质量保证的整装到货设备在保证期内可不分解。

（8）水轮发电机组安装所用的全部材料，应符合设计要求。对主要材料必须有检验和出厂合格证明书。

(三) 土建施工的配合

安装场地应统一规划，并应符合下列要求：

(1) 安装场地应能防风、防雨、防尘。机组安装应在待安装机组段和相邻的机组段厂房屋顶封闭完成后进行。

(2) 安装场地的温度一般不低于5℃，空气相对湿度不高于85%；对温度、湿度和其他特殊条件有要求的设备、部件的安装按设计规定执行。

(3) 施工现场应有足够的照明。

(4) 施工现场必须具有符合要求的施工安全防护设施。放置易燃、易爆物品的场所，必须有相应的安全规定。

(5) 应文明生产，安装设备、工器具和施工材料堆放整齐，场地保持清洁，通道畅通，工完场清。

(四) 基础及预埋件

(1) 设备基础垫板的埋设，其高程偏差一般不超过$-5\sim0$mm，中心和分布位置偏差一般不大于10mm，水平偏差一般不大于1mm/m。

(2) 埋设部件安装后应加固牢靠。基础螺栓、千斤顶、拉紧器、楔子板、基础板等均应点焊固定。埋设部件与混凝土结合面，应无油污和严重锈蚀。

(3) 地脚螺栓的安装，应符合下列要求：

1) 检查地脚螺栓孔位应正确，孔内壁应凿毛并清扫干净。螺孔中心线与基础中心线偏差不大于10mm；高程和螺栓孔深度符合设计要求；螺栓孔壁的垂直度偏差不大于$L/200$（L为地脚螺栓的长度，mm，下同），且小于10mm。

2) 二期混凝土直埋式和套管埋入式地脚螺栓的中心，高程应符合设计要求，其中心偏差不大于2mm，高程偏差不大于$0\sim3$mm，垂直度偏差应小于$L/450$。

3) 地脚螺栓采用预埋钢筋，在其上焊接螺杆时，应符合以下要求：

(a) 预埋钢筋的材质应与地脚螺栓的材质基本一致。

(b) 预埋钢筋的断面积应大于螺栓的断面积，且预埋钢筋应垂直。

(c) 螺栓与预埋钢筋采用双面焊接时，其焊接长度不应小于5倍地脚螺栓的直径；采用单面焊接时，其焊接长度不应小于10倍地脚螺栓的直径。

(4) 楔子板应成对使用，搭接长度在2/3以上。对于承受重要部件的楔子板，安装后应用0.05mm塞尺检查接触情况，每侧接触长度应大于70%。

(5) 设备安装应在基础混凝土强度达到设计值的70%后进行。基础板二期混凝土应浇筑密实。

(6) 设备组合面应光洁无毛刺。合缝间隙用0.05mm塞尺检查不能通过；允许有局部间隙，用0.10mm塞尺检查，深度不应超过组合面宽度的1/3，总长不应超过周长的20%；组合螺栓及销钉周围不应有间隙。组合缝处安装面错牙一般不超过0.10mm。

(7) 部件的装配应注意配合标记。多台机组在安装时，每台机组应用标有同一系列标号的部件进行装配。

同类部件或测点在安装记录里的顺序编号，对固定部件，应从＋Y开始，顺时针编号（从发电机端视，下同）；对转动部件，应从转子1号磁极的位置开始，除轴上盘车测点为逆时针编号外，其余均为顺时针编号；应注意制造厂的编号规定是否与上述一致。

（8）有预紧力要求的连接螺栓，其预应力偏差不超过规定值的±10％。制造厂无明确要求时，预紧力不小于设计工作压力的2倍，且不超过材料屈服强度的3/4。

安装细牙连接螺栓时，螺纹应涂润滑剂；连接螺栓应分次均匀紧固；采用热态拧紧的螺栓，紧固后应在室温下抽查20％左右螺栓的预紧度。

各部件安装定位后，应按设计要求钻铰销钉孔并配装销钉。螺栓、螺母、销钉均应按设计要求锁定牢固。

二、立式水轮机安装

（一）安装流程

1. 转动部分吊入、找正

（1）准备工作。

1）清扫机坑。清除机坑中的一切杂物，清洗及吹扫座环、基础环等埋设件的表面，对螺栓孔尤其应仔细清理。

2）准备支撑。在基础环表面对称布置四组（或者三组）楔子板，作为转动部分吊入后的支点。四组楔子板表面的高程应一致，而且要使转轮放上去后低于工作位置15～20mm。转动部分吊入找正示意图如图8-1所示。

3）准备并检查起吊机具。

（2）吊入转动部分。转动部分吊起后应成垂直状态，吊入机坑应对正中心位置，再平稳地落在楔子板上。

（3）中心位置的测量、调整。

1）粗调整。在下部固定止漏环吊入之前进行。用钢板尺测量座环搪口与转轮止漏环之间的距离，如图8-1中的尺寸A，从而初步调整转动部分的中心位置。

2）精调整。吊入下部固定止漏环，按预装配所打的定位销孔定位，并对称、均匀地拧紧连接螺栓。再以固定止漏环为准，用塞尺检查止漏环四周与转轮之间的间隙，从而精确调整转动部分的中心位置。

3）转动部分中心位置的偏差反映为止漏环间隙的不均匀，通过调整应使止漏环间隙四周均匀，最大偏差不超过设计值的±20％。

4）转动部分的挪动，最好在桥机适当受力的情况下，用千斤顶推动，或者在下部止

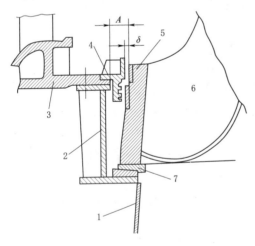

图8-1 转动部分吊入找正示意图
1—尾水管椎管；2—基础环；3—座环；4—下部
固定止漏环；5—下部止漏环；6—转轮；
7—楔子板；A—座环搪口与转轮止
漏环之间的距离；δ—轴向间隙

漏环处打入楔子板来挤动。由于调整量不大，最好装设百分表监视实际位移的大小和方向。

（4）轴线垂直度的测量、调整。转动部分就位后，其轴线应当是一条铅垂线。由于上法兰面垂直于轴线，而且加工时误差很小，对轴线垂直度的检查就可以用检查上法兰面的水平度来代替。

上法兰面是精加工的环形平面，而且中心部分无法放置框形水平仪。为了测量它在不同方向上的水平度误差，应在对称方向至少四个切线位置摆放框形水平仪，如图8-2中的沿 X 轴、沿 Y 轴的四个位置。每一个位置上框形水平仪还得调头测量，得到两次读数，其平均值只反映该侧的水平度误差。若测出对称的另一边的水平度误差，取两侧的平均值，则将反映法兰面沿 X 轴（或沿 Y 轴）方向的水平度情况。用调整楔子板的办法，使上法兰面在各方向上的水平度误差最终不超过 $0.02\mathrm{mm/m}$。

转动部分就位后对高程、中心位置和上法兰面水平度的调整是互相影响的，在最后的精调阶段必须反复检查和调整，直到三方面同时符合要求为止。

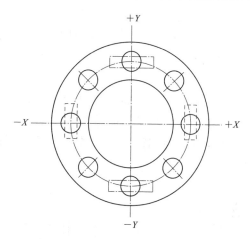

图8-2 上法兰面水平度测量示意图

为了保持转动部分的正确位置不变，调整合格后可点焊楔子板，在止漏环间隙处对称地打入楔子等。还应当用布料等将止漏环缝隙遮盖起来，以防止掉入杂物。

2. 导水机构正式安装

导水机构的正式安装，就是要彻底完成它的组装工作，达到能实际运行的状态。对大中型机组来说，包括调整导叶端面间隙、调整导叶立面间隙、检查导叶开度以及调整压紧行程等项工作。小型机组的立面间隙已在预装配中处理了，正式安装只进行其他几项工作。其基本程序和做法如下。

（1）吊装主要零部件。

1）吊装底环。底环与座环的结合面清扫后涂白铅油，按预装配时的销孔定位，然后对称、均匀地拧紧连接螺栓。

白铅油也称白厚漆，涂在结合面上可改善贴合情况并防止漏水，在机组安装及检修中经常用到。

2）吊装活动导叶。在底环的轴套内打上少量黄油，然后对号插入活动导叶再吊装顶盖。由于下机架混凝土牛腿之间的尺寸往往小于顶盖外圆，顶盖必须侧立着放入，到牛腿以下再翻成水平状态，其吊装过程应事先做好准备而且小心进行。顶盖吊成水平状态后，需清理它与座环的结合面，按图纸装好橡胶盘根，再涂上白铅油，并按预装配的位置平稳地落在座环上，打入定位销并拧紧固定螺栓。

3）安装导叶套筒。事先组装套筒的止水盘根，然后对号入座地安装，套筒与顶盖的结合面应加垫橡胶石棉板，并涂白铅油。在拧紧套筒的固定螺栓时，应注意检查导叶轴与上轴套的间隙，此间隙应四周一致，以保证导叶能灵活转动。

以上主要零部件安装当中或组装以后，应检查如下内容：

1）上部止漏环的间隙。在四周实测 8 点以上，计算平均间隙，从而检查间隙的最大偏差是否不超过平均间隙的 ±20%。

2）导叶端面总间隙。测、记各导叶进水、出水边的端面总间隙。进水、出水边应基本一致，而且总间隙应符合图纸要求，最小值不低于设计值的 70%。

3）顶盖与转轮之间的轴向间隙。这一间隙应符合厂家要求，而且大于顶转子操作时转动部分需要上升的高度。由于此时转轮比工作位置低 15~20mm，实测值应扣除这个下沉量再做分析比较。

4）活动导叶与轴套之间的间隙应均匀，转动应灵活、平稳。

（2）调整导叶端面间隙。

1）安装导叶臂及压盖。如图 8-3 所示，对号入座地安装导叶臂及连板，插入分半键但不打紧，再装上压盖和调节螺钉。

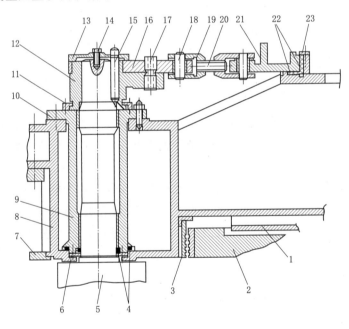

图 8-3 导叶套筒及传动机构示意图

1—减压板；2—转轮；3—上止漏环；4—盘根；5—活动导叶；6—盘根压盖；7—座环；
8—顶盖；9—套筒；10—石棉垫板；11—止推块；12—导叶臂；13—压盖；
14—调节螺钉；15—分半键；16—连板；17—剪断销；18—圆柱销；
19—叉头；20—双头螺栓；21—控制环；22—机磨块；23—压盖

2）调整导叶端面间隙。活动导叶插入底环后下端面与底环接触，端面间隙集中在导叶与顶盖之间。为了减小转动阻力和漏水量，应当使活动导叶适当上升，让端面间隙分散于上、下端面。考虑到运行时水流有使导叶上升的趋势，通常应使下端面的间隙占总间隙的 40％左右。为此，在测量上、下端面实际间隙的同时，逐步拧紧调节螺钉提升活动导叶，到上、下端面间隙符合要求后再打紧分半键。

3）安装并调整止推块。止推块安装如图 8-4 所示，其作用是限制活动导叶的轴向位置，防止它上浮时与顶盖相撞。安装止推块应注意：径向间隙 δ_1 和 δ_2 必须大于上轴套与导叶轴之间的单侧间隙；轴向间隙 δ_3 应小于或等于上端面间隙的一半。由于各导叶端面间隙可能不相同，因此 δ_3 应逐个修整、调定。

（3）调整导叶立面间隙。

1）检查及修整导叶立面。在全关位置用钢丝绳捆紧各导叶，甩塞尺检查导叶之间的立面间隙。立面间隙的允许值与结构和尺寸相关，详见表 8-1。

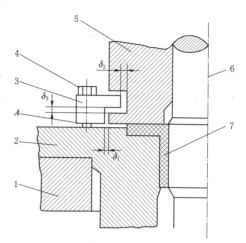

图 8-4　止推块安装示意图
1—顶盖；2—套筒；3—止推块；4—螺钉；
5—导叶臂；6—导叶轴；7—上轴套

表 8-1 　　　　　　　　三 面 间 隙 的 允 许 值

水轮机名义直径 D_1	1～3m	3.3～3.5m	>6m
无盘根导叶/mm	0.05	0.10	0.15
有盘根导叶/mm	0.10	0.15	0.20

注　允许有间隙的总长度不大于 25％导叶高度。小于 2％导叶高度的局部凹坑可不修整。

对立面间隙不符合要求的导叶，应该用磨、锉等方法进行修整。

2）安装导叶的传动机构。对应导叶全关位置，安装连杆、控制环、推拉杆，并插入剪断销、圆柱销使之连接起来。这一过程应注意：各连杆的长度可能不完全相同，这可以转动连杆中段的螺母予以调整，但一般相差不得超过 1～2mm，如图 8-5 所示。各连杆以及推拉杆在组装后应基本保持水平状态，如果水平度超过 0.1mm/m，则应在结合面上加垫，或者修整连杆两端的轴套来解决。

3）导叶立面间隙的检查、调整。拆除捆导叶的钢绳，用调速器液压手动操作使导叶

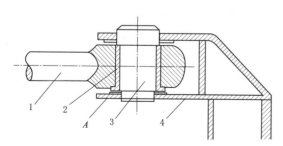

图 8-5　推拉杆水平度调整示意图
1—推拉杆；2—衬套；3—圆柱销；4—控制环；
A—加垫调整处

全关，再次检查各导叶的立面间隙，对不符合表 8-1 要求的导叶，应仔细改变其连杆的长度，从而调整它的立面间隙，直到符合要求为止。

（4）调整接力器压紧行程。按上述过程安装完的导水机构，接力器移到全关位置时，将使所有导叶达到全关状态，而且立面间隙符合表 8-1 的要求。但这只是导叶未承受水压作用的几何上的全关位置，实际运行时导叶将受到水流力矩的作

用，尤其是在全关位置上，水压力将使导叶向开启方向旋转。为了保证实际工作时关闭严密，接力器应在使导叶全关之后，保持一定的关闭方向的作用力。

如果让接力器移到全关位置，再向关闭方向多移动一点，多移动的这一点行程势必使传动机构发生弹性变形，也就会在导叶之间形成一定的压紧力，这正好用以抵抗水压力的作用，维持导叶的严密关闭。接力器在关到全关以后多移动的这点行程就称为压紧行程。

大中型机组的接力器如图8-6所示，动作调节螺钉就可以改变活塞的全关位置，即可以在导叶全关以后让接力器再关闭一点行程。不过，压紧行程的实际测量是倒过来进行的。先让接力器全关，再切除压力油，用百分表测量接力器受弹性力作用向开启方向后退的距离，此距离则是实际的压紧行程。

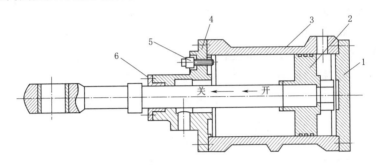

图8-6　大中型机组接力器示意图

1—油缸盖；2—活塞；3—油缸；4—调节螺钉；5—密封盖；6—衬套

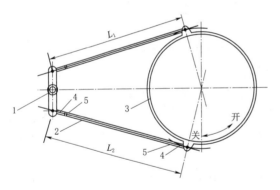

图8-7　小型机组接力器示意图

1—调速轴；2—推拉杆；3—控制环；4—连杆头；5—压紧螺母
L_1—上推拉杆行程；L_2—下推拉杆行程

中小型机组，调速器常为整体结构并装在发电机层，它经过调速轴，推拉杆来操作控制环，如图8-7所示。接力器全关以后可以调整推拉杆的长度，从而在活动导叶之间形成压紧力。其压紧行程表现为将L_2缩短、L_1加长的长度变化上。

显然，压紧行程是必须的，但也是要严格限制的。压紧行程过大，可能使剪断销受力过大而提前破坏。一般情况下，接力器压紧行程可按表8-2进行调整。

表8-2　　　　　　　　　　　　　接力器压紧行程

水轮机名义直径 D_1	1~3m	3.3~3.5m	>6m
无盘根导叶/mm	2~4	3~6	5~7
有盘根导叶/mm	3~5	4~7	6~8

（5）导叶开度检查。接力器向开启方向移动时，各导叶应同时、同步地开启，其开度应当均匀而且符合设计要求。为此可用内卡和钢板尺检查导叶的实际开度，如图8-8所示。

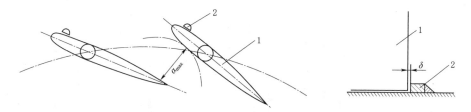

图8-8　导叶开度检查示意图

1—活动导叶；2—限位块；α_{max}—导叶最大开度；δ—间隙

实际开度的检查一般在接力器行程50%及100%下进行，最大开度应达到规定的设计值，而各导叶开度的偏差不得大于设计值的±5%。

为了防止剪断销剪断后导叶开启过头，导水机构中还设有导叶的限位装置。大中型机组可能在导叶臂或连板上设限位销钉，小型机组则常在底环上焊接限位块。导叶开度检查之后，将导叶全开，在距导叶$\delta=2\sim5$mm处焊接限位块。限位块靠导叶的一侧不焊，其余三方应焊接牢固，而且最好堆焊成光滑的斜坡，以减小水流阻力。

3. 主轴密封的安装

水轮机主轴的密封装置，包括工作密封和检修密封。工作密封是在机组运行中起作用的，目的在于减少主轴与顶盖之间的漏水量。图8-9中的橡胶平板密封和止水围带、图8-10中的主轴U形活塞式密封都是常见的工作密封，前者多用于大中型机组，后者多用于小型机组。检修密封是停机后使用的，可以将主轴四周的间隙封死，从而为高尾水位下的检修工作创造条件，常见的如图8-9中的空气围带。

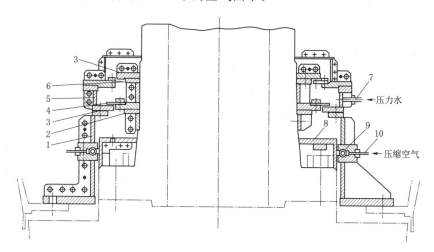

图8-9　橡胶平板密封和止水围带

1—密封座；2—转动体；3—转动圆盘；4—橡胶平板；5—水箱；6—压板；7—进水管；
8—空气围带；9—法兰护罩；10—进排气管

主轴密封装置处于水轮机顶盖到导轴承之间的狭小空间内，而且本身是分瓣结构，转动部分及固定部分都由两个半块组合而成。结构比较复杂，安装位置有限，但要求却相当

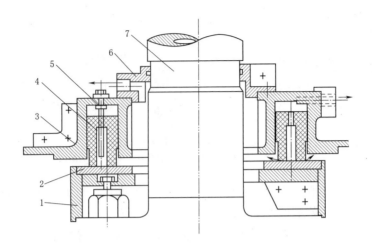

图 8-10 主轴 U 形活塞式密封

1—法兰护罩；2—转动圆盘；3—密封座；4—U 形橡胶环；5—导向杆；6—密封盖；7—主轴

严，这就为安装、检修带来一定困难。一般来说，安装工作应注意以下几点。

（1）预装配。密封装置必须进行预先的组合、装配，这包括它本身的组合检查，也包括密封装置与顶盖、主轴的对应检查。组合面应平整、光滑，并良好结合；销钉、螺钉应正确对位；组合后运动的部分应动作灵活等。

（2）试验检查。对工作密封，如橡胶平板密封、U 形活塞式密封，通入规定压力的清洁水，橡胶平板应发生弯曲变形并与相应的圆盘接触；U 形环则应沿轴向移动并与转动圆盘均匀接触。对空气围带，通入低压压缩空气（压力 0.5～0.7MPa）后，橡胶围带应有足够的膨胀，从而紧紧地抱在轴上。

具体的试验压力等应按厂家要求进行。

（3）盘车后正式安装。主轴密封装置的正式安装是在连轴、轴线检查及校正（即盘车）之后才进行的。要以主轴的实际位置为准，使密封装置四周的径向间隙均匀分布，轴向间隙符合厂家要求。最后需连接相应的水管、气管，并再一次试验检查，确保密封装置能正常工作。

4. 水轮机导轴承安装

水轮机的导轴承有分块瓦式油导轴承、筒式油导轴承、水润滑橡胶轴承等多种形式。橡胶轴承目前仅用于很小的明槽式机组，一般机组都用油导轴承，尤其分块瓦式轴承最常见。

分块瓦式油导轴承如图 8-11 所示，它由若干块轴瓦包围轴颈，从而形成相对固定的转动中心，轴瓦和轴颈浸泡在透平油中，使两者之间形成一层油膜，由油膜来传力并起到润滑及冷却作用。轴瓦间隙是正常工作的关键，可以转动调节螺钉予以调整。

筒式油导轴承如图 8-12 所示。由两个半块组合而成的轴承体包在主轴外面，起到与分块瓦相同的作用。但透平油是依靠转动油盆产生动压力，从进油管流入，沿轴瓦表面的斜油沟上升，从而在轴瓦与主轴之间形成油膜，流到固定油箱的透平油，会经回油管流回转动油盆。也就是说，透平油将在转动油盆和固定油箱之间不断地循环，从而保证轴承正常工作。

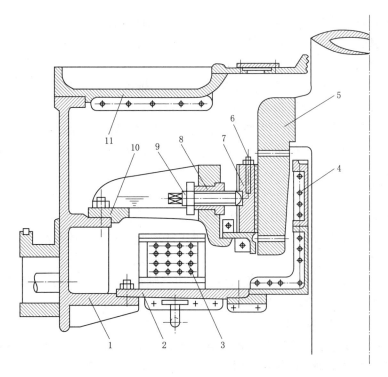

图 8-11　分块瓦式油导轴承

1—轴承油箱；2—油箱底；3—冷却器；4—内壁筒；5—轴颈；6—测温装置；
7—导轴瓦；8—螺母；9—调节螺栓；10—轴承支架；11—油箱盖

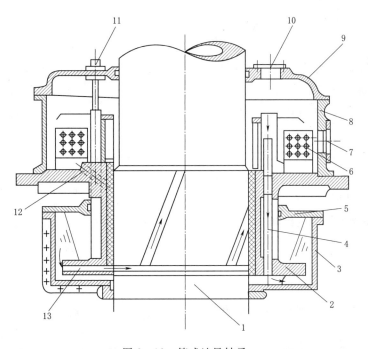

图 8-12　筒式油导轴承

1—主轴；2—轴承体；3—转动油盆；4—回油管；5—盖；6—冷却器；7—油位标尺；
8—固定油箱；9—油箱盖；10—加油孔；11—测温装置；12—油孔；13—进油管

这两种导轴承的安装有所不同，尤其是轴瓦间隙的调整方法不同。但从总的程序和要求上看，又有其共同的地方，这就是：

(1) 事先进行轴与瓦的研、刮。

(2) 事先进行预装配。轴承的预装配，一方面是轴承自身各部分的组合、检查；另一方面是轴承体或油箱与水轮机顶盖之间的预装及定位。

对分块瓦式导轴承，油箱的内壁筒往往是套在主轴上的，预装时应注意它与主轴的配合关系。而预装的重点在于轴承架，例如应检查、试装调整螺钉，检查轴瓦在轴承架上的位置等。

对筒式导轴承，预装的主要工作是轴承体，例如它本身的组合，筒式瓦与轴承体的组合（如果两者是分开的）；轴承体与固定油箱，与转动油盆的配合关系等。

(3) 在盘车后正式安装。轴瓦间隙是轴承正常运行的关键，必须根据厂家的要求和轴线的实际情况来决定。

(4) 安装附属装置并充油，准备试运行。调整轴瓦间隙以后，安装测温装置、油管、水管等附属装置，然后充油至厂家要求的高度，再封盖准备投入试运行。

5. 水轮机附属装置的安装

水轮机的附属装置，如紧急真空破坏阀、尾水管补气管路、顶盖排水管路、蜗壳排气阀、蜗壳及尾水管排水阀、检修进人门，以及各处的溅压管路等。其中不少部分已在安装埋设件时安装就位，最后应该安装的是紧急真空破坏阀，蜗壳排气阀等。

紧急真空破坏阀如图 8-13 所示，通常装在水轮机顶盖上。机组开、停机过程，或在低负荷下运行时，顶盖以下可能出现较大的真空度，此时大气压力将克服弹簧阻力使阀盘下降，外界空气则由阀盘四周流入，从而使顶盖以下的转轮室、尾水管等得以补气，使真空度下降。

为了保证紧急真空破坏阀正常工作，它必须事先预装、检查。阀盘及立轴应灵活升降，阀盘的密封面与密封环应均匀接触。弹簧的预压程度应按厂家要求调整，并在机组试运行期间最后调定。

(二) 安装要求和质量标准

1. 埋入部件安装

(1) 尾水管中墩鼻端钢衬安装，应符合下列要求：

1) 鼻端钢衬顶端到机组 X 轴线距离偏差±30mm。

2) 鼻端钢衬侧面到机组 Y 轴线距离偏差±15mm。

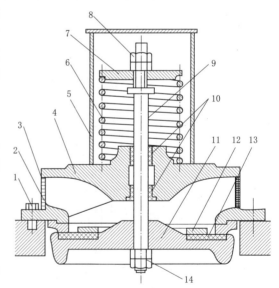

图 8-13 紧急真空破坏阀
1—螺钉；2—铜密封环；3—保护网；4—阀座；
5—护罩；6—弹簧；7—压盖；8—调节螺母；
9—阀轴；10—尼龙套；11—阀盘；12—压环；
13—橡胶垫；14—压紧螺母

3）鼻端钢衬顶部（或底部）高程偏差±10mm。

4）鼻端钢衬垂直度偏差±10mm。

（2）尾水管里衬安装，允许偏差应符合要求。

（3）转轮室、基础环、座环安装的允许偏差应符合要求。设计有特殊要求时应符合设计要求。

（4）螺栓连接的分瓣转轮室、基础环、座环组合面应涂密封胶，组合缝间隙应符合要求。为防止漏水，过流面组合缝可封焊，焊缝表面应打磨光滑。组焊结构的转轮室、基础环和座环的组合应符合设计要求。

（5）支柱式座环的上环和固定导叶安装时，座环与基础环的方位偏差方向应一致。为保证导叶端部间隙符合设计要求，应严格控制基础环上平面至座环上平面高度尺寸，考虑混凝土浇筑引起座环的变形、测量工具的误差，以及运行中顶盖的变形引起导叶端面间隙的减小值。为减小座环在混凝土浇筑过程中的变形，座环应有可靠的加固措施。

（6）蜗壳拼装的允许偏差应符合要求。

（7）蜗壳安装的允许偏差应符合要求。

（8）蜗壳焊接应符合下列要求：

1）焊接应符合规定。

2）各节间，蜗壳与座环连接的对接焊缝间隙一般为 2～4mm，过流面错牙不应超过板厚的 10%，但纵缝最大错牙不应大于 2mm，环缝最大错牙不应大于 3mm。

3）坡口局部间隙超过 5mm 处，其长度不超过焊缝长度的 10%，允许在坡口处作堆焊处理。

（9）蜗壳焊缝应进行外观检查和无损探伤检查，制造厂无规定时应符合下列要求：

1）焊缝外观检查，应符合规定。

2）焊缝无损探伤。采用射线探伤时，焊缝质量应满足 GB/T 3323.1 规定的标准。检查长度：环缝为 10%，纵缝、蜗壳与座环连接的对接焊缝为 20%；环缝应达到三级，纵缝、蜗壳与座环连接的对接焊缝应达到要求。

采用超声波探伤时，焊缝质量应满足 GB/T 11345 规定的标准，检查长度：环缝、纵缝、蜗壳与座环连接的对接焊缝均为 100%；环缝应达到 B 级，纵缝、蜗壳与座环连接的对接焊缝应达到 B 级的要求。对有疑问的部位，应用射线探伤复核。

3）混凝土蜗壳的钢衬，一般作煤油渗透试验检查，焊缝应无贯穿性缺陷。

（10）蜗壳工地水压试验或保压浇筑蜗壳层混凝土时，按设计要求进行。

（11）浇筑混凝土前，蜗壳表面应将角铁、压板等清除干净。焊疤应磨平，伤及母材者应补焊后磨平，并做磁粉探伤检查。

（12）蜗壳安装、焊接及浇筑混凝土时，应有防止座环变形的措施。混凝土浇筑上升速度不超过 300mm/h，每层浇高一般为 1～2m，浇筑应对称分层分块。液态混凝土的高度一般控制在 0.6m 左右。在浇筑过程中应监测座环变形，并按实际情况随时调整混凝土浇筑顺序。

（13）埋设件过流表面粗糙度应符合 GB/T 10969 的规定，尾水管里衬、转轮室、蜗壳（或蜗壳衬板）的过流面焊缝应磨平，埋设件与混凝土的过流表面应平滑过渡。

（14）机坑里衬安装的允许偏差应符合要求。

（15）接力器基础安装的允许偏差应符合要求。

2. 转轮装配

（1）混流式水轮机分瓣转轮应按专门制定的组焊工艺进行组装、焊接及热处理，并符合下列要求：

1）转轮下环的焊缝不允许有咬边现象，按制造厂规定进行探伤检查，应符合要求。

2）上冠组合缝间隙符合要求。

3）上冠法兰下凹值不大于 0.07mm/m，上凸值不应大于 0.03mm/m，最大不得超过 0.06mm，对于主轴采用摩擦传递力矩的结构，一般不允许上凸。

4）下环焊缝处错牙不应大于 0.5mm。

5）分瓣叶片及叶片填补块安装焊接后，叶型应符合设计要求。

（2）止漏环在工地装焊前，安装止漏环处的转轮圆度应符合要求；装焊后，止漏环应贴合严密，焊缝质量符合设计要求。止漏环需热套时，应符合设计要求。

（3）分瓣转轮止漏环磨圆时，测点不应少于 32 点，尺寸应符合设计要求，圆度应符合要求。

（4）分瓣转轮应在磨圆后按要求做静平衡试验。试验时应带引水板，配重块应焊在引水板下面的上冠顶面上，焊接应牢固。

（5）转轮静平衡试验应符合下列要求：

1）静平衡工具应与转轮同心，偏差不大于 0.07mm，支持座水平偏差不应大于 0.02mm/m。

2）采用钢球、镜板式平衡法时，静平衡工具的灵敏度应符合要求。

3）采用测杆应变法或静压球轴承法时，按制造厂提供的工艺与要求进行。

4）残留不平衡力矩，应符合设计要求。设计无要求时，应符合要求。

（6）转桨式水轮机转轮叶片操作试验和严密性耐压试验应符合下列要求：

1）试验用油的油质应合格，油温不应低于 5℃。

2）在最大试验压力下，保持 16h。

3）在试验过程中，每小时操作叶片全行程开关 2～3 次。

4）各组合缝不应有渗漏现象，单个叶片密封装置在加与未加试验压力情况下的漏油限量，不超过规定，且不大于出厂试验时的漏油量。

5）转轮接力器动作应平稳，开启和关闭的最低油压一般不大于额定工作压力的 15%。

6）绘制转轮接力器行程与叶片转角的关系曲线。

（7）主轴与转轮连接，应符合下列要求：

1）法兰组合面应无间隙，用 0.03mm 塞尺检查，不能塞入。

2）法兰护罩的螺栓凹坑应填平。

3）泄水锥螺栓应点焊牢固，护板焊接应采取防止变形措施，焊缝应磨平。

（8）转轮各部位的同轴度及圆度，以主轴为中心进行检查，各半径与平均半径之差，应符合要求。

3．导水机构预装

（1）导水机构预装前，进行机坑测定，测定座环镗口圆度以确定机组中心；测量座环和基础环上平面高程和水平度，并计算高差，应符合规定和图纸要求。

设计有筒形阀的水轮机，筒形阀应参加导水机构预装。

（2）分瓣底环、顶盖、支持盖等组合面应涂密封胶，组合面间隙应符合要求。止漏环需冷缩或机械压入时，应符合设计要求。

（3）导水机构预装应符合下列要求：

1）混流式水轮机按机坑测定后给出的中心测点安装下固定止漏环。下固定止漏环的中心作为机组基准中心。按机组基准中心线检查各固定止漏环的同轴度和圆度，各半径与平均半径之差，应符合相应部位的允许偏差要求。止漏环工作面高度超过 200mm 时，应检查上、下两圈。

2）轴流式水轮机，转轮室中心作为机组基准中心。按机组基准中心线检查密封座和轴承座法兰止口的同轴度，允许偏差应符合要求。

3）斜流式水轮机，转轮室上止口中心作为机组基准中心。

4）导叶的预装数量，一般不少于总数的 1/3。

5）底环、顶盖调整后，对称拧紧的安装螺栓的数量一般不少于 50％，并应符合要求。检查导叶端面间隙，各导叶头部和尾部两边间隙应一致，不允许有规律地倾斜；总间隙最大不超过设计间隙，并应考虑承载后顶盖的变形值。

（4）不进行预装而直接正式安装的导水机构，也应符合有关规定的要求。

（5）筒形阀安装应符合下列要求：

1）筒体组焊后，在自由状态下筒体圆度应符合设计要求。

2）接力器和管路安装调整应符合设计要求，并保证各接力器动作时间的一致性。

3）筒体的焊接应符合 NB/T 47015 的规定。

4）同步机构和行程指示器的安装应符合设计要求，全行程动作应平稳。

4．转动部件就位安装

（1）主轴和转轮吊入机坑后的放置高程，一般应较设计高程略低，其主轴上部法兰面与吊装后的发电机轴下法兰止口底面，应有 2～6mm 间隙。对于推力头装在水轮机主轴上的机组，主轴和转轮吊入机坑后的放置高程，应较设计高程略高，以使推力头套装后与镜板有 2～5mm 的间隙。主轴垂直度偏差一般不大于 0.05mm/m。

当水轮机或发电机按实物找正时，应调整转轮的中心及主轴垂直，使其止漏环间隙符合下一条要求，主轴垂直度偏差不应大于 0.02mm/m。

（2）转轮安装的最终高程、各止漏环间隙或叶片与转轮室的间隙的允许偏差，当制造厂无规定时应符合要求。

（3）机组联轴后两法兰组合缝应无间隙，用 0.03mm 塞尺检查，不能塞入。

（4）操作油管和受油器安装应符合下列要求：

1）操作油管应严格清洗，连接可靠，不漏油；螺纹连接的操作油管，应有锁紧措施。

2）操作油管的摆度，对固定瓦结构，一般不大于 0.20mm；对浮动瓦结构，一般不大于 0.30mm。

3）受油器水平偏差，在受油器座的平面上测量，不应大于 0.05mm/m。

4）旋转油盆与受油器座的挡油环间隙应均匀，且不小于设计值的 70%。

5）受油器对地绝缘电阻，在尾水管无水时测量，一般不小于 0.5MΩ。

5．导叶及接力器安装调整

（1）导叶端面间隙应符合设计要求。导叶止推环轴向间隙不应大于该导叶上部间隙值的 50%，导叶应转动灵活。

（2）在最大开度位置时，导叶与挡块之间距离应符合设计要求，无规定时应留 5~10mm。

连杆应在导叶和控制环位于某一小开度位置的情况下进行连接和调整，在全关位置下进行导叶立面间隙检查。连杆的连接也可在导叶用钢丝绳捆紧及控制环在全关位置的情况下进行。导叶关闭圆偏差应符合设计要求。连杆应调水平，两端高低差不大于 1mm。测量并记录两轴孔间的距离。

（3）导叶立面间隙，在用钢丝绳捆紧的情况下，用 0.05mm 塞尺检查，不能通过；局部间隙不超过要求。其间隙的总长度，不超过导叶高度的 25%。当设计有特殊要求时，应符合设计要求。

（4）接力器安装应符合下列要求：

1）需在工地分解的接力器进行分解、清洗、检查和装配后，各配合间隙应符合设计要求，各组合面间隙应符合要求。

2）接力器应按要求做严密性耐压试验。摇摆式接力器在试验时，分油器套应来回转动 3~5 次。

3）接力器安装的水平偏差，在活塞处于全关、中间、全开位置时，测套筒或活塞杆水平偏差不应大于 0.10mm/m。

4）接力器的压紧行程应符合制造厂设计要求，制造厂无要求时，按要求确定。

5）节流装置的位置及开度大小应符合设计要求。

6）接力器活塞移动应平稳灵活，活塞行程应符合设计要求。直缸接力器两活塞行程偏差不应大于 1mm。

7）摇摆式接力器的分油器配管后，接力器动作应灵活。

6．水导及主轴密封安装

（1）轴瓦应符合下列要求：

1）橡胶轴瓦表面应平整、无裂纹及脱壳等缺陷；巴氏合金轴瓦应无密集气孔，裂纹、硬点及脱壳等缺陷，瓦面粗糙度应小于 0.8μm 的要求。

2）橡胶瓦和筒式瓦应与轴试装，总间隙应符合设计要求。每端最大与最小总间隙之差及同一方位的上下端总间隙之差，均不应大于实测平均总间隙的 10%。

3）筒式瓦符合前两项要求时，可不再研刮；分块瓦按设计要求确定是否研刮。

4）轴瓦研刮后，瓦面接触应均匀。每平方厘米面积上至少有一个接触点；每块瓦的局部不接触面积，每处不应大于 5%，其总和不应超过轴瓦总面积的 15%。

（2）导轴瓦安装应符合下列要求：

1）导轴瓦安装应在机组轴线及推力瓦受力调整合格，水轮机止漏环间隙及发电机空气间隙符合要求的条件下进行。为便于复查转轴的中心位置，应在轴承固定部分合适部位建立中心测点，测量并记录有关数据。

2）导轴瓦安装时，一般应根据主轴中心位置，并考虑盘车的摆度方向及大小进行间隙调整，安装总间隙应符合设计要求。但对只有两部导轴承的机组，调整间隙时，可不考虑摆度。

3）分块式导轴瓦间隙允许偏差不应超过±0.02mm；筒式导轴瓦间隙允许偏差，应在分配间隙值的±20%以内，瓦面应保持垂直。

（3）轴承安装应符合下列要求：

1）稀油轴承油箱，不允许漏油，一般要按要求做煤油渗漏试验。

2）轴承冷却器应按要求做耐压试验。

3）油质应合格，油位高度应符合设计要求，偏差一般不超过±10mm。

（4）主轴检修密封安装应符合下列要求：

1）空气围带在装配前，通0.05MPa的压缩空气，在水中做漏气试验，应无漏气现象。

2）安装后，径向间隙应符合设计要求，偏差不应超过设计间隙值的±20%。

3）安装后，应做充、排气试验和保压试验，压降应符合要求，一般在1.5倍工作压力下保压1h，压降不宜超过额定工作压力的10%。

（5）主轴工作密封安装应符合下列要求：

1）工作密封安装的轴向、径向间隙应符合设计要求，允许偏差不应超过实际平均间隙值的±20%。

2）密封件应能上下自由移动，与转环密封面接触良好；供、排水管路应畅通。

7. 附件安装

（1）真空破坏阀和补气阀应做动作试验和渗漏试验，其起始动作压力和最大开度值，应符合设计要求。

（2）蜗壳及尾水管排水闸阀或盘形阀的接力器，均应按要求做严密性耐压试验。

（3）盘形阀的阀座安装，其水平偏差不应大于0.20mm/m。盘形阀安装后，检查密封面应无间隙，阀组动作应灵活，阀杆密封应可靠。

（4）主轴中心孔补气装置安装，应符合设计要求。如设计有要求，主轴中心补气管应参加盘车检查，摆度值不应超过其密封间隙实际平均值的20%，最大不超过0.30mm。连接螺栓应可靠锁定。支承座安装后应测对地绝缘电阻，一般不小于0.5MΩ。裸露的管路应有防结露设施。

三、贯流式水轮机安装

（一）安装流程

1. 埋设部分安装

贯流式水轮机埋设部分包括基础环、座环和尾水管，如图8-14所示。这些部件都是管状，水平布置，由法兰与其他部件相接，所以其法兰的平直度和垂直度以及中心偏差直接影响到与其他连接件位置的准确性及连接质量。因此必须严格控制，法兰面的不垂直度不应大于 0.03mm/m，其中心和高程偏差应在 ±1mm 以内。

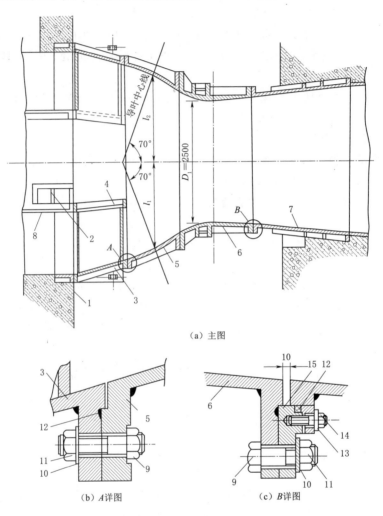

（a）主图

（b）A详图   （c）B详图

图 8-14　贯流式水轮机埋设部分

1—基础环；2—行星齿轮座；3—座环外圈；4—座环内圈；5—外导环；6—转轮室；
7—尾水管里衬；8—行星齿轮座圈；9—组合螺栓；10、13—弹簧垫；11—螺母；
12—止漏橡皮圈；14—紧固螺钉；15—压环

　　为了节省调整时间，保证连接质量，通常把基础环和座环组合后一起安装调整，严格调整导水机构的圆度以保证导叶的安装质量。当中心和组合面的垂直度调好后，可钻铰组合面上的定位销钉孔。

　　2. 锥形导水机构安装

　　锥形导水机构在安装内导环前，要复查座环内圈组合面的不垂直度应在 0.03mm/m 以内。安装时，测量内导环导叶内轴孔中心至机组中心线的距离，与设计值之差应在

0.05mm 以内。内导环与密封座的组合面不垂直度应在 0.03mm/m 以内。同时记录各导叶内轴孔间距离。上述各项合格后，可将组合螺栓紧固，但不能钻铰销钉孔。

将导叶按全开位置插入外导环轴孔内，装上套筒、拐臂、止漏装置、连接板等，并用调整螺钉调整导叶外端部与外导环的间隙 $\delta_外$。在内导环内插入导叶短轴，检查导叶转动的灵活性，如有别劲现象，可移动导叶短轴位置，或处理导叶短轴与内导环配合面，并检查导叶内端部与内导环的间隙 $\delta_内$。当上述工作完成后，可钻铰内导环与座环内圈的定位销钉孔。

将导叶全关，控制环处于全关位置，将连杆调整到设计长度，连接控制环。用油压推动接力器关紧导叶，用塞尺测量其立面间隙，要求应在 0.05mm 以内，局部允许为 0.15mm，其间隙总长应小于导叶长度的 1/4。

对于正反向发电和正反向泄水的潮汐电站机组应检查正向水轮机工况时的导叶最大开度；其与设计值的误差应在 3% 以内。反向水轮机工况和正反向泄水时的导叶极限开度，其与设计值 90° 比较，偏差不应大于 ±2°。

在安装重锤接力器时，要保证活塞与活塞缸、导管与上下缸盖间隙均匀。做耐压试验时，仅允许止漏盘根处有滴状渗油。

在无油压时，检查重锤在吊起和落下时，连杆、摇臂、转轴及重锤臂连接处有无别劲现象。重锤下落时，检查重锤是否落在托盘上。托架的弹簧弹力是否足够。

在油压作用下，应做开启和关闭试验，并应做失去油压时，在重锤作用下的自行关闭试验。

3. 转轮安装

贯流式转轮实际是轴流转桨式转轮。

（1）轴流转桨式的转轮，内部结构非常复杂，装、拆都有专门工具和特殊工艺过程。

（2）轴流定桨式水轮机，转轮与主轴的连接，测圆等都与混流式相同，但转轮必须用专用支架才能固定。

（3）主轴与转轮组合，检查时可同时对转轮进行有关的技术检查。

轴流定桨式的转轮通常是整体发运到工地的，由于形状特殊，搬运过程容易损伤甚至变形，组装时有必要进行一次复查。

（4）支撑方式。

1）轮叶上预留安装孔，通过安装孔用螺栓及吊架悬挂在底环上。多数轴流式水轮机都采用这一方式，如图 8-15 所示。安装孔由厂家加工，螺栓、吊架通常也由厂家提供，应按制造厂的要求装设和使用。在机组安装工作的最后，应该用与轮叶相同材料的堵头封住安装孔，焊牢后打磨平整。

2）轮叶上没有安装孔，用钢丝绳绕过轮叶根部进行悬挂。一些小型机组常用此方法。最好是用两个葫芦将转动部分悬挂在机墩上，以便于位置的调整。

3）尾水管有牢固的十字补气架，而转动部分较轻时，可设木质支架支撑。条件许可的小型机组，在十字补气架上用方木搭设支架，再用楔子板支撑各轮叶的下沿，这可能比悬挂方式更稳定，而且更方便。

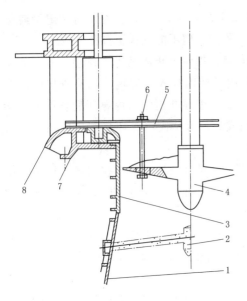

图 8-15 轴流式转动部分的悬挂图
1—尾水管里衬；2—十字形补气架；3—转轮室；
4—转轮；5—井字形吊架；6—螺栓；
7—底环；8—座环

(5) 位置的调整和固定。

1) 高程。无论用哪一种方式支撑转动部分，都应使主轴的上法兰面低于工作位置15～20mm。

2) 中心位置。轴流式水轮机最重要的间隙是轮叶与转轮室之间的间隙。此间隙由制造厂规定，常为水轮机名义直径的0.5/1000～1/1000，而且必须四周均匀，允许的最大偏差为设计间隙的±10%。

转动部分的中心位置就以满足这一要求为准，用塞尺测量各轮叶与转轮室壁的间隙，从而进行调整。测量时应注意：每个轮叶须在靠进水边、靠出水边以及中段各测三个间隙，从而准确掌握四周的间隙情况。

3) 上法兰面的水平度。与混流式水轮机的安装相同，转动部分吊入后轴线的垂直度用上法兰面的水平度来反映，用框形水平仪进行测量，最后达到不水平度在0.02mm/m以内。

但是，轴流式水轮机转动部分位置的调整较为困难，需改变吊挂螺栓的长度、位置，或者用千斤顶、楔子板挤动转轮，这些都必须小心谨慎地进行。

4) 转动部分位置的固定。除了固定吊架和螺栓之外，应在轮叶与转轮室之间打入楔子，使调整好的间隙固定下来，通常还可加点焊固定。

4. 导轴承安装

导轴承的刮瓦和安装调整要求与一般对开式滑动轴承要求一样，对于受油导轴承的受油部分要做耐压试验。受油管上轴套的间隙要符合要求。

水轮机转轮和轴通常是在安装场组合为一体后，一起吊入安装。泄水锥一般待转轮吊入后再安装，以减少安装尺寸。吊装转轮与组合件时要在主轴端配重。

卧式机组因转轮是悬臂安装的，在重力和水推力作用下转轮端下垂，在安装时要测量转轮的下垂量。其方法是：待转轮与主轴的组合件吊入后，在转轮叶片与转轮室间加楔铁，用来调轴的水平度。测定转轮室与转轮叶片下侧之间隙 Δ_1，待发电机和水轮机连轴后，撤掉楔铁，再测其间隙 Δ_2，则转轮下垂量 $e=\Delta_1-\Delta_2$。如果发电机转子也是悬臂结构，也可用同样方法测发电机转子的下垂量。

发电机与水轮机连轴后进行盘车测量机组的轴线状态。不合格要加以处理。

根据机组轴线状态、转轮和转子的下垂量，调整机组中心，使转轮（转子）在转轮室（定子内）内的间隙均匀，方法是调整轴承座下的垫片。

通过盘车检查轴承与轴颈的配合情况，不合格时应进行处理，同时对轴瓦进行研刮。

当上述工作完成后，装上导环、导流环及转轮室的上半部分。再进行其他零部件的安装。

（二）安装要求和质量标准

1．埋入部件安装

（1）贯流式水轮机尾水管、管型座、流道盖板、接力器基础安装，其允许偏差应符合要求。

（2）管型座安装验收后，应进行混凝土浇筑。

2．主轴装配

（1）主轴装配一般在安装间进行，主轴放置到装配用的支撑架上后，调整其水平度，一般不应大于 0.5mm/m。

（2）操作油管应严格清洗，连接可靠，不漏油，且保证内操作油管在外操作油管内滑动灵活。

（3）水导轴瓦装配前的检查应符合要求；装配到主轴上时，轴瓦间隙应符合设计要求，轴瓦两端密封应良好，回油畅通。

（4）水导轴瓦与轴承壳的配合应符合要求；轴承壳、支持环及导水锥之间的组合面间隙应符合要求。

（5）水导轴承安装时应考虑转动部分的挠曲引起的变化。

（6）有对地绝缘要求的轴承，充油前用 1000V 兆欧表检查其绝缘，不应低于 1MΩ。

3．导水机构装配

（1）分瓣外导水环，内导水环和控制环组合面应按设计要求涂密封胶或安装密封条，组合缝应符合要求。装配密封条时其两端露出量一般为 1～2mm。

（2）导水机构装配应符合下列要求：

1）内、外导水环应调整同轴度，其偏差不大于 0.5mm。

2）导水机构上游侧内外法兰间距离应符合设计要求，其偏差不应大于 0.4mm。

3）导叶端面间隙调整，在关闭位置时测量，内、外端面间隙分配应符合设计要求，导叶头、尾部端面间隙应基本相等，转动应灵活。

4）导叶立面间隙允许局部最大不超过 0.25mm，其长度不超过导叶高度的 25%。

4．导水机构安装

（1）内、外导水环和活动导叶整体吊入机坑时，应将内导水环和导水锥与管型座的同轴度调整到不大于 0.5mm。

（2）控制环与外导水环吊入机坑后，测量或调整控制环与外导水环之间的间隙，应符合设计要求。

5．主轴、转轮和转轮室安装

（1）转轮装配后，进行严密性耐压试验和动作试验应符合要求。

（2）轴线调整时，应考虑运行时所引起的轴线的变化，以及管型座法兰面的实际倾斜值，并符合设计要求。

（3）转轮和主轴连接后，组合面用 0.03mm 塞尺检查，不得通过。

（4）应对受油器操作油管进行盘车检查，其摆度值不大于 0.1mm。受油器瓦座与操作油管同轴度，对固定瓦不大于 0.15mm，对浮动瓦不大于 0.2mm。

（5）转轮室以转轮为中心进行调整与安装，转轮室与叶片间隙值应符合设计要求。

（6）主轴密封安装应符合要求。

（7）伸缩节安装后，伸缩预留间隙应符合设计要求，其偏差值不应超过±3mm。

（8）过流面和组合面应按设计要求安装密封件和涂密封胶，并进行密封严密性检查，不得渗漏。

（9）对带有重锤的导水机构，在水轮机总装完成和导水机构操作系统形成后，应按设计要求在机组无水或静水情况下进行重锤关闭试验，并记录关闭时间。

四、冲击式水轮机安装

（一）安装流程

1. 机壳安装

大型卧式水斗式水轮机的下部机壳结构，如图 8-16 所示，大部分是用螺栓分件组合的。为了便于调整机壳的高程和水平度，可在一期混凝土上加设几个混凝土支墩，支墩上埋基础垫板。

（1）机壳分解、清扫及组合。在正式安装前，应对机壳进行分解、清扫及组合，要求组合面用 0.05mm 塞尺通不过，允许局部有 0.15mm、深度小于组合面宽度 1/3 的间隙。组合时，组合面应涂以铅油，内表面涂环氧红丹漆，外表面如为埋入混凝土部分，宜刷水泥灰浆。组合后，为防止安装时变形，内部应加支撑。

（2）机壳安装。可先安装下部机壳，如图 8-16 所示。按图纸要求，将固定钢梁（工字钢）焊于机壳底部，然后把稳流栅吊于钢梁上，用 U 形螺栓和夹板固定。

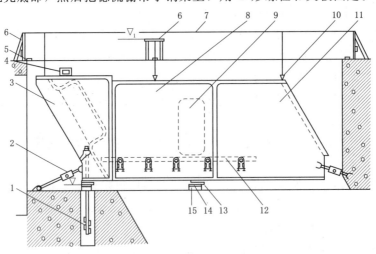

图 8-16 下部机壳安装图

1—基础螺栓；2—拉紧器；3—前下机壳；4—方形水平仪；5—测量基准点；6—挂线架；
7—钢琴线；8—侧下机壳；9—进人孔；10—线锤；11—后下机壳；12—稳流栅；
13—楔子板；14—基础垫板；15—混凝土支墩

将已组合好的下部机壳吊入安装位置后，先用楔子板初步调整，再根据 X、Y 基准点，挂上钢琴线进行中心、高程和水平度的找正，如图 8-17 和图 8-18 所示。也可以把前上机壳、侧上机壳和后上机壳一起装上同时找正。

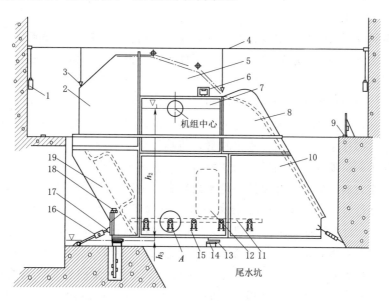

图 8-17　冲击式水轮机机壳

1—垂锤；2—前上机壳；3—线锤；4—钢琴线；5—机壳盖；6—方形水平仪；7—侧上机壳；

8—后上机壳；9—测量基准点；10—后下机壳；11—稳流栅；12—进人门；13—基础垫板；

14—混凝土支墩；15—侧下机壳；16—拉紧器；17—楔子板；18—基础螺栓；

19—前下机壳；h_2—机组中心至侧下机壳距离；h_3—侧下机壳至混凝土支墩距离

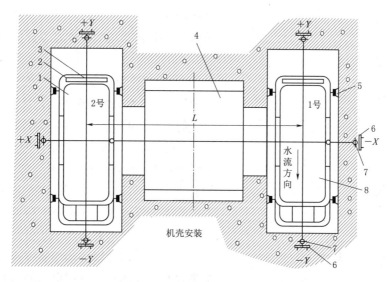

图 8-18　机壳安装示意图

1—2 号机壳；2—水平梁；3—方形水平仪；4—发电机机坑；5—千斤顶；

6—中心架；7—测量基准点；8—1 号机壳

在钢琴线上挂线锤，校对机壳上的 X、Y 轴线标记，必要时 Y 轴线可按喷嘴法兰中心、X 轴线按机壳轴孔中心进行校对。在进行高程、水平度、中心调整时，应注意两台水轮机的相互高差。测量结果应符合规定。

2. 喷嘴、喷管接力器安装

（1）喷嘴的分解与组装。如设备到达安装现场时间较长，喷嘴内部锈蚀严重，此时应对喷嘴进行分解清扫。拆去喷管接力器、导向杆等，并拆去喷针体上的轴销，旋转喷针杆并抽出。在喷针杆抽出前，应在导向架旁垫以方木等，以免喷针杆退出导向架时，损坏轴承座处的轴瓦。为避免损坏丝扣，应对丝扣部分加以保护，如包上铜皮等。

喷针组装时，先将喷针体与喷针杆的滑动面涂以润滑油，然后套入喷针杆。在喷针杆与喷针头的丝扣部分涂上润滑脂如水银软膏，将喷针头慢慢旋入，对准喷针头的销孔，将销子装入喷针体，使喷针体与喷针头密切配合且一起旋转，直至拧到喷针杆的台阶。

（2）喷管接力器漏油试验和喷针头的密封检查。喷管接力器组装完毕后，应进行活塞环的漏油试验及检查 U 形盘根处有无渗漏现象。试验压力为额定工作压力的 1.25 倍。试验时间为 30min。每分钟油压下降不超过允许值。如超过时，应更换活塞环。

（3）喷嘴组合体密封试验。将弯管用闷头进行封闭，对喷嘴组合体进行密封试验。先用油泵操作喷管接力器，使喷针头处于关闭位置，然后用水泵向喷管及弯管内充压力水。其试验压力为工作压力的 1.25～2 倍。试验时间为 30min。在试验时，应排尽空气。检查喷针头与喷嘴口、喷嘴口与喷嘴头、喷嘴头与喷管、喷管与弯管、弯管与轴承座以及喷针杆与轴承座的密封情况。

（4）喷嘴组合体的安装。

1）喷嘴组合体与机壳的连接。喷嘴组合体与机壳的连接可直接用螺栓连接，也可用螺栓、垫圈和弹簧进行连接。后一种连接方式，应对弹簧进行压缩试验，以确定安装时所选用的压缩量。试验时必须按制造厂的设计压力值进行，其弹簧压缩长度对设计值的偏差不大于 ±1mm。

2）卧式机组喷嘴组合体的安装。为了便于找出通过水斗分水刃的节圆平面，特制作一个转轮模型，如图 8-20 所示。厚度 b 为转轮法兰面至水斗分水刃的距离，一般取平均值。为便于确定喷嘴的射流中心线，再制一测杆工具，如图 8-19 所示。测杆直径 $d=20$mm。为便于测定测杆与转轮模型的相互关系，在转轮模型上应使深 $b_1 \approx d$，转轮模型尺寸及要求如图 8-20 所示。

测杆工具的外固定套与喷嘴头的配合要求和喷嘴口相同。测杆与外固定套的同心度与垂直度均应在 0.1mm 以内。测杆工具如图 8-21 所示。

先在转轮模型上划出转轮节圆，根据计算及

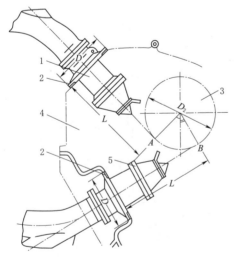

图 8-19　喷嘴组合体与转轮节圆的相对位置
1—上喷嘴；2—胶木垫；3—转轮节圆；
4—机壳；5—下喷嘴

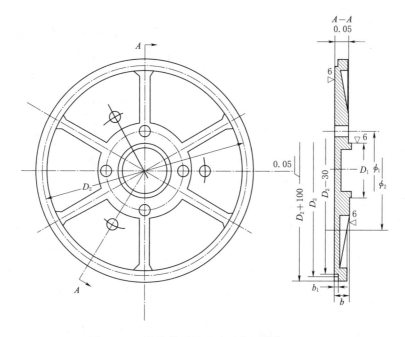

图 8-20 转轮模型尺寸及要求（单位：mm）

D_1—和发电机法兰止口配合长度；D_2—水轮机转轮节圆直径；

ϕ_1—和发电机法兰螺孔配合长度；ϕ_2—和盘车工具螺孔配合长度

作图法，求出上、下喷嘴射流中心线与节圆的交点 A、B，如图 8-19 所示。装上测杆工具，旋转测杆，测量测杆头部摆度，利用调节螺钉调整，使测杆摆度在 0.05mm 以内，此时可认为测杆中心线即是射流中心线。再用高度游标卡尺测量轴向距离 h，用百分表监视测量时测杆的位移 ΔS，则射流中心线到水斗分水刃的轴向距离 h_1（见图 8-22）由式（8-1）求出：

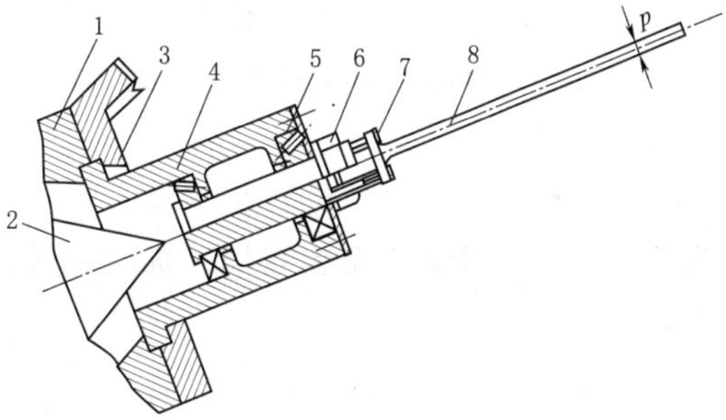

图 8-21 测杆工具

1—喷嘴头；2—喷针头；3—挡水板；

4—外固定套；5—单列圆锥滚子轴承；

6—压紧螺母；7—调节螺钉；8—测杆

$$h_1 = h - \frac{d}{2} + \Delta S - \Delta l \qquad (8-1)$$

式中：h_1 为将来实际运行时，射流中心线到水斗分水刃的轴向距离，mm；h 为测杆外径至转轮模型平面的轴向距离，mm；d 为测杆直径，mm；ΔS 为在测量时测杆的位移，mm；Δl 为发电机轴受热伸长值，mm。

Δl 值的采用应考虑以下几种情况：

（a）双转轮在发电机两侧，则在限位轴承一侧的喷嘴找正，不应计入 Δl 值；而在不限位轴承一侧的喷嘴找正，应计入 Δl 值。

（b）如为单转轮，若转轮侧是限位轴承，可不计入 Δl 值；若轴承不限位，则需计入

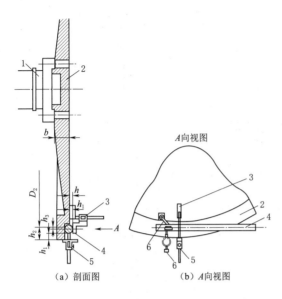

图 8-22 喷嘴找正、测量示意图

1—主轴；2—转轮模型；3—高度游标卡尺；4—测杆；

5—深度游标卡尺；6—百分表及表架

Δl 值。

用深度游标卡尺测量转轮模型外径至测杆外径的距离 h_4，然后测定转轮模型外径至 D_2 处的距离 h_2，则射流中心线与节圆的径向距离 h_3 由式（8-2）计算：

$$h_3 = h_2 - h_4 - \frac{d}{2} + \Delta S \qquad (8-2)$$

式中：h_3 为射流中心线至节圆的径向距离，mm；h_2 为转轮模型外径至节圆的径向距离，mm；h_4 为转轮模型外径至测杆外径的距离，mm；其他符号意义同前。

如 $h_2 = 27.31$mm，$h_4 = 20$mm，$\Delta S = 0.05$mm，$d = 19.1$mm，则 $h_3 = -2.19$mm。即表示射流中心线偏在节圆以内。

经测量，如安装误差超出质量要求，可抽出喷管与机壳连接处的胶木板，用刮削的方法来校正射流中心线与水斗节圆的误差。

为保证测量准确，减少误差，在测量时，喷管与机壳先直接用螺栓把合，待加垫处理完后，再换上弹簧、垫圈用螺栓紧固。测量时，宜在射流中心线与节圆切点 A、B 附近进行。

3. 转轮安装

（1）卧式水斗式水轮机转轮安装。水斗式水轮机转轮安装，应在喷嘴等安装完毕、机组轴线检查结束后进行。

一般要求双轮水斗式水轮机中心此距离的安装误差为 ± 1mm。

转轮与主轴应进行预装，以检查转轮与侧挡水板的间隙。当转轮止口进入一定数值且四周间隙 S_1 均匀时，测量转轮与侧挡水板的距离 S。如 $S > 2 + S_1$，则可使转轮全部进入止口，且拧紧转轮与主轴的连接螺栓，如图 8-23 所示。

转轮安装完后，应检查其端面摆度，其值应小于 0.1mm/m，然后可继续装上另一侧的侧挡水板、径向挡水板等。

待调速器的液压飞摆及励磁机安装结束后，可把上部机壳盖上。此时水轮机安装工作全部结束。

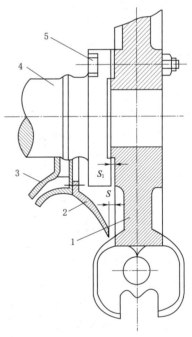

图 8-23 冲击式水轮机转轮安装

1—转轮；2—侧挡水板；3—侧上机壳；

4—主轴；5—连接螺栓

（2）转轮安装中应注意的问题。水斗式水轮机的转轮为高速转动部分，对斗叶与轮盘连接部位应认真检查，发现缺陷应彻底处理，以免发生"飞斗"事故。

转轮如无静平衡试验资料，应做静平衡试验。

（二）安装要求和质量标准

1. 引水管路安装

（1）引水管路的进口中心线与机组坐标线的距离偏差不应大于进口直径的±2‰。

（2）分流管的法兰焊接时，应控制和检查法兰的变形情况，不应产生有害变形。

（3）分流管焊接后，对于每一个法兰及喷嘴支撑面，应检查高程、相对于机组坐标线的水平距离、每个法兰相互之间的距离、垂直度、孔的角度位置，使其偏差符合设计要求。

（4）分流管与叉管应做水压试验，试验压力应按制造厂的规定进行。分流管及叉管的焊缝应无渗漏现象，叉管法兰不应产生有害变形。

（5）分流管和叉管如带压浇筑混凝土，分流管内的水压按设计要求控制。

2. 机壳安装

（1）分瓣组合的机壳应符合要求。对于没有密封或不加垫的组合面，应涂密封胶。

（2）机壳安装时，与机组 X、Y 基准线的偏差不应大于1mm，高程偏差不应超过±2mm，机壳上法兰面水平偏差不应大于0.04mm/m。对于立式机组，焊接在机壳上的各喷嘴法兰，高程应一致，其高差不应大于1mm；各法兰垂直度不应大于0.30mm/m，与机组坐标基准线的距离应符合设计要求。

对布置在发电机两端的双轮卧式机组，两机壳的相对高差不应大于1mm；中心距应以推力盘位置、发电机转子和轴的实测长度并加上发电机转子热膨胀伸长值为准，其偏差不应超过0～1mm。

3. 水轮机轴承装配

（1）立式水轮机轴承装配，应符合下列要求：

1）检查轴承法兰的高程和水平度，其高程偏差不应大于2.00mm，水平度偏差一般小于0.04mm/m。

2）水导轴承与其支架应进行预装配，轴承支架的中心与机组中心偏差不应大于0.40mm。预装定位后，应与机壳钻铰定位孔，并配装定位销。

（2）卧式水轮机轴承的装配应符合下列要求：

1）卧式水导轴承如需要在工地研刮，应符合要求。

2）轴承间隙调整应符合要求。

4. 水轮机轴安装

（1）水轮机轴在安装前，应检查组合法兰的平面度、光洁度等。

（2）对于立式机组，水轮机轴的上法兰面安装应较设计高程低20～25mm，对于水轮机轴直接与发电机转子相连接的结构，应找正发电机转子法兰与水轮机轴法兰的同轴度、平行度，发电机转子法兰相对于喷嘴轴线的高程。

（3）主轴水平或垂直偏差不应大于0.02mm/m。

(4) 在水导轴承安装前，应进行机组轴线的检查，机组轴线应符合设计要求。

5. 喷嘴和接力器安装

(1) 喷嘴、接力器在安装前应按制造厂要求做严密性耐压试验。

(2) 喷嘴和接力器组装后，在16%额定压力的作用下，喷针及接力器的动作应灵活。在接力器关闭腔通入额定压力油，喷针头与喷嘴口应无间隙。喷针的接力器为内置式接力器时，应检查油、水混合排污腔的漏油、漏水情况，不得渗漏。

(3) 喷嘴的安装应符合下列要求：

1) 喷嘴中心线应与转轮节圆相切，径向偏差不应大于 $\pm 0.2\% d_1$（d_1 为转轮节圆直径），与水斗分水刃的轴向偏差不应大于 $\pm 0.5\% W$（W 为水斗内侧的最大宽度）。

2) 折向器中心与喷嘴中心偏差，一般不大于 4.0mm。

3) 缓冲弹簧压缩长度对设计值的偏差，不应超过 $\pm 1.0mm$。

4) 各喷嘴的喷针行程的同步偏差，不应大于设计行程的 2%。

5) 反向制动喷嘴中心线的轴向和径向偏差不应大于 $\pm 5.0mm$。

6. 转轮安装

(1) 转轮安装应符合下列要求：

1) 转轮水斗分水刃旋转平面应通过机壳上装喷管的法兰中心，其偏差不大于 $\pm 0.5\% W$。

2) 转轮端面跳动量不应大于 0.05mm/m。

3) 转轮与挡水板间隙应符合设计要求。

(2) 主轴密封应符合规定。

7. 控制机构的安装和调整

(1) 控制机构各元件的中心偏差，不应大于 2.0mm，高程偏差不应超过 $\pm 1.5mm$，水平或垂直偏差不应大于 0.10mm/m。安装后动作应灵活。

(2) 折向器开口应大于射流半径 3.0mm，但不超过 6.0mm。各折向器动作应同步，偏差不超过设计值的 2%。

五、水泵水轮机安装

(一) 安装流程

水泵水轮机的安装步骤随机组结构有些不同，但都有以下主要程序：

尾水管里衬在机坑内组焊、浇筑混凝土、座环基础安装、浇筑混凝土、（对于中拆及上拆方式）组装底环、座环/蜗壳/下机坑里衬、浇筑混凝土至蜗壳（充压）顶部某一高程、下迷宫环安装、吊入转轮、插入导叶、吊入顶盖（含上迷宫环）、吊入水机轴并连接、与电机轴连接（含中间轴）、整机盘车、安装检修密封、主轴密封、水导轴承、安装导叶接力器系统。

(1) 在水泵水轮机的安装中，最费时间的是座环与蜗壳在现场的组装焊接。对于参数相近的机组，随不同机组结构设计和使用材料的不同，蜗壳厚度可能有相当出入，如广州抽水蓄能电站一期机组的蜗壳最大厚度为 80mm，而二期机组最大厚度为 50mm。不过，焊接工艺基本相同，都是采用常规的对称多层多道退步焊接法，焊前要预热，焊接期间要保温，层间要消除应力并做探伤等。

（2）随机组拆卸方式的不同，埋件的安装顺序与混凝土浇筑步骤也有不同。如果机组使用下拆方式（底环与部分尾水锥管是可拆卸的，不埋入混凝土），则分成两半的座环/蜗壳组件在机坑内组装焊接，耐压试验后保持一定压力浇筑混凝土。在外围混凝土达到一定强度后，在机坑内对座环上、下法兰面进行磨削加工至设计要求，然后再安装底环。

如机组使用中拆方式（即尾管和底环均埋入混凝土），则分成两半的座环/蜗壳组件可在安装间内组焊。待焊接应力消除后，就地对座环法兰面进行机加工至设计要求；然后将底环、蜗壳/座环组件和下机坑里衬按顺序吊入机坑，安装调整；最后对蜗壳做水压试验，浇注混凝土。

（3）蜗壳内充压浇筑混凝土已是现代大型高水头蓄能机组通常采用的施工方法。蜗壳本身是按最大工作压力设计制造的，但可利用外围混凝土改善蜗壳的受力情况。对蜗壳内充压多少在设计上有不同考虑：蜗壳充压低意味混凝土受力要大些，则外围钢筋要分布密集，浇混凝土较困难；充压高则使蜗壳本身受力较高，混凝土部分受力较低，钢筋混凝土结构简单些。

（二）安装要求和质量标准

就抽水蓄能机组而言，其结构和常规水轮发电机没有本质的不同。抽水蓄能机组多是高水头、高转速机组，在结构上具有高水头机组的所有特点。故本节可参考常规式水轮机的安装要求和质量标准。

六、立式水轮发电机安装

（一）安装流程

1. 悬式水轮发电机一般安装程序

（1）基础埋设：主要需埋设的有下盖板底脚、下机架及定子基础板，上机架千斤顶基础板，上盖板底脚等。

（2）下机架的安装：将下机架吊置在基础上，按座环中心或水轮机主轴中心找正并调整高程及水平度，浇捣基础混凝土。

（3）定子安装：按座环中心或水轮机主轴中心找正，调整高程和水平度，并安装空气冷却器等。

（4）下盖板安装：根据制造厂提供的图样及在制造厂预装时所做的标记铺设下盖板。

（5）上机架预装：将组装好的上机架吊放到定子上，以水轮机主轴中心找正上机架中心，并调整水平度和高程，同定子机座一起钻、铰销钉孔，然后将上机架吊走。

（6）转子安装：将组装好的转子吊入定子内，按水轮机座环中心或水轮机主轴中心找正，检查发电机空气间隙，校核定子中心。

（7）上机架安装：将上机架重新置放于定子上，并把上机架与定子机座一同钻铰的销孔打上销子，使上机架固定在定子上。

（8）推力轴承安装：把推力轴承座吊装到上机架中心体的油槽内，再吊装支柱螺栓，并安放推力瓦，然后将镜板放置在推力瓦上，调整镜板水平度。接下来是热套推力头，把转子重量转移到推力轴承上，调整推力轴承受力。最后发电机单独盘车，调整发电机轴线，测量和调整法兰摆度。

(9) 发电机主轴与水轮机主轴连接。

(10) 机组整体盘车（测量和调整机组总轴线）。

(11) 推力轴承的受力调整。

(12) 转动部分的调整和固定，安装各导轴承瓦时要按水轮机迷宫环间隙调整并固定转子中心位置。一般先确定各导轴承瓦的间隙，再检查转动部分与固定部分之间的间隙，最后安装推力轴承油冷却器及挡油板。

(13) 励磁机和永磁发电机的安装（如果有）。

(14) 附件及零部件、集电环、梯子栏杆、上盖板、油水管路等安装。

(15) 全面清扫、喷漆、检查。

(16) 轴承注油。

(17) 整个机组起动试运行。

2. 伞式水轮发电机一般安装程序

伞式水轮发电机安装程序可参照悬式的程序，但在吊装下机架后，应进行推力轴承安装。

(1) 基础埋设此项包括下盖板，下机架、定子和制动器等的基础预埋。

(2) 下机架吊装已组装好的下机架，调整中心、高程及水平度并固定。

(3) 下盖板安装。

(4) 定子的安装。

(5) 推力轴承安装：主要包括调整镜板水平度及高程，将带有推力头的无转子主轴吊入推力轴承上；镜板与推力头连接，并调整中心。

(6) 安装制动器及其管路和下挡风板及灭火水管要注意，有的小型及高速中型机组在工厂时已将制动器及其管路安装好了。

(7) 发电机主轴与水轮机主轴连接。

(8) 转子的安装：先吊装转子，使之与主轴连接；再调整中心，并检查空气间隙，必要时可再次调整定子中心；最后浇筑定子基础二期混凝土。

(9) 安装上机架（参考悬式）。

(10) 机组整体盘车测量和调整机组轴线。

(11) 推力轴承受力调整。

(12) 转动部分中心的调整及固定（参考悬式水轮发电机一般安装程序）。

(13) 励磁发电机和永磁发电机的安装。

(14) 附件及零部件的安装（参考悬式）。

(15) 全面清扫、检查和喷漆。

(16) 轴承注油。

(17) 起动试运转。

（二）安装要求和质量标准

1. 机架组合

（1）组合式机架的支臂组合后，检查组合缝的间隙，应符合要求。

承重机架、支臂组合缝的顶端用 0.05mm 塞尺检查，局部不接触长度不应超过顶端总长度的 10%。

（2）焊接式机架组合应符合下列要求：

1）在中心体支承牢固后，调整其水平度，在上组合面上测量水平度不应大于 0.04mm/m。

2）支臂与中心体连接后，检查以下各项应符合设计要求：

（a）各支臂与中心体连接面的错牙。

（b）各支臂的扭斜（即垂直度）。

（c）各支臂基础板的接触面与中心体上组合面的高差。

（d）各支臂外缘的弦距。

3）按照制造厂要求进行焊接，若制造厂无明确要求，应符合规定。

4）按制造厂图纸或技术文件要求对焊缝进行外观和无损探伤检查，制造厂无明确要求时应按要求进行焊缝外观检查，并按以下标准进行无损探伤检查评定：

（a）当采用射线探伤时，按 GB/T 3323.1 的标准评定。受力对接焊缝不低于 Ⅱ 级，射线探伤焊缝比例为 50%；一般对接焊缝不低于 Ⅲ 级，射线探伤焊缝比例为 25%。

（b）当采用超声波探伤时，按 GB/T 11345 的标准评定。受力对接焊缝不低于 Br 级，超声波探伤比例为 100%；一般对接焊缝不低于 B 级，超声波探伤比例为 50%。

5）支臂焊接后，在中心体保持 0.04mm/m 的水平状态下，检查各支臂外缘键槽的弦距和各支臂的基础板接触面与中心体上平面的高差应符合设计图纸要求。

（3）分瓣式推力轴承支座组合后，检查轴承安装面的平面度，偏差不应超过 0.2mm。合缝面间隙应符合要求。

（4）分瓣式承重机架组合，其中心体与支臂的组焊要求可按照要求进行。

2. 轴瓦研刮

（1）推力轴瓦应无裂纹、夹渣及密集气孔等缺陷。轴瓦的瓦面材料与金属底坯的局部脱壳面积总和不超过瓦面的 5%，必要时可用超声波或其他方式检查轴瓦温度计、高压油顶起管道应与轴瓦试装检查。

（2）镜板工作面应无伤痕和锈蚀，其粗糙度和硬度应符合要求。必要时应按图纸检查两平面的平行度和工作面的平面度。

（3）制造厂要求在工地研刮的推力轴瓦，研刮后应符合下列要求：

1）瓦面每 $1cm^2$ 内应有 1～3 个接触点。

2）瓦面局部不接触面积，每处不应大于轴瓦面积的 2%，但最大不超过 $16cm^2$，其总和不应超过轴瓦面积的 5%。

3）进油边按制造厂要求刮削。

4）无托盘的支柱螺钉式推力轴承的轴瓦，应在达到本条 1）、2）的要求后，再将瓦面中部刮低，可在支柱螺钉周围、以瓦长的 2/3 为直径的圆形部位，先破除接触点（轻微接触点可保留）、排刀花一遍，然后再缩小范围，在支柱螺钉周围、以瓦长的 1/3 为直径的圆形部位，与原刮低刀花成 90° 方向再排刀花一遍。

5）机组盘车后，应抽出推力瓦检查其接触状况，应符合本条 1）、2）的要求。

6）高压油顶起油室，按设计要求检查或研刮。

7）双层瓦结构的推力轴承，薄瓦与托瓦之间的接触面应符合设计要求。若设计无明确要求，薄瓦与托瓦的接触面应达到 70% 以上，接触面应分布均匀。在推力瓦受力状态时用 0.02mm 塞尺检查薄瓦与托瓦之间应无间隙。

（4）需在工地研刮的导轴瓦，应符合有关要求。

3. 定子装配

（1）制造厂内叠片的分瓣定子组合后，应符合下列要求：

1）机座组合缝间隙用 0.05mm 塞尺检查，在螺栓及定位销周围不应通过。

2）铁芯合缝处按设计要求加垫，加垫后铁芯合缝处不应有间隙。

3）铁芯合缝处槽底部的径向错牙不应大于 0.3mm。

4）合缝处线槽宽度应符合设计要求。

5）定子机座与基础板的组合应符合要求。

（2）制造厂内叠片的分瓣组合的定子圆度，各实测半径与平均半径之差不应大于设计空气间隙值的 ±4%。一般沿铁芯高度方向每隔 1m 距离选择一个测量断面，每个断面不少于 12 个测点，每瓣每个断面不少于 3 点，合缝处应有测点。

整体定子铁芯的圆度，也应符合上述要求。

（3）工地叠片的定子机座组装应按制造厂规定进行，如制造厂无明确规定，应符合下列要求：

1）按分度方位和分布半径布置调整组装支墩和楔子板，组装支墩应临时固定稳固，各楔子板顶面高差在 2mm 以内。

2）中心测圆架安装应稳固，测圆时应避免各种外因的影响。测圆架中心柱的垂直度不大于 0.02mm/m，在测量范围内的最大倾斜不超过 0.05mm。应检查测圆架中心柱的实际直径和测臂的静平衡情况。

3）在机座组合的工艺合缝中按制造厂要求加垫片。当环板为对接焊缝时垫片厚度一般为 2～3mm，当环板为搭接焊缝时垫片厚度一般为 1mm。

对于定位筋在制造厂已焊接的机座，应根据机座结构计算焊缝的收缩量，必要时进行模拟焊接试验并作工艺评定，以确定合缝处加垫的厚度。一般推荐：对接焊缝为 2.5mm，搭接焊缝为 1mm。

4）定子机座组合调整后，焊接前应符合如下要求：

（a）机座下环板圆周上固定下齿压板的螺孔中心（对有穿芯螺杆孔的机座，为穿芯螺杆中心）的半径与设计半径之差不大于 ±1.5mm。

（b）各环板内圆绝对半径的平均值与设计值的偏差应符合制造厂要求。

（c）在制造厂内焊接定位筋的机座，定位筋的内圆半径与设计半径之差不大于空气间隙的±1%。

（4）焊接后检查、调整机座，各半径的绝对尺寸偏差不大于±2.0mm。

在工地组焊后，在各环板处测量定位筋的半径与设计值的偏差应在空气间隙值的±2%以内，但最大允许偏差不超过设计值的±0.5mm。

（5）定位筋安装，应符合下列要求：

1）定位筋在安装前应校直。用不短于1.5m的平尺检查，定位筋在径向和周向的直线度不大于0.1mm。定位筋长度小于1.5m的，用不短于定位筋长度的平尺检查。

2）定位筋的基准筋定位（或搭焊）后，其半径与设计值的偏差应在设计空气间隙值的±0.8%以内，周向及径向倾斜不大于0.15mm。

3）定位筋全部焊接后，定位筋的半径与设计值的偏差，应在设计空气间隙值的±2%以内，最大偏差数值不超过设计值的±0.5mm；相邻两定位筋在同一高度上的半径偏差不大于设计空气间隙值的0.6%；同一根定位筋在同一高度上因表面扭斜而造成的半径差不大于0.10mm。

4）定位筋在同一高度上的弦距与平均值的偏差不大于±0.25mm，但累计偏差不超过0.4mm。

5）周向倾斜布置的定位筋安装的倾斜方向和倾斜值应符合设计要求。

6）定位筋托板与机座环板间一般无间隙。

7）如果定位筋已在制造厂焊接，在工地也需按上述要求检查，超标处应进行处理。

（6）下齿压板安装，应符合以下要求：

1）各齿压板的相互高差不大于2mm，相邻两块齿压板压指的高差不大于1mm。对于小齿压板结构，各齿压板压指同断面的内圆一般比外圆高1~3.5mm，根据铁芯堆积高度和下齿压板结构及连接方式而定，一般定子铁芯高度越高，下齿压板内侧比外侧要高得越多，铁芯高度超过2.5m时应取上限值。

2）用短齿冲片作样板，调整压指中心和冲片齿中心偏差不大于2mm，压指齿端和冲片齿端径向距离应符合图纸要求。

（7）定子铁芯叠片应符合下列要求：

1）铁芯冲片应清洁、无损、平整，漆膜完好。

2）按制造厂要求的程序叠装定子铁芯冲片，并控制不同冲片段和每一小段的叠装高度，根据制造厂要求在叠片的上下端部的冲片间涂刷黏合剂。

3）按制造厂要求，叠片应紧靠定位筋或留有径向间隙，若有间隙，所留间隙应均匀。

4）铁芯叠片过程中应按每张冲片均匀布置不少于2根槽样棒和制造厂要求的槽楔槽样棒定位，并用整形棒整形。

5）根据叠片分段压紧后测量的铁芯高度和波浪度的偏差，在每段叠片中按偏差值不大于0~1mm，用制造厂指定的方法进行高度补偿。

6）铁芯的叠片高度应考虑整体压紧和热压的压缩量，一般热压的压缩量宜根据铁芯高度的0.2%~0.3%考虑，并且平均分配到每一叠片段中。

7）铁芯叠压过程中，应经常检查并调整其圆度。

定子铁芯压紧应符合下列要求：

1）铁芯外侧的压紧螺栓应按设计要求安装，与铁芯应保持 2mm 以上的间距。穿心压紧螺栓应保持绝缘无损、可靠，蝶形弹簧垫圈良好。

2）铁芯应进行分段和整体压紧，分段压紧高度和次数应符合制造厂规定，在制造厂无明确规定时，应根据铁芯结构确定分段压紧高度，一般每段不宜超过 600mm。

3）铁芯分段压紧和整体压紧的压紧力应符合制造厂要求。

4）铁芯压紧按序分次增加压紧力，直至达到制造厂规定的数值。也可用测量均匀分布的压紧螺杆伸长的方法核对压紧的平均压力，整个圆周上测量的螺杆数不得少于 10 根。

5）有热态压紧要求的定子铁芯，在铁芯整体压紧后、铁芯磁化试验前进行。按制造厂的规定加热，然后自然冷却至环境温度时，按本条 3）、4）的要求压紧。

6）铁芯磁化试验后按本条 4）要求进行压紧检查。

7）铁芯试验前、后应检查穿心螺杆对地绝缘，绝缘值应符合制造厂要求。

（8）在叠片完成并分段压紧后进行上齿压板安装，在压紧螺杆全部安装就位后，调整上齿压板压指中心与冲片齿中心偏差不大于 2mm，压指齿端和冲片齿端径向距离应符合图纸要求。

（9）定子铁芯组装后应符合下列要求：

1）铁芯圆度测量：按铁芯高度方向每隔 1m 左右，分多个断面测量，每断面不少于16 个测点。定子铁芯直径较大时，每个断面的测点应适当增加，各半径与设计半径之差不超过发电机设计空气间隙的 ±4%。

2）在铁芯槽底和背部均布的不少于 16 个测点上测量铁芯高度，各点测量值与设计值的偏差不应超过规定值。一般取正偏差。

3）铁芯上端槽口齿尖的波浪度不大于规定值。

4）用通槽棒对铁芯的槽形逐槽检查应全部通过，槽深和槽宽与设计值相符。

（10）支持环装配应按制造厂规定进行；金属支持环接头的焊接，应用非磁性材料；绝缘支持环连接应符合制造厂要求。绝缘包扎须紧密，原有绝缘与新绝缘搭接处应削成斜坡，搭接长度一般不小于规定值。

（11）线圈嵌装前应做下列检查：

1）检查单个定子线圈在冷态下的直线段宽度尺寸，应符合设计规定。

2）按要求对线圈做电气试验。

（12）定子线圈的嵌装应符合下列要求：

1）线圈与铁芯及支持环应靠实，上、下端部线圈标高应一致，斜边间隙符合设计规定，线圈固定牢靠。

2）上、下层线圈接头相互错位超过 5mm 处应进行整形处理，不应影响接头的可靠施焊。前后距离偏差应在连接套长度范围内。

3）线圈直线部分嵌入线槽后，单侧间隙超过 0.3mm、连续长度大于 100mm 时，可用半导体垫条塞实，塞入深度应尽量与线圈嵌入深度相等。采用半导体槽衬结构的定子线圈，单侧间隙应符合制造厂的规定。

4）上、下层线圈嵌装后，应按规定进行耐电压试验。

5）线圈主绝缘采用环氧粉云母，电压等级在 10.5kV 及以上的机组，线圈嵌装后一般应在额定相电压下测定表面槽电位或槽电阻，槽电位一般小于 10V 或槽电阻应符合制造厂要求。

（13）槽楔应与线圈及铁芯齿槽配合紧密。槽楔打入后按制造厂规定的方法检查槽楔紧度，每块槽楔允许空隙的长度，不应超过槽楔长度的 1/3。槽楔不应凸出铁芯，槽楔的通风口应与铁芯通风沟的中心对齐，偏差不大于 3mm。其伸出铁芯槽口的长度及固定方式应符合设计要求。

（14）线圈接头焊接，应符合下列要求：

1）参加钎焊操作人员必须经专业培训，考试合格后上岗。

2）钎焊前，线棒接头和被钎焊的零部件应按制造厂要求清理干净，露出金属光泽。

3）使用锡钎焊料并头套结构的钎焊接头，接头铜线并头套、铜楔等应搪锡。并头套、铜楔和铜线导电部分，应结合紧密，不得强行夹紧；铜线与并头套之间的间隙，一般不大于 0.3mm，局部间隙允许 0.5mm。

4）使用磷铜钎料股线搭接结构的钎焊接头，股线搭接长度不应小于股线厚度的 5 倍。

5）使用磷银铜钎料搭板结构的钎焊接头，接头装配后的填料间隙一般小于 0.25mm。

6）接头钎焊时，应按制造厂规定的加热方法和工艺进行。

（15）对线圈接头绝缘的要求：

1）对采用云母带包扎的绝缘，包扎前应将原绝缘削成斜坡，其搭接长度一般应符合要求；绝缘包扎层间应刷胶、包扎应密实，包扎层数应符合设计要求。

2）对采用环氧树脂浇注的绝缘，环氧树脂的配比混合应符合设计要求；接头四周与绝缘盒间隙应均匀，线圈端头绝缘与盒的搭接长度应符合设计要求；浇灌饱满，无贯穿性气孔和裂纹。

（16）汇流母线安装应符合下列要求：

1）螺栓连接接头应搪锡或镀银，接头接触面应平整，接头接触面的平直度不应超过 0.03mm 或接头接触面用 0.05mm 塞尺检查应符合要求。连接螺栓用力矩扳手按设计要求的螺栓预紧力拧紧。

2）焊接接头应无气孔、夹渣，表面应光滑，焊料应饱满。

4. 转子装配

（1）轮毂热套应符合下列要求：

1）轮毂的膨胀量，除考虑过盈量外，还应加上套装工艺要求的间隙值，以及套入过程中轮毂降温引起的收缩值。过盈量以热套前检查实测的数值并参考制造厂提供的数值计算，而套装工艺要求间隙值一般取轴径的 1/1000，轮毂降温引起的收缩值，视轴径大小，在 0.5～1.0mm 间选取。

2）轮毂加热前应调整主轴的垂直度和在起吊受力状态下轮毂的水平度，宜控制在 0.05mm/m 以内。加温时应监视并控制温度使上下膨胀均匀。加热后应仔细检查轮毂的膨胀量，其值须满足本条 1）的计算要求。

3）轮毂热套后，主轴凸台处应先行冷却。冷却过程中，轮毂上、下端温差一般不超过 40℃。

（2）轮臂组装前，应对中心体做如下检查和调整：

1）按图纸要求检查各部尺寸。

2）转子中心体应支撑牢靠，并调整中心体水平度，其水平度不应大于 0.03mm/m。

（3）轮臂组合后进行检查，应符合下列要求：

1）组合缝间隙符合要求。

2）轮臂下端各挂钩高程差，当轮臂外缘直径小于 8m 时不应大于 1mm；当轮臂外缘直径为 8m 及以上时不应大于 1.5mm。

3）轮臂外缘圆度及垂直度，各键槽，上、下端弦长，键槽深度和宽度，均应符合设计要求。

4）轮臂键槽的切向和径向的倾斜度不应大于 0.25mm/m，最大不超过 0.5mm/m。

（4）圆盘式结构转子支架的组装应符合下列要求：

1）转子中心体应支撑牢靠，调整中心体水平度，在上法兰面上测量水平度不应大于 0.03mm/m。

2）对称挂装转子支架的扇形瓣，转子支架与中心体组合后，应符合下列要求：

（a）轮臂挂钩上平面的高程差为 1.5mm，相邻两个挂钩上平面的高差不超过 1mm。

（b）立筋板的半径应根据焊缝的收缩量决定，一般比设计值大 2～5mm。如果立筋板外表面需要刨、铣时，在考虑焊缝的收缩量后再增加适当的刨、铣余量。

（c）立筋板的垂直度不大于 0.15mm/m。

（d）轮臂在焊接前的活动弦长的尺寸应考虑焊接的收缩量。

（5）转子圆盘支架焊接过程中应监视支架尺寸的变化，并采取纠偏措施。焊接完成后必须根据制造厂的图纸和技术文件的要求进行外观和无损探伤检查。焊接完成后在中心体水平度满足要求时，检查圆盘支架的尺寸应符合下列要求：

1）影响转子圆度的立筋板外平面的半径与设计值的偏差不应超过空气间隙的 ±1.5%。对配制立筋垫板或副立筋板的转子支架，其立筋板的半径应在立筋垫板或副立筋板已焊完、并经修磨处理后的尺寸符合此要求。当立筋垫板在焊接后再刨、铣加工时，其加工后的半径与设计值的偏差不应超过空气间隙的 ±1%。

2）立筋板的垂直度不大于 0.2mm/m。

3）轮臂外缘上、下端的弦长应符合设计要求。

4）立筋板的挂钩高程偏差不大于 2mm，但相邻两挂钩高程差不大于 1mm。

5）制动环板连接面的平面度不超过 2.5mm。

（6）对磁轭冲片和通风槽片检查应符合下列要求：

1）磁轭冲片和通风槽片表面应平整，无油污，无锈蚀，无毛刺。

2）磁轭冲片宜在制造厂内称重分组。若制造厂内未对磁轭冲片按质量分组，应按要求过秤、分组，每组抽出 3～5 张测量厚度，堆放时正反面应一致。

3）根据冲片过秤、分组、厚度记录及磁轭装配图，计算并列出磁轭堆积配重表。通风槽片也应参加配重。

4）通风槽片的导风带与衬口环的高度和位置应符合设计要求。检查衬口环之间的高差，一般不大于 0.2mm。导风带、衬口环与冲片贴合紧密并点焊牢固。

（7）制动环板安装应符合下列要求：

1）制动环板按编号装配，无编号时按质量对称布置。

2）对于装焊结构的制动环板，制动环板的制动面的平面度应小于 2.5mm，径向焊缝不允许下凸，允许上凹值不大于 0.5mm。

3）对于装配式结构的制动环板。

（a）环板径向应水平，其偏差应在 0.5mm 以内，沿整个圆周的波浪度应不大于 2mm。

（b）接缝处应有 2mm 以上的间隙。按机组旋转方向检查闸板接缝，后一块不应凸出前一块。

（c）环板部位的螺栓应凹进摩擦面 2mm 以上。

（8）磁轭冲片的叠装，应符合下列要求：

1）磁轭冲片应先试叠 100mm 高度、检查各部尺寸符合要求后，再正式叠装。

2）冲片一般由磁轭键和销钉定位。无定位结构的磁轭，可均匀穿入 20％以上的永久螺杆来定位，且每张冲片不少于 3 根。

3）磁轭冲片由临时导向键作切向和径向定位的结构，导向键的安装按制造厂规定进行。

4）叠片过程中，冲片与转子支架立筋外圆的间隙应均匀，冲片正反面应一致。叠片方式和叠片高度应符合设计要求。

5）磁轭压紧用力矩扳手对称、有序进行，逐次增大压紧力直至达到要求预紧力。宜在圆周方向均匀抽查不少于 10 根螺杆的伸长值，以校核预紧力。永久螺杆的应力和伸长值应符合制造厂规定。

6）磁轭压紧后，按重量法计算磁轭的叠压系数不应小于 0.99。分段压紧高度应按制造厂要求进行。制造厂没有明确要求时，分段压紧高度一般不大于 800mm。但对于冲片质量较差或冲片叠压阻力较大的磁轭的分段压紧高度应降低。

7）磁轭叠装过程中，应经常检查和调整其圆度。

8）布置在磁轭下部的制动闸板，其径向水平和波浪度的调整，一般与每次压紧工作同时进行，并符合要求。

9）磁轭全部压紧后，磁轭的平均高度不得低于磁轭设计高度。同一纵截面上的高度偏差不应大于 5mm。沿圆周方向的高度相对于设计高度的偏差不超过规定。

10）磁轭与轮臂挂钩一般无间隙，个别的不应大于 0.5mm。

11）通风沟、鸽尾槽、弹簧槽等位置尺寸，应符合设计要求。

12）磁轭压板应过秤，按质量对称布置。

13）磁轭与磁极的接触面，用不短于 1m 的平尺检查应平直，个别高点应磨平。

14）对分段磁轭的叠装也应符合上述规定及图纸的要求。

（9）径向磁轭键安装应满足下列要求：

1）在冷状态下对称地打紧磁轭键，冷打键时转子支臂与磁轭间在半径方向产生的相对位移应符合制造厂的推荐值。制造厂无明确规定时，一般可根据转子磁轭的残余变形的大小，控制其在半径方向的相对位移的平均值为 0.08～0.25mm。

2）对有热打键要求的磁轭，磁轭键上端露出的长度，必须满足热打键的要求。

3）磁轭热打键（或热加垫）加温时，磁轭应有良好的保温并采取与支臂形成温差的措施。

4）磁轭热打键（或热加垫）的紧量必须符合设计要求。

5）磁轭热打键之后冷却至室温，检查磁轭圆度合格后，磁轭键下端按轮臂挂钩切割平齐，上端应留出 150～200mm，但必须与上机架或挡风板保持足够的距离。

6）无轴结构的转子，热打键（或热加垫）后应检查转子中心体上、下止口处的变形情况。

7）对具有磁轭横向键、周向定位键、副定位键和叠片键等多种组合键的安装按制造厂要求进行。

（10）测量磁轭圆度，各半径与设计半径之差不应大于设计空气间隙值的 ±3.5%。

（11）磁极安装前应做下列检查：

1）磁极线圈在压紧情况下，其压板与铁芯的高度差，应符合设计要求，无规定时不应超过 −1～0mm。

2）磁极挂装前、后，应按规定进行电气检查和试验。

3）按磁极号检查极性及装配质量，并按制造厂编号顺序挂装磁极。制造厂无规定时，应满足在磁极挂装后任意 22.5°～45°角度范围内，对称方向不平衡质量不应超过要求，配重时一般计入引线及附件的质量。

（12）磁极挂装应满足下列要求：

1）磁极中心挂装高程偏差应符合要求。

2）额定转速在 300r/min 及以上的转子，对称方向磁极挂装高程差不大于 1.5mm。

3）磁极键打入前，应在斜面上涂润滑剂，打入后，接触应紧密。检查合格后的磁极键，其下端按鸽尾槽底切割平齐，上端留出约 200mm，但也应与上机架或挡风板保持足够的距离。

4）磁极挡块应紧靠磁极鸽尾底部，并焊接牢固。

5）极间撑块应安装正确、支撑紧固并可靠锁定。

（13）磁极挂装后检查转子圆度，各半径与设计半径之差不应大于设计空气间隙值的 ±4%。转子的整体偏心值应满足要求，但最大不大于设计空气间隙的 1.5%。

（14）磁极接头连接和励磁引线安装，应符合下列要求：

1）接头错位不应超过接头宽度的 10%，接触面电流密度应符合设计要求。

2）焊接接头焊接应饱满，外观光洁，并具有一定弹性。螺栓连接接头，接触应严密，并按要求进行连接。

3）接头绝缘包扎应符合设计要求。接头与接地导体之间应有不小于 8mm 的安全距离。绝缘卡板卡紧后，两块卡板端头应有1～2mm间隙。

4）转子励磁引线排列应整齐，固定应牢靠。端部接头应按设计要求连接。螺栓连接的接头应搪锡或镀银，镀层应平整，并按要求进行连接。螺栓应锁定可靠。

（15）风扇应无裂纹等缺陷，安装应牢固、锁定可靠。严禁对风扇进行气割或电焊作业。其金属部分与磁极接头及线圈的距离一般不小于10mm。

（16）阻尼环接头的接触面，用0.05mm塞尺检查，塞入深度不应超过5mm。阻尼环接头的连接螺栓应按制造厂规定的扭矩紧固、锁定可靠。

（17）转子吊入机坑前，按检查试验项目进行逐项试验。

5. 总体安装

（1）机架安装应符合下列要求：

1）机架安装的中心偏差不应大于1mm，转速高于200r/min的机组宜以挡油圈外圆定中心，中心偏差数值符合制造厂要求，挡油圈的圆度应符合设计规定。

2）机架上的推力轴承座的中心偏差应不大于1.5mm，水平偏差应不大于0.04mm/m。对于无支柱螺钉支撑的弹性油箱推力轴承和多弹簧支撑结构的推力轴承的机架的水平偏差不应大于0.02mm/m。

3）机架安装的高程偏差一般不应超过±1.5mm。

4）机架径向支撑千斤顶宜水平，受力应一致。其安装高程偏差一般不超过±5mm。

（2）制动器安装应符合下列要求：

1）制动器应按设计要求进行严密性耐压试验，保持30min，压力下降不超过3%。弹簧复位结构的制动器，在卸压后活塞应能自动复位。

2）制动器顶面安装高程偏差不应超过±1mm。与转子制动环板之间的间隙偏差，应在设计值的±20%范围内。

3）制动系统管路应按设计要求进行严密性耐压试验。

4）制动器应通入压缩空气做起落试验，检查制动器动作的灵活性及制动器的行程是否符合要求。

（3）定子安装应符合下列要求：

1）定子安装方位应与发电机引出线位置相符，保证发电机引出线的正常连接。

2）定子按水轮机实际中心线找正时，在组装时的相同断面测量，各半径与平均半径之差不应超过设计空气间隙的±4%，定子按转子找正时，应符合本条4）的要求。

3）按水轮机主轴法兰盘高程及各部件实测尺寸核对定子安装高程，应使定子铁芯平均中心高程与转子磁极平均中心高程一致，其偏差值不应超过定子铁芯有效长度的±0.15%，但最大不超过±4mm。

4）当转子位于机组中心时，检查定、转子间上、下端空气间隙，各间隙与平均间隙之差不应超过平均间隙值的±8%。

（4）转子吊装应符合下列要求：

1）对悬吊式机组转子吊装前调整制动器顶面的高程，使转子吊入后推力头套装时，与镜板保持4～8mm间隙。

2）无轴结构的伞式或半伞式水轮发电机，其制动器顶面高程的调整，只需考虑水轮机与发电机间的联轴间隙。转子吊入时也可通过导向件将转子直接落在推力轴承上。

3）转子吊装时，彻底清理转子下部。并在磁轭下部检查测量转子的挠度。

4）若发电机定子按转子找正时，转子应按合格的水轮机轴找正，两法兰面中心偏差应小于0.04mm，法兰盘之间平行度应小于0.02mm。并校核发电机轴垂直度或转子中心体上法兰面的水平度。

5）若发电机定子中心已按水轮机固定部分找正，则转子吊入后，按空气间隙调整中心，测量检查定子与转子上、下端的空气间隙，各间隙与平均间隙之差不应超过平均间隙值的±8%。

（5）推力头安装应符合下列要求：

1）推力头套入前调整镜板的高程和水平度。在推力瓦面不涂润滑油的情况下测量其水平偏差应在0.02mm/m以内。高程应考虑在承重时机架的挠度值和弹性推力轴承的压缩值。

2）推力头热套前，调整其在起吊状态下的水平度。过度配合的推力头热套时，推力头的加热温度以不超过100℃为宜。

3）推力头热套后，降至室温时才能安装卡环。卡环受力后，应检查卡环上、下受力面的间隙，用0.02mm塞尺检查不能通过。否则，应抽出处理，不得加垫。

4）推力头与轴螺栓连接时，连接螺栓的预紧力应符合要求。组合面不应有间隙，用0.03mm塞尺检查，不能通过。带导轴颈的推力头中心偏差不超过0.03mm。

（6）推力轴瓦调整应符合下列要求：

1）推力瓦受力应在大轴处于垂直、镜板的高程和水平符合要求、转子和转轮处于中心位置时进行调整。

2）一般用测量轴瓦托盘变形的方法调整刚性支撑推力轴承的受力。起落转子，各托盘变形值与平均变形值之差不超过平均变形值的±10%。

3）采用锤击抗重螺钉的方法调整刚性支撑推力轴承受力时，在水轮机轴承处，用百分表监视大轴，锤击力应使大轴平均有0.05~0.10mm的倾斜，在相同锤击力下大轴倾斜的变化值与平均变化值之差不超过平均变化值的±10%。

4）对于液压支柱式推力轴承，在靠近推力轴承的上、下两部导轴瓦抱紧情况下，起落转子，落下转子后松开导轴瓦时各弹性油箱压缩量偏差不大于0.2mm。

5）对于无支柱螺钉的液压推力轴承，各弹性油箱的压缩量，应符合设计规定。

6）对于平衡块式推力轴承，应在平衡块固定的情况下，起落转子，测量托瓦或上平衡块的变形，其变形值应符合设计要求。设计无要求时，各托瓦或上平衡块的变形值与平均变形值之差，不超过平均变形值的±10%。

7）对于弹性梁双支点结构的推力轴承，在镜板吊至推力瓦上后，调整镜板水平度不大于0.02mm/m。检查各推力瓦出油边与镜板应无间隙，各块瓦进油边两角与镜板的平均间隙之差不大于±20%。

8）多弹簧支撑结构的推力轴承安装按制造厂要求进行。

9）推力轴瓦最终调整定位后，推力瓦压板及挡板与瓦的轴向、切向间隙，推力瓦与镜板的径向相对位置，液压轴承的钢套与油箱底盘的轴向间隙值均应符合设计要求。

10）为便于检查弹性油箱有无渗漏，当推力轴承已调整合格、机组转动部分落于推力轴承上时，须按十字线方向测量推力轴承座的上表面至镜板间的距离，并做记录。

（7）检查调整机组轴线，应符合下列要求：

1）一般用盘车方法检查调整轴线。盘车前，机组转动部分处于中心位置，大轴处于自由状态并垂直。

2）如采用高压油顶起装置盘车，推力瓦及高压油顶起装置系统应清扫干净。当不采用高压油顶起装置盘车时，推力瓦面应涂上无杂质的清洁润滑剂。

3）推力轴承刚性盘车，各瓦受力应初调均匀，镜板水平度符合要求，并调整靠近推力头的导轴瓦或临时导轴瓦的单侧间隙，一般为 0.03～0.05mm。轴线调整完毕后，机组各部摆度值应不超过要求。在条件许可时，弹性推力轴承也应按刚性方式盘车检查机组轴线各处摆度，同时按本条 4）要求进行弹性盘车，检查镜板外缘轴向摆度。

4）液压支柱式推力轴承的弹性盘车，应在弹性油箱受力调整合格后进行。靠近推力轴承上部和下部的导轴瓦间隙调整至 0.03～0.05mm，盘车时镜板边缘处的轴向摆度应不超过要求。轴线检查调整合格后，应复查弹性油箱受力，符合要求。

5）多段轴结构的机组，在盘车时应检查各段轴线的折弯情况，偏差一般不宜大于 0.04mm/m。机组盘车前应查阅轴线在厂内的加工记录以及热打键（或热加垫）后转子与上、下轴止口的间隙变化情况，以在盘车时检查轴线的变化。

6）转子处于中心位置时，用盘车方式，每旋转 90° 检查空气间隙，其值应符合要求。

7）在转子处于中心位置时，宜用空气间隙监测装置配合盘车方式核对定子圆度、转子圆度，并分别符合要求。

8）宜用在十字方向挂钢丝线或轴孔中心挂钢丝线或其他方法核对轴线的折弯和垂直度。

（8）推力轴承高压油顶起装置和外循环冷却装置的安装，应符合下列要求：

1）系统油管路应清扫干净，用油泵向油系统连续打油，直至出油油质合格为止。按设计要求做耐油压试验。

2）溢流阀的开启压力应符合设计规定。各单向阀应在承受反向压力时做严密性耐油压试验，在 0.5 倍、0.75 倍、1.0 倍及 1.25 倍反向工作压力下各停留 10min，均不得渗漏。

3）在工作压力下，调整各瓦节流阀油量，使各瓦的油膜厚度相互差不大于 0.02mm。

4）推力轴承外循环冷却装置和管路，应清扫干净，并按设计要求做耐水压试验。

（9）悬吊式机组推力轴承各部绝缘电阻应不小于规定。

（10）导轴承安装应符合下列要求：

1）机组轴线及推力瓦受力调整合格。

2）水轮机止漏环间隙及发电机空气间隙合格。

3) 有绝缘要求的分块式导轴瓦在最终安装时，绝缘电阻一般在 50MΩ 以上。

4) 轴瓦安装应根据主轴中心位置并考虑盘车的摆度方向和大小进行间隙调整，安装总间隙应符合设计要求。

5) 分块式导轴瓦间隙允许偏差不应大于 ±0.02mm，但相邻两块瓦的间隙与要求值的偏差不大于 0.02mm。间隙调整后，应可靠锁定。

6) 主轴处于中心位置时，在 X、Y 十字方向，测量轴颈与瓦架加工面处的距离，并做记录。

（11）油槽安装，应符合下列要求：

1) 油槽应按要求做煤油渗漏试验。

2) 油槽冷却器，安装前应按设计要求进行耐水压试验，安装后按要求进行严密性试验。

3) 油槽内转动部分与固定部分的轴向间隙，应满足顶转子的要求，其径向间隙应符合设计图纸规定，沟槽式密封毛毡装入槽内应有 1mm 左右的压缩量，密封毛毡与转轴不应紧密接触。

4) 油槽内应清洁，并应按设计要求保证油循环线路流畅。

5) 挡油圈外圆应与机组同心，中心偏差不大于 1.0mm，并应满足挡油圈外圆与轴颈内圆的径向距离与平均距离的偏差不大于 ±10%。

6) 油槽油面高度应符合设计要求，偏差一般不大于 ±5mm；润滑油的牌号应符合设计要求，注油前检查油质，应符合 GB 11120 的规定。

7) 在转动部件上进行电焊作业时，应把电焊机地线直接连接到需焊接的零部件上，并采取安全保护措施，以保证电焊的焊渣不溅入油槽和轴承。

（12）盖板、挡风板和消防管道安装。

1) 挡风板、消防管道与定子线圈及转动部件的距离不宜小于设计尺寸，一般不大于设计值的 20%。

2) 消防管道喷射孔方向应正确，根据不同的结构型式按制造厂要求的方式进行检查，必要时可采用通气的方法检查。

3) 上、下盖板和上、下挡风板应严格按设计要求组装，焊接可靠，螺栓紧固，锁定牢靠。上、下盖板应保持其严密性。

（13）空气冷却器的安装，应符合下列要求：

1) 单个冷却器在安装前应按要求做耐水压试验。

2) 空气冷却器的支架安装，在高度方向允许偏差 ±10mm，圆周方向允许偏差 ±6mm。按设计要求进行焊接或连接。

3) 机组内部容易产生冷凝水的管路，应采取防结露措施。

（14）发电机测温装置的安装，应符合下列要求：

1) 测温装置的绝缘电阻，一般不小于 0.5MΩ。有绝缘要求的轴承，在每个温度计安装后，对轴瓦的绝缘电阻应符合要求。

2) 定子线圈测温装置的端子板，如有放电间隙，间隙一般为 0.3~0.5mm。

3）轴承油槽密封前，测温装置应进行检查。各电阻温度计电阻值相互差不大于1.5％，对地绝缘良好。信号温度计指示应接近当时轴瓦温度。测温引线应固定牢靠。

4）温度计和测温开关标号，应与瓦号、冷却器号、线圈槽号一致。

（15）集电环安装应符合下列要求：

1）集电环安装的水平偏差一般不超过2.0mm。

2）集电环的有关电气试验应符合规定。

3）集电环的电刷在刷握内滑动应灵活，无卡阻现象；刷握距集电环表面应有2～3mm间隙；电刷与集电环的接触面，不应小于电刷截面的75％；弹簧压力应均匀。

6. 励磁系统及装置安装

（1）励磁系统及装置的安装应符合《同步电机励磁系统大、中型同步发电机励磁系统技术要求》（GB/T 7409.3）的规定。并应在室内的建筑施工全部完工，室内湿度达到要求后才可进行。

（2）励磁系统的盘、柜安装的特殊要求。

1）使用一次通风或密闭循环式空冷的整流功率柜、滤尘器不应堵塞，热交换器的冷却水路应畅通。

2）对接插式抽屉的接插触头应按设计要求进行检查。

（3）灭磁开关安装。

1）应对开关的传动机构分、合闸线圈及锁扣机构分别进行检查，并做动作试验，动作的可靠性和动作时间应符合产品标准。

2）检查灭弧触头和主触头动作顺序应正确，常闭触头动作应超前于常开触头，常闭触头断开后的间距应符合设计要求。

3）用DM型灭磁开关时，应检查灭弧栅栅片数量、配置、形状、安装位置、分流电阻的连接及其电阻值、灭弧触头的开距等，均应符合产品及订货要求。

（4）励磁系统电缆的敷设与配线。励磁变与功率柜间连接的动力电缆，其长度应相等。电缆敷设及盘内配线应符合《电气装置安装工程 电缆线路施工及验收标准》（GB 50168）和GB 50171的要求。

七、卧式水轮发电机安装

（一）安装流程

（1）准备标高中心架、基础板及地脚螺栓。

（2）安装底座。

（3）安装定子、轴承座。

（4）转子检查及轴瓦研刮。

（5）吊装转子。

（6）与水轮机连轴、轴线检查、调整。

（7）安装附属装置。

（8）机组启动试运行。

（二）安装要求和质量标准

1. 轴瓦研刮

（1）轴瓦和镜板的检查按要求进行。制造厂要求在工地研刮的轴瓦，一般分初刮和精刮两次进行。初刮在转子穿入定子前进行，精刮在转子中心找正后进行。

（2）座式轴承的研刮，应符合下列要求：

1）轴瓦与轴颈间的间隙应符合设计要求，两侧的间隙为顶部间隙的一半，两侧间隙差不应超过间隙值的 10%。

2）轴瓦下部与轴颈的接触角应符合设计要求，但不超过 60°。沿轴瓦长度应全部均匀接触，在接触角范围内每平方厘米应有 1~3 个接触点。

3）采用压力油循环润滑系统的轴承，油沟尺寸应符合设计要求，合缝处纵向油沟两端的封头长度不应小于 15mm。

（3）推力瓦研刮应符合下列要求：

1）推力瓦与推力盘的接触面应达到 75%，每平方厘米应有 1~3 个接触点。

2）无调节结构的推力瓦，其厚度应一致。同一组各块瓦的厚度差，不应大于 0.02mm。

2. 轴承座安装

（1）轴承座的油室应清洁，油路畅通，并应按要求做煤油渗漏试验。

（2）根据水轮机固定部件的实际中心，初调两轴承孔中心，其同轴度的偏差不应大于 0.1mm；轴承座的水平偏差，横向一般不超过 0.2mm/m，轴向一般不超过 0.1mm/m。

（3）轴承座的安装，除应按水轮机固定部件的实际中心调整轴承孔的中心外，还应考虑转子就位后，主轴的挠曲变形值及轴承座的压缩值。

1）将转子分别起、落在轴承座上，测量轴承座压缩值，以相同厚度的垫片加于轴承座底部。

2）根据转子主轴的挠曲变形值，调整发电机后轴承座的上扬值，使水轮机的法兰能与发电机的法兰平行对中连接。

（4）在需要加垫调整轴承座时，所加垫片不应超过 3 片，且垫片应穿过基础螺栓。

（5）有绝缘要求的轴承，安装完毕并连接好所有管路后，用 1000V 兆欧表检查轴承座对地绝缘电阻值一般不小于 0.5MΩ。绝缘垫应清洁，并应整张使用，四周宽度应大于轴承座 10~15mm。销钉和基础螺栓应加绝缘。

（6）预装轴承盖时，检查轴承座与轴承盖的水平结合面，紧好螺栓后用 0.05mm 塞尺检查应无间隙。轴承盖结合面、油挡与轴瓦座结合处应按制造厂要求安装密封件或涂密封涂料。

（7）轴承座与基础板间各组合面的间隙及楔子板的安装应符合要求。

3. 定子、转子及附件安装

（1）对需要在现场组装的定子和转子应符合有关条文要求。

（2）同轴水轮机和发电机的主轴一次找正。水轮机和发电机单独设轴的机组，发电机转子主轴法兰按水轮机主轴法兰找正，同轴度偏差不应大于 0.04mm，两法兰面倾斜不应大于 0.02mm。

（3）定子与转子空气间隙应均匀，每个磁极的间隙值应取 4 次（每次将转子旋转 90°）测量值的算术平均值；各磁极的间隙值与平均间隙值之差，不应超过平均间隙值的±8％。

（4）定子与转子的轴向中心调整，应使定子相对于转子向后轴承侧偏移，偏移值应符合制造厂规定，一般可取 1.0～1.5mm 或按发电机满负荷运行时发电机轴的热膨胀伸长量的一半考虑。

（5）主轴连接后，盘车检查各部分摆度，应符合下列要求：

1）各轴颈处的摆度应不大于 0.03mm。

2）推力盘的端面跳动量应不大于 0.02mm。

3）联轴法兰的摆度应不大于 0.1mm。

4）滑环处的摆度应不大于 0.2mm。

（6）风扇安装。

1）风扇表面应光洁，无裂纹和其他机械损伤。

2）在现场安装的风扇，应按制造厂要求紧固螺栓，并应锁紧。严禁使用弹簧垫圈和在风扇上气割和电焊。

3）风扇片和导风装置的间隙应均匀，其偏差不应超过实际平均间隙值的±20％。

4）风扇端面和导风装置的端面距离，应符合设计要求。设计无规定时，一般不小于 5mm。

（7）发电机端盖安装，应在发电机内部清洁无杂物、端盖内各部件安装完毕、各配合间隙符合要求后进行。端盖与机壳间的结合面的密封应符合设计要求。

4. 轴承各部分检查及间隙调整

（1）轴线调整后，盘车检查轴瓦的接触情况，并符合下列要求：

1）主轴与下轴瓦的接触面，应符合要求。

2）推力瓦与推力盘的接触面，应符合要求。

（2）轴承的间隙应符合下列要求：

1）轴颈与轴瓦的顶部间隙和侧面间隙应符合要求。

2）轴瓦两端与轴肩的轴向间隙，应考虑在转子最高运行温升时，主轴以每米、每摄氏度膨胀 0.011mm 时，保持足够的间隙，以保证运行时转子能自由膨胀。

（3）推力轴瓦的轴向间隙（主轴窜动量），一般为 0.3～0.6mm（较大值适用于较大的轴径）。

（4）轴瓦与轴承外壳的配合应符合下列要求：

1）对于圆柱形轴瓦，上轴瓦与轴承盖间应无间隙，且应有 0.05mm 紧量；下轴瓦与轴承座接触严密，承力面应达 60％以上。

2）对于球面形轴瓦，球面与球面座的接触面积为整个球面的 75％左右，且分布均匀，轴承盖把紧后，瓦与球面座之间的间隙应符合制造厂要求。

（5）密封环与转轴间隙，应符合设计图纸规定，一般为 0.2mm 左右；安装时，其分半对口间隙不应大于 0.1mm，且无错牙。

八、电动发电机安装

(一) 安装流程

电动发电机的安装分组装和安装两个部分。组装侧重在满足制造厂对产品部件的技术要求和制造规范，安装则侧重在整机的中心、水平度、轴线、间隙的调整，保证机组在设计条件下安全、稳定、可靠运行。

具有不同结构特点的电动发电机可能要求不同的安装程序，以立式电动发电机安装为例，主要包括以下几个步骤：

下端轴安装、下机架、定子基础环安装、转子组件安装、上端轴安装、定子组件安装、上机架安装、热套推力头、推力/上导组合轴承及下导轴承安装、发电机单独盘车、辅助设备安装、与水轮机联轴、整机盘车。

在转子与定子安装的程序上，有的机组采用"先吊转子，后套定子"，与常规机组"先吊定子，后吊转子"的程序刚好相反。这是由于电动发电机结构的条件（定转子间气隙大）和适应定转子组合工期不匹配的情况（转子组装工期短，定子组装工期长）而采取的措施。

(二) 安装要求和质量标准

该部分内容可参考常规式水轮发电机的安装要求和质量标准。

九、水轮发电机组电气试验

（1）定子线圈现场嵌装前对单根线棒进行抽查试验，抽试率应为每箱线棒总数的 5%，如抽查中发现不合格的线棒，则相应提高该线棒所在箱的抽试率。试验内容如下：

1）绝缘电阻试验，用 2500V 兆欧表，绝缘电阻一般不应低于 5000MΩ。

2）单根线棒起晕试验，起晕电压不应低于 $1.5U_N$，小于此值时应重新进行防晕处理，当海拔高度超过 1000m 时，电晕起始电压试验值参照 JB/T 8439 进行修正。

3）交流耐电压试验，试验标准按表 8-3 要求进行。

（2）定子线圈安装过程中，应参照 JB/T 6204 的规定，按表 8-3 的标准进行交流耐电压试验。

表 8-3　　　　　　　　　　定子线圈工艺过程中交流耐压标准

绕组型式	试验阶段	额 定 电 压	
		$2 \leqslant U_N \leqslant 6.3$	$6.3 < U_N \leqslant 24$
		试验标准	
圈式	1. 嵌装前	$2.75U_N + 1.0$	$2.75U_N + 2.5$
	2. 嵌装后（打完槽楔）	$2.5U_N + 0.5$	$2.5U_N + 2.5$
条式	1. 嵌装前	$2.75U_N + 1.0$	$2.75U_N + 2.5$
	2. 下层线圈嵌装后	$2.5U_N + 1.0$	$2.5U_N + 2.0$
	3. 上层线圈嵌装后（打完槽楔）	$2.5U_N + 0.5$	$2.5U_N + 1.0$

注　1. U_N 为发电机额定线电压，kV。

　　　2. 加至额定试验电压后的持续时间，凡无特殊说明者均为 1min。

（3）定子的试验项目及标准，应符合表 8-4 的要求。

表 8-4　　　　　　　　　　　　定子的试验项目及标准

序号	项　目	标　准	说　明
1	单个定子线圈交流耐电压	应符合表 8-3 要求	
2	测量定子绕组的绝缘电阻和吸收比或极化指数	（1）绝缘电阻值、吸收比或极化指数应符合规定； （2）各相绝缘电阻不平衡系数不应大于 2	用 2500V 及以上兆欧表
3	测量定子绕组的直流电阻	各相、各分支的直流电阻，校正由于引线长度不同而引起的误差后，相互间差别不应大于最小值的 2%	（1）在冷态下测量，绕组表面温度与周围空气温度之差不应大于 3K； （2）当采用降压法时，通入电流不应大于额定电流的 20%； （3）超过标准者，应查明原因
4	定子绕组的直流耐电压试验并测量泄漏电流	（1）试验电压为 3 倍额定线电压值； （2）泄漏电流不随时间延长而增大； （3）在规定的试验电压下，各相泄漏电流的差别不应大于最小值的 50%	（1）一般在冷态下进行； （2）试验电压按每级 0.5 倍额定电压分阶段升高，每阶段停留 1min，读取泄漏电流值； （3）不符合标准（2）、（3）之一者，应尽可能找出原因，并将其消除
5	定子绕组的交流耐电压试验	（1）对于整体到货的定子，定子绕组的交流耐电压试验电压应为出厂试验电压的 0.8 倍； （2）对于在工地装配的定子，当额定线电压为 20kV 及以下时，试验电压为 2 倍额定线电压加 3kV； （3）整机起晕电压应不小于 1.0 倍额定线电压	转子吊入前，按本标准进行耐电压试验；机组升压前，不再进行交流耐电压试验。 （1）交流耐电压试验应分相进行，升压时起始电压一般不超过试验电压值的 1/3，然后逐步升至试验电压值，一般历时 10~15s 为宜； （2）试验前应将定子绕组内所有的测温电阻短接接地； （3）耐压前，必须测量绝缘电阻及极化指数，并先进行直流耐电压试验； （4）耐电压时，在额定线电压下，端部应无明显的金黄色亮点和连续晕带。当海拔高度超过 1000m 时，电晕起始试验电压值应按 JB/T 8439 进行修订
6	定子铁芯磁化试验	磁感应强度按 1T 折算，持续时间为 90min。 （1）铁芯最高温升不得超过 25K；相互间最大温差，不得超过 15K； （2）铁芯与机座的温差应符合制造厂规定； （3）单位铁损应符合制造厂规定； （4）定子铁芯无异常情况	（1）工地叠片的定子，应进行此项试验；制造厂叠片的定子，有出厂试验记录者，可以不做； （2）对直径较大的水轮发电机定子进行试验时，应注意校正由于磁通密度分布不均匀所引起的误差

（4）在工地组装的转子，其单个磁极、集电环、引线及刷架均应按表 8-5 规定的标准进行交流耐电压试验和绝缘电阻检查。

表 8-5   单个磁极、集电环、引线、刷架交流耐电压标准及绝缘要求

部 件 名 称		耐电压标准/V	绝缘电阻/MΩ
单个磁极	挂装前	$10U_f + 1500$，但不得低于 3000	≥5
	挂装后	$10U_f + 1000$，但不得低于 2500	
集电环、引线、刷架		$10U_f + 1000$，但不得低于 3000	≥5

注 U_f 为发电机转子额定励磁电压，V。

（5）转子绕组的试验项目及标准，应符合表 8-6 的要求。

表 8-6   转子绕组的试验项目及标准

序号	项 目	标 准	说 明
1	测量转子绕组的绝缘电阻	一般不小于 0.5MΩ	（1）当转子绕组额定电压为 200V 以上，应采用 2500V 兆欧表； （2）当转子绕组额定电压为 200V 以下，应采用 1000V 兆欧表
2	测量单个磁极的直流电阻	相互比较，其差别一般不超过 2%	通入电流不超过额定电流的 20%
3	测量转子绕组的直流电阻	测得值与产品出厂计算数值换算至同温度下的数值比较	应在冷态下进行，绕组表面温度与周围环境温度之差应不大于 3K
4	测量单个磁极线圈的交流阻抗	相互比较不应有显著差别	挂装前和挂装后，应分别进行测量
5	转子绕组交流耐电压试验	（1）整体到货的转子，试验电压为额定励磁电压的 8 倍，且不低于 1200V； （2）现场组装的转子：额定励磁电压 ≤500V 时为 $10U_f$，但不低于 1500V，额定励磁电压 > 500V 时为 $2U_f + 4000V$	（1）现场组装的转子，在全部组装完吊入机坑前进行； （2）转子吊入后或机组升压前，一般不再进行交流耐电压试验

注 U_f 为发电机转子额定励磁电压，V。

十、水轮发电机组试运行

（一）一般规定

（1）试运行前应根据《水轮发电机组启动试验规程》（DL/T 507）、《灯泡贯流式水轮发电机组启动试验规程》（DL/T 827）、《可逆式抽水蓄能机组启动试运行规程》（GB/T 18482）的规定，结合电站具体情况，编制机组试运行程序或大纲、试验检查项目和安全措施。

需要进行型式试验的机组，其试验内容和项目应在特定的技术协议中规定。

（2）对机组及有关辅助设备，应进行全面清理、检查，其安装质量应合格，并通过验收。

水轮机、发电机、调速系统，励磁系统及其有关的附属设备系统，必须处于可以随时启动的状态。

（3）输水及尾水系统的闸门、阀门均应试验合格，处于关闭位置，进人孔等应可靠封堵。

（4）水轮发电机组继电保护、自动控制、测量仪表及机组有关电气设备均应根据相应的规程、规范进行试验合格。

有关机组启动的各项安全措施应准备就绪，以确保机组安全运行。

（二）机组充水试验

（1）向尾水调压室、尾水管及蜗壳充水平压，检查各部位，应无异常现象。

（2）根据设计要求分阶段向引水、输水系统充水，监视、检查各部位变化情况，应无异常。

（3）平压后，在静水下进行进水口检修闸门或工作闸门或蝴蝶阀、球阀、筒形阀的手动、自动启闭试验，启闭时间应符合设计要求。

（4）检查和调试机组蜗壳取水系统及尾水管取水系统，其工作应正常。机组供水系统各部水压、流量正常。

（三）机组空载试运行

（1）机组机械运行检查。

1）机组启动过程中，监视各部位，应无异常现象。

2）测量并记录上游、下游水位及在该水头下机组的空载开度。

3）观察轴承油面，应处于正常位置，油槽无甩油现象。监视各部位轴承温度，不应有急剧升高现象。运行至温度稳定后，其稳定温度不应超过设计规定值。

4）测量机组运行摆度（双幅值），其值应不大于75%的轴承总间隙。

5）测量机组振动，其值不应超过规定值，如果机组的振动超过规定值，应进行动平衡试验。

6）测量发电机残压及相序，相序应正确。

7）清扫滑环表面。

（2）调速器调整、试验。

1）检查电液转换器或电液伺服阀活塞的振动应正常。

2）机组在手动方式下运行时，检测机组在3min内转速摆动值，取三次平均值不应超过额定值的±0.2%。

3）调速器应进行手动、自动切换试验，其动作应正常，接力器应无明显的摆动。

4）调速器空载扰动试验。机组空载工况自动运行，施加额定转速±8%阶跃扰动信号，录制机组转速、接力器行程等的过渡过程，转速最大超调量，不应超过转速扰动量的30%；超调次数不超过2次；从扰动开始到不超过机组转速摆动规定值为止的调节时间应符合设计规定。选取一组调节参数，供机组空载运行使用。

5）在选取的参数下，机组空载工况自动运行时，转速相对摆动值不应超过额定转速值的±0.15%。

（3）停机过程及停机后应检查下列各项：

1）录制停机转速和时间关系曲线。

2）检查转速继电器的动作情况。

3）监视各部轴承温度情况，机组各部应无异常现象。

4）停机后检查机组各部位，应无异常现象。

（4）机组过速试验，应按设计规定以过速保护装置整定值进行，并检查下列各项：

1）测量各部运行摆度及振动值。

2）监视并记录各部轴承温度。

3）油槽无甩油。

4）整定过速保护装置的动作值。

5）过速试验后对机组内部进行检查。

（5）机组自动起动，应检查下列各项：

1）录制自发出开机脉冲至机组升至额定转速时，转速和时间的关系曲线。

2）检查推力轴承高压油顶起装置的动作和油压应正常。

3）机组开机程序和自动化元件的动作情况应正常。

（6）机组自动停机，应检查下列各项：

1）录制自发出停机脉冲至机组转速降至零时，转速和时间的关系曲线。

2）当机组转速降至规定转速时，轴承高压油顶起装置应能自动投入。

3）当机组转速降至规定制动转速时，转速继电器的动作情况应正常，并检查机组制动情况。

4）停机过程中，调速器及各自动化元件的动作应正常。

（7）在发电机稳态短路升流情况下，应检查试验下列各项：

1）发电机逐级升流，各电流二次回路不应开路，各继电保护装置接线及工作情况和电气测量仪表指示应正确。

2）录制发电机短路特性曲线。

3）在发电机额定电流下，跳开灭磁开关，其灭磁情况应正常。录取发电机灭磁示波图，并求取时间常数。

4）进行励磁装置CT的调差极性检查及手动单元转子电流部分的调整试验。

（8）发电机的升压试验应符合下列要求：

1）分阶段升压至额定电压、发电机及发电机电压设备带电情况均应正常。

2）电压互感器二次回路的电压、相序及仪表指示应正确。继电保护装置工作应正常。

3）在50%及100%额定电压下，跳开灭磁开关，其灭磁情况应正常。录制发电机在额定电压下的灭磁示波图，并求取时间常数。

4）在额定电压下测量发电机轴电压。

5）机组运行摆度、振动值应符合规定。

（9）在额定转速下，录制发电机空载特性，当发电机的励磁电流升至额定值时，测量发电机定子最高电压。对有匝间绝缘的电机，最高电压下持续时间为5min。进行此项试验时，定子电压以不超过1.3倍额定电压为限。

（10）发电机空载工况下励磁装置的调整试验，应符合下列要求：

1）励磁装置起励试验正常。

2）检查励磁装置系统的电压调整范围，应符合设计要求。

3）检查励磁调节器投入，上下限调节，手动和自动相互转换，通道切换，10%阶跃量扰动，带励磁调节器开、停机等情况下的稳定性和超调量。其摆动次数一般不超过 2 次，电压超调量一般不应超过 10%，调节时间一般不超过 5s。

4）改变机组转速，测得发电机机端电压的变化。频率每变化 1%时，自动励磁调节系统应保证发电机电压变化不超过额定电压的±0.25%。

5）可控硅励磁调节器应进行断线、过电压等保护的调整及模拟动作试验，其动作应正确。

6）可控硅励磁应在发电机带负荷及额定转子电流下，检查整流桥的均流系数和均压系数，其值应符合设计要求。设计无规定时，均流系数一般不小于 0.85；均压系数一般不小于 0.9。进行低励磁、过励磁和均流等保护的调整和检查，动作应正确。

（11）根据中性点接地方式不同，发电机应做单相接地试验，进行消弧线圈补偿或保护动作正确性校验。

（12）如机组设计有电气制动，则应进行电气制动试验。投入电气制动的转速、投入混合制动的转速、总制动时间应符合设计要求。

（四）机组并网及负载下的试验

（1）机组并列试验应具备下列条件：

1）发电机对主变压器高压侧经稳态短路升流试验应正常。

2）发电机对主变压器递升加压及系统对主变压器冲击合闸试验应正常，检查同期回路接线应正确。

3）与机组投入有关的电气一次和二次设备均已试验合格。

（2）机组带负荷试验，有功负荷应逐步增加，各仪表指示正确，机组各部温度、振动、摆度符合要求，运转应正常。观察在各种工况下尾水管补气装置的工作情况、在当时水头下的机组振动区及最大负荷值。

（3）机组负载下励磁装置试验，应符合下列要求：

1）在各种负荷下，调节过程应稳定。

2）在有条件时，测定并计算发电机电压调差率应符合设计要求；测定并计算发电机电压静差率，其值应符合设计要求。

3）可控硅励磁调节器应分别进行各种限制器及保护的试验和整定。

4）在小负荷下进行电力系统稳定器装置（PSS）试验。

（4）机组负载下调速器试验，应满足下列要求：

1）在自动运行时进行各种控制方式转换试验，机组的负荷、接力器行程摆动应满足设计要求。

2）在小负荷下检查不同的调节参数组合下，机组速增或速减 10%额定负荷，录制机组转速、水压、功率和接力器行程等参数的过渡过程，选定负载工况时的调节参数，应满足设计要求。进行此项试验时，应避开机组的振动区。

（5）机组甩负荷试验，应在额定负荷的 25%、50%、75%、100%下分别进行，并记录有关参数值。

观察自动励磁调节器的稳定性，甩 100％负荷时，发电机电压超调量不大于 15％额定值，调节时间不大于 5s，电压摆动次数不超过 3 次。

调速器的调节性能，应符合下列要求：

1）甩 25％额定负荷时，录制自动调节的过渡过程。测定接力器不动时间，应不大于 0.2s。

2）甩 100％额定负荷时，校核导叶接力器关闭规律和时间，记录蜗壳水压上升率及机组转速上升率，均不应超过设计值。

3）甩 100％额定负荷时，录制自动调节的过渡过程，检查导叶分段关闭情况。在转速的变化过程中，超过稳态转速 3％的波峰不超过两次。

4）甩 100％额定负荷后，记录接力器从第一次向开启方向移动起，到机组转速摆动值不超过±0.5％为止所经历的时间，应不大于 40s。

5）检查甩负荷过程中，转桨式或冲击式水轮机协联关系应符合设计要求。

（6）在额定负载下一般应进行下列试验：

1）低油压关闭导叶试验。

2）事故配压阀关闭导叶试验。

3）根据设计要求和电站具体情况，进行动水关闭工作闸门或主阀（筒阀）试验。

4）无事故配压阀的电站进行硬关机试验。

5）灯泡贯流式机组的重锤关机试验。

受电站水头和电力系统条件限制，机组不能带额定负载时，可按当时条件在尽可能大的负载下进行上述试验。

（7）在额定负载下，机组应进行 72h 连续运行。受电站水头和电力系统条件限制，机组不能带额定负载时，可按当时条件在尽可能大的负载下进行 72h 连续运行。

（8）按合同规定有 30d 考核试运行要求的机组，应在通过 72h 连续试运行并经停机检查处理发现的所有缺陷后，立即进行 30d 考核试运行。机组 30d 考核试运行期间，由于机组及其附属设备故障或因设备制造安装质量原因引起中断，应及时处理，合格后继续进行 30d 运行，若中断运行时间少于 24h，且中断次数不超过 3 次，则中断前后运行时间可以累加；否则，中断前后时间不得累加计算，应重新开始 30d 考核试运行。

（9）按设计要求机组进行进相试验，进相深度和相关保护整定应符合要求。

（10）机组调相运行试验，应检查、记录下列各项：

1）记录关闭导叶后，转轮在水中运行时，机组所消耗的有功功率。

2）检查压水充气情况及补气装置动作情况应正常。记录吸出管内水位压至转轮以下后机组所消耗的有功功率。

3）发电与调相工况相互切换时，自动控制程序及自动化元件的动作应正确。

4）发电机无功功率在设计范围内的调节应平稳，记录转子电流为额定值时的最大无功功率输出。

（11）对于抽水蓄能可逆式机组，除了应满足上述要求外，一般还应满足下列要求：

1）检查充气压水及自动补气动作情况，记录充气压水过程时间及压气罐压力下降差值，其值应满足设计要求。

2）检查顶盖排气阀动作情况，观察排气管振动及排气管出口处排气和排水情况应正常，记录整个排气过程的时间，其值应满足设计要求。

3）录制机组在变频和背靠背方式下起动过程曲线。对变频起动方式，在机组起动过程中应测定主变压器高压侧线电压电话谐波因数不应超过规定值。对异步起动方式，在机组启动时应录取系统电压、发电/电动机定子电压和定子电流等参数，应符合设计要求。

4）进行水泵工况零流量试验，观察转轮室造压过程，录取造压过程中转轮与导叶间压力，蜗壳和尾水管压力及测定机组各部位振动，确定导叶开启最佳时机。从零流量工况到抽水工况过渡过程应正常。

5）机组应在规定的扬程范围内，进行不同扬程下的抽水试验。实测的扬程、流量输入功率和导叶开度应与制造厂提供的水泵/水轮机综合特性曲线一致。机组运行摆度、振动值应符合相关规定。

6）录制机组在水泵工况下的正常停机和紧急停机曲线，停机过程应正确。

7）进行发电转抽水、抽水转发电等各种运行工况的转换试验，过渡过程参数应符合设计要求，转换程序应正确可靠。

8）进行机组 30d 考核试运行，其发电和抽水按电力系统要求进行。对于水库需进行初充水的电站，在 30d 试运行期间，应与水库初充水的各项要求相结合。

第二节　水泵机组安装

一、安装前的准备

（一）一般要求

（1）安装施工现场应符合下列要求：

1）土建施工满足设备安装条件，户内设备安装场地能防风、防雨雪、防尘。

2）泵房内的沟道和地坪已基本完成并清理干净，有设备进入通道，泵房宜有混凝土粗地面。

3）对温度、湿度等有特殊要求的设备安装应按设计或设备安装使用说明书的规定执行。

4）安装现场应具有符合要求的安全防护设施。放置易燃、易爆物品的场所，应符合相应的安全规定。

（2）设备安装不宜与土建施工或其他作业交叉进行。确需交叉进行的，土建施工单位和安装单位应共同做好设备防尘、防水、防损坏等保护措施。

（3）设备安装前，应具备下列工程及设备图样和技术文件：

1）设备安装图及技术要求。

2）与设备安装有关的建筑结构及管路图。

3）制造商应按合同或规范要求提供设备图样（含电子版）及技术资料（含电子版）。

4）制造商提供的设备及零部件和备件清单、设备及部件装配图、设备安装使用说明书，进口设备说明书应全部翻译成中文。

（4）设备安装检测所采用的检测仪器、仪表和设备应符合下列要求：

1）精度等级应满足被检测项目的精度要求，并应经过法定计量检定机构检定合格，且在规定的有效期内。

2）除另有规定外，宜使所测数值在其量程的30%～95%范围内。

3）对于部分专用检测仪器、仪表或设备，当检定机构不能检定时，可采用实验室间比对的方式校准。

4）制造商提供的安装专用工器具、备品备件和设备等应满足安装和运行的要求。

5）设备及外协或采购的主要零部件、装置、自动化元件，设备的主要材料，设备安装的装置性材料，设备用油等，应符合设计和产品相关标准的规定，并有检验合格证或出厂合格证。

（5）安装前应对设备进行全面清理和检查。对与安装有关的尺寸及配合公差应进行校核，部件装配应注意配合标记。多台同型号设备同时安装时，每台设备应用标有同一序列标号的部件进行装配。安装时各金属滑动面应清除毛刺并涂润滑油脂。

（二）设备安装的施工组织

（1）设备安装前，监理工程师应组织项目法人、设计、制造、安装等单位进行技术交底。

（2）设备安装前，安装单位应编制设备安装施工组织设计，并应符合下列规定：

1）应根据设备安装合同的约定，并结合设备供货、工程设计和现场施工的实际情况，合理编制施工组织设计。

2）设备安装施工组织设计的主要内容宜包括工程及安装工作面概况、安装内容及工期要求、安装工艺，施工部署及资源配置，工程质量控制措施、安全生产管理措施等。

3）监理工程师应组织项目法人、设计、制造、安装等单位对设备安装施工组织设计进行审查。

4）设备安装施工组织设计经审查批准后，由监理工程师发布开工令，安装单位方可进场进行正式安装。

（3）设备安装施工组织设计应由安装单位根据规范规定、设计和制造商的图样及要求、国内外同类工程的先进经验并结合实际编制。主要设备的安装工艺宜邀请制造商参与编制或讨论；安装完成后，安装工艺应由安装单位负责整理完善，并随竣工资料一起移交。

（4）设备安装前，安装单位及准备工作应满足下列要求：

1）应按设备安装施工组织设计的要求配齐人员、安装工器具及检测仪器、仪表等。

2）安装人员应接受技术和安全培训，特种作业人员应持证上岗。

3）安装人员应熟悉《泵站设备安装及验收规范》（SL 317）第2.1.1条规定的有关图样和技术文件。

4）应参加监理工程师组织的对与设备安装有关的土建工程查验，并接收土建施工单位提交的与设备安装有关的基准线、基准点和水准标高点等。

5）应对设备安装工作面及场地进行清理和布置，并符合设备安装要求。

（5）设备安装中，安装单位应保证设备安装质量，做到安全生产、文明施工，并应满足下列要求：

1）应按设计要求进行安装施工，不得擅自修改设计。安装过程中发现设计文件及图样有错误时，应及时提出意见和建议。

2）应对安装质量进行检验及记录，编写安装施工日志。施工日志应真实、完整地记录设备安装、检验、试验数据及异常情况处理等。对于隐蔽部件（部位）的安装质量，应在部件（部位）隐蔽前进行检验并做好记录，合格后方可继续安装。

3）遇到重大问题应及时反馈给监理工程师，由监理工程师组织项目法人、设计、制造、安装等单位讨论解决。

4）安装的主要设备及材料如需变更，应经过监理工程师、设计和项目法人书面批准。

5）现场设备、工器具及材料应定点摆放整齐，保持场地整洁、通道畅通。

6）应按安全控制标准及措施保证施工安全。

（6）单元工程质量应在机组试运行完成后进行评定，评定时应附机组试运行检验评定资料，监理工程师在安装单位自评的基础上进行单元工程质量复评。

（7）安装结束后，安装单位应及时移交安装及验收资料。安装及验收资料应与现场实际一致。

（8）监理工程师应对设备安装质量进行检查和控制。大型机组的安装可委托具有相应资质的第三方检测机构进行安装质量的过程跟踪检测。

（三）到货验收和保管

（1）主机组到货后，监理工程师应及时组织项目法人、安装、制造商等单位人员开箱验收，并应按下列项目进行检查及记录，参与验收的代表应在设备开箱验收表上签字。

1）箱号、箱数以及包装情况。

2）设备名称、型号、规格及数量。

3）随机技术文件、专用工具及配件。

4）设备有无缺损件，表面有无损坏和锈蚀。

5）其他需要检查的情况。

（2）设备验收后，随机技术文件应由项目法人和安装单位分别保管；设备、专用工具及配件等应由安装单位分类登记入库，妥善保管。

（3）设备保管仓库分露天存放场、敞棚、仓库、保温库4类。泵站所需的各类器材、设备应根据用途、构造、重量、体积、包装、使用情况及当地气候条件，按 SL 317 附录C 的要求分别存放。

（4）设备的放置应符合下列要求：

1）在搬运设备时，应防止设备变形。

2）设备上的各种标志、编号应保持完整，已损坏的标志、编号应及时修复；零部件上应有注明编号的标签。

3）设备宜垫高存放。除有特殊规定外，设备最低点与地面的实际距离不宜小于150mm，潮湿多雨地区还可适当加高。

4）设备的加工面应防止碰伤或磨损。精加工面不宜作为支点；若必须用加工面作为支点时，应垫以铝箔、锌箔或铅板等，使之与垫块隔离。

5）保管大型设备、构件、管道及管件时，其各支撑点间的距离应保证设备受力均匀、不变形。

6）各种容器、管道及管件在存放期间，应保持其内部无积气、无潮气、浮锈及杂物等，并保持孔口封堵严密。

7）不锈钢设备与碳钢、低合金钢设备宜隔离放置。

8）对有特殊存放要求的设备，应严格按其保管存放要求进行保管。

（5）维护保管应符合下列规定：

1）主机组的维护保管应符合《大中型水电机组包装、运输和保管规范》（GB/T 28546）的规定。

2）设备及标准件等的精加工表面，主轴法兰、联轴器螺孔、推力头、镜板、轴承（瓦）等应涂防锈油（脂），用油纸包好，并应定期检查。

（四）土建施工的配合

（1）设备安装前，监理工程师应组织设计、土建施工和设备安装等单位做好下列工作：

1）审查有关图样及技术资料，并商讨有关重大技术问题和安全措施。

2）审查土建施工单位提供的设备安装工作面和与设备安装有关的基准线、基准点和水准标高点等，并应符合安装工作要求。

3）应对与设备安装有关的土建工程进行查验。

（2）土建施工单位应根据监理工程师批准的安装进度计划要求，按时提供下列技术资料：

1）主要设备基础及建筑物的验收记录。

2）与设备安装有关的基准线、基准点和水准标高点等。

3）安装前的设备基础混凝土强度和沉降观测资料。

（3）土建施工单位应配合安装单位调整施工方案和计划进度。增加预找平、找正和找中心、水平度的工作，并进行多次调整，增加预装程序，预留三期混凝土浇筑的空隙和位置，确保机组的安装质量。

二、通用安装质量标准

（一）基础及预埋件

（1）主机组安装基础的标高应与安装图相符，其允许偏差应为 $-5\sim0$mm。基础纵向中心线应垂直于横向中心线，与主机组设计中心线的偏差不宜大于5mm。泵站机组位置控制关系如图 8-24 所示。

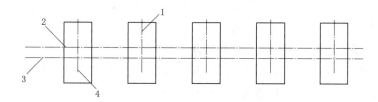

图 8-24　泵站机组位置控制关系图

1—厂房纵向中心线；2—厂房横向中心线；3—机组横向中心线；4—机组纵向中心线

（2）主机组的基础与进、出水流道（管道）的相对位置和几何尺寸应符合设计要求。

（3）预埋件的材料、型号、形状尺寸及位置尺寸应符合安装图的要求。安装前应清除预埋件表面的油污、氧化物和尘土等。

（4）地脚螺栓预留孔应符合下列规定：

1）预留孔几何尺寸及位置尺寸应符合安装图的要求，预留孔中心线与基准线的偏差不应大于 3mm，孔壁的垂直度偏差不应大于 $L/200$（L 为地脚螺栓长度，单位 mm）。

2）预留孔内壁应凿毛，孔洞中的积水、杂物等清理干净。

（5）地脚螺栓的加工和安装应符合下列规定：

1）主水泵、主电动机等重要设备基础的地脚螺栓埋设宜采用预留孔二期混凝土埋入法。

2）采用预留孔二期混凝土埋入法的地脚螺栓中心线与基准线的偏差不应大于 2mm，允许高程偏差为 0～3mm。

3）地脚螺栓安装埋置如图 8-25 所示，螺栓离孔壁的距离 a 要大于 15mm；地脚螺栓底端不能接触孔底；地脚螺栓应垂直于被固定件平面；螺母与垫圈间和垫圈与设备底座间的接触均应良好；螺栓与设备螺栓孔间的间隙应基本均匀；拧紧螺母后，螺栓应露出螺母 2～3 个螺距。

4）地脚螺栓宜采用弯钩型、爪肢型或锚板型。其结构与安装应符合下列要求：

（a）弯钩型地脚螺栓的埋深不小于地脚螺栓直径的 20 倍。

（b）爪肢型地脚螺栓的各爪肢截面积总和不应小于地脚螺栓截面积的 2/3，爪肢焊接在地脚螺栓的下端并均匀分布。

（c）锚板型地脚螺栓的锚板厚度不宜小于 8mm，平面尺寸不宜小于 80mm×80mm；地脚螺栓的埋深不应小于螺栓直径的 15 倍。

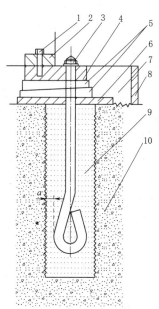

图 8-25　地脚螺栓安装埋置图

1—设备底螺丝；2—设备底板；3—地脚螺栓、螺母及垫圈；4—基础板；5—垫铁；

6—基础垫板；7—基础浇灌层；

8—外模板；9—螺栓孔浇灌

部分；10—基础

5）地脚螺栓在预埋钢筋上焊接螺杆时，应符合下列要求：

（a）预埋钢筋的材质应与螺杆一致。

（b）预埋钢筋的断面面积应大于螺杆的断面面积。

（c）预埋钢筋与螺杆采用双面焊接时，其焊接长度不应小于 5 倍钢筋直径；采用单面焊接时，其焊接长度不应小于 10 倍钢筋直径。

6）预埋螺栓安装定位后，应及时采取保护措施，防止丝杆部分污损。

（6）设备基础垫板的加工面应平整、光洁，基础板埋设的允许高程偏差应为 $-5\sim 0$mm，中心和分布位置偏差不应大于 3mm，水平偏差不应大于 1mm/m。

（7）设备基础垫板、楔子板和调整用千斤顶的安装应符合下列规定：

1）安放设备基础垫板、楔子板和调整用千斤顶处的混凝土表面应平整。

2）楔子板应成对使用，其搭接长度应大于 2/3。

3）楔子板材质宜为钢板，其薄边厚度不应小于 10mm，斜率为 1/25～1/10。楔子板面积按如下公式计算确定：

$$A\geqslant C(Q_1+Q_2)/R$$

式中：A 为楔子板面积，mm²；Q_1 为设备作用于楔子板上的重力，N；Q_2 为地脚螺栓拧紧后分布在楔子板上的压力，可取螺栓的许用应力，N；R 为基础或基础混凝土的单位面积抗压强度，可取混凝土设计强度，MPa；C 为安全系数，取 1.5～3.0。

4）每只地脚螺栓设 2 组基础垫板（包括楔子板），其中每组只能采用 1 对楔子板，环形基础垫板的分布，应考虑基础变形量。

5）基础垫板应平整、无毛刺及卷边；互相配对的楔子板之间的接触面应密实；对于重要部件的楔子板，安装后用 0.05mm 的塞尺检查接触情况，每侧接触长度应大于 70%。

6）基础板应支垫稳妥，基础螺栓紧固后，基础板不应松动。

7）基础螺栓、拉紧器、千斤顶、楔子板、基础板等部件安装后均应点焊固定，基础板应与预埋钢筋焊接。

（8）基础二期混凝土的施工应符合下列要求：

1）主机组各部基础二期混凝土施工均应一次浇筑成型，不应在初凝后补面。

2）二期混凝土宜采用细石混凝土，其强度应比一期混凝土高一级。体积太小时，可采用灌浆料或水泥砂浆，但强度不应降低。

3）二期混凝土采用膨胀水泥或膨胀剂、灌浆料时，其品种和质量应符合有关规定，掺量和配比可通过试验确定。

4）二期混凝土浇筑前，对一期混凝土表面凿毛并清扫干净。

5）基础二期混凝土浇筑应捣固密实，施工过程中应对埋件的位移及变形进行监测，保证埋件尺寸准确、无松动。

6）基础二期混凝土浇筑完毕后，应按规定进行养护，并及时清除预埋件外露表面的砂浆和混凝土。

7）与埋件接触的基础二期混凝土中不应加入对预埋件产生腐蚀作用的添加剂。

8）设备安装应在基础二期混凝土强度达到设计值的 80% 以上后进行。

（9）安装中，应对主机组基础进行检查。如有明显的不均匀沉陷，影响机组找平、找正和找中心时，应分析原因，调整施工方案和计划进度，直至不均匀沉降等问题处理后，方可继续安装。

（二）轴承及密封

（1）水泵水润滑导轴承（见图 8-26）安装前应进行检查，并应符合下列要求：

1）轴瓦表面应光滑，无裂纹、起泡及脱壳等缺陷。

2）自润滑轴承进水边及排沙槽的方向应与水流方向一致。

3）轴承与泵轴总径向间隙应考虑轴瓦材料浸水及温度升高后的膨胀量和润滑水膜厚度，试装轴承总间隙应符合制造商的要求。轴承间隙在考虑材料的热胀性、水胀性及轴线剩余摆度后，立式机组要保证单边最小间隙不小于 0.05mm，以供形成润滑液膜。

（2）水泵油润滑合金导轴承（见图 8-27）安装前应进行检查，并应符合下列要求：

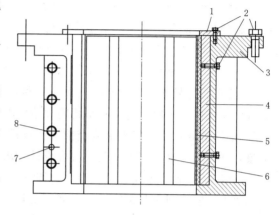

图 8-26 水泵水润滑导轴承结构图

1—压板；2—螺栓；3—轴承体；4—轴瓦；5—瓦衬；
6—排沙槽；7—销钉孔；8—螺栓孔

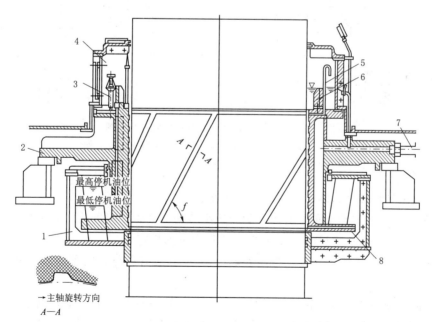

图 8-27 水泵油润滑合金导轴承结构图

1—转动油盆；2—轴承体；3—回油管；4—固定油盆；
5—油管；6—溢油管；7—冷却水管；8—法兰

1）轴瓦应无脱壳、裂纹、硬点及密集气孔等缺陷，油沟、进油边尺寸应符合设计要求。

2）筒式瓦的总间隙应符合设计要求，筒式瓦与泵轴试装，每端不同方位最大与最小总间隙之差及同一方位的两端总间隙之差，均不应大于实测平均总间隙的10％。

3）轴承固定油盆和转动油盆内应保持清洁，油循环线路应符合设计要求。

4）筒式导轴瓦有不少不刮瓦或只刮瓦不刮点的经验。经验认为筒式瓦的润滑主要靠油膜，轴颈与瓦面并不接触，水泵在运行中，轴是摆动的，与瓦面的接触并不理想，所以只要保证轴承间隙、圆度及锥度，可以不要求接触点的多少。

（3）水泵导轴承密封装置的安装应符合下列要求：

1）清水润滑导轴承密封的橡皮板应平整，橡皮板与动环之间的间隙应均匀并符合设计要求，允许偏差不应超过实际平均间隙值的20％。

2）油润滑导轴承空气围带装配前应按制造商的规定通入压缩空气在水中检查有无漏气现象，安装后应进行密封试验，符合设计要求。

3）油润滑导轴承轴向弹簧式端面自调整密封装置（见图8-28）动环、静环密封平面应符合要求，密封面应与泵轴垂直，静环密封件应能上下自由移动，与动环密封面接触良好。安装后应进行密封试验，符合设计要求。

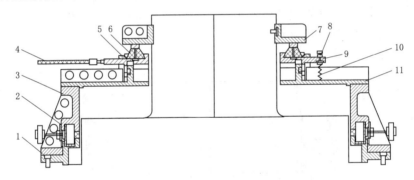

图8-28 弹簧式端面自调整密封装置结构图
1—空气围带下环；2—空气围带；3—密封支座；4—软管接头；5—压圈；6—静环；
7—密封动环；8—弹簧座；9—静环座；10—弹簧；11—支撑盘

4）油润滑导轴承密封漏水的排水管路应畅通。

（4）卧式机组的滑动轴承主要用于承受机组转动部分的径向负荷（即重量和磁拉力）。要求研刮的座式导轴承（见图8-29）轴瓦应符合下列规定：

1）轴瓦研刮宜分两次进行，粗刮在转子穿入定子前进行，精刮在转子中心找正后进行。

2）轴瓦与轴颈的间隙与转速和单体压力有关。转速较低，单位压力也较小，则间隙也较小。筒形轴瓦顶部间隙的调整应符合制造商的设计要求，一般顶部间隙为轴颈的1/1000左右。如设计未做要求，油脂润滑轴承宜为轴颈直径的1/600～1/500，稀油润滑轴承宜为轴颈直径的1/1000～1/800，两侧间隙各为顶部间隙的一半，两端间隙差不应超过间隙的10％。间隙一半可用塞尺沿着圆弧方向测量，顶部间隙可用压铅法测量，滑动轴承顶间隙铅丝放置位置见图 8-30，并可按下列公式计算：

$$S=(b_1+b_2)/2-(a_1+a_2+a_3+a_4)/4$$

式中：S 为轴承的平均顶间隙，mm；b_1、b_2 为轴颈上段软铅丝压扁后的厚度，mm；a_1、a_2、a_3、a_4 为轴瓦合缝处其结合面上各段软铅丝压扁后的厚度，mm。

3）轴瓦下部与轴颈接触角宜为 60°左右。在接触角范围内沿轴瓦长度应接触均匀，接触点不应少于 1～3 个/cm²（见图 8-31）。

4）推力瓦的研刮应符合下列规定：

（a）推力瓦研刮接触面积应大于 75%，接触点不应少于 1～3 个/cm²。

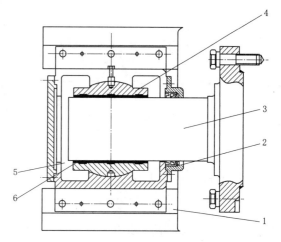

图 8-29 座式导轴承结构图

1—轴承座；2—骨架密封；3—泵轴（短轴）；4—球面轴承；
5—油箱；6—锡基合金瓦面

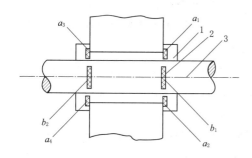

图 8-30 滑动轴承顶间隙铅丝放置位置示意图

1—轴承座；2—软铅丝；3—主轴轴径

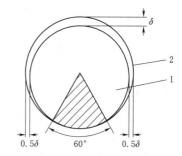

图 8-31 轴瓦接触角及其间隙示意图

1—主轴轴径；2—轴瓦内圆

（b）无调节螺栓推力瓦调节轴向位置时，常采用刮削瓦背或加垫等方式，无调节螺栓的推力瓦厚度应一致，同一组推力瓦厚度误差不应大于 0.02mm。

5）滑动轴承安装应符合下列规定：

（a）圆柱面配合的轴瓦与轴承外壳，其上轴瓦与轴承盖间应无间隙，且应有 0.03～0.05mm 压紧量；其下轴瓦与轴承座接触应紧密，承力面不应小于 60%。

（b）通过增减轴瓦合缝处垫片调整顶间隙时，两边垫片的总厚度应相等；垫片不应与轴接触，离轴瓦内边缘不宜超过 1mm。

（c）球面配合的轴瓦与轴承，球面与球面座的接触面积应为整个球面的 75%左右，并均匀分布。轴承盖拧紧后，球面瓦与球面座之间的间隙应符合设计要求；组合后的上下球面瓦、上下球面座的水平结合面均不应错口。

（d）轴瓦进油孔应清洁畅通，并应与轴承座上的进油孔对正。

6）滚动轴承（见图 8-32）安装应符合下列要求：

（a）滚动轴承应清洁无损伤，工作面应光滑无裂纹、蚀坑和锈污，滚子和内圈接触应

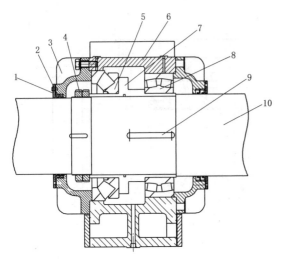

图 8-32　滚动轴承结构图

1—油封；2—压盖；3—轴承盖；4—螺母；5—球面滚子
推力轴承；6—轴承体；7—轴承衬套；8—球面滚子
径向轴承；9—键；10—泵轴

良好，与外圈配合应转动灵活无卡塞，但不松旷；推力轴承的紧圈与活圈应互相平行，并与轴线垂直。

（b）滚动轴承内圈与轴的配合应松紧适当，轴承外壳应均匀地压住滚动轴承的外圈，不应使轴承产生歪扭。

（c）轴承使用的润滑剂应符合制造商的规定，轴承室的注油量应符合要求。

（d）采用温差法装配滚动轴承，轴承加热温度不应高于 120℃。

（5）轴承座安装应符合下列规定：

1）轴承座的油室应清洁，油路畅通。

2）安装轴承座时，轴瓦两端与轴肩的轴向间隙应满足在转子最高运行温升时有足够的间隙保证转子及轴能自由膨胀及轴向窜动。主轴膨胀系数宜取 0.011mm/(m·℃)。

3）推力轴瓦的轴向间隙宜为 0.3～0.6mm。

4）根据机组固定部件的实际中心，初调两轴承孔中心，其同轴度的偏差不应大于 0.1mm。卧式机组轴承座的水平偏差，横向不宜超过 0.2mm/m，轴向不宜超过 0.1mm/m；斜式机组轴承座轴向倾斜偏差不宜超过 0.1mm/m。

5）轴承座高程的确定，应将运行时主轴负荷和支承变形引起的轴线变形和位移，以及油楔引起的主轴上抬量计算在内，并且应符合设计要求。检查泵轴法兰与轴颈轴线的垂直度和考虑轴上的负荷，一般轴心偏上 0.05～0.10mm。

6）在需要加垫调整轴承座时，所加垫片不应超过 3 片，且垫片应穿过基础螺栓。

7）有绝缘要求的轴承，装配后对地绝缘电阻不应小于 0.5MΩ。绝缘垫应清洁，并应整张使用，四周宽度应大于轴承座 10～15mm。销钉和基础螺栓应加绝缘套。

8）预装轴承端盖时，轴承座与轴承盖的水平结合面的检查应在螺栓紧固后进行，且用 0.05mm 塞尺检查不应通过，轴承端盖结合面、油挡与轴瓦座结合处应按制造商的要求安装密封件或涂密封材料。

（6）主轴填料密封（见图 8-33）的安装应符合下列规定：

1）填料函内侧，挡环与轴套的单侧径向间隙，应为 0.25～0.50mm。

2）水封孔道畅通，水封环应对准水封进水孔。

3）填料接口应严密，两端搭接角度宜为 45°，相邻两层填料接口宜错开 120°～180°。

4）密封填料压紧程度应适当，填料压盖应松紧适当，宜有少许滴水，与泵轴之间的径向间隙应均匀。

（三）联轴器

（1）联轴器安装前应清洗干净各结合面，联轴器应根据不同的配合要求进行套装，套装时不应直接用铁锤敲击。

（2）弹性联轴器（见图 8-34）的弹性套和柱销应为过盈配合，过盈量宜为 0.2～0.4mm。柱销螺栓应均匀着力，弹性套与柱销孔壁的间隙应为 0.5～2mm，柱销螺栓应有防松装置。安装联轴器柱销时，应按联轴器孔配铰时所做的配对记号穿入柱销。

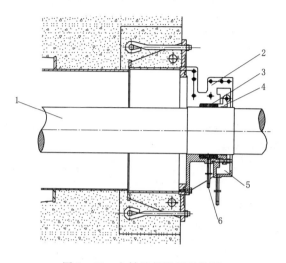

图 8-33　主轴填料密封结构图
1—泵轴；2—填料盒；3—填料；4—填料压盖；
5—集水盘；6—润滑水进口

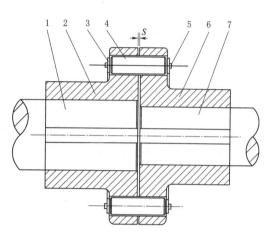

图 8-34　弹性联轴器连接结构图
1—水泵轴；2、6—轴套；3—挡板；4—尼龙柱销；
5—螺栓；7—电动机轴；S—端面间隙

（3）检查两联轴器的同轴度及轴向间隙，常用的联轴器其允许偏差应符合表 8-7～表 8-10 的规定，且轴向间隙不应小于实测的轴向窜动值。

表 8-7　　　　　　　　　　　　　　弹性套柱销联轴器装配的允许偏差

联轴器外形最大直径/mm	两轴心径向错位/mm	两轴线倾斜	端面间隙/mm
71	0.10		2～4
80			
95			
106			
130	0.15		3～5
160			
190		0.2/1000	
224	0.20		4～6
250			
315			
400	0.25		
475			5～7
600	0.30		

表 8-8 弹性柱销联轴器装配的允许偏差

联轴器外形最大直径/mm	两轴心径向错位/mm	两轴线倾斜	端面间隙/mm
90~160	0.05	0.2/1000	2.0~3.0
195~200			2.5~4.0
280~320	0.08		3.0~5.0
360~410			4.0~6.0
480			5.0~7.0
540	0.10		6.0~8.0
630			
630			

表 8-9 齿式联轴器装配的允许偏差

联轴器外形最大直径/mm	两轴心径向错位/mm	两轴线倾斜	端面间隙/mm
170~185	0.30	0.5/1000	2~4
220~250	0.45		
290~430	0.65	1.0/1000	5~7
490~590	0.90	1.5/1000	
680~780	1.20		7~10

表 8-10 蛇形弹簧联轴器装配的允许偏差

联轴器外形最大直径/mm	两轴心径向错位/mm	两轴线倾斜	端面间隙/mm
≤200	0.1	1.0/1000	1.0~4.0
200~400	0.2		1.5~6.0
400~700	0.3	1.5/1000	2.0~8.0
700~1350	0.5		2.5~10.0
1350~2500	0.7	2.0/1000	3.0~12.0

（4）其他联轴器的安装应符合《机械设备安装工程施工及验收通用规范》（GB 50231）的规定。

（四）其他

（1）主水泵和主电动机组合面的合缝检查应符合下列规定：

1）用 0.05mm 塞尺检查合缝间隙，不应通过。

2）当允许有局部间隙时，可用 0.10mm 塞尺检查，深度不应超过组合面宽度的 1/3，总长不应超过周长的 20%。

3）精制螺栓、定位销的配合公差应符合设计要求。

4）组合缝处的安装面高差不应超过 0.10mm。

（2）承压设备及其连接件的耐压试验应符合下列规定：

1）强度耐压试验。试验压力应为 1.5 倍额定工作压力，但最低压力不应小于 0.4MPa，保持压力 10min，无变形、裂纹及渗漏等现象。

2）严密性耐压试验。试验压力应为 1.25 倍额定工作压力，保持压力 30min，无渗漏现象。

3）主电动机冷却器应按设计要求的试验压力进行耐压试验。如设计无明确要求，则试验压力宜为 0.35MPa，保持压力 60min，无渗漏现象。

（3）液压全调节水泵叶轮（见图 8-35）的装配质量要求，主要有三方面：

1）密封良好，叶片密封装置不渗油，接力器内不窜油。

2）动作正常，活动部件不蹩劲、无卡阻、配合合适、叶片转角一致。

3）叶片径向尺寸正确，叶片外缘弧度高低一样，窜动量小。

（4）轮毂严密性耐压试验和接力器安装、动作试验，应符合下列规定：

1）叶轮轮毂严密性试验压力，应按制造商的规定执行。如制造商无规定时，可采用汽轮机油进行试验，压力应为 0.5MPa，保持 16h，油温不应低于 5℃。试验过程中，应操作叶片全行程动作 2～3 次，各组合缝不应渗漏，每只叶片密封装置不应有渗漏现象。

2）叶片调节接力器应按要求做严密性耐压试验。

3）叶片调节接力器活塞移动应平稳灵活，活塞行程应符合设计要求。调节叶片角度时，接力器动作的最低油压，不宜超过额定工作压力的 15%。

4）各叶片实际安放角应符合叶片设计图样的要求，误差不应大于 0.25°，由制造商保证，安装单位应进行复测。

（5）减速箱（见图 8-36）安装前，制造商明确规定不允许拆开检查的，只进行外观检查和油位检查；如制造商无要求，应对减速箱进行检查，并应符合下列要求：

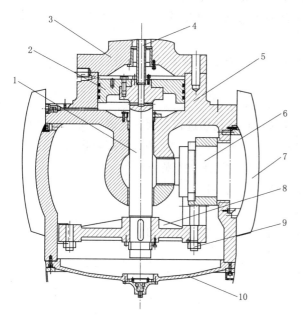

图 8-35 液压全调节水泵叶轮结构图
1—活塞杆；2—活塞；3—泵轴；4—操作油管；5—轮毂；
6—转臂；7—叶片；8—操作架；9—耳柄；10—下盖

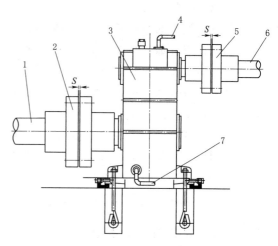

图 8-36 减速箱外形结构图
1—水泵轴；2、5—联轴器；3—减速箱；4—润滑油入口；6—电机轴；7—润滑油出口；S—端面间隙

1）各组合面精度和主要零部件配合尺寸等应符合设计要求。设计未做要求时，应符合国家现行相关标准的要求。

2）零部件加工面、配合面应无裂纹、划伤等缺陷。

3）零部件配合标记应齐全、醒目。

4）减速箱体应按要求做煤油渗漏试验。

5）减速箱内应洁净、无杂物。

（6）减速箱在机组中的安装除应符合设计和制造商的要求外，还应符合下列要求：

1）单个部件应与其他相关部件精确对齐；轴端连接时不得发生角位移和轴向位移。

2）机组轴系应精确对中。轴系对中时，应考虑到荷载、温度和运行后主轴位置变化的影响。

（7）油槽等开敞式容器安装前应进行煤油渗漏试验，试验时至少保持 4h，无渗漏现象。容器做完渗漏试验后如再拆卸应重新进行渗漏试验。

（8）各连接部件的销钉、螺栓、螺母，均应按制造商的要求锁定或点焊牢固。有预紧力要求的连接螺栓应测量紧固力矩，并应符合制造商的要求。部件安装定位后，应按制造商的要求安装定位销。

（9）起重运输应符合下列要求：

1）对重量大的设备或部件的起重、运输项目，应专门制定详细的操作方案和安全技术措施，批复后方可实施。

2）对起重机械设备的各项性能，应预先检查、测试，做好记录，并逐一核实。

3）严禁以管道、设备或脚手架、脚手平台等作为起吊重物的承（支）力点；凡利用建筑结构起吊或运输重物件的，应进行验算。

4）水泵机组安装前，安装用起重机应满足主机组安装的技术要求，并已通过当地特种设备检验部门的检验。

（10）设备的涂层应满足下列要求：

1）机组各部件及成套设备，均应按设计要求在制造现场进行表面预处理和涂漆防护。

2）需要在工地喷涂表层面漆的设备或部件（包括工地焊缝）应按设计要求进行。

3）设备或部件表面涂层局部损伤时，应按原涂层的要求进行修补。

4）设备表面的涂层应均匀，无起泡、无皱纹，颜色一致。

5）设备涂色应按 SL 317 的附录 B 执行。

（11）设备铭牌、标牌和安全警示牌等应正确、完整、整齐、醒目、耐久。

（12）设备安装后应无漏水、漏气、漏油等现象。

（13）设备安装应做好相关文件、图样和技术资料（含电子版）的整理。

三、立式机组的安装

立式机组一般有弯管式轴流泵机组（见图 8-37）、混凝土管式轴流泵机组、井筒式轴流泵机组、混凝土管蜗壳式混流泵机组、导叶式混流泵机组等多种形式，安装方式总体基本类似。

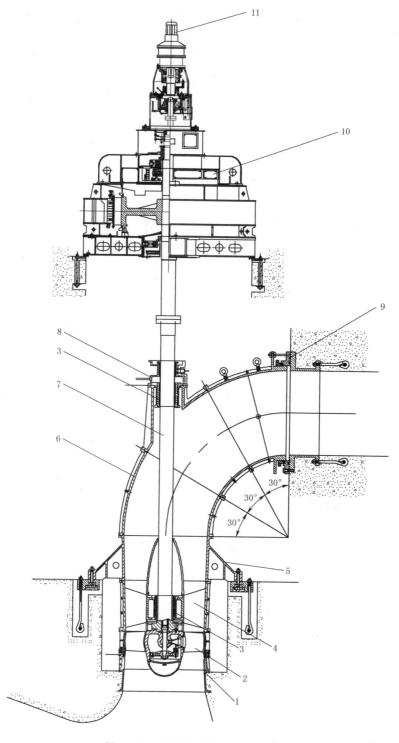

图 8-37　弯管式轴流泵机组结构图

1—进水伸缩节；2—叶轮；3—导轴承；4—导叶体；5—中间接管；6—30°弯管；
7—泵轴；8—填料函；9—出水伸缩节；10—电动机；11—叶片调节机构

（一）施工流程

立式机组安装流程如图 8-38 所示。

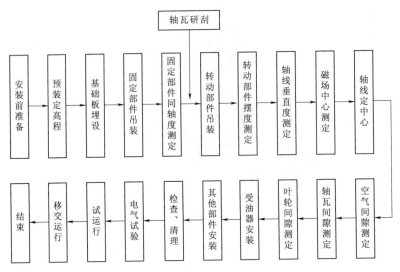

图 8-38 立式机组安装流程图

1. 高程、尺寸的检查及其他准备工作

（1）定子、转子、叶轮和泵轴等设备几何尺寸测量检查。

1）安装前对叶轮叶片外缘的圆度（球度）进行检查，应符合设计要求。该项目属于对制造商的要求，故需由制造商在叶轮外壳交货时对叶轮外壳圆度进行测量。轴流泵应测量叶片外缘上、中、下三个断面。导叶式混流泵则由于其叶轮室是斜面的，所以一般按叶片外缘上口和下口位置测量。

2）叶轮外壳内圆圆度为在叶片进水边和出水边位置所测半径与平均半径之差。

（2）水导轴承（导叶体）、填料函（顶盖）安装高程的确定。

（3）电动机基础板安装高程测定。

（4）安装中的零散件准备，包括轴瓦研刮、冷却器水压试验、上下油槽煤油渗漏试验。

2. 基础板的埋设

（1）基础工程高程，X、Y 纵横中心十字线和垂直线测放或检查。

（2）基础一期混凝土打毛。

（3）预埋水泵、电机基础板的垫板。对埋入部件必须控制其中心、高程、水平度及圆度偏差。泵座、底座等埋入部件的组合面应符合规定，在安装前后均要进行检查，在混凝土浇筑后也要满足要求，否则应予处理。

3. 固定部件的吊装

（1）吊装进水管伸缩节。

（2）吊装进叶轮外壳。

（3）吊装叶轮。

（4）吊装导叶体。导叶体安装前，应复测泵座水平面高程、水平度和内环圆度，并应符合规定标准。根据叶轮中心设计高程、设备尺寸及安装质量要求调整导叶体高程、水平度。

（5）埋设中间连接管基础板。

（6）预埋水泵地脚螺栓。

（7）吊入出水管伸缩节。

（8）吊装出水弯管。

（9）调整水泵固定件（泵体）垂直同心度。

（10）出水管伸缩节二期混凝土浇筑。

（11）吊装定子下机架。

4. 固定部件垂直同轴度（同心）的测定

（1）测量定子实际安装高程。

（2）调整定子与水泵泵体的垂直同轴度。机组固定部件垂直同轴度以水泵轴承插口止口中心为基准。

5. 转动部件的吊装

（1）水泵轴的吊入。全调节水泵的操作油管安装。

（2）泵轴与叶轮连接就位。

1）下置式接力器的液压全调节水泵，泵轴与轮毂连接、上下操作油管连接、单层操作油管的泵轴与电动机轴连接，均应进行严密性耐压试验。

2）中置式和上置式液压全调节水泵接力器应按设计要求进行严密性耐压试验。

3）水泵操作油管安装前应清洗干净，无法进行严密性耐压试验的，应连接可靠，不漏油。

4）螺纹连接的操作油管，应有锁紧措施，防止因运行中的振动造成螺纹松动而发生漏油。

（3）电动机转子吊入。

（4）吊装上机架。

（5）组装推力轴承并压装推力头。

6. 转动部件轴线摆度的测定

（1）对同步电动机单独盘车，调整镜板水平度和电机轴线摆度。

1）根据推力瓦形式，调整镜板水平度。

2）处理电动机轴摆度，一般采用磨削电动机推力轴承绝缘垫的方法，而不允许在绝缘垫处加垫，以防镜板变形。

（2）连接主轴，对水泵机组整体盘车调整水泵机组轴线摆度。

1）处理水泵轴摆度，一般采用刮削泵轴联轴器上端面或在泵轴与电动机轴联轴器之间加垫处理，但加垫不能超过3层。

2）对采用液压调节机构的机组，不允许在联轴器之间加垫处理泵轴摆度问题。

（3）主轴法兰铰孔装精制螺栓。

（4）盘车复测轴线摆度。

7. 转动部分中心的测定

（1）盘车复测镜板水平度。复查推力瓦受力应均匀。采用锤击抗重螺栓扳手的方法调整受力时，相同锤击下镜板水平度不应该发生变化，如果因复查推力瓦受力而导致镜板水平度超过允许偏差，则需继续调整镜板水平度。

（2）复测磁场中心。

8. 水泵机组中心线的找正

（1）安装电机上导轴瓦和下导轴瓦。

（2）盘车找正机组中心线。以水泵轴承承插口止口中心为基准，调整泵轴下轴颈处轴线转动中心，保证主轴转动中心位于导轴承中心。

9. 各部件间隙的测量和调整

（1）根据厂商要求确定轴瓦间隙，在找正中心后立即抱瓦，调整电机上导轴瓦间隙和下导轴瓦间隙。下导轴承单边间隙调整应考虑轴线剩余摆度及其方位。

（2）测量同步电动机定子与转子的空气间隙。

（3）机组轴线摆度、推力瓦受力、磁场中心、轴线中心及电动机空气间隙等调整合格后，安装水泵导轴承，测量并记录间隙。

（4）盘车测量调整叶轮间隙。轴流泵和导叶式混流泵叶片在最大安放角位置分别测量进水边、出水边和中部三处叶片间隙。

10. 其他部件安装

（1）测温元件试验。油槽封闭前，要对测温装置进行检查，各测温元件应无开路、短路、接地现象，测温引线固定牢靠，测温元件及测温开关标号要与轴瓦号、冷却器号一致。各温度计指示值应在全量程范围内予以校核，要接近当时的环境温度，无异常现象。总绝缘电阻不应小于 $0.5M\Omega$。

（2）油冷却器试验。

（3）上、下油槽清理，注油。

（4）滑环、碳刷安装。

（5）叶片调节机构安装。安装时应注意以下事项：

1）操作拉杆连接应符合要求，应有防松措施。

2）调节器拉杆联轴器与上拉杆联轴器连接时，其同轴度应符合设计要求。

3）调整水泵叶片角度至 $0°$，测量上操作杆顶端至电动机轴端部的高差，并做好记录，供检修时参考。

4）调整叶片实际安放角与机械显示位置相一致后，应检查限位开关的可靠性，反复调节叶片角度到上下限位置，要求反复 5 次以上。叶片角度电子显示与机械显示应一致。

（6）填料函安装。

（7）伸缩节安装。

（8）二期混凝土浇筑。

11. 试运行

（1）检查、清理。

（2）同步电动机交接试验。按 SL 317 附录 E 试验项目及要求进行电气交接试验。主要项目有：

1）绕组绝缘电阻和吸收比。

2）绕组直流电阻。

3）定子绕组直流耐压试验和泄漏电流。

4）绕组交流耐压试验。

5）定子绕组极性及连接。

6）中性点避雷器试验。

（3）流道充水。

（4）试运行及交接。

（二）安装质量标准

（1）泵座、底座等埋入部件的中心、高程、水平度及圆度偏差安装允许偏差应符合表 8 - 11 的规定。

表 8 - 11　　　　　埋入部件安装允许偏差　　　　　单位：mm

序号	项　目	叶　轮　直　径			说　明
		<3000	3000～4500	>4500	
1	中心	2	3	4	测量机组十字中心线与埋件上相应标记间距离
2	高程	±3			
3	水平度	0.07mm/m			
4	圆度（包含同轴度）	1.0	1.5	2.0	测量机组中心线到止口半径

（2）叶轮与叶轮外壳的装配应符合下列规定：

1）叶轮外壳内圆圆度，在叶片进水边和出水边位置所测半径与平均半径之差，不应超过叶片间隙设计值的±10％。

2）轴流泵和导叶式混流泵叶片间隙与相应位置的平均间隙之差的绝对值不宜超过平均间隙值的20％。

（3）立式轴流泵和导叶式混流泵安装，叶轮中心与叶轮外壳中心的安装允许高差及其测量校核方法应符合表 8 - 12 的规定。

表 8 - 12　　　　叶轮中心与叶轮外壳中心的安装允许高差及其测量校核方法　　　　单位：mm

项　　目		叶　轮　直　径			说　　明
		<3000	3000～4500	>4500	
叶轮中心与叶轮外壳中心的安装允许高差		1～2	1～3	2～4	对新型机组，应通过计算运行时电动机承重机架下沉值和主轴线伸长值重新确定
叶片间隙允许偏差	立式导叶式混流泵	0.6～1.1	0.6～1.7	0.6～2.3	叶轮中心与叶轮外壳中心安装允许高差通过叶片间隙允许偏差校核
	立式轴流泵	下间隙大于上间隙5％～15％			

（4）立式机组安装，其转动部件与固定部件的轴向间距应符合设计要求；当设计无要求时，应大于机组顶车的高度。安装时，要检查下列部位的轴向间距：

1）叶轮角度最大时叶片出口边最高点与导叶片下边缘之间。

2）油润滑导轴承密封装置静环座与固定座之间。

3）油润滑导轴承转动油盆盖顶与固定油盆底之间。

4）上操作油管与中操作油管连接法兰顶与受油器底之间。

（5）机组固定部件垂直同轴度：基准中心位置偏差不应大于 0.05mm，水泵单止口承插口轴承支撑平面水平偏差不应超过 0.03mm/m。机组固定部件垂直同轴度应符合设计要求；设计无规定时，水泵上导轴承承插口止口中心与水泵下导轴承承插口基准中心垂直同轴度允许偏差不应超过 0.08mm。

（6）机组各部位轴线相对摆度允许值不应超过表 8-13 的规定。

表 8-13 机组各部位轴线相对摆度允许值 单位：mm/m

轴的名称	测量部位	轴的转速 $n/(\text{r/min})$				
		$n \leqslant 100$	$100 < n \leqslant 250$	$250 < n \leqslant 375$	$375 < n \leqslant 600$	$600 < n \leqslant 1000$
电动机轴	下导轴承处轴颈及联轴器侧面	0.03	0.03	0.02	0.02	0.02
水泵轴	填料密封处	0.06	0.06	0.05	0.04	0.03
	轴承处的轴颈	0.05	0.05	0.04	0.03	0.02

注 相对摆度＝绝对摆度（mm）/测量部位至镜板距离（m）。

（7）绝对摆度是指在测量部位测出的实际净摆度值，水泵下导轴承处轴颈绝对摆度允许值不应超过表 8-14 的规定。

表 8-14 水泵下导轴承处轴颈绝对摆度允许值

水泵轴的转速 $n/(\text{r/min})$	$n \leqslant 250$	$250 < n \leqslant 600$	$n > 600$
绝对摆度允许值/mm	0.30	0.25	0.20

（8）主轴定中心后，泵轴下轴颈处轴线转动中心应处于水泵轴承承插口止口中心，其偏差不应大于 0.04mm。

（9）电动机上导轴瓦调整其单边间隙一般为 0.06~0.08mm；下导轴瓦双边间隙一般为 0.16~0.20mm。

（10）轴承绝缘和油槽安装应符合下列规定：

1）镜板与推力头之间的绝缘电阻值用 500V 兆欧表检测应大于 40MΩ，导轴瓦与瓦背之间的绝缘电阻值用 500V 兆欧表检测应大于 50MΩ。

2）机组推力轴承在充油前，其绝缘电阻值不应小于 5MΩ；充油后，绝缘电阻值应大于 0.5MΩ。

3）沟槽式油槽盖板径向间隙宜为 0.5~1mm，毛毡装入槽内应有不小于 1mm 的压缩量。

4）油槽油面高度与设计值的偏差不宜超过±5mm。

5）注入新油前应按 GB/T 14541 的要求检验合格。注入油槽的透平油应符合《涡轮机油》(GB 11120) 的要求。

(11) 无刷励磁的励磁机安装允许偏差应符合下列规定:

1) 调整转子轴线摆度不应大于 0.05mm/m。

2) 调整定子与转子的空气间隙,各间隙与平均间隙之差不应超过平均间隙值的±10%。

(12) 叶片液压调节装置受油器(见图 8-39)安装应符合下列规定:

1) 受油器体水平偏差,在受油器底座的平面上测量,不应大于 0.04mm/m。

2) 受油器底座与上操作油管(外管)同轴度偏差,不应大于 0.04mm。

3) 受油器体上各油封轴承的同轴度偏差,不应大于 0.05mm。

4) 操作油管的摆度可以用两种方法来确定。一种按相对摆度与测量部位至镜板距离的乘积来确定,不应大于 0.04mm;另一种按轴承间隙来控制。经实践表明,按轴承配合

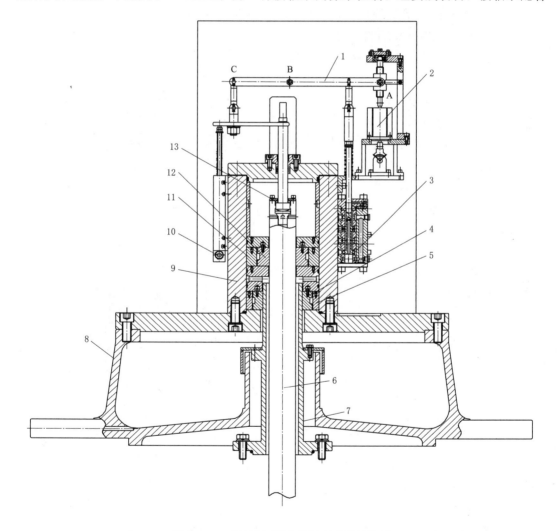

图 8-39 叶片液压调节装置受油器结构图

1—操作杠杆机构;2—电动操作机构;3—配压阀;4—下浮动密封环;5—下浮动套;6—内管;

7—外管;8—底座;9—缸体;10—电位器;11—上浮动环;12—上浮动密封环;13—轴承

间隙来确定比较合理，考虑到电动机上导轴承单边间隙为 0.06～0.08mm，受油器轴承平均单边间隙取 0.10mm 较为合适。

5）旋转油盆与受油器底座的挡油环间隙应均匀，且不应小于设计值的 70％。

6）受油器对地绝缘，在泵轴不接地的情况下测量，不宜小于 0.5MΩ。

（13）叶片机械调节装置调节器（见图 8-40）安装应符合下列要求：

1）操作拉杆与铜套之间的单边间隙应为拉杆轴颈直径的 0.1％～0.15％。

2）冷却水管连接应可靠。

（14）制动器安装应符合下列规定：

1）制动器应按设计要求进行严密性耐压试验，保持 30min，压力下降不应超过 3％。压力解除后，活塞应能自动复位。

2）制动器顶面安装高程偏差不应超过±1mm，水平偏差不应超过 0.2mm/m，制动器与转子闸板之间的间隙允许偏差为设计值的±20％。

3）制动系统管路应按设计要求进行严密性耐压试验，无渗漏。

（三）质量控制要点

（1）金属推力轴瓦、导轴瓦、弹性金属塑料瓦等电机轴承的瓦面质量。

（2）电机上油、下油槽渗漏试验。

（3）固定部件垂直同轴度。

（4）转动轴线摆度。

（5）镜板水平度。

（6）主轴中心。

（7）电机轴承间隙。

（8）电机空气间隙。

（9）定子、转子磁场中心相对高差。

（10）水泵叶片间隙。

（11）水导轴承间隙。

（12）叶调机构安装。

（13）电动机交接试验。

四、卧式与斜式机组的安装

卧式机组的泵站型式一般有平面 S 形流道卧式轴流泵机组、猫背式进出水流道泵机组、竖井式贯流泵机组（见图 8-41）等，斜式机组主要有斜 15°、斜 30°（见图 8-42）和斜 45°等三种形式。由于卧式与斜式机组形式较多，以相对复杂的斜式泵安装为例。

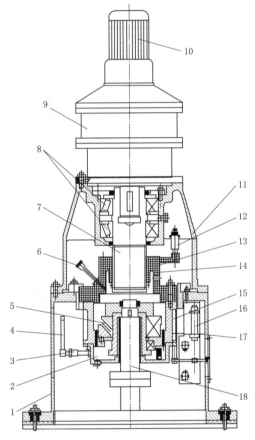

图 8-40 叶片机械调节装置调节器结构图
1—调节器底座；2—油缸；3—下推径向轴承；4—油标；5—上拉径向轴承；6—加油管；7—调节螺杆；8—向心轴承；9—减速器；10—电动机；11—上座；12—注油杯；13—调节螺母；14—分离器盖；15—分离器座；16—位移传感器；17—冷却水箱；18—上操作杆

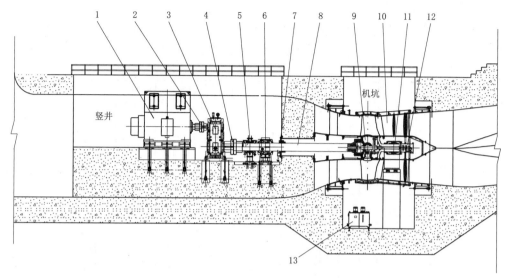

图 8-41　竖井式贯流泵机组结构图

1—电动机；2、4—弹性柱销联轴器；3—减速箱；5—受油器；6—推力轴承；7—填料函；
8—泵轴；9—叶轮；10—导叶体；11—导轴承；12—叶角反馈部件；13—漏油箱

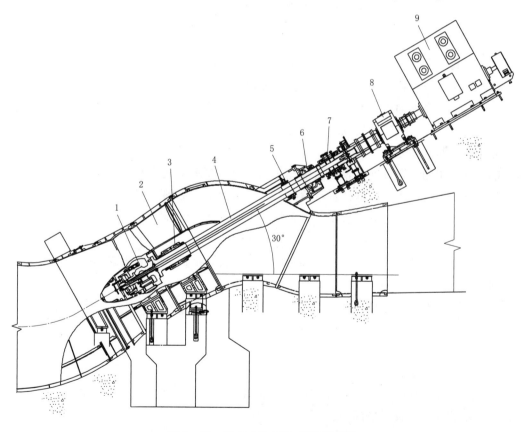

图 8-42　斜式（斜 30°）机组结构图

1—叶轮；2—导叶体；3—水导轴承；4—泵轴；5—填料函；6—推力轴承；7—受油器；8—减速箱；9—电动机

（一）安装施工流程

卧式与斜式机组安装流程如图 8-43 所示。

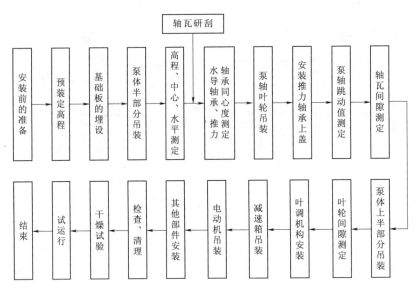

图 8-43　卧式与斜式机组安装流程图

1. 预装定高程

（1）叶轮、泵轴、轴承、减速箱、电机等设备几何尺寸测量检查。

（2）泵座、减速箱、电动机安装高程的确定。

（3）套装水泵轴的推力轴承、径向轴承、联轴器等。

（4）套装电机、减速箱的联轴器。

（5）叶轮与叶轮外壳预套装。

（6）安装中的零散件准备，包括轴瓦研刮、冷却器水压试验等。

（7）安装前应对水泵各部件进行检查，各组合面应无毛刺伤痕，加工面应光洁，各部件无缺陷，并配合正确，盘车灵活、无阻滞、卡阻现象，无异常声音。

2. 基础板的埋设

（1）根据制造商的产品说明书，确定设备安装的基准面、基准线或基准点。测放或检查基础工程高程、纵横中心十字线和垂直线。

（2）基础一期混凝土打毛。

（3）预埋水泵、电机基础板的垫板。

3. 泵体部件安装调整

（1）吊装进水锥管及伸缩节。

（2）吊装叶轮外壳下半部分与导叶体下半部分。

（3）吊装异形弯管下半部分。

4. 高程、中心、水平度测定

（1）以水平中开面、轴的外伸部分、底座的水平加工面等作为水泵的水平测量部位，调整叶轮外壳及导叶体下半部的安装中心位置及水平位置。

（2）依据主厂房测放中心线，用吊线的方法检查中心位置。

（3）加工斜面专用工具与水平梁配合，用水平仪或光学倾角仪检查测量水平度。高程采用水准仪检查测量斜轴度符合设计要求，将泵体部分锚固牢。

（4）以水泵为基准测量卧式与斜式电动机的固定部件同轴度，可采用钢丝法，钢丝法测量同轴度示意图如图8-44所示。

（5）基础螺栓孔二期混凝土浇筑。

（6）二期混凝土强度达80%后，紧固地脚螺栓并复测中心位置、水平度、叶轮中心高程及斜轴度。

5. 轴承同心度的测定

（1）吊装水导轴承支架、导叶体及叶轮外壳上半部分。

（2）轴承座安装前按要求做煤油渗漏试验。

（3）安装连接泵体与流道进口或出口之间的伸缩节及进水锥管，并根据图纸要求固定好进水锥管。

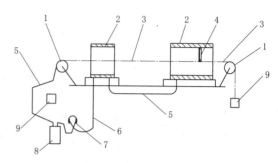

图8-44　钢丝法测量同轴度示意图
1—滑轮与支架；2—被测量物；3—钢丝；4—内径千分尺；
5—连接导线；6—耳机连线；7—耳机；8—电池；9—重锤

（4）安装大弯管上半部分与导叶体。

（5）安装推力轴承外壳、进水锥管及大弯管。

（6）立模浇二期混凝土。

（7）水导轴承架同心度的调整。检查轴承座与基础板组合缝。

（8）拆除叶轮外壳上部、导叶体上部、推力轴承外壳上部及水导轴瓦上部。

6. 泵轴部件的安装

（1）水导轴瓦的研刮。

（2）泵轴与叶轮组装，测量组合面间隙。

（3）吊装叶轮与泵轴。叶轮装配后，按规定做严密性耐压试验和动作试验。

（4）预装推力轴承上盖。

（5）盘车测量泵轴叶轮密封环处和轴套外圆的跳动值、推力盘的端面跳动量与联轴器侧面的摆度。

（6）吊装水导轴承上半部分，测量水导轴瓦两端的上、下、左、右间隙值。

7. 泵体的全面安装

（1）吊装推力轴承上半部。

（2）吊装异形大弯管、导叶体、叶轮外壳、伸缩节等上半部分，压紧伸缩节填料，防止渗漏。

（3）盘车测量调整叶片间隙。斜式与卧式水泵安装时，叶轮外壳应以叶轮为中心进行调整安装，叶轮外壳与叶轮间隙应根据设计要求，按叶轮的窜动量和充水运转后叶轮高低的变化进行调整。采用滑动导轴承的机组，上下叶片间隙应将机组运行时因滑动导轴承的油楔作用产生的叶轮上浮量计算在内，下叶片间隙应小于上叶片间隙，具体数值应由制造商提供。

（4）安装填料函填料。测量填料函内侧挡环与轴套的单侧径向间隙，检查密封填料压紧程度与填料压盖。

（5）测量水泵密封环与泵壳间的单侧径向间隙、轴向间隙。

8. 减速箱吊装

（1）初步调整基础垫铁的安装中心位置、高程、水平度。

（2）吊装减速箱就位。

（3）以水泵轴联轴器为基准，盘车调整减速箱输出轴端联轴器与水泵联轴器的同轴度及端面间隙。

（4）调整锚固后浇灌地脚螺栓二期混凝土。

（5）混凝土强度达到 80％后，紧固地脚螺栓。

（6）复测联轴器的同轴度及端面间隙。

（7）紧固减速箱地脚螺栓，应均匀、对称地逐渐拧紧。

9. 电动机吊装

（1）初步调整基础垫铁的安装中心位置、高程、水平度。

（2）吊装电动机就位。盘车检查滑环处的摆度。

（3）以减速箱输入轴端联轴器为基准，盘车调整电动机轴端联轴器与减速箱输入轴端联轴器的同轴度及端面间隙。

（4）调整锚固后浇灌地脚螺栓二期混凝土。

（5）混凝土强度达到 80％后，紧固地脚螺栓。

（6）复测联轴器的同轴度及端面间隙。

10. 试运行

（1）检查、清理。

（2）同步电动机交接试验，项目内容参照立式机组。

（3）流道充水。

（4）试运行及交接。

（二）安装质量标准

（1）卧式与斜式水泵的安装应符合下列规定：

1）基础埋入部件的安装应按 SL 317 第 2.6 节执行。

2）安装基准线的平面位置允许偏差宜为 ±2mm，高程允许偏差宜为 ±1mm。

3）水泵安装的轴向、径向水平偏差不宜超过 0.1mm/m。

4）伸缩节安装应有足够的伸缩距离，插入管（套管）与底座应同心，四周间隙应均匀。

（2）卧式与斜式水泵的组装应符合下列规定：

1）泵轴叶轮密封环处和轴套外圆的允许跳动值应符合表 8－15 的规定，泵轴摆度值不应大于0.05mm。

表 8-15   **水泵叶轮密封环处和轴套外圆允许跳动值**   单位：mm

水泵进口直径	$D \leqslant 260$	$260 < D \leqslant 500$	$500 < D \leqslant 800$	$800 < D \leqslant 1250$	$D > 1250$
径向跳动	0.08	0.10	0.12	0.16	0.20

2）叶轮与轴套的端面应与轴线垂直。

3）密封环与泵壳间的单侧径向间隙宜为0～0.03mm。

4）水泵密封环单侧径向间隙，应符合表8-16的规定。一般径向间隙约为密封环处直径的1/1000～1.5/1000，但最小不小于轴瓦顶部间隙，而且间隙四周均匀。

表 8-16   **水泵密封环单侧径向间隙**   单位：mm

水泵叶轮密封环处直径	120～180	180～260	260～360	360～500
密封环单侧径向间隙	0.20～0.30	0.25～0.35	0.30～0.40	0.40～0.60

5）密封环处的轴向间隙应大于0.50～1.00mm，并大于转动部件的轴向窜动量。

6）叶轮与主轴组合面应无间隙，用0.05mm塞尺检查，应不能塞入。

（3）主电动机轴联轴器与水泵轴联轴器的同轴度不应大于0.04mm，倾斜度不应大于0.02mm/m。

（4）主轴跳动值允许偏差应符合下列要求：

1）各轴颈处的跳动量（轴颈不圆度）应小于0.03mm。

2）推力盘的端面跳动量应小于0.02mm。

3）联轴器侧面的摆度应小于0.10mm。

4）滑环处的摆度应小于0.20mm。

（三）质量控制要点

（1）轴承安装，轴承间隙。

（2）固定部件同轴度。

（3）各组合面密封。

（4）转动部件联轴器同轴度及轴向间隙。

（5）电机空气间隙、磁场中心。

（6）转动部位摆度（跳动值）。

（7）水泵叶片间隙。

（8）电动机电气试验。

五、灯泡贯流式机组的安装

灯泡贯流式机组一般有联轴器直联灯泡贯流式、减速箱传动灯泡贯流式（见图8-45）、共轴灯泡贯流式等机组型式。贯流式机组轴承结构、电机与卧式、斜式机组型式接近，故安装方法也基本接近，以结构相对复杂的减速箱传动灯泡贯流式机组安装为例。

（一）安装施工流程

减速箱传动灯泡贯流式机组安装流程如图8-46所示。

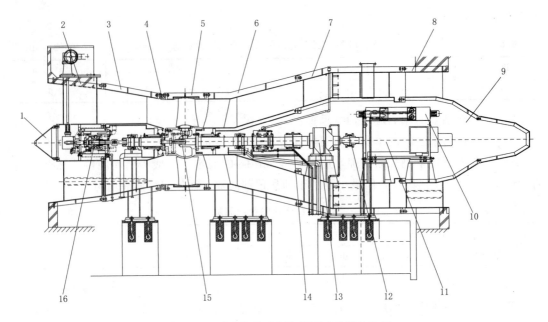

图 8-45 减速箱传动灯泡贯流式机组结构图

1—进水导水帽；2—进口底座；3—导流锥管；4—伸缩节；5—叶轮外壳；6—导叶体；7—出口接管；
8—出口底座；9—出水导水帽；10—空-水冷却器；11—电动机；12—蛇形弹簧联轴器；
13—行星减速箱；14—鼓齿式联轴器；15—水泵转子体；16—叶片调节机构

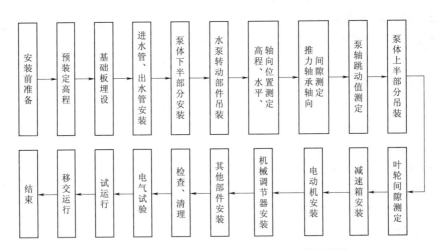

图 8-46 减速箱传动灯泡贯流式机组安装流程图

1. 预装定高程

(1) 叶轮、泵轴、轴承、减速箱、电机等设备几何尺寸测量检查。

(2) 泵座、减速箱、电动机安装高程的确定。

(3) 套装水泵轴的推力轴承、径向轴承、联轴器等。

(4) 套装电机、减速箱的联轴器。

(5) 叶轮与叶轮外壳预套装。

（6）安装中的零散件准备，包括轴瓦研刮、冷却器水压试验等。

2. 基础板埋设

（1）基础工程高程，X、Y 纵横中心十字线和垂直线测放或检查。流道盖板基础框架中心线应与机组中心线重合。

（2）基础一期混凝土打毛。

（3）预埋水泵基础板的垫板。

3. 进水管、出水管安装

（1）将进口底座与导流锥管（下）连接成整体，吊入进水流道内。

（2）将出口底座与出口接管（下）连接成整体，吊入出水流道内。

（3）粗略调整高程和水平度，临时固定。

4. 泵体下半部分安装

（1）吊装叶轮外壳下半部与导叶体连接，调整水平度与垂直度。

（2）在叶轮外壳内侧检验配合间隙均匀后（必要时进行调整）。

（3）将叶轮外壳与导叶体法兰连接紧固。

（4）预装伸缩接管组件。

（5）通过拉钢琴线，校对钢琴线与出水侧泵体部分的同心度，调整进口底座及导流锥管的位置，调整同心度。

5. 水泵转动部件吊装

（1）吊装机械调节机构，调整高程、水平度及轴向位置。

（2）安装伸缩管。

（3）吊装水泵转动部件，前、后导轴承在支座上就位，调整高程、水平度、轴向位置及与泵壳同心度。

1）采用滑动推力轴承机组，推力盘与主轴应垂直，用支架架起，推力盘面架百分表，转动主轴，分 8 点计算读数之差。分瓣推力盘组合面应无间隙，且按机组抽水旋转方向检查，后一块不应凸出前一块。

2）无抗重螺栓的推力瓦的平面应与主轴垂直，其偏差的方向应与推力盘一致。有抗重螺栓时，按制造商的要求调整推力瓦与推力盘间隙。

3）轴瓦检查与研刮；轴瓦与轴承外壳的配合；轴承壳、支持环（板、架）及座环（或导水锥）间的组合面间隙可参照卧式与斜式机组。

4）轴瓦间隙应符合设计要求，轴承箱体密封良好、回油畅通。在充油前用 1000V 兆欧表检查轴承绝缘电阻。

5）按制造商要求及相关规定安装与试验主轴密封。

6）主轴连接后，应盘车检查各部分跳动值，参照卧式与斜式机组。

（4）吊装叶轮外壳（上）。

（5）盘车测量并调整叶片间隙：左右方向通过移动转子体调整，上下方向通过垫片调整。

（6）吊出叶轮外壳（上）。

（7）连接调节机构与水泵转动部件。受油器瓦座与转轴的同轴度应盘车检查。

6．电动机、减速箱安装

（1）吊装电机，调整高程、水平度及轴向位置。

（2）吊装减速箱，调整高程、水平度及轴向位置。

（3）以水泵轴联轴器为基准，盘车调整齿轮箱输出轴端联轴器与水泵联轴器的同轴度及端部间隙。

（4）以减速箱输入轴端联轴器为基准，盘车调整电动机轴端联轴器与减速箱输入轴端联轴器的同轴度及端部间隙。

（5）非整体式电机按要求测量调整定子与转子的空气间隙。

7．泵体部件上半部安装

（1）吊装导流锥管（上）、进口底座（上）、出口接管（上）。

（2）吊装叶轮外壳（上）、导叶体（上），并与导流锥管、进口底座、出口接管、出口底座连接。

（3）将进口底座、出口底座与外部锚固。

（4）灯泡贯流式机组顶罩与定子组合面应配合良好。

（5）测量并记录由于灯泡重量引起定子进水侧的下沉值。

（6）支撑结构的安装，应根据不同结构型式按制造商的要求进行。

（7）测量挡风板与转动部件的径向间隙与轴向间隙。

8．浇筑进出口二期混凝土

9．试运行

（1）检查、清理。灯泡贯流式机组总体安装完毕后，灯泡体应按设计要求进行严密性耐压试验。

（2）同步电动机交接试验。

（3）流道充水。

（4）试运行及交接。

（二）安装质量标准

（1）灯泡贯流式水泵进出水管的安装，其允许偏差应符合表 8-17 的规定。

表 8-17 灯泡贯流式水泵进出水管安装允许偏差

项 目	叶轮直径 D/mm		说 明
	$D \leqslant 3000$	$3000 < D \leqslant 6000$	
管口法兰最大与最小直径差/mm	3.0	4.0	有基础环的结构，指基础环上法兰
中心/mm	1.5	2.0	管口垂直标记的左右偏差
高程/mm	±1.5	±2.0	管口水平标记的高程偏差
法兰面与叶轮中心线的距离/mm	±2.0	±2.5	（1）若先装座环，应以座环法兰面位置为基础 （2）测上、下、左、右4点
法兰面垂直度/(mm/m)	0.4	0.5	测法兰面对机组中心线的垂直度

（2）贯流式水泵机组的承重基础部件称为座环，其安装允许偏差应符合表 8-18 的规定。

表 8-18　　　　　　　　　　灯泡贯流式水泵座环安装允许偏差

项　目	叶轮直径 D/mm		说　明
	$D\leqslant3000$	$3000<D\leqslant6000$	
中心/mm	2.0	3.0	部件垂直标记与相应基准线的距离
高程/mm	±2.0	±3.0	部件水平标记与相应基准线的距离
法兰面与叶轮中心线的距离/mm	±2.0	±2.5	（1）若先装进、出水管或基础环，应以进、出水管法兰或基础环法兰为基础；（2）测上、下、左、右 4 点
法兰面与基准面 X、Y 的平行度/(mm/m)	0.4	0.5	—
圆度/mm	1.0	1.5	—

（3）流道盖板基础框架中心线应与机组中心线偏差不应超过 5mm；高程应符合设计要求，四角高差不应超过 3mm；各框边高差不应超过 1mm。

（4）推力盘与主轴应垂直偏差不应超过 0.05mm/m。分瓣推力盘组合面用 0.05mm 塞尺检查不能塞入，摩擦面在接缝处错牙不应大于 0.02mm。

（5）无抗重螺栓的推力瓦的平面应与主轴垂直偏差不应超过 0.05mm/m，每块推力瓦厚度偏差不应大于 0.02mm。

（6）推力轴承的轴向间隙宜控制在 0.3～0.6mm。

（7）有绝缘要求的轴承绝缘电阻不应小于 1MΩ。

（8）受油器瓦座与转轴的同轴度偏差，固定瓦不应大于 0.10mm，浮动瓦不应大于 0.15mm。

（9）定子与转子的空气间隙各值与平均间隙之差的绝对值，不应超过平均间隙的 10%。

（10）挡风板与转动部件的径向间隙与轴向间隙符合设计要求，其偏差不应大于设计值的 20%。

（三）质量控制要点

（1）灯泡体组合面严密性试验。

（2）转动部件联轴器同轴度及轴向间隙。灯泡贯流泵型式较多，除了完成联轴器安装工序后进行验收，还应在泵体部件上半部安装、流道充水两道工序后复测联轴器同轴度，保证联轴器安装数据合格。

（3）其他参照卧式与斜式机组。

六、潜水泵的安装

潜水泵根据叶轮型式的不同，有潜水离心泵、潜水轴流泵和潜水混流泵之分，结构型式也不相同，但均为整机出厂，其安装方法基本相同。

（一）安装施工流程

潜水泵机组安装流程如图8-47所示。

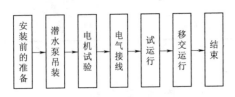

图8-47 潜水泵机组安装流程图

1. 安装前的准备

（1）潜水泵（见图8-48）是整体性设备，即整体出厂、整体运输，到安装现场后，除制造商另有规定外，不应对潜水泵内部结构进行拆装。

（2）潜水泵安装前应对外观进行检查，漆面完整无脱落和龟裂，螺栓、螺母无松动，叶轮与叶轮外壳之间无杂物，人力盘车转动无异常，动力电缆和控制电缆外表面无裂纹和龟裂，电缆线的外护套不能有任何损伤痕迹。表面防腐涂层损坏和锈蚀，应按规定或制造商的要求进行修补处理。

（3）做好安全防护措施，以防工作中发生人身事故。

（4）潜水泵吊装前，对水泵室及进水池、前池等进行清理。

（5）泵体结构部件应干燥且干净，内部无杂物、无潮湿现象。

（6）检查压力管道和钢结构件无裂纹，法兰连接牢固。

（7）潜水泵密封试验。

（8）其他必要的准备工作。

2. 潜水泵吊装

（1）有固定流道的潜水泵站，在流道口预埋固定埋件，其中心线应与潜水泵安装中心线衔接一致；进、出水流道应与潜水泵进口、出口之间密封完好；潜水泵安装后，应在埋件周边浇筑二期混凝土；伸缩节内外套应同轴、伸缩自由、密封完好。

（2）潜水泵整体起吊到井筒内就位安装。

（3）潜水泵吊装就位，与底座之间宜采用"O"形橡胶圈密封，且配合密封良好。

（4）安装潜水泵的防抬机装置及其井盖。

3. 电机试验

（1）电气试验。

（2）与制造商配套的动力电缆一起测量电机绝缘。

（3）测量控制电缆的绝缘。

4. 电气接线

（1）电缆随同潜水泵移动，并保护电缆，不得

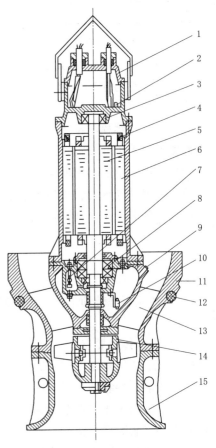

图8-48 潜水泵结构图

1—接线盒；2—漏水检测探头；3—上轴承；4—热保护器；5—转子；6—定子；7—渗漏报警器；8—油水检测探头；9—下轴承；10—注油孔；11、13—导叶体；12—密封圈；14—叶轮部件；15—进水喇叭口

将电缆用作起重绳索或用力拉拽。安装后应将电缆理直并用软绳将其捆绑在起重绳索上。

（2）按要求进行电气接线。

（3）检查传感装置应完好。

5. 试运行

（1）检查、清理。

（2）流道充水。

（3）试运行及交接。

（二）安装质量标准

（1）潜水电动机密封试验，应符合下列规定：

1）密封试验压力：干式电动机应为扬程的 1.5 倍，不到 0.2MPa 的取 0.2MPa；湿式电动机应为 0.2MPa。

2）在现场验收时，如需试验，其试验压力取工厂试验压力的 80%。

3）测量电动机绕组的绝缘电阻和吸收比等符合要求。

（2）立式潜水泵泵座圆度偏差不应大于 1.5mm，平面度偏差不应大于 0.5mm，中心偏差不应大于 3mm，高程偏差不应超过 ±3mm，水平偏差不应大于 0.2mm/m。井筒座与泵座垂直同轴度偏差不应大于 2mm，井筒座水平偏差不应大于 0.5mm/m。

（3）潜水泵安装应符合设计和制造商的要求，可按其安装图、产品安装说明书及现行相关标准执行。

（4）电缆捆绑间距应为 300～500mm。

（5）潜水泵的防抬机装置及其井盖的安装应符合设计要求，不应有轴向位移间隙。

（6）控制电缆的绝缘电阻不应低于 0.5MΩ。

（三）质量控制要点

（1）泵座中心高程及泵座水平度。

（2）水泵安装、电缆安装。

（3）电气试验。

七、水泵机组安装工程验收

（一）一般规定

（1）水泵机组安装工程验收可包括分部工程验收、单位工程验收、机组启动验收和合同工程完工验收等阶段。装机台数多且单机为大型机组的泵站、分期安装的泵站可将机组启动验收阶段划分为首（末）台机组启动验收和中间机组验收两个阶段。也可根据情况简化验收阶段，当合同工程仅包含一个单位工程（分部工程）时，宜将单位工程（分部工程）验收与合同工程完工验收合并为一个阶段进行验收，但应同时满足相应的验收条件。

（2）水泵机组安装工程的分部工程验收、单位工程验收、中间机组启动验收、合同工程完工验收等，均为法人验收，应由项目法人主持，验收程序及内容等应按《水利水电建设工程验收规程》（SL 223）的规定执行。验收工作组应由项目法人、勘测、设计、监理、施工、主要设备制造商、运行管理（未成立运行管理单位的除外）等单位的代表组成。必要时，可邀请上述单位以外的专家参加。质量和安全监督机构、法人验收监督管理机构是否参加上述各阶段验收，应根据具体情况，按 SL 223 的规定执行。

（3）水泵机组安装工程的机组启动验收或首（末）台机组启动验收，为政府验收，应由竣工验收主持单位或其委托单位组织的机组启动验收委员会负责。验收委员会宜有所在地电力部门的代表参加。根据机组规模情况，竣工验收主持单位也可委托项目法人主持首（末）台机组启动验收。

（4）水泵机组安装工程的各阶段验收时，应按 SL 223 的要求提供资料；验收后，应根据验收意见对资料进行修改完善，交项目法人存档。

（5）水泵机组启动验收合格并具备其他条件和满足相关规定后，宜按《泵站现场测试与安全检测规程》（SL 548）的规定进行现场测试和安全检测，且抽水装置的流量、扬程、功率、效率、转速、允许吸上真空高度或必需汽蚀余量、振动、噪声、温升等应符合泵站设计和有关标准的要求，方可进行泵站工程竣工验收。

（二）水泵机组安装验收

（1）泵站水泵机组安装工程的项目划分、质量评定应按 SL 176 的规定执行。未经验收或验收不合格的工程不应进行后续安装工作。

（2）泵站水泵机组安装工程除机组启动验收的各阶段验收前，安装单位应进行自验收，合格后方可进行法人验收。

（3）安装分部工程验收除应符合 SL 223 的规定外，还应符合下列规定：

1）主机组安装分部工程验收应主要进行设备安装质量验收。

2）设备安装质量应符合 SL 317 的规定。

（三）水泵机组启动验收

（1）泵站每台机组投入运行前，应进行机组启动验收。机组启动验收是泵站工程验收的一个必要阶段，且为政府验收。

（2）水泵机组启动验收或首（末）台机组启动验收前，应进行机组启动试运行。项目法人应组织成立机组启动试运行工作组开展机组启动试运行工作。机组启动试运行前，项目法人应将试运行工作安排报验收主持单位备案，必要时，验收主持单位可派专家到现场收集有关资料，指导项目法人进行机组启动试运行工作。

（3）水泵机组启动试运行工作组应主要负责下列工作：

1）审查批准安装单位编制的机组启动试运行试验文件和机组启动试运行操作规程等。

2）检查机组及辅助设备、电气设备安装、调试、试验以及分部试运行、试验情况，决定是否进行充水试验和空载试运行。

3）检查机组充水试验和空载试运行情况。

4）检查机组带主变压器与高压配电装置试验和并列及负荷试验情况，决定是否进行机组带负荷连续运行。

5）检查机组带负荷连续运行情况。

6）检查机组带负荷连续运行结束后消除缺陷处理情况。

7）审查安装单位编写的机组带负荷连续运行情况报告。

（4）水泵机组启动试运行应具备下列条件：

1）与机组启动试运行有关的建筑物基本完成，满足机组启动试运行要求。

2）与机组启动试运行有关的金属结构及启闭设备安装完成，并经过调试合格，满足机组启动试运行要求。

3）过水建筑物已具备过水条件，满足机组启动试运行要求。

4）压力容器、压力管道以及消防系统等已通过有关主管部门的检测或验收。

5）机组、电气设备以及油、气、水等辅助设备安装完成，经调试并经分部试运行合格，满足机组启动试运行要求。

6）必要的输配电设备安装调试完成，并通过电力部门组织的安全性评价或验收，送（供）电准备工作已就绪，通信系统满足机组启动试运行要求。

7）机组启动试运行的测量、监测、控制和保护等电气设备已安装完成并调试合格。

8）有关机组启动试运行的安全防护措施已落实，并准备就绪。

9）按设计要求配备的仪器、仪表、工具及其他机电设备已能满足机组启动试运行的需要。

10）机组启动试运行操作规程已编制，并得到批准。

11）运行管理人员的配备可满足机组启动试运行的要求。

12）水位和引水量满足机组启动试运行最低要求。

13）机组已按要求完成空载试运行。

（5）水泵机组带负荷连续试运行分为单台机组和全站机组试运行两种不同情况，应符合下列要求：

1）单台机组试运行时间应在 7d 内累计运行时间为 48h 或连续运行 24h（均含全站机组联合运行小时数），由项目法人会同监理、设计、安装、管理单位在试运行中逐台进行；在 48h 运行中，要有 3 次以上的开、停次数，以考验机组开、停的稳定性。有些泵站缺乏水源，或因其他特殊原因，可采用连续 24h 试运行方案；单台机组累计运行 48h 或连续运行 24h，可通过调节水位、调节主阀开度、调节叶片角度，在不同工况下运行。可逆式机组试运行要按设计要求进行。

2）全站机组联合运行时间宜为 6h，且机组无故障停机 3 次，每次无故障停机时间不宜超过 1h。

3）受水位或水量限制，执行全站机组联合运行时间（包括单机试运行时间）确有困难时，可由机组启动验收委员会根据具体情况适当减少，但不应少于 2h。全站联合试运行 2h 的要求如仍然达不到，可由竣工验收委员会根据具体情况经专家论证后决定。

（6）水泵机组启动试运行中的检查和测试应符合下列规定：

1）全面检查站内外土建工程和机电设备、金属结构的运行状况，鉴定机电设备的安装质量。

2）检查机组在启动、停机和持续运行时各部位工作是否正常，站内各种设备工作是否协调，停机后检查机组各部位有无异常现象。

3）测定机组在设计和非设计工况（或调节工况）下运行时的主要水力参数、电气参数和各部位温度等是否符合设计和制造商的要求。

4）对于高扬程泵站，宜进行一次事故停泵后有关水力参数的测试，检验水锤防护设施是否安全可靠。

5）测定泵站机组的振动。机组振动限值应符合表 8-19 的规定。

表 8-19　　　　　　　　　　机 组 振 动 限 值 表　　　　　　　　　　单位：mm

项　目	额定转速 $n/(r/min)$			
	$n \leqslant 100$	$100 < n \leqslant 250$	$250 < n \leqslant 375$	$375 < n \leqslant 750$
立式机组带推力轴承支架的垂直振动	0.08	0.07	0.05	0.04
立式机组带导轴承支架的水平振动	0.11	0.09	0.07	0.05
立式机组定子铁芯部位水平振动	0.04	0.03	0.02	0.02
卧式机组各部轴承振动	0.11	0.09	0.07	0.05
灯泡贯流式机组推力支架的轴向振动	0.10	0.08		
灯泡贯流式机组各导轴承的径向振动	0.12	0.10		
灯泡贯流式灯泡头的径向振动	0.12	0.10		

注　振动值指机组在额定转速、正常工况下的测量值。

（7）机组启动试运行过程中发现的设备故障、缺陷和损坏等应由项目法人或监理工程师根据工程合同及有关法规，分清责任，责成有关单位及时处理。

（8）机组启动试运行合格后，如需临时投入运行，经请示上级主管部门同意，应由项目法人根据具体情况，委托管理单位或安装单位进行管理，并负责日常运行、维护和检修工作。在临时投入运行期内所发生的各项事故，项目法人应查明原因，分清责任，责成有关单位负责处理。

（9）机组启动验收、中间机组启动验收或首（末）台机组启动验收应包括下列主要内容：

1）听取工程建设管理报告和机组试运行工作报告。

2）检查机组和有关工程施工和设备安装以及运行情况。

3）鉴定工程施工质量。

4）讨论并通过机组启动验收鉴定书。

（10）机组启动验收鉴定书格式应按 SL 223 的规定执行。机组启动验收鉴定书应作为工程交接和投入运行使用的依据。

（11）机组启动验收签证前，安装单位应按本节第八条提供有关资料。

八、泵站水泵机组安装验收应移交资料目录

（1）泵站水泵机组安装验收签证前安装单位应提供下列资料：竣工图（含电子版）、设备资料（含电子版）、设计变更资料、设备缺陷处理资料、设备安装工程安装质量检验文件、安装及试验记录、试运行资料、验收资料、设备安装施工管理工作报告等。

（2）机组安装竣工图。

（3）设备资料（含电子版）应包括下列内容：

1) 图样（包括：总装图、主要部件组装图、安装基础图、外形图、电气原理图、端子图、接线图，安装及检修流程图、易损件加工图、泵及泵装置性能曲线图等）。

2) 安装、运行、维修说明书（包括：概述，安装、运行、维修流程、项目及标准，材料明细表、备件清单、外购件清单及资料等）。

3) 制造资料（包括：产品合格证、材料试验报告、工厂检测报告、出厂试验报告等）。

（4）设计变更资料应包括设备安装工程设计变更资料。

（5）设备缺陷处理资料应包括下列内容：

1) 设备缺陷处理一览表。

2) 设备缺陷处理的技术资料。

3) 设备缺陷处理的会议纪要。

（6）设备安装工程安装质量检验文件应包括下列内容：

1) 单元工程质量评定资料。

2) 分部工程质量评定资料。

3) 单位工程质量评定资料。

（7）安装及试验记录应包括下列内容：

1) 主水泵。

（a）主水泵基础安装记录。

（b）主水泵导叶体安装记录。

（c）主水泵叶轮圆度检查记录。

（d）主水泵轮毂体耐压及动作试验记录。

（e）主水泵叶片调节系统的操作油管耐压试验记录。

（f）主水泵导轴承间隙测量及轴承型号记录。

（g）主水泵密封安装记录。

（h）主水泵叶片与叶轮外壳间隙测量记录。

（i）主水泵导叶体与叶轮的轴向间隙记录。

（j）有紧度要求的螺栓伸长值及力矩记录。

（k）受油器安装记录。

（l）主水泵叶片调节系统叶片角度调整记录。

（m）油质化验记录。

（n）管道的酸洗、钝化和冲洗记录。

（o）主水泵轴线、同轴度、水平度、摆度安装调整记录。

2) 主电动机。

（a）主电动机基础安装记录。

（b）主电动机机架安装记录。

（c）主电动机机座及铁芯合缝间隙记录。

（d）主电动机定子安装记录。

（e）主电动机转子安装记录。

（f）制动器安装记录。

（g）制动器耐压试验记录。

（h）冷却器渗漏试验及耐压试验记录。

（i）同轴度测量记录。

（j）摆度测量记录。

（k）水平测量记录。

（l）轴承绝缘电阻测量记录。

（m）磁场中心测量记录。

（n）机组轴线中心测量记录。

（o）空气间隙测量记录。

（p）轴瓦间隙测量记录。

（q）主电动机轴线、同轴度、水平度、摆度安装调整记录。

3）进水、出水管及管件。

（a）重要焊接质量评定书，检验记录。

（b）管道安装调试记录。

（c）管道耐压试验记录。

（8）其他。

1）施工组织设计。

2）施工日志。

（9）试运行资料应包括下列内容：

1）安装调试报告。

2）机组启动试运行计划文件。

3）机组启动试运行及操作规程。

4）机组试运行工作报告。

5）SL 317 中要求的泵站测试资料。

（10）验收资料应包括下列内容：

1）出厂验收资料。

2）开箱验收资料。

3）现场验收资料。

4）机组启动验收鉴定书。

第三节　电站桥式起重机安装

一、安装条件

（1）厂房结构（包括桥式起重机运行轨道）基本安装完毕或部分安装竣工。

（2）厂房道路畅通，有较大的设备堆放场地和大型起重机的设备场地。

（3）有满足吊装桥式起重机主梁的大型起重机械或其他吊装机械，如卷扬机、滑轮组和流动式起重机（如汽车起重机、履带式起重机）、塔式起重机、大型桅杆起重机等。

（4）对交付安装的行车轨道面应符合下列要求：

1）混凝土外观无裂纹、露筋、蜂窝等缺陷。

2）混凝土已达到设计强度并有试验报告。

3）已装好的行车轨道与行车梁顶面应接触良好，梁面或轨面标高与设计图纸的允许偏差值在 10mm 以内。

二、安装流程

桥式起重机安装流程如图 8-49 所示。

三、安装技术要求

（一）吊装技术要求

桥式起重机的吊装方法应根据设备的尺寸、重量、现场环境、起吊高度、可提供配合的起吊机械等情况，编制桥式起重机吊装施工技术措施，施工技术措施应包括主要设备尺寸重量、施工现场布置、临时设施布置、起重机械选型、起重吊具、索具选择、人员组织等内容。

桥式起重机吊装步骤如下：

（1）大车行走机构吊装及加固。

（2）桥架吊装。桥架包括桥机大梁和端梁，可根据其尺寸重量、起吊高度、起重机械能力选择分部吊装或整体吊装。以分部吊装为例说明：第一根桥机大梁吊装与行走台车连接并拖运开以腾出第二根桥机吊装位置，第二根桥机大梁吊装；第一根桥机大梁拖回；端梁吊装并组拼为整体桥架。

（3）运行小车吊装。根据运行小车的重量、起吊高度、起重机械能力选择分部吊装或整体吊装。分部吊装主要分为运行小车架、起升卷筒、减速器等部件吊装以减小起吊重量。

（二）桥架安装技术要求

（1）行走大梁与行走机构采用螺栓连接，紧固后，用 0.2mm 塞尺检查，螺栓根部应无间隙。

（2）行走大梁与端梁的连接螺栓的紧固：拧紧高强螺栓的顺序是从靠近接头的那一列的中间位置开始，成对称地向列、行的两端延伸，直到将一列的螺栓拧紧，依次将第二列、第三列、…、拧紧；高强螺栓的拧紧分两次进行，第一次为预紧力的 80%，第二次达到预紧力的 100%。在预紧高强螺栓前应将连接副处进行表面处

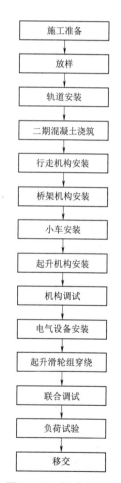

图 8-49 桥式起重机
安装流程图

理。高强螺栓预紧力矩见表 8-20。

表 8-20 高强螺栓预紧力矩表

螺栓规格	M20	M22	M24	M30
拧紧力矩/(N·m)	460	620	780	1550

（3）桥架安装完成后，必须达到表 8-21 的要求。

表 8-21 桥架安装检查项目及质量标准

检查项目	允许偏差数值/mm	图 示	备 注
大车跨度差 $|L_1-L|$ $|L_2-L|$	$L \leqslant 19.5\text{m}$，$\leqslant 4$； $L > 19.5\text{m}$，$\leqslant 6$；		L—标准跨度； L_1、L_2 为测量值，下同
主从动轮跨度差 $|L_1-L_2|$	$L \leqslant 19.5\text{m}$，$\leqslant 4$； $L > 19.5\text{m}$，$\leqslant 6$		
主梁上拱度 h	$(1/2000 \sim 1/1500)L$； $L/1000\ (1+0.2)$； $L/1000\ (1\pm0.2)$； $L/1000 \pm L/500$		
对角线差 $|D_1-D_2|$	箱形梁：$\leqslant 5$； 桁架梁：$\leqslant 10$		
主梁水平旁弯 f	箱形梁：$f \leqslant L/2000$ 单腹板、偏轨箱形和 桁架梁：$L \leqslant 16.5\text{m}$，$f \leqslant 5$； $L > 16.5\text{m}$，$f \leqslant L/3000$		带走台的箱形梁，只 允许向走台侧弯曲
主梁腹板波浪形 e	$e \leqslant 0.07\delta$（约小于 腹板 1/2 高度以上部分）； $e \leqslant 1.2\delta$（其余部分）		以 1m 平尺测量

续表

检查项目	允许偏差数值/mm	图　示	备　注
主梁水平旁弯 f_2	$f_2 \leqslant B/2000$		B—标准轮距
端梁上拱度 l_1	$l_1 \leqslant B/1500$		
车轮端面不垂直度 a	$a \leqslant D/500$ 对大车车轮而言； $a \leqslant D/400$ 小车车轮适用		
车轮端面水平倾斜度 p	$p \leqslant D/1000$		相对应的车轮
同一端梁下车轮的同位差 c	两个车轮时$\leqslant 2$ 三个车轮或以上时$\leqslant 3$		
同一端梁下的车轮中心高度差 L_1	$L_1 \leqslant B/2000$		
同一端梁下的轮距差 $\|B-B_1\|$ $\|B-B_2\|$	$B \leqslant 3.5\text{m}$，± 3 $3.5\text{m} \leqslant B \leqslant 5\text{m}$，$\pm 4$ $B > 5\text{m}$，± 5		
同一主梁下车轮中心线不同心度	$\leqslant L/1000$		

（三）大车安装技术要求

（1）安装前对安装段轨道进行验收。对所安装设备进行清点、检查，符合有关规定。

（2）桥式起重机安装控制点的设置，放出桥式起重机中心线于混凝土面和轨道顶面上，基准点线误差小于 1.0mm，对角线相对差小于 3.0mm。

（3）视大车行走机构重量、起吊能力选择，整体或部分吊装就位，并按控制点进行调整、加固。主要要求如下：

1）所有行走轮均应与轨道面接触。

2）车轮滚动平面中心应与轨道基准中心线重合，允许 $S \leqslant 10m$，$\pm 2.0mm$。$S > 10m$，$\pm[2+0.1(S-10)]mm$。

3）起重机前后轮距相对差不大于 5.0mm。

4）同一端梁下大车轮同位差：不大于 2.0mm。

5）有平衡梁或平衡架结构的上部法兰面允许偏差为：跨距 $\pm 2.0mm$，基距 $\pm 2.0mm$，高程相对差不大于 3.0mm，对角线相对差不大于 3.0mm。

6）对大车运行机组装后，应进行表 8-22 所示的各项检测，并对检测结果进行记录，作为竣工验收资料的一部分。

表 8-22　　　　　　　　　大车运行机构检查项目及质量标准

名 称 及 代 号			允许偏差	简　图
跨度 S			$\pm 4.5mm$	
跨度 S_1、S_2 的相对差 $|S_1 - S_2|$			5mm	
大车车轮的水平偏斜 $\tan\phi$	机构类别	M2～M4	$\leqslant 0.0008$	
		M5～M8	$\leqslant 0.0006$	
同一端梁下大车车轮同位差			2mm	

（四）小车架安装技术要求

桥式起重机小车架，一般是整体供货与运输的。在出厂时各机构及零部件都经过了调整，有些甚至进行了跑合，如果在吊运过程中无变形与其他损坏，且出厂时间短，外观完好和机件转动灵活，检查后可直接安装在桥架上。如果是分装运输或更新的小车体，须按表 8-23 技术要求进行安装。

（五）轨道安装技术要求

对铺设好的轨道，除对压板、垫板和螺栓要牢固可靠外，应按表 8-24 规定的技术要求进行检查。

表 8-23   小车检查项目及质量标准

检 查 项 目	允许偏差数值/mm	图 示
跨度差 $\|L_1 - L_X\|$ $\|L_2 - L_X\|$	$L_X \leqslant 2.5\text{m}，\leqslant 2；$ $L_X > 2.5\text{m}，\leqslant 3；$ L_X—小车标准跨度； $L_1、L_2$—测量跨度	
主动、从动车轮跨度差 $\|L_1 - L_2\|$	$L_X \leqslant 2.5\text{m}，\leqslant 3；$ $L_X > 2.5\text{m}，\leqslant 5$	
对角线差 $\|D_3 - D_4\|$	$\leqslant 3$	
上平面横向倾斜度 f	$L_X \leqslant 2.5\text{m}，\leqslant 5；$ $L_X > 2.5\text{m}，\leqslant 6$	
同一端主动、从动车轮宽度 中心线偏移量 C_1	$\leqslant 2$	
同一端车轮轴距差 $\|B - B_1\|$ $\|B - B_2\|$	$\leqslant 2$	
大、小车轮直径差 $\|D - D_5\|$	$< 0.005D$ D—车轮名义直径	

表 8 - 24 　　　　　　　　　　　　　　　轨道安装检查项目及质量标准

检 查 项 目	数值/mm	图 示	备 注
同一截面内大车两轨道的相对标高 a_1	支柱支点处≤10 支柱中间处≤15		
在大车的同一轨道上的两支柱中点，测量两支柱上的轨道面标高差 a_2	≤$B/1500$		a_2≤10mm
大车轨道与标准跨度差 $\lvert L_3-L\rvert$	≤4		L—标准跨度
大车两轨道接头处高低差和左右不平差 h	≤1		
大车两轨道接头处错开距离 s	≥500		
大车轨道接头间隙 a	室内为 $1\sim2$； 室外为 $2\sim3$		
支撑梁中心线与大车轨道中心线的同位性 h_1	≤10		指单腹板梁或桁架梁
轨道水平方向的直线性 b	每 100m 长度<5； 全长范围<15		
大车轨道横向不平度 e_2	<$B/200$		B—轨道宽度
小车两轨道线对标高 a_3	L_X≤2.5m，≤3； L_X>2.5m，≤5		
小车轨道接头处高低差 e_1	≤1		
小车轨道接头处侧位移 q	≤1		

续表

检 查 项 目	数值/mm	图 示	备 注
小车轨道伸缩缝 s_1	1～2	s_1	
大车轨道伸缩缝 s_2	温度高于或等于10℃时，$s_2=9\sim11$；温度低于10℃时，$s_2=4\sim6$	s_2	

（六）螺栓连接技术要求

（1）所有螺栓连接部位，都应有放松装置，如双螺母、弹簧垫片、止退垫片和开口销等，以免因工作时的振动，引起连接发生松动。

（2）双螺母放松，使连接发生松动，薄螺母应安装在下面。

（3）不准使用过长的螺栓，也不允许螺母下方垫多层垫圈来调整螺栓长度，露在螺母上面的螺纹应不少于2牙。

（4）用1个螺栓连接时，可一次拧紧。用一组螺栓连接时，应按顺序交叉拧紧，并且应分多次进行，高强度螺栓连接必须按规定操作。

（5）连接用的螺母数目，必须符合原设计数目的要求。

（七）键连接技术要求

（1）平键连接。平键连接，键的侧面是工作面，其侧面必须与轴和毂紧固，严格按滑动连接和紧固连接的有关规定进行检查。

（2）楔形键连接。键与键槽之间不允许加垫片。

（八）电气设备安装技术要求

（1）主令电器。

1）主令电器应按图纸要求安装，地脚螺栓应拧紧，并有防松动装置，防止运行中晃动。

2）应按技术条件调整触点压力、开距、行程开关。

3）主令控制器和凸轮控制器触点分断和接通的电流种类、触电数量、容量、分合程序应符合图纸要求。

4）操作手柄应动作灵活，挡位明确，自动复位的开关，复位时应灵活可靠。联动控制手柄应有零位自锁功能。

5）主令控制器、凸轮控制器、行程开关的端子应完好，且有防松装置。导线与接线端子连接应牢固可靠，触点和接线端子应有明显的永久性的端子标记，以便检查。

6）凸轮控制器的灭弧装置应完好，并安装牢靠，旋转时和其他部件无摩擦。

7）对有中间转动环节的限位开关，应检查转数比是否符合设计要求。有安装方位要求的限位开关，应按设计要求进行安装和检查，确保其工作正常。

8）绝缘电阻测量及介电试验。凸轮控制器内电气间隙不小于6mm，爬电距离不小于8mm。主令控制器内电气间隙不小于5.5mm，爬电距离不小于6.3mm。联动台各电器元件及裸露导电零部件间的电器间隙不小于8mm，爬电距离不小于14mm。采用50V兆欧表测量联动台或控制器不同触点对地的绝缘电阻不低于10MΩ。

（2）控制柜。控制柜安装应牢固、可靠，尽可能减小由起重机运行速度变化而引起的颤动，安装垂直误差不应超过12‰。控制柜前的通道宽，单列布置为800mm，双列布置为1000mm。需要进入柜后面检修的，与其他物体的距离不小于500mm，不需要进入后面维修的，与其他物体的距离可减至250mm；由于结构的限制达不到上述要求的，最小距离不小于100mm。

控制柜的型号、规格、防护等级，应符合图纸要求。控制柜应无变形，柜门开关灵活，控制柜元件完好无损、无锈蚀，元件间接线整齐、美观、牢靠、可靠。

连接线的规格和元件容量相等。需要外引的控制回路接至控制柜的接线端子上，主回路电源线小于16mm² 线可接于控制柜的接线端子上，大于16mm² 导线情况可接至控制柜大容量端子上，也可以直接接至控制元件的接线端子上。

所有元件应动作灵活可靠，无黏滞、卡住等现象，电器连锁和机械联锁动作可靠。触点接触良好，无油污和异物，触点压力、开距和行程开关数值应符合元件的技术条件。

磁系统接触面平整光滑，无油污和锈蚀，动作灵活可靠。电器元件的接线端子应有相应的标记。

控制柜接地装置良好，接地标志明显、耐久。控制柜的骨架、箱体、门等均应良好地接地。接地线为黄绿双色线，最小截面为4mm²（多芯铜线）接线箱内腔应有足够的引线空间。接线端子的容量应与被连接的导线载流量相适应。

（3）电缆及电线。

1）电线一般采用线槽和煤气管敷设和防护，电缆一般采用电缆托架或线槽敷设，单柜多芯电缆也可以用电缆管敷设。在无机械损伤和油污的场合直接敷设。电缆煤气管可电焊固定或机械固定，所用线槽、托架、电缆管应采用镀锌或喷漆的方法进行防腐处理。

2）室外敷设电缆管应有防雨措施，也可以用包塑金属软管和电缆管过渡。应防止雨水进入线槽或在线槽内积聚。电缆管口、设备进出线口和金属结构的进出线口，应有橡胶套管、橡胶皮带包扎等方法，防止导线损伤。

3）电缆管中敷设的导线或电缆不应接头。

4）电缆管不应有明显的压扁缺陷，压扁处应不大于管子外径的10%。

5）距离较短，弯曲较多的场合，应采用软电缆进行敷设。垂直敷设的电缆固定点的间距为0.8～1.0m，水平敷设时固定点的距离为0.5～0.8m。电缆弯曲两端均应固定，弯曲半径为电缆外径的5倍。

6）电缆和电线采取电缆钢管敷设，钢管内径不小于线束和电缆外径的1.5倍，或者导线总面积为钢管内径截面积的40%。

7）控制设备接线端子上，同一接线端子一般只接一根导线。

8）司机室内允许使用无护套铜芯多股塑料线，电控设备内部允许使用铜芯多股塑料线，但必须保证其性能，供电电缆应采用带有接地的四芯电线。

9）敷设时，应按设计要求检查电缆、电线的型号、规格、数量。

（4）电动机。

1）安装牢固，地脚螺栓、轴承螺母应拧紧。

2）新装或长期不用的电动机使用前应检查电动机绕组间和绕组对地的绝缘电阻，以及转子绕组滑环间的绝缘电阻。

3）检查名牌所示的电压、频率、接法与实际情况相符，接法正确。

4）电动机轴能用手扳动，自由旋转。

5）轴承润滑良好。

6）电动机接地良好可靠。

7）温升的检查。如果电动机温升过大或突然增加，说明电动机有故障，负荷太重或选择不合理。

（5）钢丝绳。

1）钢丝绳应有断裂强度证明文件，如无证件应从钢丝绳上切下 1500mm 一段做单丝的抗拉强度试验，整绳的抗拉强度以单丝抗拉强度总和的 83％作为该钢丝绳的技术数据。

2）钢丝绳的品种、规格和强度都必须符合制造厂的规定，不合乎要求时应更换或降级使用。

3）穿钢丝绳必须保证钢丝绳在滚筒端紧固可靠，当大钩从安装高度落至零米地面或以下的最低位置时，滚筒上仍应缠有不小于 2 圈的钢丝绳，起吊钩在最高位时滚筒上应能容纳全部钢丝绳。

（6）电磁铁。

1）起重电磁铁用的直流电源严禁接入其他支流用电器。

2）具有停电保磁系统的起重电磁铁供电系统装置，可以接入起升机构直流制动电磁铁。

3）电磁式起重电磁铁的电源，应保证当起重机内部出现事故断电时，不被切断。

4）电缆固定夹应完好无损，电缆护套无轧伤，刺裂、龟裂老化现象。

5）起重电磁铁线圈的冷态电阻实测值误差不得超过±5％。

四、起重机的试验要求

（一）试验前条件要求

（1）机械、电气及安全设施安装齐全，接地安全可靠的正式或临时电源，电气设备绝缘电阻合格，经试运转动作正常，各操作装置标明动作方向，操作方向与运行方向核对无误，继电保护装置灵敏可靠。

（2）起落大钩的各挡调节控制装置应能灵活准确控制。

（3）起重机的过卷限制器、过负荷限制器、行程限制器以及轨道阻进器的联锁开关等安全保护装置齐全，并经试验，确认灵敏正确，对于限制位置应做出标记。

（4）屋顶、屋架上悬挂的索具、行车梁上杂物和插筋等应全部清理干净，轨道上无油渍等增滑物质。

（5）起重机司机经考试合格。

（6）桥式起重机本身装好铭牌。

（7）各制动器内按环境温度加好合适的油渍。

（8）盘动各机构的制动轮，旋转应无卡塞，调整制动器，经试验确认灵活正确。

（9）大车、小车和吊钩都经空车试转，动作良好，大小车轮与轨道无卡塞现象。

（10）准备好试负荷用的荷重，其值必须认真计算或有切实的依据，不准冒估或概算，并不得使用正式设备，特殊情况下必须使用时应取得一定的批准手续。

（11）做好试验时所需的测量准备工作。

（二）目测检查

应包括所有重要部分的规格和（或）状态是否符合要求，如：各机构、电气设备、安全装置、制动器、控制器照明和信号系统；起重机金属结构及其连接件、梯子、通道、司机室和走台；所有的防护装置；吊钩或其他取物装置及其连接件；钢丝绳及其固定件；滑轮组及其轴向的紧固件。

检查时，应打开在正常维护和检查时需要打开的盖子（如车轮轴箱盖、限位开关盖）。目测检查时，还应符合 GB/T 5905 的规定。

（三）空载试验

试验前，应在空气相对湿度小于85％时，用500V兆欧表分别测量各机构主回路、控制回路、对地的绝缘电阻。

接通电源，开动各机构，使小车沿主梁全长、起重机沿厂房轨道适当长度往返运行各不少于3次，累计时间不少于5min，应无任何卡阻现象，检查限位开关、缓冲器工作是否正常，吊具左右极限位置是否符合要求。分别开动主、副起升机构作起升范围全程运行，检查运转是否正常，控制系统和安全装置是否符合要求及灵敏准确，检查起升范围是否符合要求，并做好记录。

（四）静载试验

每个起升机构的静载试验应分别进行。静载试验的载荷为1.25倍额定起重量，试验前应调整好制动器。

对主起升机构做静载试验，起升额定载荷（逐渐增至额定载荷），小车在桥架全长往返运行，并开动起重机行走机构（不应同时开动3个机构），检查各项性能应达到设计要求。卸去载荷，将空载小车停放在极限位置，定出检测基准点。

主起升机构置于主梁最不利位置，先按1.0倍额定起重量加载（双小车时，按合同约定进行试验），起升离地面100～200mm处悬空，再逐渐加载至1.25倍额定起重量后，悬空时间不少于10min。卸去载荷将空载小车停放在极限位置，检查起重机主梁基准点处有无变形，若无永久变形且主梁实有上拱度和悬臂的上翘度符合要求，即可终止试验；如有永久变形，应从头再做试验，但总共不超过3次，永久变形不应加剧。

试验后，应目测检查静载试验检验的起重机以及各结构件是否出现永久变形、油漆剥落或对起重机的性能和安全有影响的损坏，检查连接处是否出现松动或损坏，如果未见到裂纹、永久变形、油漆剥落或对起重机的性能与安全有影响的损坏，连接处也没有出现松动或损坏，则认为该项试验的结果合格。

（五）额定载荷试验

主起升机构按 1.0 倍额定起重量加载，做起重机运行机构、小车运行机构和起升机构的联合动作，只允许同时开动两个机构（但主、副起升机构不应同时开动），此间分别检测各机构的速度（含调速）、制动距离和起重机的噪声。

依合同约定检测起重机的静态刚性。先将空载小车放在极限位置，在主梁跨中找好基准点，将小车主起升机构置于主梁最不利的位置，按额定起重量加载，载荷离地 100～200mm 处悬空，保持 10min。测得主梁下挠数值后卸载，将主梁下挠数值再除以起重机的跨度，即为起重机的静态刚性。

（六）动载试验

起重机各机构的动载试验应先分别进行，而后做联合动作的试验。做联合动作的试验时，同时开动的机构不应超过两个。

除起升机构外，其他机构在制造商规定的低速值时应能同时承受 1.25 倍额定起重量的试验载荷。

起升机构按 1.1 倍额定起重量加载，试验中在其行程范围内做反复的起动和制动，对悬挂着的试验载荷做空中启动时，试验载荷不应出现反向动作。试验时应按该机的电动机接电持续率留有操作的间歇时间，按操作规程进行控制，且应注意把加速度、减速度和速度限制在起重机正常工作的范围内。按接电持续率及其工作循环，试验时间至少应延续 1h。

试验后，应目测检查各机构或结构的构件是否有损坏，检查连接处是否出现松动或损坏。

（七）噪声检验

单小车起重机，在跨中起吊额定起重量，同时开动起重机行走机构和起升机构，不允许同时开动两个起升机构；双小车起重机只允许开动 1 台小车。在司机操作位置处测量，用声级计 A 挡读数测噪声，测试时脉冲声峰值除外。总噪声与背景噪声之差应大于 3dB（A）总噪声值减去表 8-25 所列的修正值即为实际噪声，然后取 3 次测值的平均值。

表 8-25   背景噪声修正值

总噪声与背景噪声之差值/[dB(A)]	3	4	5	6	7	8	9	10	>10
修正值/[dB(A)]	3	2	2	1	1	1	0.5	0.5	0

对于地面操纵的起重机（含遥控起重机），噪声测定取为地面的模拟位置，距负载小车垂线下旁不应大于 6m 处测量。

第四节　电　气　设　备　安　装

一、一次设备安装

（一）封闭母线及发电设备

1. 施工流程

封闭母线及发电设备包括发电机主回路及分支回路离相封闭母线（以下简称封闭母线

或 IPB)、发电机出口电流互感器、发电机断路器组合（包括电制动开关）成套电器、机端厂用变压器、励磁变压器、电压互感器柜、电流互感器及避雷器组合柜等，封闭母线安装流程如图 8-50 所示。

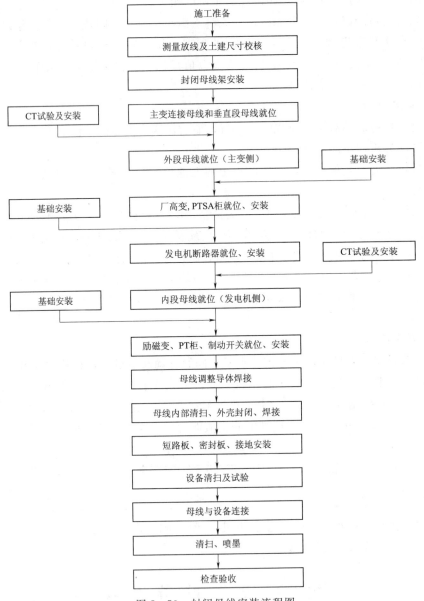

图 8-50 封闭母线安装流程图

2. 质量控制要点

（1）基础支架安装。基础装好后，将接地扁钢焊接在槽钢基础上。清除焊渣及毛刺，然后用钢丝刷将铁锈除掉，内外各涂防锈漆两道，再涂色漆两遍，色漆与柜体颜色一致。

（2）设备运输。在设备倒运过程中，对部分易损件单独运输或分开运输。能带箱运到安装部位的设备、部件则带箱运至现场（如盘柜等设备），严禁裸露运输。

（3）封闭母线吊装。

（4）发电机断路器组合成套设备安装。在安装完成垂直段母线及把机端厂用变、VT/SA 柜段母线，机端厂用变、VT/SA 柜、发电机断路器后母线就位后，进行发电机断路器安装：

1）断路器运输、吊装就位。

2）断路器安装。

3）断路器 SF_6 气压检查。

（5）封闭母线调整及焊接。

（6）高压厂用变压器、VT/SA（电压与电流互感器）柜的安装。

（7）PT（电压互感器）柜、励磁变压器及制动柜安装。

（8）电制动变压器安装。

（9）封闭母线与相关设备的连接及辅助设备安装。

（二）变压器及其中性点设备

1. 设备组成

变压器及全部附属设备（包括油/SF_6 高压套管、18kV 油/空气套管、水冷却器、储油柜、端子箱、控制箱等）、新油的净化及检验、所有相关电气设备（控制、监测、监控、保护等系统）、变压器中性点设备。

2. 主变压器安装流程

主变压器安装流程如图 8-51 所示。

3. 主变压器现场试验控制重点

（1）测量绕组连同套管的直流电阻。

（2）检查所有分接头的电压比。

（3）套管 CT 的极性检查和变比测量。

（4）测量绕组连同套管的绝缘电阻、吸收比、极化指数。

（5）测量绕组连同套管的介质损耗因数 $\tan\delta$。

（6）测量绕组连同套管的直流泄漏电流。

（7）局部放电测量。

（8）绕组变形测试。

（9）绕组连同套管的交流耐压试验。

（10）绝缘油试验。

（11）相序检查。

（12）控制保护设备、在线监测设备调试。

（13）控制保护设备、在线监测设备运行试验。

（14）冷却装置的检查、试验。

（15）铁芯绝缘测量。

（16）中性点电流互感器试验。

（17）中性点穿墙套管及横担绝缘子试验。

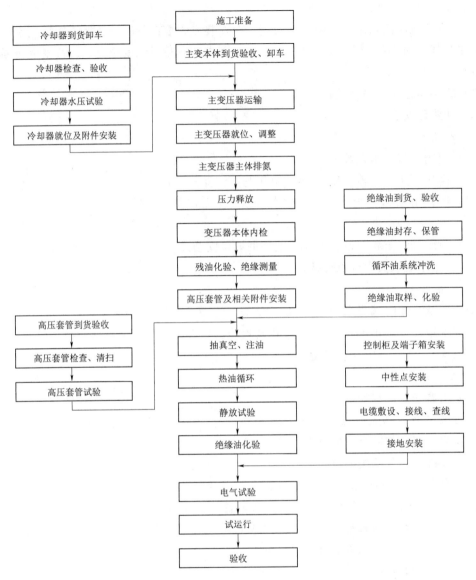

图 8-51 主变压器安装流程图

（18）冷却水控制系统手动/自动运行试验。

（三）GIS 设备、SF_6 气体绝缘母线（GIL）及附属设备

1. 概述

GIS 包括：断路器间隔、主变进线隔离间隔、出线隔离开关间隔和电压互感器避雷器间隔以及相应母线，以及油/SF_6 套管的连接、设备支架、检修平台、电缆线槽及托架、设备端子箱、现地汇控柜、操作控制箱/柜、接地装置、引至地面出线场的 SF_6 气体绝缘母线（GIL）等设备。

主要施工任务有：工地运输、就位、检查、安装、调试、电缆敷设与连接、电缆管埋设〔包括系统设备至控制盘间电缆埋管埋设、控制盘至电缆廊道或电缆竖井间的电缆埋管埋设、系统设备范围内电缆敷设与连接、与外部相关设备电缆/光缆的敷设及接线（包括光缆熔接）、盘柜内元器件的固定及改线、防潮封堵处理等]，设备接地端子与电站接地网的连接，本系统与电站监控系统的连接及联调等，试运行及竣工验收。

2. GIS设备安装

GIS设备安装流程如图 8-52 所示。

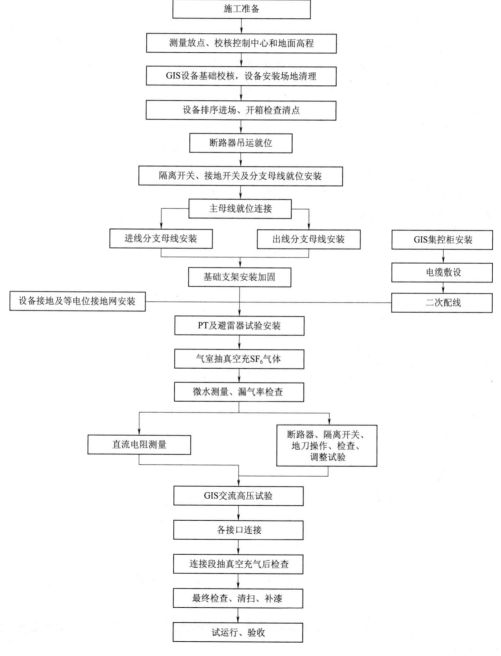

图 8-52 GIS设备安装流程图

3. 质量控制要点

（1）作业指导书编制。

（2）组织技术交底。

（3）记录和验收表格编制。

（4）安装基准定点复核。

（5）设备运至现场的到货检查。

（6）GIS 主体设备安装。

1）断路器安装。

2）断路器与 CT 隔离开关（接地开关）装配。

3）主母线及分支母线安装。

4）密封处理。

5）套管安装。

6）气体处理作业。

（7）GIL 气管母线安装。

（8）设备接地和补漆。

（9）集控柜安装及电缆敷设配线。

（10）现场检查及试验。

1）外观及接线检查。

2）绝缘检查。

3）局部放电试验。

4）无线电干扰试验。

5）主回路直流电阻测量。

6）气体密封性试验。

7）SF_6 气体湿度测量。

8）气室压力闭锁调试。

9）断路器、电流互感器、电压互感器及避雷器等试验。

10）隔离开关和接地开关现场试验。

11）分合闸操动调试。

12）开关逻辑联锁调试。

13）与监控及保护系统的联合调试。

14）控制、测量、保护和调节设备（包括加热和照明设备在内）的功能试验。

4. 安装注意事项

（1）制造厂已装配好的电气元件在现场组装时一般不应解体检查，如有缺陷需在现场解体检查时，必须得到制造厂的同意。

（2）吊装设备前必须确认起重设备如桥机、旋臂吊、吊绳、吊带、吊环等的起重能力及产品自重。

（3）不要施加额外的力或重击套管、管路、箱体等部位。

（4）每日安装前，必须清扫作业现场并根据当日安装内容提前准备好安装工具及消辅材料，安装结束后对安装工具进行清点，对现场进行清理并确定次日的装配内容。

（5）安装过程中要特别小心，防止灰尘、脏东西和潮气进入 GIS 内部。内部清理、安装时应戴上塑料薄膜手套。

（6）为防止杂质进入本体内部，清理后的导体、壳体等应立即安装，外露部分要用塑料布包覆，对于暂时不安装的壳体、管路等切勿将保护盖板取下。

（7）"O"形圈种类不能混淆，要分类存放，区别使用，使用前要检查其外表不能有划伤。

（8）在抽真空前，迅速更换干燥剂，以尽量缩短其在大气中暴露的时间。

（9）在进行套管终端装配或其他返修作业之前，必须确认 SF_6 气体已回收且表压为零时，才能松开盖板或法兰的连接螺栓，法兰螺栓必须沿圆周方向均匀松动，不能一个一个地拆卸。

（10）气体回收后，进行 GIS 壳体内部安装，检查作业时必须对氧气浓度进行检测，必要时采取换气措施，否则不能进入内部作业。进入壳体内部作业必须有专人监护。

（11）进行高空作业必须使用安全带，且必须有专人监护。

（12）螺栓紧固时，用力矩扳手按标准紧固力矩值进行紧固，紧固后做标记。

（四）敞开式出线设备

1. 概述

敞开式出线设备布置在地面开关站内，包括出线所需的避雷器、电容式电压互感器、隔离开关等。

2. 施工流程

敞开式出线设备安装流程如图 8-53 所示。

（五）高低压配电设备

1. 高低压配电设备组成

高低压配电设备主要包括高压开关柜、低压开关柜、母线槽（包括与变压器及低压开关柜的连接）、柴油发电机组及其附属设备、动力配电箱。

2. 高低压配电设备安装流程

（1）设备基础安装。

（2）开关柜和配电系统安装。

（3）柴油发电机安装。

（4）输电线路安装。

（六）铜排制作及质量控制

1. 铜排加工设备的操作及维护

（1）制作人员必须完全按照设备的操作说明书来操作，避免违规操作造成人员、设备的损伤、损坏。

（2）铜排机的模具以及配件要保持完好。

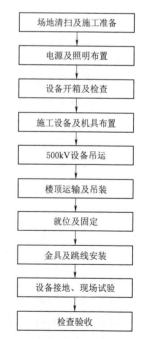

图 8-53 敞开式出线设备
安装流程图

（3）设备必须定期保养。

（4）设备的管理保养制度要完善。

（5）多工位母线加工机。

首次开机前必须先给油箱注油，以免损坏油泵；认真阅读使用说明书，熟悉机器的结构、性能和操作方法；不要带围巾或穿大衣之类的衣服操作；用正确的方法进行工作，以便在发生问题时尽快停车和摆脱危险；如果环境温度低于 0℃ 时，工作前应先开机空转几分钟；安装、调试（对模、调整刀片间隙）或拆卸模具，必须由熟悉机器的人员按照规定的规程进行；当机器开动时，切勿把手或身体的一部分放在上下模（刀片）之间，以免发生事故；一切杂物及工具勿放在工作台上，以免轧入模具或刀口而造成事故；由于本机器可多人操作，所以必须有专人负责指挥生产；一定要根据铜排（或铝排）的厚度选择好剪切刀片和冲模的间隙及折弯圆角半径；在更换模具时一定要停机，以免发生危险。在操作时，拿着工件等待滑块下行时必须小心；应定期检查刀片和冲模刃口锋利程度，如发现刃口变钝，应及时修磨或更换；保持油液清洁及油路通畅，每班给各单元运动部件加润滑油；电气与液压元件必须保证动作灵活与位置正确，发现不正常现象时必须立即停车检查；不工作时关断各单元工作按钮，关断操作盘上的电源开关。

2. 铜排的移动和存放

（1）铜排移动应单件进行，如需叠加则应采取隔离措施保持铜排表面光洁平整。

（2）铜排的存放货架的接触面必须是木质的或橡皮的。

（3）移动铜排应戴手套，以防铜排氧化。

（4）铜排在领取和制作过程中不允许直接接触地面，制作区域应有木质的或橡皮的存放处。

（5）铜排的发货应标识清楚，便于现场安装。

3. 铜排的制作

（1）准备好铜排制作必备工具，减少铜排的制造误差。

（2）铜排下料的计算充分利用勾股定理。

（3）铜排的计算要注意加减铜排的厚度，减少制造误差。

（4）铜排下料应考虑铜排在柜内的合理走向。

（5）主母铜排下料的计算要充分利用柜体分解线。

（6）铜排的计算要注意卷尺丈量时是否是从 100mm 处开始丈量，计算时要减掉 100mm 的误差。

（7）铜排下料应考虑是否有废排可利用。

（8）加工铜排应戴手套，以防铜排氧化。

（9）铜排冲孔应打样冲眼。

（10）铜排的画线使用的角尺要贴紧铜排。

（11）铜排的折弯应考虑铜排机的最小折弯距离 50mm。

（12）母线的排列（面对屏盘以柜的正视方向为准）。A、B、C（黄、绿、红）相的排列由上向下、由内向外、由左至右，即零母线 N 排、地母线 PE 排在柜体的下方，地线在前，零线在后。

（13）相间电气间隙距离保持在 20mm 以上，低于 20mm 采用隔板隔离。

（14）母线固定件应符合 3C 要求。

（15）主母排柜内布置应尽量简单流畅，折弯处保持一致，应在连接排 30mm 处折弯比较美观。

（16）现场母排作为柜体进线则为柜体上进线，应将框架断路器的进线端引出柜顶 200mm 便于现场铜排连接，N 排也要一并引出。

（17）现场电缆作为柜体进线则为柜体下进线，应将框架断路器的进线端引出朝下，引出铜排相间接线距离应大于 50mm 便于现场电缆连接，电缆连接孔的多少根据框架断路器的额定电流安数决定，每 500A 冲一个孔，如 2000A 冲四个孔。

（18）孔眼直径不得大于铜排宽度的 1/2，加工应保证位置正确、垂直，不歪斜，孔眼间相互距离的误差不应大于 0.5mm。

（19）控制排采用 ϕ8mm 圆管或 15mm×5mm 矩形铜排，圆管需上热收缩管；矩形控制排按柜体分段连接。

（20）铜排的折弯角度不得小于 90°。成形后，弯曲处不应有裂纹或折皱，不平整度不大于 1mm。

（21）矩形铜排应进行冷弯，不得进行热弯。

（22）铜排应减少直角弯曲，弯曲处不得有裂纹及显著的折皱；多片母线的弯曲度应一致。

（23）铜排扭转 90°时，其扭转部分的长度应为母线宽度的 2.5～5 倍。

（24）矩形母排的搭接连接：应符合规范要求；当母线与设备接线端子连接时，应符合现行国家标准《高压电器端子尺寸标准化》（GB/T 5273）的要求。

（25）操作台箱构架上应设有不小于 2mm×15mm 的接地铜排。

（26）接地铜排上的端子允许多根导线共用一接地螺丝。

（27）接地排和接地线的截面为主回路铜排及导线截面的 1/4～1/2。

4. 带电母线的安全防护

（1）母线室与开关室应有绝缘板或金属板隔离，以防入柜检修、检测时，误触带电母线，确保人身安全。

（2）开关室带电母线应有热收缩管或绝缘板防护。

（3）柜内设备与带电母线电气间隙小于 30mm 应有热收缩管保护。

（4）柜门与带电母线应有有机玻璃板或 PC 板防护。

（5）有机板的制作应整齐美观。

（七）照明系统

1. 概述

照明系统包括照明配电箱、灯具、配线、开关、插座、灯杆等。

2. 施工安装质量控制要点

（1）接线盒、配电箱的预埋。

（2）布线。

（3）照明分电箱的安装。

（4）照明器具的安装。

（5）现场试验。

（八）接地装置

1. 概述

接地装置的施工内容包括以下几个方面：

（1）建筑物的接地体敷设；地面出线场、集控楼区域接地体敷设。

（2）设备及外壳的工作接地、保护接地、防雷接地。

（3）二次专用等电位接地网的敷设与连接，包括设置在主控室、保护室、机旁盘室等地的二次等电位接地网的敷设、二次接地网与主接地网的连接。

（4）金属构件的接地（包括设备基础、设备支架及吊架、电缆桥架、门窗、金属围栏、楼梯、爬梯及其他施工图纸要求接地设施的接地体敷设及连接）。

（5）与其他承包人敷设的接地引出线的连接。

（6）接地网的工频接地电阻的测量。

2. 工艺及质量控制要点

（1）接地体埋设深度。

（2）接地网跨越建筑伸缩缝、沉降缝施工。

（3）引出接地抽头复核。

（4）要求接地的金属外壳、金属部件、栏杆、框架和明敷接地线均连接到最近的接地网接地母线上。

（5）金属管道的接地装设跨接线。

（6）主要电气设备的框架有两点接地。

（7）火泥熔接。

（8）钢-钢连接。

（9）接地模块安装。

（10）接地电阻的测量。

（11）完工检查验收。

二、电气二次设备安装

（一）概述

1. 设备范围

电气二次设备包括控制及继电保护与故障录波设备、通信系统设备、直流电源与逆变电源系统等。

2. 安装工艺重点环节

盘柜内接线和设备防护是本部分的重点，盘柜内接线根据电缆芯线的不同（单芯和多芯绞线）采用不同的接线方式，确保接线美观、大方；接地线走向合理、规范。设备防护根据其与土建施工的交叉度进行防护：不与土建施工交叉的电气设备安装工作面在设备安装完成后，将房间的门窗全部封闭，在室内设置温度计、湿度计监测环境的温湿度。与土建施工交叉的电气设备安装工作面在设备安装完成后，根据其投运时间，在设备顶部和四周做好防护工作，避免土建施工造成盘柜污染和损坏。

3. 施工流程

（1）二次运输及开箱检查。

（2）基础预埋及制作安装。

（3）设备安装。

（4）蓄电池安装。

（5）设备接线。

（6）盘柜封堵。

（7）二次回路试验。

（二）控制及继电保护与故障录波设备

1. 一般规定

施工重点项目包括设备装卸、保管，基础埋件制作及安装，系统控制、保护盘柜及自动化元件安装、调试，电缆敷设与连接，电缆管理设等〔包括系统设备至控制盘间电缆埋管埋设、控制盘至电缆廊道或电缆竖井间的电缆埋管埋设、系统设备范围内电缆敷设与连接、与外部相关设备电缆/光缆的接线（包括光缆熔接）、盘柜内配线的修改、防潮封堵处理等〕，各系统的连接及联调等，启动、试运行、正式移交前的运行、维护、管理、和保养及竣工验收。

母线、线路、断路器保护及安全自动装置。

备用电源自动投入系统分为 10kV、35kV 等高压备投系统及 0.4kV 低压备投系统。

2. 施工过程质量控制要点

（1）绝缘电阻试验。各电路对地（外壳）之间，用开路电压为 500V 或 2500V 的测试仪器测定其绝缘电阻应不小于相应规范值。

（2）工频耐压试验。交流回路对地之间承受 2kV（工频，1min）、直流回路对地之间承受 1.5kV（工频，1min）电压应无击穿或闪络现象。

（3）冲击耐压试验。装置的导电部分对外露的非导电金属部分外壳之间，在规定的试验大气条件下，应能耐受幅值为 5kV 的标准雷电波短时冲击试验。

（4）高频干扰试验。保护及故障录波器应能承受频率为 1MHz 及 100kHz 衰减振荡波脉冲干扰检验及快速瞬变干扰试验。

（5）装置通电试验。装置加上额定直流电压，连续通电不小于 100h，各项参数和性能应符合要求，回路完好，无异常现象。

（6）装置定值调整与试验。对保护和控制装置的时间元件和测量元件的定值进行调整和误差测试，其动作误差应符合出厂说明书的要求。保护及控制装置在模拟输入量达到整定的动作值后应能按设计要求正确动作。

（7）装置功能模拟试验。装置加直流电源、交流回路通入正常运行值后，运行状态正常，指示灯指示正常，再按合同文件和设计要求进行装置功能模拟试验。

对于保护设备：模拟被保护设备保护区内、外各种类型的故障，保护装置各部分的动作情况应符合设计要求，动作信号能自保持，各信号回路只有经手动才能复归；装置通道统调和与系统对调。

故障录波及安全自动装置功能试验还应包括与调度端的远传功能试验。

（8）72h试运行。

3. 完工验收重点

（1）保护盘的安装位置正确，固定及接地可靠，盘面漆层完好、清洁整齐。

（2）保护盘内所装电器元件齐全完好，安装位置正确，固定牢靠。

（3）所有二次回路接线正确，连接可靠，标志齐全清晰，绝缘符合要求。

（4）所有现场试验符合国家、行业标准以及订货合同的要求，技术资料和文件整理齐全。

（三）通信系统设备

1. 设备布置

通信设备包括数字程控调度交换机、调度台、数字录音系统、SDH光通信设备、高频开关通信电源、免维护蓄电池、光纤数字配线柜、音频配线柜等。

2. 现场检查、试验控制要点

（1）SDH光通信设备。机柜内电源线、光纤跳线、固定件等的通电前检查；各类装置的内部或外部连线、连线检查应正确无误；各类装置的接地线和接地电阻检查合格；各类线缆的机房接地检查正常。

各端子对机壳的绝缘性能合格；电源回路所配置的保险装置规格容量正确；配线柜中尾纤及高频同轴电缆的连接方式正确。

闭合直流电源开关，各子机架及单元板的电源指示灯正常；单元板的各种信号指示灯正常；相关各站SDH光通信设备轮巡检测，信号正常。

（2）程控交换设备。

1）通电前检查项目。电路板数量、规格及安装位置与技术文件相符；设备标志齐全正确；设备的各种选择开关置于指定位置；设备的各级熔丝规格符合要求；机架及各种配线架接地良好；设备内部的电源布线无接地现象；交换机通电前，对机房主电源输出端子上测量电源电压确定正常后，方可进行通电测试。

2）硬件检查测试。各级硬件设备按厂家提供的操作程序，逐级加上电源；设备通电后检查所有变换器的输出电压均符合规定；各种外围终端设备齐全，自测正常。设备内风扇装置应运转良好；检查交换机、配线架等各级可闻、可见告警信号装置应工作正常、告警准确。

交换系统时钟等级及性能参数符合相关国家标准规定；装入测试程序，通过人机命令或自检，对设备进行测试检查，确认硬件系统无故障，并提供测试报告。

3）系统测试。系统初始化，系统自动/人工再装入，系统自动/人工再启动；本局内及出入局呼叫，汇接呼叫，与各交换机的来去话呼叫，局间中继电路呼叫；计费功能，非话业务，特种业务呼叫，新业务功能，专网特种功能；会议电话，数字录音与查询存储。

软件版本检查，符合合同要求；人机命令核实；告警系统测试；话务观察和统计；例行测试；中继线和用户线的人工测试；用户数据、局数据生成规范化检查和管理；故障诊断；冗余设备的自动倒换；输入、输出设备性能测试。用户信号方式（模拟、数字）；局间信令方式（随路、共路）；系统网同步功能；系统网管功能。

可靠性测试；障碍率测试；性能测试；局间信令与中继测试；接通率测试；维护管理和故障诊断测试；数字网的同步与连接；处理能力、过负荷测试；环境条件验收测试；传输指标测试等。

4）调度台。按照调度台类型分类进行测试，测试按键灵敏度、按键指示、手柄切换、接通率、人机界面、系统启动时间、联合组网调度及调度台系统主要功能等。

5）数字录音系统。按照系统性能指标进行测试，主要测试系统硬件配置、录音控制方式、录音查询方式、数字录音存储、存储介质类型及容量、数据备份等。

交验测试完毕后，对技术文件进行清点和移交；按备件清单对各项备件数量进行清点，对各种备件板进行联机测试，确认性能良好。

（四）直流电源与逆变电源系统

1. 工作范围

直流与逆变电源系统包括充电机、蓄电池柜、逆变设备等。

施工任务主要包括设备装卸、保管，基础埋件制作及安装，设备固定，盘内部分元器件的固定及改线，系统设备间电缆、光缆敷设与连接，与外部相关设备电缆、光缆的接线，盘柜接地，电缆管的埋设，设备的调试、启动、试运行及竣工验收等。

2. 直流电源作用及类型

直流电源可用于通信设备、应急照明或断路器控制保护回路、信号回路等的操作。用于通信设备的电源可称为通信电源，用于二次回路的电源可称为操作电源。直流系统安装调试包括对高频开关电源和免维护蓄电池的安装与调试，安装承包人需按制造厂的调试大纲及有关规程、规范执行。

调试过程为带电作业，操作时请站在干燥的绝缘物上，不要佩戴手表、项链等金属物品。调测中应使用经过绝缘处理的工具。

作业中要避免人体接触两点不同电位带电体。

电源设备调试中，任何"合闸操作"前一定要检查相关单元或部件的状态是否符合要求。

（1）高频开关通信电源。高频开关通信电源的参数调整，系统浮充性能调试，并机工作性能检测，负载特性测试，交流输入回路的自动倒换功能调试，直流、交流输出回路电流整定值的调试，系统保护性能调试。

（2）免维护蓄电池组。检查蓄电池外壳清洁并无膨胀现象；检查蓄电池槽无裂纹、损伤，槽盖密封良好；检查蓄电池的正极、负极极性正确，无变形；检查电池之间，电池组件之间及电池组与机柜之间的连接是否正确、合理方便，电压降尽量小，不同性能及不同容量的蓄电池不能互连使用。

电极的引出线用热缩色相套管标明正极、负极的极性，正极为赭色，负极为蓝色。

蓄电池安装平稳、间距均匀，同一排、列的蓄电池槽高低一致，排列整齐，并牢固可靠。

布放电池电缆时，对电池组Ⅰ、Ⅱ的电缆分别做好线号和正负极标记。

充放电要求：蓄电池初充电及首次放电按产品技术条件规定进行，不得过充过放。在整个充放电期间，按规定时间记录蓄电池的端电压、放电电流及当时的环境温度，并绘制整组充放电特性曲线。

蓄电池充好电后，在移交运行前，按产品的技术要求使用与维护。

清除蓄电池槽表面污垢时，对用合成树脂制作的槽，用脂肪烃、酒精擦拭。

3. 与其他系统联合调试

（1）按照通信系统的功能要求完成联合调试。

（2）与电力系统通信的联合调试。

（3）与其他相关系统的联合调试。

所有现场试验、系统联调完成后，经监理人员确认系统设备满足设计图纸、随机安装说明书、国家和行业标准以及订货合同的要求，且技术资料、文件和备品备件齐全。

4. 施工控制重点

（1）220V 直流电源系统施工过程。

（2）机组及公用设备直流电源系统施工过程。

（3）GIS 直流电源系统施工过程。

（4）集控楼直流电源系统施工过程。

（5）坝区直流电源系统施工过程。

三、计算机监控系统安装

（一）监控系统配置

计算机监控系统主要由硬件和软件两大部分组成。硬件是指组成计算机监控系统的物理设备，主要包括主控（厂站）级设备（上位机）、现地控制单元（下位机）、保护、电源、防雷和抗干扰设备等；软件主要分为主控（厂站）级设备软件和现地控制单元软件。计算机监控系统硬件和软件的配置需根据设备对计算机监控系统功能任务具体要求和对性能指标的具体要求进行选择，一般应满足以下基本要求。

1. 硬件配置

（1）主控（厂站）级设备的基本要求。应选用耐高温、防尘、防震的工业应用型产品，使之适合实时控制、能满足系统功能和性能要求；还可配置数据记录设备，如刻录机、打印机等，便于历史数据与资料的记录、保存。

（2）现地控制单元的基本要求。测量、控制、保护宜采用多 CPU 系统完成，在确保可靠的前提下，可将各功能综合在一套微机系统中。具体表现在以下几方面：

1）顺序控制宜采用可编程控制器（PLC）完成。

2）开关量输入/输出点数、模拟量输入/输出点数应大于实际使用的点数并留有足够的余量，输入、输出模块应留有 5%～20%的备用点。

3）为了便于控制操作及参数、状态的显示，可编程控制器（PLC）可配置液晶触摸屏来代替常规的开关、按钮及指示灯，液晶触摸屏的尺寸应不小于 5.9in。

4）电量、非电量变送器的输出信号应优先选用 4～20mA。

5）自动化元件应尽量选用质量可靠、有长期运行经验的产品。对于有水库的小型水电站，应考虑夏季温差大，示流器等自动化元件容易产生冷凝水的现象，选用能在此工作条件下正常运行的自动化产品。

（3）电源的基本要求。应配置在线式不间断电源或逆变电源，不间断电源或逆变电源要满足下列具体要求：

1）额定容量按 1.5～2 倍正常负载容量考虑。

2）输入电压：AC 220V±10% 或 DC 88～127V（110V 额定值）或 DC 176～253V（220V 额定值）。

3）输出电压：AC 220V±2%。

4）输出电压波形：正弦波 50Hz±1%。

5）波形失真<5%。

6）不间断电源备用电池维持时间不低于 30min。

7）单机容量小于 800kW、发电机电压为 400V 的农村小型水电站可以不设置直流系统；配置的电源应采取稳压稳频措施，确保水电站甩负荷时引起的过电压和过速（频率过高）不会损坏计算机监控设备。

8）开关量输入/输出电源回路应分开设置。

（4）防雷和抗干扰设备的基本要求。计算机监控系统必须采取防雷和防过电压等抗干扰措施，特别是监控设备的供电电源、模拟量输入口和通信接口等。

1）模拟量输入应采用对绞屏蔽加总屏蔽电缆，屏蔽层应在计算机侧接地。对绞的组合应用同一信号的两条信号线。

2）开关量的输入宜采用多芯总屏蔽电缆，芯线截面面积不小于 $0.75mm^2$，输出采用普通控制电缆。

3）同一电缆的各芯线应传送电平等级相同的信号。

4）计算机信号电缆尽量单独敷设在一层电缆架上，不与其他电缆混合敷设，并应排列在最下层。

（5）接地的基本要求。计算机监控系统可采用公用电气网接地，效果良好，一般不设计算机系统专用接地网，接地电阻要求小于 4Ω。

系统内各设备应保持一点接地的原则，各种性质的接地应采用绝缘导体引至总接地板，由总接地板通过电缆或绝缘导体的金属导体与接地网连接。

另外，现地控制屏应满足用户的使用要求，内屏柜的结构、尺寸、油漆及颜色应尽量统一。

2. 软件配置

（1）主控（厂站）级设备和现地控制单元前置机软件的要求。

1）操作系统应为实时多任务软件。

2）应采用模块化结构，界面友好。

3）应用软件应具有自诊断功能。

（2）现地控制单元软件的要求。

1）可编程控制器（PLC）软件采用梯形图语言编制。

2）液晶触摸屏操作软件应方便、直观。

3）屏幕显示的主接线应根据电压等级，采用国家相应规程的颜色标示。

3. 主控（厂站）级配置与设备选择

主控（厂站）级是要实现集中控制或远方控制。对于前者来说，是要将检测到的数据集中起来进行分析处理，然后由中控室控制台发出相应的控制命令；而后者主要是将数据发给调度所（梯调或地区调度所），并接收和执行调度所的命令。

（1）主计算机。也称数据服务器，是承担监控系统的后台工作、计算量较大的工作计算机，具有自动控制、实时数据库、数据统计处理、专家系统等功能。

（2）操作员工作站。常被称为控制台，是工程设备集中监视和控制的中心人机接口，用来实现实时图形显示、各种事件的发布、各种报表显示、报警和复归的显示、系统自诊断信息的显示、操作员操作权限的登录及其管理、设备的控制操作、系统配置等各种操作处理。操作员工作站的显示器和功能键盘一般布置在中控室的台上，而机箱放置在计算机房。

（3）工程师工作站。具有程序开发如图形、报表、数据库（简称 DB）、控制流程等方面的编辑和修改，调试和系统维护管理功能的计算机，是进行设备维护、改进的重要工具。

（4）通信工作站。主要是用来与外部系统进行通信，实现与上级调度中心控制系统、管理信息系统和其他智能电子设备的信息交换的计算机，也可用来与水情测报系统、航运过坝系统、闸门启闭系统进行通信，有时也称网关机。

（5）培训工作站。用于培训操作员的计算机。培训工作站的硬件配置一般与操作员工作站有相同的运行监视功能，进行模拟操作，但通往现场的控制输出均被屏蔽，用于运行人员培训。

（6）历史数据存储器。

（7）语音报警工作站。启动电话语音报警和手机短信发送的计算机，可将事故情况通知有关人员。

（8）GPS 接收和授时装置。接收 GPS 卫星时钟信号，并将统一的时钟信号发送到监控系统及各有关智能电子设备的装置。

（9）电源装置。

4. 现地控制单元（LCU）配置与设备选择

现地控制单元为水利工程计算机监控系统的一个重要组成部分，它构成分层结构中的现地级。现地控制单元与设备的生产过程联系，采集信息，向上位机发送采集的各种数据和事件信息，并接收上位机的下行命令，实现对机组运行的实时监视和控制，一般布置在发电机附近。原始数据在此进行采集，各种控制调节命令都最后在此发出，因此可以说是整个监控系统很重要的、对可靠性要求很高的"底层的控制设备"。现地控制单元可用来选择远方/就地控制方式，可就地进行手动控制或自动控制，实现数据采集、处理和设备运行监视，通过局域网与监控系统其他设备进行通信，以及完成自诊断功能等。

现地控制单元主要完成现场的数据采集和控制功能。它一般由控制器、人机联系、电源、同期装置、变送器、交流采样装置、仪表等设备构成。

现地控制单元（LCU）的控制对象包括：

（1）发电设备。主要有水轮机、发电机、辅机、变压器等。

（2）开关站。主要有母线、断路器及隔离开关。

（3）公用设备。主要有厂用电系统、蓄电池直流系统、油系统、水系统等。

（4）水泵、闸门设备等。

LCU 的设置根据监控对象及其地理位置而划分为机组 LCU、公用 LCU、开关站 LCU 和闸门 LCU 等，以实现对各个对象的监视和控制。按对象配置 LCU 的优点是：可就近采集各种数据，节省电缆，各台 LCU 之间是相对独立的，分别控制本机组的发电设备、水泵及闸门设备等，并且与厂级计算机系统也是相对独立的。某个 LCU 发生故障不会影响到其他 LCU 及厂级计算机系统的正常运行，同时厂级计算机发生系统故障，各个 LCU 还能独立地工作，维持监控对象的安全运行。

（二）监控系统设备安装

1. 工作范围

计算机监控系统由硬件和软件构成，监控设备安装主要完成监控系统的硬件及其全部附属设备的装卸、保管、基础埋件制作及安装〔包括设备安装、固定、系统设备间电缆/光缆敷设与连接（包括光缆熔接）、与外部相关设备电缆/光缆的接线（包括光缆熔接）、盘柜接地、电缆管的埋设、槽钢的固定，以及盘柜内配线的修改等〕、调试、启动、试运行及完工验收。

计算机监控系统根据水利工程规模大小可采取不同的体系结构，对大型水利工程常采用分层分布式体系结构。整个系统分电站级和现地控制单元级两层。控制网络采用冗余交换式快速以太网，传输介质采用光纤，现地控制单元采用现场总线连接远程 I/O 及现地智能监测设备。

每套现地控制单元由主机架、双 CPU 模块、双网络接口模块、现场总线模块、双电源模块、本地 I/O 模件、远程 I/O 模件、电气量测量单元、同期装置（仅机组和 GIS 站）等组成。上述模件中除远程 I/O 模件组盘布置于所对应被测设备的附近外，其余模件均装于 LCU 盘内。

2. 施工质量控制重点

（1）现地控制单元硬件验收。硬件组装和工厂试验记录及技术文件评审，设备外观及接线检查，配置检查，诊断软件可用性检查，安全地检查，信号地检查，接地绝缘检查，通电检查，直流电源输出电压检查，电源功能检测，手动/自动切换操作检查，同期检查，电气表计校验检查，温度表计校验检查，变送器校验检查，模拟量通道校验检查，跳闸输出检查，抗干扰测试，耐压检查，其他检查。

（2）厂站硬件验收。硬件组装和工厂试验记录评审，设备外观检查，配置检查，诊断软件可用性检查，安全地检查，信号地检查，接地绝缘检查，通电检查，直流电源输出电压检查，电源功能检测，控制台检查，打印设备检验，网络通信设备检验，GPS 时钟检验，功能模块检验，抗干扰试验，耐压检查。

（3）软件功能及性能验收。

1）显示器显示功能：显示调用方式，显示屏调用，单线图调用，报表显示。

2）管理命令功能：登录和注销，控制安全。

3）报警功能：报警产生与发布（包括电话语音报警），报警等级修改，报警汇总，操作活动登录，SOE 汇总，报警历史记录。

4）操作员监控功能：设标志操作，人工设点，操作允许/禁止，报警允许/禁止，改变报警限值，异常报警显示，数字设备控制，开限控制，设点值控制，机组开/停控制。

5）打印功能：各种报警报表打印，操作记录打印，报表打印，画面和屏幕拷贝。

6）高级应用功能：联合控制功能检验，AGC/AVC 功能检验，单独设点控制检验。

7）数据显示功能：模拟量趋势曲线，报告接口，历史数据编辑，历史数据处理。

8）系统服务管理功能：系统配置，计算机时钟，应用软件监视管理。

9）数据库实用程序：数据库生成，数据库编辑。

10）画面编辑功能。

11）报表编辑。

12）梯级调度功能。

13）系统性能测试。

14）LCU 软件测试：数据库编辑，记录，设点控制，单台设备控制，顺序控制，双CPU 切换，SOE 时钟校正。

（4）与其他系统联合调试。

（5）验收。所有现场试验、系统联调完成后，经监理人员确认已符合国家和行业标准以及订货合同的要求，技术资料、文件和备品备件齐全后由业主委托监理组织全面验收。

（三）监控系统的性能测试

计算机监控系统测试是对监控系统的功能和性能进行检测，以验证产品质量是否满足合同规定的功能及性能要求，是项目实施过程中的重要环节，是保证产品质量过程控制的关键步骤。

计算机监控系统试验一般有型式试验、出厂试验、现场静态试验和现场动态试验，各类试验项目见表 8 - 26。

1. 型式试验与出厂试验

以上两项试验属制造阶段试验，分别在制造后、出厂时进行。

2. 现场试验和验收

现场试验和验收是整个产品验收环节中最重要的一部分，是现场对每一个数据、每个控制和功能正确性进行试验和验证，为计算机监控系统实际投入运行做准备。

表 8－26 计算机监控系统试验项目

序号	试 验 项 目	型式试验	出厂试验	现场静态试验	现场动态试验
1	产品外部、软硬件配置及技术文件检查	√	√	√	
2	现场开箱、安装、接线检查			√	
3	绝缘电阻测试	√	√	√	
4	介电强度试验	√	d		
5	功能与性能测试				
5.1	开关量输入数据采集与处理功能测试	√	√	√	√
5.2	模拟量输入数据采集与处理功能测试	√	√	√	√
5.3	温度量输入数据采集与处理功能测试	√	√	√	√
5.4	开关量输出数据采集与处理功能测试	√	√	√	√
5.5	模拟量输出数据采集与处理功能测试	√	√	√	√
5.6	其他数据处理功能测试	√	√	√	√
5.7	事件分辨率测试	√	√	d	
5.8	雪崩处理能力测试	√	√	d	
5.9	机组工况转换功能测试	√	√	√	√
5.10	事故停机功能测试	√	√	√	√
5.11	同期并网功能测试	√	√	√	√
5.12	控制功能测试	√	√	√	√
5.13	功率调节功能测试	√	√	√	√
5.14	自动发电控制（AGC）功能测试	√	√	√	√
5.15	自动电压控制（AVC）功能测试	√	√	√	√
5.16	电站联合控制功能测试	√	√	√	√
5.17	人机接口功能测试				
5.18	系统时钟同步功能测试	√	√	√	√
5.19	通信功能测试	√	√	√	√
5.20	系统自诊断及自恢复功能测试	√	√	√	√
5.21	系统实时性能指标检查及测试	√	√	√	√
5.22	CPU 负荷率、内存占有率等性能指标测试	√	√	√	√
5.23	其他功能测试	√	√	√	d
6	电源适应能力测试	√	√	√	
7	抗干扰试验	√			
8	环境试验	√			
9	连续通电检验	√	√	√	√
10	可用性（或可利用率）考核		√	√	√
11	试运行考核				√

注 d 表示此项为可选项。

现场试验和验收如果是分阶段进行的，则每阶段试验和验收合格后，双方签署阶段性现场验收纪要；待现场试验和验收全部结束后，双方签署最终的现场验收文件。

通过现场投运试验，如产品还存在不满足受检产品技术条件的缺陷时，应在阶段性现场验收纪要中提出处理要求及完成期限，由制造单位负责处理。

（1）现场开箱检查。

1）产品外观检查。盘柜布局合理，产品表面没有明显的凹痕、划伤、裂缝、变形和污染等。表面涂镀层应均匀，无起泡、龟裂、脱落和磨损。金属零部件无松动及其他机械损伤。内部元器件的安装及内部连线正确、牢固无松动，键盘、鼠标、开关、按钮和其他控制部件的操作灵活可靠，接线端子的布置及内部布线合理、美观、标志清晰。

2）产品软硬件配置检查。检查产品的软硬件配置，其数量、型号、性能等符合受检产品技术条件规定。

3）产品技术文件检查。检查产品（包括外购配套设备）的有关技术文件，应完整、统一、有效。提供的文件在受检产品技术条件中规定，一般包括下列内容：

（a）系统结构图（含网络布线图、电源配置图）。

（b）机柜机械安装、配置图。

（c）机柜设备布置图、原理图、端子图。

（d）产品使用说明书、维护说明书。

（e）全部外购设备资料。

（f）设备清单。

（g）产品出厂检验合格证（包括外购产品）。

（2）回路检查。根据计算机监控系统的图纸、资料和设计的施工图纸仔细检查监控系统现地控制单元的内部接线和外部I/O信号接线。外部I/O接线应检查到采集设备的接口端子上，确认接线无误且牢固可靠；各类传感器、变送器、智能仪器仪表接线正确，外接电源电压等级和相序正确，接地点可靠接地。

（3）设备上电试验。逐项、分步对各设备进行通电检查。检查电源、可编程逻辑控制器、输入/输出模件回路工作是否正常，确认系统和网络配置是否正确，核实各应用软件工作是否正常。

（4）考机试验。将监控系统连续不间断地进行全面考机，根据系统的技术协议要求确定考机时间，一般为72h连续不间断。在这个过程中安排技术人员运行值守，注意各电源、可编程逻辑控制器、输入/输出模件、自动化元器件等设备工作情况，定期检查监控系统各项功能是否正常。

（5）功能检查。核查监控系统的测点、画面、运行报表、历史记录、时钟同步、控制流程、语音报警、数据库定义、对外通信等内容，确认计算机监控系统的测点定义、控制流程及防误闭锁条件等应用程序是否满足设计和本电站的实际需求。

（6）输入/输出接口试验。对每个现地控制单元均依据设计提供的接线图按回路对输入、输出接口做相应的调试。

1）开关量输入（DI）。根据具体测点要求，操作现场设备，进行开关量输入信号变位测试，通过监控系统人机接口检查显示及有关记录，应与实际现场设备状态一致。

2）开关量输出（DO）。从监控系统人机接口或试验终端将开关量输出置为"0"或"1"，通过监控系统人机接口、继电器输出状态及实际现场设备检查动作结果，应与设置状态一致。

3）模拟量输入（AI）。根据现场设备要求设置模拟输入信号的高、低量程，通过人机接口直接读取模拟量实测值，并与现场设备模拟量测值比较，若测值在测量精度允许范围内，则认为合格，否则，应进一步对有问题的测点进行检查和处理。

4）模拟量输出（AO）。从监控系统人机接口或试验终端改变模拟量输出的设置值，通过现场设备试验终端直接读取模拟量实测值，并与设置值比较，若测值在测量精度允许范围内，则认为合格，否则，应进一步对有问题的测点进行检查和处理。

5）温度量输入（TI）。通过监控系统人机接口直接读取各温度量实测值，采用同组测值一致性对比的方式进行检查，若同组测值的离散值在测量精度允许范围内，则认为合格，否则，应进一步对有问题的测点进行检查和处理。

（7）通信接口试验。根据外部设备通信要求，进行通信组态，建立通信连接，当通信正常后，根据通信点表逐点核对通信测点，检查监控系统与外部设备通信功能是否满足要求。

（8）单点联动试验。从监控系统的人机接口单点发出控制指令，联动被控设备，检查被控设备的动作情况及反馈信号的正确性。单点联动试验可以结合开关量输出接口调试一起试验。

（9）同期功能试验。根据试验人员提供的断路器实测动作时间设定同期装置导前时间、电压差、频率差等同期参数，做好安全措施，用继保测试仪等设备模拟系统侧、待并侧交流电压的各种情况，通过继保测试仪等设备模拟同期装置两侧电压的频率、电压和相位等情况，对全部同期工作过程进行测试，检测同期装置工作过程是否满足技术条件规定。

（10）控制流程静态试验。控制流程的静态试验是对流程执行情况的模拟仿真，是对控制流程每一步骤的正确性和完整性功能试验，其目的是检查控制流程设计和编译的正确性，检查执行步骤、反馈信号、限时等整定值，检查流程设计是否满足工况要求以及各种控制受阻时的流程退出、报警、登录的正确性。

断开现场不允许操作设备的操作回路，接入模拟装置或仿真程序模拟现场不允许操作设备反馈信号，通过人机接口设备发出控制命令或模拟启动条件启动控制流程，根据控制流程执行情况人工改变模拟信号以满足控制流程要求，对控制流程每一步骤都做完整性功能试验。

（11）控制流程动态试验。控制流程的动态试验是结合机组整组启动调试进行的，通过流程与子系统及设备之间的控制操作，检查控制流程设计是否满足机组启停和工况转换的要求，检查控制流程执行步骤、设备反馈信号、限时等整定值的正确性，以及控制受阻时的流程退出、报警的正确性。

动态调试的另一个重要内容是设置和验证流程每一步骤时间，并通过流程步骤的优化使得流程执行时间满足合同或电网调度的要求。步骤时间的设置使流程在执行每一步时都会触发计时器计时，一旦流程受阻，将自动报警、记录受阻的步骤，而机组自动控制方式下，流程受阻则自动退出原先执行的流程，转入停机流程。

（12）负荷成组控制功能测试。

1）主控（厂站）控制方式下成组控制功能测试。

（a）将成组控制设置成"主控（厂站）""开环"工作方式，检查不同控制方式切换的正确性，在不同控制方式下检查成组控制约束条件、保护闭锁、负荷分配运算和开停机操作等功能的正确性。

（b）上述测试结果正确后，将成组控制工作方式设置成"主控（厂站）""闭环"，检查不同控制方式切换的正确性，在不同控制方式下检查成组控制约束条件、保护闭锁、负荷分配、功率调节、开停机操作执行的效果。

2）调度控制方式下成组控制功能测试。

（a）对远动通信信息的正确性进行测试。

（b）将成组控制设置成"调度""开环"工作方式，对成组控制的各项功能的正确性进行测试。

（c）上述测试结果正确后，将成组控制工作方式设置成"调度""闭环"，对成组控制各项功能的执行正确性和性能指标进行测试。

3）参数修改。现场试验过程中若发现受检产品技术条件所规定的成组控制功能或参数不能满足运行要求时，应按实际运行要求予以修改，并试验验证修改的正确性。

（13）自动电压控制功能测试。

1）主控（厂站）控制方式下自动电压控制功能测试。

（a）将自动电压控制设置成"厂站""开环"工作方式，应在不同控制方式下检查自动电压控制的负荷分配运算等功能的正确性。

（b）上述测试结果正确后，将自动电压控制工作方式设置成"厂站""闭环"，在不同控制方式下检查自动电压控制的负荷分配、功率调节执行的效果。

2）调度控制方式下自动电压控制功能测试。

（a）对远动通信信息的正确性进行测试。

（b）将自动电压控制设置成"调度""开环"工作方式，对自动电压控制的各项功能的正确性进行测试。

（c）上述测试结果正确后，将自动电压控制工作方式设置成"调度""闭环"，对自动电压控制各项功能的执行正确性和性能指标进行测试。

3）参数修改。现场试验过程中若发现受检产品技术条件所规定的自动电压控制功能或参数不能满足运行要求时，应按实际运行要求予以修改，并试验验证修改的正确性。

（14）15d连续试运行试验。机组所有试验结束后，系统恢复到最终现场运行状态，进入15d连续试运行考核，15d连续运行考核中应定期检查主控（厂站）控制层设备和现地控制层设备的登录、操作、显示、报警、统计等功能是否正常。

（15）现场性能试验。现场性能试验是指计算机监控系统在设备安装、试验和试运行后，由专业检测机构对设备性能进行全面检查，以验证设备性能是否满足技术要求。

1）系统自诊断及自恢复性能试验。系统自诊断及自恢复性能试验主要包括如下功能检查：

（a）系统加电或重新启动，检查系统是否能正常启动，检查开关量和模拟量输出是否闭锁。

（b）模拟应用系统故障，检查系统是否自恢复。

（c）模拟各种功能模件、外围设备、通信接口等故障，检查相应的报警和记录是否正确。

（d）对冗余配置的设备（如主机、网络、现地控制单元等），模拟工作设备故障，检查备用设备是否自动升为工作设备、切换后数据是否一致、各项任务是否连续执行，不得出现死机和误动作。

2）实时性能试验。实时性能试验主要包括如下功能检查：

（a）模拟量输入信号突变到监控系统平台数据显示改变的时间测试。

（b）开关量输入变位到监控系统平台数据显示改变或发出报警信息、音响的时间测试。

（c）控制命令执行时间测试。

（d）控制命令发出到画面响应时间测试。

（e）控制命令发出到单元层开始执行控制输出时间测试。

（f）调用新画面响应时间测试。

（g）在已显示画面上实时数据刷新时间测试。

（h）模拟量越复限事件产生到画面上报警信息显示时间测试。

（i）事件顺序记录事件产生到画面上报警信息显示时间测试。

（j）双机切换时间测试：人为退出正在运行的主机，备机应自动投入工作，测出其切换时间，在切换过程中不得出错或出现死机。

3）CPU负荷率等性能试验。对CPU负荷率等性能指标有明确规定的系统，应在系统上通过命令或操作系统界面显示并记录CPU负荷率、内存占有率、磁盘使用率等指标，并通过统计，求出其最大值。

4）系统可利用率试验。计算机监控系统在设备安装、试验和试运行后，将对设备进行全面检查，若已符合合同技术要求，则应签发初步验收证书，同时开始持续180d的系统可利用率试验，系统可利用率不小于99.97%。在试验过程中，如果发现产品质量问题时应立即中止系统可利用率试验，待问题解决后重新开始另一个180d的可利用率试验。

第五节　辅助设备及安装

一、概念、组成及分类

（一）概念、组成

辅助设备为水轮发电机组（水泵电动机组）主设备的安全经济运行服务的其他机械设

备的总称，包括油供应维护设备、压缩空气设备、技术供水设备、排水设备、起重设备和监测仪表装置。

由辅助设备、管路和监测控制元件等组成的系统称为辅助系统。

（二）辅助系统的分类

水力机械辅助系统分为油系统、压缩空气系统、水系统、水力量测系统、阀门及附件等类。

（1）油系统主要包括透平油系统和绝缘油系统两大类。

1）透平油系统为机组润滑系统、调速系统和进出水阀门的操作系统供给润滑和操作用油并能进行油质处理的系统。

2）绝缘油系统为变压器和油断路器供给绝缘和灭弧用油并能进行油质处理的系统。

油系统的安装工程主要有油库的油桶制作安装，供、排油管及附件的安装，输油及净化设备的安装等。

（2）压缩空气系统通常分为低压气系统和高压气系统。

1）低压气系统一般用于机组停机制动、机组检修密封围带用气、调相压水及风动工具和设备清扫用气。

2）高压气系统用于调速器、主阀油压装置充气蓄能及空气开关的操作等。

气系统安装工程主要是高、低压缩空气机，储气罐，管路及其附件安装。

（3）水系统主要分为技术供水系统、排水系统。

1）技术供水系统的主要作用是为水轮机、发电机、变压器等主机设备及空气压缩机、深井泵等辅助设备提供冷却水和润滑水。

2）排水系统包括机组检修排水和厂房渗漏排水。前者用于机组检修时排除积水，后者用于排除渗漏水和小型设备的冷却排水等。

（4）水力量测系统主要监测电站（泵站）及机组的流量、水位、压力、差压等情况，以达到使机组安全、经济运行的目的。

安装工程包括量测系统的管路装配、量测设备及表计安装，以及电缆引线及仪表盘柜的安装等工作。

（5）阀门及附件。阀门是管道输水系统中最基本的一种设备，也是水利工程中最常见的一种设备，其作用是调节管道中介质的压力、流量、方向等。

二、技术供水系统

（一）功能构成

技术供水系统为水轮机、发电机、变压器、泵站等主机设备及空气压缩机、深井泵、冷冻机、空调机等辅机设备提供冷却水和润滑水。

技术供水系统安装包括泵体、自动滤水器、阀门、管道及管道附件、明敷水管隔热材料的安装，穿墙套管、埋入混凝土的管道、设备基础板及穿墙套管、过缝套管等安装。

（二）工艺流程

技术供水系统安装流程如图 8-54 所示。

（三）试验和验收

设备安装完毕，根据厂家技术文件、GB/T 8564、DL/T 5123 等有关规范、规程，对机组技术供水系统设备进行至少但不限于以下项目的检查和试验：

（1）滤水器等设备的启动运行试验。

（2）减压阀减压范围整定试验。

（3）机组充水前进行系统管道充水及升压试验。

（4）滤水器自动切换冲洗试验。

（5）顶盖取水试验。

（6）电动阀动作试验。

（7）取水口自动切换试验。

（8）LCU 装置对上述设备的控制和现地控制柜对上述设备控制的试验。

（9）设备厂家要求的其他试验。

（四）技术供水系统质量控制要点

（1）技术供水系统的安装应符合安装说明书、有关规程规范要求。

（2）电气设备的安装、电缆敷设应满足相关规定。

（3）水泵的单机启动运行试验，试运行时间不少于 2h，应符合相关要求：

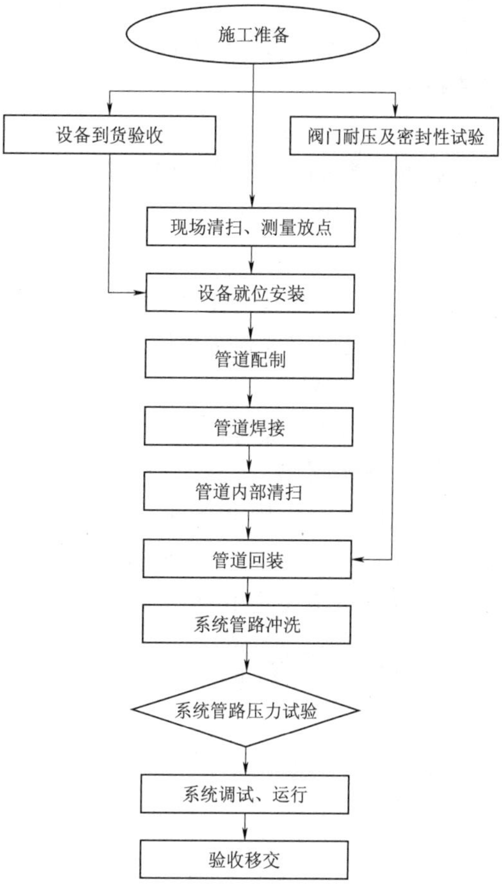

1）叶轮旋转方向正确，运行平稳，转子与机壳无摩擦声音。

2）转动部分的径向跳动应不大于 0.05mm。

3）滑动轴承温度不超过 60℃，滚动轴承温度不超过 80℃。

4）电动机电流不超过额定值。

（4）滤水器自动切换及冲洗功能满足要求。

（5）流量符合设计要求。

（6）各类阀门开、闭试验和表计、电控装置的调试、标定。

（7）供水管道的充水和压力试验。

（8）LCU 装置对上述设备的控制和现地控制柜对上述设备控制的试验。

图 8-54 技术供水系统安装流程图

三、压缩空气系统

（一）功能构成

压缩空气系统包括中压气系统、低压气系统、工业用气系统、强迫补气系统。

1. 中压气系统

中压气系统供气对象为调速器油压装置和筒形阀油压装置。

2. 低压气系统

低压气系统一般用于机组停机制动、机组检修密封围带用气、调相压水及风动工具和设备清扫用气。

3. 工业用气系统

工业用气系统的主要供气对象是机组检修用风动工具、厂房和设备吹扫用气、管道清淤吹扫用气、集水井及排水廊道清淤用气。

4. 强迫补气系统

用于机组尾水管真空过大的情况下，用压缩空气向尾水锥管强迫补气。

气系统安装工程主要是高压、低压缩空气机、储气罐、管路及其附件安装。

(二) 工艺流程

压缩空气系统安装流程如图 8-55 所示。

(三) 试验和验收

根据设备厂家的技术文件、《风机、压缩机、泵安装工程施工及验收规范》（GB 50275）、GB/T 8564、《水电水利基本建设工程 单元工程质量等级评定标准 第 3 部分：水轮发电机组安装工程》（DL/T 5113.3）、SL 636 等有关规程规范，对压缩空气系统的设备进行至少但不限于下述检查和试验：

（1）空压机的启动运转试验。

（2）冷干机的启动运转试验。

（3）安全阀的调整试验。

（4）系统管道清洗、吹扫及耐压试验。

（5）电气设备的检查试验项目。

（6）设备及引线的绝缘强度试验。

（7）现地及远方操作试验。

（8）压缩空气控制系统与电站监控系统接口以及数据通信试验。

（9）压缩空气单机及联合运行控制系统的自动运行试验。

（10）设备制造合同所要求的其他试验项目。

(四) 压缩空气系统质量控制要点

（1）系统设备及管路的安装。

（2）电气设备的安装、电缆敷设。

（3）空压机的启动运转试验。

（4）储气罐的耐压试验。

（5）安全阀的调整试验。

（6）系统管道清洗、吹扫及耐压试验。

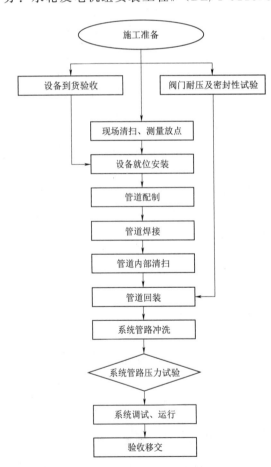

图 8-55 压缩空气系统安装流程图

四、油 系 统

油系统包括透平油系统为机组润滑系统、调速系统和进出水阀门的操作系统、供给润滑和操作用油并能进行油质处理的系统。

绝缘油系统为变压器和油断路器供给绝缘和灭弧用油并能进行油质处理的系统。

透平油系统安装包括净油罐和运行油罐，另外配有齿轮油泵，压力滤油机，多功能油处理机等安装。

绝缘油系统安装包括净油罐，运行油罐，油泵，真空泵，压力滤油机，多功能油处理机，油罐车等安装。

（一）安装工艺流程

油系统安装流程如图 8-56 所示。

（二）试验和验收

根据厂家技术文件、GB 50275、GB/T 8564、DL/T 850 等标准对设备及油系统进行至少但不限于下述检查和试验：

（1）油泵的启动运转及自动控制试验。

（2）滤油设备的启动运转试验。

（3）油系统油罐及管道清洗、吹扫检查及耐压试验、酸洗、钝化、热油循环及取油样化验。

（三）油系统施工质量控制要点

（1）油系统设备及管路的安装、试运行过程控制。

（2）供排油管道安装完毕后试压检漏。

（3）供排油管道系统安装后的冲洗。

（4）电气设备安装过程控制。

（5）油泵安装质量控制要求（详见表8-27、表8-28）。

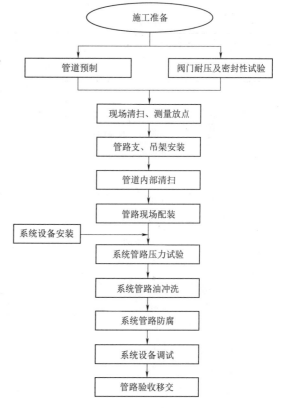

图 8-56 油系统安装流程图

（6）油泵在空载情况下运转 1h 和在额定负荷的 25%、50%、75%、100% 各运转 30min，应符合下列要求：

1）运转中无异常声响和异常振动，各结合面无松动、无渗漏。

2）油泵外壳振动值不大于 0.05mm。轴承温升不应高于 35℃ 或不应比油温高 20℃。

3）齿轮油泵的压力波动不超过设计值的 ±1.5%。

4）油泵输油量不小于铭牌标示流量。

5）机械密封的泄漏量符合设备技术文件的规定。

表 8-27 齿轮油泵安装质量标准

项　次		检验项目	质量标准		检验方法	检验数量
			合格	优良		
主控项目	1	齿轮与泵体径向间隙	0.13～0.16		塞尺、百分表	均布,不少于4个点
	2	联轴器径向位移	符合设备技术文件的规定		钢板尺、塞尺、百分表	
	3	轴线倾斜度				
一般项目	1	机座纵、横向水平度	0.20mm/m	0.10mm/m	水平仪	
	2	齿轮与泵体轴向间隙	0.02～0.03		压铅法	
	3	联轴器端面间隙	符合设备技术文件的规定		钢板尺、塞尺、百分表	
	4	轴中心	0.10	0.08		
	5	油泵内部清理	畅通、无异物		观察、检测	全部

注　表中数值为允许偏差值,mm。

表 8-28 螺杆油泵安装质量标准

项　次		检验项目	质量标准		检验方法	检验数量
			合格	优良		
主控项目	1	螺杆与衬套间隙	符合设备技术文件的规定		塞尺、百分表	均布,不少于4个点
	2	联轴器径向位移			钢板尺、塞尺、百分表	
	3	轴中心	0.05	0.03		
一般项目	1	机座纵、横向水平度	0.05mm/m	0.03mm/m	水平仪	
	2	螺杆接触面	符合设备技术文件的规定		着色法	
	3	螺杆端部与止推轴承间隙			压铅法	
	4	轴线倾斜度			钢板尺、塞尺、百分表	
	5	联轴器端面间隙				
	6	油泵内部清理	畅通、无异物		观察、检测	全部

注　表中数值为允许偏差值,mm。

6）螺杆油泵停止时不反转。

7）安全阀工作灵敏、可靠。

8）油泵电动机电流不超过额定值。

五、排水系统

（一）功能构成

排水系统包括渗漏排水系统和机组检修排水系统。

1. 渗漏排水系统

渗漏排水系统由深井泵或潜水排污泵以及相应的阀门、管道和控制设备组成。

渗漏排水系统包含厂房渗漏排水和机组渗漏排水。厂房内的渗漏水主要来源于厂内水工建筑物的渗漏水、主轴密封漏水、各供排水阀门和管件漏水、厂内的生产用水、生活用水、厂内消防时所用消防水等。通过排水管和排水沟引至集水井,然后由渗漏排水泵排至尾水调压井。

2. 机组检修排水系统

机组检修排水系统安装包括泵体、阀门、管道及管道附件安装等。

（二）工艺流程

渗漏排水安装流程如图 8－57 所示，检修排水安装流程如图 8－58 所示。

图 8－57　渗漏排水安装流程图　　　图 8－58　检修排水安装流程图

（三）试验和验收

排水系统设备应进行至少但不限于以下项目的检查和试验：

（1）水泵的启动运行试验。

（2）系统管道充水及升压试验。

（3）液位变送器对水泵的控制和现地控制柜对上述设备控制的试验。

（4）设备厂家要求的其他试验。

（四）排水系统质量控制要点

（1）排水系统的安装。

（2）排水管道试压检漏。

（3）排水管道冲洗。

（4）电气的安装及电缆敷设。

（5）水泵的单机启动运行试验。

（6）排水管道的试压、检漏。

（7）阀门开、闭试验和表计、电控装置的调试、标定。

六、其他辅助设备

（一）采暖通风及空调系统

1. 功能构成

采暖通风及空调系统的安装工程主要包括通风空调设备（如风机、空调机、冷冻机、风机盘管、除湿机等）安装和通风空调管路（如风管、水管）及其附件（如百叶窗、各种监测仪表）等的安装。

2. 工艺流程

暖通系统安装流程如图 8-59 所示。

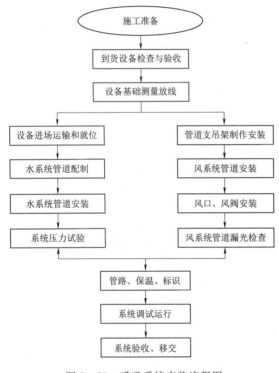

图 8-59 暖通系统安装流程图

3. 采暖通风及空调系统施工质量控制要点

（1）设备到货清点。符合合同文件指定的设备供货厂商、产品名称、规格及型号。

（2）中央空调（主机）安装。

（3）离心风机安装。

（4）轴流风机安装。

（5）防火阀、百叶风口和格栅风口安装。

（6）全自动水处理器、空气过滤器、风阀、水阀、压力表、温度计等设备的安装。

（7）设备调试运行。

1）组合空调机组的运行要求：运转平稳，噪声低，送风量符合设计选型的要求。在空调主机提供的冷冻水水量、水温都符合设计要求的前提下，送风温度应符合设计要求。

2）叶轮旋转方向正确，运行平稳，转子与机壳无摩擦声音。

3）转动部分的径向振动当转速为 $700\sim1000\text{r/min}$ 时应不大于 0.10mm，$1000\sim1450\text{r/min}$ 时应不大于 0.08mm，$1450\sim3000\text{r/min}$ 时应不大于 0.05mm。

4）滑动轴承温度不超过 60℃，滚动轴承温度不超过 80℃。

5）电动机电流不超过额定值。

6）多联机小型中央空调机的试运行时间为 8h，运行工况要求：运转平稳，噪声符合要求，电动机电流不超过额定值。

7）冷水机组试运行时间为 72h，计算机控制系统调节灵活，运行可靠。

8）组合空调机组的试运行时间为 72h，运行工况要求：运转平稳，噪声符合要求，送风量符合设计要求。在空调机提供的冷冻水水量、水温都符合设计要求的前提下，送风温度应符合设计要求。

（二）消防系统设备安装

消防系统分为火灾自动报警系统和消防供水系统。

1. 火灾自动报警系统

（1）火灾自动报警系统的功能。

1）系统具有自诊断功能，任何探测器及联动模块故障（断线、短路）均能在控制器上显示及打印且报警优先。

2）当发生火灾时，系统能进行声、光报警，并能对火灾性质、地点进行中文显示及打印。

3）系统具有预报警、报警、联动报警三级报警功能。各探测器可设定不同的报警级别。

4）系统的感烟、感温探测器具有自动试验功能，以便于工作人员的日常维护。

5）系统中探测器、联动模块配线的传输距离不小于 1.0km，以便扩大设置范围，给工程设计以更大的余地。

6）系统对某一保护区域发出火警信号时，可自动通过计算机监控系统，利用已设置的图像监控对该区域进行火灾监视。

7）在电站消防工作站或泵站上能远程启动防排烟风机且能对空调系统进行控制，并能显示风机的工作、故障状态。

8）若发生火灾，启动火灾事故广播，并可在电站中央控制室内能用话筒播音，以引导工作人员有序疏散。

9）各消火栓内设置消火栓按钮（手动报警按钮），其电压小于 50V，以保证消防人员的安全，并能直接向消防工作站发送消火栓工作信号。

10）当火灾发生时，火灾自动报警系统自动或手动启动联动控制对象，并接收其反馈信号。

11）火灾自动报警系统采用单独的供电回路。

12）对于防排烟设施及水喷淋装置的供电电源，采用两路馈电在末端自动切换。

13）火灾自动报警及联动控制系统的电缆采用耐火电缆。

（2）火灾自动报警系统安装工艺流程。火灾自动报警系统安装工艺流程如图 8-60 所示。

2. 消防供水系统

（1）消防供水系统构成。消防供水系统包括管道、阀门、管件、喷头、雨淋阀、消火栓等。

（2）安装工艺流程。消防供水系统设备及管路安装工艺流程如图 8-61 所示。

（3）消防供水系统施工质量控制要点。

1）到货设备清点。符合合同文件指定的设备供货厂商，产品名称、规格及型号。

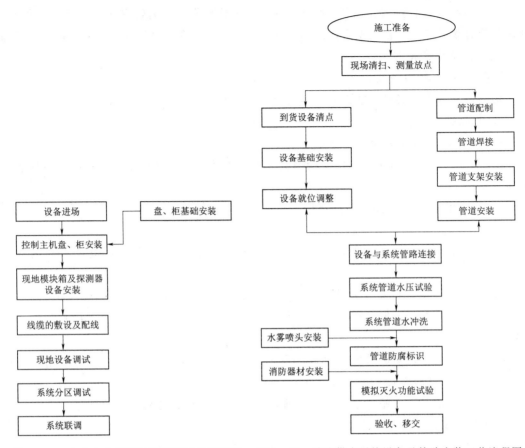

图 8-60 火灾自动报警系统安装工艺流程图　图 8-61 消防供水系统设备及管路安装工艺流程图

2）消防供水系统设备及管路的安装。符合供货厂商的安装说明书、相关标准的规定。

3）电气设备的安装及电缆敷设。符合合同有关规定。

（4）消防供水系统安装试验。

1）消防供水系统管道（含埋管）冲洗和清扫。

2）消防供水系统管道充水及升压试验。

3）雨淋阀组的动作试验。

4）消防规范规定的其他试验。

思　考　题

1. 大型立式水轮发电机组安装质量控制要点有哪些?

2. 单台机组和全站机组试运行验收的时间规定是什么?

3. 水泵机组安装前，应具备哪些工程及设备图样和技术文件?

4. 水泵卧式机组滑动轴承安装应符合哪些规定?

5. 简述水泵立式机组的质量控制要点。

6. 泵站水泵机组安装验收签证前安装单位应提供哪些资料？

7. 简述电站桥式起重机安装流程。

8. 简述主变安装质量控制要点。

9. 封闭母线及发电电压设备有哪些？

10. 蝶阀和球阀的安装有哪些工艺要求？

11. 潜水电动机密封试验，应符合哪些规定？

12. 计算机监控系统现场试验和验收有哪些？

第九章 金属结构及机电设备制造与安装监理实例

第一节 案 例 一

一、工程背景

某水工机械厂中标承接了某调水工程一批金属结构的加工制造，其中包括平面闸门、弧形闸门、固定卷扬式启闭机等。某监理公司按照监理合同组建监理机构驻场监理。

二、问题的发生

金属结构制造中，有 8 扇 9000mm×7800mm（高×宽）斜支臂双吊点露顶式弧形钢闸门的 9 根水平次梁（7 根工字钢、2 根槽钢）未按照相应程序报批，擅自以同为 Q235B 的 12 号工字钢和 12 号槽钢分别代用了 12.6 号工字钢与 12.6 号槽钢。焊接完成后，承包人检测结果为合格，驻厂监理在平行检测时发现了该问题。

三、处理过程

（1）驻厂监理在平行检测发现问题后，即要求承包人拆除已焊接的次梁，更换为图纸标注尺寸的材料。但因考虑拆除、焊接产生的应力变形而未被执行。

（2）监理机构报告业主，分析原因，要求承包人提出整改方案。

（3）承包人组织相关专家针对问题与整改方案进行研究、论证，最终确定整改方案。

（4）承包人以业主同意并批复的方案进行整改，驻厂监理全程跟踪、见证。

（5）整改完毕，承包人组装、自检合格及驻厂监理平行检测合格后，申请出厂验收。

四、整改方案

受监理指示，承包人先后提出了 3 套整改方案。

方案一：维持现状，让步接收，承包人承诺在该 8 扇弧门的正常使用寿命期限内由此问题引发的一切质量问题均由承包人承担一切责任，包括免费维护、修补直至全部更换等。其理由为：①12.6 号工字钢与 12 号工字钢以及 12.6 号槽钢与 12 号槽钢除高度差 6mm 外，其他截面尺寸完全一样，因此它们的截面特性所差无几；②12.6 号工字钢和槽钢属非标型材，市场上临时采购不到需与厂家订货而影响进度；③水平次梁采用 12 号工字钢和槽钢在受力强度、刚度和稳定性方面均对闸门无影响；④拆除与重新焊接均会引起门叶变形。

方案二：为减小门叶变形，不拆除 12 号槽钢和 12 号工字钢，仅在现有的水平次梁上翼缘焊接 8mm 厚度的翼缘板，成为型钢和钢板组焊的焊接梁，使其截面特性等同于 12.6 号槽钢和 12.6 号工字钢截面特性，来满足合同及规范要求。

方案三：材料以大代小，将每扇弧门的 9 根水平次梁即 7 根 12 号工字钢和 2 根 12 号槽钢更换为 7 根 14 号工字钢和 2 根 14b 号槽钢。为尽量降低应力造成的变形，采取以下措施：

（1）加大闸门刚度。闸门在胎具上整体组装，闸门节间焊缝处设置连接加强板，增加门叶整体刚度和节间两侧面板区格刚度；闸门顶、底边均布加设拉杆，与基础和顶、底面板边缘牢固连接，增加顶、底边面板区格刚度。

（2）调节内应力：①搭设胎具，限制和引导内应力的分布；②闸门组合时，节间拉开 10～20mm 间隙，用以释放中心区格应力，从而避免区格内应力集中；③采用合理的刨开和焊接顺序与方向［先刨开和焊接收缩量比较大的焊缝，再刨开和焊接工作时受力较大的焊缝，刨开长焊缝（型钢与面板的连接焊缝），再刨开短焊缝（型钢与筋板、隔板的连接焊缝）；再焊短焊缝，再焊长焊缝，每条长焊缝的刨开及焊接应从中心向两端对称退步间隔进行；刨开焊缝时，从门叶拘束力小的一侧向门叶中心进行；焊接时，从门叶中心向门叶拘束力小的一侧进行］，尽量使焊缝能自由收缩和应力得到最大释放；④每焊一道焊缝，均用带小圆弧面的风枪或小手锤锤击焊缝区域，使焊缝得到延伸，从而降低内应力。

最终，经专家论证认为：方案一降低了闸门的结构强度与刚度；方案二改变了闸门的结构型式且会产生一定的应力变形；方案三符合原设计方案和材料可以大代小的相关规定，采取的相应措施可降低应力变形对闸门的影响，符合不降低闸门结构强度、不改变闸门结构型式和不影响闸门使用功能的三项基本原则，确定采用方案三对闸门进行整改。

五、整改工艺及措施

1. 搭设弧形胎具

按弧门门叶面板外皮圆弧半径搭设胎具，在门叶纵向方向上，每根梁（包括水平次梁和主梁）下方设置支撑点；在门叶横向方向上，两边梁和每一隔板下方设支撑点。胎具搭建要求稳定、牢固。

2. 组装、加固门叶

在弧形胎具上平卧组装弧门门叶。组装时，门叶节间拉开 10～20mm 间隙，节间用连接板加固。要求连接部位之间要有 $\delta 12 \times 80 \times 120$mm 临时加强板块，每间隔 600mm 左右加固焊接一块板条，焊角 $K=8$mm，以加强门叶整体刚度。保证闸门返修中变形一致，接缝处组合良好。

为防止门叶顶、底边面板发生波浪弯曲变形，在顶、底边每一区格中间面板边缘处搭设拉杆。拉杆与基础焊接牢固，待门叶调整到位后，与门叶面板点焊牢固。

3. 刨开水平次梁焊缝

用碳弧气刨刨开水平次梁连接焊缝时，以上、下两主梁为界把门叶划分为Ⅰ区、Ⅱ区和Ⅲ区，共三个区。

每个区先刨开长焊缝（型钢与面板的连接焊缝），再刨开短焊缝（型钢与筋板、隔板的连接焊缝)。刨开时,必须在工字钢的翼尖焊缝处或槽钢的翼尖和支背焊缝处刨开,不得损伤弧门面板。在刨开的过程中应保证长焊缝两端各留 300～500mm 不完全刨开,待一个区内全部水平次梁按要求刨开后,再逐根将两端全部刨开。

Ⅲ区刨开方向以分节缝为中心向弧门顶底方向依次刨开;Ⅰ区先刨开顶、底次梁焊缝,再刨开中间次梁焊缝。顶次梁刨开时,先刨外侧焊缝;Ⅱ区仅有一根底次梁,先刨开外侧焊缝。

对于每根次梁,长焊缝刨开顺序采用分中、退步、间隔、对称向两侧刨开,每段 500mm 左右。

待一个区的次梁所有长焊缝刨开后,再刨开短焊缝。方法依然采用分中、退步、间隔、对称向两侧刨开。

全部焊缝刨开后,在两侧边梁腹板、次梁端头处开孔,逐根抽出水平次梁。

水平次梁穿过孔、与水平次梁连接的筋板分别按 14 号工字钢和 14b 号槽钢外形尺寸修整,焊缝间隙最大不得超过 3mm。焊缝边缘要求平直、光洁。

碳棒的选用:选用 4mm×8mm 扁碳棒,适用电流 240～280A。

面板刨开焊缝处的检查及缺陷修复:面板刨开焊缝处用砂轮机打磨平整、光滑,要求露出金属光泽。打磨后进行渗透或磁粉探伤检查。若发现缺陷,及时进行清除并修复。

4. 焊接水平次梁

焊接水平次梁按上述Ⅰ区、Ⅱ区和Ⅲ区进行。14 号工字钢和 14b 号槽钢就位。水平次梁两侧利用夹具使水平次梁与面板贴合紧密,夹具每隔 600mm 设置一处。在正式焊接前,必须对所有要焊的焊缝普遍进行一次加固焊。必须做到每间隔 300mm 左右必须要有一段长 70～80mm 的加固焊段(焊角高不应超过设计焊脚的 1/2～1/3)。

每个区先焊短焊缝(型钢与筋板、隔板的连接焊缝),再焊长焊缝(型钢与面板的连接焊缝)。

焊接长缝时,Ⅲ区以分节缝为中心,由顶底向分节缝方向焊接;Ⅰ区焊缝由中心水平次梁向顶底方向焊接;Ⅱ区仅有一根底次梁,先焊内侧焊缝。

对于每根次梁,焊接时向两端两侧分段、退步、间隔、对称进行施焊,每区格内分两段。

消除应力处理:加固焊和焊接过程中每焊完一段焊缝应对焊缝进行锤击。

焊接工艺:焊接材料选用 H08Mn2SiA、$\phi1.2$ 实心焊丝,CO_2 气体保护;$I=240～260A$,$U=26～30V$,气体流量为 15～20L/min。

焊后应清除飞溅和焊渣,修复焊接缺陷,保证外观清洁、美观。

两侧边梁腹板漏水孔的修复:因要穿过水平次梁,端头漏水孔开大后应进行修复。开孔处应打磨光洁,规整;封板按孔形下料,四周加工平整,开坡口焊接。焊后,焊缝磨平并进行磁粉或着色探伤。

5. 刨开焊缝及焊接的过程监测

(1) 为了控制焊接过程中焊接变形,对焊接全过程进行监测。

1) 取监测点。门叶边梁腹板上划线,两侧两端立标尺用水平仪各取一点作为监测点(共 4 点);另外在门叶上支臂连接板中心立标尺用水平仪取监测点(共 4 点);每节门叶面板中心区格处设置两点（共6点）。

2）过程监测。组装完成后测初始值；每一区焊缝刨开完成后均进行一次测量；加固焊完成后进行第二次测量；开始正式焊接，每根水平次梁焊接完成后测量一次，直至焊接完成。

（2）刨开及焊接过程变形矫正。在监测过程中，发现变形过大，随时调整刨开及焊接顺序和焊接参数来修正变形量。

6. 立组装和检测验收

门叶水平次梁整改完成后解体，进行门体的立组装，按《水利水电工程钢闸门制造、安装及验收规范》（GB/T 14173）进行检测、验收。

六、整改结果

驻厂监理工程师依据专家论证会会议纪要与业主同意整改方案的批复文件，采用严格审核原材料、全程跟踪检查见证等方式进行监督，承包人严格按照经批复的整改方案中的工序与工艺进行操作，最终经厂内检验、监理复检，8扇闸门的形式、外形尺寸、焊缝质量均符合设计要求，并经出厂验收合格后按原计划送往施工现场。

七、问题分析、反思与教训

1. 问题分析

（1）承包人以12.6号工字钢和槽钢属非标准型材，市场上临时采购不到需与厂家订货而影响进度为理由，未经申请擅自改变结构材料，违背了设计意图，违反了相关规范要求与采购合同。

（2）监理平行检测发现问题后未上报业主、未经论证即要求承包人对不符合要求的材料进行更换不妥，一是违反了相关规定，二是未考虑更换过程中应力对闸门的影响。

（3）后经上报业主，并由业主组织召开专家会、择优确定整改方案，既符合相关程序、要求，又保证了结构件的质量。

2. 反思与教训

尽管问题出在承包人身上，纵观问题的发生和处理过程，驻厂监理也有不可推卸的责任和需要注意的方面。

（1）对承包人制造前的准备工作检查不细，未发现原材料准备不足、规格型号不对。

（2）见证不到位，平行检测不及时，未在第一时间（第一扇）发现问题，致8扇闸门全部不合格。

（3）开始时的处理程序错误，处理方法简单，但纠正还算及时。

第二节 案 例 二

一、工程背景

某工程是一项从水库取水向市中心城区供水，兼顾灌溉、发电的综合性水利工程，由水库枢纽、附属电站、输水建筑物（泵站及输水管线）、净水厂等四部分组成。输水管线总长 11.14km，采用两级泵站提水，设计总扬程 319.80m，泵站设计引水流量 3.68m³/s，总装机容量 25.2MW。

一级泵站直接从库区取水，共安装 6 台卧式单级双吸离心泵（其中 2 台备用），单机流量 0.92m³/s，设计扬程 174.80m；配套 6 台三相同步电动机，单机功率 2300kW，总装机容量 13.8MW；每套水泵装置安装 DN900 电动偏心半球检修阀 1 台（水泵进水侧，工作压力 1.6MPa）、DN800 电动偏心半球检修阀 1 台（水泵出水侧，工作压力 4.0MPa）、液控偏心半球缓闭阀 1 台（水泵出口与 DN800 电动偏心半球检修阀之间，工作压力 4.0MPa）、流量计 1 台以及伸缩节 2 套。

二级泵站共安装 6 台卧式单级双吸离心泵（其中 2 台备用），单机流量 0.92m³/s，设计扬程 145.00m；配套 6 台三相同步电动机，单机功率 1900kW，总装机容量 11.4MW；每套水泵装置安装 DN900 电动偏心半球检修阀 1 台（水泵进水侧，工作压力 1.6MPa）、DN800 电动偏心半球检修阀 1 台（水泵出水侧，工作压力 2.5MPa）、液控偏心半球缓闭阀 1 台（水泵出口与 DN800 电动偏心半球检修阀之间，工作压力 2.5MPa）、流量计 1 台以及伸缩节 2 套。

2 座泵站的水泵装置中，除进、出水侧压力钢管由业主直接采购外，其余设备（水泵、电机、阀门、流量计、伸缩节等）均由业主与设备供应商签订供货合同，再由设备供应商从各设备制造厂采购提供。所有机电设备的加工制造均未委托监理机构驻厂监理。

二、问题的发生

在安装的不同阶段，由某厂商制造的电动半球阀与液控半球阀逐步发现或出现了一系列问题。

1. 就位与安装

（1）阀体结构与招标文件不符——招标文件专用技术条款"设计要求"中规定"本合同阀门应有足够的强度和刚度，进出水侧法兰应能传递出现的最大轴向力，阀壳配有坚固的底座能把全部垂直荷载包括延伸部件和水的重量传递给基础"；"本合同阀门底座应容许钢管的少量伸缩带来的位移，底座底面与底板接触面要加工光滑，基础螺栓孔为腰形孔"。但到场的阀门均无带腰形孔的底座。

（2）一级、二级泵站出水侧阀门除压力等级不同外（一级泵站为 4.0MPa，二级泵站为 2.5MPa），其余参数相同，但两批次到货阀门，一是驱动装置结构不同——一级泵站液控阀液压油缸 2 只，二级泵站液控阀液压油缸 4 只；二是液控阀行程开关结构不同；三是液压站结构不同——一级泵站有 1 个储能器，二级泵站有 2 个储能器；四是电动装置结构不同，一级泵站电动阀手柄水平配置，二级泵站电动阀手柄垂直配置。

（3）阀门基础制作方式造成阀门在安装状态下无法对阀体底部调整螺栓进行操作。

（4）液压站外观粗糙，局部油漆脱落、连接螺栓松动。

2. 无水与静水调试

（1）液压站储能器特征工作油压值与招标要求不符——招标文件规定："额定工作压

力上限为 17.0MPa，下限为 14.5MPa。"但到货储能器额定工作压力上限为 16.0MPa，下限为 14.0MPa。

（2）液压站液压油泵噪声过大。

（3）液控阀正常开、关机时间与事故关机（两阶段关闭）时间不稳定，对同一阀门而言，昨天采集的时间数据与今天不同，上午采集的时间数据下午会发生变化。

（4）液压站 PLC 显示和记录的开、关阀时间（包括正常与事故）与现场实际运行时间不符。

（5）二级泵站液控阀行程开关不灵敏，开、关阀过程中出现抖动或蠕动；行程开关位置与控制信号不一致。

（6）油箱、油缸、油管接头等多处漏油或渗油。

3. 动水调试与试通水

（1）阀门过关或关闭不严，甚至在同一水泵装置的三套阀门会同时出现该问题且漏水量较大而致停机后水泵倒转。

（2）当阀前压力低于阀后压力时（近水泵侧为阀前），阀门无法正常开启（活门卡死）——液控阀及出水侧电动阀均存在该问题。

（3）液控阀正常开机、关机时间与事故关机时间均不稳定，随采集数据时机的不同，时间漂移更为严重：同一阀门在同一时间段 3 次采集数据 3 次不同且相差可达 40 多秒；一级泵站 3 号阀门出现了正常开、关阀时各为 5s，后又分别改为 138s、135s。

（4）开、关阀瞬间，驱动装置（电动头、液压缸）相对于阀体出现幅度较大的水平摆动，虽经过制造厂技术人员现场处理（打销钉）但问题并未解决，甚至因摆动造成了阀体销钉脱落。

（5）在静水调试时发现的行程开关不灵敏、开关阀过程中出现抖动或蠕动、行程开关位置与控制信号不一致等，虽经处理，但问题依然存在。

三、原因分析及结论

每次问题的出现与发生，监理均及时报告了业主，分析原因并提出意见与建议。

（1）业主原因，未委托驻厂监理，也未进行出厂验收，造成主设备外观质量、内在质量等均不符合合同要求，也未在第一时间发现。

（2）设备由中间供货商采购，设备主体虽由同一家厂商生产，但配套设备如电动装置、液压装置等采购于不同厂商与不同批次，从而造成结构与外观不同。

（3）中间供货商并未负起与采购合同相适应的责任，专业知识不足且对质量把关不严。

（4）配套设备——液压装置特别是液控元器件精度不够、存在质量问题，无法达到设计压力和保持时间。

（5）阀体与阀板之间为硬密封，摩擦阻力过大，造成液压装置、电动装置驱动力矩不足。

（6）阀门主体除制造质量问题外，结构不合理是主要原因。电动半球阀与液控半球阀目前是国内技术比较成熟、使用比较普遍的常规性机械设备，单台设备偶尔出现一些关闭不到位、行程开关位置不准确、管接头渗油等，可能因加工装配质量出现问题、或检验调试不到位所致，一般经现场处理基本可以消除。但本次设备反复、批量出现的关闭不严，承压后阀门不能正常开启，开关阀时驱动装置摆动，液控阀开关机时间不稳定等现象，则应是设备整体结构与工作原理存在问题，或某关键零部件质量较差，非安装现场处理可以解决。该问题不解决，非但设备的使用功能不能正常发挥，使用寿命不能保证，同时会给水泵机组、其他机电设备以及运行人员的人身带来极大的安全隐患。

结论：阀门主体整体结构不合理，使用功能不满足合同与设计要求；液压装置驱动力矩不足，液控元器件精度较差均属设备制造质量缺陷。

四、处理意见及业主、监理对整改的态度

1. 对设备缺陷的处理意见

（1）阀门生产厂商召回两座泵站已安装的 12 台液控缓闭半球阀和水泵出水侧 12 台电动偏心半球阀（最初拟将 36 台阀门全部召回，后考虑到进水侧阀门工作条件——承压小、工作方式——正常运行时常开、出现问题——仅关闭不严等因素，同时考虑尽量降低对工期的影响，在保证经现场调试、处理可满足使用功能的前提下，进水侧 12 台阀门可不用召回），重新设计与制造。

（2）优化阀体结构（主要是密封方式），在保证密封性能不变的前提下尽量降低开、关阀时的摩擦阻力。

（3）重新计算液控阀的开阀力矩，改进液控装置结构型式与驱动方式。

（4）重新计算电动阀的开阀力矩或调整电动装置输出力矩，必要时更换电动装置（俗称电动头）。

（5）召回两座泵站的 12 台液压装置，重新委托有关液压设备制造厂家生产加工。

（6）被召回的 24 台设备的拆除、运输、生产、安装所生产的费用均由阀门主体生产厂商负责。

（7）业主与监理不干预整改措施的制定与整改方案的确定，由承包人根据实际自行处理，但最终要达到规范与合同文件明确的技术要求，满足设备使用功能，保证设备使用寿命。

（8）业主与监理对厂方改进设备的加工质量不负审察责任与义务，仅对厂内相关试验的方法、程序、结果进行见证；同时厂内的试验结果并不表示现场可行，最终以现场安装后的调试结果为准；设备到场后应提交该 24 台阀门厂内强度试验、密封试验等相关试验报告。

（9）改进后的设备在现场经安装、调试、试运行后仍不满足功能要求时将全部退货，改由其他厂商生产。

2. 对阀门拆卸与安装的要求

（1）拆卸与安装过程中不可使水泵轴向（进出水方向）受力，防止水泵发生轴向位移，且阀门安装完毕后应对机组同心度进行复测，若发生偏离应重新对同心度进行调整。

（2）拆除、安装与调试过程中若需要原安装单位的配合，可由业主与监理协调，但产生的费用由厂商、安装双方协商处理；专用工具需厂方自行解决。

（3）增加拆除、安装设备人力，尽量提前完成整改与调试任务，最大限度地降低对工程整体工期的影响程度。

（4）拆卸与安装施工过程中，应进一步加强质量管理，保证阀门的安装质量符合相关规范、标准要求。

（5）加强安全管理，拆除、安装与调试要确保设备与人身安全，防止人身伤害和设备损坏等事情发生；此过程中因安全管理不善而发生的一切安全事故均由阀门制造承包人自行承担。

五、处理结果

半年多时间，两级泵站的 12 台水泵出水侧电动检修半球阀与 12 台液控半球阀经过拆卸、重新制造（主要是改变阀体密封结构、更换液压系统部件和改变液压驱动方式）、安装后，又进行了无水调试、带水调试以及带负荷试运转与试通水，原来不同程度出现的活门关闭不到位、开启不灵活、开关到小角度时阀体振动过大以及液控阀事故关阀时间不稳定等问题已完全消除，阀门运转灵活、关闭到位、密封严密，无异常振动与噪声，功能达到了设计要求。

六、经验与建议

（1）从该问题的发现、原因分析、处理方案的确定以及缺陷的最后处理，监理工程师均全程参与并提出了宝贵的意见和发挥了重要的作用，处理缺陷的程序、方法均符合相关规范的规定，效果显著，说明责任心、专业知识、业务能力对监理工程师来说，缺一不可。

（2）在泵站的建设中，机电设备的制造与安装质量，是影响泵站功能能否正常发挥、运行能否安全可靠、寿命能否达到预期的关键因素。为保证泵站机电设备的制造质量及售后服务，在今后的类似工程建设中，建议业主对主要设备应面向制造厂商直接采购并尽可能派驻驻厂监理。

第三节 案 例 三

电气一次设备安装监理实施细则

1 总则

1.1 编制依据

依据项目法人与施工单位签订的工程承建合同文件、设计文件与图纸、监理规划，经监理机构批准的施工方案及技术措施（作业指导书），生产厂家制定的电气设备安装使用技术说明书和技术资料等进行编制。

1.2 适用范围

本细则适用于×××工程电气一次设备安装工程。

1.3 本工程范围内使用的技术标准、规程、规范

(1)《电气装置安装工程 电缆线路施工及验收规范》(GB 50168)。

(2)《电气装置安装工程 盘、柜及二次回路接线施工及验收规范》(GB 50171)。

(3)《电气装置安装工程 电气设备交接试验标准》(GB 50150)。

(4)《建筑电气工程施工质量验收规范》(GB 50303)。

(5)《电气装置安装工程 母线装置施工及验收规范》(GB 50149)。

(6)《电气装置安装工程 接地装置施工及验收规范》(GB 50169)。

(7)《电气装置安装工程 66kV及以下架空电力线路施工及验收规范》(GB 50173)。

(8)《电气装置安装工程质量检验及评定规程》(DL/T 5161.1～10)。

(9)《电力建设安全工作规程 第2部分:架空电力线路》(DL 5009.2)。

(10)《施工现场临时用电安全技术规范》(JGJ 46)。

(11)《水利工程施工监理规范》(SL 288)。

1.4 电气一次设备安装工程量

电气一次设备安装第一、第二标段工程量分别见表9-1和表9-2。

表 9-1　　　　　　　　　　电气一次设备安装第一标段工程量

部位	设备名称	规　格　型　号	单位	数量
××分水口	10kV环网柜	SF_6	面	3
	低压配电柜	GCS,MNS抽屉式	面	6
	动力配电箱	GHL	面	1
	排水泵配电箱	室外型,IP55	面	1
	变压器	SC11-250kVA,10/0.4,IP2X	台	1
	柴油发电机组	62.5kVA/50kW	台	1
	10kV电力电缆	ZRC-YJV-3×120	m	50
	低压封闭母线	400V,500A/4P,IP54	m	10
	低压电力电缆	ZRC-YJV-0.6/1kV(多种规格)	m	若干
×××分水口	10kV环网柜	SF_6	面	3
	低压配电柜	GCS,MNS抽屉式	面	7
	动力配电箱	GHL	面	2
	排水泵配电箱	室外型,IP55	面	1
	变压器	SC11-250kVA,10/0.4,IP2X	台	1
	柴油发电机组	62.5kVA/50kW	台	1
	10kV电力电缆	ZRC-YJV-3×120	m	50
	低压封闭母线	400V,500A/4P,IP54	m	10
	低压电力电缆	ZRC-YJV-0.6/1kV(多种规格)	m	若干

表 9 - 2　　　　　　　　　　　　　电气一次设备安装第二标段工程量

部位	设备名称	规格型号	单位	数量
××分水口	圆灰杆	$\phi190\times12m$	基	1
	导线	$JKLYJ-10kV-70mm^2\times3$	m	8
	用户分界负荷开关	$FFK-12F/630A$，$25kA$	组	1
	电力电缆	$ZRC-YJV22-8.7/10kV-3\times150mm^2$	m	40
	电缆室内终端头	$ZRC-YJV22-8.7/10kV-3\times150mm^2$	份	1
	电缆室外终端头	$ZRC-YJV22-8.7/10kV-3\times150mm^2$	份	1
	避雷器	$HY5WS2-17/46.4$	组	2
	驱鸟器		组	1
	故障指示器		组	1
	接地环		组	1
	电缆盖板	500×200	块	10
	跌落保险	$RW11-10/40A$	组	1
	电缆保护管	$\phi150$	m	5
×××分水口	圆灰杆	$\phi190\times12m$	基	7
	拉线	$YGJ-70$	组	7
	导线	$JKLYJ-10kV-70mm^2\times3$	m	245
	高压刀闸	$GW9-12-630A$	组	2
	用户分界负荷开关	$FFK-12F/630A$，$25kA$	组	1
	电力电缆	$ZRC-YJV22-8.7/10kV-3\times150mm^2$	m	40
	电缆室内终端头	$ZRC-YJV22-8.7/10kV-3\times150mm^2$	份	1
	电缆室外终端头	$ZRC-YJV22-8.7/10kV-3\times150mm^2$	份	1
	避雷器	$HY5WS2-17/46.4$	组	4
	驱鸟器		组	4
	故障指示器		组	1
	接地环		组	2
	电缆盖板	500×200	块	10
	跌落保险	$RW11-10/40A$	组	1
	电缆保护管	$\phi150$	m	5
末端排空井	高压刀闸	$GW9-12-630A$	组	1
	电力电缆	$ZRC-YJV22-8.7/10kV-3\times150mm^2$	m	30
	电缆室内终端头	$ZRC-YJV22-8.7/10kV-3\times150mm^2$	份	1
	电缆室外终端头	$ZRC-YJV22-8.7/10kV-3\times150mm^2$	份	1
	避雷器	$HY5WS2-17/46.4$	组	1
	驱鸟器		组	1
	接地环		组	1

续表

部位	设备名称	规 格 型 号	单位	数量
末端排空井	电缆盖板	500×200	块	60
	电缆保护管	$\phi 150$	m	30
调度中心	圆灰杆	$\phi 190 \times 12m$	基	10
	拉线	YGJ－70	组	2
	导线	JKLYJ－10kV－70$mm^2 \times 3$	m	460
	高压刀闸	GW9－12－630A	组	2
	用户分界负荷开关	FFK－12F/630A，25kA	组	2
	电力电缆	ZRC－YJV22－8.7/10kV－3$\times$150mm^2	m	380
	电缆室内终端头	ZRC－YJV22－8.7/10kV－3$\times$150mm^2	份	2
	电缆室外终端头	ZRC－YJV22－8.7/10kV－3$\times$150mm^2	份	2
	避雷器	HY5WS2－17/46.4	组	4
	驱鸟器		组	10
	故障指示器		组	2
	接地环		组	2
	电缆盖板	500×200	块	620
	跌落保险	RW11－10/40A	组	2
	电缆保护管	$\phi 150$	m	310

2 实施细则

2.1 监理工作依据

（1）国家和水利部颁发的有关法律、法规。

（2）水利部和有关行业颁发的技术标准及相关规定。

（3）×××工程第一、第二标段监理合同书。

（4）×××工程第一、第二标段监理规划。

（5）对应本设计单元的施工图纸、设计文件及修改通知书。

（6）×××工程电气一次设备采购及安装工程合同书。

2.2 监理工作目标

施工阶段监理的主要任务是在机电设备安装施工过程中，根据施工阶段的目标规划，通过动态控制、组织协调、合同管理，使安装工作始终处于受控状态，并达到承包合同规定的质量、进度、投资、安全等目标要求。

2.3 监理人员配置

监理部实行总监理工程师负责制，人员配置及专业分工满足监理合同及工程施工要求。机电设备安装专业监理工程师在总监理工程师领导下，主要负责机电设备安装质量控制、进度控制和投资控制；监理员协助监理工程师进行相关设备、材料进场检查及现场记录等工作。职务及专业人员配置如下：

　　总监理工程师：×××

　　副总监理工程师：×××

　　机电专业监理工程师：×××　×××　×××

　　机电专业监理员：×××　×××

2.4　监理措施

2.4.1　事前控制措施

　　（1）到货交接验收。

　　1）每批机电设备、金属结构运达工地现场后，监理工程师会同业主、设备制造厂、安装承包人代表，对到货设备进行交接验收，不具备安装条件时暂不开箱查验。

　　2）检查交接的项目和内容，依据合同有关规定进行，包括：按装箱（车）单等逐件核对名称、型号、规格、数量、重量、厂家等标识；根据合同中规定检查外包装是否符合要求，如有破损、变形、开启、水渍、油污等，做好记录并拍照，及时办理相关手续，由安装承包人代保管；对残损设备及配件记录在案并报业主，同时要求安装承包人将残损件隔离存放待处理。

　　3）现场交接由监理主持，业主、制造厂商、安装承包人代表参加。交接验收完毕后，应填写《机电设备、金属结构到货交接验收单》，并由参验单位代表签字认可。

　　（2）开箱检验。

　　1）设备、材料、配件到达现场后，根据安装工程实际进展情况，监理工程师及时组织有关人员进行开箱检验。

　　2）开箱检验按合同及有关技术标准和技术规范进行。

　　3）开箱检验结果要加以记录，各方参加检验的代表应在检验记录表上签字，必要时附有文字说明及简图示意。

　　4）开箱检验后，对设备、材料、附件进行外观检查，外观检查不合格者不得投入使用，并由厂家代表及时提出处理方案。

　　5）办理完交接验收手续后，督促接收单位尽快完成储存和保管工作，对于露天存放的机电设备，要求分类摆放整齐，不允许产生变形。按照设备防护要求对重要部位进行防护；对需要入库保管的机电设备，按生产厂家技术文件要求入库妥善保管。

　　（3）审批安装施工方案。

　　1）安装工程开工前14d，承包人应将该工程的详细安装施工方案报送监理审批。主要内容有：质量保证体系、组织机构、资源配置；技术方案、安装程序、方法；安装场地情况，设备安装高程、中心测量放线；施工设备配置和人员安排、进度计划、质量、安全措施等；调试、试运行和试验工作计划等。

　　2）设备正式安装前7d，承包人应将各项准备工作完成情况及时报告监理人。

　　3）上述文件获得监理的书面批准或同意后，承包人可及时向监理提交分部工程开工申请，监理工程师在接到承包人分部工程开工申请后的合理时间内发布相应分部工程开工通知。

　　（4）进场材料及设备的报验控制。

1）安装承包人应要求供货单位提供材料、构配件和设备生产厂家的资质证明及产品合格证书，按规定进行检查，并将检查结果及合格证、出厂质量证明等资料随《材料/构配件/设备报验单》报监理签认。

2）经监理人复核、批复后的材料、构配件和设备才可投入安装工程使用。

（5）核查承包人安装方案中各项工作落实情况。

1）核查安装承包人的质量保证和质量管理体系，包括：安装承包人的机构设置、人员配备、职责与分工的落实情况；各专业专职质检人员的配备情况；各级管理人员及各专业施工人员的持证上岗情况；安装承包人质量管理制度是否健全等。

2）查验安装承包人的现场测量放线，包括：施工控制网（平面和高程）；施工轴线控制桩位置；轴线位置、高程控制标志，核查垂直度；签认安装承包人的《施工测量放线报验单》等。

2.4.2　事中控制措施

（1）巡回检查。

1）对机电设备安装随时进行巡回检查，发现并及时纠正施工中存在的问题。

2）对所发现的问题立即口头通知施工承包人改正，必要时由监理工程师签发现场指示或整改通知。

3）监理工程师复查承包人的答复、整改结果等。

（2）隐蔽工程验收。

1）施工承包人按有关规定对隐蔽工程先进行自检、复检和终检，终检合格后，将《隐蔽工程检查记录》报送监理工程师审核。

2）监理工程师根据《隐蔽工程检查记录》现场进行检查、确认。

3）对隐检不合格的工程，应要求承包人返工，合格后由监理工程师复查。

4）对隐检合格的工程签认《隐蔽工程检查记录》，准予进行下一道工序。

（3）工序控制。

1）安装承包人在每道工序完成并自检合格后，应填写工序质量报验单报监理工程师核查。

2）监理工程师对报验的资料进行审查，并到施工现场进行检查。

3）安装工序应符合规程规范和设计要求，须由监理工程师确认，方可进行下道工序施工。

4）对不符合规范和设计要求的，责令其返工处理，直到满足设计或规范要求为止。

5）单元工程应严格执行三检制，并由监理工程师核定单元工程质量等级。

2.4.3　评定、验收

（1）单元工程施工质量评定。

1）单元工程完成后，安装承包人在 7 日内按照《水利水电工程单元工程施工质量验收评定标准》规定的检验项目及工程量，对机电设备安装工程质量情况进行自查自评，如实填写《水利水电工程单元工程施工质量验收评定表》并随《单元工程施工质量报验单》一起报送监理部。

2）监理工程师依据相关规范、标准、合同、设计图纸文件以及现场安装情况，及时审核安装承包人报送的《水利水电工程单元工程施工质量验收评定表》并签署评定意见。

（2）分部工程验收。

在单元工程质量审核并经评定合格后，及时组织分部工程验收，在安装承包人分部工程自评的基础上，对分部工程的质量等级进行复核，经业主审查后报质量监督部门核备，并及时协调发包人组织验收和移交。

3 电气一次室内设备安装质量控制措施

3.1 10kV环网柜安装

3.1.1 环网柜安装程序

环网柜安装程序见图9-1。

3.1.2 环网柜安装检查项目和质量标准

3.1.3 现场验收

环网柜安装、调试完成后，安装承包人应按照GB 50171、GB 50147、GB 50169、GB 50150的相关规定，及时向监理工程师提交电气设备安装检查记录及调试报告，并按照规程进行单元工程质量评定工作。监理工程师按照表9-3及以下规范要求进行验收：

（1）盘、柜的固定及接地应可靠，盘、柜漆层应完好、清洁整齐。

（2）盘、柜内所装电器元件应齐全完好，安装位置正确，固定牢固。

（3）所有二次回路接线应准确，连接可靠，标志齐全清晰，绝缘符合要求。

（4）机械闭锁可靠，照明装置齐全。

（5）柜内一次设备的安装质量验收要求应符合国家现行有关标准规范的规定。

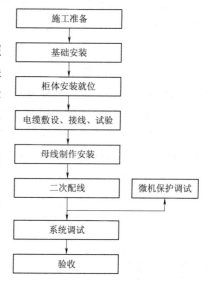

图9-1 环网柜安装程序图

表9-3　　　　　　　　　　　环网柜安装检查项目和质量标准

项次	检查项目	质量标准（允许偏差 mm）
1. 基础型钢埋设	允许偏差	不直度：1mm/m，5mm/全长； 水平：1mm/m，5mm/全长 位置偏差及不平行度：5mm/全长
	型钢接地	接地可靠，安装后其顶部宜高出抹面10
2. 开关柜本体安装	允许偏差	垂直度：1.5mm/m； 水平偏差：相邻两柜顶部为2，成列柜顶部为2； 柜间偏差：相邻两柜边为1，成列柜面为5； 柜间接缝为2
	柜体固定	牢固，柜间连接紧密
	与建筑物间距离	应符合设计要求
	隔板	完整牢固，门锁灵活，齐全

续表

项次	检查项目	质量标准（允许偏差 mm）
3	柜内电气设备安装	符合 GB 50150 等规范要求，主要电气设备应分别填写《单元工程质量检验评定表》评定质量
4	接地	固定牢固，接触良好，排列整齐，柜门等应采用软铜线接地
5	二次回路	所有二次回路接线应符合设计要求，连接可靠，标志齐全清晰，绝缘电阻大于等于 0.5MΩ

（6）盘、柜及电缆管道安装完后应做好封堵。

（7）操作及联动试验正确，符合设计要求。

3.1.4 现场试验

高压电气设备安装完毕后，应进行各项现场试验，包括安装检验、空载试运行、负荷试验和验收，以验证设备性能和质量是否符合合同文件和有关规程和标准的要求。现场试验由业主、制造方、安装单位、监理单位、运行单位及有关部门参加，并对试验结果进行鉴定。制造方对试验程序、方法和试验结果负责，并指导安装单位进行试验。试验大纲由制造方根据工程进度，在开始试验前 1 个月提出，经核准后进行。试验大纲包括试验项目、试验准备、试验方法、试验程序、试验设备、试验标准、试验时间和试验记录表格等。负荷试验具体时间由业主确定并提前 15d 通知厂方。试验过程中，要求做好详细记录，并整理成书面材料，作为最终验收的依据之一。

3.2 低压配电柜安装

3.2.1 低压盘柜安装程序

低压配电柜安装程序见图 9-2。

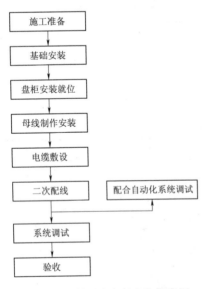

图 9-2 低压配电柜安装程序图

视差范围，并应完整，安装牢固。

3.2.2 低压配电柜安装检查项目和质量标准

3.2.3 现场验收

低压配电柜安装调试投运工作完成后，安装承包人按照 GB 50147、GB 50149、GB 50150、GB 50169、GB 50171 的规定，向监理工程师提交安装检验记录及试验报告，监理工程师按照《建筑电气工程施工质量验收规范》（GB 50303）进行设备的验收、签证工作。

（1）盘、柜上模拟线的标志颜色应符合规范规定的要求。

（2）基础型钢的安装应符合规范规定的要求。

（3）盘、柜安装在震动场所，应按设计要求采取防震措施。

（4）盘、柜单独或成列安装时，其垂直度、水平偏差以及盘、柜面偏差和盘、柜间接缝的允许偏差应符合设计的规定。模拟母线应对齐，其误差不应超过

表 9-4　　　　　　　　　　低压配电柜安装检查项目和质量标准

项次	检查项目		质　量　标　准
1	盘柜本体安装	允许偏差/mm	垂直度：1.5mm/m； 水平偏差：相邻两盘顶部为2，成列盘顶部为5； 盘面偏差：相邻两盘边为1，成列盘面为5，盘间接缝为2
		盘面及盘内	清洁无损伤，漆层完好、标志齐全、正确、清晰
		其他	与地面及周围建筑物的距离应符合设计要求，箱门开关灵活，门锁齐全
2	接地		方式应符合设计要求，固定牢固，接触良好，排列整齐
3	盘上电器外观检查及安装	电器	外壳及玻璃片应无破裂，安装位置正确，便于拆换，固定牢固
		操作开关	把手转动灵活，接点分合准确可靠，弹力充足
		信号装置	完好，指示色符合要求，附加电阻符合规定
		保护装置	整定值符合设计要求，熔断器熔体规格正确
		仪表	应经校验合格，安装位置正确，固定牢固，指示正确
4	端子板及二次接线		应符合 GB 50171 的要求
5	硬母线及电缆安装	排列	整齐，相位排列一致，绝缘良好
		裸露母线电气间隙及漏电距离	电气间隙大于等于12mm，漏电距离大于等于20mm
		连接	应紧密，牢固，用厚 0.05mm×10mm 塞尺检查：线接触塞不进，面接触：塞进深度小于等于4mm（母线宽度小于等于50mm）
		母线漆色	符合规定 GB 50149
		小母线	应为直径大于等于 6mm 的铜棒或铜管，且标志齐全，清晰，正确
		其他	符合硬母线装置安装工程规定
6	抽屉式配电柜安装	基础及柜体	清洁无损伤，漆层完好、标志齐全、正确、清晰
		抽屉推拉	灵活，轻便，无卡阻，碰撞
		触头	动静触头中心应一致，触头接触应紧密
		联锁装置	动作应正确，可靠
		接地触头	应接触紧密，可靠
7	绝缘电阻测量		绝缘电阻值应大于等于1MΩ
8	交流耐压试验		试验电压标准为1000V，试验应无异常
9	相位检查		各相两侧的相位应一致
10	低压电器安装	零部件	齐全，清洁，无锈蚀等缺陷，瓷件不应有裂纹和伤痕
		规格	规格、型号、工作条件等应与现场实际使用要求相符，铭牌标志齐全
		排列	整齐，便于操作和维护
		接地	金属外壳、框架的接零或接地应符合规定

（5）盘、柜接地应牢固良好。

（6）所有试验数据应满足工程设计及设备说明书要求。

3.3 干式变压器安装

3.3.1 安装要求

（1）基础要求。

1）变压器的基础槽钢应找平并和混凝土基础预埋铁牢固焊接。

2）基础槽钢应与配电室内的保护接地网相连。

3）变压器的高压侧应预留孔洞，孔径应不小于100mm，并应有钢管保护。

4）变压器的地线和零线（中性点接地）应严格分开，不可一体连接；中性点接地应直接与地网连接，不得通过槽钢间接接地；地线应套PVC绝缘管。

（2）器身安装。

1）变压器安装就位，必须找平、找正。

2）变压器安装方向按设计要求施工，当设计无明确要求时，常规做法：变压器的高压侧应在里侧（考虑安全），低压侧朝向低压柜（便于低压母线桥的制作安装）。

3）变压器与基础槽钢的固定，不能焊接，必须用螺栓坚固。

4）变压器的中性点接地线，由接地装置（地网）引入变压器箱体内时应采用螺接，单独用镀锌扁钢直接连接到中性点上。变压器中性点接地线应为50mm×5mm热镀锌扁钢。

5）变压器的铁芯、外壳和基础必须有明显的保护接地；35kV/10kV干式变压器基础应有两点接地。

（3）变压器的高压电缆终端接头安装。

1）变压器高压电缆终端头制作安装时，线芯的切割尺寸由电缆终端安装位置和所连接设备间的距离而定，要保证接线端子到屏蔽管沿绝缘表面的爬电距离不小于规定值，线芯对地距离大于规定值，电缆头要固定好，接线鼻子支持点不要受力过大，缆头在保护壳内，地线连接在可靠接地点上（接地线截面大于25mm²）。

2）变压器的高压电缆在箱体内应单独固定，且牢固。

3）变压器的高压电缆头连接端子，应直接与高压的引线端子连接，应拆除原有的螺母，以便连接可靠，防止运行后发热，烧坏支持绝缘子的连接柱。

（4）变压器的低压母线桥制作安装。

1）低压母排的截面应与变压器容量相匹配，更应与低压柜内的汇流母线相一致，并满足设计要求。

2）保证母线相间及相对地距离：10kV大于125mm；0.4kV大于20mm。

3）变压器母线桥跨度过长应做吊挂加固，以防母线桥内的母线受力变形，影响正常送电。

（5）变压器的核相。

1）高压电缆头制作安装完成后，变压器与开关柜连接应核相，以保证配电装置10kV及低压380V的相序与电源点一致；核相定位应在电缆处终端头引线用色标分别标识，便于正确连接。

2）变压器的低压侧，若是母线桥连接，应注意变压器低压侧的相位与低压主进柜的相位是否相符，若不一致，应在制作母线桥内的母线时及时调相（边相互换）。

3）变压器的低压侧，若是电缆连接至低压主进，且电缆为两条及以上并联至低压柜，应逐一核对电缆相位。

3.3.2 现场验收

变压器的安装、调试按照 GB 50254～GB 50257 及 GB 50150 进行验收，控制保护设备试验按有关标准及设备招投标合同要求进行验收。安装承包人须向监理工程师提交相关的安装检测记录及试验报告等相关资料。

3.4 电缆敷设

3.4.1 电缆敷设基本要求

（1）电缆线路安装应按已批准的设计进行施工；电缆及其附件的运输、保管应符合规范要求，安装前，电缆及附件的保管期不能超过规定的保管期限。

（2）电缆管的加工及敷设，电缆支架的配制与安装应符合相关规范要求。

（3）电缆的敷设，电缆各支持点的距离，最小弯曲半径应符合设计规定；电力电缆和控制电缆不应配置在同一层支架上，高低压电力电缆、强电、弱电控制电缆按规定要求分层敷设，并列敷设的电力电缆，其相互间的净距应符合设计要求；穿墙在管内电缆的敷设满足技术规定；直埋电缆的埋深、电缆之间的距离、电缆与建筑物距离均应满足设计要求；直埋电缆上、下部应铺以软土或砂层。

（4）电缆终端和接头的制作，应由经过培训的熟悉工艺的人员进行，应严格遵守制作工艺规程。

（5）电缆线路安装质量检查项目及质量标准应符合表 9-5。

表 9-5 　　　　　　　　　　　　电缆线路安装质量检查项目及质量标准

项次	检查项目		质量标准
1	一般规定		电缆附件齐全，符合国家标准规定，电缆隐蔽工程应有验收签证，电缆防火设施的安装应符合设计规定
2	电缆支架安装		平整牢固，排列整齐、均匀，成排安装的支架高度应一致，允许偏差小于等于±5mm。支架横档至沟顶、楼板、沟底的距离应符合设计要求。支架与电缆沟或建筑物的坡度应相同。托架的制作安装应符合设计要求。支架应涂刷防腐漆和油漆，漆层完好。按规定可靠接地
3	电缆管加工及敷设	加工弯制	每根电缆管弯头小于等于 3 个，直角弯头小于等于 2 个，管的弯曲半径不应小于所穿电缆的最小允许弯曲半径。管子弯制后无裂纹，弯扁程度不大于管子外径的 10%。管口平齐呈喇叭形，无毛刺
		敷设与连接	安装牢固、整齐，裸露的金属管应刷防腐漆。连接紧密，出入地沟、隧道、建筑物的管口应密封。管道内清洁无杂物
4	控制电缆敷设安装	敷设前的检查	电缆无扭曲变形，外表无损伤。绝缘层无损伤，铠装层不松散。电缆绝缘电阻应符合 GB 50150 的要求
		电缆的敷设	电缆数量、位置应与电缆统计书、图纸相符，厂房内、隧道、沟道内敷设、排列顺序应符合 GB 50168 的规定。电缆排列整齐。最小弯曲半径大于等于 10 倍电缆外径。标志牌齐全、清晰、正确
		电缆固定	垂直敷设（或超过 45°倾斜敷设）应在每个支架上固定，水平敷设时在电缆首末两端及转弯处固定，各固定支持点间的距离符合设计规定

续表

项次	检查项目		质 量 标 准
5	电力电缆敷设安装的其他要求	敷设	明敷电缆应剥除麻护层，列敷设的电缆相互间净距符合设计要求，并联运行的电力电缆其长度应相等
		电缆头制作	电缆终端头和接头的制作符合规范要求
		电气试验	绝缘电阻：绝缘良好，达到敷设前要求。直流耐压试验无异常。试验过程中泄漏电流应稳定无异常

3.4.2 现场检查

电缆敷设完成后监理工程师应按以下项目进行检查：

（1）电缆规格符合设计规定；排列整齐，无机械损伤；标志牌装设齐全、正确、清晰。

（2）电缆的固定、弯曲半径、有关距离和单芯电力电缆的金属护层的接线、相序排列等符合要求。

（3）电缆终端、电缆接头安装牢固。

（4）接地良好；充油电缆及护层保护器的接地电阻应符合设计要求。

（5）电缆终端的相色正确，电缆支架等的金属部件防腐层完好。

（6）电缆沟内无杂物，盖板齐全，隧道内无杂物，照明、通风、排水等设施符合设计要求。

（7）直埋电缆路径标志与实际路径相符，路径标志清晰、牢固、间距适当，符合规范要求。

（8）防火措施符合设计要求，施工质量合格。

3.4.3 试验项目及试验资料

（1）绝缘电阻。

（2）直流耐压试验及泄漏电流测量。

（3）检查电缆线路的相位。

上述各项试验项目，均应符合 GB 50150、试验标准及机电设备招投标合同的有关规定，并及时向监理工程师提交电缆试验报告并签认验收。

3.5　照明系统安装

3.5.1　照明系统安装程序控制

照明系统安装程序见图 9-3。

3.5.2　照明系统安装质量要求

（1）电气照明装置的安装部位及高程应能满足设计图纸要求，偏差应在允许范围内。

（2）在砖石结构安装电气照明装置应采用预埋吊钩、螺栓、螺钉、膨胀螺栓、龙塞或塑料塞固定，严禁使用木楔等；上述固定件的承

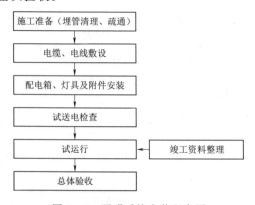

图 9-3　照明系统安装程序图

载能力应与电气照明装置的重量相匹配。

（3）电气照明装置接线应牢固、电气接触应良好；需接地或接零的灯具、开关、插座、箱体等非带电的金属部分，应有明显标志的专用接地螺钉。

（4）高、低压盘柜及母线上方，不得安装灯具。

（5）电气照明线路的绝缘电阻（线间及线与地之间）值不小于 $0.5M\Omega$。

（6）漏电保护器检查接线无误后，应通过试验按钮检查其动作性能，应满足要求。

（7）室外配电箱和照明灯具的安装应符合设计要求，元件整定符合要求，绝缘电阻不小于 $1M\Omega$。

3.5.3 照明系统测试及验收

照明系统检测内容有：灯具、开关、插座中心轴线、垂直偏差、距地高度；照明配电箱回路编号；回路绝缘电阻测试和灯具试亮及灯具控制性能；接地或接零。保护接地线正确，接地电阻值符合要求。

安装承包人应提供技术资料和文件，竣工图、变更的设计文件、产品说明书、合格证、安装检测记录、试验记录等。监理工程师应按照 GB 50303 及设计图纸所列的标准和要求进行照明系统验收。

3.6 柴油发电机安装

3.6.1 安装质量控制要点

（1）安装承包人应在柴油发电机安装前向监理工程师提交安装、调试方案，经审核批准后方可实施安装工作。

（2）柴油发电机组安装前应对基础进行复核，合格后进行机组安装。

（3）机组地脚螺栓固定经初平、螺栓孔灌浆、精调水平度、紧固地脚螺栓、两次混凝土浇筑等安装程序；机组基础应牢固、机座底部应垫平，垫实；油气水冷、风冷、烟气排放等系统和隔振防噪声设施安装符合要求；按设计要求配置的消防器材齐全到位。发电机静态实验、随机配电盘柜电缆接线检查正确。

（4）发电机房内架空敷设的排烟管应设隔热层，水平敷设管道为 $0.3\%\sim0.5\%$ 坡度，坡向室外；排烟管过墙加保护套，管的出口端切成 $30°\sim45°$ 的斜角。

3.6.2 现场试验及要求

（1）柴油发电机组的试验项目、方法要求应按 GB/T 2820 相关规定进行，电气试验合格后可进行空载试验。

（2）机组空载运行和调试合格进行负荷运行。在规定时间内、连续无故障负荷试运行合格，投入备用状态。

（3）柴油发电机备用系统受电侧低压配电柜的开关设备、自动/手动切换装置和保护装置等试验合格，应按设计要求的自备电源使用分配方案进行负荷试验。

（4）机组投入运行应无漏水、漏油现象，连续运行 12h 应无故障。

（5）安装承包人应向监理工程师提交相关的安装调试检测记录及试验报告；根据检查和试验情况，监理工程师对设备进行验收和签认，并进行质量等级评定。

4 电气一次室外供电线路施工质量控制措施

4.1 原材料及器材检验

（1）架空电力线路所用导线、金属、瓷件等器材的规格、型号应符合设计要求，并具有产品合格证、生产许可证、质量检验证，其产品合格证复印件交付监理检查，厂家资料在竣工验收时将作为原始资料交付业主。

（2）架空电力线路所使用的原材料、器材，如果出现超过保管期限、因保管运输不良等原因而可能变质、损坏时，不能用于本工程；对原试验结果有怀疑、试样代表性不够时，应重新检验，经验证属合格产品才可使用。

（3）线材外观检查不应有松股、交叉、折叠、断裂及破损等缺陷，不应有严重腐蚀现象；钢绞线、镀锌铁件表面镀锌层应良好，无锈蚀，绝缘线表面应平整、光滑、色泽均匀，绝缘层厚度应符合规定，绝缘线端部应有密封措施。

（4）金具组装配合应良好，表面光洁，无裂纹、毛刺、飞边、砂眼、气泡等缺陷，线夹转动灵活，与导线接触面符合要求，镀锌良好，无锌皮剥落、锈蚀现象。

（5）绝缘子瓷件与铁件组合无歪斜现象，且结合紧密，铁件镀锌良好，弹簧销、弹簧垫的弹力适宜。

（6）电杆制造符合国家标准规定，表面光洁平整，壁厚均匀，无露筋、跑浆等现象，应无纵、横向裂缝，杆身弯曲不应超过杆长的 1/1000。

4.2 电杆基坑及基础埋设

（1）基坑施工前应定位，对于直线杆，顺线路方向的位移，10kV 架空电力线路不应超过设计挡距的 3%，直线杆横线路方向位移不超过 50mm；对于转角杆、分支杆的横线路、顺线路方向的位移均不应超过 50mm。

（2）电杆基础坑深度应符合设计规定，电杆基础坑深度的允许偏差应为 +100mm、−50mm，岩石基础坑的深度不应小于设计规定的数值。

（3）基坑回填时应将土块打碎，每回填 300mm 应夯实一次，培土高度应超出地面 300mm。

4.3 电杆组立与绝缘子安装

（1）电杆顶端应封堵良好。

（2）钢圈连接的钢筋混凝土电杆宜采用电弧焊接，焊接前，钢圈焊口上的油脂、铁锈、泥垢等物应清除干净；钢圈应对齐找正，中间留有 2～5mm 的焊口缝隙；当钢圈有偏心时，其错口应不大于 2mm；雨雪、大风天气施焊应采用妥善措施，施焊中电杆内不应有穿堂风，当采用气焊焊接时，加热时间宜短，并采用降温措施；焊完后的整杆弯曲度不应超过电杆总长的 2/1000，超过时应割断重新焊接。

（3）单杆立好后应正直，位置偏差应符合下列规定：直线杆的横向位移不应大于50mm，杆梢的位移不应大于杆梢直径的 1/2；转角杆的横向位移不应大于 50mm；转角杆应向外角预偏，紧线后应不向内角倾斜，向外角的倾斜，其杆梢位移不应大于杆梢直径。

（4）终端杆立好后，应向拉线侧预偏，其预偏值不应大于杆梢直径，紧线后不应向受力侧倾斜。

（5）双杆立好后应正直，直线杆结构中心与中心桩之间的横向位移，不应大于50mm；转角杆结构中心与中心桩之间的横、顺向位移不应大于50mm，迈步不应大于30mm，根开不应超过±30mm。

（6）横担安装应平正，安装偏差应符合上下歪斜不大于20mm，左右扭斜不大于20mm。

（7）绝缘子安装应牢固，连接可靠，防止积水；安装时应清除表面灰垢、附着物及不应有的涂料；悬式绝缘子裙边与带电部位的间隙不应小于50mm。

4.4 拉线安装

（1）拉线盘的埋设深度和方向，应符合设计要求，拉线棒与拉线盘应垂直，连接处应采用双螺母，其外露地面部分的长度为500～700mm。

（2）拉线安装后对地平面夹角与设计值的允许偏差不应大于3°，特殊地段应符合设计要求；跨越道路的拉线，应满足设计要求，且对通车路面边缘的垂直距离不应小于5m。

（3）当一基电杆上装设多条拉线时，各条拉线的受力应一致。

（4）撑杆安装时底部埋深不小于0.5m，且设有防沉措施，与主杆之间夹角应满足设计要求，允许偏差为±5°，与主杆连接应紧密、牢固。

4.5 架线

导线的架线除应符合单元工程质量检验标准外，还应符合下列要求：

（1）导线与连接管连接前应清除导线表面和连接管内壁的污垢，清除长度为连接部分的2倍；连接部位的铝质接触面，应涂一层电力复合脂，用细钢丝刷清除表面氧化膜，保留涂料，进行压接。

（2）导线或避雷线紧好后，线上不应有树枝等杂物。

（3）线路的导线与拉线、电杆或构架之间安装后的净空距离不应小于200mm。

（4）导线架设后，导线对地及交叉跨越距离，应符合设计要求。

4.6 10kV线路上的电气设备安装

（1）安装应牢固可靠，电气连接应接触紧密，不同金属连接，应有过渡措施；瓷件表面应光洁，无裂缝、破损等现象。

（2）杆上隔离开关安装应瓷件良好，操作机构动作灵活，隔离刀刃合闸时接触紧密，分闸后有不小于200mm的空气间隙。

（3）杆上避雷器安装应排列整齐、高低一致，相间距离不小于350mm；引下线接地可靠，接地电阻值符合规定。

4.7 10kV电力接户线的安装

各部电气距离应满足设计要求，挡距内不应有接头，两端应设绝缘子固定，绝缘子安装应防止瓷裙积水。

4.8 接地工程施工

（1）接地体规格、埋设深度应符合设计规定。

（2）接地装置的连接应可靠，连接前，应清除连接部位的铁锈及其附着物。

（3）采用垂直接地体时，应垂直打入，并与土壤保持良好接触。

（4）接地引下线与接地体连接，应便于解开测量接地电阻；接地引下线应紧靠杆身，每隔一定距离与杆身固定一次。

（5）接地电阻值，应符合有关规定。

4.9 架空电力线路的试验

试验项目包括绝缘子和线路的绝缘电阻测量、相位检查、冲击合闸试验、杆塔的接地电阻测量等，应符合下列规定：

（1）每片悬式绝缘子的绝缘电阻不低于 $300M\Omega$，支柱绝缘子的绝缘电阻值不应低于 $500M\Omega$。

（2）测量并记录线路的绝缘电阻值。

（3）检查各相两侧的相位应一致。

（4）在额定电压下对空载线路的冲击合闸试验，应进行 3 次，合闸过程中线路绝缘不应有损坏。

（5）测量杆塔的接地电阻值，应符合设计的规定。

5 其他

5.1 进度控制

（1）协助发包人编制控制性安装总进度计划。

（2）安装施工进度计划的审批。监理机构在工程项目开工前依据控制性总进度计划审批承包人提交的安装施工进度计划。

（3）实际安装施工进度的检查。

1）监理机构应做好实际工程进度记录以及承包人每日的安装施工设备、人员进场记录，并审查该承包人的同期记录。

2）对安装施工进度计划的全过程进行定期检查，对关键线路的进度实施重点跟踪检查，发现问题及时进行调整。

5.2 投资控制

5.2.1 投资控制的内容、措施和方法

（1）审批承包人提交的资金流计划。

（2）协助发包人编制合同项目的付款计划。

（3）根据工程实际进展情况，对合同付款情况进行分析，提出资金流调整意见。

（4）审核工程付款申请，签发付款证书。

（5）根据施工合同约定进行价格调整。

（6）根据授权处理工程变更引起的工程费用变化事宜。

（7）根据授权处理合同索赔中的费用问题。

（8）审核完工付款申请，签发完工付款证书。

（9）审核最终付款申请，签发最终付款证书。

5.2.2 工程计量

可支付的工程量应同时符合以下条件：

（1）经监理机构签认，并符合施工合同约定或发包人同意的工程变更项目的工程量以及计日工。

（2）经质量检测合格的工程量。

（3）承包人实际完成的并按施工合同有关计量规定计量的工程量。

当承包人完成了每个计价项目的全部工程量后，监理机构应要求承包人与其共同对每个项目的历次计量报表进行汇总和总体量测，核实该项目的最终计量工程量。

5.3 安全控制

（1）认真贯彻执行"安全第一、预防为主"的方针，对所有作业人员进行安全教育、安全交底，明确安全职责，严格遵守安全技术操作规程。现场设专职安全员负责检查监督。所有特种作业人员必须得到有效的培训，并持证上岗。

（2）施工用电需符合《施工现场临时用电安全技术规范》（JGJ 46）的规定，配电设备符合三级配电二级保护要求，线路采用"三相五线制"，基坑、流道照明采用36V安全电压。定期检查维护设施，漏电保护器至少每星期做一次试跳试验。

（3）起重人员必须严格遵守"十不吊"规定，大型部件严禁二层以上叠放，做到慢吊轻放，有规定吊点专用吊具的必须正确使用，特殊吊装应有专项方案。

（4）安装使用的汽油等危险品，必须按要求隔离放置，有专人保管，并设置好防火等警示标志。

（5）加强现场安全保卫工作，做好进场设备材料的防盗、防火、防雨、防撞等措施。

5.4 环保控制

（1）严格执行 ISO 4001 环境保护管理体系，建立环境卫生管理网络，明确各级职责。做好环境因素的识别评价工作，对工序工程的环境影响应有监视测量措施。

（2）设备材料有计划，按顺序进场，避免挤压堵塞。影响吊装、施工通道的通畅。

（3）废弃油、煤油、机油设专用桶存放，统一回收，杜绝随意倾倒。设备包装材料回收利用，废料有专用堆放场地，并定期处理。

（4）设备材料堆放有序，有状态标识。施工现场每天清扫，有防尘措施。局部作业范围谁施工谁清理，不留垃圾、不留零星材料工具等物品。

（5）设备的各种密封应保证有效，经常检查维护，杜绝产生油料渗漏造成对水体、土壤的污染。设备结束后，表面应清理干净，并有适当的遮盖措施，直至试运行验收移交。

5.5 合同管理

（1）工程变更管理。明确变更处理的监理工作内容与程序。

（2）索赔管理。明确索赔处理的监理工作内容与程序。

（3）违约管理。明确合同违约管理的监理工作内容与程序。

（4）工程担保。明确工程担保管理的监理工作内容。

（5）工程保险。明确工程保险管理的监理工作内容。

（6）工程分包。明确工程分包管理的监理工作内容与程序。

（7）争议的解决。明确合同双方争议的调节原则、方法与程序。

（8）清场与撤离。明确承包人清场与撤离的监理工作内容。

5.6　信息管理

（1）信息管理系统。包括设置管理人员及职责，制定文档资料管理制度。

（2）编制监理文件格式、目录。制定监理文件分类方法与文件传递程序。

（3）通知与联络。明确监理机构与发包人、承包人之间通知与联络的方式与程序。

（4）监理日志。制定监理人员填写监理日志制度，拟定监理日志的格式、内容和管理方法。

（5）监理报告。明确监理月报、监理工作报告和监理专题报告的内容和提交时间、程序。

（6）会议纪要。明确会议纪要记录要点和发放程序。

5.7　其他

该细则未列项目的质量控制及检验标准均按有关设计文件、施工合同、技术规范、施工规程等执行。

第十章　拓展阅读——PCCP 管道

预应力钢筒混凝土管（prestressed concrete cylinder pipe，PCCP），是在带有钢筒的混凝土管芯外侧缠绕环向预应力钢丝并制作水泥砂浆保护层而成的复合管材。PCCP 主要是由钢制承插口、钢筒、预应力钢丝等金属材料及混凝土、水泥砂浆等材料制作而成，是一种具有高强度、高抗渗性和高密封性的复合管材，其集合了薄钢板、中厚钢板、异型钢、普通钢筋、高强预应力钢丝、高强混凝土、高强砂浆和橡胶密封圈等原辅材料，综合了普通预应力混凝土输水管和钢管的优点，尤其适用于长距离、高工压、深覆土、大口径的工程环境。

该技术及装备于 1989 年自美国"阿美隆"公司引进，经过 30 多年的发展，制管技术及制管装备日臻成熟，管材应用日益广泛。

一、定义及术语

（一）预应力钢筒混凝土管

预应力钢筒混凝土管是在带有钢筒的混凝土管芯外侧缠绕环向预应力钢丝并制作水泥砂浆保护层而制成的管子，包括内衬式预应力钢筒混凝土管和埋置式预应力钢筒混凝土管。

（二）内衬式预应力钢筒混凝土管（lined prestressed concrete cylinder pipe，PCCPL）

内衬式预应力钢筒混凝土管是由钢筒和混凝土内衬组成管芯并在钢筒外侧缠绕环向预应力钢丝，然后制作水泥砂浆保护层而制成的管子。

（三）埋置式预应力钢筒混凝土管（embedded prestressed concrete cylinder pipe，PCCPE）

埋置式预应力钢筒混凝土管是由钢筒和钢筒内、外两侧混凝土层组成管芯并在管芯混凝土外侧缠绕环向预应力钢丝，然后制作水泥砂浆保护层而制成的管子。

（四）单胶圈预应力钢筒混凝土管（prestressed concrete cylinder pipe with single gasket）

单胶圈预应力钢筒混凝土管是指管子接头采用了单根橡胶密封圈进行柔性密封连接的预应力钢筒混凝土管，包括单胶圈内衬式预应力钢筒混凝土管（PCCPSL）和单胶圈埋置式预应力钢筒混凝土管（PCCPSE）。

（五）双胶圈预应力钢筒混凝土管（prestressed concrete cylinder pipe with duo‑gaskets）

双胶圈预应力钢筒混凝土管是指管子接头采用了两根橡胶密封圈进行柔性密封连接的预应力钢筒混凝土管，包括双胶圈内衬式预应力钢筒混凝土管（PCCPDL）和双胶圈埋置式预应力钢筒混凝土管（PCCPDE）。

（六）配件

配件是指以钢板作为主要结构材料并在钢板的内侧或外侧制作钢筋（丝）网水泥砂浆

或涂覆其他防腐材料制成的管件。

（七）异形管

异形管是指采用与预应力钢筒混凝土管相同工艺制造的非标准管件。

（八）螺旋焊

螺旋焊是指以螺旋方式将薄钢板缠绕制作成钢筒并同时实施自动焊接的一种焊接制筒方法，钢筒体上的焊缝呈螺旋状环缝。

（九）拼板焊

拼板焊是指以钢筒的纵向长度尺寸为依据将薄钢板进行定长切断、拼板纵焊、最后卷制成钢筒并实施焊接的一种焊接制筒方法，钢筒体上的焊缝呈纵向直缝。

（十）工作压力

工作压力是指不包括水锤压力在内，由水力梯度产生于某段管线或某个管子内的最大内水压力或是由业主指定的静水压力。

（十一）覆土深度

覆土深度是指埋地管线管体顶部至地表面之间的距离。

二、产品性能

（1）该产品是一种复合性管材，综合了钢板和混凝土的优点，抗渗性能好，承压高，常用工作压力为 0.4～2.0MPa，最高工作压力可达 4.0MPa。

（2）耐久性能好，使用寿命长，工程造价及维护费用低，可适用于一般弱腐蚀性土壤环境。

（3）管材承载能力强，具有高抗压性。

（4）接头采用胶圈密封，密封性能好，安装试压方便，对基础适应性强，抗震能力强。

三、应用领域

PCCP 广泛应用于跨区域的大型调水工程以及工业、农业、市政等给水工程，是长距离、高工压、深覆土、大口径输水管道工程的首选管材。

四、制管技术要求

（一）产品设计

（1）预应力钢筒混凝土管的结构设计应遵循《给水排水工程管道结构设计规范》（GB 50332）和《给水排水工程埋地预应力混凝土管和预应力钢筒混凝土管管道结构设计规程》（CECS 140）的规定；经供需双方协商也可采用其他设计规范对管子进行结构设计。

（2）允许通过增加管芯厚度、钢筒厚度、混凝土设计强度等级或通过改变管道基础形式、管基中心角等管道敷设使用条件参数开展管子结构设计，以获得经济合理的管子结构。

(二) 制造工艺

1. 焊接

承插口钢环焊接可采用手工电弧焊、电阻焊或埋弧焊，而薄钢板焊接宜采用埋弧焊、电阻焊或二氧化碳保护焊。焊接操作人员应具备相应的焊接资质并经考试合格才能上岗操作。所有焊接操作均应符合 GB 50236 及 GB 50268 的规定。

2. 焊接接头试验

承插口钢环焊接接头应分别按照 GB/T 2651 和 GB/T 2653 的规定试验方法进行焊接接头拉伸试验和弯曲试验。

3. 承插口钢环

(1) 承口钢环应采用符合要求的钢板条，经过制圈焊接形成圆环后以超过钢板弹性极限强度的扩张力对承口钢环进行扩张整圆，以获得设计所要求的尺寸。

(2) 插口钢环应采用符合要求的型钢，经过制圈焊接形成圆环后以超过钢板弹性极限强度的扩张力对插口钢环进行扩张整圆，以获得设计所要求的尺寸。

(3) 制成的承插口接头钢环工作面的对接焊缝应打磨光滑并与邻近表面取平，焊缝表面不应出现裂纹、夹渣、气孔等缺陷。

4. 钢筒

(1) 钢筒制作。钢筒制作可采用螺旋焊、拼板焊或卷筒焊；钢板的拼接可采用对焊或搭接焊。钢筒的尺寸应符合设计要求。

(2) 钢筒组装。承插口钢环应组装在钢筒两端设计要求的位置，钢筒组装后的端面倾斜度应符合规定。

(3) 钢筒焊缝。钢筒的焊缝应连续平整，采用对焊时焊缝凸起高度不应大于 1.6mm；采用搭接焊时焊缝凸起高度不应大于钢筒钢板厚度加上 1.6mm。

(4) 钢筒水压检验。制成的带有承插口钢环的钢筒应进行水压试验以检验钢筒焊缝的渗漏情况。钢筒在规定的检验压力下至少恒压 3min。试验过程中检验人员应及时检查钢筒所有焊缝并标出所有的渗漏部位，待卸压后对渗漏部位进行人工焊接修补，经修补的钢筒需再次进行水压试验直至钢筒的所有焊缝不发生渗漏为止。

(5) 钢筒表面处理。制作混凝土管芯之前应对钢筒表面进行清理和整平处理。钢筒表面不得黏有可能降低钢筒与混凝土黏接强度的油脂、锈皮、碎屑及其他异物；钢筒表面的凹陷或鼓胀与钢筒基准面之间的偏差不应大于 10mm。

5. 管芯混凝土

(1) 管芯混凝土可采用卧式离心法、立式振动法或其他有效方法成型制作。制管用混凝土设计强度等级不应低于 C40。混凝土配合比设计应遵循 JGJ 55 的规定，混凝土的操作施工应遵循 GB 50204 的规定，混凝土中采用外加剂时应遵循 GB 50119 的规定。

(2) 每班或每拌制 100m³ 同配比的混凝土拌和料应抽取混凝土样品制作 3 组立方体试件或圆柱体试件用于测定管芯混凝土的脱模强度、缠丝强度及 28d 标准抗压强度。用于测定管芯混凝土脱模强度和缠丝强度试件的养护条件应与管子相同。

(3) 管芯混凝土标准抗压强度的检验与评定应符合 GB/T 50107 的规定。如采用标准圆柱体试件测定混凝土抗压强度时应将测试结果换算成标准立方体试件的抗压强度进行评定，换算系数应由试验确定，无资料时可取 1.25。

6. 管芯成型

（1）采用离心工艺制作管芯混凝土时其成型工艺应保证管芯获得设计要求的管芯厚度和足够的密实度，成型后的管芯混凝土内衬不得出现任何塌落，钢筒与管芯混凝土之间不应出现空鼓现象。成型结束后，应及时对管芯混凝土内壁进行平整处理并排除余浆。

（2）采用立式振动工艺制作管芯混凝土时其成型操作时采取的振动频率和振动成型时间应保证管芯混凝土获得足够的密实度，成型过程中钢筒不得出现变形、松动和位移。每根管芯的全部成型时间不得超过水泥的初凝时间。

7. 管芯养护

（1）新成型的管芯应采用适当方法进行养护。采用蒸汽养护时养护设施内的最高升温速度不应大于 22℃/h；采用自然养护时应覆盖保护材料防止混凝土过度失水，在混凝土充分凝固后应及时进行洒水养护。

（2）对于内衬式管采用一次蒸汽养护法。采用的蒸汽养护制度应保证管芯混凝土达到规定的脱模强度。养护时最高恒温温度不宜超过 85℃，养护设施内的相对湿度不宜低于 90%。

（3）对于埋置式管可采用二次养护法，第一次养护结束时使管芯混凝土强度达到规定的脱模强度。采用蒸汽养护时最高恒温温度不应超过 60℃，养护设施内的相对湿度不宜低于 85%。第二次养护结束时使管芯混凝土强度达到规定的缠丝强度。

8. 管芯脱模

（1）管芯脱模操作不应对管芯混凝土产生明显的损坏，管芯混凝土内外表面不得出现黏模和剥落现象。

（2）采用离心成型时管芯混凝土脱模强度不应低于 30MPa；采用立式振动成型时管芯混凝土脱模强度不应低于 20MPa。

9. 缠绕预应力钢丝

（1）缠绕环向预应力钢丝时管芯混凝土应具备的缠丝强度不应低于 28d 标准抗压强度的 70%，同时缠丝时在管芯混凝土中建立的初始压应力不应超过管芯混凝土缠丝强度的 55%，缠丝时管芯表面温度不得低于 2℃。

（2）在缠丝操作之前，内衬式管钢筒外表面黏附的所有异物或混凝土碎渣都应清理干净；埋置式管管芯混凝土外表面直径或深度超过 10mm 的孔洞以及高于 3mm 混凝土凸起都应进行修补和清理。

（3）缠丝时预应力钢丝在设计要求的张拉控制应力下按设计要求的螺距呈螺旋状连续均匀地缠绕在管芯上，任意连续 10 个缠丝螺距的平均值不得大于设计值。钢丝的起始端应采用锚固装置牢固固定，锚固装置所能承受的抗拉力至少应为钢丝极限抗拉强度标准值的 75%。

（4）缠丝过程中如需进行钢丝搭接，则钢丝接头所能承受的拉力至少应达到钢丝极限抗拉强度标准值且不得进行密缠；缠丝机应具备可以连续记录钢丝张拉应力的应力显示装置或应力记录装置，缠丝过程中张拉应力偏离平均值的波动范围不应超过±10％。

（5）缠丝时环向钢丝间的最小净距不应小于所用钢丝直径，同层环向钢丝之间的最大缠丝螺距不应大于 38mm。对于内衬式管，当采用的钢丝直径不小于 6mm 时，最大缠丝螺距不应大于 25mm。

（6）多层缠丝时，每层钢丝表面都应制作水泥砂浆覆盖层并进行合理养护，覆盖层的净厚度不应小于所缠绕的钢丝直径，再次缠丝时水泥砂浆应具备的 25mm×25mm×25mm 立方体试件抗压强度不应低于 32MPa，水泥砂浆覆盖层表面应保持平整。

（7）每次缠丝之前都应在管身表面喷涂一层水泥净浆，净浆用水泥应与管芯混凝土相同。水泥净浆的水灰比宜为 0.6～0.7，涂覆量宜控制在 0.4～0.5L/m²。

10. 水泥砂浆保护层

（1）保护层制作。制成的水泥砂浆保护层应满足 GB/T 19685 的性能要求。新拌水泥砂浆的含水量不得低于其干料总重的 7.5％。制作水泥砂浆保护层时，应首先在缠丝管芯表面喷涂一层水泥净浆。制作埋置式管时水泥砂浆保护层所用的水泥应与管芯混凝土相同；制作水泥砂浆保护层时管芯的表面温度不得低于 2℃。

（2）保护层水泥砂浆抗压强度。每隔 3 个月或当制作水泥砂浆保护层用原材料来源发生改变时至少应进行一次保护层水泥砂浆强度试验。采用切割法制作的尺寸为 25mm×25mm×25mm 保护层水泥砂浆试件 28d 龄期的抗压强度不得低于 45MPa。

（3）保护层水泥砂浆吸水率。每班至少应进行一次保护层水泥砂浆吸水率试验，水泥砂浆吸水率试验全部试验数据的平均值不应超过 9％，最大值不应超过 10％。如连续 10 个工作班测得的保护层吸水率数值不超过 9％，则保护层水泥砂浆吸水率试验可调整为每周一次；如再次出现保护层水泥砂浆吸水率超过 9％时应恢复为日常检验。

（4）保护层养护。制作完成的水泥砂浆保护层应采用适当方法进行养护。采用自然养护时，在保护层水泥砂浆充分凝固后，每天至少应洒水两次以使保护层水泥砂浆保持湿润，自然养护环境温度不得低于 5℃。

（三）防护措施

1. 承插口钢环的防腐

成品管承插口钢环外露部分应采用有效的防腐材料加以保护，漆膜厚度不宜大于 100μm。当成品管子用于输送饮用水时，所用防腐材料不得对管内水质产生任何不利影响。

2. 管体的防腐

当成品管子用于输送具有腐蚀性的污水或海水、或用于含有腐蚀性介质的土壤环境中及露天铺设时，应按 GB 50046 的规定对管体混凝土或水泥砂浆保护层进行防腐设计。涂覆防腐材料时应遵循 GB 50212 的规定，防腐施工的质量应按 GB 50224 的规定进行评定。

（四）修补

1. 裂缝修补

成品管内表面出现的环状或螺旋状裂缝宽度大于 0.5mm 及距管子插口端 300mm 以内出现的环状裂缝宽度大于 1.5mm 时，应予修补；管子外表面非预应力区水泥砂浆保护层出现的裂缝宽度大于 0.25mm 时，应予修补。管体裂缝应采用水泥浆或环氧树脂进行修补。

2. 管芯混凝土或水泥砂浆保护层修补

（1）管芯混凝土或水泥砂浆保护层在制造、搬运过程中因碰撞造成的瑕疵，经修补合格后方能出厂。实施修补前应清除有缺陷的混凝土或水泥砂浆，修补用的混凝土、水泥砂浆或无毒树脂水泥砂浆所用的水泥应与管芯混凝土或水泥砂浆保护层相同。如果缠丝前管芯混凝土出现缺陷的表面积超过管体内表面积或外表面积的 10%，则该根管子应予报废；如水泥砂浆保护层出现损坏或空鼓的表面积超过管子外保护层表面积的 5%，则应将其全部清除后重新制作水泥砂浆保护层。

（2）埋置式管管芯混凝土内外表面出现的凹坑或气泡，当其宽度或深度大于 10mm 时应采用水泥砂浆或环氧水泥砂浆予以填补并用镘刀刮平。

3. 修补部位的养护

所有修补部位应根据修补材料的性质采取相应的保护或养护措施，确保修补质量。

五、制造质量控制

（一）原材料质量控制

（1）水泥：制管用水泥采用硅酸盐水泥、普通硅酸盐水泥、矿渣硅酸盐水泥，对于输送海水的 PCCP 管道，水泥应采用抗硫酸盐水泥。水泥碱含量应小于 0.6%，C_3A（$3CaO \cdot Al_2O_3$）含量小于 8%。

（2）骨料：骨料包括细骨料（砂）和粗骨料（碎石）。混凝土用砂应采用天然中粗砂或人工砂，严禁使用海砂。砂子其含泥量不宜大于 2%。保护层水泥砂浆宜采用天然细砂，其含泥量不宜大于 1%。混凝土用的粗骨料应采用质地坚硬、清洁、级配良好的人工碎石或卵石。其比重不得小于 2.6，含泥量不得大于 0.5%，粗骨料采用连续级配，最大粒径不超过 31.5mm，且不得大于混凝土层厚度的 2/5。

（3）钢材：钢材包括钢制承插口、钢筒、预应力钢丝。制造承插口接头钢环所用钢板最小屈服强度不应低于 235MPa。制作钢筒用薄钢板厚度不应小于 1.5mm、最小屈服强度不应低于 215MPa。缠绕于管芯的预应力钢丝在拔制过程中，钢丝表面任何点温度不应超过 182℃。

（二）制作工艺质量控制

（1）承插口加工工艺：承插口钢圈下料长度应保证承插口钢圈在胀圆中超出弹性极限。每个钢圈不允许超过两个接头，且接头焊缝间距不应小于 500mm。接头应对接平整，错边不应大于 0.5mm，采用双面熔透焊接，并打光磨平。承插口的配合间隙为 0.4～2.0mm，为保证密封效果并兼顾安装操作难易程度，承插口的配合间隙一般按照该数值的中间偏大范围进行控制。

（2）钢筒焊接：钢筒应按要求的尺寸精确卷制，筒体制作可采用螺旋焊、拼板焊或卷筒焊；钢板的拼接可采用对焊或搭接焊。焊缝可以是螺旋缝、环向缝或纵向缝，不允许出现"十"字形焊缝。焊缝应连续平直，采用对焊时焊缝凸起高度不应大于 1.6mm，采用搭接焊时焊缝凸起高度不应大于钢板厚度加上1.6mm。外观缺陷处或水压试验检出的缺陷处的补焊焊缝凸起高度不应大于2.0mm，且焊缝同一部位补焊不得超过两次。

(3) 水压检验：每一节钢筒都必须进行持续不少于3min的静水压检验，以检验所有焊缝。试验过程中检验人员应及时检查钢筒所有焊缝并标出所有的渗漏部位，待卸压后对渗漏部位进行人工焊接修补，经修补的钢筒需再次进行水压试验直至钢筒体的所有焊缝不发生渗漏为止。

(4) 缠丝工艺：缠丝一般采用1570MPa冷拉钢丝，直径5～7mm。缠丝张拉控制应力值为其强度标准值的70%。缠丝时管芯混凝土立方体抗压强度不应低于28d抗压强度的70%。同时缠丝时在管芯混凝土中建立的初始压应力不应超过缠丝时混凝土抗压强度的55%，缠丝时管芯表面温度不得低于2℃。管芯轴线方向任意0.6m长内的环向钢丝数量不得少于设计要求。预应力施加过程中应能连续记录钢丝的张拉应力，张拉应力偏离平均值的波动范围不得超过±10%。每次缠丝前都应对管芯表面喷涂一层水泥净浆，水泥净浆用水泥应与管芯混凝土相同。缠丝过程应连续喷涂水泥净浆。水泥净浆的水灰比宜为0.6～0.7，涂覆量宜控制在0.4～0.5L/m²。

(5) 保护层喷浆：水泥砂浆保护层起到保护钢丝作用。水泥砂浆保护层制作采用辊射法，所用水泥品种应与管芯混凝土相同。用于辊射水泥砂浆的含水量不小于拌和物干料总重量的7%。净保护层厚度不小于20mm。双层缠丝的第一层保护层净厚度不应小于钢丝直径的1倍。

制作完成的水泥砂浆保护层应采用适当方法进行养护。采用自然养护时，在保护层水泥砂浆充分凝固后，每天至少应洒水两次以使保护层水泥砂浆保持湿润，自然养护环境温度不得低于5℃。采用加速养护时，将辊射后的管放入养护罩（窑、坑）内，按照与管芯相同的养护方法进行，最少养护12h。

(三) 厂内成品检验

(1) PCCP生产完成后，需要进行成品管道的厂内检验，检验内容主要包括成品管外观质量检查、成品管道尺寸检验，内压抗裂检验、外压抗裂检验、接头允许相对转角检验以及出厂批量检验和型式试验。通过以上检验，对整体生产工艺流程和加工工艺的质量做出综合判断，并应及时反馈。

(2) 检验的程序、方法均应符合相关规定，检验用工具、仪器、仪表均应经相关部门检定合格并在有效期内。

(3) 检验记录应完整、真实。

六、管道安装质量控制

PCCP管道安装一般采用填弧法施工，即在验收合格的碎石垫层上先安装PCCP管道，待安装检测项目达到要求后，进行管道接口外部灌浆防腐，最后采用人工或机械回填并分层夯实，确保安装好的PCCP不发生移位。

(一) 管道安装

1. 安装施工工艺流程

测量放线→土方开挖→施工降排水→铺设管道垫层→管道插口套装胶圈及润滑→管道

吊装就位及安装→接口水压试验→锁管→接口防腐→土方回填→二次水压试验。

2. 安装施工工艺及技术措施

(1) 测量放样。接收到测量基准点、基准线和水准点等测量基础资料和数据后，应校测基准点的测量精度，并复核资料和数据的准确性，确认准确无误后，以测量基准点为基准，按国家测绘标准和施工精度要求，测设用于工程施工的控制网，并将控制网资料报批。

(2) 土方开挖。管沟基槽土方开挖采用机械开挖和人工开挖互相配合进行，以机械开挖为主，人工辅助整坡和清底。开挖应按照相应的施工设计图纸要求进行。

(3) 施工降排水。对于地下水位较浅、高于管底高程的部位，应做好降排水工作，尽量保证干槽施工。

(4) 铺设管道垫层。管道垫层要承受来自管道、水及覆盖层等的各种外部荷载，同时也使得各种软硬不一致的基底反力趋于均匀，垫层的承载能力对于保证管道的安全有着重要的影响。垫层厚度、宽度及材料粒径应符合设计相关要求。

(5) 插口套装胶圈及润滑。安装前先清扫管子内部，清除插口和承口圈上的全部灰尘、泥土及异物。胶圈套入插口凹槽后，在胶圈及插口环之间插入一根光滑的杆（或用螺丝刀），将该杆绕胶圈一周，使胶圈紧紧地绕在插口上，形成一个非常好的密封面，然后再在胶圈外表面和承口圈的整个内表面涂一层植物油进行润滑作用。

(6) 管道吊装就位及安装。吊装就位根据管径、周边地形、交通状况及沟槽的深度、工期要求等条件综合考虑，选择合适的施工方法。吊装就位时，将待装管节插口（或承口）平行向已装管承口（或插口）移动，达到规定的安装间隙后，检查管道中心线位置偏差并进行微调，直至管道位置满足轴线、高程和安装间隙的要求。经第一次水压试验合格后，进行下一节管道安装。

(7) 接口水压试验。PCCP 管其承插口一般采用单胶圈密封或双胶圈密封，管子对口完成后应对每一处接口做水压试验。接口的试验压力值为设计值的 1.2 倍，恒压 5min，检查压力表不下降即合格。

(8) 锁管。防止安装新管时将已安装的管子拉出，应将已安装好的前两节管子在接口处锁在一起。接口连接锁管方式以实际情况确定，通常以手拉葫芦方式锁管，即在已安装稳固的管材上套上钢丝绳，手拉葫芦放在与管中心平行的两侧，使其受力均匀。在待拉入的管材上也套上钢丝绳，和手拉葫芦连好、绷紧、对正，拉动手拉葫芦将插口拉入承口中。在安装下一节管材时再重复上述过程，但前两节管子仍需锁住，直至进入下一循环时才可拆下手拉葫芦和钢丝绳。

(9) 接口防腐。为保护外露的钢承插口不受腐蚀，需要在管接口外侧进行灌浆。一般用 1:3 的水泥砂浆调制成流态状，将砂浆灌满绕接口一圈的灌浆带，并用木棒轻轻敲击，使其密实，再用干硬性砂浆抹平灌浆带顶部的敞口。内勾缝应随着管道的安装进度进行，一般勾缝砂浆灰砂比为 1:2，应做到内部密实、表面光滑平整。内勾缝结束 5h 后要洒水养护。

(10) 土方回填。管道安装完成，经检验合格后，及时进行沟槽回填，并分层夯实，避免将已安装完成的管道长期外露。

(11) 二次水压试验。管道安装后，为保证管网系统的可靠性，根据管线长度进行全线或分段水压试验。水压试验应在管线的镇墩与接缝处水泥砂浆强度等达到设计强度要求后进行，以防止管线移位或变形。

（二）质量控制

1. 进场验收

（1）核对管道型号、规格、压力等级、数量、编号以及生产与出厂日期，其型号、规格、压力等级应符合设计要求。

（2）外观检测。外观检测主要包含以下方面：保护层有无空鼓、裂缝等现象，如存在裂缝，环向裂缝与螺旋裂缝的宽度应该在 0.5mm 以内，如果环向裂缝与管子插口端的距离在 0.3m 左右，其裂缝宽度往往需要控制在 1.0mm 以内；管子内表面沿管子纵轴线平行线的夹角需控制在 5°以内，其裂缝长度不应超过 15mm。

2. 安装前的准备工作

（1）复核管道安装位置、高程、坡度等。

（2）清除管道内的杂物，保持管道内部清洁，特别要保持承插口的清洁。

3. 施工过程质量控制

（1）管道吊装就位后，测量管道的中心线、高程、坡度等，存在偏差时，利用垫层或相应的工具进行调整，其中心线、高程、坡度等必须符合设计要求。

（2）安装密封橡胶圈前，对橡胶圈进行检查，橡胶圈表面应光滑完整，不得有裂缝、破损等；安装时，应在管道承口内侧、插口外部凹槽接触位置和橡胶圈周围等部位涂刷一定的润滑油，不得划伤橡胶圈；橡胶圈在凹槽中受力应均匀。

（3）管道间隙应符合设计相关要求，不许出现橡胶圈挤出、翻起等问题。

（4）管沟回填时，回填料应符合设计要求，不能含有各种杂质；回填过程中，要避免回填区域内存在积水，含水率须控制在合理的范围内；回填料应压实，管基、管侧回填土压实度、管顶回填土压实度均应符合设计或相关标准要求。

（5）一次、二次水压试验的时机、流程、方法以及试验结果均应符合相关规定和设计要求。

（6）安装用工具、仪器、仪表等应经相关方检定合格并在有效期内。

4. 验收与评定

安装完工后，应按相关规范要求及时进行验收与评定。

思 考 题

1. 什么是 PCCP 管？PCCP 管主要由哪些材料组成？

2. 试述 PCCP 管的主要性能与用途。

3. 试述 PCCP 管的制作流程。

4. 控制 PCCP 管的制作质量应从哪几个方面着手？

5. 试述 PCCP 管的安装流程。

6. 对安装后的管道接口进行水压试验时，如何确定水压试验值？恒压时间是多少？

参 考 文 献

[1] 巫世晶，胡建钢，张长万，等. 水利水电工程建设机电设备制造监理 [M]. 北京：中国电力出版社，2010.

[2] 水利部建设与管理司，中国水利工程协会. 水利工程施工监理实务 [M]. 郑州：黄河水利出版社，2014.

[3] 全国一级建造师执业资格考试用书编写委员会. 水利水电工程管理与实务 [M]. 北京：中国建筑工业出版社，2017.

[4] 水利水电工程施工手册编委会. 水利水电工程施工手册　第4卷：金属结构制作与机电安装工程 [M]. 北京：中国电力出版社，2004.

[5] 水利部. 水利水电工程启闭机制造安装及验收规范：SL/T 381—2021 [S]. 北京：中国水利水电出版社，2021.

[6] 水利部. 水电站桥式起重机：SL 673—2014 [S]. 北京：中国水利水电出版社，2014.

[7] 水利部. 水闸施工规范：SL 27—2014 [S]. 北京：中国水利水电出版社，2014.

[8] 水利部. 水利工程压力钢管制造安装及验收规范：SL 432—2008 [S]. 北京：中国水利水电出版社，2008.

[9] 水利部. 大中型水轮发电机基本技术条件：SL 321—2005 [S]. 北京：中国水利水电出版社，2005.

[10] 国家质量监督检验检疫总局. 水轮发电机组安装技术规范：GB/T 8564—2003 [S]. 北京：中国标准出版社，2003.

[11] 水利部. 泵站设备安装及验收规范：SL 317—2015 [S]. 北京：中国水利水电出版社，2015.

[12] 水利部. 水利工程施工监理规范：SL 288—2014 [S]. 北京：中国水利水电出版社，2014.

[13] 水利部. 水利水电工程机电设备安装安全技术规程：SL 400—2016 [S]. 北京：中国水利水电出版社，2016.

[14] 水利部. 水利水电工程技术术语：SL 26—2012 [S]. 北京：中国水利水电出版社，2012.

[15] 水利部. 水工金属结构防腐蚀规范：SL 105—2007 [S]. 北京：中国水利水电出版社，2007.

[16] 水利部. 水工金属结构焊接通用技术条件：SL 36—2016 [S]. 北京：中国水利水电出版社，2016.

[17] 水利部. 水利水电建设工程验收规程：SL 223—2008 [S]. 北京：中国水利水电出版社，2008.

[18] 水利部. 水利水电工程施工质量检验与评定规程：SL 176—2007 [S]. 北京：中国水利水电出版社，2007.

[19] 国家质量监督检验检疫总局，国家标准化管理委员会. 水利水电工程钢闸门制造、安装及验收规范：GB/T 14173—2008 [S]. 北京：中国标准出版社，2008.

[20] 李强，张瑞杰，王建庭，等. 设备监理良好案例汇编（2019）　[M]. 北京：中国标准出版社，2019.

[21] 中国水利企业协会. 水利水电工程清污机制造安装及验收规范：T/CWEC 29—2021 [S]. 北京：中国水利水电出版社，2021.